"十二五"普通高等教育本科国家级规划教材
普通高等教育"十一五"国家级规划教材
普通高等教育"十五"国家级规划教材

材料成形基本原理

第3版

主　编　祖方遒
副主编　陈文琳　李萌盛
参　编　王雷刚　曲仕尧　王国平
　　　　陈　刚　高锦张
主　审　孙国雄　孙　胜

机械工业出版社

本教材是材料成形及控制工程专业的基础理论教材，为普通高等教育“十二五”“十一五”“十五”国家级规划教材。本教材从培养学生宽口径、厚基础的人才目标出发，把凝固成形、焊接成形、塑性成形等近代材料成形技术中的共同的物理现象、基本规律及基本原理加以阐述，使学生对材料成形过程及其基本原理与方法有较深入和系统的理解，为后续课程的学习奠定理论基础。本教材分为两篇，共20章。第1篇主要讲述铸造与焊接成形中的凝固结晶学、化学与物理冶金原理等共性技术；第2篇主要讲述塑性成形中的力学原理。

本教材可作为普通高等学校材料成形及控制工程专业和机械类本科生教材，也可作为相关专业研究生和相关工程技术人员的参考用书。

图书在版编目（CIP）数据

材料成形基本原理/祖方遒主编. —3版. —北京：机械工业出版社，2016.1（2025.1重印）

“十二五”普通高等教育本科国家级规划教材 普通高等教育“十一五”国家级规划教材 普通高等教育“十五”国家级规划教材

ISBN 978-7-111-52648-3

Ⅰ.①材… Ⅱ.①祖… Ⅲ.①工程材料-成型-高等学校-教材 Ⅳ.①TB3

中国版本图书馆CIP数据核字（2016）第001601号

机械工业出版社（北京市百万庄大街22号 邮政编码100037）
策划编辑：冯春生 责任编辑：冯春生 责任校对：刘怡丹
封面设计：张 静 责任印制：单爱军
保定市中画美凯印刷有限公司印刷
2025年1月第3版第9次印刷
184mm×260mm · 25.5印张 · 632千字
标准书号：ISBN 978-7-111-52648-3
定价：65.00元

电话服务
客服电话：010-88361066
010-88379833
010-68326294

网络服务
机 工 官 网：www.cmpbook.com
机 工 官 博：weibo.com/cmp1952
金 书 网：www.golden-book.com
机工教育服务网：www.cmpedu.com

第3版前言

本教材是“十二五”普通高等教育本科国家级规划教材，是为适应教学改革需要，为材料成形及控制工程专业编写的，其第1版和第2版先后列入普通高等教育“十五”“十一五”国家级规划教材，作为专业技术基础课程教材，供各高校选用。

鉴于近年材料成形诸领域基础理论及技术原理方面的认知不断丰富、深化和完善，也基于该教材多年教学实践的体会和国内同行专家们的反馈，我们深切感受到，在第1版和第2版的基础上，需要对教材的内容体系做必要的更新和进一步充实，同时对教材的篇章结构做适当的调整。受教材原主编刘全坤教授的委托，由祖方遒教授全面负责第3版教材的改编和修订工作。

在新版教材的改编中，我们遵循以下两方面的原则：

第一，在内容更新与表达上进行尝试，力图与国内外当今的相应发展和认知水平同步，以体现教材的时代特征。在这一点上，着重在凝固基础和现代方法的内容及表达方面做出了较多实质性的更新和充实。例如：凝固过冷度方面做了系统的梳理；成分过冷以全新的视角加以表达和推演，并增加了界面稳定性动力学分析方面的简要介绍，这些均有利于读者对凝固界面失稳建立更加清晰、全面的认识；进一步充实了枝晶形貌和枝晶间距方面的概念和规律方面的内容；在多相合金凝固方面，更新并充实了共晶结晶基础以及铸铁、铝硅合金两大类铸造合金的共晶凝固规律的内容，其中较多内容反映了近年来国内外科研和生产实际中形成的最新共识和重要规律；同时增加了包晶凝固的内容。对于相对经典、成熟的塑性成形力学原理的内容（第2篇），进行了部分改写，并调整补充了一些例题和习题。

第二，坚持第1、2版教材宽口径、厚基础的人才培养目标，对不同传统专业原先的原理课内容的共性知识进行科学、有机的整合。其中，将铸造、焊接共同相关的金属凝固原理、冶金原理与冶金反应、液态金属结构与性质等多方面共性知识内容进行了有机的凝练与整合。在强调共性知识的同时，梳理出铸造、焊接工艺过程的各自特有的规律和特点，分辨其间的不同点。

教材注重对成形过程物理现象、基本规律、基本原理、分析问题的方法加以阐述，使学生对材料成形过程及原理有较深入的理解，为后续的专业课程学习奠定理论基础。其中将材料成形中的凝固结晶、化学与物理冶金等共性技术进行整合构成第1篇（1~13章）；将材料塑性成形力学原理整合构成第2篇（14~20章）。新版教材共分两篇20章，主要包括以下内容：

1）液态金属和合金的结构、性质，液态金属的充型能力。

2）金属与合金凝固结晶的基本概念与基本原理，以及结晶过程中的伴随现象与材料凝固组织形成规律和控制方法。

3）铸造成形及焊接成形过程中的物理、化学冶金现象和内部规律。

4）金属塑性成形的力学基础、塑性成形的基本原理和分析方法。

5）成形质量分析和控制方法。

本书由合肥工业大学祖方道教授任主编，陈文琳教授和李萌盛副教授任副主编。具体分工为：祖方道编写第1、2、4、5、6章及第7章的7.1~7.4节，陈文琳编写第14、15、16章，李萌盛编写第3、10章，合肥工业大学王国平副教授编写第11、12章及7.5节，山东大学曲仕尧教授编写第9、13章，江苏大学陈刚教授编写第8章，江苏大学王雷刚教授编写第17、18、19章，东南大学高锦张教授编写第20章。全书由祖方道教授和陈文琳教授（主要负责第2篇）统稿。东南大学孙国雄教授和山东大学孙胜教授担任本书主审。合肥工业大学陈其善、曹诗倬、张兆鹏，以及南京工程学院贾俐俐等几位教授在审稿会上也对本书的修改提出了许多有益建议。在此一并向他们表示衷心的感谢。

由于编者水平有限，书中难免存在缺点和错误，敬请各高校师生在使用本教材和读者阅读本教材时能及时给予批评指正，以便日后改进。

编　者

第2版前言

本教材是为适应教学改革需要，为材料成形及控制工程专业编写的，为普通高等教育“十一五”国家级规划教材、普通高等教育“十五”国家级规划教材，作为本专业的技术基础课程教材，供各高校选用。

编写本教材是一种改革的尝试。从材料成形及控制工程专业角度和培养学生宽口径、厚基础的人才目标出发，编写一本适合专业特点的教材，把凝固成形、焊接成形、塑性成形、聚合物成形等近代材料成形技术中共同的物理现象、基本规律，以及各种成形技术的基本原理、理论基础、分析问题的方法加以阐述，使学生对材料成形过程及原理有较深入的理解，为后续的专业课程学习奠定理论基础。

全书分两篇共18章，着重介绍铸件形成原理、焊接冶金原理、塑性成形原理、聚合物成形原理。其中将材料成形中的凝固结晶、化学冶金等共性技术进行整合构成第一篇；将材料成形中的力学原理进行整合构成第二篇。本书包括以下主要内容：

1）液态金属和合金的结构、性质，液态金属与合金凝固结晶的基本规律及结晶过程中的伴随现象，冶金处理对凝固组织与材料性能的影响。

2）液态成形过程中的物理、化学冶金现象和内部规律，成形质量分析和控制方法。

3）金属塑性成形的力学基础、塑性成形的基本原理和分析方法。

4）聚合物流变模型和流变特性。

本书由合肥工业大学刘全坤教授任主编，编写第十二、十三、十四章；合肥工业大学祖方遒教授任副主编，编写第一、三、四章和第五章的第一～四节；合肥工业大学李萌盛副教授任副主编，编写第二、八章；江苏大学陈刚教授编写第六章；山东大学曲仕尧教授编写第七、十一章；合肥工业大学王国平副教授编写第九、十章和第五章的第五节；江苏大学王雷刚教授编写绪论及第十五、十六、十七章；东南大学高锦张副教授编写第十八章。为配合多媒体教学，本教材配有多媒体课件，由合肥工业大学陈文琳教授和李萌盛副教授制作完成。

东南大学孙国雄教授和山东大学孙胜教授担任本书主审。孙国雄教授审阅了本书的第一篇，孙胜教授审阅了本书的第二篇。两位主审认真细致的态度和严谨的科学作风给全体编写人员留下了深刻的印象。他们在审阅中为本书的编写和修改提出了许多非常宝贵的意见。合肥工业大学陈其善教授、曹诗倬教授和章兆鹏副教授对本教材的编写和修改提出许多有益的建议。南京工程学院贾俐俐教授参加了本教材的讨论，给予很大的支持。在此一并向他们表示衷心的感谢。

由于编者的水平有限，书中必有许多缺点和错误，敬请各高校师生在使用本教材和读者阅读本教材时能及时批评指正，以便再版时修改。

编　者

第1版前言

本教材是为适应教学改革需要，为材料成形及控制工程专业编写的，列入普通高等教育“十五”国家级规划教材，作为本专业的技术基础课程教材，供各高校选用。

编写本教材是一种改革的尝试。从材料成形及控制工程专业角度和培养学生宽口径、厚基础的人才目标出发，编写一本适合专业特点的教材，把凝固成形、焊接成形、塑性成形、粉末成形和聚合物成形等近代材料成形技术中共同的物理现象、基本规律以及各种成形技术的基本原理、理论基础、分析问题的方法加以阐述，使学生对材料成形过程及原理有较深入的理解，为后续的专业课程学习奠定理论基础。

全书分两篇共19章，着重介绍铸件形成原理、焊接冶金原理、粉末冶金原理、塑性成形原理、聚合物成形原理。其中将材料成形中的凝固结晶、化学冶金等共性技术进行整合构成第一篇；将材料成形中的力学原理进行整合构成第二篇。本书包括以下主要内容：

1）液态金属和合金的结构、性质，液态金属与合金凝固结晶的基本规律及结晶过程中的伴随现象，冶金处理对凝固组织与材料性能的影响。

2）液态成形过程中的物理、化学冶金现象和内部规律，成形质量分析和控制方法。

3）粉末冶金中的粉末制备、压制和烧结的物理、化学现象和基本规律。

4）金属塑性成形的力学基础、塑性成形的基本原理和分析方法。

5）聚合物流变模型和流变特性。

本书由合肥工业大学刘全坤教授任主编，编写第十三、十四、十五章；合肥工业大学祖方遒教授任副主编，编写第一、三、四章和第五章的第一~四节；合肥工业大学李萌盛副教授编写第二、八章；江苏大学陈刚副教授编写第六章；山东大学曲仕尧副教授编写第七、十一章；合肥工业大学王国平副教授编写第九、十章和第五章的第五节；合肥工业大学程继贵教授编写第十二章；江苏大学王雷刚教授编写绪论及第十六、十七、十八章；东南大学高锦张副教授编写第十九章。全书由刘全坤教授、祖方遒教授统稿。

东南大学孙国雄教授和山东大学孙胜教授担任本书主审。孙国雄教授审阅了本书的第一篇，孙胜教授审阅了本书的第二篇。两位主审认真细致的态度和严谨的科学作风给全体编写人员留下了深刻的印象。他们在审阅中和审稿会上为本书的编写和修改提出了许多非常宝贵的意见。合肥工业大学陈其善教授、曹诗倬教授和章兆鹏副教授参加了审稿会，并且对本教材的编写和修改提出许多有益的建议。南京工程学院贾俐俐教授参加了本教材的讨论，给予很大的支持。在此一并向他们表示衷心的感谢。

由于编者的水平有限，书中必有许多缺点和错误，敬请各高校师生在使用本教材和读者阅读本教材时能及时批评指正，以便再版时修改。

编　者

目录

第 3 版前言
第 2 版前言
第 1 版前言
绪论 …… 1
0.1 材料成形基本原理及其理论指导意义 … 1
0.2 材料成形原理的发展 …… 2
0.3 材料成形原理课程的任务与内容 …… 4

第 1 篇 材料成形过程中的凝固与冶金原理

第 1 章 液态金属的结构与性质 …… 6
1.1 引言 …… 6
1.2 液态金属的结构 …… 7
1.3 液态金属的黏度 …… 16
1.4 液态金属的表面张力 …… 20
思考与练习 …… 27
第 2 章 液态金属的充型能力 …… 28
2.1 液态金属充型能力的基本概念 …… 28
2.2 液态金属的停止流动机理与充型能力 …… 29
2.3 影响充型能力的因素 …… 30
思考与练习 …… 36
第 3 章 凝固温度场 …… 37
3.1 传热基本原理 …… 37
3.2 铸造过程温度场 …… 40
3.3 熔焊过程温度场 …… 48
思考与练习 …… 54
第 4 章 晶体形核与生长 …… 56
4.1 引言 …… 56
4.2 液-固相变驱动力及过冷度 …… 59
4.3 凝固形核 …… 64
4.4 晶体生长 …… 71
思考与练习 …… 79
第 5 章 单相合金凝固 …… 80
5.1 凝固过程中的溶质再分配 …… 80
5.2 合金凝固界面前沿的成分过冷 …… 90
5.3 成分过冷对合金单相固溶体结晶形态的影响 …… 93
5.4 界面稳定性动力学分析 …… 103
5.5 枝晶间距 …… 105
思考与练习 …… 110
第 6 章 多相合金凝固 …… 113
6.1 共晶组织的分类及特点 …… 113
6.2 规则共晶的凝固 …… 115
6.3 共晶与枝晶相的竞争生长 …… 121
6.4 非小平面-小平面非规则共晶的结晶 …… 128
6.5 包晶凝固 …… 140
思考与练习 …… 145
第 7 章 铸件与焊缝宏观组织及其控制 …… 147
7.1 铸件的宏观组织 …… 147
7.2 表面激冷晶区及柱状晶区的形成 …… 148
7.3 内部等轴晶的形成机理 …… 149
7.4 铸件宏观结晶组织的控制 …… 151
7.5 焊接熔池凝固及控制 …… 156
思考与练习 …… 160
第 8 章 特殊条件下的凝固与成形 …… 161
8.1 概述 …… 161
8.2 快速凝固 …… 161
8.3 失重条件下的凝固 …… 170
8.4 定向凝固 …… 172
思考与练习 …… 173
第 9 章 液态金属与气相的相互

作用 …………………………………… 174
9.1 气体的来源与产生 ………………… 174
9.2 气体在金属中的溶解 ……………… 179
9.3 气体对金属的氧化 ………………… 183
9.4 气体的影响与控制 ………………… 186
思考与练习 ………………………………… 188
第 10 章 液态金属与熔渣的相互作用 ……………………………… 190
10.1 渣相的作用与形成 ………………… 190
10.2 渣体结构及碱度 …………………… 192
10.3 渣相的物理性质 …………………… 195
10.4 活性熔渣对金属的氧化 …………… 198
思考与练习 ………………………………… 201
第 11 章 液态金属的净化与精炼 ……… 203
11.1 液态金属的脱氧 …………………… 203
11.2 液态金属的脱碳精炼反应 ………… 208
11.3 液态金属的脱硫 …………………… 209
11.4 液态金属的脱磷 …………………… 211
思考与练习 ………………………………… 212
第 12 章 焊接热影响区的组织与性能 ……………………………… 213
12.1 焊接热循环 ………………………… 213
12.2 焊接热循环条件下的金属组织转变特点 ……………………………… 216
12.3 焊接热影响区的组织与性能分析 …… 218
思考与练习 ………………………………… 226
第 13 章 缺陷形成与控制 ……………… 228
13.1 合金中的成分偏析 ………………… 228
13.2 气孔与夹杂 ………………………… 233
13.3 缩孔与缩松 ………………………… 242
13.4 应力 ………………………………… 251
13.5 热裂纹 ……………………………… 255
13.6 冷裂纹 ……………………………… 263
思考与练习 ………………………………… 269

第 2 篇 材料成形力学原理

第 14 章 金属塑性成形的物理基础 …… 271
14.1 概述 ………………………………… 271
14.2 金属在冷态下的塑性变形 ………… 273
14.3 金属的热塑性变形 ………………… 279
14.4 对塑性和变形抗力的影响因素 …… 286
14.5 金属的超塑性 ……………………… 294
思考与练习 ………………………………… 297
第 15 章 应力分析 ……………………… 299
15.1 张量的基本知识 …………………… 299
15.2 外力、应力和点的应力状态 ……… 302
15.3 主应力和主切应力 ………………… 305
15.4 应力平衡微分方程 ………………… 310
15.5 应力莫尔圆 ………………………… 311
思考与练习 ………………………………… 314
第 16 章 应变分析 ……………………… 316
16.1 位移与应变 ………………………… 316
16.2 质点的应变状态和应变张量 ……… 317
16.3 小应变几何方程、应变连续方程 …… 319
16.4 塑性变形体积不变条件 …………… 323
16.5 速度分量和速度场、位移增量和应变增量、应变速率张量 ………… 323
16.6 对数应变 …………………………… 325
16.7 平面问题和轴对称问题 …………… 326
思考与练习 ………………………………… 330
第 17 章 屈服准则 ……………………… 332
17.1 材料真实应力-应变曲线及材料模型 ………………………………… 332
17.2 理想塑性材料的屈服准则 ………… 339
17.3 屈服准则的几何表达 ……………… 341
17.4 两个屈服准则的统一表达式 ……… 344
17.5 应变硬化材料的屈服与加载表面 …… 344
思考与练习 ………………………………… 346
第 18 章 材料本构关系 ………………… 348
18.1 弹性应力应变关系 ………………… 348
18.2 塑性应力应变关系 ………………… 349
18.3 增量理论 …………………………… 350
18.4 全量理论 …………………………… 352
思考与练习 ………………………………… 354
第 19 章 金属塑性变形与流动问题 …… 355
19.1 金属流动方向——最小阻力定律 …… 355
19.2 影响金属塑性变形和流动的因素 …… 356
19.3 不均匀变形、附加应力和残余应力 ………………………………… 357
19.4 金属塑性成形中的摩擦和润滑 …… 360
思考与练习 ………………………………… 365
第 20 章 塑性成形力学的工程应用 …… 367

20.1 金属塑性成形问题的求解方法概述 …… 367
20.2 主应力法及其求解要点 …… 367
20.3 主应力法的应用 …… 368
20.4 滑移线的基本理论 …… 372
20.5 滑移线法的应用 …… 379
20.6 塑性极值原理和上限法 …… 383
20.7 上限法的应用 …… 388
思考与练习 …… 392
参考文献 …… 394

绪 论

0.1 材料成形基本原理及其理论指导意义

1. 材料成形技术

材料是现代文明各个领域不可缺少的物质基础。而材料的应用价值，体现在形成一定形状、轮廓、尺寸并具备应有使用性能的零件、部件、构件，以特定方式组合、装配而构成各种装置、设备、仪器、设施、器件或用具，从而服务于各行各业。使材料成为零件、部件、构件等制品的工艺过程称为“材料成形”。材料成形一般包括传统的铸造、锻压、焊接、粉末冶金成形。随着科学技术的发展，新材料新工艺的不断涌现，材料成形的内涵和外延有了很大的拓宽，材料成形向精密、柔性、复合、高效、清洁、优质方向发展。

材料成形与各行各业密不可分。可以毫不夸张地说，没有材料成形就没有现代工业、现代农业、交通运输、城市建设、能源与矿产等国民经济的基础设施和精良装备；没有材料成形就没有现代通信、自动控制、航海、航空航天等高技术领域存在；没有材料成形，人民生活需求及国防建设就没有保障。

2. 材料成形基本原理

材料成形是一个材料、能量、信息不断变化的过程。不管何种材料，不管采用什么方式成形，在成形过程中均遵循金属学、冶金学、物理化学、热力学、塑性力学等的基本定律。材料成形原理是上述基础理论在材料成形中的应用而形成的技术理论。不同的材料种类（金属、非金属、复合材料）和材料形态（液态、固态、粉末、半固态）的成形，形成了相应的材料成形原理。如金属学、冶金学、热力学、物理化学等在指导铸造工艺、焊接工艺设计时形成了铸件形成原理、焊接冶金原理；塑性力学在塑性成形中的应用形成了塑性成形原理；冶金学、热力学等在粉末成形、烧结中的应用形成了粉末冶金原理；物理化学、热力学、黏性流体力学等在聚合物成形中的应用形成聚合物成形原理。

3. 材料成形原理的理论指导意义

材料成形原理是指导材料成形工艺设计，进行质量分析与控制，正确选择成形方法与设备的理论依据，也是新材料、新工艺开发的理论指导。

（1）对液态成形的指导作用　通过对液态金属结晶机理、凝固规律的认识以及凝固温度场的分析，为铸造工艺及模具设计、焊接方法与设备选择、铸件结构设计与性能分析、焊接接头设计与性能分析奠定了理论基础，也为快速凝固、定向凝固、激光表面重熔与焊接等新工艺开发提供了理论指导。

（2）对塑性成形的指导作用　通过对塑性成形过程应力应变场的分析，为塑性成形工艺及模具设计、成形设备选择、冲压件和锻件性能分析奠定了理论基础，同时也为无模成形、激光成形、电磁成形、液压成形等新工艺开发提供了理论指导。

0.2 材料成形原理的发展

1. 凝固理论的发展概况

凝固——从液态向固态转变的相变过程，广泛存在于自然界和工程技术领域。从钢铁、非铁金属（或合金）冶金生产中单铸锭及连铸锭的结晶到材料成形领域铸件及焊缝的凝固，以及非晶、微晶材料的快速凝固，半导体及各种功能晶体的液相生长，高分子塑料、橡胶在模具中的固化，均属凝固过程。由于大多数物质的凝固属结晶过程，所以凝固多以晶体生长规律和结晶体的内部结构、形貌、成分和缺陷为研究对象。

实现对凝固过程的控制是人们长期追求的目标，其历史可以追溯到公元前2000多年前的青铜器时代。从精美的铸造文物及2500年前的《考工记》记载可以看出，我国古代在合金的成分控制、冶炼技术及凝固收缩的控制等方面已积累了丰富的经验。当然，现代凝固理论和技术的迅速发展与材料科学的进步密切相关，其发展大体经历了以下几个阶段：

20世纪20年代柯赛尔（Kossel）和斯特兰斯基（Stranski）提出完整晶体生长的微观理论；40年代弗兰克（Frank）发展了缺陷晶体生长的微观理论。这些工作为后来的晶体生长界面理论奠定了基础。20世纪50~60年代是经典凝固理论的诞生时期。50年代半导体的问世及60年代激光晶体的发展，要求人们生长单晶并有效地控制晶体的结构与成分，于是展开了围绕传热、传质的液、固成分分布和界面稳定性研究。在查默斯（Chalmers）的指导下，蒂勒（Tiller）、杰克森（Jackson）和拉特（Rutter）在对凝固界面附近溶质分布求解的基础上提出了著名的“成分过冷”理论，首次将传质和传热因素结合起来分析凝固过程的组织形态问题。此后，杰克森（Jackson）和亨特（Hunt）提出了枝晶和共晶合金凝固过程扩散场的理论解，并在此基础上获得枝晶及共晶间距与凝固条件（温度梯度和凝固速率）的关系式，得到许多实验结果的支持。弗莱明斯（Flemings）等从工程的角度出发，进一步考虑了凝固过程两相区内的液相流动效应，提出局部溶质再分配方程等理论模型，推动了凝固理论的发展。俄裔捷克工程师丘里诺夫（Chvorinov）巧妙地引入铸件模数的概念，导出了著名的平方根定律，至今仍是铸造工艺设计的理论依据之一。

20世纪60年代以来，人们把研究工作的重点放在经典凝固理论的应用上。通过大量的实验研究，查默斯（Chalmers）及大野笃美等人提出“激冷等轴晶游离”理论，杰克森（Jackson）、苏蒂（Southi）等人提出“枝晶熔断”及“结晶雨”理论，以此为指导可有效控制结晶过程和凝固组织。在这些理论的基础上，机械及超声波振动、机械及电磁液相搅拌、孕育处理、变质处理等技术得以发展与推广并仍在不断改进及完善，使人们在控制铸锭、铸件凝固组织形貌和细化晶粒方面更加得心应手，并在控制焊缝结晶组织上也得到了很好的运用。半固态铸造、定向凝固、激光小体积高能量重熔条件下的凝固（表面处理或焊接），零维（粉体）、低维（线材、薄带及表面膜）和体材的快速凝固等先进工艺和技术均在这一时期诞生。

在最近的20余年中，凝固理论和技术研究进入了新的历史发展时期。计算机技术的应用，使人们能够直观定量地描述液态金属的凝固过程和预测凝固缺陷，从而逐步实现科学地进行工艺设计。由于对高性能先进材料的需求和技术的进步，在极端条件下的凝固过程（快速凝固、极低速凝固）、特殊条件下的凝固过程（微重力凝固、超重力凝固、超高压凝固），以及纤维增强及颗粒增强金属基复合材料的凝固等方面进行了大量的研究。在这些凝固条件下，某些普通凝固过程中影响较小并在经典凝固理论中忽略了的因素变成主要影响因素。为了解释各种极端和特殊条件下的实验现象，人们在尝试建立新的理论模型。

2. 成形过程化学冶金理论的发展概况

铸件浇注前的金属熔炼过程至液态金属充型后的凝固阶段，熔焊中熔滴、熔池的形成至凝固成焊缝，熔融的金属与周围的气相介质、液相熔渣及固相型壁所构成的多相体系中，发生了复杂的物理冶金、化学冶金反应。这些反应既服从于冶金学的一般原理，又具有成形工艺条件所局限的特殊性。例如熔滴、熔池金属与周围介质间的化学冶金反应，由于熔体的高过热度、大比表面积和短暂的存在时间等特点，焊接化学冶金不仅要依据化学热力学中反应过程自由能的变化准则来判断冶金反应的方向，还要考虑参与反应的各相在熔体中的质量传输、界面反应速度、电弧机械力作用等动力学因素。

近几十年来，随着计算机技术的发展应用和相关学科的进步，为成形冶金过程研究打开了方便之门。建立在各种物理模型上的复杂的数理方程，借助计算机可进行数值求解，使研究由定性阶段进入定量阶段。随着成形工艺过程数据库、专家系统的建立与完善，成形过程的数值模拟在越来越多的研究领域中得以实现。人们可以对冶金反应的微观、宏观过程进行定量认识与动态模拟，可以逼真地展现各种工艺条件下凝固缺陷的形成过程、成形工件内应力与应变的形成过程，从而可以对各种工艺条件下的铸件与焊缝质量、焊接热影响区组织与性能进行预测。通过多种因素的综合数值模拟和少量的验证性试验，人们在成形过程研究领域已经步入“更真实、更准确、更便捷的高速公路”，使不可见的过程实现可视化。

3. 粉末冶金理论的发展

粉末冶金技术起源于远古。考古学资料表明，早在纪元前，人们即在原始的炉子中还原氧化铁得到海绵铁，再经锻造和锤打，制成各种铁器件。19 世纪初叶，用粉末冶金法制得海绵铂粉、经冷压，再在铂熔点的 2/3 左右进行热处理，然后进一步锻打成各种铂制品。现代粉末冶金发展至今已有 100 多年的历史，特别是在 20 世纪得到了十分迅速的发展，其间经历了三个重要的标志阶段。第一个重要标志是克服了难熔金属熔铸过程中的困难，于 1909 年通过粉末冶金方法制成了电灯钨丝，迈出了现代粉末冶金的第一步，并于 1923 年成功地制造了硬质合金；第二个重要标志是 20 世纪 30 年代用粉末冶金方法成功地制得了多孔含油轴承，并随之成功生产铁基机械零件，从而充分发挥了粉末冶金少切削、无切削的工艺特点；第三个重要标志是粉末冶金向更高级的新材料、新工艺发展，如 20 世纪 40 年代金属陶瓷、弥散强化材料等新型粉末冶金材料的出现，60～70 年代粉末高速钢、粉末超合金等的相继出现，以及粉末冶金锻造工艺被成功地用于制造高强度零件等。

伴随着现代粉末冶金技术的发展，对其工艺过程中理论问题的研究也不断深入，如在制粉方面提出了液态金属快速凝固雾化制备准晶或非晶态粉末的水雾化机制；通过对影响粉末模压成形过程中各种因素的综合考虑获得了更具有普适性的粉末成形理论；通过将高聚物成形原理和粉末成形相结合形成了新型的温压致密化理论；提出了成形和烧结结合的热压模型和热压致密化理论。此外，在研究粉末压坯烧结过程中，由传统的两球烧结模型发展到粉末压坯烧结模型，提出了综合作用烧结理论，以及烧结的电子理论等。

4. 金属塑性成形理论的发展概况

金属的塑性加工已有悠久的历史。早在公元前 2000 多年前的青铜器时代，我国劳动人民就已经发现铜具有塑性变形的性能，并掌握了锤击金属以制造兵器和工具的技术。

随着近代科学技术的发展，人们赋予了塑性加工技术以崭新的内涵。但是，作为这门技术的理论基础——金属塑性成形原理则发展得较晚，直到20世纪40年代才逐步形成独立的学科。它是在塑性变形的物理、物理-化学和力学的基础上发展起来的一门新兴的工程应用技术理论科学。

金属塑性变形的物理及物理-化学基础属于金属学及金属物理范畴。20世纪30年代提出的位错理论可以解释塑性变形过程中很多现象，特别是对塑性变形的微观机理有了科学的解释。对于金属的塑性，人们也有了更深刻的认识。塑性，作为金属状态属性，不仅取决于金属材料本身（如晶格类型、化学成分和组织结构等），还取决于变形的外部条件（如变形温度、变形速度及力学状态等），从而使人们对塑性变形的物理本质有了充分的认识。

塑性成形力学是塑性成形原理的另一个重要内容，它是在塑性理论的发展和应用中逐渐形成的。塑性理论的发展历史可追溯到1864年，法国工程师特雷斯卡（H. Tresca）首次提出了最大切应力屈服准则——特雷斯卡屈服准则。1870年，圣维南（B. Saint-Venant）提出了应力-应变速率方程（塑性流动方程）。莱维（M. Levy）于1871年提出了应力-应变增量关系。后来一段时间，塑性理论发展缓慢，直到20世纪初才有所进展。1913年，米泽斯（von Mises）从纯数学角度提出了另一新的屈服准则——米泽斯屈服准则。1923年，亨基（H. Hencky）和普朗特（L. Prandtl）论述了平面塑性变形中滑移线的几何性质。1930年，罗伊斯（A. Reuss）根据普朗特的观点提出了考虑弹性应变增量的应力-应变关系。至此，塑性理论的基础已经奠定。

德国学者卡门（von Karman）最早将塑性理论用于金属塑性加工，他在1925年用初等方法求出了轧制时的应力分布规律。萨克斯（C. Sachs）和齐别尔（E. Siebel）在研究拉丝过程中提出了相似的求解方法——切块法（又称主应力法）。此后，人们对塑性成形过程的应力、应变和变形力的求解逐步建立了许多理论求解方法，如滑移线法、工程计算法、变形功法、上限法、上限元法、逐次单元分析法、视塑性法等。随着计算机技术的发展，有限元方法在塑性成形力学分析中起到了重要的作用，它可以模拟材料的变形和在流动过程中发生的一系列现象，帮助人们分析缺陷产生的原因和采取相应的预防措施；还可以对模具的受力状况进行分析，通过改进结构来提高模具的强度。塑性成形力学理论将随着对大量工程问题的进一步认识、研究和解决而得到不断的完善与发展。

0.3 材料成形原理课程的任务与内容

“材料成形基本原理”是材料成形及控制工程专业的技术基础课。本课程的任务是对材料的凝固成形、焊接成形、塑性成形、粉末成形和聚合物成形等近代材料成形技术中共同的物理现象、基本规律以及各种成形技术的基本原理、理论基础、分析问题的方法加以阐述，使学生对材料成形过程及原理有深入的理解，为后续的成形加工方法、设备控制等课程的学习，为开发新材料和新的成形技术奠定理论基础。

本书将材料成形中的凝固结晶、化学与物理冶金等共性技术进行整合构成第1篇；将材料塑性成形力学原理整合构成第2篇。本书共分两篇20章，主要包括以下内容：

1）液态金属和合金的结构、性质，液态金属的充型能力。

2）金属与合金凝固结晶的基本概念与基本原理，以及结晶过程中的伴随现象与材料凝固组织形成规律和控制方法。

3）铸造成形及焊接成形过程中的物理、化学冶金现象和内部规律。

4）金属塑性成形的力学基础、塑性成形的基本原理和分析方法。

5）成形质量分析和控制方法。

第1篇

材料成形过程中的凝固与冶金原理

第 1 章　液态金属的结构与性质

1.1　引言

自然界有千万种不同的液体，按液体结构和内部作用力的不同可将其分为：原子液体（如液态金属、液化惰性气体）、分子液体（如极性与非极性分子液体）和离子液体（如各种简单的及复杂的熔盐）等。

在物质三态中，相对于固态和气态，人类对液态结构及性质的认识最为不足。19 世纪后期人类对气态已形成了较为统一的认识，并可借助范德华方程等一系列修正后的气体状态方程式来描述实际气体的状态和性质；20 世纪，由于量子理论及现代试验手段（如各种衍射、显微技术等）的发展，人们可以利用晶体点阵类型和相应参数精确地描述固态微观结构，并结合能带、电子等理论来分析固体物质的各种性能；而液体的情况要复杂得多。

将液体的表观特征与固体及气体进行比较：①液体最显著的性质之一是具有流动性，不能够像固体那样承受剪切应力，表明液体的粒子间的结合力没有固体中强，这一点类似于气体；②液体可完全占据容器自由表面以下的空间并取得其内腔的形状，这一点也与气体相似；③液体与固体一样，具有自由表面，而气体却不具有自由表面；④与固体类似，液体可压缩性很低，而这一点与气体又恰恰相反。

液体的性质包括：熔点、沸点、密度、黏度、电导率、热导率和扩散系数等物理性质；比定压热容、比定容热容、熔化和汽化潜热、表面张力等物理化学性质；蒸气压、膨胀和压缩系数及其他热力学性质等。

液态金属的结构和性质直接影响到材料成形过程中的冶金反应、凝固行为和组织，例如：铸造合金及焊接熔池精炼时去除有害杂质和气体的效果，除受热力学因素影响外，还受到反应物和生成物在金属熔体及渣相中的扩散速度的影响；熔炼炉的“大熔池”及焊接的

“小熔池”中熔渣的工艺性，如覆盖性（影响对合金液的保护能力）、成形性、分离性（脱渣难易程度）等，与熔渣-金属液之间的界面张力、渣液自身的表面张力、熔渣的黏度、熔渣-金属的熔点之差等因素相关；凝固过程的形核及晶体生长的热力学与液体的界面张力、潜热等性质有关；探索凝固的微观机制需要人们深入地了解熔体的结构信息。

诚然，人类对液态的认知比固态和气态要肤浅得多，目前仍没有成熟的理论模型给予液体结构满意的描述，但人类对液体的研究从未间断过，取得了许多瞩目的阶段性成就，特别是近年来对液体结构的研究有了许多新的突破。液态物质的各项性质主要取决于其结构，本章将以液态金属为例，概要介绍有关液体结构方面的知识，以及近年来新的突破和新的认识。对液体的性质，主要讨论与液态成形相关的黏度和表面张力。液态金属的各项性质对材料成形过程的具体影响将在后续章节中详细论述。

1.2　液态金属的结构

1.2.1　液体与固体、气体结构比较及衍射特征

现代晶体学表明，晶体的原子以一定方式周期排列在三维空间的晶格结点上，表现出平移、对称性特征，同时原子以某种模式在平衡位置上做热振动。相对于晶体这种原子有序排

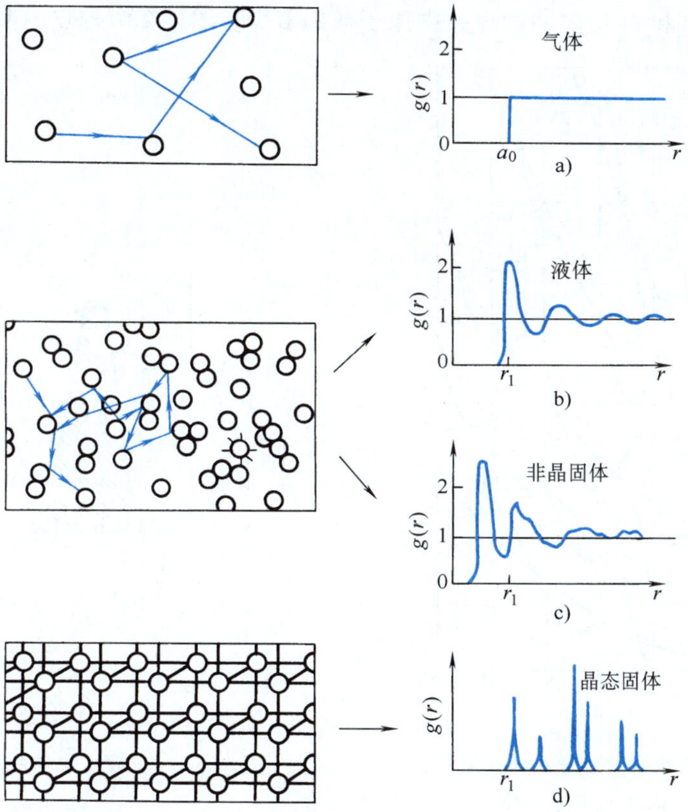

图 1-1　气体、液体、非晶及晶态固体的结构特点及衍射特征

列，气体的分子、原子不停地做无规律运动，其分子平均间距比分子的尺寸要大得多，气体分子的统计分布相对于任何一个分子而言是均匀的，在空间分布以完全无序为特征。液体的原子分布相对于周期有序的晶态固体是不规则的，液体结构宏观上不具备平移、对称性，表现出长程无序特征；而相对于完全无序的气体，液体中存在着许多不停“游荡”着的局域有序的原子集团，液体结构表现出局域范围的近程有序（Short Range Ordering）。

图 1-1 所示为描述不同类型物质结构的示意图以及对应的偶分布函数特征 $g(r)$。对于粒子数为 N、体积为 V 的任一体系，偶分布函数 $g(r)$ 的物理意义是距某一参考粒子 r 处找到另一个粒子的概率。换言之，表示离开参考原子（处于坐标原点 $r=0$）距离为 r 位置的数密度 $\rho(r)$ 对于平均数密度 $\rho_o(=N/V)$ 的相对偏差。若 $g(r)=1$，则表示该位置的原子数密度等于整体液体系统的平均数密度 ρ_o。对于气体，由于其粒子（分子或原子）统计分布的均匀性，其偶分布函数 $g(r)$ 在任何位置均相等，呈一条直线 $g(r)=1$，图中 a_0 表示气体中粒子的平均自由程。晶态固体因原子以特定方式周期排列，其 $g(r)$ 以相应的规律呈分立的若干尖锐峰。液体的 $g(r)$ 出现若干渐衰的钝化峰直至几个原子间距后趋于直线 $g(r)=1$，表明液体的原子集团（短程有序的局域范围）半径只有几个原子间距大小。非晶固体的 $g(r)$ 与液体相似，但往往以第二峰劈裂为特征。对液体（或非晶固体），对应于 $g(r)$ 第一峰的位置，$r=r_1$ 表示参考原子至其周围第一配位层各原子的平均原子间距，由于衍射所获得的 $g(r)$ 具有统计平均意义，r_1 也表示某液体的平均原子间距。

对应于 $g(r)$，通常将 $4\pi r^2\rho_o g(r)$ 称为径向分布函数（Radical Distribution Function—RDF），它表示在 r 和 $r+dr$ 之间的球壳中原子数的多少。图 1-2 中带点的曲线为稍高于熔点

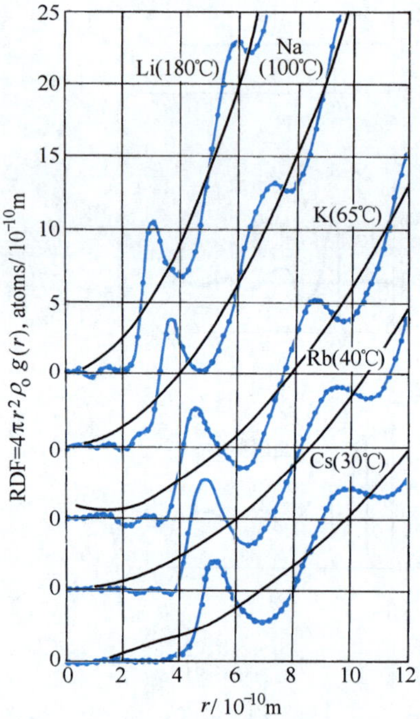

图 1-2 稍高于熔点时液态碱金属（Li、Na、K、Rb、Cs）的径向分布函数（RDF）

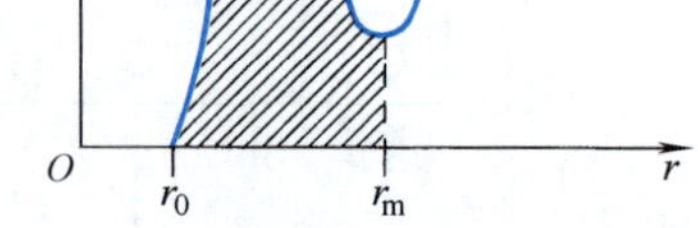

图 1-3 液体配位数 N_1 的求法

$$(N_1=\int_{r_0}^{r_m}4\pi\rho_o g(r)r^2 dr)$$

时各种液态碱金属的径向分布函数 RDF，不带点的抛物线为 $4\pi r^2\rho_o$[即 $g(r)=1$]的情况。RDF 第一峰之下的积分面积，即所谓配位数 N_1，它表示参考原子周围最近邻（即第一壳层）原子数，如图 1-3 所示。N_1 与 r_1 一起被认为是液体最重要的结构参数，因为它们描绘了液体的原子排布情况。

为了更深入地理解液态金属的结构特征，下面从固体金属原子间的相互作用力、加热膨胀及熔化过程来比较液体与固体的区别与联系。

1.2.2　由物质熔化过程认识液体结构

1. 原子间作用力及作用势

在物质的双原子模型中，两个原子间的相互作用力 F 及相互作用势能 E 与原子间的距离 R 的关系如图 1-4 所示。两个原子间的相互作用既有吸引，也有排斥。无论物质采取什么方式结合，吸引都是来自于异号电荷间的库仑相互作用；排斥则一方面来自同号电荷间的库仑相互作用，另一方面也来自于泡利不相容原理决定的电子间相互作用。引力与斥力如图 1-4a 中的虚线所示，它们的综合作用即为两原子间的相互作用力 F（图 1-4a 中实线所示的合力）。当 $R\to\infty$ 时，$F\to 0$。当两个原子靠近时，原子间产生吸引力（$F<0$），并随距离的缩短而增大。随着距离继续缩短，到达 $R=R_1$ 时，F 为最大吸引力。距离再缩短时，吸引力又逐渐减小，当达到 $R=R_0$ 时，相互作用力等于零（$F=0$），此时 R_0 为平衡距离。当距离小于平衡距离 R_0 时，出现排斥力（$F>0$），并随距离的继续缩短而迅速增大。

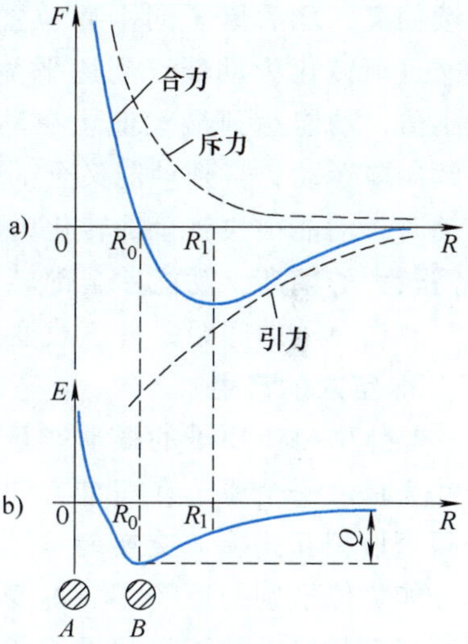

图 1-4　两个原子间的相互作用力及相互作用势能

两个原子的相互作用势能 $E(R)$ 的曲线如图 1-4b 所示。当 R 由 R_0 增加 $\mathrm{d}R$ 时，力 F 就靠势能 $E(R)$ 减小做外功 $F\mathrm{d}R$，因此得到 $F(R)\,\mathrm{d}R=-\mathrm{d}E(R)$，或 $F(R)=-\dfrac{\mathrm{d}E(R)}{\mathrm{d}R}$。

当 $R=R_0$ 时，$F(R_0)=0$，即 $F(R_0)=-\left|\dfrac{\mathrm{d}E(R)}{\mathrm{d}R}\right|_{R=R_0}=0$。

对应于能量的极小值，状态稳定，原子之间倾向于保持一定的间距，这就是在一定条件下，晶体中的原子具有一定排列的原因。

当 $R=R_1$ 时，吸引力最大，即 $\dfrac{\mathrm{d}F(R)}{\mathrm{d}R}\Bigg|_{R=R_1}=-\dfrac{\mathrm{d}^2E(R)}{\mathrm{d}R^2}\Bigg|_{R=R_1}=0$，对应于能量曲线的拐点。

2. 金属的加热膨胀

固体物理指出，只要晶体温度高于热力学温度 0K，则晶体中每个原子皆在平衡位置附近振动，即所谓热振动。温度升高时振动能量增加，振动频率和振幅加大。这里以双原子为模型（图 1-5），假设左边的原子在坐标原点被固定，右边的原子是自由的。温度升高时，右边自由振动原子的振幅增大，此时若该原子以 R_0 为原点做简谐振动，则其平衡位置仍是

R_0，就不会发生膨胀。其实，势能曲线极不对称，向右是水平渐近线，向左是垂直渐近线。当温度升高，能量从 E_0 升高到 E_1、E_2、E_3、E_4 时，其间距（振幅中心位置）将由 R_0 增大到 R_1、R_2、R_3、R_4，原子间距离将随温度的升高而增加，即产生热膨胀。在对应温度的平衡位置，原子循环往复做热振动，偏离平衡位置时，势能升高而动能降低。当动能全部转化为势能时，原子则不能继续偏离，之后原子向平衡位置做返回运动，势能又逐渐转化为动能。到达平衡位置时，势能为最小值，动能达到最大值。在动能作用下，原子继续向前运动，直到动能又全部转化为势能。如前所述，由于势能曲线是极不对称的，向左振动时，动能很快就全部转化为势能，原子所能达到的最大偏离位置较小。而向右振动时，则需较大的偏离，动能才全部转化为势能，振幅的中心位置则由 $R_0 \to R_1 \cdots$。但是，这种膨胀只改变原子的间距，并不改变原子排列的相对位置。

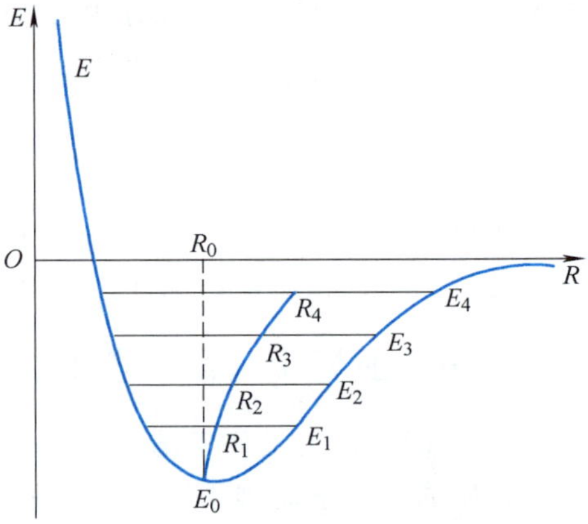

图 1-5 加热时原子间距的变化

3. 空穴的产生

晶体中每个原子的振动能量不是均等的，其振动方向杂乱无章。每个原子在三维方向都有相邻的原子，它们之间频繁地相互碰撞，交换能量。在碰撞时，有的原子将一部分能量传给别的原子，而本身能量降低，结果是每时每刻都有一些原子的能量超过原子的平均能量，有些原子能量则远小于平均能量，这种能量的不均匀性称为**能量起伏**。由于能量起伏，一些原子可能越过势垒跑到原子之间的间隙中或金属表面，而失去大量能量，在新的位置上做微小振动，如图 1-6 所示。一旦有机会获得大的能量，原子又可以跑到新的位置上。如此下去，它可以在整个晶体中“游动”，这个过程称为**内蒸发**。原子离开点阵则留下自由点阵——空穴（图 1-6 中空位）。空穴的产生使局部地区能垒降低，邻近的原子则进入空穴位置，造成空穴的移动。这样，在实际晶体中，除了按一定点阵排列的原子外，尚有离位原子和空穴。通常，空穴首先产生于金属表面，再从表面向内部扩展。温度越高，原子的能量就越大，产生的空穴数目越多，从而使金属膨胀。在熔点附近，空穴数目可达原子总数的 10%左右。因此，除了原子间距增大造成膨胀之外，空穴的产生也是物体膨胀的一个原因。

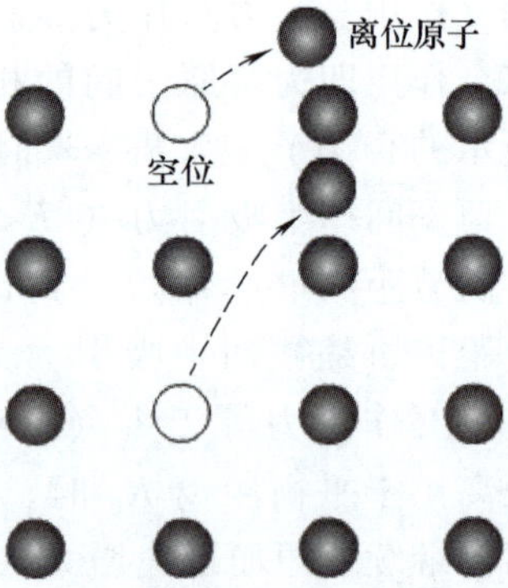

图 1-6 空穴的产生

4. 金属的熔化

当金属加热到接近熔点时，由于原子动能升高，晶粒内部原子的跳跃频率增大，离位原子和空穴的数目大为增加。晶界上的原子则可能脱离原晶粒表面，向邻近晶粒跳跃，晶粒逐渐失去固定形状。将金属加热至熔点时，金属体积突然膨胀 3%~5%，相当于固态金属从热力学温度 0K 加热到熔点前的总膨胀量。金属的其他性质如电阻、黏度等发生突变，吸收大量热能——熔化潜热，而金属的温度不升高。这些突变现象是不能仅仅用离位原子和空穴数目的增加予以解释的，因为空穴数目的增加不可能是突变的。因此，对于这种突变，应当理解为金属已经熔化，已由固态转变为液态，即由于发生状态改变而造成的。从图 1-4 中可以看出，假设在熔点附近原子间距达到了 R_1，原子具有很高的能量，很容易超过势垒而离位，但是在相邻原子最大引力的作用下，仍然要向平衡位置运动，虽然此时离位原子和空穴大为增加，但是金属仍表现为固体性质。若此时从外界供给足够的能量——熔化潜热，使原子间距超过 R_1，原子间的引力急剧减小，从而造成原子结合键突然破坏，金属则从固态进入熔化状态。

上述变化完全符合热力学条件，外界所供给的潜热除了使体积膨胀做功外，还增加系统的内能。在恒压下有

$$\delta q = d(u + pv) = du + pdv = dH$$

式中，δq 为外界供给的热能；u 为内能；pdv 为膨胀功；H 为热焓。

等温等压下熵值 S 的增量为

$$dS = \frac{\delta q}{T} = \frac{1}{T}(du + pdv)$$

系统熵值的突变（增加）表示原子排列趋于紊乱，即物质结构的有序度陡然降低；体积的突然变化表明熔化后原子间距发生突变；而内能的突然增大必然引起液态物质的能量起伏程度明显高于晶态物质。因此，熔化是金属由规则的原子排列变为紊乱的非晶质结构的过程，所形成液体的平均原子间距 r_1 及配位数 N_1 已与晶体完全不同，其各项性质也必然发生质的改变。然而，熔化过程并不意味着原子间结合力的全部打破，物质结构也非趋于完全无序。

相对于汽化过程而言，物质熔化时体积变化、熵变（及焓变）一般均不大，见表 1-1。金属熔化时典型的体积变化率 $\Delta V_m/V$（多为增大）为 3%~5%，表明液体的原子间距接近于固体，在熔点附近液态系统的混乱度只是稍大于固体而远小于气体的混乱度。另一方面，金属的熔化潜热 ΔH_m 比其汽化潜热 ΔH_b 要小得多（表 1-2），为汽化潜热的 1/15~1/30，表明熔化时其内部原子结合键只有部分被破坏。在表 1-1 及表 1-2 中，T_m 为熔化温度（Melting Temperature），T_b 为汽化温度（Boiling Temperature）。

表 1-1 几类晶体物质熔化过程的体积变化（$\Delta V_m/V$）及熵变（ΔS_m）

晶态物质	结构类型	T_m /K	$\Delta V_m/V$ (%)	ΔS_m /J·K^{-1}·mol^{-1}	晶态物质	结构类型	T_m /K	$\Delta V_m/V$ (%)	ΔS_m /J·K^{-1}·mol^{-1}
Na	bcc	370	2.6	7.03	Zn	hcp	692	4.08	10.7
Sc	bcc	302	2.6	6.95	Sn	complex	505	2.4	13.8
Fe	bcc/fcc	1809	3.6	7.61	Ga	complex	303	-2.9	18.5
Al	fcc	931	6.9	11.6	N_2	—	63.1	7.5	2.7
Ag	fcc	1234	3.51	9.16	Ar	—	83.78	14.4	3.36
Cu	fcc	1356	3.96	9.71	CH_4	—	90.67	8.7	2.47
Mg	hcp	924	2.95	9.71					

表 1-2 几种晶体物质的熔化潜热（ΔH_m）和汽化潜热（ΔH_b）

元素	T_m /℃	ΔH_m /kcal·mol^{-1}	T_b /℃	ΔH_b /kcal·mol^{-1}	$\Delta H_b/\Delta H_m$	元素	T_m /℃	ΔH_m /kcal·mol^{-1}	T_b /℃	ΔH_b /kcal·mol^{-1}	$\Delta H_b/\Delta H_m$
Al	660	2.50	2480	69.6	27.8	Zn	420	1.73	907	27.5	16.0
Au	1063	3.06	2950	81.8	26.7	Cd	321	1.53	765	23.8	15.6
Cu	1083	3.11	2575	72.8	23.4	Mg	650	2.08	1103	32.0	15.4
Fe	1536	3.63	3070	81.3	22.4						

注：1kcal=4.1868kJ。

由此可见，金属的熔化并不是原子间结合键的全部破坏，液态金属内原子的局域分布仍具有一定的规律性。可以说，在熔点（或液相线）附近，液态金属（或合金）的原子集团内短程结构类似于固体，而与气体截然不同。但需要指出，在液-气临界点 T_c，液体与气体的结构往往难以分辨，说明接近 T_c 时，液体的结构更接近于气体。

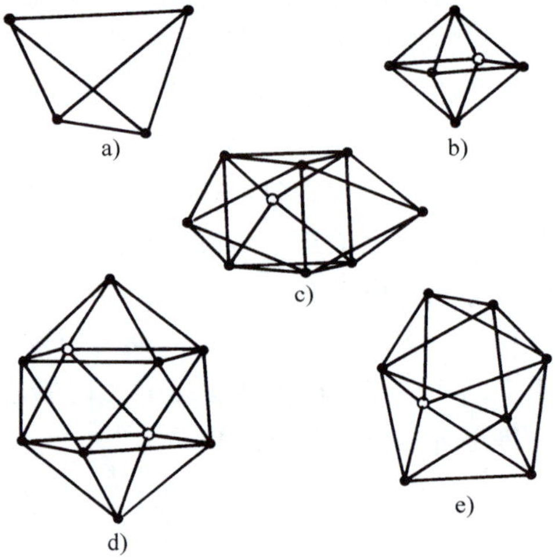

图 1-7　无规密堆结构中五种多面体间隙

a）四面体　b）八面体　c）四方十二面体

d）三角棱柱多面体　e）阿基米德反棱柱多面体

1.2.3　液态金属结构的理论模型

半个多世纪以来，人们提出了很多理论模型来描述液体的结构，其中多数以像液态金属这样的简单液体为研究对象。下面就颇具影响的几种典型模型做简要介绍。

1. 晶体缺陷模型

如前所说，在研究熔化现象及其规律的过程中人们发现，金属熔化时体积和能量的改变很小。液体与固体金属的这些相似性激发人们在早期研究中发展了液体结构的各种缺陷模型。它们几乎与每一种晶体缺陷相对应，诸如微晶模型、空穴模型和位错模型等。这些模型及其相应的理论在解释液体的性质和一些特有的现象方面均取得了一定的成果。然而，这些模型的致命弱点就是其理论基础均来源于在液体中根本不存在的长程有序，因此都具有各自的局限，特别是在热力学参数的估算方面存在着严重的不足。

2. 无规密堆硬球模型（RCP：Random Close Packing——Bernal 多面体）

Bernal 领导的小组提出以无规堆积的硬球描述液体的结构。在构建液体结构几何模型的实验中，他们用无规密堆铁球灌以油漆，固化后球与球相邻处留下漆斑，借以构建以球的中心为各个结点的间隙多面体，并统计配位数分布及平均值。其研究结果指出，液态结构中存在五种间隙多面体类型（图 1-7），在数量上统计分布分别为：

四面体	73%
八面体	20%
三角棱柱多面体	3%
四方十二面体	3%
阿基米德反棱柱多面体	1%

Bernal 认为，这些多面体显然相互关联，彼此分享相接触的多边形面及其交线，构成了液体的空间网络拓扑结构。这种液体结构状态为单一的、随时间和空间变化的相，多面体的体积和比例也随温度而连续改变。

无规密堆硬球模型形象地描述了液体远程无序而近程有序特征，为奠定液体结构的统计几何基础做出了重要贡献。此外，因按其统计结果获得的偶分布函数 $g(r)$ 与液态 Ar 的衍射实验结果能很好地吻合，对液体及非晶的衍射方法和结果的可信度提供了直观的例证。因此，无规密堆硬球模型被视为液体结构模型的一个重要里程碑。但它不能解释晶体熔化相变的不连续性，而且难以描述液体分子或原子不停地做热振动的特征。

3. 液态金属结构的综合模型

该模型认为，一方面，液态金属中的原子频繁移位和热振动所引起的能量交换，不同原子能量有高有低，同一原子的能量也随时间和空间的变化而时高时低，即存在"能量起伏"现象。另一方面，液态金属是由大量不停"游动"着的原子团簇组成，团簇内为某种有序结构，团簇周围是一些散乱无序的原子。这些原子团簇不断地分化组合，由于"能量起伏"，一部分金属原子（离子）从某个团簇中分化出去，同时又会有另一些原子组合到该团簇中，此起彼伏，不断发生着这样的涨落过程，似乎原子团簇本身在"游动"一样，团簇的尺寸及其内部原子数量都随时间和空间发生着改变。这种现象称为"结构起伏"。在特定的温度下，虽然有"能量起伏"和"结构起伏"的存在，但对于某一特定的液体，其团簇的统计平均尺寸是一定的。然而，原子团簇平均尺寸随温度变化而变化，温度越高原子团簇平均尺寸越小。

4. 液体结构及粒子间相互作用的理论描述

在液体结构定量计算上，人们也提出了很多理论模型及其方程。通常是以不同的理论近似，通过建立偶分布函数 $g(r)$ 与偶势 $u(r)$（"原子对"之间的相互作用势能随原子空间距离 r 的变化函数）的关系，或在获知偶势 $u(r)$ 的条件下，可直接计算得到给定液体的 $g(r)$。也可由衍射的方法进行实验，经数学变换获得液体的 $g(r)$，以及第一配位层的平均原子间距 r_1、配位数 N_1、原子团簇半径 R_c 等结构参数，也可由 $g(r)$ 反推出液体的偶势 $u(r)$。另外，这类理论还建立了一系列数学关系，可通过液体的 $g(r)$ 和内能来计算液态系统的热力学参量和物理性质，如熵 S、亥姆霍兹自由能 F、比定容热容 c_V 及比定压热容 c_p、等压膨胀系数 α_p、等温压缩系数 χ_T、密度 ρ、黏度 η 及表面张力 σ 等。这类理论属于液态物理范畴，这里不做详细介绍。

1.2.4 实际金属的液态结构

前面描述了理想纯金属的液态结构。由于"能量起伏"，液体中大量不停"游动"着的局域有序原子团簇时聚时散、此起彼伏而存在"结构起伏"。实际金属的现象还要复杂得多，除了"能量起伏"及"结构起伏"，还同时存在着"浓度起伏"。

理想纯金属是不存在的，即使非常纯的实际金属中也会存在着大量杂质原子。假设含Fe99.999999%的纯铁（实际金属很难达到如此高的纯度），即杂质量为 10^{-8}，每摩尔体积（$7.1cm^3$）中总的原子数为 6.023×10^{23}，则每 $1cm^3$ 铁液中所含杂质原子数约相当于 10^{15} 数量级。这些杂质往往不只是一种，而是多种多样的，它们在液体中不会很均匀地分布，而且存在方式也是不同的，有的以溶质方式，有的与其他原子形成某些化合物（液态、固态或气态的夹杂物）。

当液态金属中存在第二组元时（如合金），情况更加复杂。由于同种元素及不同元素之间的原子间结合力存在差别，结合力较强的原子容易聚集在一起，把别的原子排挤到别处，表现为游动原子团簇之间存在着成分差异，而且这种局域成分的不均匀性随原子热运动在不时发生着变化。这一现象称为"浓度起伏"。比如，若同类原子间（A—A、B—B）的结合力比异类原子间（A—B）结合力大，则 A—A、B—B 原子易聚集在一起，而形成富 A 及富 B 的原子团簇，在游动原子团簇中有的 A 种原子多，有的 B 种原子多。如果 A—B 原子间的结合力较强，足以在液体中形成新的化学键，则在热运动的作用下，出现时而化合，时而分解的分子，也可称为临时的不稳定化合物，或者，在低温时化合，在高温时分解。例如，高温时 S 在铁液中可以完全溶解，而在较低温度下则可能出现 FeS。当 A—B 原子间结合非常强时，则可以形成比较强而稳定的结合，在液体中就出现新的固相（如氧在铝中形成 Al_2O_3，氧与铁中的硅形成 SiO_2 等）或气相。一般来说，相图上具有较稳定的化合物的合金，在一定的成分范围内熔化以后，过热度不高的情况下，在液态中容易保留相近成分的化学短程有序的局域结构。此外，“浓度起伏”的存在，使实际液态金属的“结构起伏”更为突出和复杂。

实际金属比上述现象还要复杂。因为：①工业应用的金属主要是多元合金；②原材料中存在多种多样的杂质，有些杂质的化学分析值虽然不高，甚至低于 10^{-4} 量级，但其原子数仍是惊人的；③在熔炼和熔焊过程中，金属与炉气（或焊接气氛）、熔剂、炉衬的相互作用还会吸收气体带进杂质，甚至带入许多固、液质点。因此，实际金属的液态结构非常复杂，也存在着游动原子团簇、空穴以及能量起伏，在原子团簇和空穴中溶有各种各样的合金元素及杂质元素，由于化学键力和原子间结合力的不同，还存在着浓度起伏以至成分和结构不同的游动原子团簇；在一些化学亲和力较强的元素的原子之间还可能形成不稳定的（临时的）或稳定的化合物。这些化合物可能以固态、气态或液态出现，有一部分在液态金属的保持过程中上浮或下沉，而有相当一部分则悬浮于液态金属中，成为夹杂物（多数为非金属夹杂物）。

总之，实际金属和合金的液体由大量时聚时散、此起彼伏游动着的原子团簇、空穴所组成，同时也含有各种固态、液态或气态杂质或化合物，而且还表现出能量、结构及浓度三种起伏特征，其结构相当复杂。这里只是在总体上提供了一些定性的传统描述，至于更为科学的定量描述以及各种不同熔体结构的具体认识，还有待于人们不断探索。

1.2.5　对液态金属结构的再认识及研究新进展㊀

1. 液体结构“短程有序”的进一步认识

热力学上，液体是各向同性的均匀体。虽然液体结构的“短程有序”很早就被提出，且为一些理论模型所支持，但近几十年的研究结果却赋予了“短程有序”丰富、具体的物理内涵。20 世纪 70 年代 Ubbelohode 在其专著《The Molten State of Matter》中就曾指出，在液相线(或熔点)以上不很高的温度范围内称为“熔体”(Melt)比“液体”(Liquid)更加妥帖。衍射实验及计算机模拟结果表明，单组元液体中存在着“拓扑短程序”(Topological Short-range)，而像合金这样的多组元液体中则可能同时存在“化学短程序”(CSRO—Chemical Short-range Ordering)。

Richter 等人利用 X 线衍射、中子及电子衍射手段，对碱金属、Au、Ag、Pb 和 Tl 等熔体进行了十多年的系统研究，经过仔细分析结果认为，液体中存在着拓扑球状密排结构以及层状结构（图 1-8），它们的尺寸范围为 $10^{-6} \sim 10^{-7}$cm。

许多不同研究者发现，Sn、Ge、Ga、Si 等固态具有共价键的单组元液体，其原子间的共价键并未完全消失，存在着与固体结构中对应的四面体局域拓扑有序结构。

㊀ 若教学课时安排有限，本部分可不作为课堂教学内容。在此情况下，感兴趣的读者可自行研读。

Frank 研究液体与非晶的结构提出，在液相线附近和较大过冷度条件下，简单金属液体中存在着大量的二十面体原子集团（图 1-9），其原因在于该结构的能量比密排六方（hcp）及面心立方（fcc）的密排原子集团低 8%。而 Reichert 于 2000 年在《自然》杂志上撰文报道，观察到了液态 Pb 局域结构的五重对称性及二十面体的存在，并推测二十面体存在于所有的单组元简单液体。随后 Spaepen 总结认为，简单液体中存在着许多种五重对称性的局域结构，并称这是液体结构领域的重要结论。

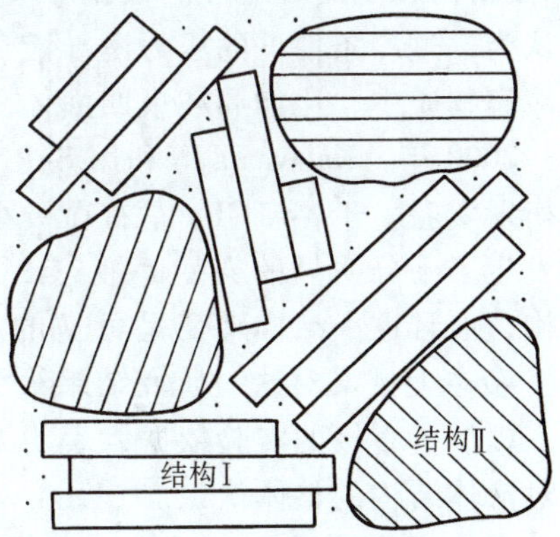

图 1-8　液体金属球状密排结构以及层状结构

研究表明，多组元液体中则可能同时存在拓扑短程序和化学短程序。电负性差别较大的二元液态体系，一般具有负的混合热，异种原子之间的吸引力强，并存在着电荷转移，势必影响原子间距和配位数，并可能形成化学短程序。如在 Li-Pb、Cs-Au、Mg-Bi、Mg-Zn、Mg-Sn、Cu-Ti、Cu-Sn、Al-Mg、Al-Fe 等固态具有金属间化合物的二元熔体中均发现有化学短程序的存在。

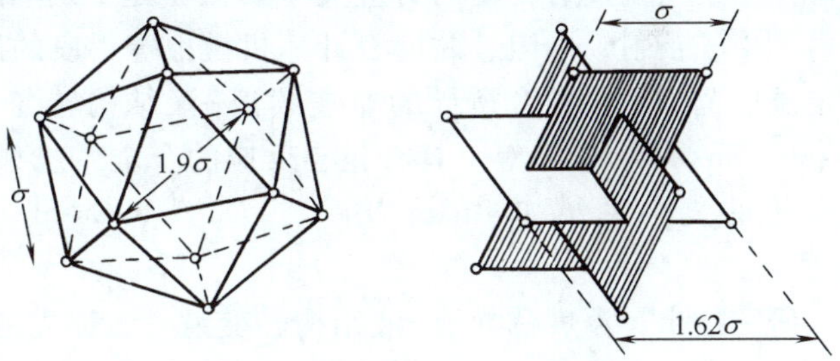

图 1-9　液体中由 12 个原子构成的二十面体结构及其分解的三个正交矩形平面

20 世纪 90 年代以来，对于尺寸较大的拓扑及化学有序提出了中程序的概念，认为对应于径向分布函数 RDF 第一及第二峰的最近邻和次近邻配位层以内的有序性为短程序，范围一般为 0.3～0.5nm。而中程序则处在大于短程序但远小于晶体的长程序的有序情况，范围一般为 2.0nm 以内。Li-Pb、Na-Sn、Cs-Tl 和三溴化物 MBr_3（M = La、Ce、Y、Dy）等合金熔体被发现既有短程序也有中程序存在。近年来，我国研究人员利用 X 衍射技术对 Al-Fe 等合金熔体进行了深入研究，也发现中程序的存在可能，并提出了 Al-Fe 熔体中程序的超结构模型。

2. 液-液结构转变新发现及启示

前面已讨论过，在离液相线不太远的温度范围，液体中存在着拓扑或化学短程甚至中程有序结构。其系统熵（混乱度）接近于固体而远小于气体。另一方面，液态物理指出，在物质温度-压力相图的液-气临界点 T_c，液体和气体的结构难以分辨。也就是说，此时的液体结构接近于气体。然而，液体在这两种状态之间结构情况如何？随温度和压力有无转变？如何转变？人们知之甚少。传统的观念一直认为，液体的结构及性质随温度和压力的升高而缓慢地连续变化。这一传统观念的影响是巨大的，以至于在相关专著和教科书上，液态物质的各种性质对温度 T 的关系无一例外地被表达为连续函数。比如，液体的比定压热容 c_p 常表达为 T 的二次多项式，而密度、电阻等物理性质则表达为 T 的一次（线性）函数。

（1）**压力诱导液-液结构转变的发现**　近年，人们发现液态 Ga、Cs、Se、I、、Bi、Te 等元素以及石墨熔体的某些物理性质随压力出现异常变化，提示其间发生变化压力诱导非连续液-液结构转变的可能性。根据一些现象，1997 年 Poole 在《科学》杂志上撰文从理论上分析认为，过冷条件下的压力诱导液-液结构转变容易发生在低压下具有开放型配位的分子结构液态物质中，比如局域呈四面体分子的单组元液体 Si、Ge、C、SiO_2、GeO_2 及 H_2O。

2000 年，Katayama 等利用 S-Pring8 第三代同步辐射装置对液态 P 做了细致的高压 X 射线衍射实验。于 p=1GPa 左右在极小的压力差范围内（小于 0.02GPa）发现其结构仅几分钟就发生了十分明显的突变，液态 P 由低密度（2.0g/cm^3）结构转变成高密度（2.8g/cm^3）结构，而且这一结构转变是可逆的。这项研究立即引起科学界高度重视，McMillan 在《自然》杂志上撰文对这一研究结果给予了极高的评价：第一次为压力诱导型非连续液-液结构转变提供了直接的实验依据，表明人类必须修正传统的液体结构连续变化的观念，并重新考虑对液体结构的整体认识。

（2）温度诱导液-液结构转变的发现　上述压力诱导液-液结构转变均发生在高压或深过冷条件下，且均为单组元液体。而合金熔体在液相线以上是否会发生温度诱导的非连续液-液结构转变呢？其实，在研究熔体热历史对凝固组织影响的许多工作中，人们早就意识到熔体结构与温度有一定的对应关系。尤其是 21 世纪以来，以内耗技术、热分析、液态 X 衍射、中子衍射、电阻、黏度、计算机模拟等手段的研究揭示，一些合金熔体在液相线以上一定温度范围发生温度诱导的非连续液-液结构转变，包括简单共晶类合金系统如 Pb-Sn、Pb-Sb、Sn-Bi、Al-Si 等，具有包晶反应的合金系统如 Pb-Bi、In-Sn、Pb-In 等，具有金属间化合物的复杂系统如 Bi-In、Bi-Te、Cu-Sn、Cu-Sb、Sn-Sb、In-Sb 等，匀晶系合金如 Bi-Sb 等。

研究指出，温度诱导液-液结构转变过程，原先的短程有序团簇（拓扑短程序或化学短程序）被打破而消散，从而形成新的短程有序团簇，其尺寸更小、有序度降低，液态系统变得更加均匀。In-80%Sn（质量分数）合金液的衍射结果表明，液-液结构转变过程中配位数 N_1 和原子间距 r_1 出现不连续异常变化，原子团簇半径 R_c、团簇原子数 N_c 及有序度（参量 $\zeta=R_c/r_1$）转变后期突然下降。此外，温度诱导液-液结构转变存在可逆及不可逆两种类型，一些液态系统的结构与性质在升降温过程中呈可逆行为，而另一些呈不可逆性。如 U. Dahlborg 等人通过小角度中子散射（SANS）和中子衍射对铝硅合金熔体结构与温度的关系进行研究后指出，共晶铝硅合金［Al-12.2%Si（摩尔分数）］的转变为部分可逆，而过共晶铝硅合金［Al-20%Si（摩尔分数）］熔体结构则以完全不可逆的方式发生了变化。

短程序和中程序的不断被发现，获得了原子团簇的微观和介观信息及丰富的物理图像，使得对液体的结构认识更接近客观实际。压力及温度诱导非连续液-液结构转变现象，揭示了液体结构和性质并非一定随压力或温度呈连续变化，J. A. White 在综述大量文献所发现的这类现象时指出，此类现象提示液体从熔点到液-气临界点之间可能存在多个转变的临界点。随着对液态物质结构的深入研究，人类将不断发现有关液体结构新的现象，从而逐步加深对液态物质结构本质的认识，必将对凝固微观机制及新材料的研究与开发产生深远的影响。

1.3　液态金属的黏度

1.3.1　黏度的概念及物理意义

黏度是根据牛顿（Sir Isacc Newton）提出的数学关系式来定义的

$$\tau=\eta\frac{\mathrm{d}v_x}{\mathrm{d}y} \quad (1\text{-}1)$$

式中，τ 为平行于 x 方向作用于液体表面（x-z 面）的外加切应力，如图 1-10 所示；v_x 为液体在 x 方向的运动速度，$\mathrm{d}v_x/\mathrm{d}y$ 表示沿 y 方向的速度梯度；η 为动力黏度，简称黏度。

由于液体各原子层（间距为 δ）之间的内摩擦力，液体第一原子层沿应力方向运动受第二层阻碍，第二层受第三层阻碍……内摩擦阻力越大，则每一原子层相对于下一层的运动速度差别越小，表明液体越不容易流动，则液体的黏度越大。因此，黏度 η 是液体内摩擦阻力大小的标征。

由式（1-1）可见，黏度的物理意义可视为：作用于液体表面的应力 τ 大小与垂直于该平面方向上的速度梯度 $\mathrm{d}v_x/\mathrm{d}y$ 的比例系数。应力 τ 一定时，产生的速度梯度 $\mathrm{d}v_x/\mathrm{d}y$ 大，表明液体黏度 η 低。换言之，要产生相同的 $\mathrm{d}v_x/\mathrm{d}y$，内摩擦阻力越大，即 η 越高，所需外加切应力也越大。方程式（1-1）被称为液体黏度的牛顿定律，即液体流动的速度梯度 $\mathrm{d}v_x/\mathrm{d}y$ 与切应力 τ 成正比。如果液体符合牛顿定律，则称为牛顿液体，否则称为非牛顿液体。在通常条件下，所有的液态金属均被视为牛顿液体。

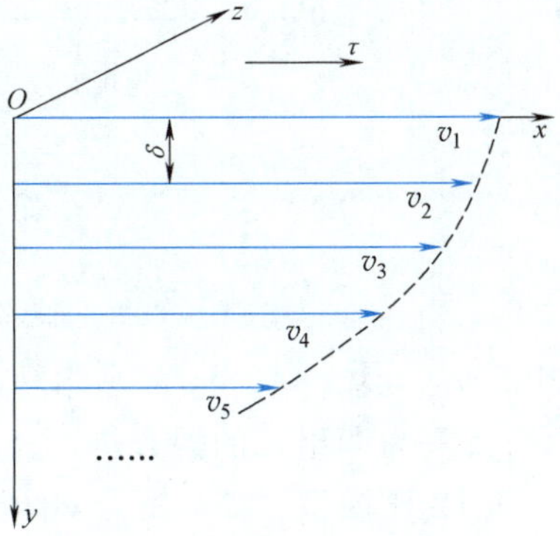

图 1-10　外力作用于液体表面的各原子层速度

液体黏度量纲为［M/(LT)］，常用单位为 Pa · s（帕 · 秒）或 mPa · s（毫帕 · 秒）。实际应用中，需注意单位换算：1kgf · s/m^2 = 9.80665Pa · s。

1.3.2　黏度的影响因素及规律

通常液体黏度与温度的关系可表达为 $\eta=C\exp(U/k_BT)$。这里 k_B 为玻尔兹曼常数，U 为无外力作用时原子之间的结合能（或原子扩散势垒），C 为常数（即 η_0），T 为热力学温度。但是，早在 1934 年 Andrade 就指出，液体的黏度与原子间距（或体积）相关。此后，不断有人就此提出相关物理模型和相关数学表达式，如

$$\eta=\frac{2k_BT}{\delta^3}\tau_0\exp\left(\frac{U}{k_BT}\right) \quad (1\text{-}2)$$

式中，τ_0 为原子在平衡位置的振动周期（对液态金属约为 10^{-13}s）。

根据式（1-2），金属液的黏度 η 随结合能 U 按指数关系增加，这可以理解为，液体的原子之间结合力越大，则内摩擦阻力越大，黏度也就越高。此外，黏度随原子间距 δ 增大而降低，与 δ^3 成反比。η 与温度 T 的关系受两方面（正比的线性及负的指数关系）所共同制约，但总的趋势随温度 T 而下降（图 1-11）。实际金属液的原子间距 δ 也非定值，温度升高，原子热振动加剧，原子间距随之而增大，因此 η 会随之下降。

合金组元或微量元素对合金液黏度的影响比较复杂。许多研究者曾尝试描述二元合金液的黏度规律，其中 M-H（Moelwyn-Hughes）模型为

$$\eta=(X_1\eta_1+X_2\eta_2)\left(1-2\frac{H^m}{RT}\right) \quad (1\text{-}3)$$

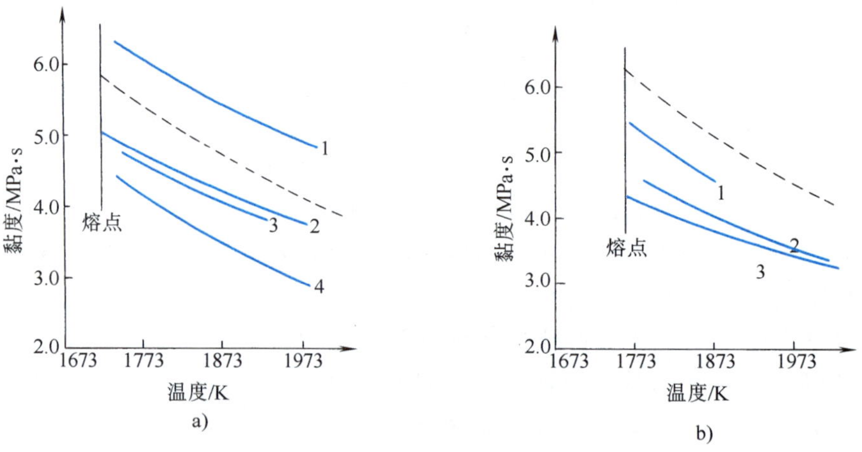

图 1-11　液体的黏度与温度的关系

a）液态镍　b）液态钴

（图中各曲线分别为不同研究者的实验结果，虚线为计算值）

式中，η_1、η_2、X_1、X_2 分别为纯溶剂和溶质的黏度及各自在溶液中的摩尔分数；R 为气体常数；H^m 为两组元的混合热。

按 M-H 模型，如果混合热 H^m 为负值，合金元素的增加会使合金液的黏度上升。根据热力学原理，H^m 为负值表明异类原子间结合力大于同类原子，因此摩擦阻力及黏度随之提高。M-H 模型得到了一些实验结果的验证。

如果溶质与溶剂在固态形成金属间化合物，则合金液的黏度将会明显高于纯溶剂金属液的黏度，这归因于合金液中存在异类原子间较强的化学结合键。当合金液中存在表面及界面活性微量元素（如 Al-Si 合金变质元素 Na）时，由于冷却过程中微量元素抑制原子集团的聚集长大，将阻碍金属液黏度的上升。通常，表面活性元素使液体黏度降低，非表面活性杂质的存在使黏度提高。

1.3.3　黏度在材料成形中的意义

黏度在金属铸造和焊接生产技术中均具有很重要的意义。为了说明问题，先引入运动黏度及雷诺数的概念。

运动黏度为动力黏度除以密度，即 $\nu=\eta/\rho$。运动黏度适用于较大外力作用下的水力学流动，此时由于外力的作用，液体密度对流动的影响可以忽略。当采用了运动黏度 ν 之后，$\nu_{金}$ 和 $\nu_{水}$ 两者近于一致。因此，在铸件浇注系统的设计计算时，完全可以按水力学原理来考虑。但是在外力作用非常小的情况下，液体金属的动力黏度 η 将起主要作用，如夹杂的上浮过程和凝固过程中的补缩等均与动力黏度 η 有关。

黏度在流体中的影响和流动性质有关，它对层流的影响远比对湍流的影响大。流动性质在什么情况下属于层流？在什么情况下属于湍流呢？这要取决于雷诺数值的大小。根据流体力学：当雷诺数 $Re>2300$ 时，为湍流；$Re<2300$ 时，为层流。以圆形管道为例，当直径为 D、流动速度为 v 时，雷诺数值 Re 的表达式为

$$Re=\frac{Dv}{\nu}=\frac{Dv\rho}{\eta} \tag{1-4}$$

在管道直径较小，或流速不大的情况下，即当雷诺数小于 2300 时，流动属于层流，此时液体的黏度将充分显示出它的作用。这是由于流动时的阻力在层流状态时受到黏度的影响远比在湍流状态时的大。设 f 为流动阻力系数，则

$$f_{层}=\frac{32}{Re}=\frac{32\eta}{Dv\rho} \tag{1-5}$$

$$f_{湍}=\frac{0.092}{Re^{0.2}}=\frac{0.092\eta^{0.2}}{(Dv\rho)^{0.2}} \tag{1-6}$$

不难看出 $f_{层}\propto\eta$；而 $f_{湍}\propto\eta^{0.2}$。显然，流动阻力越大，在管道中输送相同体积的液体所消耗的能量就越大，或者说所需压力差也就越大。由此可知，在层流情况下的液体流动要比湍流时消耗的能量大。

在薄壁铸件的浇注过程中，流动管道直径较小，雷诺数值小，流动性质属于层流，在这种情况下，黏度影响金属液的流动性进而影响铸件轮廓的清晰程度。此时，为降低液体的黏度，应适当提高过热度或者加入表面活性物质等。此外，液体金属内部由于密度差引起的自然对流，以及由于凝固收缩形成压力差而造成的自然对流均属于层流性质，此时黏度对流动的影响就会直接影响到铸件的质量，如影响热裂、缩孔、缩松的形成倾向。

在金属液各种精炼工艺中，希望尽可能彻底地脱去金属液中的非金属夹杂物（如钢铁中的各种氧化物及硫化物等）和气体。无论是铸件型腔中还是焊接熔池中的金属液，残留的（或二次形成的）夹杂物和气泡都应该在金属完全凝固前排除出去，否则就形成了夹杂或气孔，破坏金属的连续性。而夹杂物和气泡的上浮速度与液体的黏度成反比，即

$$v=\frac{2}{9}\frac{g(\rho_m-\rho_B)r^2}{\eta} \qquad \left(使用条件：Re=\frac{2rv}{\nu}\leqslant 1\right) \tag{1-7}$$

这就是流体力学的斯托克斯公式，式中 r 为气泡或夹杂的半径；ρ_m 为液体合金密度；ρ_B 为夹杂或气泡密度；g 为重力加速度。黏度 η 越大，夹杂或气泡上浮速度越慢。

铸件及焊缝金属中的某些杂质元素（如钢铁中的硫、氧、磷等）会对凝固组织和产品性能造成极大的危害。因此，各类合金材料对每种有害杂质均有严格的限制。在铸造合金熔炼及焊接过程中，钢铁材料的脱硫、脱磷、扩散脱氧的冶金化学反应均是在金属液与熔渣的界面进行的，金属液中的杂质元素及熔渣中反应物要不断地向界面扩散，同时界面上的反应产物也需离开界面向熔渣内扩散。这些反应过程的动力学（反应速度和可进行到何种程度）受到反应物及生成物在金属液和熔渣中的扩散速度的影响，而金属液和熔渣中的动力黏度 η 低则有利于扩散的进行，从而有利于脱去金属中的杂质元素。

在焊缝金属的合金化方法中，通过含有合金元素的焊剂、药皮或药芯进行合金过渡是较为常用的方法，特别是前两种最为简单方便。这类方法的合金过渡主要是在金属液与熔渣的界面上进行的。初始进入熔渣中的合金元素扩散到熔渣-熔池金属界面上，然后由界面向熔池金属内部扩散。无疑，熔渣及金属液黏度降低对合金元素的过渡是有利的。

在铸件凝固过程中，由于金属液的体积收缩而容易形成缩孔或缩松，此时依靠冒口中液体静压头进行补缩，补缩距离的长度与液体合金的动力黏度 η 的平方根成反比，η 数值越大，就会削弱冒口的补缩效果，从而增加铸件内部缩孔或缩松的形成倾向。

另外，液态合金的黏度 η 大时，将使凝固过程中的自然对流或人工对流困难，而对流能够冲断正在长大中的枝晶而使晶粒细化；对流还可以使凝固界面前沿富集起来的低熔点物

质加速向最后凝固区域扩散，从而造成大的区域偏析。

1.4 液态金属的表面张力

1.4.1 表面张力的实质及影响表面张力的因素

表面张力是表面上平行于表面切线方向且各方向大小相等的张力。表面张力是由于物体在表面上的质点受力不均所致。由于液体或固体的表面原子受内部的作用力较大，而朝着气体的方向受力较小，这种受力不均引起表面原子的势能比内部原子的势能高。因此，物体倾向于减小其表面积而产生表面张力。

表面自由能（简称表面能）为产生新的单位面积表面时系统自由能的增量。需注意，虽然表面张力与表面自由能是不同的物理概念，但都以 σ（或 γ）表示，其大小完全相同，单位也可以互换，表面能及表面张力从不同角度描述同一表面现象。通常表面张力的单位为力/距离（如 N/m、dyn/cm㊀），表面能的单位为能量/面积（如 J/m^2、erg/cm^2㊁）。

界面张力与界面自由能的关系相当于表面张力与表面自由能的关系，即界面张力与界面自由能的大小相同，单位也可以互换。表面与界面的差别在于后者泛指两相之间的交界面，而前者特指液体或固体与气体之间的交界面，但更严格地说，应该是指液体或固体与其蒸气的界面。广义上说，物体（液体或固体）与气相之间的界面能和界面张力分别为物体的表面能和表面张力。

1. 表面张力（及界面张力）与原子间结合力

在一定温度下，表面能主要由表面内能 u_b 所决定，而表面内能取决于原子间结合力 u_0 的大小。原子间结合力 u_0 越大，表面内能越大，因此表面自由能越大，表面张力也就越大。总之，原子间结合力大的物质，其熔点和沸点高，其固体和液体的表面能和表面张力也大。此外，对晶体而言，表面能还与晶面有关。若晶体表面为密排晶面（低指数晶面），由于密排表面原子配位数与晶体内部的差值较小，表面内能小，故其表面能也就小；若晶体表面为高指数晶面，其表面内能大，表面能亦大。基于上述原因，晶体为维持其最稳定的状态，其表面往往为低指数（密排）晶面。

需要加以区分的是，当两个相共同组成一个界面时，其界面张力的大小与界面两侧（两相）质点间结合力的大小成反比，其理由不难从表面张力的形成原因及大小进行类似分析。也就是说，两相质点间结合力越大，界面能越小，界面张力就越小；两相间结合力小，界面张力就大。例如，水银与玻璃间及金属液与 SiO_2 间，由于两者难以结合，所以两相间的界面张力就大。相反，同一金属（或合金）液固之间，由于两者容易结合，界面张力就小。

界面张力的大小也可以润湿角 θ 的大小作为标志。两种物质接触，润湿或不润湿的关键取决于两种物质间的亲和力，亲和力大，就润湿，否则，就不润湿。其表现为图 1-12 中的接触角，接触角为锐角时为润湿，接触角为钝角时为不润湿。通常，称此接触角为润湿角。润湿角的大小如上所述，取决于不同物质间质点的作用力，也可以说是取决于接触物质之间

㊀ 1dyn/cm = 0.001N/m = 0.001J/m²。

㊁ 1erg/cm² = 0.001N/m = 0.001J/m²。

的界面张力。如图 1-12 所示，就界面张力而言，当达到稳定状态后，图中各界面张力之间的关系为

$$\cos\theta=\frac{\sigma_{GS}-\sigma_{LS}}{\sigma_{GL}} \tag{1-8}$$

从式中可以看出，固-液界面张力 σ_{LS} 越小，$\cos\theta$ 越趋近于 1，也就是 θ 越趋近于 0，这种情况是润湿的。总之，不同物质之间结合力越大时，界面张力越小，越容易润湿，其间的接触角（润湿角）越小。图 1-12 所示的液-固界面张力与润湿角的关系也可推广到固-固、液-液两相之间的接触。例如，形核的结晶相与固相衬底之间的润湿关系、固态合金中两种不同相之间的润湿关系、熔渣与液态金属之间的润湿关系等情况。

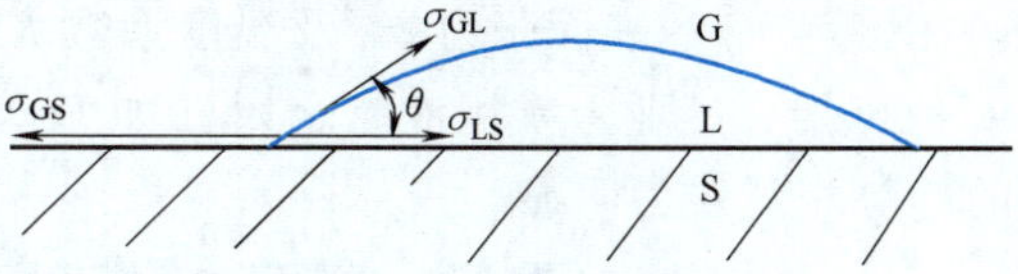

图 1-12 润湿角与界面张力

2. 表面张力与价电子及原子体积的关系

表面（和界面）张力的影响因素不仅仅只是原子间结合力，与上述论点相反的例子大量存在。研究发现有些熔点高的物质，其表面张力却比熔点低的物质低。如 Mg 与 Zn 同样都是二价金属，Mg 的熔点为 650℃，Zn 的熔点为 420℃，但 Mg 的表面张力为 559mN/m；Zn 的表面张力却为 782mN/m。此外，还发现金属的表面张力往往比非金属大几十倍，而比盐类大几倍。这说明单靠原子间结合力是不能解释一切问题的。对于金属来说，还应当从它具有自由电子这一特性去考虑。

表面张力双电层理论认为，金属内运动着的公有自由电子可以穿过正离子边界（表面），但又被正离子吸引而跑不掉，从而在金属表面形成一个双电层，形象地说，像一个电容器。这个双电层构成了一势垒，它可以阻止金属表面电子向外逃逸，如图 1-13 所示。这种在金属表面分布的电子层与金属正离子之间的作用构成了对表面的压力，使金属有缩小表面积的倾向。该理论推导出表面张力表达式为

$$\sigma=\frac{4\pi(Ze)^2}{\delta^3} \tag{1-9}$$

式中，δ 为原子距离；Z 为金属原子价；e 为电子电荷。

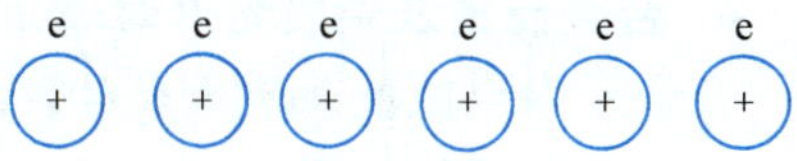

图 1-13 金属表面双电层示意图

按照双电层理论，表面张力与原子体积 V（δ^3）成反比，与价电子数 Z 的平方成正比。其实，式（1-9）只可作为定性分析，并不能进行准确计算。后来有模型修正认为，液态金属表面张力与 $V^{2/3}$ 成反比，但计算值与实验值仍有差别。

3. 表面张力与温度的关系

液态金属表面张力通常随温度升高而下降，因为原子间距随温度升高而增大。有若干表达表面张力与温度的定量关系，其中著名的 Eötvös（埃雨特乌斯）定律为

$$\sigma=\frac{k_\gamma}{V^{\frac{2}{3}}}(T_c-T) \tag{1-10}$$

式中，V 为摩尔体积；T 为热力学温度；T_c 为液-气临界点温度；k_γ 为温度系数，其值对所有液态金属粗略相同，为 6.4×10^{-8}J/K^{-1}mol$^{-2/3}$。

Eötvös 之后，人们对液态金属的温度系数做了很多研究，发现不同液态金属的温度系数还是有所差别。其中具有代表性的 σ 与 T 的关系为：$\sigma=\sigma_0+K(T-T_0)$。表 1-3 所示为液态金属在熔点 T_0 的表面张力 σ_0 及温度系数 K。注意：K 的意义与 k_γ 不同（K 为负值）。由表中 K 值可知，工业上常用液态金属（如 Fe、Ni、Al、Mg、Cu）的表面张力随温度上升而下降的趋势相对较为明显。

表 1-3　各液态金属在熔点处的表面张力 σ_0 及温度系数 K

金属	σ_0 /mN·m^{-1}	K /mN·m^{-1}K^{-1}	金属	σ_0 /mN·m^{-1}	K /mN·m^{-1}K^{-1}	金属	σ_0 /mN·m^{-1}	K /mN·m^{-1}K^{-1}
Be	1390	-0.29	Zn	782	-0.17	Sb	367	-0.05
B	1096	—	Ga	718	-0.10	Te	180	-0.06
Mg	559	-0.35	Ge	612	-0.26	Ba	277	-0.08
Al	914	-0.35	Se	106	-0.10	La	720	-0.32
Si	865	-0.13	Rb	85	-0.06	Ce	740	-0.33
Ca	361	-0.10	Sr	303	-0.10	Ta	2150	-0.25
Ti	1650	-0.26	Zr	1480	-0.20	W	2500	-0.29
V	1950	-0.31	Nb	1900	-0.24	Ir	2250	-0.31
Cr	1700	-0.32	Mo	2250	-0.30	Pt	1800	-0.17
Mn	1090	-0.2	Ru	2250	-0.31	Au	1169	-0.25
Fe	1872	-0.49	Pd	1500	-0.22	Hg	498	-0.20
Co	1873	-0.49	Ag	966	-0.19	Pb	458	-0.13
Ni	1778	-0.38	In	556	-0.09	Bi	378	-0.07
Cu	1303	-0.23	Sn	560	-0.09	U	1550	-0.14

4. 合金元素及杂质元素对表面张力的影响

合金元素或微量杂质元素对表面张力的影响，主要取决于原子间结合力的改变。向系统中加入削弱原子间结合力的组元，会使 u_0 减小，使表面内能降低，这样，将会使表面张力降低。

合金元素对表面张力的影响还体现在溶质与溶剂原子体积之差。但这要从两方面来具体分析。当溶质的原子体积大于溶剂原子体积时，由于造成原子排布的畸变而使势能增加，所以倾向于被排挤到表面，以降低整个系统的能量。这些富集在表面层的元素，由于其本身的原子体积大，表面张力低，从而使整个系统的表面张力降低。原子体积很小的元素，如 O、S、N 等，在金属中容易进入到溶剂的间隙使势能增加，从而被排挤到金属表面，成为富集在表面的表面活性物质。由于这些元素的金属性很弱，自由电子很少，因此表面张力小，同样使金属的表面张力降低。

此外，但凡自由电子数目多的溶质元素，由于其表面双电层的电荷密度大，从而造成对金属表面压力大，而使整个系统的表面张力增加。化合物表面张力之所以较低，就是由于其自由电子较少的缘故。而 Al 之所以能提高 Sn 的表面张力，就在于它使溶液自由电子数目增加。

S、O、Te、Se（及 N）等元素均明显降低了铁液的表面张力，如图 1-14 所示。Cr 作为合金元素加入铁液也使表面张力大大下降。而 Ni 对铁液表面张力的影响较为复杂，随成分范围而不同，如图 1-15 所示。C 和 P 对铁液表面张力的影响较小，略有降低作用。图 1-16 描述了合金元素对铝、镁合金熔体表面张力的影响规律。

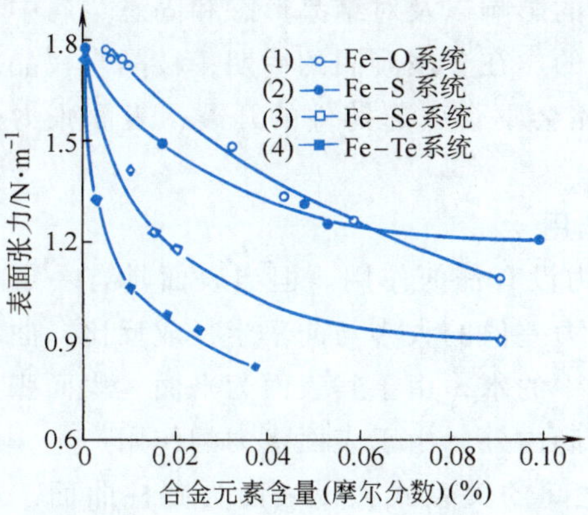

图 1-14　S、O、Te、Se 对铁液表面张力的影响

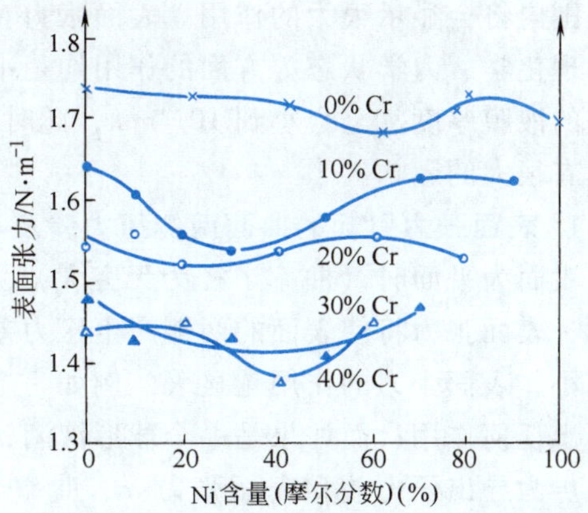

图 1-15　Cr 与 Ni 对铁液表面张力的影响

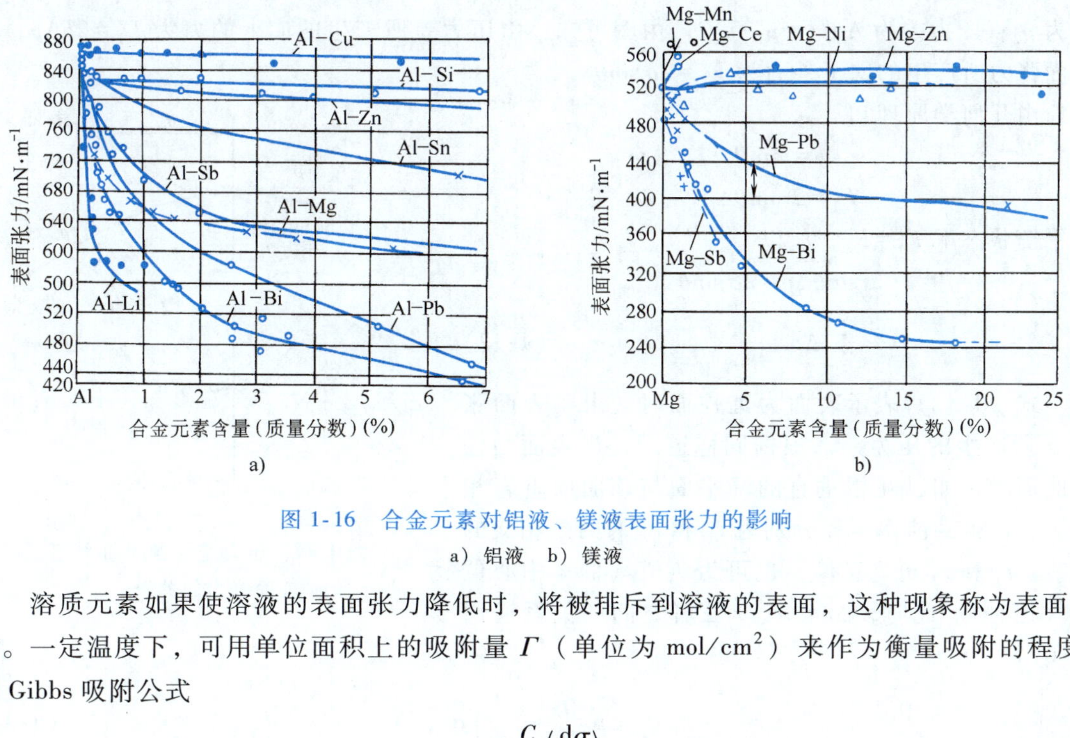

图 1-16　合金元素对铝液、镁液表面张力的影响

a）铝液　b）镁液

溶质元素如果使溶液的表面张力降低时，将被排斥到溶液的表面，这种现象称为表面吸附。一定温度下，可用单位面积上的吸附量 Γ（单位为 mol/cm^2）来作为衡量吸附的程度，即 Gibbs 吸附公式

$$\Gamma=-\frac{C}{RT}\left(\frac{\mathrm{d}\sigma}{\mathrm{d}c}\right)_T \qquad (1\text{-}11)$$

式中，R 为气体常数，其值为 $8.14\times10^7 erg/(K\cdot mol)$；$T$ 为热力学温度；C 为溶质浓度。

从式（1-11）可以看出：$\mathrm{d}\sigma/\mathrm{d}c<0$ 时，元素含量的增加将引起表面张力的降低，则 $\Gamma>0$，为正吸附，此时为表面活性元素；$\mathrm{d}\sigma/\mathrm{d}c>0$ 时，元素含量的增加引起表面张力的上升，则 $\Gamma<0$，为负吸附，此时为非表面活性元素。因此，表面活性元素均降低熔体表面张力。

1.4.2 表面张力在材料成形过程中的意义

表面张力通常在大体积系统中显示不出它的作用，但在微小体积系统，特别是在显微体积范围内将会显示很大的作用。表面张力对形核功的影响以及对结晶形态和固态金属中各相的物理化学、力学状态等方面的作用均是十分重要的。在金属凝固的后期，枝晶与枝晶之间存在的液膜厚度甚至会小到 10^{-6}mm，此时凝固收缩会不会引起铸件的开裂，表面张力的大小具有很大的影响。

1. 表面张力引起的曲面两侧压力差及其相关作用

表面为平面时（曲率半径为无穷大），表面张力没有任何作用。但当表面具有一定的曲度时，表面张力将使表面的两侧产生压力差，该压力差值的大小与曲率半径成反比，曲率半径越小，表面张力的作用越显著。例如一个大容器中的水，由于其表面为平面，表面张力显示不出任何作用；而如果是一个球形液滴，则在液滴内外，由于表面张力的作用产生一个压力差。为导出压力差和表面张力 σ、曲率半径 r 之间的关系式，设表面为圆柱曲面，如图1-17所示。曲面内侧为液体（或固体），外侧为气体，表面是半径为 r 的圆弧，距离中心线为 b 处，受到其他物体的支持（如毛细管的管壁），考虑作用于表面上的所有外力处于平衡状态。取垂直于该图纸面方向上的长度为 1（单位长度）；液相内的压力为 p_1；气相中的压力为 p_2；压力差为 Δp（$=p_1-p_2$）。由图可知：由压力差所产生的向上的力为 $F_1=2b\Delta p$；由表面张力所产生的向下外力为 $F_2=2\sigma\sin\theta$。

由几何学原理知

$$b=r\sin\theta$$

则
$$F_1=2r\sin\theta\Delta p$$

在平衡状态下 $F_1=F_2$，所以

$$2r\sin\theta\Delta p=2\sigma\sin\theta$$

即
$$\Delta p=\frac{\sigma}{r} \tag{1-12}$$

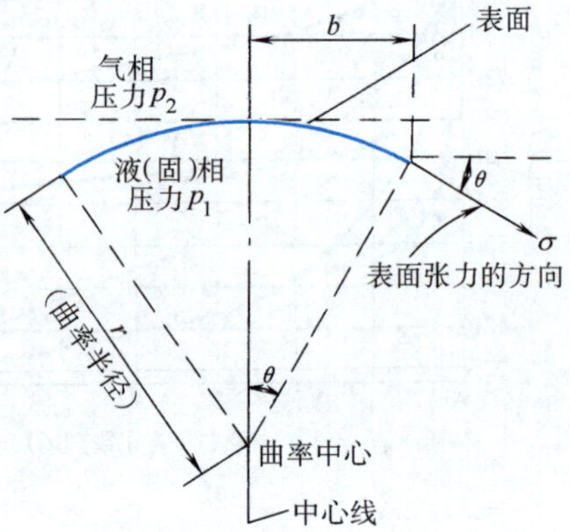

图 1-17 压力差与表面曲率、表面张力的关系

式（1-12）表示表面为圆柱面时，由于表面张力 σ 所产生的压力差。根据同样道理，当表面为任一曲面时，如以互相垂直的两平面与该曲面垂直相交，可以得到曲率半径分别为 r_1 和 r_2 的两条相交的弧线。r_1 和 r_2 可为正值，也可为负值（曲率中心位于气相时）。此时，Δp、σ、r 三者之间的关系通用式为

$$\Delta p=\left(\frac{1}{r_1}+\frac{1}{r_2}\right)\sigma \tag{1-13}$$

对圆柱形（$r_2=\infty$）则
$$\Delta p=\frac{\sigma}{r}\text{（式中 }r=r_1\text{）} \tag{1-14}$$

对球形（如液滴）（$r_1=r_2$）则

$$\Delta p=\frac{2\sigma}{r}\text{（式中 }r=r_1=r_2\text{）} \tag{1-15}$$

以水滴为例，设其 $r=10^{-4}$cm，取水的表面张力约为 7×10^{-4}N/cm，则 $\Delta p=14\text{N/cm}^2=1.4\times10^5\text{N/m}^2$，约为1.4atm，可见在曲率半径很小时，表面张力会引起很大的压力差。当表面为特殊的马鞍形时，若 $r_1=-r_2$，则 $\Delta p=0$；若表面为平面时，$r_1=r_2=\infty$，则 $\Delta p=0$。这两种情况，表面张力均不显示任何作用。表面张力在曲面两侧引起的压力差 Δp，相对于平直界面而言为一附加压力。

这种附加压力在材料成形过程中及许多其他科学和技术领域中均具有重要意义，下面举例说明。

（1）附加压力与粘砂及铸件薄壁部位成形能力　铸造过程金属液充填铸型后，是否侵入砂型毛细管而形成粘砂，以及是否能充满薄壁空腔处，与表面张力 σ 引起的 Δp 有关。通常，金属液与型砂不润湿（润湿角范围为 $150°<\theta<180°$），表面张力 σ 高，则有利于防止金属液侵入砂型毛细管而形成粘砂，但不利于充满薄壁空腔。这很容易予以证明。假设毛细管半径为 r（直径 D），金属液静压头为 H（考察点以上金属液的高度），则表面张力 σ 产生的附加压力 $\Delta p=-2\sigma\cos\theta/r$，金属液静压头 H 产生的静压力 $p_H=H\rho g$，这里 ρ 为金属液的密度，g 为重力加速度。两项平衡，则有

$$H=-2\sigma\cos\theta/\rho gr \tag{1-16}$$

若取近似值 $\cos\theta\approx-1$，则是否形成粘砂的毛细管临界直径 D_c（与型砂的粗细有关）为

$$D_c=\frac{4\sigma}{\rho gH} \tag{1-17}$$

由式（1-17）可知，金属液表面张力越高，形成粘砂的倾向越小，也可根据压头 H 计算获得光洁表面铸件的粘砂毛细管临界直径 D_c，从而科学地选用型砂粒度。另根据 $\Delta p=-2\sigma\cos\theta/r$可知，金属液表面张力 σ 高则形成较大的附加压力 Δp，金属液难以填充薄壁空腔，不利于形成轮廓清晰完整的铸件。

（2）附加压力与液态金属中气体聚集和上浮　在焊接、铸造熔炼过程高温下溶入到液态金属中的气体（如氮、氢、氧），在温度下降时因过饱和而分别析出，析出的小气泡如能迅速聚集为大气泡，便可以以较快的速度上浮，在液态金属凝固之前逸出，否则，将滞留在金属中成为气孔。假设液态金属中同时存在两个大小不同的气泡，由表面张力在大、小气泡内产生的附加压力分别为 Δp_1 与 Δp_2，则 $\Delta p_2>\Delta p_1$。当两气泡汇集接触时，由于小气泡中的气体压力高于大气泡，因此小气泡中的气体将迅速充入大气泡。两气泡聚合后尺寸增大，由式（1-7）可知，聚合后气泡的上浮速度将显著加快。

（3）附加压力与焊接过程中熔滴飞溅　CO_2 气体保护焊熔滴过渡中容易产生飞溅，也可以由表面张力引起的曲面两侧压力差得到解释。CO_2 气体在电弧高温下易与熔滴中存在的碳元素反应生成CO气体，后者不溶于液态金属形成CO气泡。由表面张力所产生的附加压力使CO气泡内压力升高，气泡的尺寸越小，气泡内压力将越大。当熔滴中生成的CO气泡运动到熔滴表面时，将突破熔滴的封锁，气泡中的高压气体体积膨胀造成熔滴飞溅。焊丝的含碳量越高，飞溅倾向越大。

2. 液膜拉断临界力及表面张力对凝固热裂的影响

在凝固的后期，不同晶粒之间存在着液膜。由于表面张力的作用，液膜将其两侧的晶体紧紧地吸附在一起，液膜厚度越小，其吸附力量就越大。上述情况在日常生活中也能碰到。比如在两块玻璃板之间涂以水膜，然后再将两玻璃板拉开，水膜越薄，则拉开所需的力就越大。

为求出单位面积的拉断应力f_{max}和表面张力σ、液膜厚度T之间的关系，现以图1-18所示的模型进行说明。图1-18a为两固体晶粒之间存在着厚度为T_a的液膜，液膜长度为H，宽度（垂直于纸面方向）为1，设此时静态液膜的表面为平面，其曲率半径为∞。当由于凝固收缩使液膜两侧的晶体拉开时，如果该液膜与外界的液体隔绝，则如图1-18b所示，在液膜厚度由T_a变宽至T_b的同时，液膜的表面也由平面变为凹面，其曲率半径由∞变为r_b。当外力继续加大，液膜的宽度由T_b增至T_c，液膜长度由H减至H'，液膜表面的曲率半径进一步变小为r_c，如图1-18c所示。在外力作用于液膜两侧固体的上述整个过程中，由于表面张力的作用，始终存在着一个与外力方向相反的应力与之相平衡，其大小为：$\Delta p=-\sigma/r$（设液膜为圆柱体的部分凹面）。式中的负号表示液膜表面为凹面，其曲率半径r为负值。从式中不难看出，随着曲率半径变小，由表面张力产生的Δp也就越大。但是曲率半径r不是无限制地变小的，它有一个极限值，该值与液膜厚度有关。当r达到$r^*=T/2$时，此时应力$f=f_{max}=\Delta p^*$达临界值，如果继续将液膜拉开，使T增厚，则曲率半径r将再度变大（图1-18d中虚弧线所示），而应力Δp将要变小，在这种情况下，凝固收缩引起的拉应力将大于由表面张力所产生的应力，而使液膜两侧的固体急剧分离。为此，液膜的拉断临界应力f_{max}大小为

$$f_{max}=\Delta p^*=\frac{\sigma}{r^*}=\frac{\sigma}{T/2}=\frac{2\sigma}{T} \tag{1-18}$$

对于$\sigma=10^{-2}$N/cm的金属来说，如果液膜厚度为10^{-6}mm时，要将液膜两侧的晶粒拉开所需应力为2×10^3N/mm^2！液膜拉断时若无外界液体补充，那么晶粒间或枝晶间便形成了凝固热裂纹。可见，液膜的表面张力越大，液膜越薄，则液膜的拉断临界应力f_{max}越大，裂纹越难形成。

在实际生产中，热裂形成的过程是很复杂的，它同时受到凝固速度与拉伸速度（由收缩速度所决定）和其他因素的影响。根据上述分析，可以归纳为三种情况：

第一种情况，液膜与大量未凝固的液体相通，此时液膜两侧的固体枝晶拉开多少，液体补充进去多少，因此不会产生热裂。这种情况属于凝固的早期，或者靠近液体的两相区内。

第二种情况，液膜已经与液体区隔绝，但是由于低熔点物质的大量存在（如钢中的硫化物共晶），使液膜较厚，加之其表面张力较低，且熔点低而凝固速度较慢，这样，厚的液膜将会长时间地保持下去，在此期间，如果有大的拉伸速度，则往往要产生热裂。这是由于大的液膜厚度和低的表面张力，将使液膜的最大断裂应力f_{max}减小，或者说使液膜的强度减弱，这样，就容易拉断。

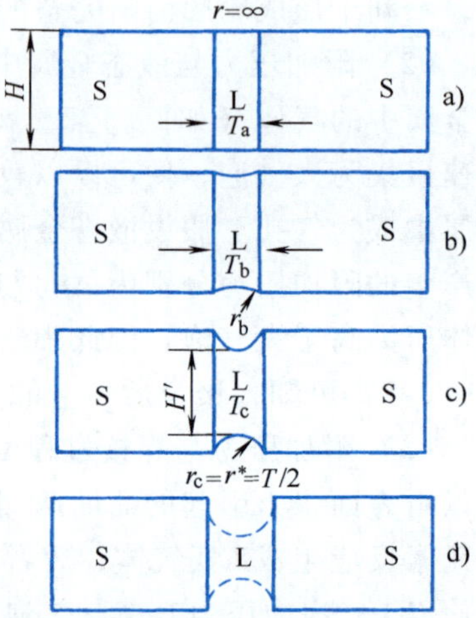

图1-18 液膜在单位面积拉应力作用下曲率半径及厚度的变化

第三种情况，液膜虽已与液体区隔绝，但由于液膜中低熔点杂质较少，其表面张力较高，熔点也相应较高而凝固速度较快，液膜迅速变薄，此时如果液膜两侧的固体枝晶受到拉力，将会遇到大的f_{max}的抗力，这种抗力将使高温固体内部产生蠕变变形，从而避免了热裂

的产生。

当然，实际过程中热裂的产生还要复杂得多。

思考与练习

1. 液体、固体及气体相比各有哪些异同点？哪些现象说明金属的熔化并不是原子间结合力的全部破坏？

2. 如何理解偶分布函数 $g(r)$ 的物理意义？液体的配位数 N_1、平均原子间距 r_1 各表示什么？

3. 如何认识液态金属结构的“长程无序”和“近程有序”？试举几个实验例证说明液态金属或合金结构的近程有序（包括拓扑短程序和化学短程序）。

4. 如何理解实际液态金属结构及其三种“起伏”特征？

5. 根据图 1-11 及式（1-1）说明动力黏度 η 的物理意义，并讨论液体黏度 η（内摩擦阻力）与液体的原子间结合力之间的关系。

6. 总结温度、原子间距（或体积）、合金元素或微量元素对液体黏度 η 高低的影响。

7. 过共析钢液 $\eta=0.0049\text{Pa}\cdot\text{s}$，钢液的密度为 7000kg/m^3，表面张力为 1500mN/m，加铝脱氧，生成密度为 5400kg/m^3 的 Al_2O_3，如能使 Al_2O_3 颗粒上浮到钢液表面就能获得质量较好的钢。假如脱氧产物在 1524mm 深处生成，试确定钢液脱氧后 2min 上浮到钢液表面的 Al_2O_3 最小颗粒的尺寸。

8. 分析物质表面张力产生的原因以及与物质原子间结合力的关系。

9. 表面张力与界面张力有何异同点？界面张力与界面两侧（两相）质点间结合力的大小有何关系？

10. 液态金属的表面张力有哪些影响因素？试总结它们的规律。

11. 设凝固后期枝晶间液体相互隔绝，液膜两侧晶粒的拉应力为 $1.5\times10^3\text{MPa}$，液膜厚度为 $1.1\times10^{-6}\text{mm}$，根据液膜理论计算产生热裂的液态金属临界表面张力。

第 2 章　液态金属的充型能力

液态金属充型

液态金属通过浇注系统充填进入铸型型腔，并在其中凝固、冷却而获得铸件。若充型过程不利，则可能产生诸如浇不足、冷隔、铁豆、抬箱、卷入性气孔、砂眼等铸造缺陷，因此，充型过程是铸件成形的一个重要阶段。

2.1　液态金属充型能力的基本概念

液态金属的充型能力是铸件在成形过程中的一项重要的工艺性能，它的定义为：在充型过程中，液态金属充满铸型型腔，获得形状完整、尺寸精确、轮廓清晰的铸件的能力，也可简称为充型能力。充型能力涉及充型过程中液态金属在浇注系统中和铸型型腔中的流动规律，是设计浇注系统的重要依据之一，也是与充型相关的铸造缺陷预防措施的重要参考，还关系到铸造方法与铸型类别的选择。

液态金属的充型能力还与可铸出的最小壁厚直接相关。实践证明，同一种金属采用不同的铸型类别，所能铸造的铸件最小壁厚不同；同样的铸型条件，由于金属不同，所能得到的最小壁厚也不同，见表 2-1。所以，液态金属的充型能力首先取决于金属本身的流动能力，同时又受外界条件如铸型性质、浇注条件、铸件结构等因素的影响，是各种因素的综合反映。

表 2-1　不同金属和不同铸型条件的铸件最小壁厚

金属种类	铸件最小壁厚/mm				
	砂　型	金属型	熔模铸造	壳　型	压　铸
灰铸铁	3	>4	0.4~0.8	0.8~1.5	
铸　钢	4	8~10	0.5~1.0	2.5	
铝合金	3	3~4			0.6~0.8

与充型过程有关的另一概念称为流动性，即在充型过程中金属液本身的流动能力。流动性也是液态金属的一项重要的工艺性能，与金属的成分、温度、杂质含量及其物理性质有关。金属的流动性不仅影响充型过程，对于排出其中的气体、杂质和凝固后期的补缩、防裂，从而获得优质铸件也至关重要。流动性好的铸造合金其充型能力强，流动性差的合金其充型能力也就较差。金属的流动性好，气体和杂质易于上浮，使金属得到净化，有利于得到没有气孔和夹杂的铸件。若液态金属具有良好的流动性，不仅有利于铸件在凝固期间可能产生的缩孔得到金属液的补缩，还能使铸件在凝固末期因收缩受阻而出现的热裂得到液态金属的弥合，因此，有利于这些凝固缺陷的防止。

需要注意的是，流动性与充型能力密切相关，但二者是不同的概念。可以这样理解流动性与充型能力的关系：流动性是决定充型能力的内在因素，而充型能力还取决于其他外界因素，充型能力是内因和外因的共同结果。由于影响液态金属充型能力的因素有很多，在工程应用及研究中，不能笼统地对各种合金在不同铸造条件下的充型能力进行比较。通常，在相同的条件下（如相同的铸型性质、浇注系统以及浇注时控制合金液具有相同的过热度等）

浇注各种合金的流动性试样，以试样的长度表示该合金的流动性，并以所测得的合金流动性表示合金的充型能力。因此可以认为，合金的流动性是确定条件下的充型能力。对于同一种合金，也可以用流动性试样研究各铸造工艺因素对其充型能力的影响。例如，采用某一种结构的流动性试样，改变型砂的水分、煤粉含量、浇注温度、直浇道高度等因素中的一个因素，以判断该变动因素对充型能力的影响。

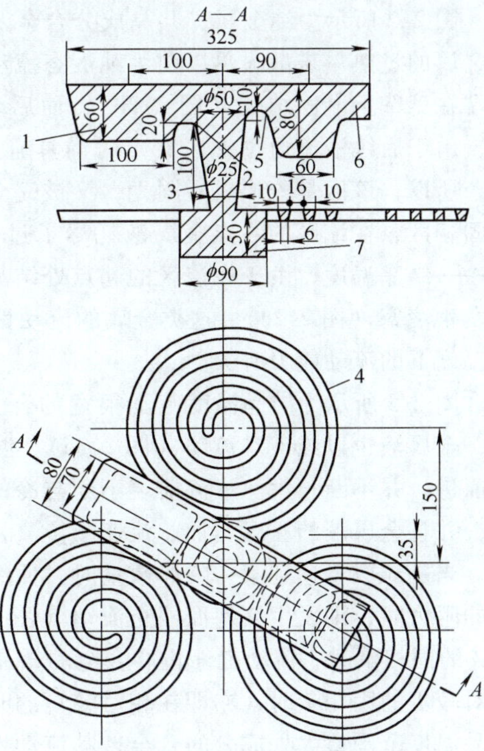

图 2-1　螺旋形流动性试样结构示意图

1—浇口杯　2—低坝　3—直浇道　4—螺旋
5—高坝　6—溢流道　7—全压井

测定液态金属流动性的试样类型有很多，包括螺旋形、球形、U形、楔形、竖琴形、真空试样（即用真空吸铸法）等。在生产和科学研究中应用最多的是螺旋形试样，如图2-1所示。其优点是灵敏度高、对比形象、可供金属液流动相当长的距离（如1.5m），而铸型的轮廓尺寸并不太大；缺点是金属流线弯曲，沿途阻力损失较大，流程越长散热越多，故金属的流动条件和温度条件都在随时改变，这必然影响到所测流动性的准确度，各次试验所用铸型条件也很难精确控制，每做一次试验要造一次铸型。

2.2　液态金属的停止流动机理与充型能力

液态金属的充型能力与其在充型过程中的停止流动机理密切相关，按照金属的结晶特性（取决于结晶温度范围）不同，液态金属的停止流动机理可分为两种，如图2-2和图2-3所示。

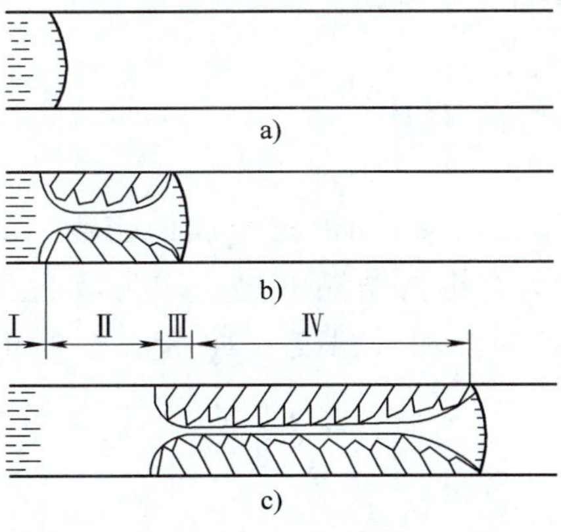

图 2-2　纯金属、共晶成分合金及结晶温度范围很窄的合金停止流动机理示意图

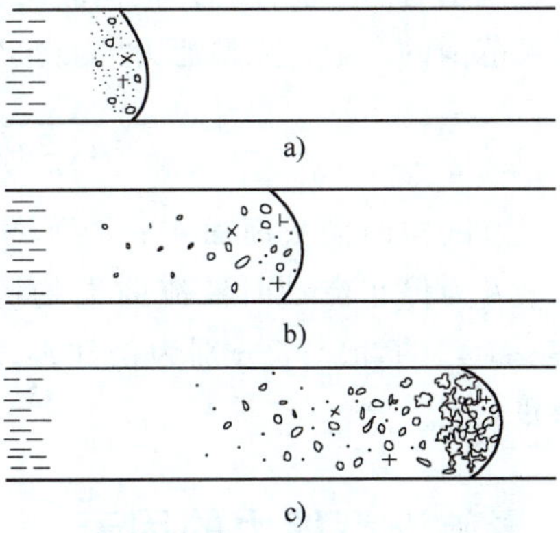

图 2-3　宽结晶温度合金停止流动机理示意图

图2-2所示为纯金属、共晶成分合金及结晶温度范围很窄的合金停止流动机理示意图，在金属的过热量未散失尽以前为纯液态流动（图2-2a），为第Ⅰ区；金属液继续流动，冷的前端在型壁上凝固结壳（图2-2b），而后金属液是在被加热了的管道中流动，冷却强度下降，由于后续液流通过Ⅰ区终点时尚具有一定的过热度，将已凝固的壳重新熔化，为第Ⅱ区，所以，该区是先形成凝固壳，又被完全熔化；第Ⅲ区是未被完全熔化而保留下来的一部分固相区，在该区的终点金属液耗尽了过热热量；在第Ⅳ区里，液相和固相具有相同的温度——结晶温度，由于在该区的起点处结晶开始较早，断面上结晶完毕也较早，往往在它附近发生堵塞（图2-2c）。这类金属的流动性与固体层内表面的粗糙度、毛细管阻力以及在结晶温度下的流动能力有关。

图2-3所示为结晶温度范围很宽的合金的停止流动机理示意图。在过热量未散失尽以前，金属液也以纯液态流动（图2-3a）。温度下降到液相线以下时，从液流中析出晶体，顺流前进，并不断长大。液流前端不断与冷的型壁接触，因此冷速最快、所形成的晶粒数量最多，并且金属液的黏度增加、流速减慢（图2-3b）。

当晶粒数量达到某一临界数量时，便结成一个连续的网络。当液流的压力不能克服此网络的阻力时，即发生堵塞而停止流动（图2-3c）。试验表明，在液态金属的前端析出15%~20%的固相量时，流动就停止。合金的结晶温度范围越宽，枝晶就越发达，从液流前端析出相对较少的固相量时，亦即在相对较短的时间内，液态金属便停止流动。因此，对应相图上结晶温度范围最大处成分的合金，其流动性最小。

液态金属在充型中与铸型之间发生着强烈的热交换，是一个不稳定的传热和流动过程。由于影响的因素很多，从理论上对液态金属的充型能力进行计算很困难。许多学者为了简化计算，对充型过程做了各种假设，得出了许多不同的计算公式，下面仅介绍一种计算方法作为参考。假设以某成分合金浇注一水平棒形试样，在一定的浇注条件下，合金的充型能力以停止流动时的长度 L 表示

$$L = v\tau \tag{2-1}$$

式中，v 为在静压头 H 作用下液态金属在型腔中的平均流速（$v=\mu\sqrt{2gH}$，μ 为流量消耗系数）；τ 为液态金属从进入型腔到停止流动的时间。

关于流动时间 τ 的计算，根据液态金属不同的停止流动机理有不同的计算方法。对于宽结晶温度范围的合金，充型能力的经验公式为

$$L=\mu\sqrt{2gH}\frac{A\rho_1}{d\alpha}\frac{k\Delta H+c_1(T_{浇}-T_{\mathrm{k}})}{T_{\mathrm{L}}-T_{型}} \tag{2-2}$$

式中，A 为试样的横截面面积；d 为试样的横截面周长；ρ_1 为液态金属的密度；α 为换热系数；k 为停止流动时液流前端的固相量；ΔH 为合金的结晶潜热；c_1 为液态金属的比热容；$T_{浇}$、$T_{型}$、T_{L} 分别为浇注温度、铸型温度和液相线温度；T_{k} 为合金停止流动时的温度。

2.3　影响充型能力的因素

影响充型能力的因素包括金属性质、铸型性质、浇注条件及铸件结构四个方面。

2.3.1 金属性质方面的因素

金属性质方面因素包括结晶温度范围、结晶潜热 ΔH、密度 ρ_1、比热容 c_1、热导率 λ_1、黏度 η、表面张力 σ 等。这类因素是充型能力的内在因素，决定了流动性的高低。

1. 结晶温度范围的影响

合金的化学成分决定了结晶温度范围，因此，在合金成分与流动性之间存在一定的规律。一般而言，在流动性曲线上，对应着纯金属、共晶成分和金属间化合物之处流动性最好，而流动性随着结晶温度范围的增大而下降，在结晶温度范围最大处流动性最差。因为对于纯金属、共晶成分和金属间化合物成分的合金，在固定的凝固温度下，已凝固的固相层由表面逐步向内部推进，固相层内表面比较光滑，对液体的流动阻力小，直至如图 2-2 所示的第Ⅳ区的截面完全凝固，合金才停止流动，这类合金液的流动时间长，所以流动性好。而具有宽结晶温度范围的合金在型腔中流动时，断面上存在着发达的树枝晶与未凝固的液体相混杂的两相区，当液流前端的枝晶数量达到某一临界值时（15%~20%），金属液就停止流动。合金的结晶温度范围越宽，两相区就越宽，枝晶也越发达，金属液就越早地停止流动，所以流动性不好。

图 2-4 所示为 Fe-C 合金流动性与成分的关系，其中图 2-4a 为确定过热度的情况，图 2-4b为确定浇注温度的情况。图 2-5a 所示的 Al-Cu 合金在共晶成分附近流动性最好；图 2-5c所示的 Al-Mg 合金从共晶成分点至其右侧一段成分区间（化合物 $Al_{12}Mg_{17}$）均为窄的结晶温度范围，流动性很好。然而，结晶温度范围并非唯一的影响因素，如图 2-5b 所示的 Al-Si 合金的最佳流动性并不对应共晶成分，这是因为有结晶潜热等其他因素的作用。

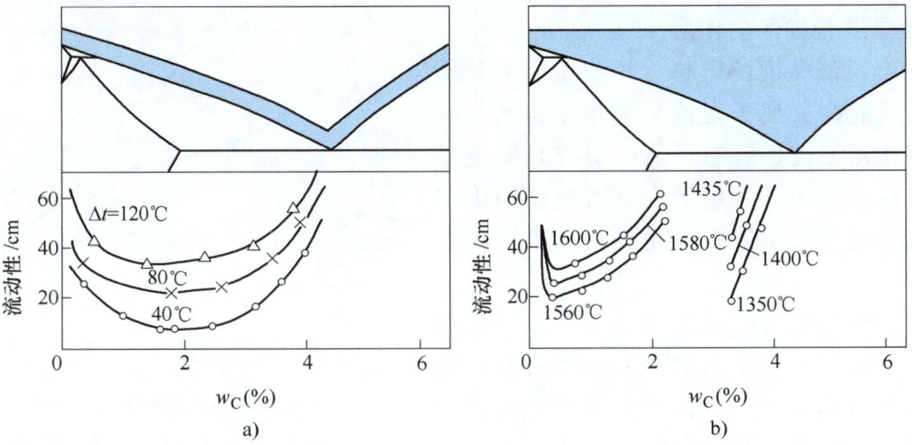

图 2-4 Fe-C 合金流动性与成分的关系

2. 结晶潜热等热物理性质的影响

从总体上看，结晶潜热的释放将延缓合金温度的下降速率，合金放出的结晶潜热越多，温度下降越慢，凝固过程进行得越慢，因而流动性越好。如图 2-5b 所示的 Al-Si 合金，由于结晶潜热的影响，其最好的流动性并不在共晶成分处（$w_{Si}=12.6\%$），而是在 $w_{Si}=16\%\sim20\%$处。这是因为硅晶体的结晶潜热为 180.7×10^4J/kg，为 α-Al（38.9×10^4J/kg）的四倍以上，而且，过共晶成分 Al-Si 合金的初生块状硅强度较低，不容易形成坚固的枝晶网络，结晶潜热的作用得以发挥。与之相似，灰铸铁由于石墨晶体高的结晶潜热（383×10^4J/kg，是铁的 14 倍)，其最佳流动性也在过共晶成分处。不难理解，对于纯金属、共晶和金属间化合物成分的合金，在一般的浇注条件下，停止流动时固相分数通常已经很高，因此，大部分结晶潜热能够对流动性发挥有益作用。而对于宽结晶温度范围的合金，若固相体积分数较小时晶粒就容易连成网络而停止流动，结晶潜热对流动性发挥的作用则有限。然而，即使对于宽结晶温度范围的合金，若初始结晶相强度较低（如上述例子中的非金属相硅及石墨)，固相体积分数小时难以形成坚固的枝晶网络，需要凝固至较高固相率时才会停止流动，结晶潜热对流动性仍然能够发挥显著作用。

合金液的比热容 c_1 及密度 ρ_1 越大（$c_1\rho_1$ 是单位体积合金液温度每降低 1℃所释放的热量)，热导率 λ_1 越小（向外导出热量越慢)，停止流动前的时间越长，故充型能力越好。

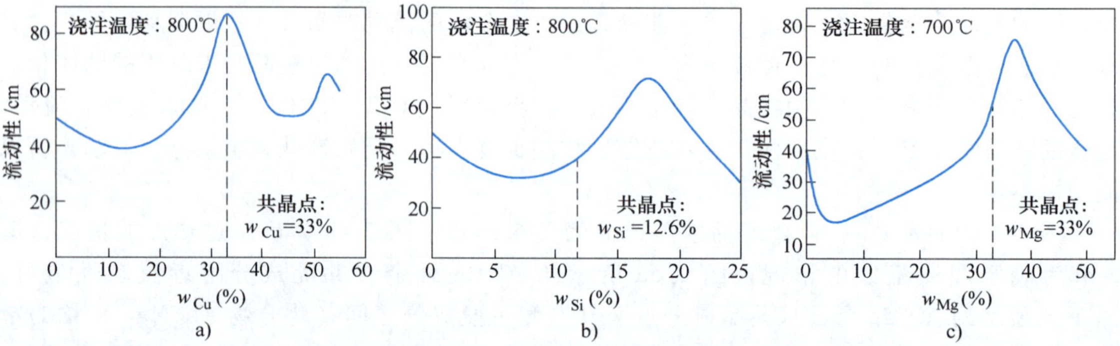

图 2-5　二元合金流动性与成分的关系（金属型，给定浇注温度）

a）Al-Cu 合金　b）Al-Si 合金　c）Al-Mg 合金

3. 金属其他因素的作用

（1）金属液黏度的影响　虽然金属液黏度在充型过程前期（属于湍流）对流动性的影响较小，但在充型过程后期（属于层流）对流动性的影响较大。因此，增加合金液黏度的因素都可能在一定程度上降低合金的流动性，反之亦然。

通常，液态金属的黏度与成分、温度、固相微粒的含量等有关。例如，灰铸铁的黏度随含碳量的增高和温度的升高而明显降低，因而其充型能力也随之明显改善，这与图 2-4 所示的 Fe-C 合金流动性与成分的关系相吻合。在金属液中存在的悬浮固相微粒可显著增大金属液黏度，从而降低流动性，如图 2-6 所示。当固相微粒的体积分数 $\phi<0.1$ 时，其表观黏度 μ_c 与纯液体黏度 μ_0 的关系为：$\mu_c=\mu_0(1+2.5\phi+10.25\phi^2)$，可见，液体黏度随固相微粒增多（$\phi$ 增大）而明显上升。研究还表明，固相粒子的尺寸越大、非圆度越高，则固相微粒（相同的 ϕ）提高表观黏度 μ_c 的作用越强，图2-6也显示了 SiC 形态对铝合金流动性的影响。

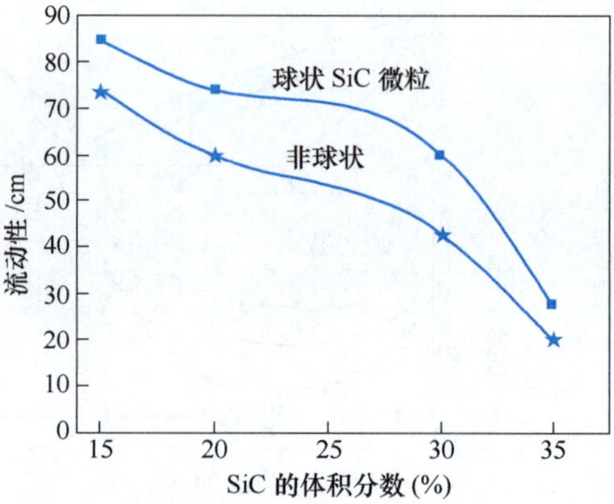

图 2-6　SiC 含量与形态对 A356 铝合金流动性的影响

（注：金属型；A356 成分：$w_{Si}=6.5\%\sim7.6\%$，$w_{Mg}=0.25\%\sim0.45\%$）

（2）金属液表面张力的影响　铸型材料通常不为金属液所润湿，即润湿角大于90°。在型腔内薄壁处及棱角处合金液形成凸面，表面张力引起指向液体内部的附加力，阻碍金属液对型腔细薄处及棱角部位的填充。金属液的表面张力越大，型腔越细薄（或棱角曲率半径越小），则这种附加力越大。因此，降低金属液的表面张力可提高金属液的流动性。例如，如图1-16所示，Li、Bi、Pb、Mg、Sb和Sn可显著降低铝液的表面张力，而Sb、Bi、Pb可显著降低镁液的表面张力，当铝合金或镁合金包含这些元素时，可借此分析元素及其含量对流动性的作用规律。图1-14则显示，微量的S、O、Se、Te即可显著降低铁液的表面张力。研究表明，表面张力对流动性的作用会因为金属液中氧化膜的存在而弱化甚至消除。因为，通常在浇注温度下为固态的氧化膜可极其显著地升高金属液的表观表面张力，从而降低金属液进入铸型型腔精细结构处的能力。例如，对Al-(9%~10%)Si（质量分数）合金液的研究表明，其在惰性气体保护下低压铸造（产生较少的氧化膜）的流动性是传统低压铸造的2倍，是传统重力铸造条件下的4倍。

（3）变质及孕育处理的影响　在该方面尚缺乏系统的普适性研究，但近年对铝合金流动性的作用在认识上基本趋于一致，这里做简要介绍。以往教科书曾认为，钠对铝硅合金液变质可提高其流动性。然而，近期多项研究却证实，以钠及锶进行变质处理都可在不同程度上降低亚共晶和共晶Al-Si合金液的流动性，其中有研究表明，在砂型及金属型铸造条件下，共晶Al-Si合金液的流动性可分别降低5%~7%和2%~3%。研究表明（表2-2），无论以锶进行变质处理还是以磷进行孕育处理（细化初晶硅），均可明显降低过共晶Al-Si合金的流动性。由表2-2还可观察到一个有趣现象，过共晶Al-Si合金在$w_{Si}=12\%\sim20\%$范围内，原本随含硅量的增加而流动性渐次上升的规律，却因磷的处理出现了相反的规律，以至于磷降低流动性的程度随含硅量的增加而越发显著。另有研究表明，Mg、Sb、S的加入可增加Al-Si合金液的流动性，B及Sc的加入也有类似效果。

表2-2　Sr变质或P孕育对不同成分Al-Si合金流动性的影响（螺旋线长度）

（试验条件：30MPa压力挤压铸造，过热度均为100℃）　　（单位：mm）

w_{Si}(%)	未处理	$w_{Sr}=0.02\%$的变质处理	$w_P=0.2\%$的细化初晶硅
12.0	587	540	579
14.0	707	645	526
16.0	818	797	545
18.0	822	797	410
20.0	925	753	390

（4）工艺条件对半固态金属浆料流动性的影响　如前所述，具有较宽结晶温度范围的合金，通常在液流前端的固相分数达到15%~20%即停止流动，金属不再具有流动性。然而，在近年来发展的半固态铸造（亦称流变铸造）先进工艺条件下，这一情况得以改变。研究发现，利用机械搅拌及电磁搅拌等方法，使得处于液固两相温度之间的金属中的晶体破碎且达到一定程度的圆整化后，即使固相分数达到50%左右甚至更多，所获得的半固态浆料仍然具有一定的流动性。当然，设法提高半固态浆料的流动性，对该工艺方法的实际应用具有重要意义。研究表明，随着旋转剪切速率加快，浆料中的晶粒细化与圆整度的效果越好，所获得的浆料表观黏度越小，如图2-7所示，从而浆料的流动性越高（图2-8a）。

图 2-8所示为 Al-7.13%Si（质量分数）半固态浆料以不同速率搅拌后浇入砂型中（砂型可静止，也可水平旋转）的流动性结果，图中 r 为试样方形截面的边长，M 为砂型旋转速率（r/min）。由图 2-8b 可以看出，浆料的液相体积分数越高、试样截面越大，越有利于浆料流动性（螺旋线长度）的提高；而且，若砂型以一定速率旋转，其离心力作用对浆料流动性的提高具有十分显著的效果。例如，在图 2-8 中，半固态浆料经高速旋转（1000r/min）搅拌后，浇注进入 $M=200$r/min 旋转速率的砂型中，在离心力的作用下，即使浆料的液相体积分数只有 25%时，$r=9$mm 试样的流动长度可达 210mm。

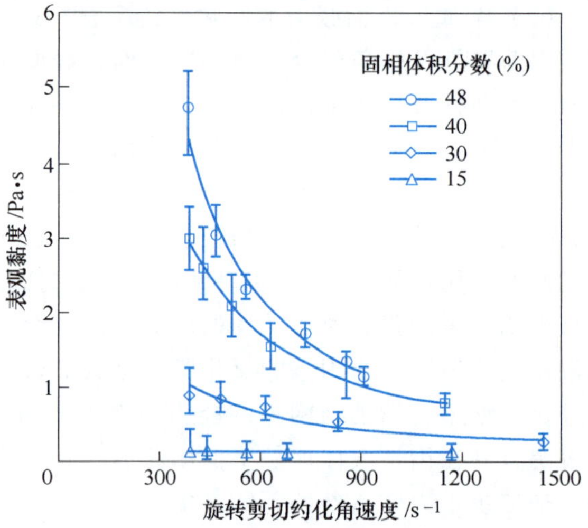

图 2-7 旋转剪切速率对浆料黏度的影响

（A357 铝合金成分：$w_{Si}=6.74\%\sim7.47\%$，$w_{Mg}=0.13\%\sim0.14\%$）

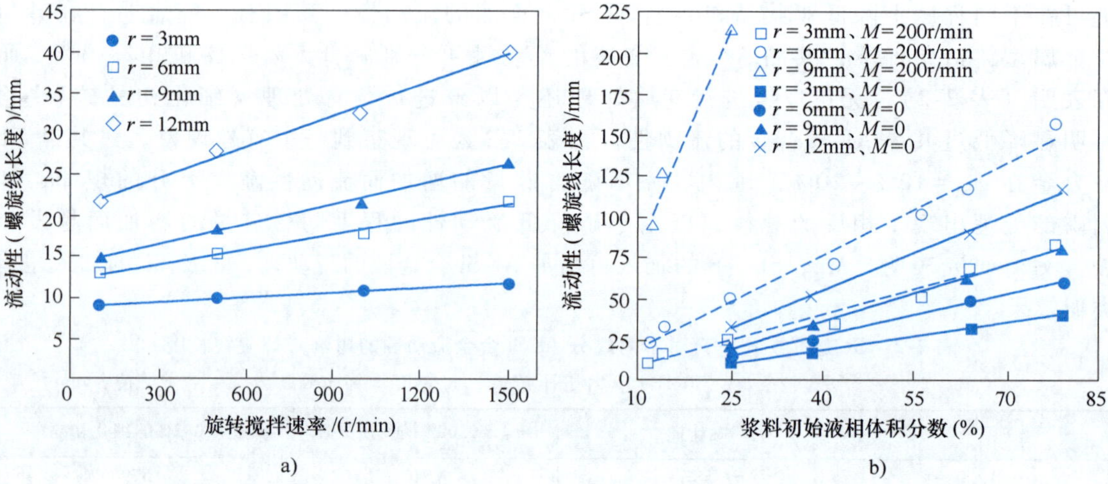

图 2-8 半固态浆料（Al-7.13%Si）以不同速率搅拌后浇入砂型中的流动性结果

a）浆料搅拌速率的作用（砂型静止不旋转，固相体积分数为 50%）

b）液相体积分数及砂型旋转的影响（浆料搅拌速率为 1000r/min）

2.3.2 铸型性质方面的因素

铸型性质影响金属液的充型速度、铸型与金属的热交换强度及金属液保持流动的时间，所以对金属液的充型能力具有重要影响。其影响因素包括铸型的蓄热系数 b_2、铸型的温度、铸型的涂料层、铸型的发气性和透气性。技术上可通过调整铸型性质来改善金属的充型能力。

铸型的蓄热系数 b_2（$b_2=\sqrt{\lambda_2 c_2 \rho_2}$）表示铸型从液态金属中吸取并储存在本身中热量的能力。$c_2\rho_2$ 是单位体积的铸型在温度升高 1℃时所吸取的热量。$c_2\rho_2$ 大，铸型吸取较多的热量而本身温升较小，使金属与铸型之间在较长时间内保持较大温差。铸型的热导率 λ_2 大表示从金属吸取的热量能很快地由温度较高的铸型内表面传导到温度较低的“后方”，使铸型参加蓄热的部分增多，从而能够储存更多的热量，并且由于铸型内表面的热量能迅速传走，温升速度也就比较缓慢，而保持继续吸取热量的能力。所以，铸型的 c_2、ρ_2、λ_2 越大，即蓄热系数 b_2 越大，铸型的激冷能力就越强，金属液于其中保持液态的时间就越短，充型能力下降；反之，铸型 b_2 小，则充型能力提高。

不同铸型材料的蓄热系数见表 2-3，由表中可见，金属型（铜、铸铁、铸钢等）的蓄热系数 b_2 比砂型的高 10 倍以上。为了使金属型浇口和冒口中的金属液缓慢冷却，常在一般涂料中加入 b_2 很小的石棉粉。砂型的 b_2 与其湿度、紧实度、型砂的性质及配比等因素有关，如湿砂型的 b_2 明显大于干砂型，锆砂的 b_2 为石英砂的 2 倍。为了使冒口中的金属保持液态时间更长，以便铸件在凝固后期熔体有更好的流动性和补缩效果（或减小冒口以提高工艺出品率），近年来开发成功的各类保温冒口及发热冒口取得了良好效果。

表 2-3　几种铸型材料的蓄热系数

材料	温度 t/℃	密度 ρ_2/kg·m^{-3}	比热容 c_2/J·(kg·℃)$^{-1}$	热导率 λ_2/W·(m·℃)$^{-1}$	蓄热系数 $b_2/10^{-4}$J·(m^2·℃·s$^{\frac{1}{2}}$)$^{-1}$
铜	20	8930	385.2	392	3.67
铸铁	20	7200	669.9	37.2	1.34
铸钢	20	7850	460.5	46.5	1.3
人造石墨		1560	1356.5	112.8	1.55
镁砂	1000	3100	1088.6	3.5	0.344
铁屑	20	3000	1046.7	2.44	0.28
黏土型砂	20	1700	837.4	0.84	0.11
黏土型砂	900	1500	1172.3	1.63	0.17
干砂(50/100)	900	1700	1256	0.58	0.11
湿砂(50/100)	20	1800	2302.7	1.28	0.23
耐火黏土	500	1845	1088.6	1.05	0.145
锯末	20	300	1674.7	0.174	0.0296
烟黑	500	200	837.4	0.035	0.0076

此外，预热铸型能够减小金属与铸型的温差，从而提高其充型能力，如图 2-9 所示。铸型具有一定的发气能力，能在金属液与铸型之间形成气膜，可减小流动的摩擦阻力，有利于充型。但若发气量过大，铸型排气不畅，在型腔内产生气体的反压力，则会阻碍金属液的流动。因此，为了提高型（芯）砂的透气性，在铸型上开设通气孔是十分必要且经常应用的工艺措施。

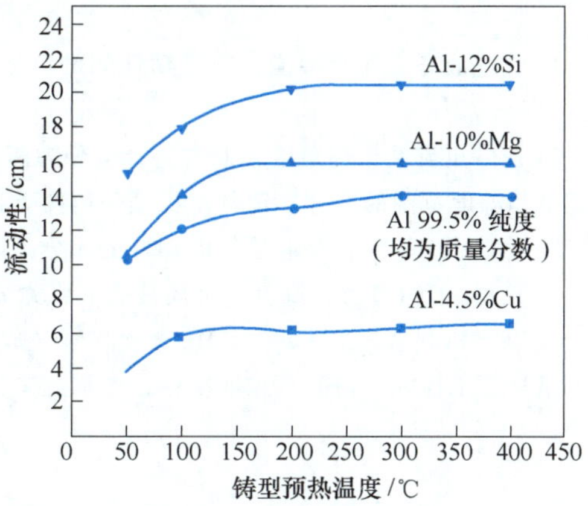

图 2-9　铸型预热温度对铝及其合金充型能力的影响（铸铁型）

2.3.3　浇注条件方面的因素

（1）浇注温度　浇注温度越高，液态金属的黏度越小，过热度越高，金属液内含热量越多，保持液态的时间越长，充型能力越强。因此，对薄壁铸件或流动性差的合金，适当提高浇注温度，以防浇不足和冷隔缺陷。但过高的浇注温度由于吸气多、氧化严重，充型能力提高幅度减小，铸件容易产生缩孔、缩松、粘砂、气孔、粗晶等缺陷，故在保证充型能力足够的前提下，浇注温度不宜过高。

（2）充型压力　液态金属在流动方向上所受的压力称为充型压力。增加重力铸造的充型静压头［见式（2-2）］可增大充型压力，有利于提高充型能力。在一定范围内提高压力铸造压射过程的压力（亦称为压射比压，从几兆帕到几十兆帕甚至几百兆帕），也有利于提高充型能力。但当合金液压力过大、充型速度过高时，会发生喷射和飞溅，导致金属氧化和产生“铁豆”缺陷。若型腔中的气体来不及排除，反压力增大，压力提高流动性的效果反而有所减弱，如图 2-10 所示。

（3）浇注系统　直浇道、横浇道、内浇道的复杂程度等也会影响液态金属的充型能力，应正确设计浇注系统结构，横浇道及内浇道做到合理布局、各组元截面积选择合适比例，使金属液平稳地充满型腔。

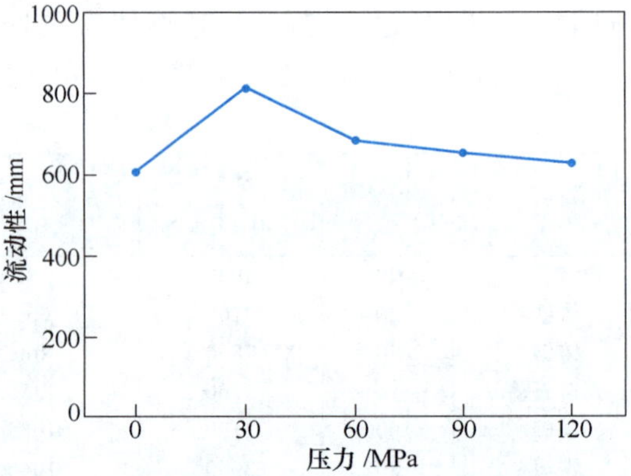

图 2-10　压力对 Al-16%Si（质量分数）合金流动性的影响

（挤压铸造条件下试验，合金液过热度 100℃）

2.3.4　铸件结构方面的因素

即使在铸件材质、铸型性质及浇注条件相同的情况下，同体积但几何形状不同的铸件折算厚度（即“模数”，下章将介绍）越大，由于与铸型接触的表面积小，散热较缓慢，从而使液态金属的充型能力越好。铸件壁厚相同时，垂直壁比水平壁更容易充填（大平面水平铸件不易成形）。

铸件结构越复杂、厚薄过渡面越多，则型腔结构越复杂，流动阻力越大，液态金属的充型能力越差。

思考与练习

1. 试述液态金属充型能力与流动性间的联系和区别，并分析合金成分及结晶潜热对充型能力的影响规律。

2. 从停止流动机理角度，通常将合金分为两类，即具有固定凝固温度点或窄结晶温度范围的合金，以及宽结晶温度范围的合金。请基于机理分析两类合金的流动性差别。

3. 为什么 Al-Si 合金液最佳流动性的成分范围不在共晶成分处，而在过共晶成分的某一范围？

4. 根据式（1-17），试分析金属液表面张力 σ 及静压头 H 对充型能力的影响。

5. 某飞机制造厂的一种 Al-Mg 合金牌号（成分确定）机翼因铸造常出现“浇不足”缺陷而报废，如果你是该厂工程师，请问可采取哪些工艺措施来提高成品率？

第3章　凝固温度场

金属从液态转变为固态的凝固过程涉及传热、传质和固液界面动力学三方面问题，而质量传输、界面推进速度都与热量传输、温度分布密切相关。因此，凝固温度场是研究凝固宏观与微观过程（包括凝固形核与长大、结晶组织形态、凝固应力与缺陷）的基础。

3.1　传热基本原理

3.1.1　温度场与传热学的基本理论

1. 温度场与温度梯度

空间坐标系中所有点的瞬时温度值的数学表达式为

$$T=f(x, y, z, t) \tag{3-1}$$

式中，x、y、z 为坐标值；t 为时间。某一时刻，该方程式的全部解系便从数值上构成了空间温度场。

不仅在空间上变化并且也随时间变化的温度场称为不稳定温度场。式（3-1）是三维不稳定温度场的表达式。不随时间而变的温度场称为稳定温度场，其表达式为

$$T=f(x, y, z) \tag{3-2}$$

即温度只是坐标的函数。

把温度场内具有相同温度的点分别连接起来就构成一系列空间等温面，用某个特殊平面（通常用坐标平面或平行于坐标平面的平面）与等温面相截可得到一簇等温线。等温面与等温线都是温度场的图形表达方式。

温度梯度指温度随距离的变化率。对于一定温度场，沿等温面或等温线法线方向的温度梯度最大，图形上反映为等温面（或等温线）最密集。温度梯度是具有方向性的物理量，其矢量表达式为

$$\mathrm{grad}T = \lim_{\Delta n \to 0} \frac{\Delta T}{\Delta n}\boldsymbol{n} = \frac{\partial T}{\partial n}\boldsymbol{n} \tag{3-3}$$

式中，$\boldsymbol{n}$ 为单位法向矢量；$\frac{\partial T}{\partial n}$ 为温度在 $\boldsymbol{n}$ 方向上的导数。

凝固过程中，对凝固速度与凝固组织特征有重要影响的是固-液界面前沿液相中的温度梯度。

2. 传热基本方式

根据传热学的基本理论，热量传递的基本方式有热传导、热对流和热辐射三种。

（1）热传导　在连续介质内部或相互接触的物体之间不发生相对位移而仅依靠分子、原子及自由电子等微观粒子的热运动而产生的热量传输称为热传导。

热传导热量传递的方向沿等温面或等温线的法线方向，温度梯度是热量传递自发过程的

动力。单位时间内通过单位面积的热量称为热流密度，记为 q。根据傅里叶定律，热传导过程中热流密度的大小与该部位的温度梯度成正比，即

$$q = -\lambda \operatorname{grad} T = -\lambda \frac{\partial T}{\partial n}\boldsymbol{n} \tag{3-4}$$

式中，λ 表示热导率，负号表示热流方向与温度方向相反。热导率 λ 是衡量物质热传导能力的重要参数，其数值取决于物质种类和温度。

（2）热对流　由流体各质点间的相对位移而引起的热量转移方式称为热对流。对流包括自然对流与强迫对流。自然对流是由于质点间的温度差或密度差而引起的浮力流，强迫对流是体系在外力（如机械力、电磁力）驱动下产生的质点相对位移。

（3）热辐射　热辐射是由于物体内部原子振动而发出的一种电磁波的能量传递。一切自身温度高于 0K（T>−273℃）的物体，都会从表面发射出辐射能。热辐射的主体与受体是相对的，辐射能的传递是相互往复发生的，一定时间后双方的辐射速度趋于等同，便出现暂时的热平衡。

3.1.2　凝固传热的基本方程

1. 凝固过程的传热特点

铸造过程中液态金属在充型时与铸型间的热量交换以对流为主，铸件在铸型中的凝固、冷却过程以热传导为主。由于充型时的热交换过程复杂且相对于凝固过程时间短暂，因此凝固温度场的研究一般从液态金属充满型腔后开始，并假设液态金属的起始温度为浇注温度，铸型起始温度为环境温度或铸型预热温度。

电弧焊过程中，电弧热量以对流和辐射方式传递给焊件。焊件受热源作用，温度上升，局部熔化形成熔池。对于有熔滴过渡的熔化极电弧焊，熔滴在过渡过程中会吸收一部分电弧热，因此熔滴过渡到熔池中既是传质过程，也是传热过程。熔池中的热量向周围母材传导，而后温度下降，凝固成焊缝。焊条电弧焊过程示意如图 3-1 所示。

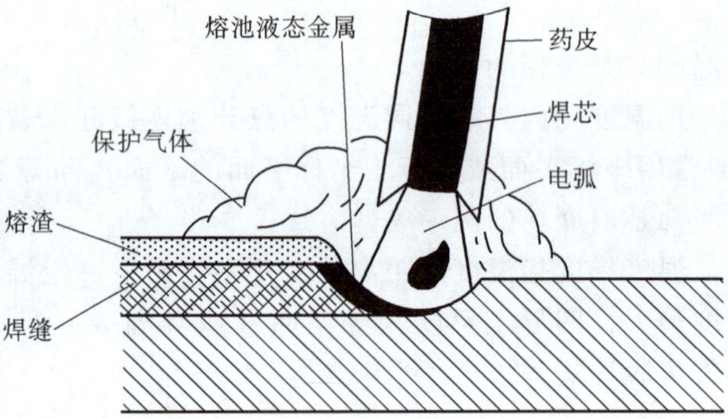

图 3-1　焊条电弧焊过程示意图

综上所述，热传导传热方式是铸件凝固温度场与焊接温度场中热量传递的主要方式。

2. 热传导过程的偏微分方程

热传导微分方程式是根据傅里叶公式和能量守恒定律建立的。三维热传导的微分方程式为

$$\frac{\partial T}{\partial t} = \frac{\lambda}{c\rho}\left(\frac{\partial^2 T}{\partial x^2} + \frac{\partial^2 T}{\partial y^2} + \frac{\partial^2 T}{\partial z^2}\right) = a\nabla^2 T \tag{3-5}$$

式中，a 是材料的热扩散率，$a=\dfrac{\lambda}{c\rho}$；∇^2 是拉普拉斯运算符号。

对于一维传热和二维传热，式（3-5）可以分别简化为

$$\frac{\partial T}{\partial t}=a\frac{\partial^2 T}{\partial x^2} \tag{3-6}$$

和

$$\frac{\partial T}{\partial t}=a\left(\frac{\partial^2 T}{\partial x^2}+\frac{\partial^2 T}{\partial y^2}\right) \tag{3-7}$$

上述微分方程式是传热学理论中的最基本公式，适合于包括铸造、焊接过程在内的所有热传导问题的数学描述，但在对具体热场进行求解时，除了上述微分方程外，还要根据具体问题给出导热体的初始条件与边界条件。

（1）初始条件　初始条件是指物体开始导热时（即 $t=0$ 时）的瞬时温度分布。

（2）边界条件　边界条件是指导热体表面与周围介质间的热交换情况。

常见的边界条件有以下三类：

1）第一类边界条件。给定物体表面温度 T_w 随时间 t 的变化关系，表达式为

$$T_w=f(t) \tag{3-8}$$

2）第二类边界条件。给出通过物体表面的比热流随时间 t 的变化关系，表达式为

$$\lambda\frac{\partial T}{\partial n}=q(x,\ y,\ z,\ t) \tag{3-9}$$

3）第三类边界条件。给出物体周围介质温度 T_f 以及物体表面与周围介质的换热系数 α，表达式为

$$\lambda\frac{\partial T}{\partial n}=\alpha(T_w-T_f) \tag{3-10}$$

上述三类边界条件中，以第三类边界条件最为常见。

3.1.3　凝固温度场的求解方法

即使有了对具体热传导问题的准确数学描述，求问题的精确解也是非常困难的。求解热传导偏微分方程的主要方法有解析法与数值法。

1. 解析法

解析法是直接应用现有的数学理论和定律去推导和演绎数学方程（或模型），得到用函数形式表示的解，也就是解析解。解析法的优点是物理概念及逻辑推理清楚，解的函数表达式能够清楚地表达温度场的各种影响因素，有利于直观分析各参数变化对温度高低的影响。但解析法只能用于少数简单热传导问题，对多数描述复杂系统的高阶、非线性、时变的微分方程，就很难用解析法求解。为了求出问题解，通常需要采用多种简化假设，而这些假设往往并不适合实际情况，这就使解的精确程度受到不同程度的影响。

2. 数值法

数值法又叫数值分析法，是用计算机程序来求解数学模型的近似解，又称为数值模拟或计算机模拟。数值模拟技术在凝固、焊接温度场计算中的应用得益于20世纪60年代以来计算机技术的迅猛发展。采用计算机模拟技术，不仅成功地解决并直观地表达出温度场的动态变化，而且为与热过程相关的其他质量问题的研究提供了理论依据和计算思路。如凝固组织、凝固缺陷的评估；热应力与残余变形的预测等一系列化学、物理冶金反应过程的定量分析。

温度场的数值解法最常用的是差分法和有限元法，下面简单介绍这两种方法的特点。

（1）差分法　差分法是把原来求解物体内随空间、时间连续分布的温度问题，转化为求在时间领域和空间领域内有限个离散点的温度值问题，再用这些离散点上的温度值去逼近连续的温度分布。差分法的解题基础是用差商来代替微商，这样就将热传导微分方程转换为以节点温度为变量的线性代数方程组，得到各节点的数值解。用不同方法定义差商可得到不同的差分格式：向前差分、向后差分、平均差分、中心差分、加列金格式等。不同的差分格式其误差和稳定性各不相同，如向前差分计算过程简便，然而是有条件的稳定；向后差分是无条件的稳定，但误差较大；而平均差分虽然精度较高，但容易发生振荡等。因此使用差分法时要选择合理的差分格式、合理的网格划分和计算步长，以尽可能减少误差，保证解的精度和稳定性。差分法的长处是对于具有规则外形的工件和均质材料的温度场求解，它的程序设计和计算过程比较简单，收敛性也较好。

（2）有限元法　有限元法是根据变分原理来求解热传导问题微分方程的一种数值计算方法。有限元法的解题步骤是先将连续求解域分割为有限个单元组成的离散化模型，再用变分原理将各单元内的热传导方程转化为等价的线性方程组，最后求解全域内的总体合成矩阵。由于有限元法的单元形状可以比较任意，因此更适用于具有复杂形状的物体。对于由几种不同材料组成的物体，可以利用不同材料的界面进行单元分割。特别是可以根据实际问题需要设置单元和节点分布的稀疏，这样就可以在不增加节点和计算量的前提下提高计算精度。此外，由于有限元法是用统一的方法对区域内节点和边界节点列出计算格式，因此适用于任意的边界条件，且在计算精度上比较协调。

有限元法是随着电子计算机技术发展起来的一种新颖、有效的数值计算方法，它不仅可以用于传热分析，而且用于电磁场、流体力学、结构力学等所有连续介质和场的问题。采用有限元法计算温度场时便于与后续相关计算统一计算方法，如焊接残余应力分析、凝固裂纹倾向与凝固组织分析等。

20世纪80年代以来，基于有限元算法的计算机数值模拟技术在世界各国先后得到突飞猛进的发展，陆续研究出用于解决各种工程问题的多种有限元分析商业软件，包括用于液态金属凝固过程的温度场、应力应变场的数值模拟；凝固组织、凝固缺陷分析与性能预测等。

总的来说，差分法和有限元法已成为解决温度场计算问题的两种主要数值计算方法，它们各有所长。在实际计算过程中，经常将这两种方法结合起来进行运算，例如在空间域采用有限元法进行离散，时间域采用差分法进行离散。

3.2　铸造过程温度场

铸件温度场模拟

如前所述，铸件凝固温度场的解析解法只能求解一些简单形体铸件凝固传热的特殊问题，如大平板、长圆柱体、球体等，并且需要对数学模型进行一定的简化处理。本节以半无限大平板铸件的凝固过程为例，介绍一维不稳定温度场的解析解法及温度分布特点。

3.2.1　半无限大平板铸件凝固过程的一维不稳定温度场

在两个方向上的尺寸为足够大的平板铸件在同样足够大的铸型中凝固时，热量从铸件经与铸型的接触界面向铸型中传导，可以近似地认为是沿着界面的法线方向一维热传导，并且温度与热流分布关于铸件的中层面对称，这样就构成了半无限大平板铸件凝固过程的一维不稳定温度场的求解问题。为使问题简化，先进行以下假设：

1）凝固过程的初始状态为：铸件与铸型内部分别为均温，铸件的起始温度为浇注温度 T_{10}，铸型的起始温度为环境温度或铸型预热温度 T_{20}。

2）铸件金属的凝固温度区间很小，可忽略不计。

3）不考虑凝固过程中结晶潜热的释放。

4）铸件的热物理参数 λ_1、c_1、ρ_1 与铸型的热物理参数 λ_2、c_2、ρ_2 不随温度变化。

5）铸件与铸型紧密接触，不考虑界面热阻，即铸件与铸型在界面处等温。

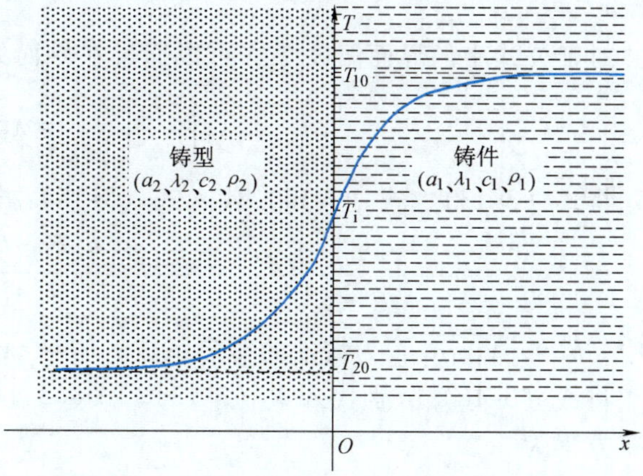

图 3-2　无限大平板铸件凝固温度场分布

以界面点为原点，以界面的法线方向为 x 轴、纵坐标为温度 T 建立坐标系，如图 3-2 所示。显然，凝固过程中，铸件与铸型中的温度分布符合傅里叶微分方程式（3-5），其通解为

$$T=C+D\mathrm{erf}\left(\frac{x}{2\sqrt{at}}\right) \tag{3-11}$$

式中，C、D 为不定积分常数；a 是铸件（或铸型）材料的热扩散率；erf（x）为高斯误差函数，其计算式为

$$\mathrm{erf}\left(\frac{x}{2\sqrt{at}}\right)=\frac{2}{\sqrt{\pi}}\int_0^{\frac{x}{2\sqrt{at}}}\mathrm{e}^{-\beta^2}\mathrm{d}\beta \tag{3-12}$$

其值可通过查表 3-1 求得。

表 3-1　高斯误差积分值

$\frac{x}{2\sqrt{at}}$	$\mathrm{erf}\left(\frac{x}{2\sqrt{at}}\right)$	$\frac{x}{2\sqrt{at}}$	$\mathrm{erf}\left(\frac{x}{2\sqrt{at}}\right)$	$\frac{x}{2\sqrt{at}}$	$\mathrm{erf}\left(\frac{x}{2\sqrt{at}}\right)$	$\frac{x}{2\sqrt{at}}$	$\mathrm{erf}\left(\frac{x}{2\sqrt{at}}\right)$
0.05	0.056	0.55	0.563	1.05	0.862	1.55	0.972
0.10	0.113	0.60	0.604	1.10	0.880	1.60	0.976
0.15	0.168	0.65	0.642	1.15	0.896	1.65	0.980
0.20	0.223	0.70	0.678	1.20	0.910	1.70	0.984
0.25	0.276	0.75	0.711	1.25	0.923	1.75	0.987
0.30	0.329	0.80	0.742	1.30	0.934	1.80	0.990
0.35	0.379	0.85	0.771	1.35	0.944	1.85	0.991
0.40	0.419	0.90	0.797	1.40	0.952	1.90	0.993
0.45	0.476	0.95	0.821	1.45	0.960	1.95	0.994
0.50	0.521	1.00	0.843	1.50	0.966	2.00	0.995

对于铸件侧，有边界条件：$x=0(t>0)$ 时，$T_1=T_2=T_i$，初始条件：$t=0$ 时，$T_1=T_{10}$，代入式（3-11）后得铸件侧温度场的方程式为

$$T_1=T_i+(T_{10}-T_i)\mathrm{erf}\left(\frac{x}{2\sqrt{a_1t}}\right) \tag{3-13}$$

同理可得铸型侧温度场的方程式为

$$T_2 = T_i + (T_i - T_{20})\mathrm{erf}\left(\frac{x}{2\sqrt{a_2 t}}\right) \tag{3-14}$$

对于公式中的界面温度 T_i，可以通过在界面处热流的连续性条件求出，即

$$\lambda_1\left[\frac{\partial T_1}{\partial x}\right]_{x=0} = \lambda_2\left[\frac{\partial T_2}{\partial x}\right]_{x=0} \tag{3-15}$$

将式（3-13）、式（3-14）代入式（3-15）并计算得

$$T_i = \frac{b_1 T_{10} + b_2 T_{20}}{b_1 + b_2} \tag{3-16}$$

式中，$b_1 = \sqrt{\lambda_1 c_1 \rho_1}$，为铸件的蓄热系数；$b_2 = \sqrt{\lambda_2 c_2 \rho_2}$，为铸型的蓄热系数。

将式（3-16）分别代入式（3-13）、式（3-14）可得铸件与铸型距离界面为 x 处的温度分布方程为

$$T_1 = \frac{b_1 T_{10} + b_2 T_{20}}{b_1 + b_2} + \frac{b_2 T_{10} - b_2 T_{20}}{b_1 + b_2}\mathrm{erf}\left(\frac{x}{2\sqrt{a_1 t}}\right) \tag{3-17}$$

$$T_2 = \frac{b_1 T_{10} + b_2 T_{20}}{b_1 + b_2} + \frac{b_1 T_{10} - b_1 T_{20}}{b_1 + b_2}\mathrm{erf}\left(\frac{x}{2\sqrt{a_2 t}}\right) \tag{3-18}$$

图 3-3 所示为半无限大平板铸铁件分别在砂型和金属型铸型中浇注后在 $t = 0.01\mathrm{h}$、$0.05\mathrm{h}$、$0.5\mathrm{h}$ 时刻的温度分布曲线，计算按式（3-17）、式（3-18）进行，取浇注温度为 1370℃，铸型初始温度为 20℃，其他热物性参数见表 3-2。由图可见，金属型铸型由于具有良好的导热性能，因此铸件的凝固、冷却速度较快。而砂型铸型的导热性能较差，在界面两侧形成了截然不同的温度分布形态。

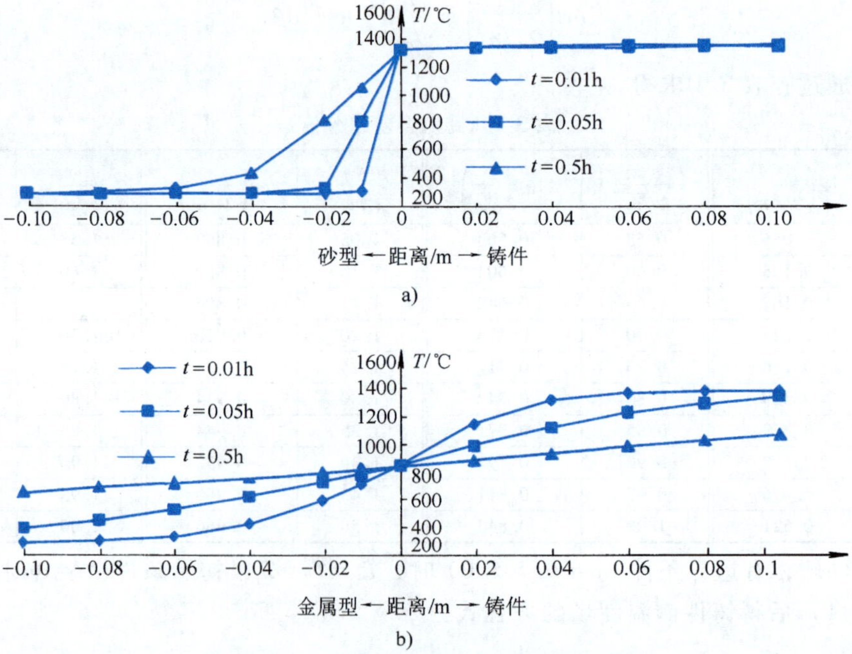

图 3-3　铸铁件凝固过程的温度分布

a）砂型　b）金属型

采用上述方法求解温度场时，铸件与铸型界面温度 T_i 在凝固过程中不随时间而变。

表 3-2　材料的热物性参数

材料 \ 热物性值	热导率 λ /[W/(m·K)]	比热容 c /[J/(kg·K)]	密度 ρ /(kg/m³)	热扩散率 a /(m²/s)
铸铁	46.5	753.6	7000	8.8×10^{-6}
砂型	0.314	963.0	1350	2.4×10^{-7}
金属型	61.64	544.3	7100	1.58×10^{-5}

3.2.2　铸件凝固时间计算

1. 无限大平板铸件的凝固时间计算

铸件的凝固时间是指从液态金属充满型腔后至凝固完毕所需要的时间。铸件凝固时间是制订生产工艺、获得稳定铸件质量的重要依据。半无限大平板铸件的凝固时间可通过界面传热的连续性来计算。

根据傅里叶定律，铸件凝固过程中通过界面传向铸型中的热流强度为

$$q_{x=0}=-\lambda_2\left[\frac{\partial T_2}{\partial x}\right]_{x=0} \tag{3-19}$$

由式（3-14）可知

$$\left[\frac{\partial T_2}{\partial x}\right]_{x=0}=\frac{T_{20}-T_i}{\sqrt{\pi a_2 t}} \tag{3-20}$$

代入式（3-19）得

$$q_{x=0}=\frac{b_2}{\sqrt{\pi t}}(T_i-T_{20}) \tag{3-21}$$

假设铸件的凝固层厚度为 ξ，凝固时间为 τ，铸件与铸型间的接触面积为 A_1，对式（3-21）在时间（0，τ）内积分并乘以 A_1，得到铸型在铸件凝固过程中所吸收的热量为

$$Q_2=\frac{2b_2A_1}{\sqrt{\pi}}(T_i-T_{20})\sqrt{\tau} \tag{3-22}$$

假设凝固过程中剩余液相温度保持不变，则凝固层所放出的热量（包括凝固潜热）为

$$Q_1=V_1\rho_1[L+c_1(T_{10}-T_S)] \tag{3-23}$$

因在界面处传热为连续，故有 $Q_1=Q_2$，即

$$\sqrt{\tau}=\frac{\sqrt{\pi}\rho_1[L+c_1(T_{10}-T_S)]}{2b_2(T_i-T_{20})}\frac{V_1}{A_1} \tag{3-24}$$

式中，V_1 为铸件凝固层的体积（而并非是铸件体积）；τ 为该凝固层对应的凝固时间；L 为铸件的凝固潜热；T_S 为铸件金属的固相线温度。

由式（3-24）可知：要对铸件的凝固时间进行理论计算，必须预知铸件和铸型的热物理参数、铸造过程的有关工艺参数以及铸件和铸型界面温度等，计算过程比较繁杂且并不精确。这是因为理论计算式是在许多假设和简化前提下推导出的，因此在实际中应用较少。

2. 大平板铸件凝固时间计算的平方根定律

对于大平板铸件，凝固层厚度 ξ 与凝固层体积 V_1、铸件与铸型间接触面积 A_1 三者间满

足关系式

$$\xi=\frac{V_1}{A_1}$$

代入式（3-24）并令

$$K=\frac{2b_2(T_i-T_{20})}{\sqrt{\pi}\rho_1[L+c_1(T_{10}-T_S)]} \tag{3-25}$$

得

$$\sqrt{\tau}=\frac{\xi}{K}$$

或

$$\tau=\frac{\xi^2}{K^2} \tag{3-26}$$

这就是金属凝固的平方根定律，即：金属凝固时间与凝固层厚度的平方成正比。K 称为凝固系数，可由试验测定。当凝固结束时，ξ 为大平板厚度的一半。

对于某些有固定熔点的金属在无过热情况下进行浇注时，凝固系数 K 的表达式可简化为

$$K=\frac{2b_2(T_i-T_{20})}{\sqrt{\pi}\rho_1 L}$$

表 3-3 列出了一些常见材料的凝固系数。

表 3-3　常见材料的凝固系数

铸件材料	铸型	K/cm·($\sqrt{\min}$)$^{-1}$
灰铸铁	砂型	0.72
	金属型	2.2
可锻铸铁	砂型	1.1
	金属型	2.0
铸钢	砂型	1.3
	金属型	2.6
黄铜	砂型	1.8
	金属型	3.0
铸铝	砂型	—
	金属型	3.1

平方根定律一般不适用于两维散热的柱状铸件的凝固过程。张兴中等人推导出适用于截面形状为圆形或正方形柱状铸坯凝固过程的“圆方坯凝固方程”

$$K^2\tau=\xi^2\left(\ln\frac{\xi}{r_0}-\frac{1}{2}\right)+\frac{r_0^2}{2} \tag{3-27}$$

式中，r_0 为圆柱体半径或方柱体边长之半。

经验证，该方程能够较准确地表达连铸过程中圆坯或方坯的凝壳长大过程，是对平方根定律在特定条件下应用的完善与补充。

3. 一般铸件凝固时间计算的近似公式

一般铸件凝固时间的准确计算较为复杂，将式（3-24）中的 V_1 与 A_1 推广理解为一般形状铸件的体积与表面积，并令

$$R=\frac{V_1}{A_1} \tag{3-28}$$

可得一般铸件凝固时间的近似计算公式

$$\sqrt{\tau}=\frac{R}{K} \tag{3-29}$$

式中，R 为铸件的折算厚度，称为“模数”。式（3-29）称为“模数法”或“折算厚度法则”。

由式（3-28）可见，模数 R 反映了铸件的几何特征。从传热学角度来说，模数代表着铸件热容量与散热表面积之间的比值关系，凝固时间随模数增大而延长。生产中应用“模数法”计算铸件凝固时间时，首先要计算出铸件的模数。对于形状复杂的铸件，其体积与表面积的计算都是比较麻烦的，这时可将复杂铸件看作是形状简单的平板、圆柱体、球、长方体等单元体的组合，分别计算出各单元体的模数，但各单元体的结合面不计入散热面积中。一般情况下，模数最大的单元体的凝固时间即为铸件的凝固时间。

实际铸件的形状对凝固时间有重要影响。“折算厚度法则”将普通铸件模数等同于“平方根定律”中大平板铸件凝固层厚度，没有考虑实际铸件棱角散热效应的影响，因此计算结果存在一定误差。

3.2.3　界面热阻与实际凝固温度场

上述关于铸造过程凝固温度场的分布以及凝固时间的讨论均将铸件与铸型的接触当作是理想状态下的紧密接触，而实际铸件凝固过程中，铸件与铸型界面大多程度不同地存在接触热阻或界面热阻。这是因为铸型型腔内表面上往往存在一层涂料，当涂料导热性能较差或涂层较厚时，都会对铸件的凝固及散热速度产生影响。此外，界面接触状况对热阻大小有着重要影响。由于铸件与铸型的接触是凹凸不平的局部接触，并且随铸件冷却收缩与铸型受热膨胀，界面处产生间隙，间隙内除了热传导之外，还存在对流与辐射传热。

界面热阻对凝固温度场分布形态的影响程度取决于界面热阻在系统热阻中所占的比例大小。下面分四种情况来讨论铸件凝固过程温度场的分布特点。

（1）金属铸件与绝热型铸型　砂型、石膏型、陶瓷型等多数非金属铸型材料的热导率远小于凝固金属的热导率，可认为它们属于绝热铸型，因此已凝固铸件内及液态金属中的温度分布可近似认为是均匀的。此时铸件的凝固、散热速度主要取决于铸型的热物理性能，界面热阻可忽略不计，铸型内表面温度接近铸件温度，铸型内的温度梯度很大，当铸型足够厚时，其外表面温度保持起始温度 T_{20}。系统温度分布示意图如图 3-4a 所示。图中 $x=0$ 处为铸型与铸件界面，$x=\xi$ 处为固、液相界面，S′段为已凝固铸件，L 段为尚未凝固的液相（以后各图情况相同，不再说明）。

（2）界面热阻较大的金属铸型　通常，金属铸型内表面会有一层耐高温保护涂料。当涂层较厚时或涂层的导热性能较差时，界面涂层的热阻较铸件与铸型的热阻大得多，此时铸件的凝固、散热速度主要取决于涂层的厚度与导热性能，铸件与金属铸型中的温度梯度可忽略不计。系统温度分布示意图如图 3-4b 所示。

（3）界面热阻很小的金属铸型　当金属型的表面涂层很薄时或涂层材料的导热性能很好时，界面热阻相对于金属铸型、铸件内的热阻可忽略不计，此时铸件的凝固、散热速度主要取决于铸件与铸型的热物理性能，可近似认为界面上没有温度降。系统温度分布示意图如图 3-4c 所示。

（4）非金属铸件与金属铸型 在金属铸型中注塑或在熔模精密铸造中用金属型压制蜡模时都属于这种情况。由于非金属铸件的导热性能很差，界面热阻与金属铸型的热阻可忽略不计，铸件的凝固、散热速度主要取决于铸件自身的热物理性能，温度降主要发生在铸件一侧。系统温度分布示意图如图 3-4d 所示。

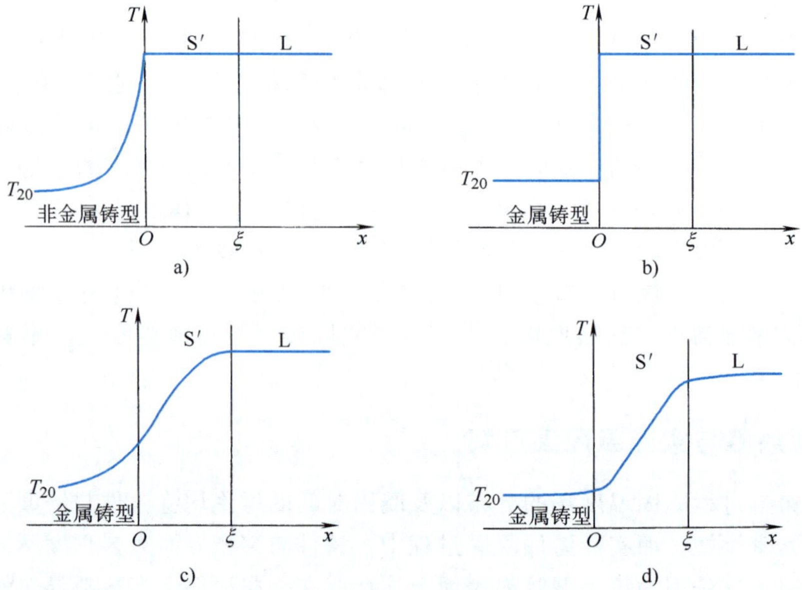

图 3-4 典型铸件凝固中的温度分布

a）绝热型铸型 b）界面热阻大的金属铸型 c）界面热阻小的金属铸型 d）非金属铸件与金属铸型

由以上分析可知，实际凝固温度场的分布与凝固速度的计算问题是比较复杂的，只有在界面热阻很小或相对于系统其他热阻可以忽略不计时，才有温度场分布的解析式和“平方根定律”成立。

3.2.4 铸件凝固方式及其影响因素

1. 铸件动态凝固曲线

铸件实际凝固方式可以通过测温法确定。图 3-5 所示为某无限长圆柱体铸件的测温结果与绘制的动态凝固曲线。

图 3-5b 为浇注前在铸型型腔中安置热电偶的位置，1 为铸件表面，6 为铸件中心，六个测温点均布。图 3-5a 为实测的 T-t 曲线，在图中绘出该合金铸件的液相线与固相线温度水平线，把两直线与各 T-t 曲线的交点时刻分别标注在图 3-5c 中的（x/R，t）坐标系上，并将相应各点连接起来，即得该铸件的动态凝固曲线。纵坐标分子 x 是铸件表面向圆柱中心方向的距离，分母 R 是圆柱体半径。因凝固是从圆柱体表面向中心逐步进行，所以 $x/R=1$ 处对应圆柱体中心（第六个测温点位置）。图中左边的曲线与铸件断面上各时刻的液相等温线对应，称为“液相边界”，右边的曲线与固相等温线相对应，称为“固相边界”。可以根据“液相边界”与“固相边界”之间的横向距离直观地得出铸件内各部位的开始凝固时刻与凝

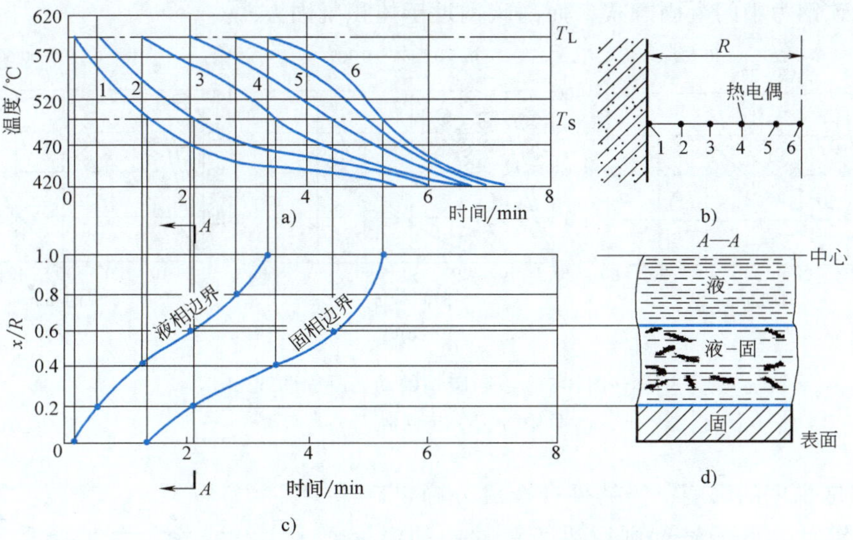

图 3-5　无限长圆柱体铸件的测温结果及动态温度曲线

a）铸件断面的温度-时间曲线

b）热电偶位置　c）动态凝固曲线　d）某时刻的断面凝固状况

固结束时刻，也可以根据“液相边界”与“固相边界”之间的纵向距离得出凝固过程中的任一时刻铸件断面上已凝固固相区、固液两相区和尚未凝固的液相区的宽度。图 3-5d 为某时刻铸件断面凝固状况示意图。

2. 铸件凝固方式分类

铸件在凝固过程中，除纯金属与共晶合金外，断面上一般都存在三个区域，即固相区、固液两相区和液相区（图 3-6）。根据固液两相区的宽度，可将凝固过程分为逐层凝固方式与体积凝固方式（或糊状凝固方式）。当固液两相区很窄时称为逐层凝固方式，反之为糊状凝固方式，固液两相区宽度介于两者之间的称为“中间凝固方式”。铸件凝固方式对凝固液相的补缩能力影响很大，从而影响最终铸件的致密性和热裂纹产生概率。

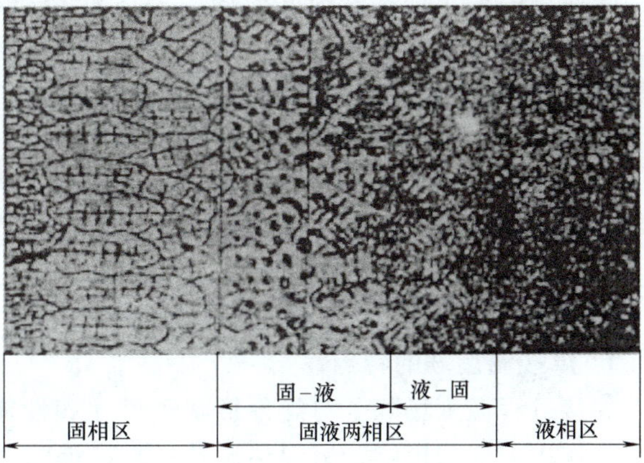

图 3-6　凝固区域结构示意图

3. 铸件凝固方式的影响因素

影响铸件凝固方式的因素有合金的凝固温度区间与凝固时铸件中的温度梯度。

（1）合金凝固温度区间的影响　在铸件断面温度梯度相近的情况下，固液两相区的宽度取决于铸件合金的凝固温度区间的大小。图 3-7 所示是三种不同碳质量分数的碳钢在砂型和金属型中凝固时测得的动态凝固曲线。由图可见，随碳质量分数的增加，碳钢的结晶温度区间增大，铸件断面固液两相区的宽度增加。其中对于在砂型中的凝固，低碳钢近于逐层凝固方式，中碳钢为中间凝固方式，而高碳钢近于体积凝固方式。

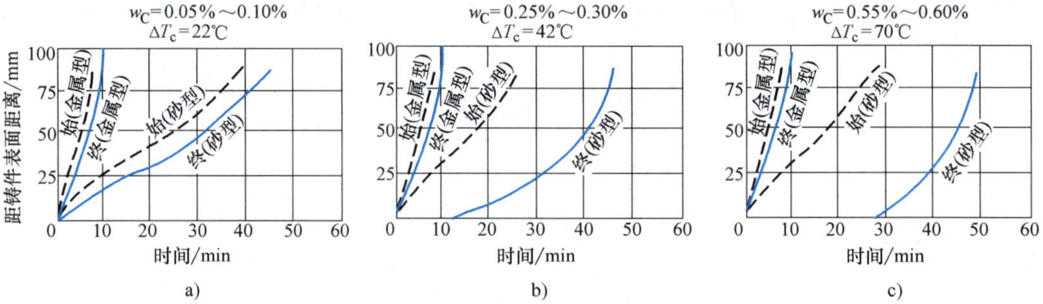

图 3-7　不同碳钢的动态凝固曲线

a）低碳钢　b）中碳钢　c）高碳钢

（2）温度梯度的影响　当铸件合金成分确定后，铸件断面固液两相区的宽度则取决于铸件中的温度梯度，如图 3-8 所示。当温度梯度较大时（如图中 G_1），固液两相区较窄，合金近逐层凝固方式凝固（图 3-8a）；当温度梯度较为平坦时（如图中 G_2），固液两相区明显加宽，合金近体积凝固方式凝固（图 3-8b）。

如前所述，影响铸件中温度分布的因素很多，其中铸型材料的影响较为显著。由于砂型的蓄热系数比金属型的要小得多，因此凝固时温度分布平坦。对于同一种合金，采用砂型比金属型时的固液两相区要宽得多，这一点从图 3-7 也完全可以看出。

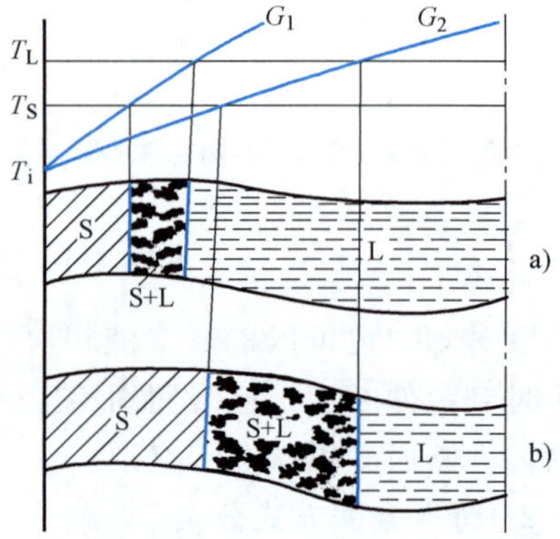

图 3-8　温度梯度对铸件凝固方式的影响

a）温度梯度为 G_1　b）温度梯度为 G_2

3.3　熔焊过程温度场

焊接温度场（平板）

3.3.1　焊接温度场的基本类型

1. 焊接温度场的特点

焊接过程温度场除了与焊件形状、尺寸和性能有关外，很大程度上受焊接热源的种类、功率与作用方式的影响。熔焊热源是一种高能量密度、瞬时集中作用的热源，它可以使焊件局部温度迅速上升，瞬间产生熔化。通常熔焊热源又是运动热源，热源相对于焊件以一定速度移动，焊件受热区域不断变化，焊件上不同部位随着与热源距离的接近与远离而经历一次温度上升与下降的热循环。

在研究焊接温度场时，为使问题简化，一般根据焊件的几何形状将焊件上热源作用部位抽象为点、线或面，将焊接热源视为瞬时集中作用热源，将热源有效功率直接加在焊件上的相应作用部位，热量从这些部位以热传导方式向四周母材传播。

2. 热源作用与导热类型

焊接热源作用与热传导方式可按焊件尺寸简化为以下三种类型（图 3-9）：

（1）点热源三维传热　厚大件焊接时，可将焊件当作半无限大物体，热源看成是作用于正下方焊件表面上 O 点的点热源（图 3-9a），热量沿 x、y、z 三个方向传导。厚板表面堆焊或表层焊道施焊都属于这种情况。

（2）线热源二维传热　薄板焊接时，可将焊件当作无限大薄板，热源看成是作用于正下方焊件中的一条垂线上的线热源（图 3-9b），热量仅沿 x、y 两个方向传导。薄板全熔透焊接就属于这种情况。

（3）面热源一维传热　细长焊件的对接，可将焊件当作无限长细杆，热源看成是作用于对接面上的面热源（图 3-9c），热量只沿 x 方向一维传导。线材的熔接或钢筋闪光对焊都属于这种情况。

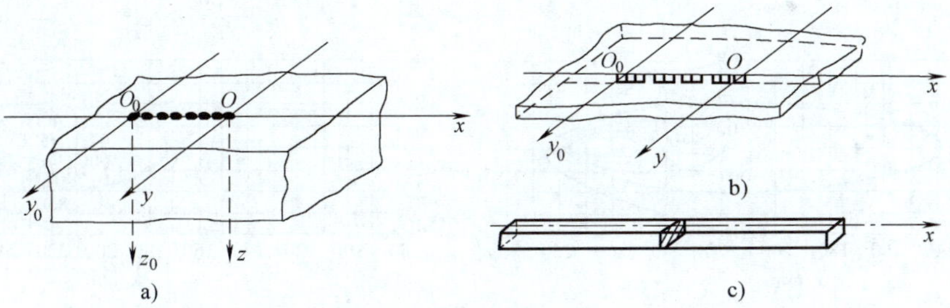

图 3-9　焊件及热源形式

a）半无限大物体，点热源　b）无限大薄板，线热源　c）无限长细杆，面热源

3. 边界条件与初始条件

焊接温度场的边界条件与焊件的形状、尺寸有关。厚大焊件，热能主要在焊件内部传导，焊件表面与周围介质间的热交换可以忽略不计。但随焊件厚度减小，比表面积增大，与周围介质间的热交换就变得不容忽视。因此，薄板和细杆的焊接需要考虑表面散热问题，边界换热条件一般属于前述第三类边界条件，即给定表面换热系数和介质温度，见式（3-10）。

焊接温度场的初始条件一般比较简单，可以认为焊件初始温度均匀，等于环境温度或焊前预热温度。多层焊时取初始温度为层间温度。

3.3.2　影响温度场的因素

焊接温度场的形态主要受热源的加热参数与焊件性质影响。以下采用有限元数值模拟的方法，分别讨论各因素变化对焊接温度分布的影响。

1. 热源的种类与焊接规范

焊接方法一般按热源种类区分，不同的热源对焊件的加热面积、加热功率密度和热效率可以有很大差别。如电子束焊或激光焊的功率密度可以高出普通电弧焊 3~6 个数量级，具有极高的加热速度与焊透能力，可以得到断面形状窄而深的焊缝。即使采用相同的热源，由于选用的焊接规范不同，对温度场的分布也有很大影响。图 3-10 显示出电弧焊热源的有效输入功率 q、焊接速度 v 的变化对板状焊件上表面温度分布的影响。图中曲线是采用有限元法数值模拟的结果。模拟条件为：Q235 板状焊件，规格 300mm×80mm×6mm，采用钨极氩弧焊沿 x 轴方向自左向右施焊，图中为焊接过程瞬间焊件表面温度的分布状况。

取 $q=3750\text{J/s}$、$v=2\text{mm/s}$ 作为标准焊接规范，图 3-10a 是对应的焊接过程瞬间温度场。当 q 保持不变而提高 v 时（图 3-10b），焊件温度显著降低，相同温度等温线椭圆面积减小，椭圆的长、短轴之比增大；当 v 保持不变而降低 q 时（图 3-10c），相同温度等温线椭圆面积减小，而椭圆度变化不大；当 q 与 v 成比例减小时（图 3-10d），虽然焊接热输入 E（熔焊时，由焊接能源输入给单位长度焊缝上的热能，$E=q/v$）保持不变，但由于焊速降低时向周围母材的累计传热损失增大，因此高温区域面积显然比图 3-10a 中要小。

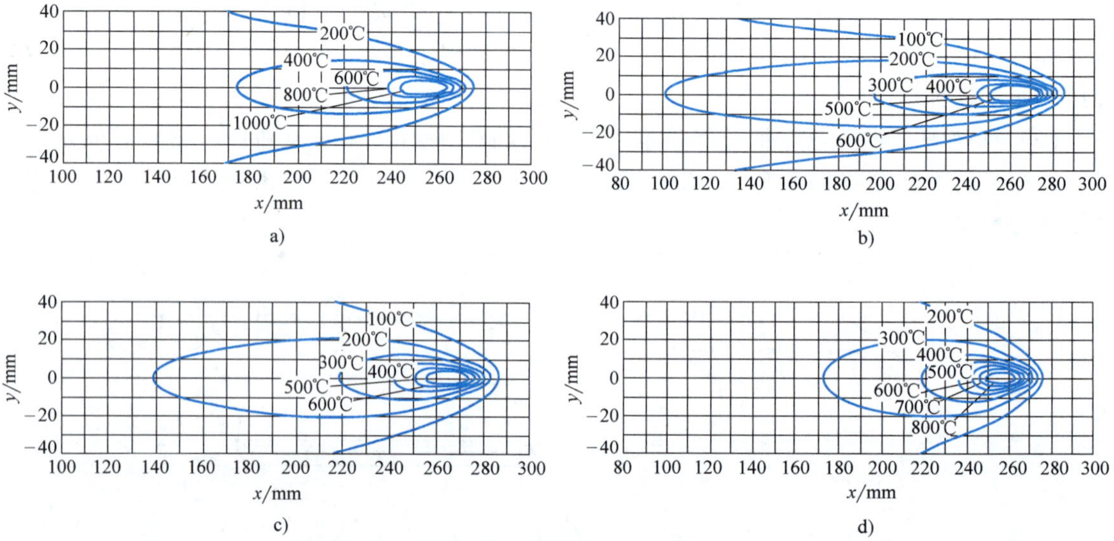

图 3-10　焊接工艺规范对焊件表面温度场的影响

（模拟条件：钨极氩弧焊，焊件 Q235，规格 300mm×80mm×6mm）

a）$q=3750$J/s，$v=2$mm/s　b）$q=3750$J/s，$v=4$mm/s　c）$q=2250$J/s，$v=2$mm/s　d）$q=1875$J/s，$v=1$mm/s

2. 焊件的形态与热物理性能的影响

焊件热物理性能的影响主要是指焊件材料导热能力的影响。反映热传导速度的综合参数是热扩散率 a，$a=\lambda/c\rho$。在相同焊接热输入下，a 值越大，热量向周围母材的散失越快，相同温度等温线所包围的区域越小。图 3-11 所示为三种不同材质的焊件在相同规范下焊接时的瞬态温度场，焊件规格与图 3-10 中相同。

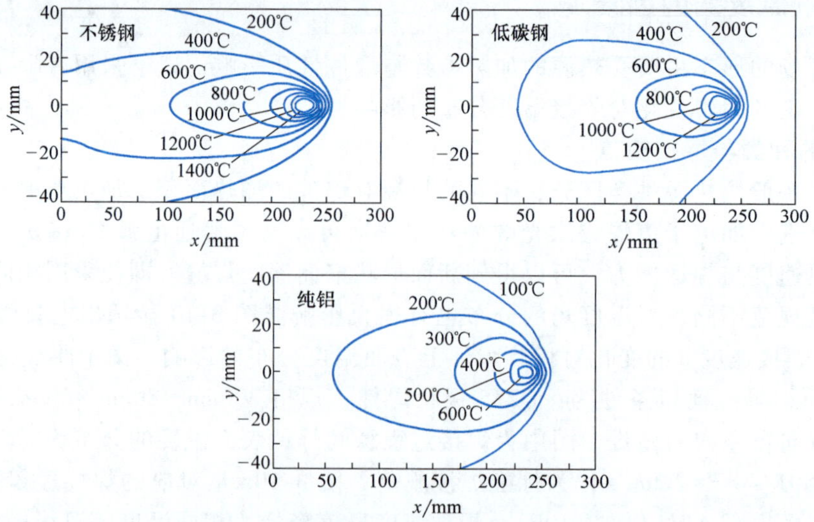

图 3-11　金属热物理性能对焊接温度场的影响

（模拟条件：钨极氩弧焊，电弧电压 16V，焊接电流 250A，焊接速度 2mm/s）

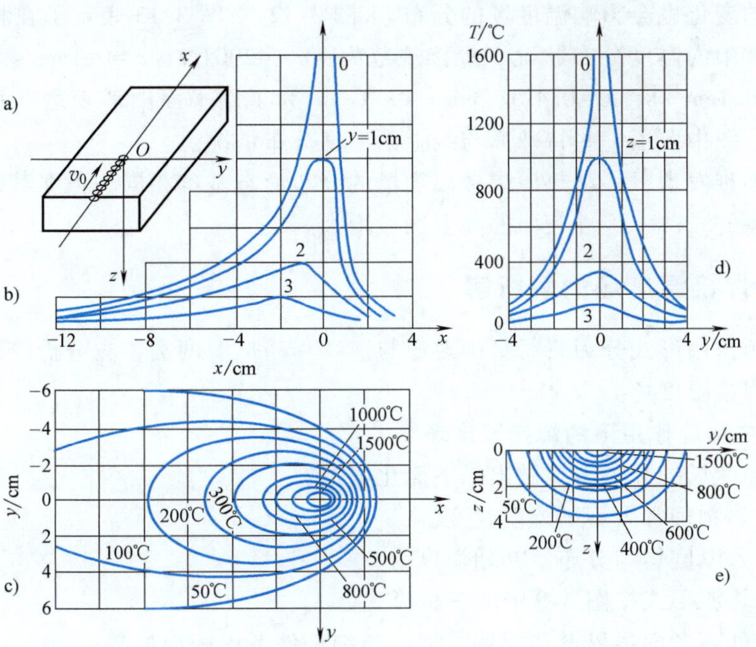

图 3-12　厚大件点状移动热源极限饱和状态下的焊接温度场（δ=40mm）

a）坐标示意图　b）xOy 面上平行于 x 轴的温度分布　c）xOy 面上的等温线

d）yOz 面上沿 y 轴的温度分布　e）yOz 面上的等温线

焊接熔池
凝固模拟

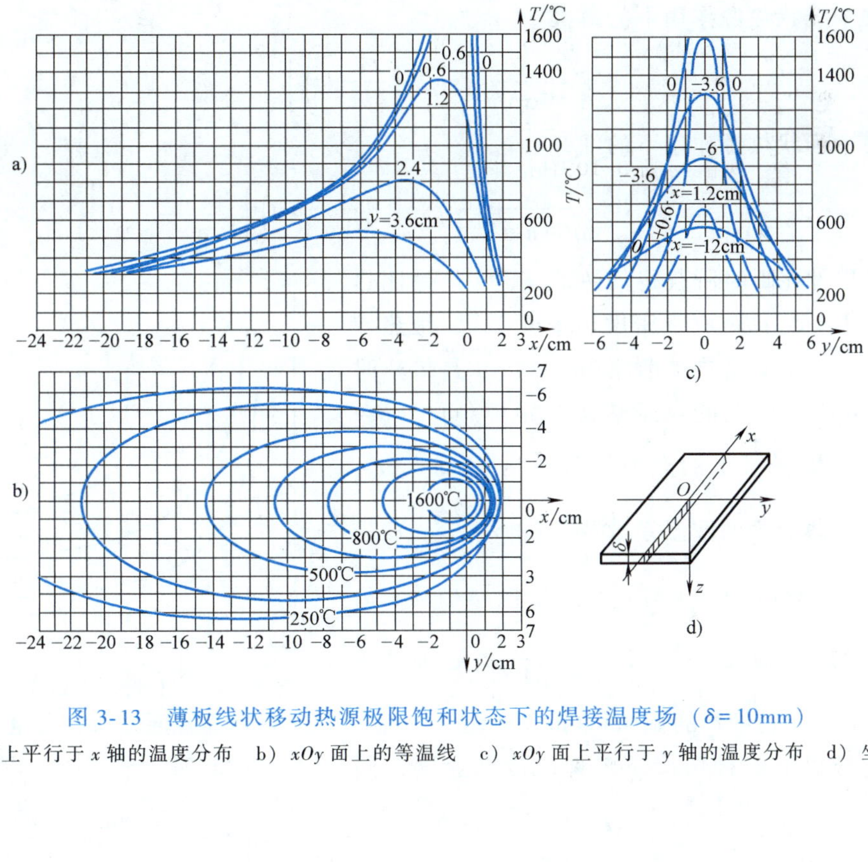

图 3-13　薄板线状移动热源极限饱和状态下的焊接温度场（δ=10mm）

a）xOy 面上平行于 x 轴的温度分布　b）xOy 面上的等温线　c）xOy 面上平行于 y 轴的温度分布　d）坐标示意图

焊件厚度的变化也会影响温度场的分布。图 3-12、图 3-13 表示了在相同焊接规范下厚板与薄板焊件中的温度分布状况。焊接规范为：$q=4200\text{J/s}$，$v=0.1\text{cm/s}$，母材的导热性能参数为：$a=0.1\text{cm}^2/\text{s}$，$\lambda=0.42\text{J/(cm·s·℃)}$。为了用平面图形表达空间瞬时温度场的多维坐标图形，图中取了一些特殊面与线上的温度分布情况。

比较两图不难发现：移动热源焊接温度场的分布形态基本相同，但在其他因素不变的情况下，随着板厚的减薄，焊件表面的高温区域增大。

3.3.3　典型焊接温度场的解析解

将焊接热源作用形式分为瞬时集中热源与连续移动热源两类，先分析较简单的瞬时集中热源作用下的焊接温度场。

1. 瞬时集中热源作用下的焊接温度场

求解焊接温度场的分布需要做出以下简化假定：

1）焊件的热物理常数不随温度改变。

2）焊件初始温度均匀分布，初始温度为 0℃。

3）焊件与热源形式按图 3-9 中的三种形式。

4）厚大焊件不考虑边界散热问题，薄板与细杆件考虑表面散热。

根据热传导微分方程分别解得三种情况下的温度场分布随时间变化的关系式为：

瞬时集中点状热源作用下的厚大焊件

$$T=\frac{2Q}{c\rho(4\pi at)^{3/2}}\exp\left(-\frac{R^2}{4at}\right) \tag{3-30}$$

瞬时集中线状热源作用下的薄板

$$T=\frac{Q}{4\pi\lambda\delta t}\exp\left[-\left(\frac{r^2}{4at}+bt\right)\right] \tag{3-31}$$

瞬时集中面状热源作用下的细杆

$$T=\frac{Q}{c\rho(4\pi at)^{1/2}}\exp\left[-\left(\frac{x^2}{4at}+b_1t\right)\right] \tag{3-32}$$

式中，Q 是焊件在瞬时所获得的热能（J）；c 是比热容[J/(kg·℃)]；ρ 是质量密度(kg/m^3)；λ 是热导率[W/(m·K)]；a 是热扩散率(m^2/s)；t 是传热时间(s)；R 是厚大件上的点距热源的距离(m)，$R=\sqrt{x^2+y^2+z^2}$；r 是薄板上的点距热源的距离(m)，$r=\sqrt{x^2+y^2}$；b 是薄板表面散温系数(s^{-1})，$b=\frac{2\alpha}{c\rho\delta}$；$\alpha$ 是表面散热系数[J/(m·s·℃)]；δ 是板厚(m)；b_1 是细杆表面的散温系数(s^{-1})，$b_1=\frac{\alpha L}{c\rho A}$；$L$ 是细杆的截面周长(m)；A 是细杆的截面积(m^2)。

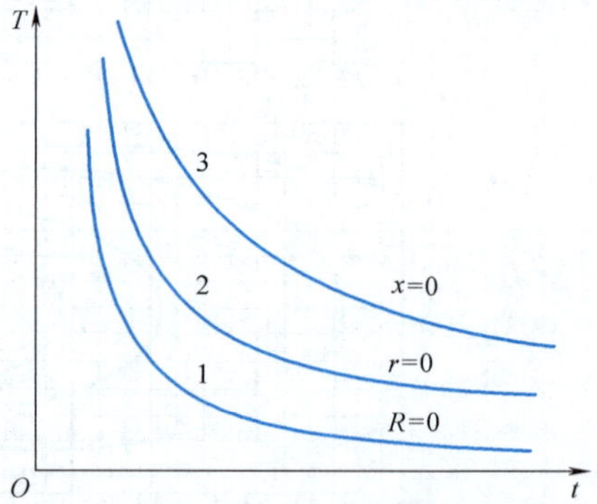

图 3-14　三种情况下热源直接作用部位的温度随时间的变化曲线

1—厚大件　2—薄板　3—细杆

为了比较以上三种情况下焊件的冷却速度，假设三式中焊件从热源获得的瞬时热能 Q 相等，分别取 $R=0$，$r=0$，$x=0$，得出热源直接作用部位的温度随时间的变化关系曲线如图 3-14 所示。可以看出：厚大件的散热最快，温度下降速度最快，其次是薄板，而细杆的散热速度最慢。

2. 连续移动热源作用下的焊接温度场

瞬时作用热源是实际焊接过程的一种特例（如定位焊、点焊等），实际焊接过程中的热源对焊件的加热作用是连续进行的。不仅如此，多数情况下，热源相对于焊件移动，在移动过程中完成对焊件局部区域的轮番加热，最终形成具有不同功能的永久性连接的连续性焊缝。

热源对焊件加热作用的连续性和移动性使焊接温度场的计算过程更加复杂化，解析法常采用累积原理来进行连续移动热源温度场的近似计算。累积原理表述如下：

假如有若干个互不相干的独立热源在不同时刻作用在同一焊件上的不同部位，则焊件上某点的温度等于各独立热源对该点累计加热作用产生温度变化的总和，即

$$T=\sum_{i=1}^{n}T(r_i,\ t_i) \tag{3-33}$$

式中，r_i 是第 i 个热源在焊件上作用点与计算点之间的距离；t_i 是第 i 个热源相应传热的时间。这样，就将一个连续移动热源对焊件上某部位的加热作用的求解分解为无数个瞬时热源在不同瞬间与不同位置对该部位独立作用效果的累加。

采用累积原理还不能使焊接温度场的解析计算足够简化，同时采用与热源同步移动的动坐标系来建立温度场的数学模型可以使移动热源下的准稳态温度场的计算更为简便。

焊接过程中多数情况下焊接热源相对于焊件的移动保持匀速（或希望保持匀速）。在加热的初始阶段，由于焊件处于冷态，热源作用部位附近的高温区域随加热过程的进行而逐渐增大，但温度上升的同时高温区域向周围的热量散失也逐渐增大。经过一段时间之后，由热源输入的热能与向周围的散热损失达到动态平衡，这时尽管焊件上各点的温度仍随时间而变，但热源作用部位附近却形成了与热源同步移动的有着稳定温度分布的温度场，我们称之为极限饱和状态下的准稳定温度场。这个空间温度场和热源一起移动，就像火车头带着车厢一样，是焊接过程中最普遍的传热情况。如果此时我们对该温度场所建立的数学模型中采用与热源等速移动的动坐标系，便可以将复杂的不稳定温度场的解析方程简化为不随时间而变的稳定温度场的表达式。

极限饱和温度场的计算方程不适用于处于温度上升阶段（又称为过渡阶段）的温度分布计算。

下面给出点状、线状连续移动热源的极限饱和状态温度场的计算公式。

（1）厚大焊件点状连续移动热源的准稳定温度场的计算方程　假设有效功率为 q 的热源作用在厚大焊件上，热源以 O_0 为起点以匀速 v 移动，经时间 t 后到达 O 点，以热源移动方向作为 x 轴正向，以热源作用点为动坐标原点建立三维移动坐标系（x，y，z），如图 3-15 所示，移动坐标系与固定坐标系（x_0，y_0，z_0）的关系式为

$$x=x_0-vt,\ y=y_0,\ z=z_0$$

在达到极限饱和状态后，焊件上距 O 点为 R 的 A 点的瞬时温度计算式为

$$T_{\mathrm{SP}}(R,\infty)=\frac{q}{2\pi\lambda R}\exp\left(-\frac{vx}{2a}-\frac{Rv}{2a}\right) \tag{3-34}$$

式中，$R^2=x^2+y^2+z^2$。

（2）薄板线状连续移动热源的准稳定温度场的计算方程　如图 3-16 所示建立薄板线状连续移动热源的准稳定温度场的计算模型，焊件上距 O 点为 r 的 A 点的瞬时温度计算式为

$$T_{\mathrm{SP}}(r,\infty)=\frac{q}{2\pi\lambda\delta}\exp\left(-\frac{vx}{2a}\right)K_0\left(r\sqrt{\frac{v^2}{4a^2}+\frac{b}{a}}\right) \tag{3-35}$$

式中，δ 为薄板厚度；b 为薄板表面散温系数；$r^2=x^2+y^2$；K_0 称为贝氏函数，是一个无穷收敛级数，其表达式为

$$K_0(v)=\sqrt{\frac{\pi}{2v}}\exp(-v)\left[1-\frac{1}{8v}+\frac{1\times3^2}{2!\ (8v)^2}-\frac{1\times3^2\times5^2}{3!\ (8v)^3}+\cdots\right]$$

其值可以直接查有关函数表获得。

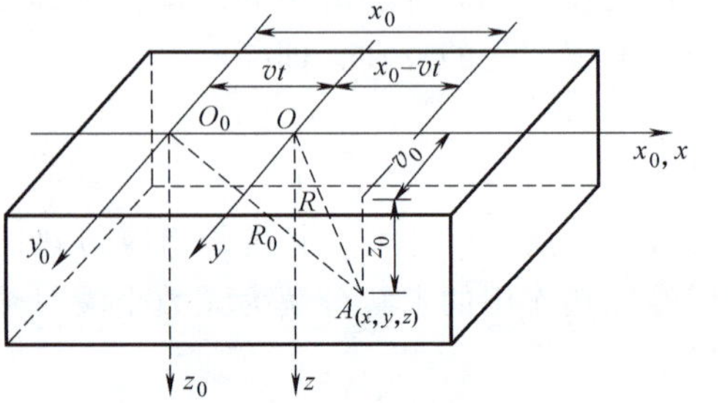

图 3-15　点状连续移动热源准稳态焊接温度场的计算模型

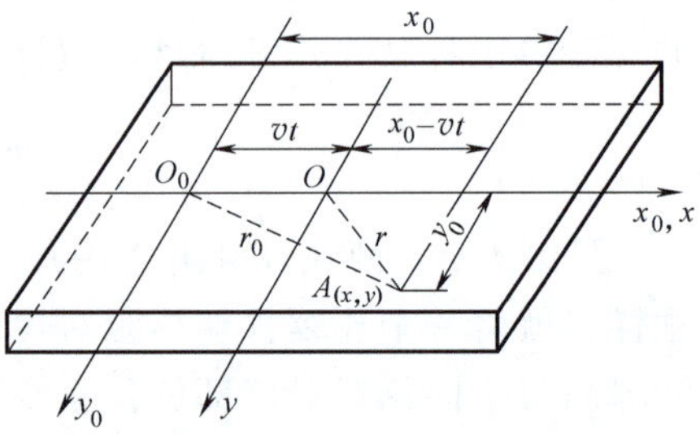

图 3-16　线状连续移动热源准稳态焊接温度场的计算模型

思考与练习

1. 已知某半无限大板状铸钢件的热物性参数为：热导率 $\lambda=46.5\mathrm{W/(m\cdot K)}$，比热容 $c=460.5\mathrm{J/(kg\cdot K)}$，密度 $\rho=7850\mathrm{kg/m^3}$，取浇注温度为 1570℃，铸型的初始温度为 20℃。用描点作图法绘出该铸件在砂型和金属型铸型（铸型壁均足够厚）中浇注后 0.02h、0.2h 时刻的温度分布状况并作分析比较。铸型的有关热物性参数见表 3-2。

2. 采用式（3-17）、式（3-18）计算凝固过程中的温度分布与实际温度分布状况是否存在误差？分析误差产生的原因，说明什么情况下误差相对较小。

3. 凝固速度对铸件凝固组织、性能与凝固缺陷的产生有重要影响。试分析可以通过哪些工艺措施来改变或控制凝固速度。

4. 比较同样体积大小的球状、块状、板状及杆状铸件凝固时间的长短。

5. 在砂型中浇注尺寸为 300mm×300mm×20mm 的纯铝板。设铸型的初始温度为 20℃，浇注温度为 670℃，浇注后瞬间铸件-铸型界面温度立即升至纯铝熔点 660℃且在铸件凝固期间保持不变。金属与铸型材料的热物性参数见下表：

材料＼热物性	热导率 λ /$\mathrm{W\cdot(m\cdot K)^{-1}}$	比热容 c /$\mathrm{J\cdot(kg\cdot K)^{-1}}$	密度 ρ /$\mathrm{kg\cdot m^{-3}}$	热扩散率 a /$\mathrm{m^2\cdot s^{-1}}$	结晶潜热 /$\mathrm{J\cdot kg^{-1}}$
纯铝	212	1200	2700	6.5×10^{-5}	3.9×10^{5}
砂型	0.739	1840	1600	2.5×10^{-7}	

试求：

（1）根据平方根定律计算不同时刻铸件凝固层厚度 ξ，并作出 ξ-τ 曲线。

（2）分别用“平方根定律”及“折算厚度法则”计算铸件的完全凝固时间，并分析差别。

6. 图 3-17 为一灰铸铁底座铸件的断面形状，其厚度为 30mm，利用“模数法”分析砂型铸造时底座的

最后凝固部位，并估计凝固终了时间。

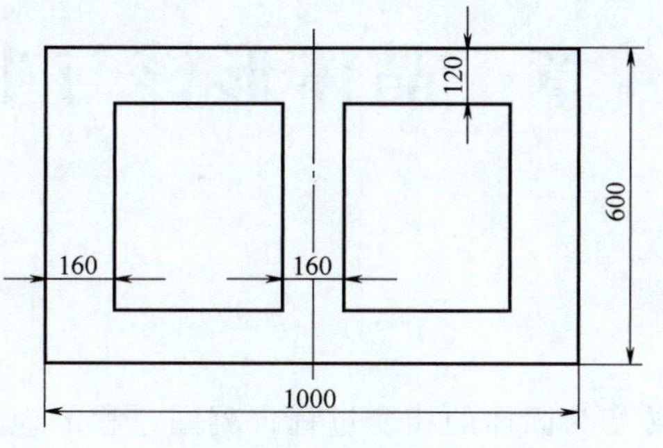

图 3-17 习题 6 图

7. 对于低碳钢薄板，采用钨极氩弧焊较容易实现单面焊双面成形（背面均匀焊透）。采用同样焊接规范去焊同样厚度的不锈钢板或铝板会出现什么后果？为什么？

8. 对于板状对接单面焊焊缝，当焊接规范一定时，经常在起弧部位附近存在一定长度的未焊透，分析其产生原因并提出相应工艺解决方案。

9. 补焊与定位焊时的焊接温度场可近似看作瞬时集中热源作用下的焊接温度场。某厚大铸铁件补焊时的热输入量为 8000J，分别求热源作用后 0.1s、1s 及 10s 时的焊件表面温度分布状况（用等温线作图表示）。铸铁件的热物性参数值参见表 3-2。

第 4 章　晶体形核与生长

4.1　引言

凝固是指物质由液体转变为固体的相变过程，凝固过程的现象、规律和基本理论既涉及多学科交叉的基础科学，又涉及应用性极强的众多工程技术和高科技领域，尤其对金属铸件、铸锭、焊接熔池的成形技术，以及各类新材料研究与开发具有重要意义。严格地说，凝固包括由液体向晶态固体转变（结晶），以及向非晶态固体转变（玻璃化转变）两种过程方式。常用工业合金和金属的凝固过程一般只涉及前者。结晶过程是从形核开始的，而后通过晶体生长使得整个系统逐步由液体转变为固体。为此，在讨论形核条件和晶体生长的影响因素及其规律之前，有必要首先了解结晶凝固的一般过程。

图 4-1 所示为单相树枝晶和两相共晶组织的等轴凝固过程。在这两种情况下都是先形成单相的晶核，此后在纯金属或单相合金中，晶核继续生长成球状晶粒，而后很快变得不稳定且形成树枝状形态，如图 4-1a 所示。这些树枝晶在熔体内自由地生长，称为自由树枝晶或等轴树枝晶。当枝晶前端彼此相遇后，凝固以枝晶增粗为主直至最终凝固结束。通常在凝固后的纯金属中，虽然在它们的接触处可以观察到晶界，但却看不到树枝晶内部的自身痕迹。在合金中，由于有局部的成分差异，腐蚀后仍然可以观察到树枝晶形貌。在共晶合金中，第二相迅速地在初始的单相核心上结晶并形成双相的共晶晶粒。共晶晶粒接下来继续以球状形式或其他形貌生长，如图 4-1b 所示。许多合金凝固后常常是单相树枝晶和共晶这两种组织共存。

纯金属及合金的凝固方式和晶体形貌是多种多样的，图 4-1 所示的情况为最简单而又最为常见的。其他凝固方式及其所形成的晶体形貌将在第 5 章及第 6 章中深入讨论。

有多种方法可以观察与研究物质凝固现象，例如，利用透明物质的模拟可适时观察液体充型及晶体凝固过程；通过合金定向凝固实验获得试样可分析其截面的晶体形貌、枝晶间距与成分分布，结合倾液法或液淬法还可观察凝固界面；用热分析法记录凝固过程的温度-时间（T-t）曲线可间接地量化研究形核与生长过程等。图 4-2 所示为等轴树枝晶凝固过程热分析实验的量化研究情况。

图 4-2a 所示为 T-t 曲线，是在对图 4-1a 所示的单相合金凝固过程进行热分析测定时所获得的冷却曲线。当熔体过冷度达到 $\Delta T=\Delta T_n$ 时，开始发生结晶形核。在通常情况下，对金属而言实际形核过冷度 ΔT_n 并不大，对应于 T-t 曲线，在此处则有一定程度的偏离，但微小晶粒的最初结晶潜热并不能明显改变由内向外热流所产生的冷却速率（图 4-2a、图 4-2b）。与此同时，固相率 f_S 开始突破零点而上升（图 4-2c、图 4-2d）。随着进一步冷却，形核率 I 很快趋于最大值（图 4-2e 中虚线），此阶段的晶粒数 N 迅速增加。此后，I 迅速降低。而趋于零，晶粒数 N 也就基本维持不变。

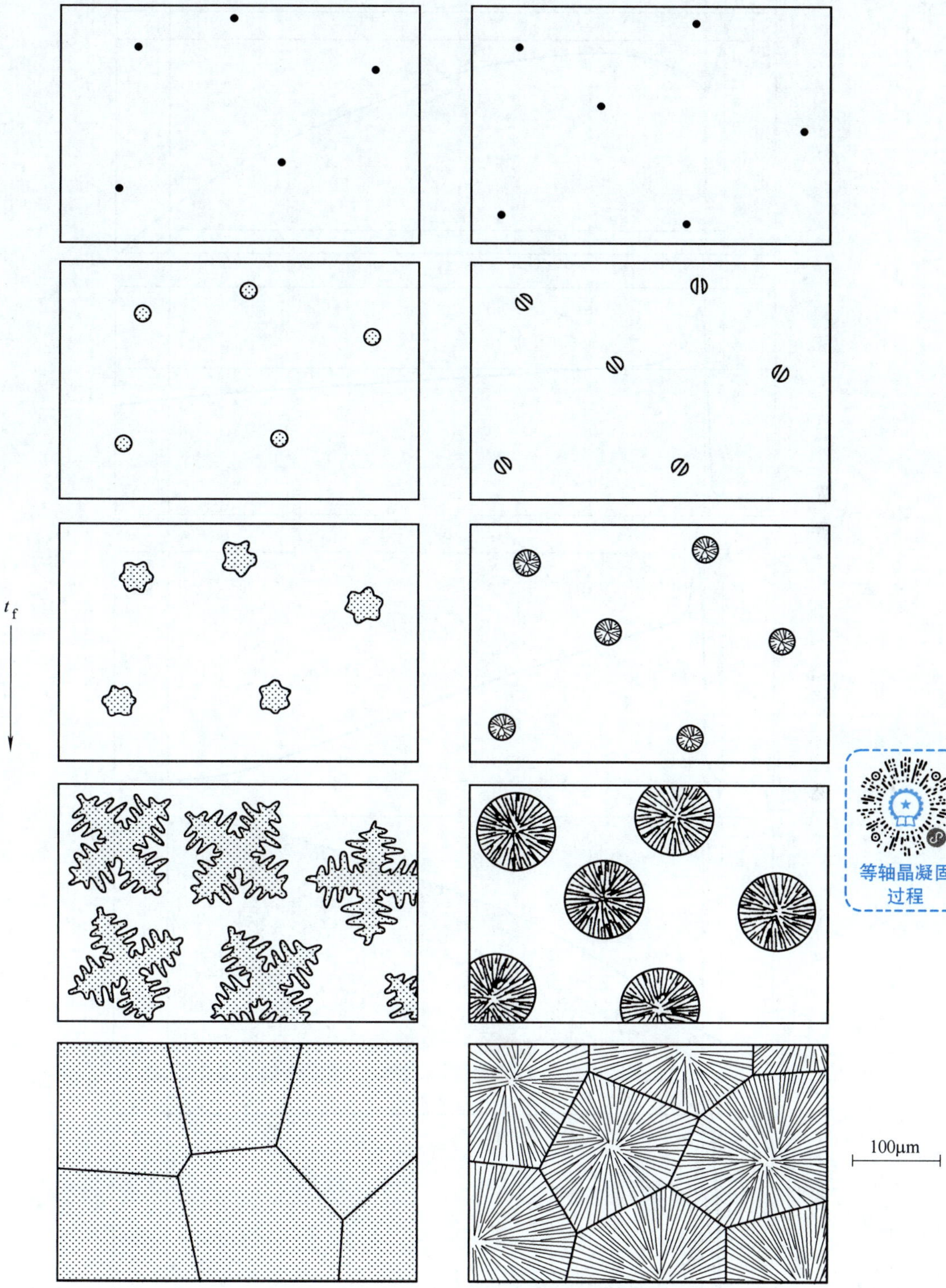

a)　　b)

图 4-1　单相树枝晶和两相共晶组织的等轴凝固过程

a）单相树枝晶　b）两相共晶组织

等轴晶凝固过程

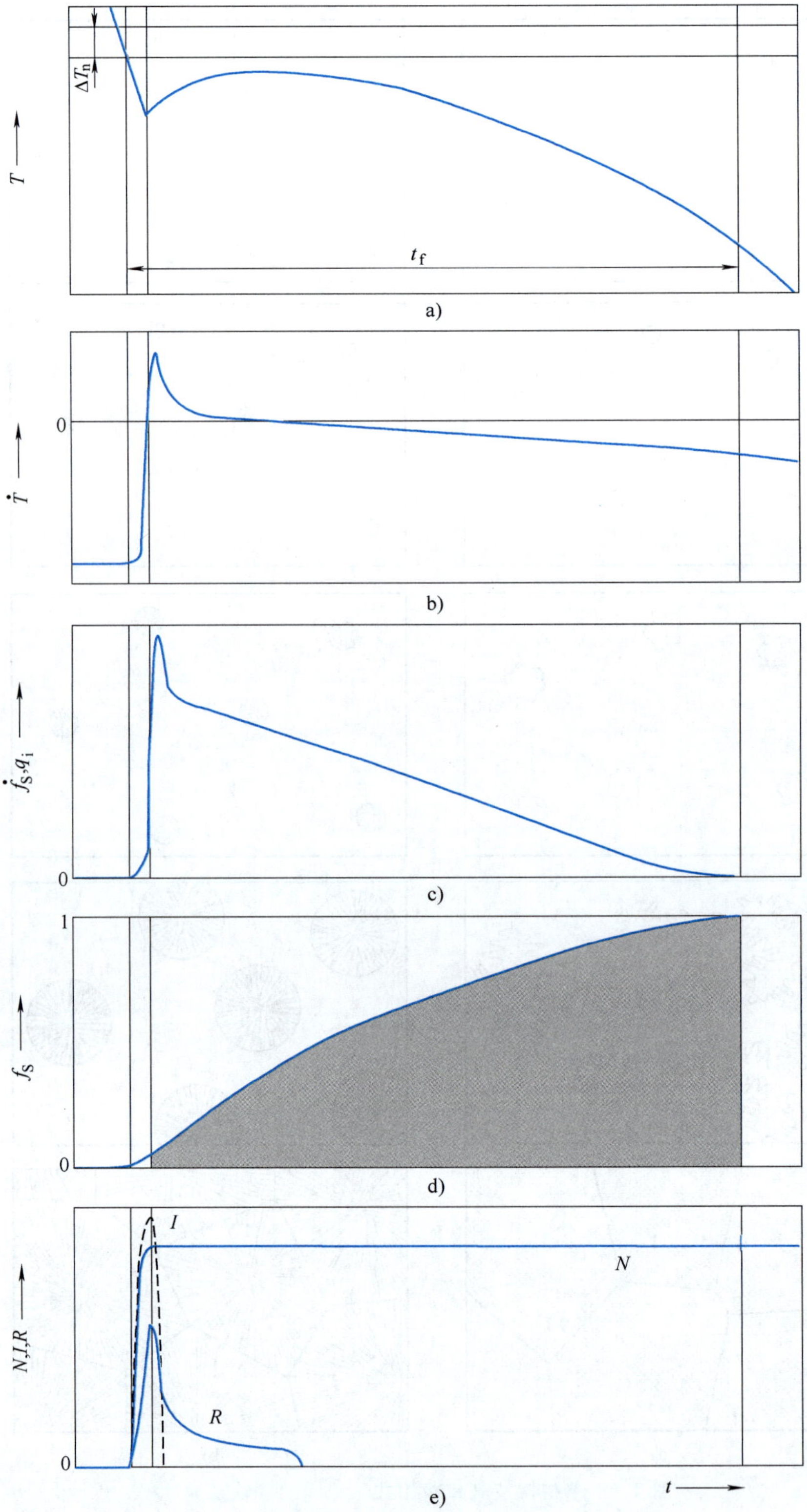

图 4-2 等轴树枝晶凝固过程各参数随时间的变化

凝固时，由结晶潜热产生的内部热流 q_i 随固相增长速率 $\dot{f}_s$（$=df_S/dt$）而上升。当内部热流 q_i 与向外热流 q_e 相等时，凝固速率达到最大值，即在 T-t 曲线的极小值处，对应于图 4-2b 微分曲线 $\dot{T}$-t（$\dot{T}=dT/dt$）的第一个 $\dot{T}=0$ 处，晶粒的生长速率 R（通常指枝晶尖端生长速率）为最大。接下来 T-t 曲线的温度回升（亦称为再辉）是由于结晶潜热释放的作用结果（图 4-2c）。在有些条件下，温度回升的最大值（第二个 $\dot{T}=0$ 处）也有可能大于形核温度。需要注意的是，整个凝固过程的时间 t_f 大部分发生在枝晶前端相遇（即在尖端生长速率 $R=0$）之后，此阶段凝固主要是枝晶臂的增粗过程直至凝固结束。

根据上面的描述，在等轴凝固的第一阶段是以形核为主导的，且很快地确定了最终的晶粒数目，此时固相体积分数仍然很小，此后的第二阶段以生长占主导地位。值得注意的是，即使是在柱状晶生长的凝固条件下，铸件中最先出现的晶粒总是等轴晶形式。因此，形核条件对任一金属铸件或铸锭组织的形成至关重要。

4.2　液-固相变驱动力及过冷度

4.2.1　液-固相变驱动力

要认识并控制上述由液体经形核和生长而成为固体的转变过程，首先必须明白其发生相变的内在本质及其主要影响因素和规律。根据热力学原理，相变是系统自由能由高向低变化的过程，新相与母相的体积自由能之差 ΔG_V 即为相变驱动力。图 4-3 所示为单组元物质（固定熔点）在等压条件下固、液两相自由能随温度而变化的情况。由图中可见，固、液两相自由能曲线在平衡熔点 T_m 处相交（由相平衡热力学条件所决定）。此外，图 4-3 所示自由能曲线有两个显著特征：第一，无论是液相还是固相，物质自由能 G 随温度上升而下降；第二，液相自由能随温度上升而下降的速率比固相的大。其原因可证明如下。

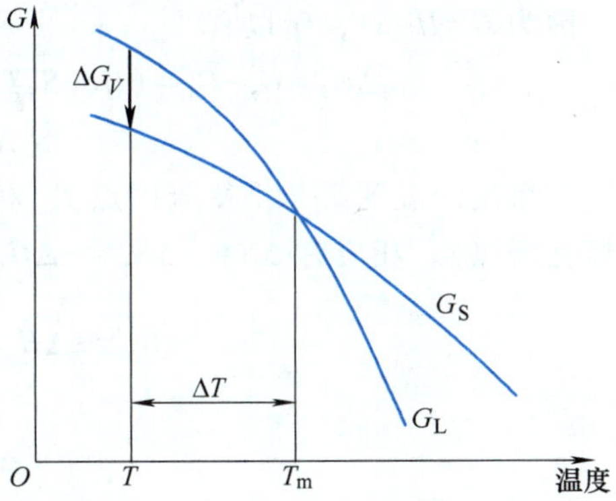

图 4-3　等压条件下固、液两相的自由能-温度曲线

系统自由能 G 与熵 S、温度 T、体积 V 及压力 p 的关系，可由麦克斯韦微分方程表示如下

$$dG=-SdT+Vdp \tag{4-1}$$

根据数学上的全微分关系有

$$dF(x,y)=\left(\frac{\partial F}{\partial x}\right)_y dx+\left(\frac{\partial F}{\partial y}\right)_x dy \tag{4-2}$$

得

$$dG=\left(\frac{\partial G}{\partial T}\right)_p dT+\left(\frac{\partial G}{\partial p}\right)_T dp \tag{4-3}$$

比较式(4-1)及式(4-3)可知

$$\left(\frac{\partial G}{\partial T}\right)_p=-S,\left(\frac{\partial G}{\partial p}\right)_T=V$$

等压时，$dp=0$，于是有

$$dG=-SdT=\left(\frac{\partial G}{\partial T}\right)_p dT$$

由于熵恒为正值，故$\left(\frac{\partial G}{\partial T}\right)_p<0$，即物质自由能 G 随温度上升而下降。又因为 $S_L>S_S$（液态熵大于固态熵），所以有

$$\left|\left(\frac{\partial G}{\partial T}\right)_p\right|_L>\left|\left(\frac{\partial G}{\partial T}\right)_p\right|_S \tag{4-4}$$

即液相自由能 G_L 的斜率大于固相自由能 G_S 的斜率，亦即液相自由能随温度上升而下降的速率比固相的大。

由于 G_L 和 G_S 曲线的上述特点，故随着温度的上升两条曲线必然会在某一温度 T_m 处相交，T_m 点即为液-固两相的平衡熔点。此时，$\Delta G=G_S-G_L=0$，$T>T_m$ 时，$G_L<G_S$，系统以液相为稳定态；而 $T<T_m$ 时，$G_S<G_L$，系统以固相为稳定态。此时，液-固体积自由能之差 $\Delta G_V=G_S-G_L$ 即为相变驱动力，使系统由液体向固体转变。

纯金属系统由液体向固体转变的相变驱动力 ΔG_V 可推导如下：

因为 $G=H-ST$，所以有

$$\Delta G_V=G_S-G_L=(H_S-S_ST)-(H_L-S_LT)=(H_S-H_L)-T(S_S-S_L)$$

即

$$\Delta G_V=\Delta H-T\Delta S \tag{4-5}$$

当系统的温度 T 与平衡凝固点 T_m 相差不大时，$\Delta H\approx-\Delta H_m$（此处 ΔH 为凝固潜热，ΔH_m 为熔化潜热），相应有 $\Delta S\approx-\Delta S_m=-\Delta H_m/T_m$，代入式(4-5)可得

$$\Delta G_V=-\Delta H_m+T\frac{\Delta H_m}{T_m}=-\Delta H_m\left(1-\frac{T}{T_m}\right)$$

$$\Delta G_V=-\frac{\Delta H_m\Delta T}{T_m} \tag{4-6}$$

T_m 及 ΔH_m 对某一特定金属为定值，所以过冷度 $\Delta T(=T_m-T)$ 是影响相变驱动力的决定因素。过冷度 ΔT 越大，凝固相变驱动力 ΔG_V 越大。当 $\Delta T=0$ 时，则 $\Delta G_V=0$，这意味着凝固相变不能发生。

4.2.2　凝固过冷度

上面仅从热力学角度分析了凝固相变驱动力，而热力学仅说明了凝固的进行必须要有过冷，却不能进一步阐明过冷的产生原因及具体内涵。所以，需要进一步理解凝固过冷现象产生的原因及条件。

根据过冷产生的不同原因，通常将过冷分为五种类型，即动力学过冷、曲率过冷、压力过冷、热过冷及成分过冷。下面对这五种过冷现象的起源及相关内容予以介绍。

1. 动力学过冷（Kinetic Undercooling）

晶体生长过程是原子跃迁的双向动力学过程，即在凝固界面（亦称为固-液界面）处，液相原子向固相转移过程和固相原子向液相转移过程。在这两个方向相反的双向过程中，只有

$(\mathrm{d}n/\mathrm{d}t)_S$(单位时间跃向固相的原子数)>$(\mathrm{d}n/\mathrm{d}t)_M$(单位时间跃向液相的原子数)时，即液相中的原子向固相转移的净速度大于零时，晶体才能得以生长，凝固才可以进行；反之则为熔化过程。这两个速度可分别表达为

$$\left(\frac{\mathrm{d}n}{\mathrm{d}t}\right)_S = P_S n_L \nu_L \exp\left(-\frac{\Delta G_S}{k_B T}\right) \tag{4-7a}$$

$$\left(\frac{\mathrm{d}n}{\mathrm{d}t}\right)_M = P_M n_S \nu_S \exp\left(-\frac{\Delta G_M}{k_B T}\right) \tag{4-7b}$$

式中，n_L、n_S 分别为液固界面处单位面积的液相和固相原子数；ν_L、ν_S 分别为液、固相原子的振动频率；ΔG_S、ΔG_M 分别为液→固过程及固→液过程的原子跃过界面所需的激活能；k_B 为玻耳兹曼常数；$P_S = f_S A_S$、$P_M = f_M A_M$，其中 f_S、f_M 分别为两个过程的原子具有足够能量越过界面的几率，而 A_S、A_M 则为它们越过界面后不会因弹性碰撞而返回的几率。

处于平衡时，必然有$(\mathrm{d}n/\mathrm{d}t)_S = (\mathrm{d}n/\mathrm{d}t)_M$。因此，图 4-4 所示的两条曲线必然在 $T = T_m$ 处(平衡熔点)相交。因为只有在$(\mathrm{d}n/\mathrm{d}t)_S > (\mathrm{d}n/\mathrm{d}t)_M$条件下晶体才能生长，所以凝固进行时界面温度 T^* 必须低于平衡熔点 T_m 一定程度，晶体生长所必需的这种过冷被称为动力学过冷，而此刻凝固界面温度 T^* 低于 T_m 的温度差称为动力学过冷度 ΔT_k。理论计算表明，金属之类晶体生长的动力学过冷度 ΔT_k 一般为 0.01~0.05℃量级，而非金属之类晶体生长的动力学过冷度 ΔT_k 一般为 1~2℃。可见，动力学过冷度的数值并不大。

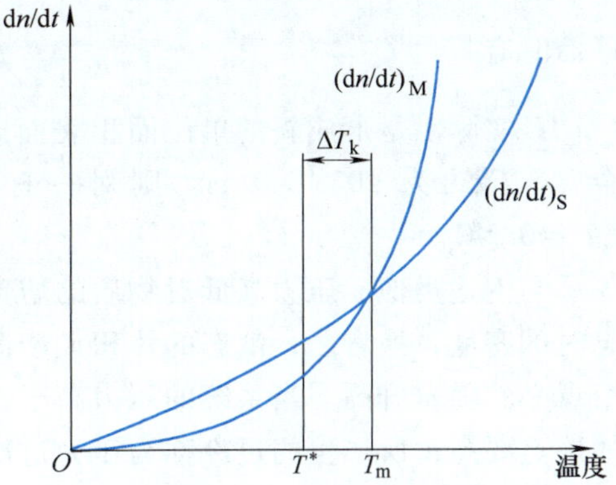

图 4-4　动力学过冷度

2. 曲率过冷(Curvature Undercooling)及压力过冷(Pressure Undercooling)

在液-固平衡温度 T_m 下，对于平直界面($r=\infty$ 时)，原子由固相移向液相的速度与由液相移向固相的速度是相等的。但当晶体尺寸变小时，由于表面曲率变大，曲率半径变小，界面张力产生的附加压力 Δp 以及由此而引起的附加自由能 ΔG_1 也会随之变大，因而液-固界面就会失去平衡。此时，固相原子移向液相比液相原子移向固相更容易，故晶体越小，就越容易熔化。在这种情况下，界面只有通过获得某一过冷度 ΔT_r，并以其体积自由能降低(ΔG_2)为驱动力来抵消这种效应，界面才能恢复平衡。ΔT_r 的表达式可推导如下：从本质上来看，由于固-液界面自由能 σ_{SL}的存在，固相任意曲面的曲率 k 引起固相内部的压力增高，这产生了附加自由能

$$\Delta G_1 = V_S \Delta p = V_S \sigma_{SL}\left(\frac{1}{r_1}+\frac{1}{r_2}\right) = V_S \sigma_{SL} k$$

式中，$k=\left(\frac{1}{r_1}+\frac{1}{r_2}\right)$；$V_S$ 为固相摩尔体积。而 ΔT_r 导致体积自由能降低

$$\Delta G_2 = -\frac{\Delta H_m \Delta T_r}{T_m}$$

液-固界面恢复平衡时 $\Delta G_1 + \Delta G_2 = 0$，即 $\Delta G_1 + \Delta G_2 = V_S \sigma k - \frac{\Delta H_m \Delta T_r}{T_m} = 0$，所以得

$$\Delta T_r=\frac{V_S\sigma_{SL}T_m k}{\Delta H_m} \tag{4-8a}$$

球面时有

$$\Delta T_r=\frac{2V_S T_m\sigma_{SL}}{\Delta H_m r} \tag{4-8b}$$

这表明，固相表面曲率($k>0$ 时)引起物质熔点的降低。换言之，由于曲率的影响，物质实际熔点比平衡熔点 T_m($r=\infty$ 时)要低。晶粒的曲率越大(半径越小)，物质熔点越低。这种因界面张力 σ_{SL}作用由曲率所引起的过冷现象称为曲率过冷，ΔT_r 即为曲率过冷度。曲率半径越小，曲率过冷度 ΔT_r 越大。

若将吉布斯-汤姆孙(Gibbs-Thomsom)系数 $\Gamma=\frac{V_S\sigma_{SL}}{\Delta S_m}=\frac{V_S\sigma_{SL}T_m}{\Delta H_m}$代入式(4-8)，则有

$$\Delta T_r=\Gamma k \tag{4-9a}$$

球面时有

$$\Delta T_r=\Gamma k=\frac{2\Gamma}{r} \tag{4-9b}$$

Γ 实际上是形成新的单位面积表面或界面(或增加单位面积)所需的能量。对于大多数金属，Γ 约为 10^{-7}℃·m。则对一球状晶体，$r=0.1\mu m$ 时，$\Delta T_r=2$℃；$r=1\mu m$ 时，$\Delta T_r=0.2$℃。

与上述类似，压力高低对物质的熔点也有影响。绝大多数物质由于固态时的密度高于液态时的密度，换言之，液态的体积大于固态的体积，因此，当系统的外界压力升高时，物质熔点必然随着升高。当系统的压力高于一个大气压时，则物质熔点将会比其在正常大气压下的熔点要高，所产生的过冷称为压力过冷，压力过冷度 ΔT_p 由克劳修斯-克拉珀龙(Clausius-Clapeyron)方程计算

$$\Delta T_p=\frac{T_m\Delta V}{\Delta H}\Delta p \tag{4-10}$$

Δp 为高于大气压的数值。通常压力改变时，熔点温度的改变很小，约为 10^{-2}℃/atm㊀。对于像 Sb、Bi、Ga 等少数物质，其固态时的密度低于液态时的密度，压力对熔点的影响与上述情况相反。

总之，曲率过冷及压力过冷均由改变平衡熔点而产生，前者降低熔点(正曲率)，而后者通常升高熔点。因此，对于特定的实际温度，曲率过冷使实际过冷度减小，而压力过冷通常使实际过冷度增大。

3. 热过冷(Thermal Undercooling)

只要固体的形核及其之后的生长足够容易，则纯金属固液界面只有动力学过冷及曲率过冷。然而，若冷却速率过快，初始阶段晶体在液体中形核困难，或者固体的生长滞后于液体的热量导出时(如晶体在特定条件下生长困难)，将会出现另一种过冷，即界面及其前沿液相的实际温度低于平衡温度，这种过冷称为热过冷，其过冷度表示为 ΔT_T。如图 4-5 所示，若忽略动力学过冷，则纯金属以平整界面凝固(无曲率过冷)，界面上的热过冷度即简单地为界面上的液体温度 T^* 与其平衡熔点的温度差

$$\Delta T_T=T_m-T^* \tag{4-11}$$

㊀ 1atm=101325Pa。

其相应自由能的增量为 $\Delta G_T=\Delta S_m(T_m-T^*)$。有时金属在凝固之前会形成相当大的热过冷，如在一定控制条件下，纯铁的热过冷度可达 300℃ 甚至更大。图 4-5 所示为正的温度梯度条件下的热过冷情况，若凝固界面前沿出现负的温度梯度，则必然出现热过冷(见第 5 章的图 5-14)。

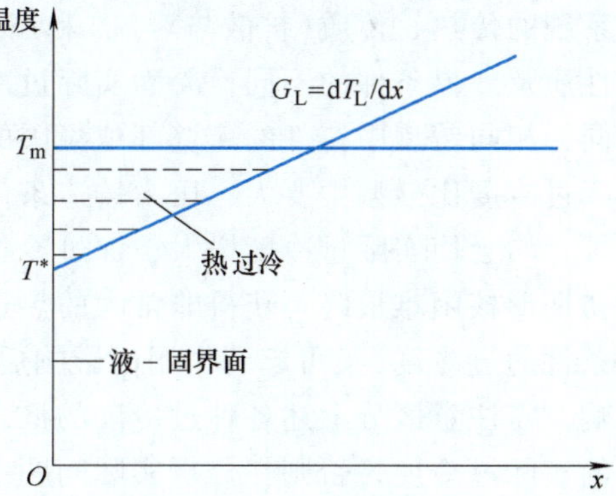

图 4-5　热过冷
（图中未考虑动力学过冷及曲率过冷）

4. 成分过冷(Constitutional Undercooling)

成分过冷是因合金元素或杂质元素在凝固过程中的成分再分配而产生的。在合金凝固过程中，固溶体的成分与其相应液相的成分是不相同的，因此发生成分再分配(第 5 章将详细介绍)，并在凝固界面前沿的液相中形成溶质(或杂质元素)富集区或贫乏区，从而使得离开界面不同距离 x' 处的液体成分按一定规律分布，将导致其液体的液相线温度也随 x' 的变化而可能出现如图 4-6 所示的 $T_L(x')$ 曲线分布。当凝固界面及其前沿一定范围内的液体的实际温度(图中以虚线表示的线性温度场)低于 $T_L(x')$ 时，便出现了成分过冷现象。界面前沿阴影区域即为成分过冷区，且随位置的不同而具有不同的成分过冷度 ΔT_c。关于成分过冷的形成条件、判据、影响因素以及对凝固过程的影响将在后面详细讨论。

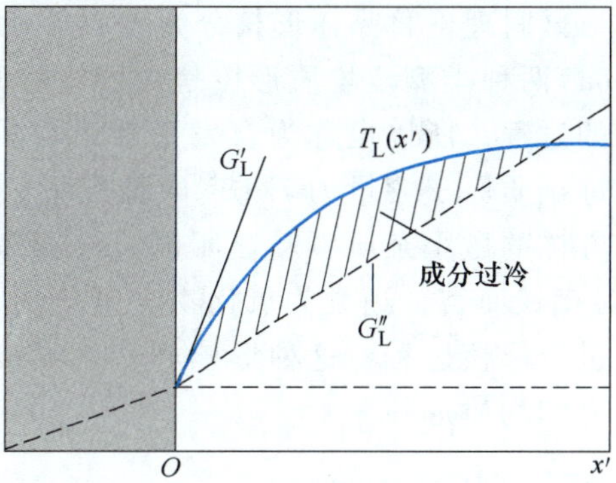

图 4-6　成分过冷

综上所述，凝固界面及其前沿的过冷度 ΔT 为上述五种过冷度的代数和，即 $\Delta T=\Delta T_k+\Delta T_r+\Delta T_p+\Delta T_T+\Delta T_c$。然而，上述五种过冷现象并不一定在所有凝固过程中同时出现，各种过冷是否存在应依据上面所讨论的各自产生条件而判断。例如，平直的凝固界面不存在曲率过冷；而晶体形核过程及非平面生长过程必然有曲率过冷；除了高压条件下的凝固或超声振动等条件下的凝固，通常的凝固不存在压力过冷；纯金属形核及其生长在足够容易的凝固条件下一般不存在热过冷；成分过冷只可能在合金或不纯单质的凝固中出现且需要特定条件；只要凝固发生则一定存在动力学过冷。因此，凝固过程的实际过冷度为几种过冷度在不同情况下的相应组合，其大小对凝固形核及生长过程至关重要。

在分析各种过冷度对凝固过程的影响时，需要分清两类性质不同的过冷度概念。一类是系统实现液-固转变所必需的过冷度，如形核所需的临界过冷度、晶体生长所需的动力学过冷度、曲率过冷度等，这一类过冷度的大小是由液-固两相本身的性质所决定的，它们是形核和生长的进行需具备的必要条件。这一类过冷度越大，系统实现转变要求具备的驱动力也就越大。例如，孕育前后的熔体所需形核过冷度不同；溶剂净化法抑制了熔体在一般过冷度下的异质形核，从而需要在很大的过冷度下才能发生凝固(深过冷)；不同属性的晶体(如金属或非金属)生长动力学过冷度 ΔT_k 大小也不同。另一类是由外界条件与系统综合作用所获得的实际过冷度，如热过冷度、成分过冷度和压力过冷度等，这一类过冷度的大小主要取决于系统的传热、传质（扩散与对流）和压力等方面的条件，属于凝固转变的动力。随系统内在性质及外界条件的不同，凝固实际过冷度的大小则不同。例如，由于传热条件引起冷速的不同，相同铸型中铸件的薄壁部位凝固的实际过冷度比厚壁处要大，相同铸件在金属型中的实际过冷度比砂型中要大；压力铸造条件下的凝固、熔体超声空化瞬间消失时骤然升高的压力等，均会使实际过冷度增大；深过冷技术借助溶剂的净化作用改变合金系统的内在属性，因初期形核困难最终可获得非常大的热过冷度。由此也可以看出，在一定条件下，前者（必要条件的过冷度）又可起到作用而影响后者（实际过冷度）。总之，关于过冷度对凝固转变的影响，需注意区分上述各种过冷度的概念与性质，辨别其属于凝固需具备的必要条件或所获得的实际过冷度，否则在分析实际问题中容易产生混淆或错误。

4.3　凝固形核

凝固理论将晶体形核分为均质形核和非均质形核（Homogeneous & Heterogeneous Nucleation）两种类型。均质形核是指形核前母相液体中无外来固相质点，而从液相自身发生形核的过程，所以也称为自发形核。在实际生产中，均质形核是不太可能的，即使在区域精炼杂质原子含量为 $1/10^8$ 的情况下，每 1cm^3 液相中也有约 10^6 个边长为 10^3 个原子的立方体的微小杂质颗粒。所以，一般来说凝固是从非均质形核开始的，即依靠外来质点（对钢铁而言，通常为氧化物、氮化物、碳化物等高熔点微小质点）或型壁界面提供的衬底进行形核过程，这种形核亦称为异质形核或非自发形核。但为了讨论方便，这里还是先介绍均质形核。

4.3.1　均质形核

均质形核时，设晶核为半径 r 的球体，系统自由能变化 ΔG 由两部分组成，一是固、液体积自由能之差（由 ΔG_V 引起）的相变驱动力，二是阻碍相变的固-液界面能（由 σ_{SL} 引起），即

$$\Delta G=\frac{V}{V_S}\Delta G_V+A\sigma_{SL}=\frac{4}{3}\pi r^3\frac{\Delta G_V}{V_S}+4\pi r^2\sigma_{SL} \tag{4-12}$$

式中，V 为晶核体积；V_S 为形核晶体的摩尔体积；A 为晶核表面积。因为 $\Delta G_V=-\Delta H_m\Delta T/T_m$ 始终为负值，故第一项体积自由能部分使系统能量降低；而第二项表面自由能则使系统能量升高。图 4-7 所示为形核时系统自由能随 r 的变化，当 $r<r^*$ 时，由于式（4-12）中的第二项上升速度比第一项下降速度快，所以系统总的自由能随 r 的增大而上升，此时系统中由能量起伏及结构起伏引起的微小晶胚处于热力学不稳定状态，尚不能成为晶核；当 $r=r^*$ 时，ΔG 达到最大值 ΔG^*；而当 $r>r^*$ 时，随着 r 继续增大，因体积自由能 ΔG_V 下降速度加快，系统自由能 ΔG 随之开始下降，这时，由能量起伏及结构起伏引起的晶胚就可转变为稳定状态的晶核，晶体则可以发生长大。因此，r^* 被称为临界形核半径。对应于 r^* 的 ΔG^*（最大值）称为形核功，它表示形核过程系统需克服的能量障碍，即形核能垒。由式（4-12）求极值点，$\partial\Delta G/\partial r=4\pi r^2\Delta G_V/V_S-8\pi r\sigma_{SL}=0$，则得 r^* 为

$$r^*=-\frac{2\sigma_{SL}V_S}{\Delta G_V}=\frac{2\sigma_{SL}V_ST_m}{\Delta H_m\Delta T} \tag{4-13}$$

将式(4-13)代入式(4-12)，可得到均质形核的形核功为

$$\Delta G^* = \frac{16\pi}{3}\sigma_{SL}^3\left(\frac{V_S T_m}{\Delta H_m \Delta T}\right)^2 \tag{4-14}$$

由式(4-14)可知，对于特定系统，σ_{SL}、ΔH_m、T_m 及 V_S 均为定值，$\Delta G^* \propto (\Delta T)^{-2}$，过冷度 ΔT 越小，则形核功 ΔG^* 越大，$\Delta T \to 0$ 时，$\Delta G^* \to \infty$，即形核需逾越的能垒无限大，表明过冷度很小时难以形核，这也从数学上证明了为什么物质凝固必须要有一定的过冷度。大小为临界半径 r^* 的晶核处于介稳状态，它们既可消散也可生长，只有 $r>r^*$ 的晶核才可成为稳定晶核。

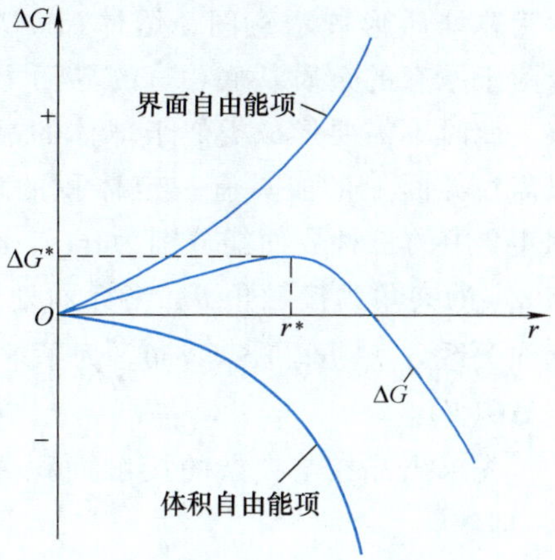

图 4-7 在液相中形成球形晶胚时的自由能变化

由式(4-13)可知，临界晶核半径 r^* 与过冷度 ΔT 成反比，即 ΔT 越大(温度越低)，则 r^* 越小。另一方面，液体中原子团簇的统计平均尺寸 $r°$ 随温度降低(ΔT 增大)而增大。$r°$ 与 r^* 相交时，相应的过冷度为 ΔT^*，对应图 4-8 所示温度 T_N。过冷度达到 ΔT^* 之后，原子团簇平均半径 $r°$ 已达到临界尺寸，开始大量形核。温度进一步降低到 T_1(ΔT 更大)时，$r°$ 更大，r^* 更小，形核数也就更多。

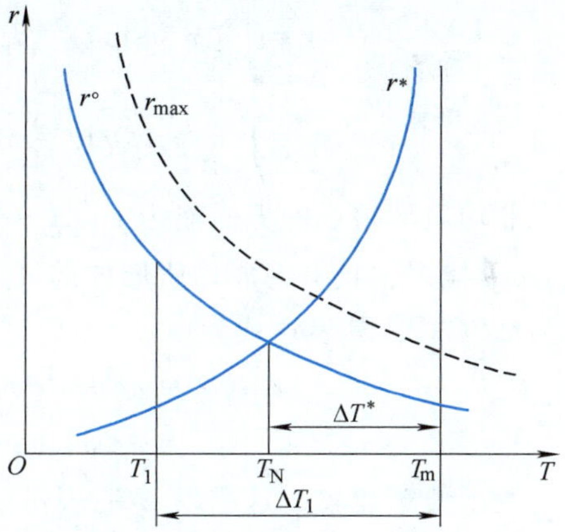

图 4-8 液态金属 $r°$、r^* 与 T 的关系及临界过冷度 ΔT^*

应该指出，由于能量起伏的作用，液体中存在结构起伏的原子团簇，它们的尺寸有大有小，其中最大原子团簇尺寸为图 4-8 所示的 r_{max}，在 $\Delta T<\Delta T^*$ 之前便已达到临界晶核半径 r^* 成为稳定晶核而生长，因此，在 $\Delta T<\Delta T^*$ 之前的一定温度范围内就已有晶核存在，不应理解为过冷度达到 ΔT^* 才可以形核，只是在 $\Delta T<\Delta T^*$ 之前晶核数量很少而已。因此，ΔT^* 应理解为是开始大量形核时的过冷度。现在来考虑形核功 ΔG^* 的大小。临界晶核表面积为

$$A^* = 4\pi(r^*)^2 = 16\pi\sigma_{SL}^2\left(\frac{V_S T_m}{\Delta H_m \Delta T}\right)^2$$

所以有

$$\Delta G^* = \frac{1}{3}A^*\sigma_{SL} \tag{4-15}$$

这意味着形核功 ΔG^* 的大小为临界晶核界面能的 1/3，它是均质形核所必须克服的能量障碍。形核功由熔体中的能量起伏提供。因此，在过冷熔体中形成的晶核是结构起伏与能量起伏的共同产物。

4.3.2 非均质形核与均质形核的比较

1. 非均质形核临界半径及形核功

在金属熔体中存在着大量高熔点的固相杂质微粒，可作为非均质形核的基底。图 4-9 所

示为非均质形核示意图，熔体(L)中的结晶相(S)依附于原有的杂质基底(C)的界面上发生非均质形核，此时不需要形成类似于球体的晶核，新生固相只需在界面上形成具有一定体积的球缺便可形核。图4-9中的三种界面能分别为σ_{LS}、σ_{LC}及σ_{CS}，σ_{LS}与σ_{CS}的夹角为接触角θ。当界面处于平衡状态时，存在关系$\sigma_{LC}=\sigma_{CS}+\sigma_{LS}\cos\theta$。为了求出形核功，需求出界面能变化$\Delta G(S)$和体积自由能变化$\Delta G(V)$。

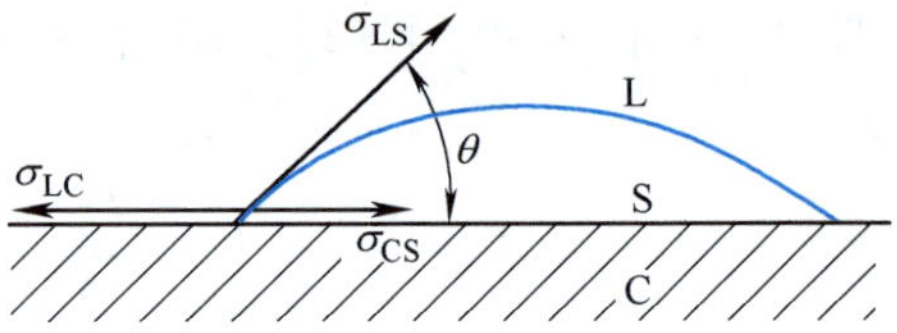

图4-9　非均质形核示意图

先求出晶核与夹杂的接触面积A_1、晶核与液体的接触面积A_2及半径为r的球缺体积V，即

$$A_1 = \pi(r\sin\theta)^2 = \pi r^2(1-\cos^2\theta)$$

$$A_2 = \int_0^\theta 2\pi(r\sin\theta)(r\mathrm{d}\theta) = 2\pi r^2\int_0^\theta \sin\theta\mathrm{d}\theta = 2\pi r^2(1-\cos\theta)$$

$$V = \int_0^\theta [\pi(r\sin\theta)^2]\mathrm{d}(r-r\cos\theta)$$

$$= \int_0^\theta \pi r^3\sin^3\theta\mathrm{d}\theta = \pi r^3\left(\frac{2-3\cos\theta+\cos^3\theta}{3}\right)$$

非均质形核后的界面能为$\sigma_{CS}A_1+\sigma_{LS}A_2=\pi r^2\sin^2\theta\sigma_{CS}+2\pi r^2(1-\cos\theta)\sigma_{LS}$，将$\sigma_{LC}=\sigma_{CS}+\sigma_{LS}\cos\theta$代入，且考虑非均质形核前$A_1$的界面能$\pi r^2\sin^2\theta\sigma_{LC}$，非均质形核前后界面能的变化为$\Delta G(S)$，其表达式为

$$\Delta G(S)=\pi r^2\sin^2\theta\sigma_{CS}+2\pi r^2(1-\cos\theta)\sigma_{LS}-\pi r^2\sin^2\theta\sigma_{LC}$$

$$=\pi r^2\sigma_{LS}(2-3\cos\theta+\cos^3\theta)$$

为了便于比较，这里以ΔG_{he}表示非均质形核前后系统自由能的变化，其相应形核功为ΔG_{he}^*，而以ΔG_{ho}^*表示均质形核的形核功[即式(4-14)的ΔG^*]。非均质形核前后体积自由能的变化为

$$\Delta G(V)=\frac{V}{V_S}\Delta G_V=\pi r^3\left(\frac{2-3\cos\theta+\cos^3\theta}{3}\right)\cdot\frac{\Delta G_V}{V_S}$$

非均质形核后，系统总的自由能变化为$\Delta G_{he}=\Delta G(V)+\Delta G(S)$。

由$\dfrac{\mathrm{d}\Delta G_{he}}{\mathrm{d}r}=3\pi r^2\left(\dfrac{2-3\cos\theta+\cos^3\theta}{3}\right)\dfrac{\Delta G_V}{V_S}+2\pi r\sigma_{LS}(2-3\cos\theta+\cos^3\theta)=0$，得

$$r^*=-\frac{2\sigma_{SL}V_S}{\Delta G_V}=\frac{2\sigma_{SL}V_ST_m}{\Delta H_m\Delta T} \tag{4-16}$$

式(4-16)为非均质形核临界半径r^*的表达式，可见其与式(4-13)完全相同。由此可得出一个重要结论，即非均质形核与均质形核的临界半径大小相同。然而，必须指出，虽然两者的临界形核半径r^*相同，但因非均质形核在异质基底上的新相晶核只需形成一个球缺，比相同半径的整个球体的体积要小得多，所以，非均质形核的临界体积要比均质形核的临界体积小得多，即体积很小时便可达到临界晶核半径。

下面讨论非均质形核的形核功ΔG_{he}^*的大小。将r^*代入ΔG_{he}，则可得到ΔG_{he}^*为

$$\Delta G_{\text{he}}^* = \pi\sigma_{\text{SL}}(2-3\cos\theta+\cos^3\theta)\left(-\frac{2\sigma_{\text{SL}}V_{\text{S}}}{\Delta G_V}\right)^2 + \pi\frac{\Delta G_V}{V_{\text{S}}}\left(\frac{2-3\cos\theta+\cos^3\theta}{3}\right)\left(-\frac{2\sigma_{\text{SL}}V_{\text{S}}}{\Delta G_V}\right)^3$$

$$= \pi\sigma_{\text{SL}}^3\left(\frac{V_{\text{S}}}{\Delta G_V}\right)^2 \frac{4}{3}(2-3\cos\theta+\cos^3\theta)$$

为了方便与均质形核相比较，将非均质形核功 ΔG_{he}^* 表达为

$$\Delta G_{\text{he}}^* = \frac{16\pi\sigma_{\text{LS}}^3}{3}\left(\frac{T_{\text{m}}V_{\text{S}}}{\Delta T\Delta H_{\text{m}}}\right)^2 \frac{2-3\cos\theta+\cos^3\theta}{4} \tag{4-17}$$

与均质形核的形核功 $\Delta G_{\text{ho}}^* = \frac{16\pi}{3}\sigma_{\text{LS}}^3\left(\frac{V_{\text{S}}T_{\text{m}}}{\Delta H_{\text{m}}\Delta T}\right)^2$ 比较，非均质形核功 ΔG_{he}^* 为

$$\Delta G_{\text{he}}^* = \frac{1}{4}(2-3\cos\theta+\cos^3\theta)\Delta G_{\text{ho}}^* = f(\theta)\,\Delta G_{\text{ho}}^* \tag{4-18}$$

式中，$f(\theta) = \frac{2-3\cos\theta+\cos^3\theta}{4}$，其数值在 0~1 之间变化。

由式(4-17)及式(4-18)可知，接触角大小(晶体与杂质基底相互润湿程度)影响非均质形核的难易程度：$\theta=0°$，即晶体与杂质基底相互完全润湿，非均质形核功 $\Delta G_{\text{he}}^*=0$，此时结晶相无需通过形核而直接在衬底上生长；$\theta=180°$，晶体与杂质完全不润湿，$\Delta G_{\text{he}}^* = \Delta G_{\text{ho}}^*$，此时非均质形核不可能发生。

通常情况下，接触角 θ 远小于 180°，所以，非均质形核功 ΔG_{he}^* 远小于均质形核功 ΔG_{ho}^*。而且，新生晶体与杂质基底之间相互润湿程度越好，θ 越小，函数 $f(\theta)$ 值越小，见表 4-1。可知，在结晶相与熔体中外来衬底间良好的固-固润湿条件下(小的 θ 值)，ΔG_{he}^* 的值将大幅降低，这非常有利于结晶相的形核。工业生产中常常采用孕育处理技术，即将孕育剂(形核剂)加入到熔体中，直接或间接产生作为结晶相异质形核基底的质点，从而促进形核达到细化晶粒的目的。

表 4-1 润湿角 θ 与函数 $f(\theta)$ 的值

θ/(°)	形核类型	$f(\theta)$
0 完全润湿	无形核能垒	0
10	异质形核	0.00017
20		0.0027
30		0.013
40		0.038
50		0.084
70		0.25
90		0.5
110		0.75
130		0.92
150		0.99
170		0.9998
180 不润湿	均质形核	1

2. 形核率

形核率是指单位体积单位时间内形成的晶核数目。研究指出，形核率 I 可表示为

$$I=C\exp\left(\frac{-\Delta G_d}{k_B T}\right)\exp\left(\frac{-\Delta G^*}{k_B T}\right)=I_0\exp\left(\frac{-\Delta G_d}{k_B T}\right)\exp\left[-\frac{16\pi\sigma_{SL}^3}{3k_B T}\left(\frac{T_m V_S}{\Delta T\Delta H_m}\right)^2\right] \tag{4-19}$$

式中，k_B 为玻耳兹曼常数；ΔG_d 为扩散激活能；ΔG^* 为形核功。这个重要公式包含了与 ΔG^* 相关和与 ΔG_d 相关的两个指数幂项，图 4-10a 所示的两条虚线分别描述了它们随温度的变化情况，而实线则为形核率 I 随温度的变化关系。在小的过冷度下，因形核的能垒很高而形核速率非常低，$\Delta T\to 0$ 时，形核功 $\Delta G^*\to\infty$，此时形核率 $I\to 0$。随着 ΔT 的增大，I 先快速增加而后又减小。从数学角度来看，前期形核率 I 随温度 T 的降低而上升，是由于式(4-19)指数幂项的分子 ΔG^* 随 ΔT 增大迅速减小的缘故；而后期 I 随 T 的降低而降低，是由于两个指数幂项的分母的 T 大幅度减小。从物理角度来看，ΔT 的增大使达到临界尺寸的微小晶核数迅速增多；但 ΔT 的增大伴随着 T 的大幅度降低，由于原子扩散迁移速率显著减小，形核率也大幅度降低。这两个相反的趋势使得在一临界温度 T_c 处出现形核率最大值 I_m。T_c 处于熔点 $T_f(\Delta T=0)$ 和无任何热运动的零点($T=0$K)之间。需要注意，即使没有扩散项 ΔG_d，I 也会出现一个最大值(参见图4-10a中虚线的凸出点)，ΔG_d 项的存在使得 I 值变小[$\exp(-\Delta G_d/k_B T)$项通常远小于1]，且临界温度升高到 T_c。另需指出，在通常凝固过冷度条件下，凝固温度远高于 T_c，所以，通常形核率随 ΔT 增大而迅速上升。

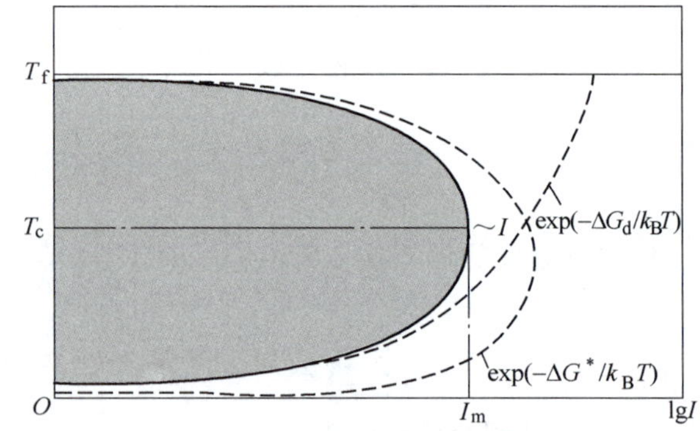

a)

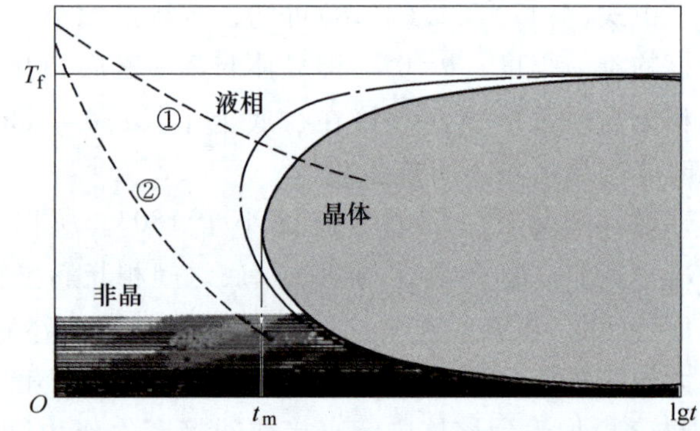

b)

图 4-10　形核率和形核时间与热力学温度的函数关系

对于单位体积熔体，形核率与形核时间互为倒数关系，所以，图 4-10a 所示的 I-T 图可反向转变为一个 TTT 图(“时间-温度-相变”曲线)，如图 4-10b 所示。TTT 图上的点代表不同温度下液相转变为固相的开始时间点，当液态金属以正常的方式冷却时，冷却曲线①将穿过 TTT 图的结晶区域。由图 4-10b 可知，有一个最小的开始结晶时间 t_m(正比于 $1/I_m$)。在非均质形核的情况下，减小润湿角可使形核临界过冷度 ΔT^* 降低，使得开始结晶的温度离熔点更近(见图 4-10b 中的点画线)，同时，开始结晶时间更短。

在非常高的冷速下，如在快速凝固工艺中，因时间不够充裕，晶核来不及形成，从而完全错过 TTT 图的结晶区域(图 4-10b 中的冷却曲线②)，继而黏度连续增加并将形成玻璃态(非晶)固体。注意，图 4-10b 只与形核(相变的开始)有关，描述结晶结束的 TTT 曲线并没有在图中表示出来。

对于非均质形核，由$f(\theta)$变化而引起的ΔG^*轻微变化即可对形核率有显著影响，这由式(4-18)及式(4-19)容易理解。下面通过计算，从具体数据来认识一下其影响的显著程度。

在ΔT值很小时，$\exp(-\Delta G_d/k_B T)$项近似为0.01，I_0近似为$10^{41}\ m^{-3}s^{-1}$，因此I可表达为

$$I=10^{39}\exp\left(-\frac{\Delta G^*}{k_B T}\right) \tag{4-20}$$

当$\frac{\Delta G^*}{k_B T}$的值为76时，形核率为$10^6 m^{-3}\cdot s^{-1}$，即每毫升体积每秒形成一个晶核(图4-11)；若ΔG^*稍许增大使$\frac{\Delta G^*}{k_B T}$变为原来的两倍，如从50增为100时，将使形核率降低10^{22}倍：当$\frac{\Delta G^*}{k_B T}$为50时，形核率为$10^{17} m^{-3}\cdot s^{-1}$(每毫升体积每秒形核$10^{11}$个)；当$\frac{\Delta G^*}{k_B T}$为100时，形核率为$10^{-5} m^{-3}\cdot s^{-1}$(每升体积每隔3.2年形成一个晶核)。该例说明，形核功ΔG^*的微小改变即可对形核率产生极为显著的影响。由此也可推论，非均质形核的形核率可以比均质形核的形核率高出若干个数量级。此外，异质形核基底不同(润湿角θ不同)，形核率也会有显著差别。总之，为了提高形核率以细化晶粒，技术上可通过两方面措施以降低ΔG^*值而实现，如借助快冷来增大过冷度，或在熔体中加入与结晶相润湿性好的大量形核质点。

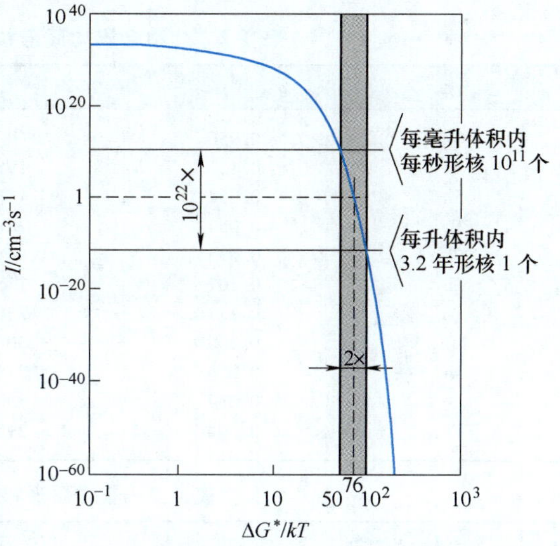

图4-11　形核速率与形核功ΔG^*的函数关系

3. 均质与非均质形核的临界过冷度

对于均质形核，当过冷度达到某一临界值后，形核率迅速上升，这一临界值ΔT^*_{ho}被视为开始大量均质形核的临界过冷度，简称为形核过冷度。而在此之前很大的过冷度范围内，形核率几乎始终为零。计算及实验表明，纯金属大量均质形核的临界过冷度为熔点温度T_f的20%左右，即$\Delta T^*\approx 0.2T_f$。几种纯金属均质形核过冷度的试验值见表4-2，其ΔT^*的数值分别在$(0.13\sim0.25)T_f$的范围内。可见，均质形核需要很大的过冷度。通常情况下，金属的过冷度不可能越过图4-10a中I_m的温度范围而达到足以抑制形核的程度，因此看不到I下降的趋势，如图4-12中的实线所示。对于黏性液体，当ΔT增到一定值后，由于温度降低使黏度迅速

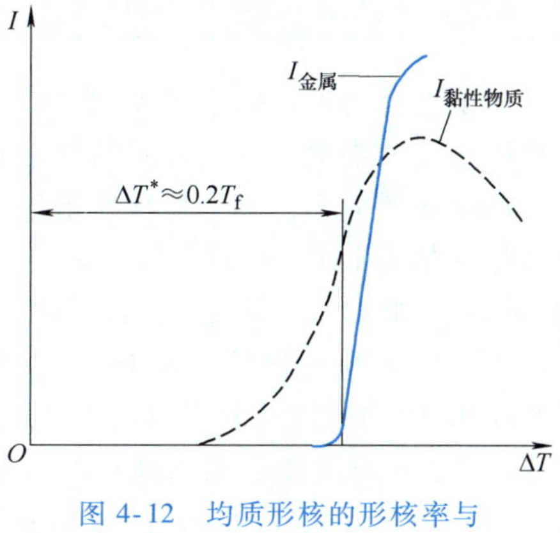

图4-12　均质形核的形核率与过冷度的关系

增大而扩散发生困难，所以 I 又开始下降，如图 4-12 中的虚线所示。

非均质形核的临界过冷度通常比均质形核的要小得多(参见图 4-10b)。若假设形核率大致为 $1cm^{-3}\cdot s^{-1}$所对应的临界过冷度为 ΔT^*，且设 $T_f=1500K$，理论计算获得的 ΔT^* 与润湿角 θ 的对应关系见表 4-3。可见，润湿角 θ 越小，非均质形核的临界过冷度越小。若熔体中现存的异质基底与结晶相完全润湿($\theta=0°$)，则非均质形核的临界过冷度为零，即无需过冷度就可形核。在表 4-3 中，$\theta=180°$(相当于均质形核的情况)对应的 ΔT^* 为 $0.33T_f$，该理论值与表 4-2 中的试验值略有偏差(这与 I 为 $1cm^{-3}\cdot s^{-1}$的粗略取值有关)。

表 4-2　几种金属均质形核的临界过冷度及固-液界面能

金属	$\sigma_{SL}/J\cdot m^{-2}$	$\Delta T^*/K$	T_f/K	$\Delta T^*/T_f$
Ga	0.056	76	303	0.25
Al	0.121	195	934	0.21
Sn	0.054	118	505	0.23
Bi	0.054	90	544	0.17
Pb	0.033	80	600	0.13
Sb	0.101	135	904	0.15
Cu	0.177	236	1357	0.17
Mn	0.206	308	1519	0.20
Ni	0.255	319	1728	0.18
Co	0.234	330	1767	0.19
Fe	0.204	295	1811	0.16

表 4-3　非均质形核过冷度与润湿角的关系

$\theta/(°)$	$\Delta T^*/T_f$	$\Delta T^*(T_f=1500K)$
180	0.33	495
90	0.23	345
60	0.13	195
40	0.064	96
20	0.017	25.5
10	0.004	6.5
5	0.001	1
0	0	0

为了直观起见，以图 4-13 表达均质形核、非均质形核的临界过冷度及其与润湿角 θ 的关系。需要强调的是，无论是均质形核还是非均质形核，临界过冷度 ΔT^* 只是表达大量形核的起始点，此后在一定范围内，形核率 I 仍随过冷度迅速上升（参见图 4-10），这在图4-12及图 4-13 中均有清楚的表达。因此，形核率 I 随 ΔT 的上升阶段并非像以往一些教科书中所表达的一条垂直线。此外，润湿角 θ 越小，形核功 ΔG^* 越小，异质形核率 I 越高（图 4-13 中的 I'_{he}与 I''_{he}曲线）。在图 4-13 中，非均质形核率 I_{he} 随过冷度上升到最大值后开始下降，

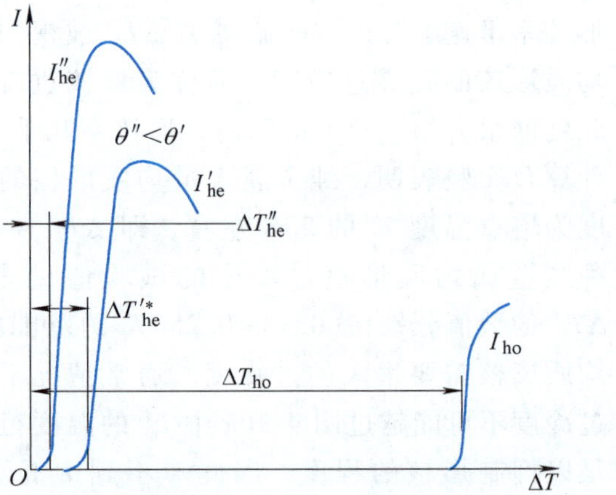

图 4-13　非均质形核、均质形核过冷度与形核率

这是因为晶核在杂质基底面上形成，逐渐使那些有利于新晶核形成的表面减少的缘故，这与均质形核率 I_{ho} 随 ΔT 的变化规律是不同的。

4.3.3 非均质形核的形核条件

1. 基底与结晶相的晶格错配度的影响

在实际生产中，晶粒尺寸与晶核密度成反比。当需要细小晶粒时，可将孕育剂添加到熔体中形成高度弥散的质点作为结晶相的形核基底。作为形核基底的质点应该具备哪些性质才能够有效地起到异质形核的作用，这关系到选择什么样的物质作为孕育剂的主要组分。

由前面的讨论可知，固相杂质与结晶相的界面张力 σ_{SC} 越小，相互润湿越好（接触角 θ 越小），越有利于形核。由界面能产生的原因可知，晶面结构越近似，点阵间隔越接近，它们之间的界面张力就越小。在晶面结构相近的情况下，以错配度 δ 表示结晶相的晶格与杂质基底晶格的共格情况，即

$$\delta=\frac{a_C-a_N}{a_N}\times100\% \tag{4-21}$$

式中，a_N 为结晶相处于界面的点阵间隔；a_C 为杂质处于界面的点阵间隔。错配度 δ 越小，共格情况越好，界面张力 σ_{SC} 就越小，越容易进行非均质形核。一般认为，$\delta\leqslant5\%$ 为完全共格，非均质形核能力强；$5\%<\delta<25\%$ 为部分共格，杂质基底有一定的非均质形核能力；$\delta>25\%$ 为不共格，杂质基本上无非均质形核能力。但影响形核的因素是多方面的，δ 作为选择形核剂的标准也有不符合实际的情况。例如，Ag 与 Sn 的 δ 值比 Pt 与 Sn 的 δ 值小，可是 Pt 可以作为 Sn 的形核剂，Ag 却不能。所以错配度不能作为唯一的标准。目前，形核剂的选用往往还要通过实验研究来确定相应孕育剂的组元及成分配比。

2. 冷却速度的影响

在金属液体中往往存在着形核能力不同的多种物质，其形核行为与冷速有关。对特定性质的金属熔体而言，冷速越大则过冷度越大，能促使非均匀形核的外来质点的种类和数量越多，非均质形核能力越强。说明具有一定形核能力的杂质颗粒，其形核行为与冷速有关。

3. 结晶相枝晶熔断和游离的作用

在许多铸造条件下，与异质基底形核的情况类似，熔体对流或某些外场作用可使在浇注期间形成的激冷晶或生长着的结晶相枝晶臂熔断或折断，它们游离到熔体中，可作为新生晶粒的现成晶核。如在钢的连铸过程中，可通过电磁搅拌等措施来获得枝晶臂折断或熔断效应。这类方法是非常有效的，因为所产生的晶核为同相晶体因而完全共格，也没有阻碍润湿的表面氧化层。

关于促进形核及细化晶粒的方法及作用机制，将在其他章节中详细讨论。

4.4 晶体生长

晶体生长动力学与物质的固-液界面微观结构类型相关，不同物质因界面结构的差异在凝固过程中其晶体生长方式、速度及形貌具有显著差别。因此，这里有必要首先了解晶体生长界面的微观结构。

4.4.1　固-液界面的微观结构

1. 粗糙界面与光滑界面

晶体生长是通过单个原子逐个地或以原子团簇形式撞击到已有晶体表面（固-液界面的固相一侧），并且，附着于晶体表面的原子按照结晶相晶格点阵规律排布起来，成为晶体新的部分。但是，在晶体表面上并不是任意位置都可以同样容易地接纳这些原子，其接纳原子的难易程度与固-液界面晶体表面的结构类型及位置有关。在晶体表面上有原子空缺位置，或存在台阶的位置，容易接纳新的原子，而完全被占满的晶体表面则难以接纳新的原子。

根据 Jackson 理论，固-液界面处的微观（原子尺度）结构可分为以下两类：

（1）粗糙界面　固-液界面固相一侧的点阵位置有一半左右被固相原子所占据，形成坑坑洼洼、凹凸不平的界面结构，如图 4-14a 所示。粗糙界面也称为“非小晶面”或“非小平面”。

（2）光滑界面　固-液界面固相一侧的点阵位置几乎全部被固相原子所占满，只留下少数空位或台阶，从而形成整体上平整光滑的界面结构，如图 4-14b 所示。光滑界面也称为“小晶面”或“小平面”。

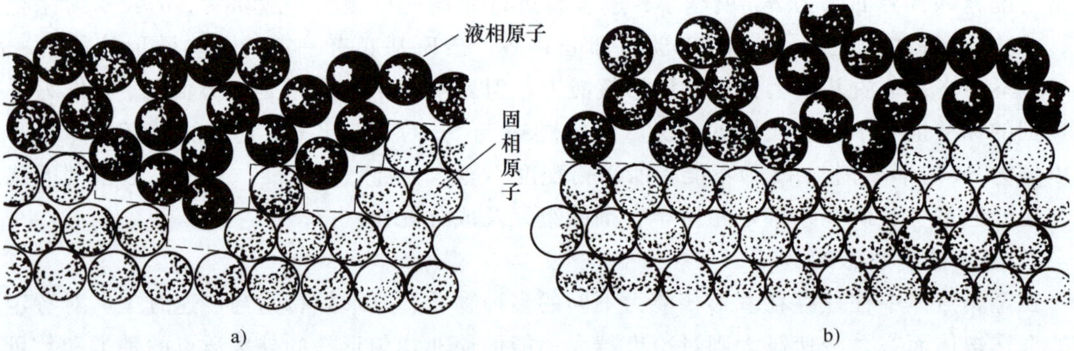

图 4-14　晶体生长两种微观界面结构类型

a）粗糙界面（Nonfaceted Interfaces）　b）光滑界面（Faceted Interfaces）

注意，原子尺度的粗糙与光滑界面在微米尺度下显微观察时，生长的晶体界面显微形貌却往往相反。如图 4-15 所示的定向凝固（向上生长，底部冷，上端热）界面，原子尺度光滑界面（图 4-15a 下图）在微米尺度下观察其生长界面却是无规则的，呈锯齿状高低不平（图 4-15a 上图）；而原子尺度的粗糙界面（图 4-15b 下图）在一定条件下（如无成分过冷情况下，第 5 章将详细讨论），微米尺度下观察其生长界面却是平整的（可能有一些小的凹陷，图 4-15b 上图）。原子尺度的粗糙界面为来自于液体的原子的着落提供了很多有利位置，这样的界面生长过程倾向于保持粗糙特征且表现出低的动力学过冷度。光滑界面的局部可能在一个相对大的过冷度下生长。

2. 界面结构类型的本质与判据

固-液界面结构主要取决于物质的热力学性质，以及晶体生长时的晶面取向（是否密排面）等因素。

设晶体内部的原子配位数为 ν，界面上的配位数为 η，晶体表面上的 N 个原子位置只有

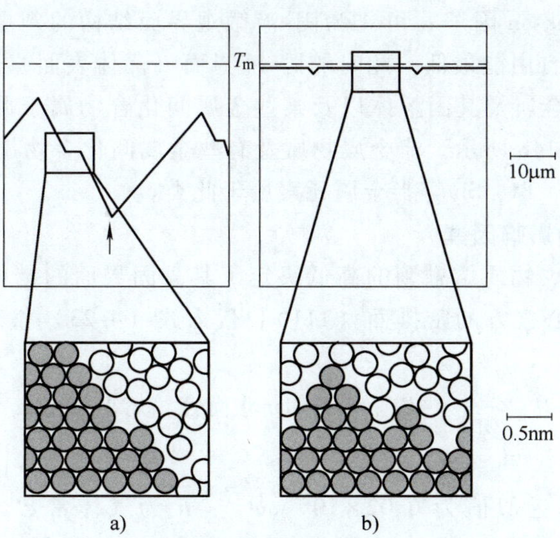

图 4-15　原子尺度及微米尺度固-液界面情况

a）光滑界面　b）粗糙界面

N_A 个固相原子，占据的比率为 $x=\frac{N_A}{N}$，则处于熔点 T_m 时，单个原子由液相向固-液界面的固相上沉积的相对自由能的变化为

$$\frac{\Delta F_S}{Nk_BT_m}=\frac{\Delta\widetilde{H}_m}{k_BT_m}\left(\frac{\eta}{\nu}\right)x(1-x)+x\ln x+(1-x)\ln(1-x)$$

$$=\alpha x(1-x)+x\ln x+(1-x)\ln(1-x) \tag{4-22}$$

$$\alpha=\frac{\Delta\widetilde{H}_m}{k_BT_m}\left(\frac{\eta}{\nu}\right) \tag{4-23}$$

式中，k_B 为玻耳兹曼常数；$\Delta\widetilde{H}_m/T_m=\Delta\widetilde{S}_m$ 为单个原子的熔融熵；α 称为 Jackson 因子。相对自由能随 x 变化的情况如图 4-16 所示，通过分析比较可以看出：$\alpha<2$ 时，ΔF_S 在 $x=0.5$（晶体表面有一半空缺位置）时有一个极小值，即自由能最低；$2\leqslant\alpha<5$ 时，ΔF_S 在偏离 x 中心位置的两旁（但仍离 $x=0$ 或 $x=1$ 处有一定距离）有两个极小值，此时在晶体表面尚有一小部分位置空缺或大部分位置空缺；$\alpha\geqslant5$ 时，ΔF_S 在靠近 $x=0$ 或 $x=1$ 处有两个极小值，此时在晶体表面位置几乎全被占满或仅有极少数位置被占据；α 非常大时，ΔF_S 的两个最小值出现在 $x\to0$ 和 $x\to1$ 的地方（晶体表面位置已被占满）。

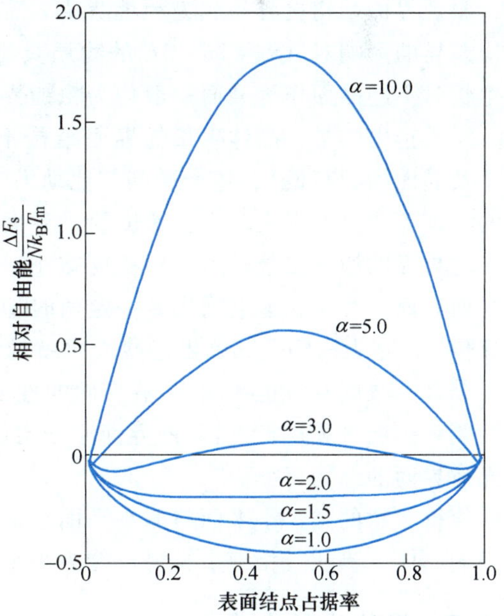

图 4-16　不同 α 值时相对自由能与界面原子占据率

上述分析表明，Jackson 因子 α 可作为固-液微观界面结构的判据。$\alpha \leqslant 2$ 的物质在晶体表面有一半空缺位置时自由能最低，此时的固-液界面（晶体表面）形态称为粗糙界面，如图 4-14a 所示，通常的金属及其固溶体以及某些金属间化合物属于此类；$\alpha \geqslant 5$ 的物质凝固时为光滑界面，如图 4-14b 所示，非金属物质及有些金属间化合物属于此类；$\alpha = 2 \sim 5$ 的物质常为多种方式的混合，Bi、Sb 等半金属元素属于此类。

3. 界面结构类型的影响因素

从热力学角度来看，物质熔融熵的高低决定了其凝固界面的结构类型。若设 $\alpha = 2$，将 $\eta/\nu = 6/12 = 0.5$［如面心立方的密排面（111）］代入式（4-23）整理，则单个原子的熔融熵为$\Delta \widetilde{S}_{\mathrm{m}} = \dfrac{\Delta \widetilde{H}_{\mathrm{m}}}{T_{\mathrm{m}}} = \dfrac{\alpha k_{\mathrm{B}}}{\dfrac{\eta}{\nu}} = 2k_{\mathrm{B}} \times \dfrac{1}{0.5} = 4k_{\mathrm{B}}$。对于 1mol 而言，熔融熵 $\Delta S_{\mathrm{m}} = 4k_{\mathrm{B}} N_{\mathrm{A}} = 4R$（此处 N_{A} 为阿伏伽德罗常数，其近似值为 $6.02 \times 10^{23} \mathrm{mol}^{-1}$；$R$ 为气体常数，约为 $8.31 \mathrm{J \cdot mol^{-1} \cdot K^{-1}}$）。由式（4-23）可知，熔融熵 ΔS_{m} 上升，则 α 增大，所以当 $\Delta S_{\mathrm{m}} < 4R$ 时，界面以粗糙面为最稳定，此时晶体表面容易接纳液相中的原子而生长。熔融熵越小，越容易成为粗糙界面。因此，固-液微观界面结构究竟是粗糙面还是光滑面主要取决于物质的热力学性质。正因为如此，在不考虑晶面的情况下（或忽略 η/ν），可直接以物质的熔融熵 ΔS_{m} 的数值来粗略判断其凝固过程的固-液界面结构：$\Delta S_{\mathrm{m}} < 2R$ 的物质为粗糙界面，$\Delta S_{\mathrm{m}} = 2R \sim 3R$ 的物质根据其他条件可能为光滑或粗糙界面，ΔS_{m} 更高的物质为光滑界面。

另一方面，对于热力学性质一定的同种物质，η/ν 值取决于界面是哪个晶面族。对于密排晶面（低指数晶面），η/ν 值是高的；对于非密排晶面（高指数晶面），η/ν 值是低的。根据式（4-23），η/ν 值越低，α 值越小。这说明非密排晶面作为晶体表面（固-液界面）时，微观界面结构更容易成为粗糙界面。晶体生长表面的晶面族（晶面指数）对界面微观结构差异的影响对 $\Delta S_{\mathrm{m}} = 2R \sim 3R$ 的物质具有一定意义，对金属类固溶体而言，晶体在熔体中生长时不同晶面作为表面一般均为粗糙界面。

需要指出的是，晶体生长的界面结构不仅与热力学因素及晶面属性有关（熔融熵 ΔS_{m} 大小及晶面指数高低），还会受到其他动力学因素的影响，如凝固过冷度及结晶物质在液体中的浓度等。过冷度大时生长速度快，界面的原子层数较多，容易形成粗糙面结构，而过冷度小时界面的原子层数较少，粗糙度减小。例如，白磷在低生长速度时（小过冷度 ΔT）为小平面界面，在生长速度增大到一定值时却转变为非小平面。过冷度对不同物质存在不同的临界值，α 越大的物质其临界过冷度也就越大。

合金的浓度有时也影响固-液界面的性质，浓度小的物质在结晶时，其界面生长易按台阶的侧面扩展方式进行（固-液界面原子层厚度小），从而即使 $\alpha < 2$ 时，其固-液界面也可能有光滑界面的结构特征。

值得注意的是，小平面与非小平面也取决于结晶条件，例如，在熔体中生长表现为非小平面的晶体，当从气相中生长时可能为小平面晶体。

4.4.2 晶体生长方式

上述物质界面结构类型的意义在于，它影响到凝固过程晶体生长方式及其形态，如图

4-17 所示。

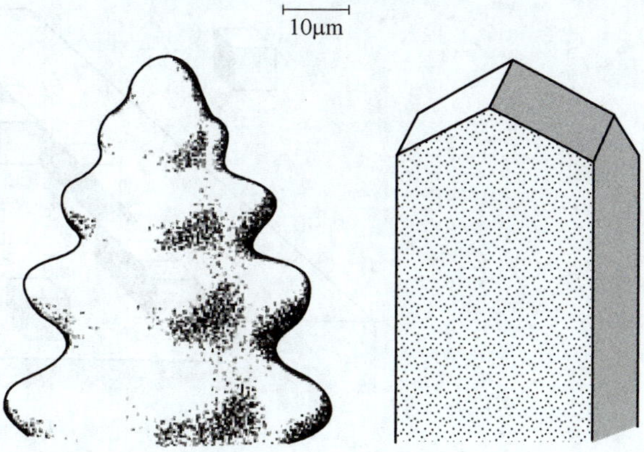

a)　　b)

图 4-17　粗糙界面和光滑界面的生长形态

a）粗糙界面　b）光滑界面

晶体的形状主要由毛细作用（与界面能有关）、热扩散和溶质扩散的相互作用而确定。粗糙界面的物质在通常的凝固条件下按图 4-17a 所示的典型树枝晶形态生长，不管它们的晶体结构如何，一般都不会出现有棱的小平面凝固界面。对于金属固溶体，无论其密排面还是非密排面均为粗糙界面，在凝固过程中原子可以很容易地迁移着落到界面上，与涉及的晶面（指数）无关。然而，该类晶体的生长方向仍具有轻微的各向异性趋势，使树枝晶臂沿特定的晶向生长，一般由低指数晶向确定树枝晶主干和分枝臂的生长方向，如体心及面心立方晶体的<100>方向，这种趋势是由于界面能的差别及原子结合动力学的各向异性（原子为晶体接纳的难易程度的差别）所致。但是，这类晶体若仅在动力学过冷度条件下以平整凝固界面向前推进时，其生长方向逆热流方向与之平行，与晶体学取向无关。

非金属和一些金属间化合物之类的物质属于光滑界面，则多以图 4-17b 所示的形态生长，形成有棱的小平面界面，其晶体生长过程具有强烈的各向异性。此类物质的高指数晶面本身相对粗糙，有利于接收原子而生长较为迅速，其结果是这些晶面消失且晶体仍由生长较慢的平面（低指数晶面）包围。此类晶体的生长方向性很强，晶体通常按特定晶体学取向生长，如立方晶体的<100>方向、钻石立方的<112>方向、体心正方的<110>方向和密排六方的<10$\bar{1}$0>方向等。

为了理解图 4-17 所示两种类型的生长方式，就必须考虑固-液界面处原子被吸附的各种方式。晶体的生长方式是由原子到达界面且被吸附直到其完全合并到晶体中的概率决定的，即取决于所考察的晶面上非饱和键的数目，也即原子尺度上的粗糙度。

为了方便理解，首先考察原子（假设为简单立方体）为晶体平界面的不同位置所接纳的情况，如图 4-18 所示。图中没有表示出液态的原子，此时晶体内部的原子（位置 6）有六个最近邻的原子，分别以立方体的六个面来表示。在界面处有五种不同的位置，以最近邻原子的数目 1~5 来表示。在过冷系统中，晶体具有较低的自由能，很明显，在位置 5 处的原子比位置 1 处的原子更容易被晶体所接纳。

在小平面晶体的生长中，处于位置 3 的原子类型起到一种特殊的作用。因为类型 3 具有三个约束，可认为是一半在固体中一半在液体中。一种可能的生长顺序为：类型 3 的原子一直侧向增加直至一行完成，类型 2 原子的加入可以开始新的一行，且按这种方式进行下去一直到一层完成。在表面层完全填满的情况下，晶体生长要开始新的一层就必须通过类型 1 原子的加入，但这非常困难，通常难以实现。因为要接纳位置 1 处的原子到晶体中，晶体-原子间的结合力必须远大于液体-原子间的结合力。为了获得这一差值，需要有非常大的过冷度，因此，其他生长方式将会起到作用，图 4-19 所示为几种生长方式。

归纳上述内容，固-液界面微观结构决定了原子被接纳的难易程度，从而决定了晶体生

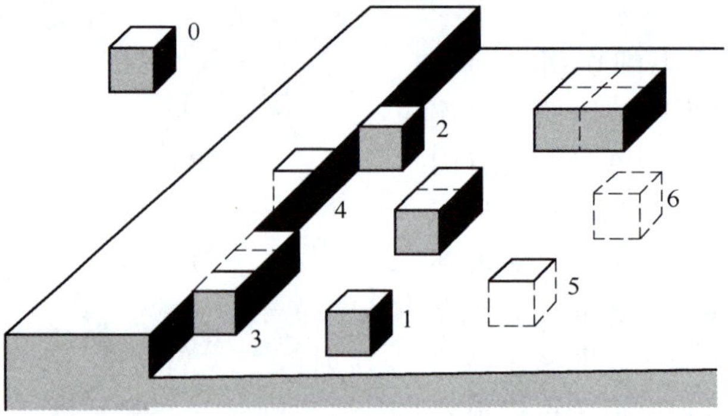

图 4-18　原子在固-液界面处约束数目的变化

长方式，因此也决定了其生长速度及其与过冷度的关系。总体来说，晶体生长方式可分为连续生长及侧向生长两种类型。

1. 粗糙界面的连续生长方式

粗糙界面结构有许多位置可供原子着落，由液相扩散来的原子很容易被接纳并与晶体结合起来。由于前面讨论的热力学因素，在生长过程中仍可维持粗糙界面结构，只要原子沉积供应不成问题，即可以连续不断地进行。粗糙界面晶体的这种生长方式称为连续生长，其生长方向为界面的法线方向，即垂直于界面进行生长。粗糙界面晶体的连续生长不需要很大的过冷度即可进行。

连续生长方式的速度由特恩布尔（Turnbull）在 1949 年运用经典速度理论推出，至今仍为主导公式：

$$R_1=\mu_0\Delta T_k \tag{4-24}$$

式中，μ_0 为常数，$\mu_0=\dfrac{\beta D_L\Delta H_m}{ak_BT_m^2}$，其中修正系数 $\beta=\left(\dfrac{a}{\lambda}\right)^2\dfrac{6\nu_{LS}}{\nu_L}$，$a$ 为当一个原子进入到晶体时固-液界面向前推进的距离（结晶方向的晶格常数），λ 为原子在液体中跃迁的距离，ν_{LS} 为原子越过界面的频率，ν_L 为原子在液体中的跃迁频率，D_L 为原子在液体中的扩散系数，k_B 为玻耳兹曼常数。μ_0 值为 $10^{-2}\sim10^{0}\text{m/(s}\cdot\text{K)}$，通常铸锭的凝固生长速度为 10^{-4}m/s 量级，可见，连续生长所需的动力学过冷度 ΔT_k 很小，以致难以精确地通过实验测量。

需要指出的是，近年对特恩布尔经典速度公式（$R_1=\mu_0\Delta T_k$）中的过冷度在认识上有新的改变。例如，斯特凡内斯库（Stefanescu）指出，与其他过冷度相比，动力学过冷度非常小，因此，金属的凝固速度并不仅限于动力学过冷度的作用。也就是说，当存在其他过冷度从而使实际凝固过冷度大于 ΔT_k 时，式（4-24）中的 ΔT_k 应以实际过冷度 ΔT 替代；而库尔兹（Kurz）在专著中速度公式的过冷度索性以实际过冷度 ΔT 表达。由式（4-24）可见，连续方式的生长速度 R_1 与实际过冷度 ΔT 呈线性关系。

2. 光滑界面的侧向生长方式

原子尺度的光滑界面其单个原子与晶面的结合较弱，容易脱离界面，因此，只有依靠在界面上出现台阶，从液相扩散来的原子沉积在台阶边缘，从而使晶体平行于凝固界面沿侧向延伸而生长，故称为侧向生长。在侧向生长凝固过程中，固-液界面的向前推进是依赖于横向逐层铺展而获得的。

光滑界面台阶形成的方式有三种机制，即二维晶核、螺旋位错及孪晶面，如图 4-19

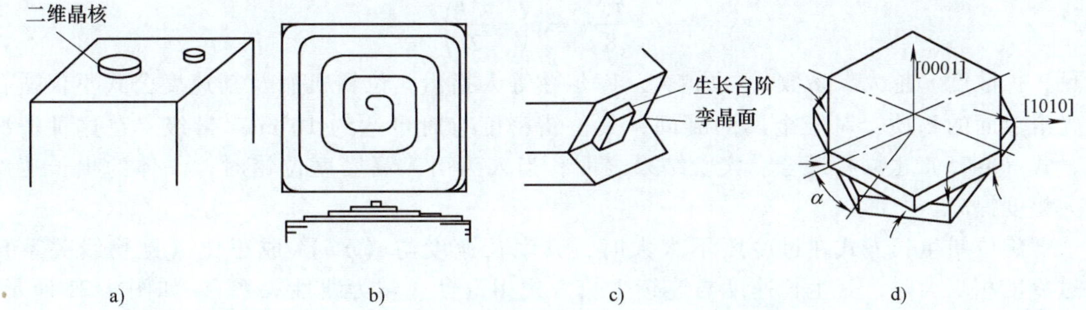

图 4-19　光滑界面晶体侧向生长的几种机制

a）二维晶核　b）螺旋位错　c）凹角孪晶　d）旋转孪晶

所示。

（1）螺旋位错机制　在凝固过程中由于各种原因会形成位错，例如，快速凝固时由于晶体中过饱和空位的聚合及随之发生空位团的崩塌而产生位错；夹杂诱发位错；生长晶体树枝晶臂之间的会合交界处由于界面两侧不完全吻合（角度不同或点阵错位）而集中形成位错；由于成分或温度不均匀使相邻晶体部分的膨胀收缩不同从而造成位错。受热冲击而局部热应力剧增还会促发位错的增殖，其中螺旋位错提供晶体侧向生长的台阶，如图 4-19b 所示。

图 4-20　SiC 晶体按位错机制生长形成的螺旋线

由于螺旋位错台阶容易捕捉到原子，原子不断落到台阶边缘上，台阶就不断地扫过晶面。由于台阶上任意一点捕获原子的机会是一样的，台阶上每一点的线速度是相等的，所以，在位错中心处台阶扫过晶面的角速度比远离中心处的地方要大，结果是在连续扫过晶面过程中形成螺旋塔尖状，这种螺旋位错台阶在生长过程中不会消失。图 4-20 所示为 SiC 晶体按位错机制生长形成的螺旋线，但以螺旋位错方式生长的界面毕竟不像粗糙界面那样处处都可供原子着落，所以其生长速度比上述连续生长要慢。

对于一个以螺旋位错扫过界面而产生的固-液界面，其生长速度（向前推进）与过冷度为抛物线关系，即

$$R=\mu_1 \Delta T_k^2 \tag{4-25}$$

$$\mu_1=\frac{(1+2g^{1/2})}{g}\frac{\beta D_L \Delta H_m^2}{4\pi\sigma_{SL} T_m^3 k_B V_m}$$

式中，V_m 为摩尔体积；g 为扩散度系数，对于光滑界面 $g=1$，但对于具有较大扩散度的界面，$g \ll 1$。所谓扩散度，定义为固相到液相界面上的原子层数 n，则扩散度系数可表达为

$$g=\frac{\pi^4}{8}n^3\exp\left(-\frac{\pi^2 n}{2}\right)$$

可见，扩散度 n 越大，系数 μ_1 也越大。库尔兹等人指出，位错机制及其速度公式不仅适合于光滑界面的物质，对于金属的凝固，其位错密度有时可达约 $10^8\mathrm{cm}^{-2}$ 量级，在这种情况下，式（4-25）也同样适合。实验结果表明，当人为引入高密度位错时，晶体的生长速度可大幅度提高。

螺旋位错生长方式在过冷度不太大时，其生长速度与（ΔT）^{2} 成正比（抛物线关系）。在过冷度相当大时，其生长速度与连续生长方式相重合（转为线性关系），如图 4-21 所示。图中 1、2、3 三条曲线表示不同的位错台阶密度引起微观“粗糙度”的差别而使生长速度有所不同。位错台阶很密（曲线 1）时，实际生长界面的“粗糙度”已较高，接近于连续生长方式。

（2）二维晶核机制　在大的过冷度下，获得 $(\mathrm{d}n/\mathrm{d}t)_\mathrm{S} \gg (\mathrm{d}n/\mathrm{d}t)_\mathrm{M}$［见式（4-7）及式（4-8）］的动力学条件，跃迁到光滑界面上的原子有可能集体形成图 4-19a 所示的二维晶核，而后晶体借此所形成的台阶进行侧向生长。但其台阶在整个界面铺满后即消失，要进一步生长仍需要有新的二维晶核形成，借以侧向铺满新的一层。如此重复形核和侧向生长的过程，晶体才能得以长大，其生长速度为

$$R=\mu_3\exp\left(\frac{\mu_2}{3\Delta T_\mathrm{k}}\right) \tag{4-26}$$

式中，$\mu_2=\mu_0\dfrac{\pi g B^2 a T_\mathrm{m}^2}{\beta D_\mathrm{L}}$，$\mu_3=\mu_0\left(\dfrac{\Delta H_\mathrm{m}}{k_\mathrm{B} T_\mathrm{m}^2}\right)^{1/6}(\Delta T_\mathrm{k})^{7/6}(2+g^{-1/2})$，其中 B 表达 σ_SL 与 ΔH_m 之间的 Turnbull 经验关系，即 $B=V_\mathrm{m}\sigma_\mathrm{SL}/(a\Delta H_\mathrm{m})$，对于非金属，$B$ 通常约为 0.35。其他参数见前面介绍。

如图 4-22 所示，对于二维晶核生长公式，在 ΔT 不大时其生长速度 R 几乎为零，当达到一定 ΔT 时 R 突然增加很快，其生长曲线 R-ΔT 与连续生长曲线相遇，继续增大 ΔT 时则完全按连续方式进行。这是因为当 ΔT 很大时，二维形核速度很大，在界面上形成许多二维晶核，此时界面结构实际已成为粗糙界面，在这种情况下，生长速度与连续方式一致，其生长方式也即与粗糙面一样。

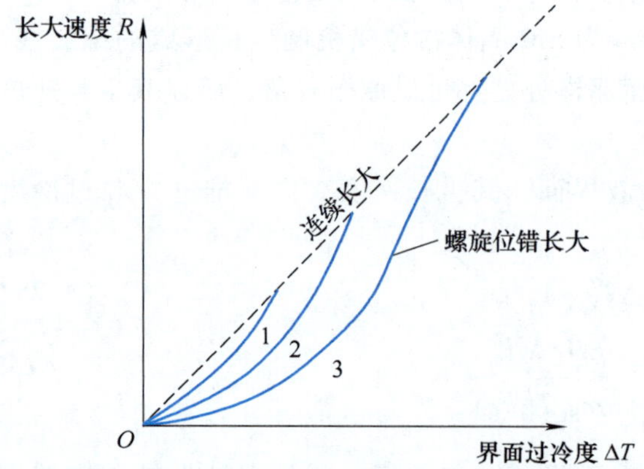

图 4-21　位错生长与连续生长的速度比较

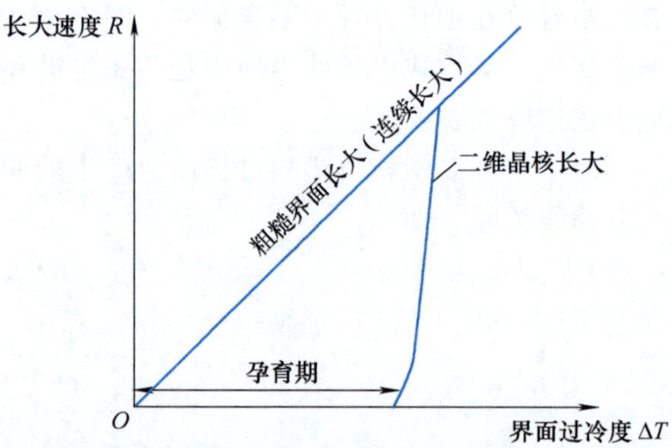

图 4-22　二维生长与连续生长的速度比较

比较图 4-21 和图 4-22 可以看出，在小的过冷度下，具有光滑界面结构的物质，其生长方式易按螺旋位错方式进行，而以二维晶核方式进行生长是不可能的；当过冷度很大时，又易于按连续方式生长，这时二维晶核生长方式也是不可能的。所以，晶体实际生长一般很少按二维晶核机制进行。此外，熔融熵高的物质，其固-液界面为光滑界面，由于其生长方向强烈的各向异性，在较小过冷度下长大的晶体往往为粗大板条状或多角形的特定形态，这些形态会恶化材料的力学性能。为此，人们可以利用快冷方法人为地增大过冷度，使其凝固界面的“扩散度”增大（原子层增多），从而按连续生长方式进行，使晶体获得细小球状或粒状形态，以改善材料的力学性能。

（3）孪晶机制　在图 4-19c 所示的凹角孪晶面交叉处形成沟槽，原子可沉积在沟槽根部孪晶面两侧的晶面上形成台阶，使之侧向铺开，在生长过程中沟槽仍可保持下去，使生长不断地进行。图 4-19d 所示的旋转孪晶形成的台阶也可起到类似的作用。在生产实际及科研实验中，非金属物质的凝固不乏孪晶机制生长的例证。而且发现，晶体按孪晶机制生长时，容易发生方向改变及分支现象。孪晶机制的生长速度至今尚无较为统一的结论，这里不做介绍。

思考与练习

1. 试述等压时物质自由能 G 随温度上升而下降，以及液相自由能 G_L 随温度上升而下降的斜率大于固相 G_S 的斜率的理由。

2. 结合图 4-3 及式（4-6）说明过冷度 ΔT 是影响凝固相变驱动力 ΔG 的决定因素。

3. 若金属固溶体以初生相按树枝晶单向生长，且生长释放的潜热与热量导出相平衡，试分析其枝晶端部可能具有哪些类型的过冷。若金属固溶体以初生相按等轴树枝晶在熔体中生长会怎样？

4. 结合图 4-7 解释临界晶核半径 r^* 和形核功 ΔG^* 的意义。为什么形核要有一定的过冷度？

5. 比较式（4-14）与式（4-18）、式（4-15）与式（4-19），说明为什么异质形核比均质形核容易？影响异质形核的基本因素和其他条件是什么？

6. 如何理解图 4-10a 中的反“C”形曲线？

7. 结合图 4-11 讨论异质形核与均质形核之间形核率的差别。

8. 讨论两类固-液界面结构（粗糙面和光滑面）形成的本质及其判据。

9. 比较铸铁中初生奥氏体及初生石墨生长过程中各向异性的倾向，以及仅在动力学过冷条件下的各自生长方向。

10. 固-液界面结构如何影响晶体生长方式和生长速度？同为光滑固-液界面，螺旋位错生长机制和二维晶核生长机制的生长速度与过冷度的关系有何不同？

第 5 章　单相合金凝固

第 4 章所讨论的液-固相变及其形核与生长的内容多以纯金属为对象，但在金属成形技术及材料凝固研究中，涉及对象大多为合金。对于合金凝固而言，液-固转变的平衡温度不再是固定温度 T_m（除了二元合金的特殊成分点，如共晶点、包晶点的情况仍为固定温度外），而是发生在平衡相图上由液相线及固相线所确定的某一温度区间。合金开始结晶的平衡温度则为对应成分的液相线温度 T_L，且随着凝固的进行由于液相成分的变化，T_L 也在发生改变。另一方面，合金凝固大多为多相组织（除了组元间无限互溶的匀晶合金以及端际固溶体合金以外），这比纯金属的单相组织凝固要复杂。当然，多相合金的凝固通常是从单相固溶体开始的，故单相固溶体凝固的内容对多相合金也十分重要。本章将介绍单相固溶体凝固，共晶以及包晶多相合金的凝固内容将在第 6 章介绍。

5.1　凝固过程中的溶质再分配

合金开始凝固时，由于析出的晶体成分与液相的原始成分不同，在凝固界面前沿发生溶质富集（$K_0<1$）或贫乏（$K_0>1$）。随着温度的下降，界面处液、固两相的平衡成分也随之不断发生改变，从而导致固、液两相在界面处及其内部不同位置形成浓度梯度。在合金凝固过程中，溶质在液、固两相中发生的重新分布现象称为溶质再分配。溶质再分配一方面受扩散性质的制约，另一方面受液相中的对流强弱等多种因素的影响。溶质再分配不仅影响宏观及微观成分的分布及偏析现象，更为重要的是影响晶体生长的形态、微观尺寸、不同相之间的分布特征，还会影响到气孔、夹杂、裂纹、缩松及缩孔等缺陷的形成以及应力状态等多方面，最终影响到合金材料的各种性能及产品的优劣。所以，溶质再分配不仅是本章讨论单相合金凝固过程的出发点，也是后面多相合金凝固以及很多其他内容的基础。

5.1.1　溶质平衡分配系数

1. K_0 的定义及其意义

合金溶质平衡分配系数 K_0 的定义为，在恒压及任一特定凝固温度 T^* 的条件下，平衡的固相溶质浓度 C_S^* 与液相溶质浓度 C_L^* 之比值，即

$$K_0=\left(\frac{C_S^*}{C_L^*}\right)_{T,p} \tag{5-1}$$

将图 5-1a 所示的相图左上角部分（图的上方）进行放大（图的下方），且假定固相线和液相线为直线，则相应的斜率 m_S 及 m_L 均为常数。所定义的 m 应使 $(K_0-1)m$ 的结果为正值，即当 $K_0>1$ 时 m 为正值，当 $K_0<1$ 时 m 为负值。式（5-1）中的参数含义如图 5-1b 和图 5-1c 所示。因 m_L 及 m_S 设为常数，故有

$$K_0=\frac{C_S^*}{C_L^*}=\frac{(T^*-T_0)/m_S}{(T^*-T_0)/m_L}=\frac{m_L}{m_S}=常数 \tag{5-2}$$

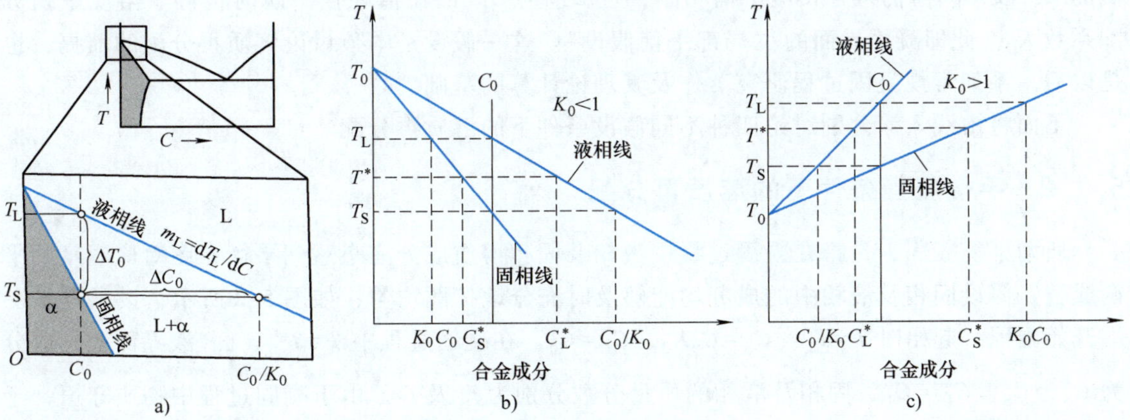

图 5-1 平衡分配系数 K_0

显然，此时 K_0 与温度及浓度无关，故不同温度和浓度下的 K_0 均为定值（可对照图 5-1b改变温度或 C_0 进行分析）。当 $K_0<1$ 时，K_0 越小，C_L^* 与 C_S^* 相差越大，固相线、液相线张开程度越大，开始结晶时与结晶终了时的固相成分差别就越大，实际凝固组织的成分偏析越严重。这一点很容易予以证明：如图 5-1b 所示 $K_0<1$ 的情况，若选合金原始成分为 C_0，实际凝固时固相中溶质原子扩散很困难，开始析出的固相成分为 K_0C_0，凝固结束时的液相成分为 C_0/K_0（将变为固相），于是，最终固相与开始凝固的固相在成分上的比值为$\frac{C_0/K_0}{C_0K_0}=\frac{1}{K_0^2}$，该比值随 K_0 减小而增大。因此，$K_0<1$ 时 K_0 越小，则成分偏析越严重。若 $K_0>1$，则 K_0 越大，成分偏析越严重。总之，K_0 与 1 的差值越大，成分偏析就越严重，故常将 $|1-K_0|$ 称为偏析系数。

两相平衡时，固-液界面两侧的浓度差是由相平衡热力学条件所决定的。实际合金的 K_0 大小受压力、合金类别及成分、微量元素存在的影响。此外，由于实际液相线及固相线大多不是直线，所以在凝固中随温度和成分的改变而有所变化。另外，注意图 5-1a 中成分为 C_0 合金的两个重要系统参数（后面讨论中常用），一个是合金对应 C_0 的液-固相温度间隔 ΔT_0

$$\Delta T_0=(T_L-T_S)=-m_L\Delta C_0 \tag{5-3}$$

另一个是固相温度 T_S 处液相和固相溶质含量的差值 ΔC_0

$$\Delta C_0=\frac{C_0(1-K_0)}{K_0} \tag{5-4}$$

2. 液-固界面局部平衡假设

在实际凝固过程中，溶质原子在固、液两相中的扩散速度有限，在界面两侧两相大范围内的成分不可能达到均匀。因此，随着温度下降，C_S^* 及 C_L^* 也不可能按平衡相图的液相线及固相线变化，故凝固过程的实际溶质分配系数与 K_0 有较大差别。而且，凝固速度随着冷却速率的增大而增大，这种差别也会随之更显著。尽管如此，凝固理论认为，在通常凝固条件下（在冷却速率处于 10^3℃/s 范围内的非“快速凝固”情况），界面处液、固两相的成分始终处于局部平衡状态，也就是说，对于给定合金，无论界面前沿溶质富集的程度如何，两侧的 C_S^* 及 C_L^* 值仍符合相应平衡相图，且 C_S^* 与 C_L^* 的比值在任一瞬时仍等于溶质平衡分配系数 K_0，此即凝固界面的“局部平衡假设”。这一假设是本节讨论溶质再分配的前提，也是以后一系列常规凝固过程研究工作及其理论计算的基础。

下面将由浅入深分别讨论四种不同假设条件下的溶质再分配。

5.1.2 平衡凝固条件下的溶质再分配

所谓平衡凝固，是指在凝固过程中液相及固相溶质成分完全达到平衡相图对应温度的平衡成分。假设固相及液相中的成分均能够及时充分地扩散均匀，如图 5-2 所示，设试样从一端开始凝固，起始时 $T=T_L$，$C_S=C_0K_0$，$C_L=C_0$。在凝固过程中 $T=T^*$，固-液界面上的成分为 $C_S^*=\overline{C}_S$，$C_L^*=\overline{C}_L$，固相及液相的质量分数分别为 f_S 及 f_L，由于凝固过程中物质守恒，于是有 $\overline{C}_S f_S+\overline{C}_L f_L=C_0$（注：$f_S+f_L=1$）

即

$$C_S^* f_S+\frac{C_S^*}{K_0}(1-f_S)=C_0$$

$$C_S^*\left[f_S+\frac{1}{K_0}(1-f_S)\right]=C_0$$

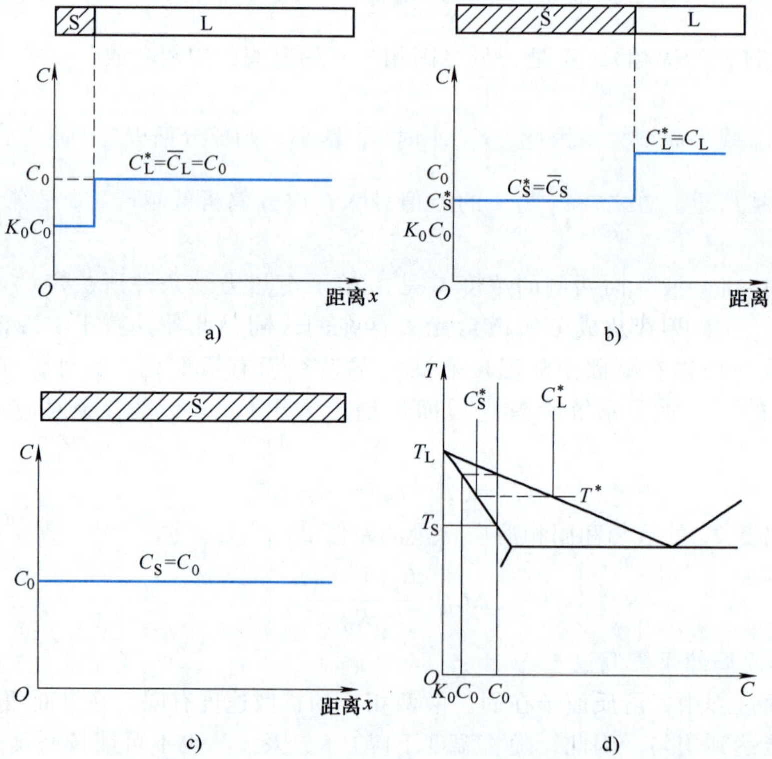

图 5-2 平衡凝固条件下的溶质再分配

a）开始凝固 b）温度 T^* 时的凝固 c）凝固完毕 d）相图

$$C_S^*\left[\frac{f_S K_0+(1-f_S)}{K_0}\right]=C_S^*\ \frac{1-f_S(1-K_0)}{K_0}=C_0$$

因此有

$$C_S^*=\frac{K_0 C_0}{1-(1-K_0)f_S} \tag{5-5}$$

$$C_L^*=\frac{C_0}{1-(1-K_0)f_S} \tag{5-6}$$

凝固终了时 $f_S=1$，固相成分均匀地为 $C_S=C_0$。

平衡凝固只是一种理想状态，在实际凝固中一般不可能完全达到，特别是固相中的原子扩散不足以使固相成分均匀。对于含 C、N 等半径较小的间隙溶质原子的合金，由于这类溶质原子在固、液相中的扩散系数大，在通常凝固条件下，可近似地认为按平衡情况凝固。

5.1.3 固相无扩散而液相充分混合均匀的溶质再分配

假设溶质在固相中没有扩散，而在液相中能充分混合均匀，如图 5-3 所示，设试样从一端开始凝固，起始时 $T=T_L$，$C_S=K_0C_0$，$C_L=C_0$（图 5-3a）。当温度降至 T^* 时，固-液界面上的固相成分 C_S^* 与液相成分 C_L^* 平衡，由于固相中无扩散，成分沿斜线由 K_0C_0 逐渐上升（固相先后凝固的各部分成分不同），而液相因完全混合，平均成分 $\overline{C}_L=C_L^*$（图 5-3b）。在这种情况下

$$(\overline{C}_L-C_S^*)\mathrm{d}f_S=(1-f_S)\mathrm{d}\,\overline{C}_L$$

即

$$\left(\frac{C_S^*}{K_0}-C_S^*\right)\mathrm{d}f_S=(1-f_S)\mathrm{d}\left(\frac{C_S^*}{K_0}\right)$$

于是有

$$\frac{\mathrm{d}f_S}{1-f_S}=\frac{\mathrm{d}C_S^*}{(1-K_0)C_S^*}$$

积分得

$$-\ln(1-f_S)=\frac{1}{(1-K_0)}\ln C_S^*+\ln A$$

$$\ln[A(1-f_S)]=-(1-K_0)^{-1}\ln C_S^*=(K_0-1)^{-1}\ln C_S^*$$

$$\ln C_S^*=\ln[A(1-f_S)^{(K_0-1)}]$$

即

$$C_S^*=A(1-f_S)^{(K_0-1)}$$

$f_S=0$ 时 $C_S^*=K_0C_0$，所以 $A=K_0C_0$，最后可得到

$$C_S^*=K_0C_0(1-f_S)^{(K_0-1)} \tag{5-7}$$

$$C_L^*=C_0 f_L^{(K_0-1)} \tag{5-8}$$

式（5-7）及式（5-8）称为舍尔（Scheil）公式（亦称为“正常偏析方程”）。由此可以看出，随着固相质量分数 f_S 的增加，在凝固过程中 C_S^* 及 C_L^* 均上升。在这种情况下，随着温度下降，对应的固相平均成分 $\overline{C}_S$ 比平衡成分要低，如图 5-3d 中的虚线 1—2 所示。因此，当温度达到平衡的固相线时，势必仍保留一定的液相，甚至达到图示共晶温度 T_E 时仍有液相存在（根据 $\overline{C}_S<C_0$ 利用杠杆原理分析），剩余液相成分可高达 C_E（图 5-3c），这些保留下来的液相在共晶温度下将凝固形成部分共晶组织。因为在实际凝固过程中固相的扩散总

是达不到平衡状态（$K_0<1$ 时低于平衡成分），因而上述分析情况意味着，合金实际凝固组织的相组成总是偏离平衡相图（对比图 5-3d 中的虚线与实线），这在分析合金凝固组织的相组成时是必须注意的。

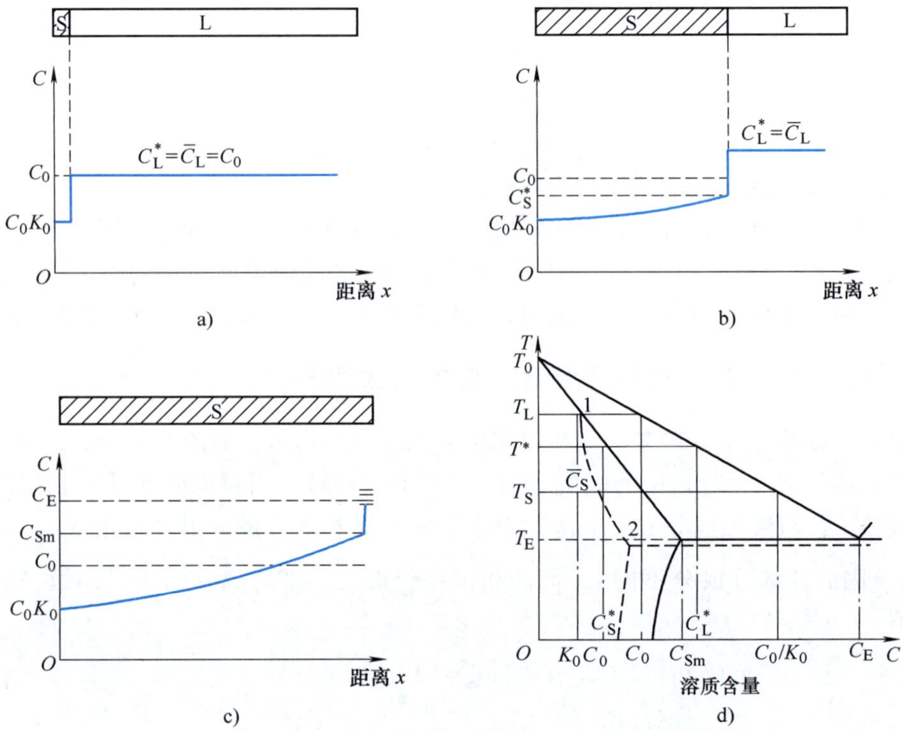

图 5-3　液相充分混合均匀凝固条件下的溶质再分配

a）开始凝固　b）温度 T^* 时的凝固　c）凝固完毕　d）相图

5.1.4　固相中无扩散而液相中只有有限扩散的溶质再分配

假设溶质在固相中没有扩散，而在液相中只有有限扩散（D_L 为液相中的溶质扩散系数），从固相中排出的溶质难以在液相中迅速散开达到均匀，而在固-液界面前沿形成溶质富集边界层。如图 5-4 所示，根据固-液界面前沿液相溶质富集层成分的分布及变化情况，可将凝固过程分为以下三个阶段（图 5-4b）：

（1）最初过渡区　根据图 5-4d 所示，$T=T_L$ 时，析出固相成分为 $C_S^*=K_0C_0$，多余溶质排向液相。由于扩散（无对流）不足以使之完全排向远方，因此在界面前沿溶质出现富集（开始积累）。随着凝固的进行，C_S 逐渐上升，C_L^* 也逐渐上升，由 C_0 直至 $C_L^*=C_0/K_0$，如图 5-5 所示。

（2）稳定状态区　当固相凝固排出的溶质原子等于液相中扩散离开界面的原子数量时，即进入稳定状态。在稳定状态，设离开固-液界面（O'点）伸向液相的距离为 x'，液相各点的成分保持不变，即 $\dfrac{\partial C_L(x')}{\partial t}=0$，而边界层以外的液相将保持原始成分 C_0，即界面前方远处的成分为 $C_L(x')|_{x'=\infty}=C_0$，则界面处的熔体成分为

$$C_L(x')\big|_{x'=0}=C_L^*=\frac{C_0}{K_0},C_S^*=C_L^*K_0=C_0$$

(3) 最后过渡区 到了凝固后期剩下液体的体积有限，界面上溶质原子向液体扩散受到限制，于是界面处及其前方液相的溶质浓度又再升高，C_L^* 不再保持不变，而逐渐变得比 C_0/K_0 要高得多，固相 C_S^* 也随之急剧升高而大大高于 C_0，直至凝固结束。因此往往在最后凝固的区域，由于溶质浓度急剧升高而造成严重的成分偏析。

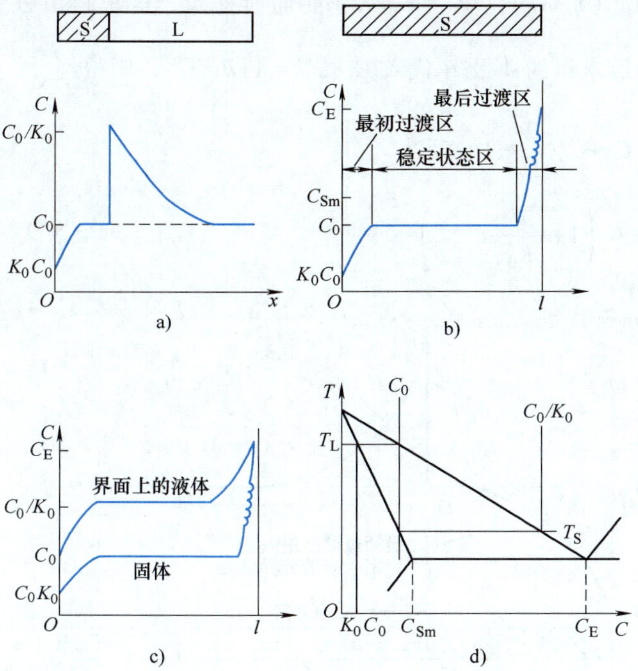

图 5-4 液相只有有限扩散凝固条件下的溶质再分配

a）稳定阶段 b）凝固的三个阶段 c）凝固过程中的固相及液相成分 d）相图

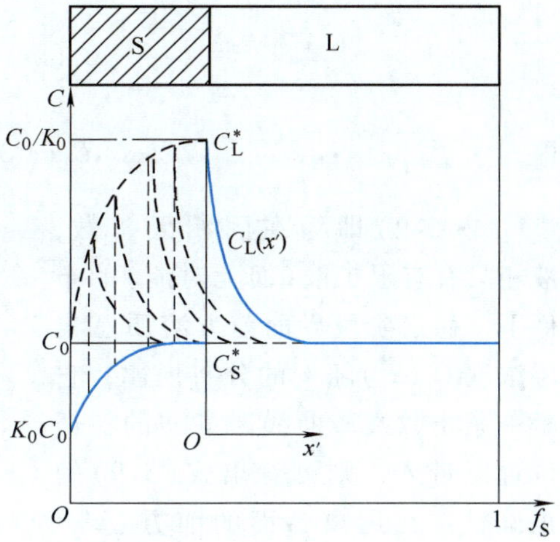

图 5-5 最初过渡区阶段 C_L^* 及 C_S^* 变化示意图

这里主要讨论稳定凝固状态时的溶质再分配情况，首先推导界面前方液相成分的分布关系式。$C_L(x')$ 取决于两方面因素的作用：一方面是由菲克扩散第二定律确定的 $q_1=D_L\dfrac{\partial^2 C_L(x')}{\partial x'^2}$，它是由于溶质扩散所引起 x' 处单位时间内成分的降低；另一方面是固-液界面以凝固速度 R 向前推进所引起 x' 处单位时间内成分的升高 $q_2=R\dfrac{\partial C_L(x')}{\partial x'}$。综合结果为 $\dfrac{\partial C_L(x')}{\partial t}=D_L\dfrac{\partial^2 C_L(x')}{\partial x'^2}+R\dfrac{\partial C_L(x')}{\partial x'}$，因稳定态时 $q_1+q_2=\dfrac{\partial C_L(x')}{\partial t}=0$，即

$$D_L\frac{\partial^2 C_L(x')}{\partial x'^2}+R\frac{\partial C_L(x')}{\partial x'}=0$$

此偏微分方程的特征方程为 $\lambda^2+\dfrac{R}{D_L}\lambda=0$，所以有 $\lambda_1=0$、$\lambda_2=-\dfrac{R}{D_L}$。特征方程的通解为

$$y=C_1e^{\lambda_1 x'}+C_2e^{\lambda_2 x'}$$

所以有 $$C_L(x')=A+Be^{-\frac{R}{D_L}x'}$$

由边界条件 $C_L(x')\big|_{x'=\infty}=C_0$，可得 $A=C_0$。

此外，考虑稳定阶段凝固界面 $x'=0$ 处，因单位时间内单位面积凝固排出的溶质量 $R(C_L^*-C_S^*)$ 与液相中扩散离开界面的溶质量相等，即 $RC_L^*(1-K_0)=-D_L\frac{dC_L(x')}{dx'}\bigg|_{x'=0}$，结合 $C_L(x')=A+Be^{-\frac{R}{D_L}x'}$ 通过数学演绎可求得 $B=C_L^*(1-K_0)$，$C_L^*=C_0/K_0$（前面所提及，这里得以证明），合并则得 $B=C_L^*(1-K_0)=\frac{C_0}{K_0}-C_0$，将所求得的 A 及 B 代入 $C_L(x')=A+Be^{-\frac{R}{D_L}x'}$，则得到

$$C_L(x')=C_0+C_0\left(\frac{1}{K_0}-1\right)e^{-\frac{R}{D_L}x'}$$

即
$$C_L(x')=C_0\left(1+\frac{1-K_0}{K_0}e^{-\frac{R}{D_L}x'}\right) \tag{5-9}$$

式(5-9)即为在固相无扩散、液相只有有限扩散（而无对流）的条件下，稳定阶段界面前方溶质富集层浓度 $C_L(x')$ 随 x' 的分布规律，它是一条指数衰减曲线。将 x' 的特征位置点带入，则可看出式(5-9)的正确性：在远离界面的前方（$x'=\infty$），可求得 $C_L(x')=C_0$；若令 $x'=0$，则可求得界面处液相的平衡成分为 $C_L^*=C_0/K_0$，相应的固相平衡成分 $C_S^*=K_0C_L^*=C_0$。由此可见，在稳定凝固阶段，界面两侧的固相及液相以不变的成分 $C_S^*=C_0$、$C_L^*=C_0/K_0$ 向前推进，一直到最后过渡区为止。稳定生长的结果是固相成分始终为 C_0，这些正是图 5-6 所描述的稳定状态区的情形。

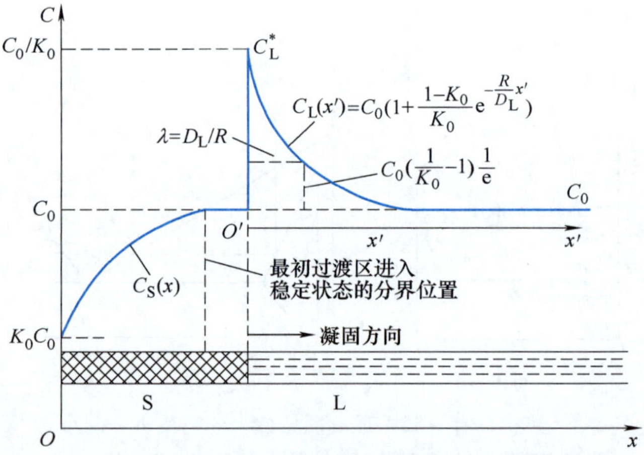

图 5-6 稳定状态时固相及液相的溶质再分配

此外，在界面前方，$[C_L(x')-C_0]$ 为富集层内某点 x' 的液相成分对远离富集层（$x'=\infty$）的液相成分 C_0 的偏差，它表示溶质的富集程度。当 $x'=0$ 时溶质富集程度最大，$[C_L(x')-C_0]=C_0\left(\frac{1}{K_0}-1\right)$，即图 5-1a 及式(5-4)中的 ΔC_0。离开界面时，随着 x' 增大，$C_L(x')$ 以指数规律衰减。当 $x'=\lambda=D_L/R$ 时，$[C_L(x')-C_0]$ 值降到 $C_0\left(\frac{1}{K_0}-1\right)\frac{1}{e}$（图 5-6），即 ΔC_0 的（1/e）。通

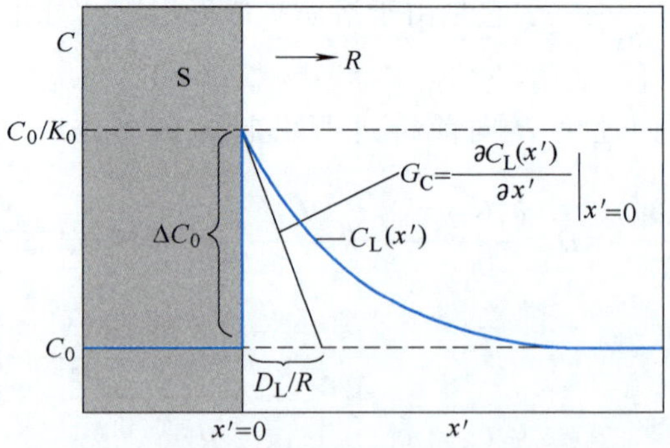

图 5-7 稳定凝固阶段界面前沿的特征距离与溶质分布参数

常将 $\lambda=D_L/R$ 称为溶质富集层的"特征距离"。不难证明[可由式(5-9)求导]，富集层成分 $C_L(x')$ 在 $x'=0$ 处的切线正好在 $x'=D_L/R$ 处与 $C=C_0$ 的水平线相交，如图 5-7 所示，即 $C_L(x')$ 在 $x'=0$ 处切线的斜率 G_C($x'=0$ 处的浓度梯度)为

$$G_C=\left[\frac{\partial C_L(x')}{\partial x'}\right]_{x'=0}=-\frac{\Delta C_0}{D_L/R} \tag{5-10}$$

需要指出的是，最初过渡区的长度也取决于 K_0、R、D_L 的值，K_0 越大、R 越大、D_L 越小，则最初过渡区越短。最后过渡区的长度比最初过渡区的要小得多，它的长度与溶质富集层的特征距离 D_L/R 的数量级相同。由式（5-9）可见，在同样的原始成分 C_0 时，$C_L(x')$-x' 曲线的形状受凝固速度 R、溶质在液相中的扩散系数 D_L 及平衡分配系数 K_0 影响。R 越大、D_L 越小，则在固-液界面前沿溶质富集越严重，曲线越陡峭，如图 5-8 所示。C_0 越大、K_0 越小，则溶质富集越严重，富集层高度（$C_L^*=C_0/K_0$）也就越大。

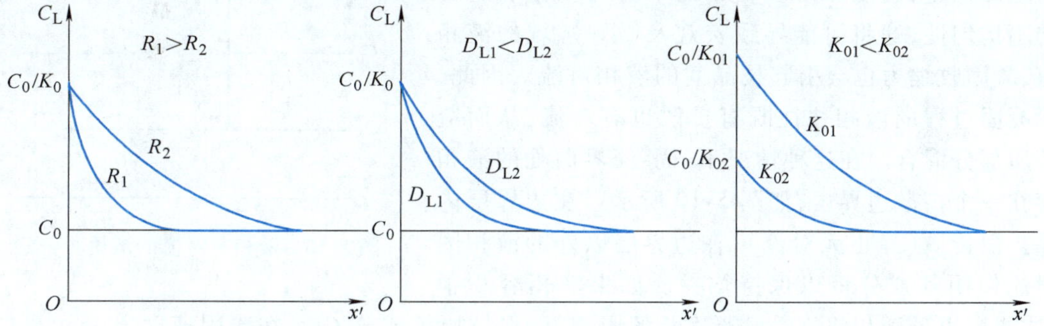

图 5-8　R、D_L、K_0 对稳定生长阶段 $C_L(x')$-x' 曲线的影响

以上讨论的是假设凝固速度 R 保持不变的情况，如果凝固速度 R 发生变化，则液、固相的成分均会发生波动。设 R_1 突变为 R_2，且 $R_2>R_1$，在开始时，由于凝固加快，使进入溶质富集层的溶质流量增加，但此时扩散排出的溶质量$\left[D_L\frac{\partial C_L(x')}{\partial x'}\bigg|_{x'=0}\right]$仍未及时变化，这时界面液相成分 C_L^* 超过原来的 C_0/K_0，原来的稳定态变为不稳定态。随后，由于$\frac{\partial C_L(x')}{\partial t}\neq 0$，且$\left|\frac{\partial C_L(x')}{\partial x'}\right|$上升，又使扩散排出的溶质量$[D_L\frac{\partial C_L(x')}{\partial x'}|_{x'=0}]$增加，结果经过一定时间后，又会使 C_L^* 下降到原来的 C_0/K_0，重新恢复到稳定状态，如图 5-9b 所示。在新、旧稳定状态之间，由于 $C_L^*>C_0/K_0$，所以 $C_S>C_0$。重新恢复到稳定状态时，C_S 又回到 C_0。R_2 增加越多，R_2/R_1 越大，这一不稳定区内 C_S 越高，C_S/C_0 增大；R_2 越大，$\left|\frac{\partial C_L(x')}{\partial x'}\right|$越大，富集层高度 ΔC 越大，过渡区时间（Δt）越长，过渡区间也就越宽。但在新的稳定状态下，虽然溶质富集层高度与原先相同，由于 $R_2>R_1$，$\left|\frac{\partial C_L(x')}{\partial x'}\right|$变大，从而使富集区的面积减小。反之，$R$ 变小时($R_2<R_1$)，在不稳定区内，固相溶质量将减少，只有重新恢复到稳定状态时，C_S 又上升到 C_0，如图 5-9a 所示。

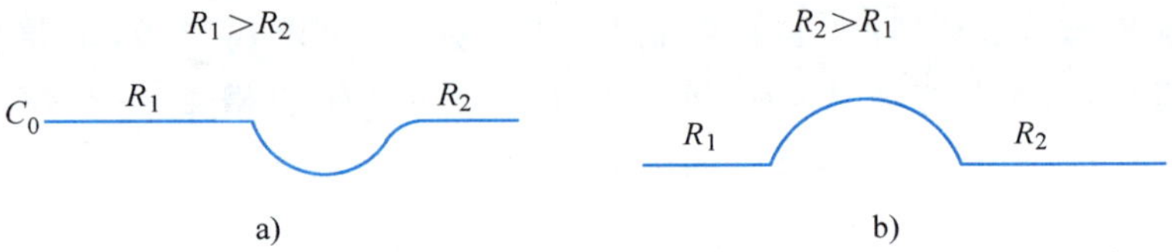

图 5-9 凝固速度 R 发生变化时固相成分的改变

5.1.5 液相中部分混合(有对流作用)的溶质再分配

前面已经提到,在实际凝固中不存在完全按平衡方式进行的凝固。溶质在液相完全均匀混合的情况也很难达到,除非人为地以某种方式(通常为机械或电磁力)进行强烈搅拌。另一方面,实际凝固过程中的液相一般也不会只有扩散。液态金属在充型过程中产生的液相对流不会在充型结束后立即停止,温度和溶质分布的不均匀性会引起密度的不均匀性,这将可能导致宏观及微观区域的液相对流,凝固收缩力也会引起枝晶间的液相对流。因此,实际凝固过程的液相往往既有扩散也有对流,从而造成溶质部分混合。在这种情况下,固-液界面处的液相中存在一个扩散边界层,如图 5-10 所示。在边界层内只靠扩散传质(静止无对流),在边界层以外的液相因有对流作用其成分得以保持均一。如果液相容积很大,边界层以外液相将不受已凝固相的影响,而保持原始成分 C_0。在凝固速度 R 及边界层宽度 δ_N 一定的情况下,固相成分 C_S^* 也将保持不变,只是这时的 C_S^* 值不是 C_0 而是小于 C_0(因为与液相只有扩散的条件相比可知,液相有对流时 $C_L^* < C_0/K_0$)。达到稳定态时在 $x'=0$ 处,

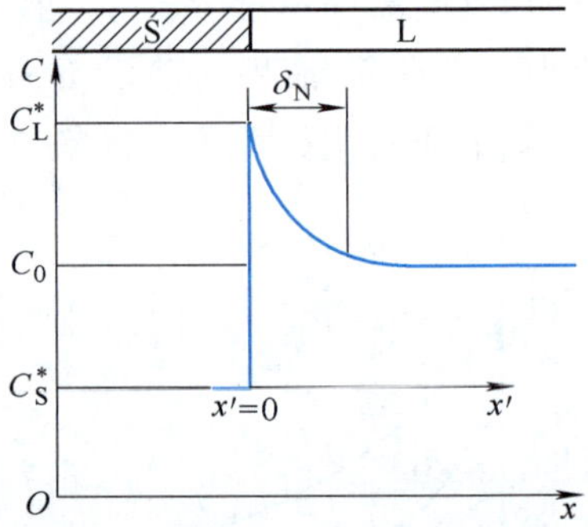

图 5-10 液相有对流的溶质再分配

$C_L(x') = C_L^* \neq \dfrac{C_0}{K_0}, C_L^* < \dfrac{C_0}{K_0}$。稳态时 $\dfrac{\partial C_L(x')}{\partial t}=0$,故类似于液相只有有限扩散的情况

$$\frac{\partial C_L(x')}{\partial t} = D_L\frac{\partial^2 C_L(x')}{\partial x'^2} + R\frac{\partial C_L(x')}{\partial x'} = 0$$

其边界条件为: $x'=0$ 时, $C_L(x') = C_L^*$; $x' \geqslant \delta_N$ 时, $C_L(x') = C_0$。解此微分方程得(液相充分大的情况)

$$\frac{C_L(x') - C_0}{C_L^* - C_0} = 1 - \frac{1 - e^{-\frac{R}{D_L}x'}}{1 - e^{-\frac{R}{D_L}\delta_N}} \tag{5-11a}$$

式中, $C_L(x')$ 为边界层宽度 δ_N 内任意一点 x' 的液相成分。如果液相不是充分大, 则 δ_N 以外的 $C_L(x')$ 将不再固定于 C_0 不变, 而是逐渐提高的。设其平均成分为 $\overline{C}_L$, 以 $\overline{C}_L$ 代替 C_0, 则式(5-11a)可改为

$$\frac{C_L(x') - \overline{C}_L}{C_L^* - \overline{C}_L} = 1 - \frac{1 - e^{-\frac{R}{D_L}x'}}{1 - e^{-\frac{R}{D_L}\delta_N}} \tag{5-11b}$$

式(5-11b)也适应液相只有扩散的情况, 以及液相完全混合的情况。例如, 在液相只有有限扩散的情况下, $\delta_N = \infty$, $\overline{C}_L = C_0$, $C_L^* = \dfrac{C_0}{K_0}$, 代入式(5-11b)得

$$C_L(x')-C_0=C_0\left(\frac{1}{K_0}-1\right)e^{-\frac{R}{D_L}x'}$$

即式(5-9)的形式

$$C_L(x')=C_0\left(1+\frac{1-K_0}{K_0}e^{-\frac{R}{D_L}x'}\right)$$

下面考虑液相部分混合稳态时的 C_L^* 及 C_S^* 值。因在稳定态凝固时排出的溶质量等于扩散走的溶质量，所以有 $R(C_L^*-C_S^*)=-D_L\left[\frac{\partial C_L(x')}{\partial x'}\right]_{x'=0}$，而对式（5-11a）求导得

$$D_L\left[\frac{\partial C_L(x')}{\partial x'}\right]_{x'=0}=-R\frac{C_L^*-C_0}{1-e^{\frac{-R\delta_N}{D_L}}}$$

联立解得

$$C_L^*=\frac{C_0}{K_0+(1-K_0)e^{-\frac{R}{D_L}\delta_N}} \tag{5-12a}$$

或

$$\frac{C_S^*}{C_0}=\frac{K_0}{K_0+(1-K_0)e^{-\frac{R}{D_L}\delta_N}} \tag{5-12b}$$

可见，当达到稳定状态时，由于 C_L^* 表达式（5-12a）右端的分母必然大于平衡分配系数 K_0，所以其 C_L^* 值必然小于 C_0/K_0，即在稳定状态时，其 C_L^* 值小于液相只有有限扩散的 C_L^*；又因为 $C_S^*=K_0C_L^*$，所以 C_S^* 也小于 C_0（液相只有有限扩散稳定状态的 C_S^* 为 C_0）。此外，由式（5-12b）可见：特定合金的 C_0、K_0、D_L 为定值，在液相部分混合的定向凝固中，当液相容积很大时，达到稳定态时的固相成分 C_S^* 仅取决于 R 与 δ_N，而 δ_N 取决于液相混合程度。R 越大，C_S^* 越趋近于 C_0；R 越小，C_S^* 越低，并远离 C_0。δ_N 越小，C_S^* 越低，即搅拌越强、对流越强时，固相稳定态成分越低（虽然是均一的）。δ_N 越大，C_S^* 越高，在对流及搅拌非常微弱时，$\delta_N=\infty$，此时，$C_S^*=C_0$，相当于液相只有有限扩散的情况。所以，式（5-12）具有普遍意义。

如果把有效分配系数 $K_E=\frac{C_S^*}{C_0}$代入式（5-12b），则有

$$K_E=\frac{C_S^*}{C_0}=\frac{K_0}{K_0+(1-K_0)e^{-\frac{R}{D_L}\delta_N}} \tag{5-13a}$$

式(5-13a)表达了有效分配系数 K_E 和平衡分配系数 K_0 之间的关系。在有限长度的情况下，液相容积不是充分大，则扩散层以外的液相不能保持为 C_0 不变，而是随固相分数增加逐渐高于 $C_0(\overline{C}_L>C_0)$。这时，只要 δ_N、K_0 及 R 不变，则 K_E 不变，从而固相成分 C_S^* 也会升高，但 $C_S^*/\overline{C}_L=K_E$ 的比值是不变的(虽然两者的值均在上升)，这种情况称为动态平衡或动态稳定态。

当在稳定态(包括动态稳定态)时以 K_E 代替 K_0，由式(5-7)及式(5-8)即可得出任何情况下的 Scheil 公式(修正的正常偏析方程)

$$\left\{\begin{aligned}C_S^*&=K_EC_0(1-f_S)^{(K_E-1)}\\ \overline{C}_L&=C_0f_L^{(K_E-1)}\end{aligned}\right\} \tag{5-13b}$$

必须指出，修正的正常偏析方程只适用于单相生长的稳定区，它不包括最初过渡区，也不包括最终过渡区，此外，它只适用于固-液界面为平面的情况。式（5-13b）中的$\overline{C}_L$为液相整体平均成分，$\overline{C}_L=C_S^*/K_E$。式（5-13a）可适用于以下不同情况：

（1）$K_E=K_0$（K_E最小）　发生在$\frac{R\delta_N}{D_L}\ll1$时［见式（5-13a）］，即慢生长速度和最大的搅动或对流，这时δ_N很小，相当于前面讨论的液相充分混合均匀的情况。

（2）$K_E=1$（K_E最大）　发生在$\frac{R\delta_N}{D_L}\gg1$时，即快生长速度凝固或没有任何对流、$\delta_N$很大的情况，这相当于液相只有有限扩散的情况。

（3）$K_0<K_E<1$　相当于液相部分混合（对流）的情况，实际工程中常在这一范围。

5.2　合金凝固界面前沿的成分过冷

金属凝固界面前沿的过冷条件关系到凝固界面的宏观形态，过冷度达到一定程度甚至会引起“内生生长”（将在后面讨论）。凝固过程的溶质再分配引起固-液界面前沿的溶质富集，导致界面前沿熔体液相线温度的改变而可能产生所谓的成分过冷。本节主要介绍成分过冷的形成条件、判据、影响因素及规律。

5.2.1　成分过冷的形成及其条件

这里以图5-11所示的液相只有有限扩散情况为例，来说明成分过冷形成的情形及其一般条件。设$K_0<1$，且液相线及固相线均为直线，如图5-11b所示。在界面前沿形成一个溶质富集层，如图5-11a所示，其液相成分$C_L(x')$按式（5-9）分布，界面上的液相成分为$C_L^*=C_0/K_0$，对应界面的固相成分为$C_S^*=C_0$，富集层以外的液相成分$C_L(x')$也为C_0。图5-11c中的T_i为相图上与固相成分为C_0、液相成分为C_0/K_0相对应的固-液界面温度（未考虑ΔT_k）；对应于图5-11a的$C_L(x')$，图5-11c中不同x'处液体的液相线温度为$T_L(x')$。在离开界面处，由于液相浓度$C_L(x')$随距离x'按指数规律逐渐降低，

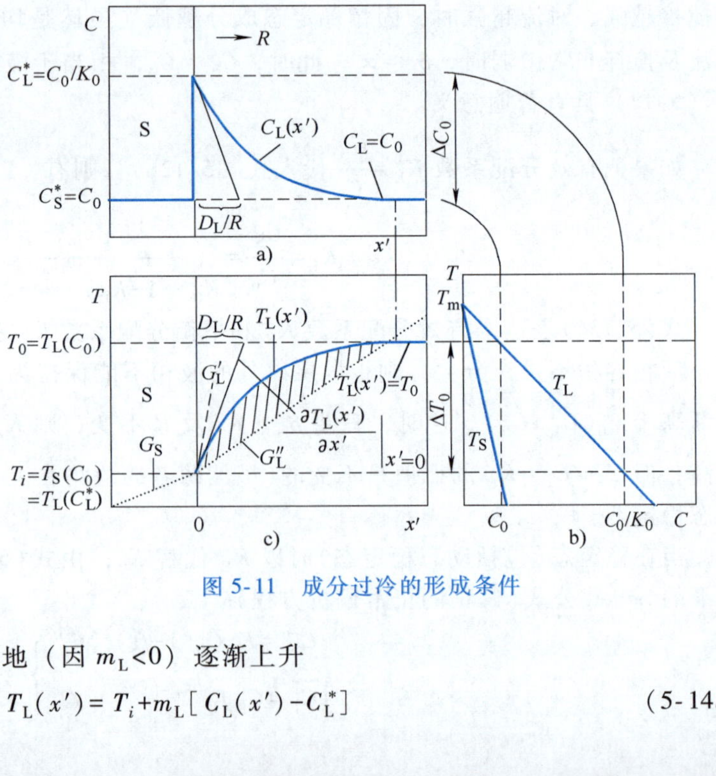

图5-11　成分过冷的形成条件

则相应液相线温度$T_L(x')$相反地（因$m_L<0$）逐渐上升

$$T_L(x')=T_i+m_L[C_L(x')-C_L^*] \tag{5-14a}$$

将式（5-9）代入整理得
$$T_L(x')=T_i-\frac{m_L C_0(1-K_0)}{K_0}(1-e^{-\frac{R}{D_L}x'})\tag{5-14b}$$

可见，$T_L(x')$ 在 $x'=0$ 处为 T_i，而后 $T_L(x')$ 随距离 x'按指数规律逐渐上升，直至液相成分下降至 $C_L(x')=C_0$ 时，所对应合金液的液相线温度 $T_L(x')$ 为 T_0（图 5-11b 及图 5-11 c）。

因此，当界面前沿液相实际温度场的梯度 G_L 等于或大于（图 5-11c 中的 G'_L）界面处液相线 $T_L(x')$ 的斜率时，界面前沿不出现成分过冷；而当 G_L（图 5-11c 中 G''_L）小于液相线的斜率 $\left.\frac{\partial T_L(x')}{\partial x'}\right|_{x'=0}$ 时，界面前温度场在某一区域的实际温度必然低于液相线温度 $T_L(x')$（图 5-11c），即满足下式时则出现成分过冷

$$G_L<\left.\frac{\partial T_L(x')}{\partial x'}\right|_{x'=0}\tag{5-15a}$$

或将式(5-14a)求偏导改写为
$$G_L<m_L\left(\frac{\partial C_L(x')}{\partial x'}\right)_{x'=0}=m_L G_C\tag{5-15b}$$

虽然图 5-11 所示为液相只有有限扩散的例子，但式（5-15）则为成分过冷形成的一般条件。

由于晶体生长速度随过冷度的增大而提高，后面将会看到，一旦凝固界面前沿出现成分过冷，原来平整的液-固界面即变得不稳定，或者说，界面的平整形态受到扰动。

严格地说，固-液界面的实际温度 T_i（图 5-11）比图示中 C_0/K_0 所对应的平衡液相线温度要低，其差值为 ΔT_k——结晶所需的动力学过冷度（见 4.2.2）。但由于 ΔT_k 在界面上处处相等，所以在考虑成分过冷问题中合理地忽略了 ΔT_k。根据成分过冷的产生条件 $G_L<\left.\frac{\partial T_L(x')}{\partial x'}\right|_{x'=0}$（$=m_L G_C$），$\Delta T_k$ 的忽略并不影响下面成分过冷判据的推导。

上面以 $K_0<1$ 的合金为例导出了成分过冷概念及产生条件，对于 $K_0>1$ 的合金，溶质再分配则会导致界面前沿产生一个溶质贫乏的边界层。边界层中的溶质浓度是随着 x'的增大而增加的。但由于这类合金的液相线温度也随着溶质浓度的增大而增加，故在溶质贫乏边界层内，熔体的液相线温度的分布形式与 $K_0<1$ 的合金的情况是完全相同的，其形成成分过冷的过程也完全相同。因此，有关成分过冷的所有结论同样也适用于 $K_0>1$ 的合金。

5.2.2　成分过冷形成的判据

1. 液相只有有限扩散条件下的成分过冷判据

在液相只有有限扩散条件下的稳态过程（注意，$K_0<1$ 时 $m_L<0$）中，将式（5-10）代入式（5-15b）中，得 $G_L<-m_L\frac{\Delta C_0}{D_L/R}$。而 $\Delta C_0(=C_0/K_0-C_0)=\frac{C_0(1-K_0)}{K_0}$，则有

$$\frac{G_L}{R}<-\frac{m_L C_0(1-K_0)}{D_L\quad K_0}\tag{5-16a}$$

式(5-16a)即为液相只有有限扩散条件下的溶质再分配条件下出现成分过冷的判别式。注意，有些教科书中成分过冷判别式的右端缺少式(5-16a)中的负号，这是因为这些教科书以

m_L 的绝对值来考虑，两者其实是一致的。根据图 5-11 所示几何关系：$\left.\dfrac{\partial T_L(x')}{\partial x'}\right|_{x'=0}=\dfrac{\Delta T_0}{D_L/R}$，判别式（5-16a）也可以表达为

$$\frac{G_L}{R}<\frac{T_0-T_i}{D_L} \tag{5-16b}$$

式（5-16）的两种形式也可根据 $G_L<\left.\dfrac{\partial T_L(x')}{\partial x'}\right|_{x'=0}$ 对式(5-14b)求导整理获得，读者可自行予以证明。

2. 液相部分混合（有对流）**条件下的成分过冷判据**

当 $G_L<m_L G_C=m_L\left.\dfrac{\partial C_L(x')}{\partial x'}\right|_{x'=0}$ 时出现成分过冷，将式（5-11b）微分得

$$\left.\frac{\partial C_L(x')}{\partial x'}\right|_{x'=0}=-\frac{R}{D_L}\frac{C_L^*-\overline{C}_L}{1-e^{-\frac{R}{D_L}\delta_N}}$$

而 $C_L^*=\dfrac{\overline{C}_L}{K_0+(1-K_0)e^{-\frac{R}{D_L}\delta_N}}$，代入上式整理后由 $G_L<m_L G_C=m_L\left.\dfrac{\partial C_L(x')}{\partial x'}\right|_{x'=0}$ 可得

$$\frac{G_L}{R}<-\frac{m_L\overline{C}_L}{D_L}\frac{1}{\dfrac{K_0}{1-K_0}+e^{-\frac{R}{D_L}\delta_N}} \tag{5-17}$$

式（5-17）为液相部分混合情况下出现的成分过冷判别式，此为成分过冷判别的通式。例如，在液相只有有限扩散时，$\delta_N=\infty$，$\overline{C}_L=C_0$，代入式（5-17）后则得式（5-16a）。可见，式（5-16a）只是式（5-17）的一个特解。不难看出，在下列条件下易于形成成分过冷：①液相中的温度梯度 G_L 小；②晶体生长速度快（R 大）；③液相线的斜率 m_L 绝对值大；④合金原始成分浓度 C_0 高；⑤液相中的溶质扩散系数 D_L 低；⑥$K_0<1$ 时 K_0 小，$K_0>1$ 时 K_0 大，或偏析系数 $|1-K_0|$ 大。对于这些因素影响成分过冷的原因，读者应从成分过冷形成的物理图像上加以分析与理解。

5.2.3　成分过冷的程度

后面将会看到，成分过冷的过冷度大小对于液-固界面前沿的凝固方式有很大影响。为此，需掌握成分过冷度的计算，以及影响它的因素。这里以液相只有扩散的情况为例进行推导。由式（5-14b）可知，界面前沿的实际温度场温度分布为 $T(x')=T_i+G_L x'$，由图 5-11c 可以看出，界面前沿过冷度大小随 x'的函数为 $\Delta T(x')=T_L(x')-T(x')$，即

$$\Delta T(x')=-\frac{m_L C_0(1-K_0)}{K_0}\left(1-e^{-\frac{Rx'}{D_L}}\right)-G_L x'$$

对 $\Delta T(x')$求导，求最大过冷度，即求导$\dfrac{d\Delta T(x')}{dx'}=0$，最大过冷度对应的 x'为

$$x'_{\mathrm{m}}=\frac{D_{\mathrm{L}}}{R}\ln\frac{-Rm_{\mathrm{L}}C_0(1-K_0)}{G_{\mathrm{L}}D_{\mathrm{L}}K_0}$$

代入 ΔT 式得

$$\Delta T_{\max}=-\frac{m_{\mathrm{L}}C_0(1-K_0)}{K_0}-\frac{G_{\mathrm{L}}D_{\mathrm{L}}}{R}\left[1+\ln\frac{-Rm_{\mathrm{L}}C_0(1-K_0)}{G_{\mathrm{L}}D_{\mathrm{L}}K_0}\right] \tag{5-18}$$

式（5-18）运用于液相只有扩散情况（见推导过程）成分过冷的最大过冷度。出现成分过冷的区域宽度为 ΔX，可设 $\Delta T=0$，按 $\Delta T\sim x'$ 的函数关系求得

$$\Delta X=\frac{2D_{\mathrm{L}}}{R}+\frac{2K_0G_{\mathrm{L}}D_{\mathrm{L}}^2}{m_{\mathrm{L}}C_0(1-K_0)R^2} \tag{5-19}$$

成分过冷的最大过冷度 $\Delta T_{\max}$ 及成分过冷的区域宽度 ΔX 是描述成分过冷程度的两个指标，它们对凝固方式及晶体形态具有重要影响。

5.3　成分过冷对合金单相固溶体结晶形态的影响

合金单相固溶体的凝固情况不仅适合于完全互溶的单相合金，以及部分互溶的端际固溶体合金，也适合于具有共晶及包晶反应合金的先期固溶体的凝固。合金的结晶长大的形态主要与传热及传质有关，而纯金属则仅与热流有关（无溶质传输）。为了更好地理解成分过冷对金属或合金单相固溶体凝固的影响，首先需了解“热过冷”对纯物质液-固界面形态的影响。

5.3.1　热过冷对纯物质液-固界面形态的影响

当纯物质凝固界面的液相一侧为正温度梯度$\left(G_{\mathrm{L}}=\dfrac{\mathrm{d}T}{\mathrm{d}x}>0\right)$时（图 5-12），界面通常为平直形态，且为等温面（动力学结晶温度）。此时，界面温度 T_i 低于平衡熔点 T_{m} 的实际过冷度仅为动力学过冷度 ΔT_{k}，这种过冷正好提供晶体生长而使界面向前推进所必需的动力学驱动力。在此情况下，界面上任何干扰因素所引起晶体的局部不稳定形态，当凸起部位凸出至实际过冷度低于 ΔT_{k} 的区域，因生长困难很快被其周围正常生长的晶体赶上，甚至因曲率引起熔点下降而发生局部重熔，所以重新恢复为宏观上的平面界面（图 5-13）。

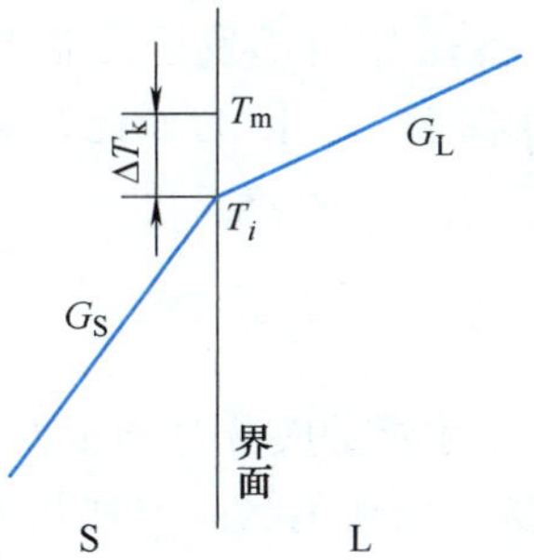

图 5-12　纯物质液相正温度梯度

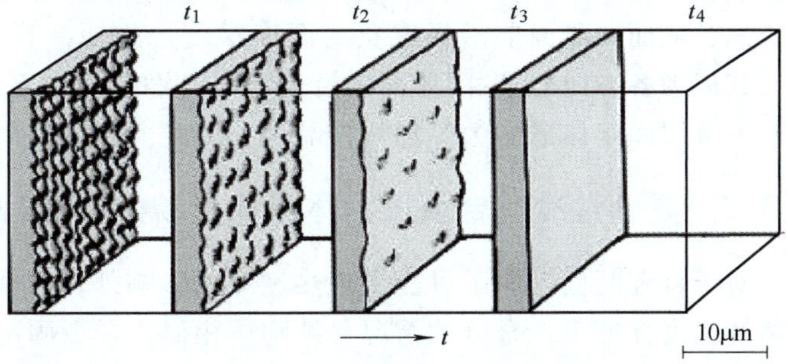

图 5-13　纯物质在正温度梯度下维持平面生长

若在界面液相一侧形成负温度梯度（$G_L=\frac{dT_L}{dx}<0$），如图 5-14 所示，在纯金属界面前方获得大于 ΔT_k 的过冷度，熔体则出现热过冷。此时，凝固界面形成的不稳定形态将会发展。因为任何干扰因素所形成的界面畸变，其局部凸出部分将会深入到比动力学结晶温度更低的温度区域而获得更大的生长驱动力，凸出的晶体将不会重熔，并会进一步发展长大，成为胞状晶组织，如图 5-15a 所示。此外，如果突出的晶体侧向也不稳定，从而长出侧向分枝，则界面畸变将进一步发展而以柱状树枝晶方式进行凝固，图 5-15b 所示为高纯度体心立方琥珀腈（SCN）及面心立方三甲基酸酐（PVA）生长中的实际形貌。

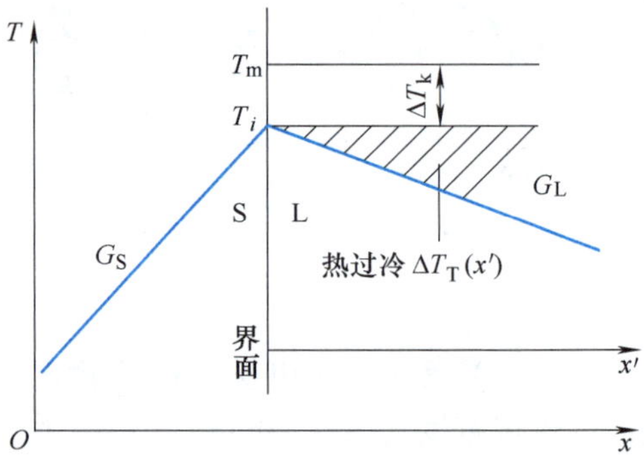

图 5-14　纯物质液相负温度梯度

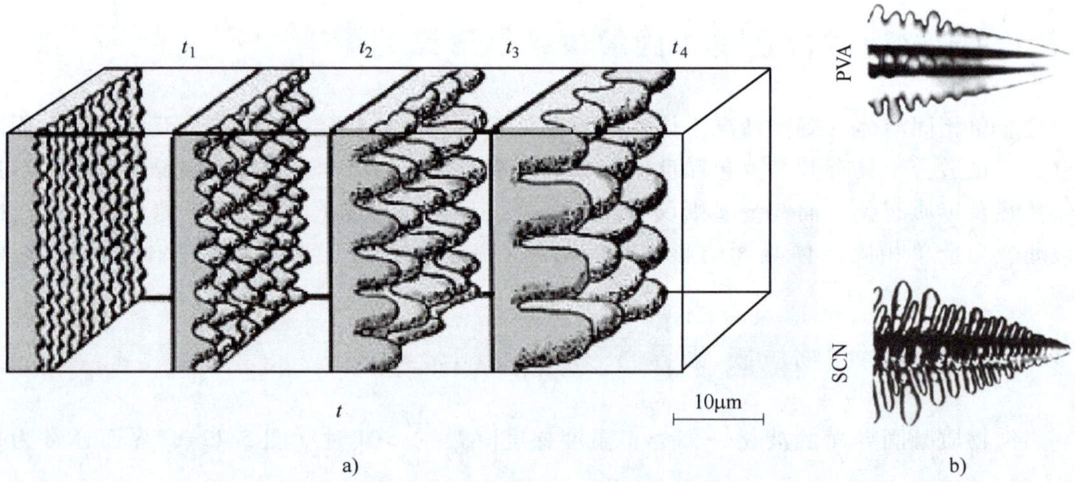

图 5-15　纯物质在负温度梯度下凝固界面变得不稳定

a）胞状晶发展（示意图）　b）侧向分枝（实际树枝晶形貌）

出现负温度梯度有不同的情况。在上述界面单向推进的情况下，由于液相本来在内部因形核困难等原因具有较大的热过冷度，在界面向前推移时放出结晶潜热，使界面处的液相温度升高，从而在界面前沿形成负的温度梯度。此外，等轴晶在过冷熔体内部发生形核与生长，其周围各方向的液-固界面前沿也因结晶潜热而出现负的温度梯度。正因为如此，熔体内部的金属固溶体通常为等轴树枝晶生长方式。

5.3.2　成分过冷对合金固溶体晶体形貌的影响规律

对于合金凝固，除了可能出现热过冷的影响外，很多情况下还可能受成分过冷的影响。在负的温度梯度下，合金的情况与纯物质相似，合金固溶体结晶易于出现胞状晶或柱状树枝晶形貌。但即使液相一侧不出现负的温度梯度，由于溶质再分配引起界面前沿的溶质富集，也会导致平衡结晶温度的变化。在正的温度梯度情况下，若 $\frac{G_L}{R}<-\frac{m_L C_0(1-K_0)}{D_L K_0}$，则界面前沿会出现成分过冷。随着成分过冷程度的增大，固溶体生长方式由无成分过冷时的“平面晶”依次发展为胞状晶→柱状树枝晶→内部等轴树枝晶（自由树枝晶）等各种不同的生长方式。

图5-16a表示不同的成分过冷情况；图5-16b表示无成分过冷 $\left(G_L=G_1>\left.\frac{\partial T_L(x')}{\partial x'}\right|_{x'=0}=m_L G_C\right)$ 的情况，因干扰因素引起的微小凸缘会立即消失，因此维持平面生长；图5-16c表示窄成分过冷区间的情况（G_2 稍小于 $m_L G_C$），发展为胞状晶的生长；图5-16d表示成分过冷区间较宽（G_3），发展为柱状树枝晶；图5-16e表示 $G_4 \ll m_L G_C$，一旦成分过冷在远离界面处大于异质形核所需的过冷度（$\Delta T_{异}$），就会在前方内部熔体中产生新的晶核，造成“内生生长”，自由树枝晶在固-液界面前方的熔体中出现。上述胞状晶及树枝晶自型壁沿与热流相反方向生长的晶体生长方式均称为柱状生长，这类胞状晶及柱状树状晶称为柱状晶。

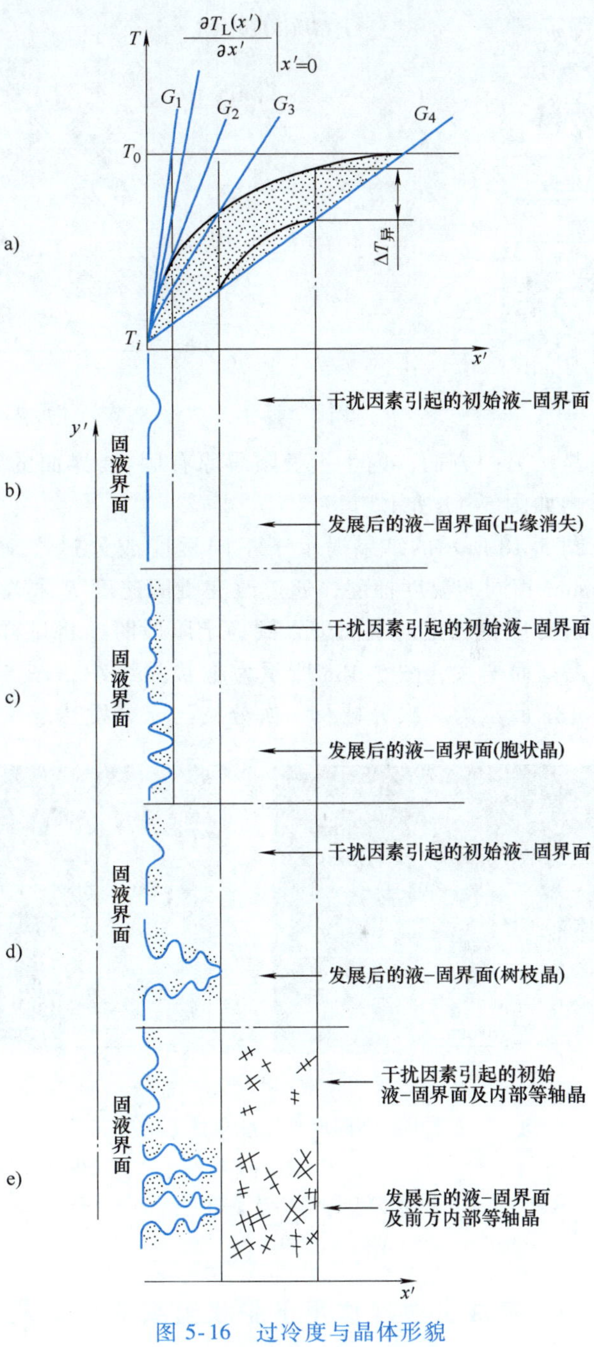

图5-16　过冷度与晶体形貌

a）不同过冷度情况　b）平面生长

c）胞状生长　d）树枝状生长　e）内生生长

由成分过冷的判别式可知，单相固溶体的生长方式受两方面因素控制，即工艺因素（R、G_L）和合金的性质（C_0、m_L、K_0、D_L）。C_0、R 和 m_L 的绝对值越小，D_L 与 G_L 越大，K_0 越小（$K_0<1$），则界面越趋于平面生长，其中 C_0、R、G_L 为影响成分过冷程度的三个主要因素。C_0 一定时，G_L/R 随 G_L 的减小或 R 的增大而降低（图5-16a），成分过冷程度增加，而且最大成分过冷 ΔT_{max} 在远离固-液界面处，而界面处过冷度最小。一方面，一旦界面上某一位置形成晶体突出，则处于更大的过冷度条件下，极易快速向前长大，并容易沿晶体侧向发展成为

柱状树枝晶生长

胞状晶生长

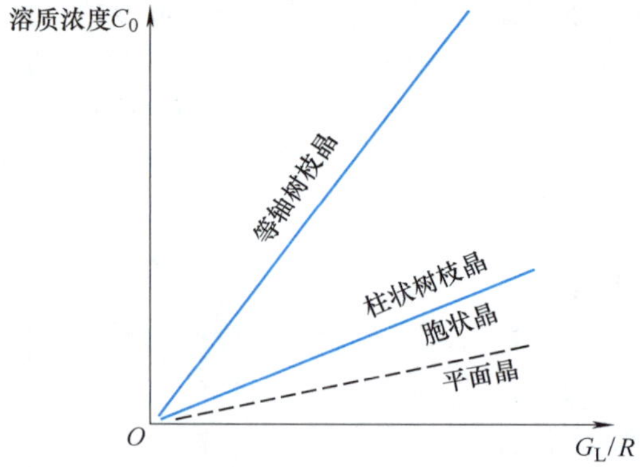

图 5-17　C_0、R、G_L 对晶体形貌的综合影响示意图

树枝晶；另一方面，内生生长阻碍原有固-液界面的整体推进。C_0、R、G_L 对晶体形貌的综合影响如图 5-17 所示。

图 5-18 所示的结果揭示了不同程度成分过冷对定向凝固组织的影响。该研究以 G_L = 5℃/mm 相同的温度梯度，通过改变凝固速度 R 来改变镍基超合金 CMSX4 液-固界面前沿的成分过冷度，当定向凝固进入到稳定阶段时，将试样快速液淬。结果表明，成分过冷程度随 R 的提高而增大，图 5-18a 所示为胞状晶组织，图 5-18b 所示为已具有二次分枝的树枝晶，图 5-18c 所示为二次分枝及三次分枝已充分发达。

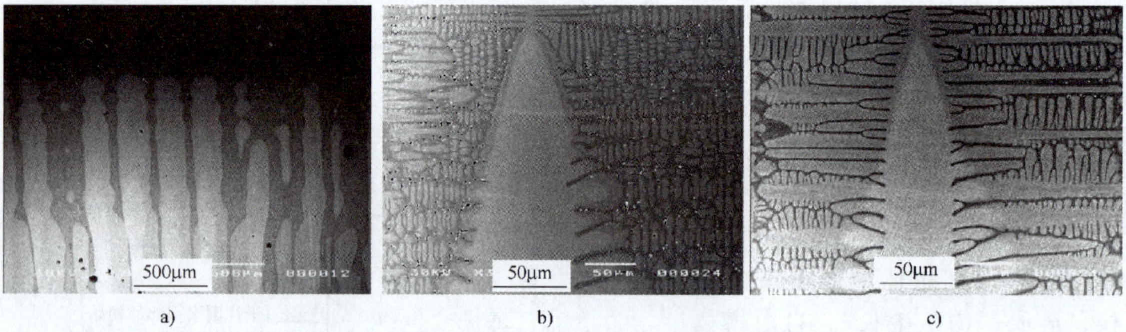

图 5-18　R 变化引起不同成分过冷条件下的镍基超合金 CMSX4 定向凝固组织形貌（G_L = 5℃/mm）

a）R = 5mm/h　b）R = 50mm/h　c）R = 180mm/h

（注：高温镍基超合金 CMSX4 的成分为：w_{Ni}61.7%，w_{Co} = 9.0%，w_{Ta} = 6.5%，w_{Cr} = 6.5%，w_W = 6.0%，w_{Al} = 5.6%，w_{Re} = 3.0%，w_{Ti} = 1.0%，w_{Mo} = 0.6%）

5.3.3　窄成分过冷作用下胞状组织的形成及其形貌

成分过冷一旦使晶体生长的平面界面破坏，在宏观组织上就会出现胞状晶，如图 5-19a 所示。在干扰的作用下界面上首先产生微小凸起，如前方有成分过冷存在，凸起部位即向前方长大，同时侧向也在生长。K_0<1 时，相邻凸起间沟槽内的溶质增加比凸起端部更为迅速，而沟槽内溶质扩散到前方熔体的速度比端部的小，于是沟槽内溶质富集，进而使熔点降低，抑制着凸起的横向生长速度并形成一些由降低固溶体熔点的溶质汇集区所构成的网络状沟槽。而凸起前端的生长则由于受成分过冷区宽度较窄的限制，不能自由地向熔体前方伸展。当由于溶质的富集使界面各处的液相成分达到相应温度下的平衡浓度时（严格地说，相应

温度比液相成分所确定的平衡温度低 ΔT_k 时)，界面形态趋于稳定。发展良好的规则胞状界面通常具有如图 5-19b 所示的正六边形槽沟结构。

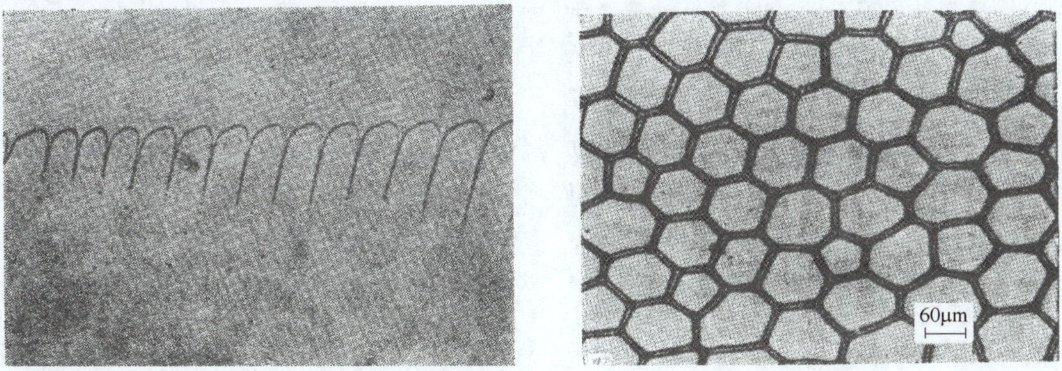

a) b)

图 5-19 胞状晶组织形态

a) 四溴化碳胞状晶的纵截面 b) 规则胞状晶的横截面

由平面形态到规则的胞状界面之间，随着成分过冷的不同，界面形态呈现出若干过渡形式，如图 5-20 所示。当成分过冷刚形成时，界面首先变得凹凸不平而出现若干溶质富集的“痘点”（图 5-20a）；随着成分过冷增大，洼坑的“痘点”逐步连接而成沟槽，胞状界面转变为狭长的胞状界面（图 5-20b）；成分过冷进一步增大时，构成不规则的胞状界面（图 5-20c）；最后，在更大的成分过冷下形成规则的胞状界面（图 5-20d）。必须指出，胞状晶往往不是彼此分离的晶粒，在一个晶粒的界面上可形成许多胞状晶，这些胞状晶源于一个晶粒，因此，胞状晶可认为是一种亚结构。

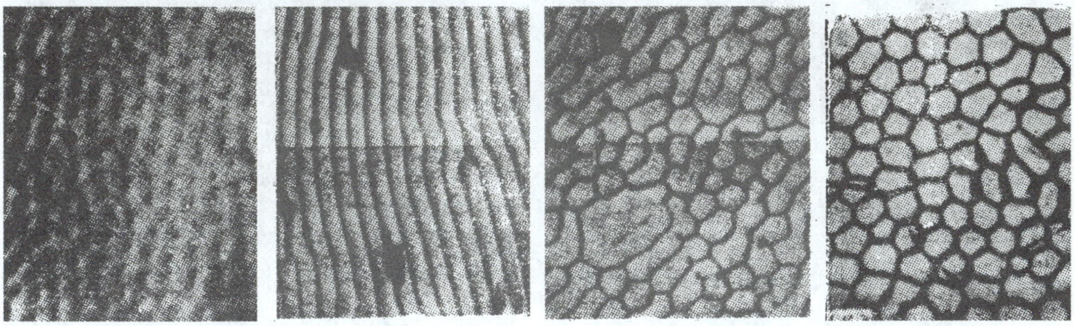

a) b) c) d)

图 5-20 $w_{Pb}=0.006\%$ 的锡合金不同成分过冷（由小变大）胞状晶界面的演变

a)“痘点”状界面 b) 狭长的胞状晶界面 c) 不规则胞状晶界面 d) 规则胞状晶界面

（倾液法试验观察，G/R 由 2000℃ · cm^{-2} · s 到 350°C · cm^{-2} · s）

5.3.4 较宽成分过冷作用下的枝晶生长

非小晶面相的胞状晶生长方向垂直于固-液界面，平行于热流逆方向，而与晶体学取向无关，如图 5-21a 所示，但随后向柱状树枝晶发展，其生长方向的轻微各向异性开始显现。随着 G_L/R 的减小（G_L 变小或 R 增加），界面前方成分过冷区逐渐加宽，胞状晶凸起伸向熔体的更远处，胞状晶生长方向开始转向优先的结晶生长方向（如立方晶体为<100>，六方晶体为<10$\bar{1}$0>），如图 5-21b 所示。随后，胞状晶的横断面也将受晶体学因素的影响而出现凸缘，如图 5-21c 所示。当成分过冷区进一步加宽时，凸起前端所面临的新的成分过冷也进一步加强，凸缘上开始形成短小的锯齿状二次分枝，形成柱状树枝晶雏形，如图 5-21d 所示。

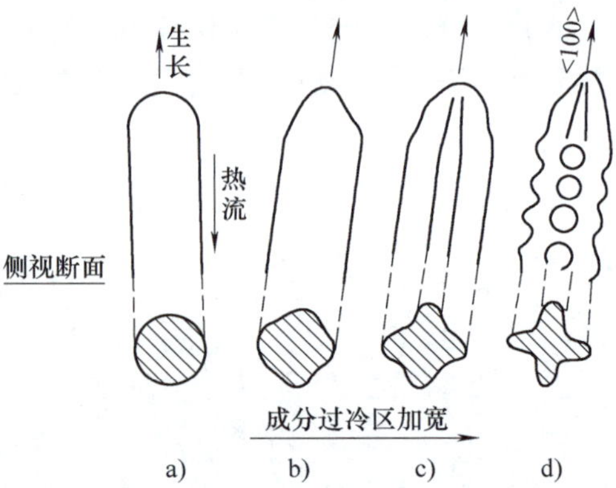

图 5-21 胞状晶向柱状树枝晶生长的转变
（图示<100>为立方晶体的择优生长方向）

对于溶质量少的或凝固温度范围很宽的合金，其晶体生长形貌为在主干（一次臂）上长出短而密的二次分枝，如图 5-22 所示的不纯铅合金胞状晶分枝。而大多数合金在成分过冷区足够大时，却具有高密度的分枝形态，即在二次分枝上还会出现三次分枝，与此同时，继续伸向熔体的主干前端又会有新的二次分枝形成。这样不断分枝的结果是在成分过冷区内迅速形成了柱状树枝晶的骨架，如图 5-23 所示的 Al-20%Cu 树枝晶。

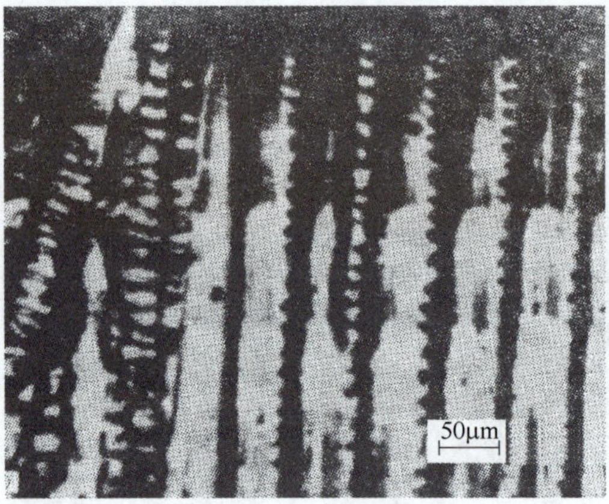

图 5-22 不纯铅合金胞状晶分枝

图 5-23 Al-20% Cu 树枝晶
（G_L=48K/mm，R=25m/s）

关于如何确定由胞状晶向柱状树枝晶转变的临界点，或胞状晶发展的范围，虽然目前尚未获得具有普遍意义的定论，但下面几个标志性的研究结果有助于直观认识与理解其影响因素与规律。

早期曾认为，形成胞状界面的成分过冷区的宽度在 0.01~0.10cm 之间。然而，这一范围在某些情况下并不一定符合，例如，图 5-18a 所显示部位的镍基超合金胞状晶即已大大超过了这一范围。

Laxmanan 曾通过理论推导及实验结果指出，胞状晶转为柱状树枝晶的条件是 $G_L/R<\Delta T_0/2D_L$。特定合金的 ΔT_0 及 D_L 基本为定值，按照这一关系，若 G_L 不变，当 R 大于产生成分过冷临界凝固速率（R_c）的两倍以上，则胞状晶将转变为树枝晶；若 R 不变，则 G_L 为产生成分过冷临界值的一半以下，这时有 $G_L<\Delta T_0/2(D_L/R)$。根据图 5-11c 所示成分过冷的条件，胞状晶处于特征距离（D_L/R）两倍的范围内。其实，除了合金性质、R 及 G_L 的影响之外，胞状晶稳定生长范围还受其他因素的影响。

图 5-24 所示为晶体生长的各向异性对胞状晶/树枝晶的作用，图中为非小晶面的面心立方单相晶体在玻璃板上生长的情况，试样宽 10mm、厚 15μm。通过对籽晶方向的精巧设置，使图 5-24a 晶体的［001］晶向垂直指向玻璃板，图 5-24b 晶体的［111］晶向垂直指向玻璃板。结果表明，在图 5-24a 的生长界面具有两重各向异性的情况下，当生长速率大于临界凝固速率 $R_c(\approx1.9\mu m/s)$20 倍时，胞状晶稳定生长开始消失，一次臂稍稍偏离热流的逆方向按理想的[001]方向生长，其两侧出现短小的二次臂；而图 5-24b 的生长界面难以察觉出各向异性，在 $R=(5\sim50)R_c$ 的范围内均不再为胞状生长，却出现了海藻状生长模式，其显著特征是以局域非对称且多方向随机分枝，晶体也不再按照理想方向生长。

这一研究结果不仅表明了晶体生长各向异性对胞状晶稳定性（维持胞状晶生长的成分过冷范围）的作用，还同时引出了另一方面意义：在凝固界面变得不稳定后，还可能存在与通常树枝状晶体对称且按级(主干→二次臂→三次臂)分枝生长方式不同的另一种模式，这种海藻状晶体在凝固领域被称为非树枝状（Nondendritic）晶体。海藻状生长被认为在 Al、Mg 等合金中呈“羽毛状”奇特晶体的生长过程中起重要作用。图 5-25a 及图 5-25b 分别为相场模拟 Al-Mg 合金的等轴晶以海藻状生长，以及 AZ91D 的实际凝固组织。

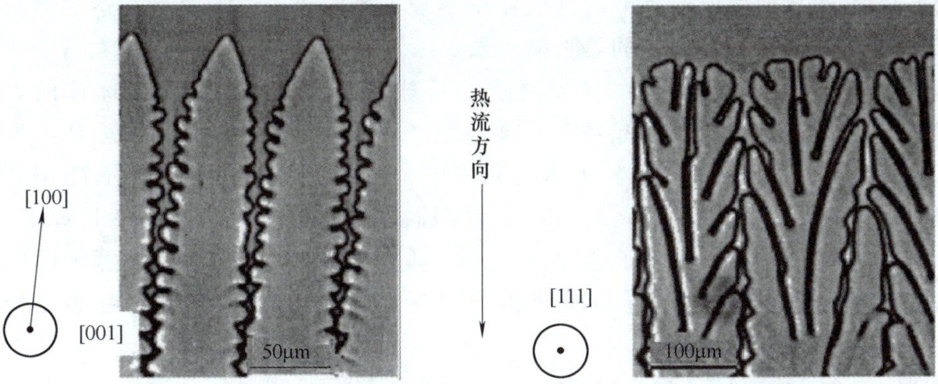

a)　　　　b)

图 5-24　各向异性对晶体生长方式的作用[CBr_4-8%C_2Cl_6(摩尔分数)合金]

a）$R>20R_c$,(001)面与玻璃板平行　b）$R=(5\sim50)R_c$,(111)面与玻璃板平行

晶体的海藻状生长（非典型树枝晶）

5.3.5 等轴晶的形成与内生生长

过冷液体的内生生长

上述胞状晶、柱状树枝晶或海藻状晶体的生长，其枝晶间的液体最终均

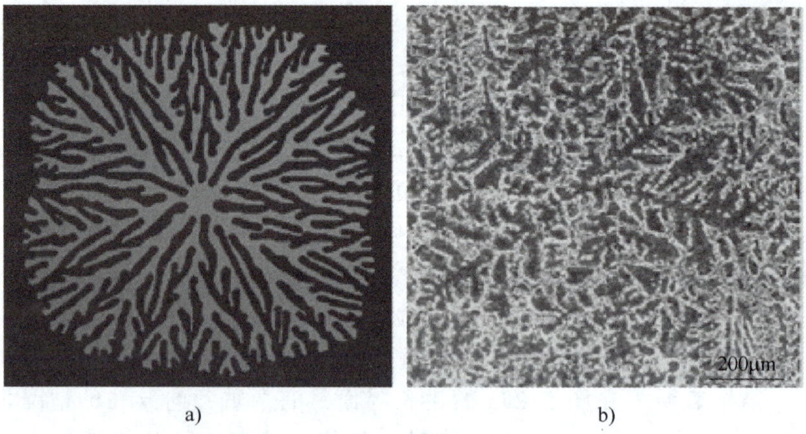

图 5-25　Al-Mg 合金等轴晶的海藻状生长

a）相场模拟的生长方式　b）AZ91D 的实际凝固组织

将成为固体。在单向生长时，它们与无成分过冷条件下的平面生长结果一样，形成自外向内的柱状晶。柱状晶的组织方向性很强，使材料的性能具有明显的各向异性。而且，在柱状晶的晶界及亚晶界处通常溶质及微量杂质富集十分严重，往往是合金材料最为薄弱的地方。这里特别指出，如果成分过冷程度进一步增大，将会出现另一种宏观结晶状态，即在熔体内部自由生长的等轴晶。

如图 5-16e 所示，当固-液界面前方成分过冷的最大值 ΔT_{max} 大于熔体中非均质形核最有效衬底大量形核所需的过冷度 $\Delta T_{异}$ 时，在柱状树枝晶由外向内生长的同时，界面前方这部分熔体将大量形核，导致许多独立的晶体在过冷熔体中的自由生长，形成方向各异但各生长方向尺度相近的等轴晶，即等轴树枝晶或称为自由树枝晶。等轴晶的存在阻止了柱状晶区的继续单向延伸，此后的结晶过程便是等轴晶区不断向液体内部推进的过程。在晶体由外向内单向生长时，如果在固-液界面前沿的整个内部液体中出现宽大的成分过冷，且均达到形核所需的过冷度 $\Delta T_{异}$ 时，则会出现大范围的等轴晶生长。

等轴晶在液体内部形成，从自由能的角度看应该是球体，因为相同体积以球体的表面积为最小。而为什么却成为等轴树枝晶或其他形态呢？这是因为晶体的表面总是由界面能较小的晶面所组成，所以，在一个多面体的晶体中，那些宽而平的面是界面能小的晶面，而棱与角的狭面为界面能大的晶面。因此，等轴晶的平衡结晶形态并不是球形，而是多面体。但在实际凝固中，由于各向异性的强弱不同，非小平面及小平面等轴晶的形态有较大差别，且因凝固条件的差异，即使相同属性晶体的等轴晶形貌也可能完全不同。

各向异性较弱的非小平面晶体（如金属固溶体），其等轴晶多呈现树枝晶形貌。这是由于多面体的棱角前沿液相溶质的浓度梯度较大，其扩散速度较大；而大平面前沿液相溶质的浓度梯度较小，其扩散速度也小，这样，晶体在棱角处的长大速度大，平面处的长大速度小，因而多面体便逐渐长成图 5-26a 所示的星形，而后从星形再次分枝而发展成为树枝状。即使同为等轴树枝晶，也可能因晶体自身的生长方向差异及对流等条件的不同而形态各异。例如，图 5-26b 所示为相场模拟结果，在流场中迎着对流方向生长的部位比其他方向发展得更快；图 5-26c 所示为亚共晶 Sn-Bi 合金初生相（锡固溶体）等轴树枝晶的实

等轴树枝晶生长

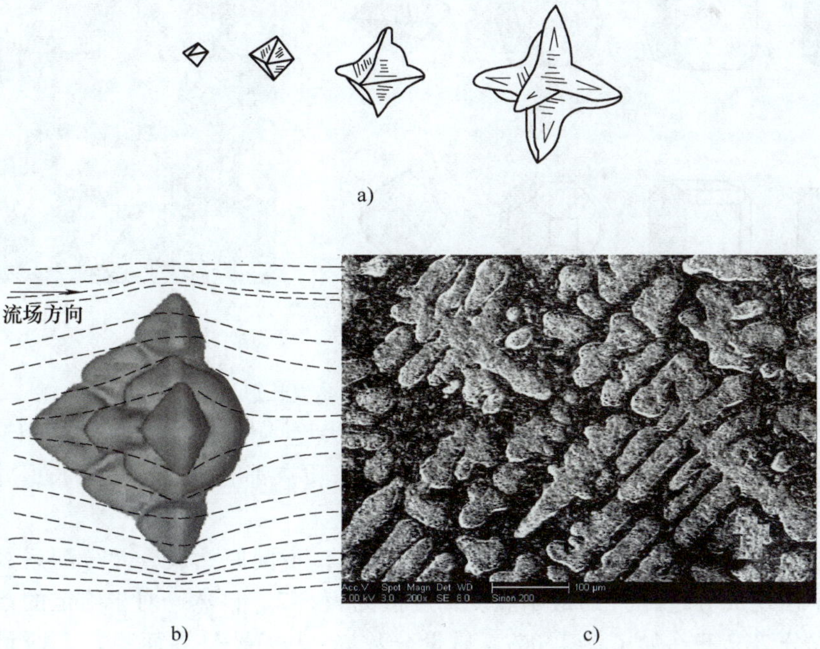

等轴晶生长（各向异性）

图 5-26 非小平面晶体的等轴树枝晶

a）八面体微晶发展为树枝晶干的过程示意图 b）流场对等轴晶形貌的影响

c）亚共晶 Sn-Bi 合金初生相等轴树枝晶实际形貌

际形貌。

小平面晶体（如非金属）的各向异性强，熔体中自由生长的等轴晶通常具有清晰的多面体形貌，而不容易长成树枝晶。这是由于棱角处向前推进势必为其相邻的密排晶面侧向扩展提供了原子附着台阶，而晶体始终由界面能小的密排晶面所包封，符合系统自由能最低原理。所以，生长最慢的晶面（通常为低指数面）总是决定着晶体生长模式及其形貌。如图 5-27a 所示，当（100）面生长比（111）面快时，最初只以（100）面为表面的立方晶体（左图）在生长中将会逐渐变为以（111）面为表面的八面体形态。若（110）面生长最慢时，将会逐渐形成斜方十二面体形态，如图 5-27b 所示。此外，溶质偏聚、凝固速度以及各种晶体缺陷的存在等因素的影响常常会使某些晶面的生长模式发生改变，这会导致同种晶体呈现不同的形貌，有时甚至形成有棱角的树枝晶。图 5-27c 所示为过共晶 Sn-Bi 合金的实际凝固组织，作为初生相的铋晶体呈现多种形态棱角分明的多面体（注意：金相截面为棱角分明的多边形。当然，即使相同的多面体由于所截位置和方位的差异也会呈现出不同的多边形）。

就合金的宏观结晶状态而言，平面生长、胞状生长和柱状树枝晶生长皆属于一种晶体自型壁形核，然后由外向内单向延伸的生长方式，这种方式称为外生生长。等轴晶在熔体内部形核且自由生长的方式则称为内生生长。可见，成分过冷区的进一步加大促使了外生生长向内生生长的转变。显然，这个转变是由成分过冷的大小和外来质点非均质形核的能力这两

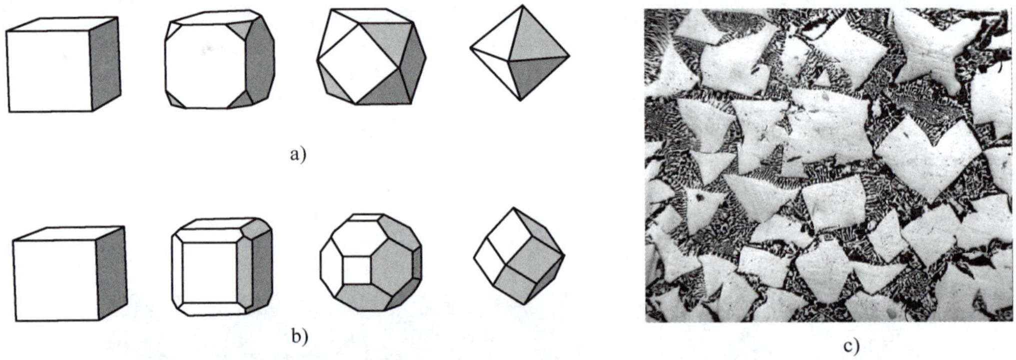

图 5-27 小平面晶体等轴晶生长形貌

a)、b) 形貌发展过程示意图 c) 过共晶 Sn-Bi 合金凝固组织中铋晶体（此时为小平面相）的实际形貌

个因素所决定的，大的成分过冷和强形核能力的外来质点都有利于内生生长，并促进内部等轴晶的形成。

不同生长条件下可出现的界面形貌情况见表 5-1，不同原始成分及分配系数情况下维持界面稳定（不出现成分过冷）的最小温度梯度值见表 5-2。显然，对于给定的条件，即使在较低的原始成分情况下（如 $C_0=1.0\%$，质量分数），为了维持界面稳定，抑制胞状晶及柱状树枝晶的出现，必须要求很大的温度梯度。应该注意到，为了获得单晶体或其他定向生长过程，对于 $C_0=1.0\%$、$K_0=0.5$ 的合金需要大于 20K/mm 的温度梯度，而 $K_0=0.1$ 的合金需要高达 180K/mm 以上的温度梯度。

表 5-1 不同生长条件下纯金属及合金的界面形貌总结

	生长条件			
温度梯度	$G_L<0$		$G_L>0$	
纯 金 属	界面失稳	柱状树枝晶 等轴树枝晶	界面稳定	平面晶
合　　金	界面失稳	柱状树枝晶	界面稳定（$G_L>m_LG_C$）	平面晶
		等轴树枝晶	界面失稳（$G_L<m_LG_C$）	胞状晶（柱状） 柱状树枝晶 等轴树枝晶

表 5-2 界面稳定的最小温度梯度 G_L^{min} 与原始成分 C_0 及分配系数 K_0 的关系

（计算参数：$D_L=0.005\text{mm}^2/\text{s}$，$R=0.01\text{mm/s}$，$m=-10\text{K}/\%$）

平衡分配系数 K_0	C_0（质量分数,%）		
	10	1	0.01
0.5	$G_L^{min}=200\text{K/mm}$	$G_L^{min}=20\text{K/mm}$	$G_L^{min}=0.2\text{K/mm}$
0.1	$G_L^{min}=1800\text{K/mm}$	$G_L^{min}=180\text{K/mm}$	$G_L^{min}=1.8\text{K/mm}$

5.4 界面稳定性动力学分析[㊀]

上述成分过冷理论的物理图像简单而清晰，其形成条件及判据提供了一个有用的途径，来判断定向凝固晶体以及由外向内单向外生生长铸件（锭）的固-液界面形态，乃至晶体的生长形貌。然而，成分过冷理论有其固有的一些不足之处：①成分过冷理论忽略了界面张力的作用，而界面张力无疑对界面扰动的形成及发展具有抑制作用。②成分过冷理论仅仅考虑了液体的温度梯度。③当界面变得不稳定时成分过冷理论没有对扰动的大小做任何说明。界面稳定性动力学理论亦称为扰动分析（Perturbation Analyses）理论，它考虑界面受到干扰，然后去确定扰动是发展还是衰减或者消失，并对上述三方面给予了充分考虑。该理论的数学处理过程复杂且冗长，这里着重介绍其基本物理思路，尤其是有助于理解与控制凝固界面形貌的主要内容和结论。

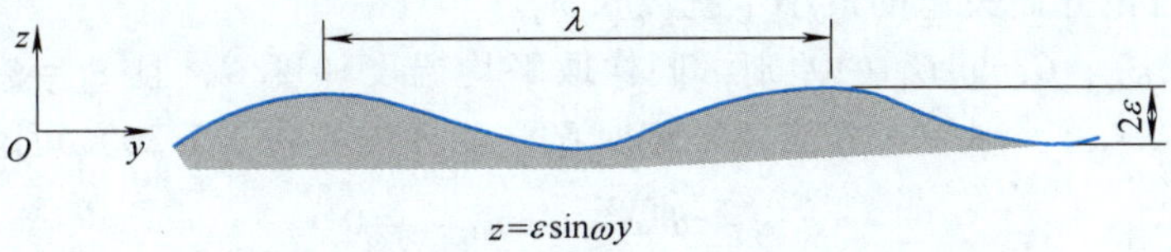

图 5-28 干扰因素作用下的固-液界面扰动

实验观察表明，由于干扰而出现界面扰动的初始二维形态接近于正弦曲线。假设在干扰因素的作用下，且假定对温度场和溶质扩散没有影响，凝固界面形成一个非常小的振幅 ε 且与时间有关的正弦函数形式的扰动 $z=\varepsilon\sin\omega y$，如图 5-28 所示。干扰波长为 λ，$\omega=2\pi/\lambda$，振幅 ε 随时间的变化率表示为 $\dot{\varepsilon}$ （$=\mathrm{d}\varepsilon/\mathrm{d}t$），扰动界面的局部生长速率为 $R+\dot{\varepsilon}\sin\omega y$。为了考虑固相及液相的热传导系数 κ_S 及 κ_L 对固相及液相温度梯度 G_S 和 G_L 的综合影响，以相对热传导系数进行数学处理，即 $\overline{\kappa}_S=\kappa_S/(\kappa_S+\kappa_L)$，$\overline{\kappa}_L=\kappa_L/(\kappa_S+\kappa_L)$。在特定凝固条件下，以 $\dot{\varepsilon}/\varepsilon$ 描述界面扰动振幅发展的相对速率。当 $\dot{\varepsilon}/\varepsilon<0$ 时，干扰振幅 ε 随时间衰减而不会发展甚至消失，界面处于相对稳定状态；当 $\dot{\varepsilon}/\varepsilon=0$ 时，界面处于相对稳定临界点处；当 $\dot{\varepsilon}/\varepsilon>0$ 时，ε 随时间而增长，即扰动加剧而界面变得不稳定。临界点 $\dot{\varepsilon}/\varepsilon=0$ 时有如下关系：

$$\dot{\varepsilon}/\varepsilon=-\Gamma\omega^2-\left(\overline{\kappa}_L G_L\xi_L+\overline{\kappa}_S G_S\xi_S\right)+m_L G_C\xi_C=0 \tag{5-20}$$

式中，Γ 为吉布斯-汤姆孙（Gibbs-Thomsom）系数（$\Gamma=V_S\sigma_{SL}/\Delta S_m$）；系数 ξ_L、ξ_S、ξ_C 与生长速度 R 及干扰角频率 ω 相关，并分别与液相及固相的热扩散系数 α_L、α_S 以及溶质扩散系数 D_L 相关。因此，式（5-20）的第一项（$-\Gamma\omega^2$）表达界面张力的作用（$\omega=2\pi/\lambda$ 与曲率有关），此项有利于界面稳定，这在成分过冷理论中未予考虑；第二项对应于成分过冷判别式式（5-16a）左边的 G_L/R 项，但这里表达了液相及固相温度梯度等因素的综合作用，其综合绝对值越大，则界面越稳定；第三项则对应于式（5-16a）的右边项，表达了由于溶质富集所引起的界面处液相线斜率与干扰等因素的交互作用。

扰动分析理论重点考虑界面稳定性与干扰波长 λ 的关系。若以平均温度梯度 $G=(G_L\kappa_L+$

㊀ 若教学课时安排有限，本节可不作为课堂教学内容。在此情况下，学有余力的同学可自行研读。

$G_S\kappa_S)/(\kappa_L+\kappa_S)$ 代替 G_L 及 G_S，根据式(5-23)及 $\omega=2\pi/\lambda$，界面扰动振幅发展的相对速率与干扰波长的关系 $\dot{\varepsilon}/\varepsilon-\lambda$ 可表达为图5-29所示的曲线。图中，在界面干扰波长 λ 很小的情况下，由于曲率对扰动的抑制作用，$\dot{\varepsilon}/\varepsilon$ 为负值，界面扰动衰减甚至趋于消失，即界面处于稳定。当 λ 超过 λ_i 时，扰动加剧而界面失稳，且扰动发展最快的波长 λ_{max} 可能占主导地位。在干扰波长 λ 很大时，$\dot{\varepsilon}/\varepsilon$ 再次降低为负值，界面又趋于稳定。在界面处平均温度梯度 G 很大时（如 G_2），界面始终处于相对稳定状态，即 $\dot{\varepsilon}/\varepsilon<0$。

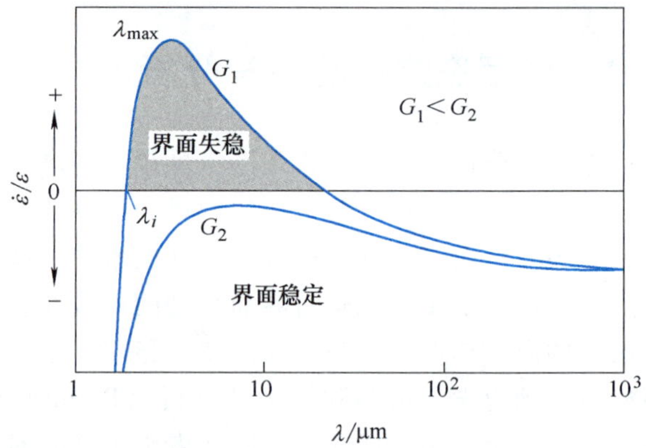

图5-29　界面稳定性与干扰波长的关系

下面进一步讨论界面失稳的最小干扰波长 λ_i。

若忽略 κ_S 与 κ_L、G_S 与 G_L 的差别，同样取平均温度梯度 G，且 $\xi_L=\xi_S=1$（$\omega\gg R/D_{S,L}$ 时），$\xi_C=1$（$\omega\gg R/\alpha$），则表达界面处于相对稳定临界点的式（5-20）可改写为

$$\dot{\varepsilon}/\varepsilon=-\Gamma\omega^2-G+m_LG_C=0 \tag{5-21}$$

与成分过冷理论相比，式（5-21）只是多了界面张力作用项（$-\Gamma\omega^2$）。由式（5-21）可求得

$$\lambda_i=2\pi\sqrt{\frac{\Gamma}{mG_C-G}}=2\pi\sqrt{\frac{\Gamma}{\phi}} \tag{5-22}$$

式中，以 λ_i 代替 $\omega=2\pi/\lambda$ 中的 λ。Γ/ϕ 项为界面张力产生的毛细作用力（Γ——稳定界面作用力）与界面扰动驱动力 ϕ 的比值。如果 ϕ 趋于0（$mG_C-G\to0$，即成分过冷临界点），界面失稳的最小波长 λ_i 趋于无穷大，即为平界面。另一方面，若 ϕ 远远超越成分过冷界限，即 $G<<mG_C=-m\Delta C_0R/D_L=\Delta T_0R/D_L$［参见式（5-10）及图5-11］，则式（5-22）可近似表达为

$$\lambda_i=2\pi\sqrt{\frac{D_L\Gamma}{R\Delta T_0}} \tag{5-23}$$

式（5-23）表明，界面不稳定形貌的最小波长（临界值 λ_i）正比于扩散长度（D_L/R，相当于5.1.4节中的特征距离）与毛细长度（$\Gamma/\Delta T_0$）的几何平均数。可见，在合金性质方面，高的 D_L 和 Γ 值、低的 ΔT_0 值，以及工艺因素降低生长速度 R 均将会使界面失稳的最小波长 λ_i 增大，这意味着界面相对稳定性增加。相反，若快速凝固中的生长速度 R 提高到一定程度，当扩散长度 D_L/R 缩短至与毛细长度 $\Gamma/\Delta T_0$ 相当时，由于界面前溶质富集层尺度趋近于几个原子尺度，在界面张力的作用下，界面则再度趋于稳定，称为界面的绝对稳定。由 $D_L/R=\Gamma/\Delta T_0$，亨特利（Huntley）和戴维斯（Davis）（1993年）考虑加入速度相应分配系数 K_R（有些专著中则采用平衡分配系数 K_0），将绝对稳定临界速度 R_a 表达为

$$R_a=\frac{D_L\Delta T_0}{K_R\Gamma} \tag{5-24}$$

当 $R\geqslant R_a$ 时，界面处于绝对稳定状态，又恢复到平整界面形态。从总体上看，在通常

的单向凝固条件下，随着 R 的增大凝固界面形态的变化趋势为平面→胞状→树枝状；而在快速凝固条件下，随着 R 的增大界面形态的变化趋势又反过来为树枝状→胞状→平面。计算表明，合金的绝对稳定临界凝固速度 R_a 通常在 $10^2 \sim 10^3$mm/s 范围。需要注意，在 R 值很高的快速凝固中，当 $R \geqslant R_a$ 时，若 $K_R \to 1$，则发生无扩散凝固，固相成分保持为 C_0。有关快速凝固的内容将在第 8 章予以介绍。

5.5 枝晶间距

枝晶间距是指相邻同次枝晶间的垂直距离，它是树枝晶组织细化程度的表征。材料强度理论指出，枝晶间距越小，组织就越细密，力学性能越高。此外，组织越细，分布于其间的元素偏析范围也就越小，故越容易通过热处理而均匀化。另一方面，组织越细，显微缩松和非金属夹杂物也更加细小分散，与成分偏析相关的各类缺陷（如铸件及焊缝的热裂）也会减少，因而也就越有利于材料性能的提高。

枝晶间距可采用金相法测得统计平均值，通常考察的有一次枝晶（柱状晶主干）间距 λ_1 和二次枝晶间距 λ_2 两种。λ_1 是胞状晶和柱状树枝晶的重要参数，λ_2 对柱状树枝晶和等轴树枝晶均有重要意义。等轴晶无一次间距可言，相应于一次枝晶间距的参数为晶核间的距离或晶粒尺寸。图 5-30 及图 5-31 分别表示了柱状晶的一次、二次枝晶间距及等轴树枝晶的二次枝晶间距的情况。

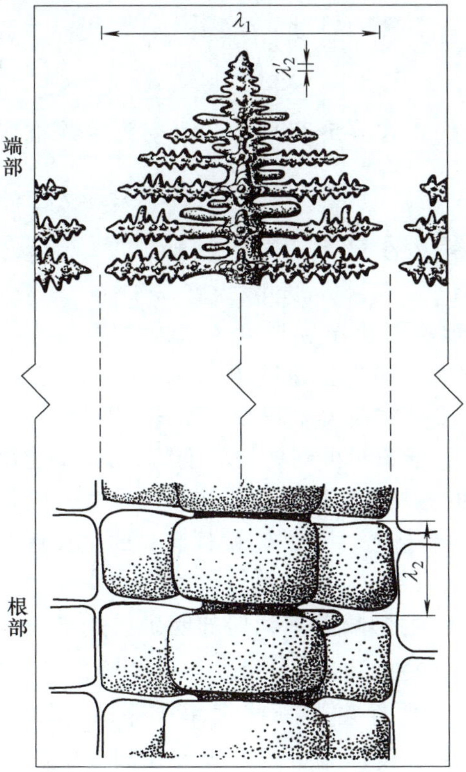

图 5-30 柱状树枝晶 λ_1 与根部及端部的 λ_2

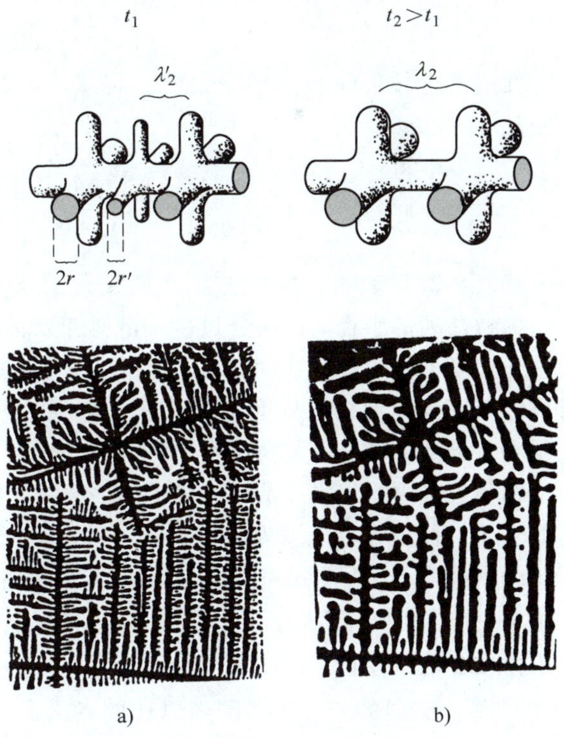

图 5-31 环已烷等轴树枝晶不同时刻的二次枝晶间距

a）初始凝固 t_1 的状态 b）比 t_1 晚 20min 的 t_2 的状态

纯金属的枝晶间距取决于晶面处结晶潜热的散失条件，而单相合金的枝晶间距则还受控于溶质在枝晶间的扩散和偏聚行为。近年来，研究人员采取不同的物理模型和数学方法预测枝晶间距，并探讨了其影响因素和规律，下面对该方面内容做简要介绍。

5.5.1 胞状晶及柱状树枝晶的一次间距

1. 一次间距 λ_1 与枝晶端部半径 r 的关系

一次间距 λ_1 与枝晶端部半径 r 密切相关。库尔兹（Kurz）等人推导出的胞状晶及柱状晶 λ_1 与 r 的关系表达式为

$$\lambda_1=\left(\frac{3\Delta T'r}{G}\right)^{1/2} \tag{5-25}$$

式中，$\Delta T'$为枝晶端部温度 T^* 与枝晶间最后部液体熔点 T'_S（溶质偏析引起的）之差。若存在共晶反应，则 T'_S通常为共晶温度 T_e。柱状树枝晶的生长通常由胞状晶发展而形成，一旦一次枝晶间距确立，在凝固过程中将不会发生改变（图 5-30）。所以，式（5-25）被认为适合于胞状晶和柱状树枝晶。

2. 生长速度 R 及温度梯度 G 对 λ_1 的影响

实验研究表明，在较低的生长速度下，一次枝晶端部半径 r 近似为界面失稳的最小波长 λ_i［λ_i 的含义见图 5-29 及式（5-23）］。根据式（5-23）并考虑端部的溶质传输影响（引入溶质分配系数 K_0），枝晶端部半径 r 可表达为

$$r=2\pi\left(\frac{D_L\Gamma}{\Delta T_0K_0R}\right)^{1/2} \tag{5-26}$$

在适度生长条件下，$\Delta T'\approx\Delta T_0$，将式（5-26）代入式（5-25）中，可得到目前被广泛接受的 λ_1 关系式

$$\lambda_1=4.3\left(\frac{\Delta T_0D_L\Gamma}{K_0}\right)^{1/4}R^{-1/4}G^{-1/2} \tag{5-27}$$

式（5-27）表明，生长速度 R 的变化对 λ_1 的影响要比温度梯度 G 变化的影响小。通常，树枝晶端部半径 r 在成分过冷临界速度 R_c 处很大，随生长速度 R 增大 r 降低。在树枝状生长速度范围内，一次间距 λ_1 近似地随 r 的减小按平方根关系减小［见式（5-25）］。相对应的凝固界面形貌，从生长速率小于 R_c 时的平面，到胞状再到树枝状变化，其 λ_1 变得越来越小，直到 R 接近于绝对稳定临界速度 R_a 时，再次产生胞状组织。当 $R>R_a$ 时，胞状凝固组织消失且再次出现平界面。必须指出，在通常的铸造条件下，铸件柱状晶的生长速度远远低于绝对稳定临界速度 R_a。

库尔兹强调，尽管式（5-27）只是定性描述了 λ_1 的影响因素，但却明确表达了 R 及 G 对于 λ_1 的不同作用关系，并且指出，在定向生长中，冷却速率 $\dot{T}$ 可由 $\dot{T}=-GR$ 给出。可见，对于树枝晶的 λ_1 来说，并不像一些文献中常提及的那样遵循一些简单关系式，如 $\lambda_1=K|\dot{T}|^n$ 等。类似的公式也在国内以往的专著和教科书中被广为引用，读者在阅读中应注意对于 λ_1 的观点差异及相关发展。**必须指出，所有预测 λ_1 的模型均不能完全真实地描述枝晶凝固复杂的实际情况，这些模型所推导的公式对 λ_1 的定性分析和粗略估算十分有用，但不**

宜运用这些公式进行精确的计算预测。

作为例证，图 5-32 直观地表明了 Al-1%Ti 合金在定向凝固条件下，随着 R 及 G 的增大，枝晶间距 λ_1 明显变小。图 5-32 左边 a、c、e 为纵截面的组织情况，其右边 b、d、f 为横截面的组织情况。图中组织为凝固达到稳定生长状态的过程中快速液淬的结果，枝晶前方细小晶粒部位及枝晶间的黑色组织在液淬前为液体。

3. 一次枝晶间距的调整方式

前面曾经提及，在 R、G 等工艺因素不变的情况下，一旦合金一次枝晶间距确立，凝固过程中 λ_1 将不会发生改变。然而，在凝固初始的非稳态阶段，λ_1 会发生改变；此外，即使进入稳态阶段，若当合金凝固的工艺因素 R、G 发生改变，λ_1 也将发生调整。例如，当 R

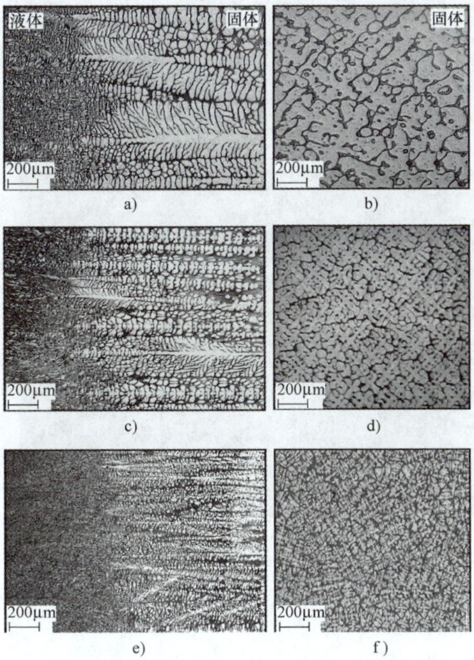

图 5-32　凝固速率及温度梯度对 Al-1%Ti 合金定向凝固组织的作用

a)、b) $R=8.30\text{mm/s}$、$G=2.20\text{K/mm}$

c)、d) $R=8.30\text{mm/s}$、$G=5.28\text{K/mm}$

e)、f) $R=498.6\text{mm/s}$、$G=5.28\text{K/mm}$

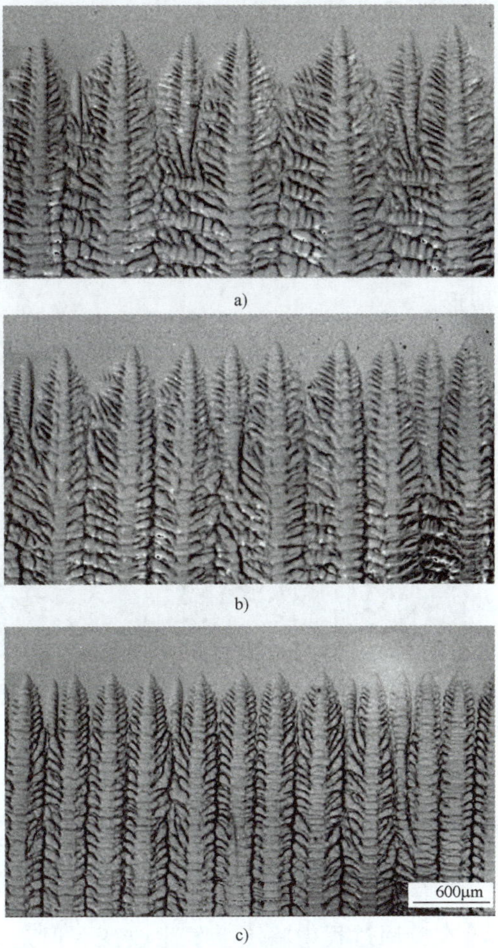

图 5-33　不同 G 时琥珀腈-丙酮合金新树枝晶的产生

(枝晶主干以<001>晶向与热流平行)

a) $G=1.06\text{K/mm}$　b) $G=1.81\text{K/mm}$

c) $G=3.25\text{K/mm}$

或 G 增大时，λ_1 将会变小（新树枝晶形成）。马德新曾采取精确控制 R 以及不同的 G，对琥珀腈-丙酮合金（透明，可实时观察和拍照）进行定向凝固，直观揭示了减小一次枝晶间距

λ_1 具有两种方式。如图 5-33 所示，在 G 较低的条件下，新树枝晶可由二次臂上长出的三次分枝发展而成（图 5-33a）；而在 G 较高的条件下，新树枝晶由二次臂通过改变生长方向直接形成（图 5-33c）；在 G 适中的情况下，两种方式兼而有之（图 5-33b）。该研究结果还揭示了热流强度对凝固过程二次枝晶生长方向的作用。在热流强度较弱（G 小则热流导出慢）的条件下，晶体生长的各向异性占主导地位，此时二次臂与枝晶主干大致垂直，即按照与主干相同的<001>晶向生长（立方晶体理想生长方向），三次分枝同样以<001>晶向生长且与主干方向一致。随着 G 的增大，热流的作用显现出来，二次臂倾斜于主干，偏离理想的<001>晶向生长，且此时难以形成三次分枝。G 的这种作用由图 5-32a 及图 5-32c 也可看出。正因为如此，在 G 高低不同时，λ_1 调整过程中新树枝晶按不同的方式而产生。

当 G 或 R 变小时，λ_1 将会逐渐变大，在这一过程中某些树枝晶被淘汰，生长方向偏离宏观生长方向（热流逆方向）的那些枝晶容易被其他枝晶所超越。如图 5-34 所示，A 枝晶的［001］方向与热流逆方向平行，而 B 枝晶却不与之平行，其中一个树枝晶在图示生长阶段已被淘汰（λ_1 变大）。即使生长方向与热流平行的枝晶，以及本来生长相对滞后且较小的一些枝晶，也会因被相邻的超前发达枝晶二次臂的发展所抑制而最终被淘汰，如图 5-35 所示。晶体生长过程中这种互相竞争淘汰的机制称为择优生长。铸件柱状晶通常也存在择优生长，因此，在柱状晶由型壁向铸件内部发展过程中，也存在树枝晶被淘汰（λ_1 变大）的情形。

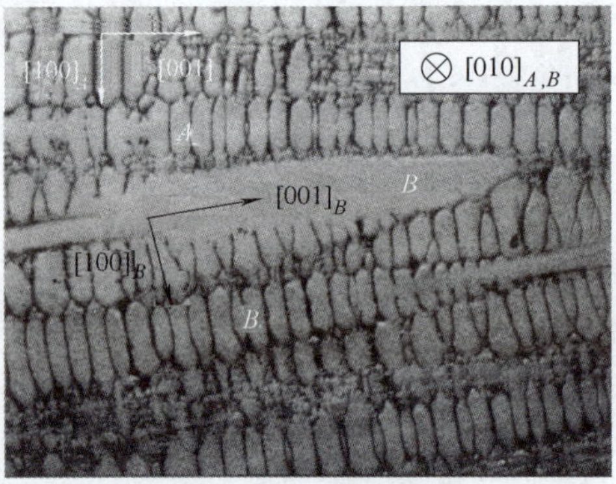

图 5-34 镍基超合金 CMSX4 枝晶的择优生长

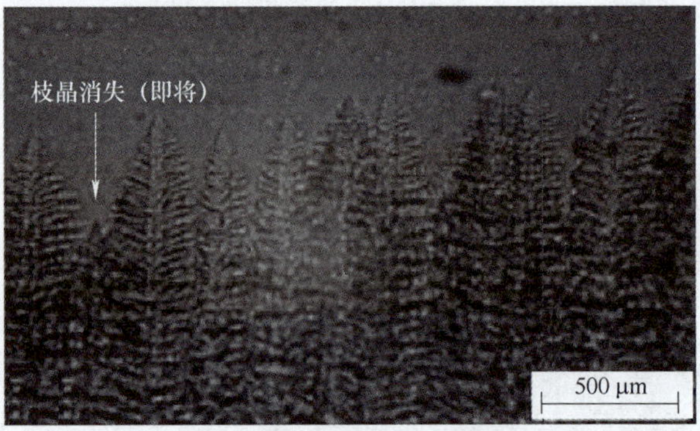

图 5-35 琥珀腈-水杨酸苯酯合金定向凝固过程中 λ_1 的调整

5.5.2 柱状树枝晶及等轴树枝晶的二次间距

胞状晶及柱状树枝晶在生长过程中，一旦一次枝晶间距确立，只要生长条件不变，则 λ_1 在凝固过程中将不会发生改变。但是，柱状树枝晶及等轴树枝晶的二次枝晶则在生长中经历熟化过程，其二次枝晶间距 λ_2 随凝固时间而改变。如图 5-30 所示，靠近柱状树枝晶端部刚刚形成的二次枝晶间距 λ_2' 很小，而根部的二次枝晶经历了熟化过程其间距 λ_2 已变得很大；图 5-31 中的等轴树枝晶也同样存在 λ_2 随时间改变的情况。下面介绍枝晶熟化过程如何使 λ_2 发生改变。

在图 5-30 中，在离端部很近的一些二次晶臂初始生成时，枝晶主干侧面表现为抛物线形的正弦函数扰动，类似失稳的平整固-液界面，这些扰动导致形成胞状。在凝固继续进行中，这些二次晶臂有的被相邻的晶臂淘汰，而未被淘汰的最终形成垂直于枝晶晶干方向生长的真正的二次晶臂（对于立方晶体）。当它们的长度小于 $\lambda_1/2$ 时，这些二次枝晶臂及它们的更高次分枝发生生长，且继续相互淘汰。一旦它们尖端的扩散场与相邻的树枝晶分枝的扩散场接触，它们就停止生长。如图 5-30 及图 5-31 所示，熟化过程使得高度分枝的晶臂随时间变得更粗，晶臂数更少，二次间距 λ_2 更大。

图 5-31 下图所示为环己烷等轴树枝晶在不同凝固时刻的照片，黑色为已凝固的晶体，白色为尚未凝固的液体。仔细观察图 5-31a 和图 5-31b 照片的差异，可发现熟化过程一种可能的机制，即较细的二次晶臂因曲率半径小而熔点降低，从而发生熔化而消失，同时较粗的分枝进一步增粗，图 5-31 上图描述了这一机制。此过程每发生一次，局部二次间距 λ_2 则将翻倍。熟化过程的驱动力为不同曲率由界面能引起的化学势差值。在熟化过程中，枝晶间距 λ_2 与所处位置的局部凝固时间 t_f（定义为枝晶臂与液相接触的时间）的立方根成正比。根据 Kattamis & Flemings（1965 年）和 Feurer & Wunderlin（1977 年）的推导，有如下关系：

$$\lambda_2 = 5.5\left(\frac{\Gamma D_L \ln(C_L^m/C_0)}{m_L(1-K_0)(C_0-C_L^m)}t_f\right)^{1/3} = 5.5(Mt_f)^{1/3} \quad (5\text{-}28a)$$

式中，M 为常数。对具有共晶反应的系统，通常将 C_L^m 视为与共晶成分 C_e 相等。图 5-36所示为合金 Al-4.5%Cu 在很宽范围凝固条件下的试验结果，其试验点的拟合曲线表明，二次间距 λ_2 近似随 t_f 的立方根成正比关系而变化。在定向凝固或其他凝固情况下，检测二次间距 λ_2 能够获知其局部凝固条件，这在无法获得凝固冷却曲线情况下将十分有助于对凝固条件进行分析。

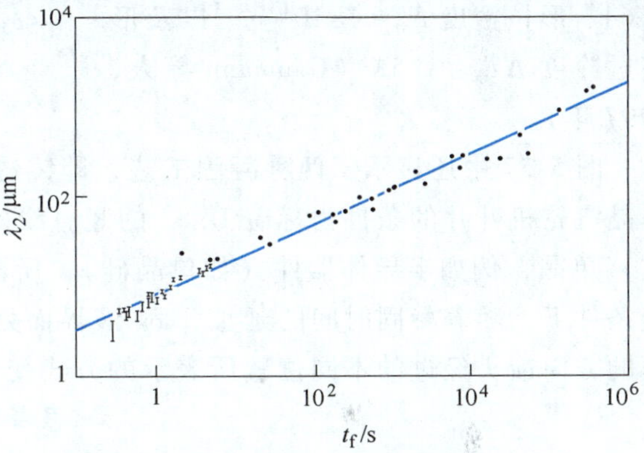

图 5-36 二次间距与局部凝固时间 t_f 的关系

局部凝固时间与其冷却速度存在的关系为 $t_f=\Delta T'/|\dot{T}|$，即 $t_f=\Delta T'/|GR|$，$\Delta T'$ 为其端部温度与共晶温度之差，在无共晶反应时取 $\Delta T'\approx\Delta T_0$。由式（5-28a）可得

$$\lambda_2 = A\left(\frac{\Delta T'}{|\dot{T}|}\right)^{1/3} = A\left(\frac{\Delta T'}{RG}\right)^{1/3} \quad (5\text{-}28b)$$

可见，冷却速度 $|\dot{T}|$ 越大（G 及 R 越大），二次臂枝晶间距 λ_2 越小。对铸件而言，由于表面处 $|\dot{T}|$ 大，故表面激冷晶二次臂细密。而铸件由外向内不同部位的开始凝固时间逐步推后（见第 3 章的动态凝固曲线），铸件 G 随时间而变小（见第 3 章的铸件温度场）且 R 减慢（$|\dot{T}|$ 降低，t_f 变长），铸件由外向内二次臂 λ_2 逐渐增大。另一方面，t_f 也会随铸件大小或铸型性质而不同，从而影响 λ_2。λ_2 与 λ_1 一起决定了偏析距离以及缩松率，且 λ_1 及 λ_2 越小，合金的力学性能越高。

作为本章小结，图 5-37 利用一种 $\Delta T_0=38K$ 的特定合金，总结了在温度梯度 G 变化或者生长速率 R 变化时，所得到的各种不同凝固组织尺寸和形貌的变化趋势。

假定在单向热流条件下，则乘积 GR 就等于冷却速率 $|\dot{T}|$，正是 $|\dot{T}|$ 控制着所形成的微

观组织尺寸。沿着45°方向从左下端向右上端移动（不同$\dot{T}$值），即冷却速率$\dot{T}$增大，则相应的组织越来越细化，图5-37中的胞状晶、柱状树枝晶及等轴树枝晶均遵从这一规律。

另一方面，G/R的比值在很大程度上决定了晶体的生长形态，当沿着45°方向从图5-37的右下方向左上方变化（G/R逐步变小）时，晶体形态从平面晶到胞状晶再到树枝晶发生变化。图5-37中曲线表达的是从柱状晶向等轴晶发生转变的位置，这条曲线获得的具体条件是：合金分配系数$K_0 = 0.64$、形核密度$N_0 = 4\times10^{13}\,\mathrm{m}^{-3}$以及形核过冷度$\Delta T_n = 1.5\mathrm{K}$（Gaumann等人，1997年）。

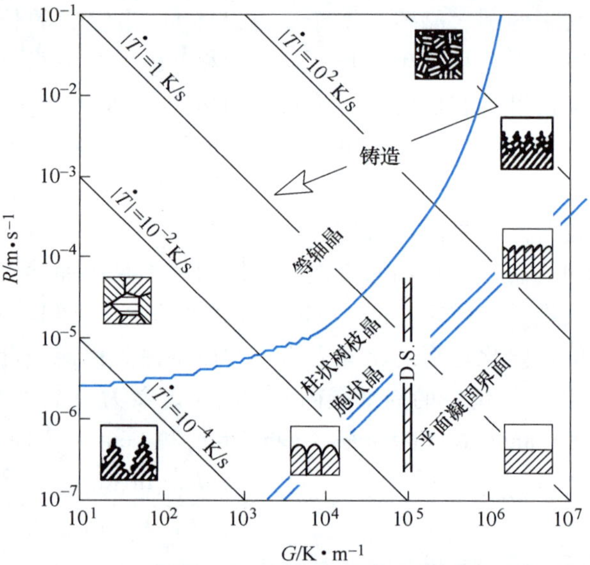

图5-37　单相合金凝固形貌及其工艺条件（$\Delta T_0 = 38\mathrm{K}$）
（图中D.S.表达定向凝固）

图5-37中还显示了两种凝固工艺，即铸造以及定向凝固（D.S.）的典型条件。产生单晶汽轮机叶片的条件为标着D.S.的竖直线的上端。在平界面生长情况下生产优质（均质）单晶，例如半导体器件（如单晶硅），所需要的工艺就在同一竖条的下端。在传统铸造条件下，随着凝固时间的延长，固-液界面处的生长条件近似地按照从右向左且轻微下倾的方向箭头经过的不同位置所表示的方式变化。

思考与练习

1. 在图5-38中，液态合金的成分为C_0。假设在冷却过程中按平衡方式凝固（液相及固相成分均按相图变化），在图上分别标出T_1、T_2及任意特定温度T^*与液相线、固相线的交点的成分，以及两个空白的（　）中的L（液）或/和S（固）相区。

2. 何谓结晶过程中的溶质再分配？它是否仅由平衡分配系数K_0所决定？当相图上的液相线和固相线皆为直线时，试证明K_0为一常数。

3. 理解“液-固界面局部平衡假设”的内容并思考其意义。

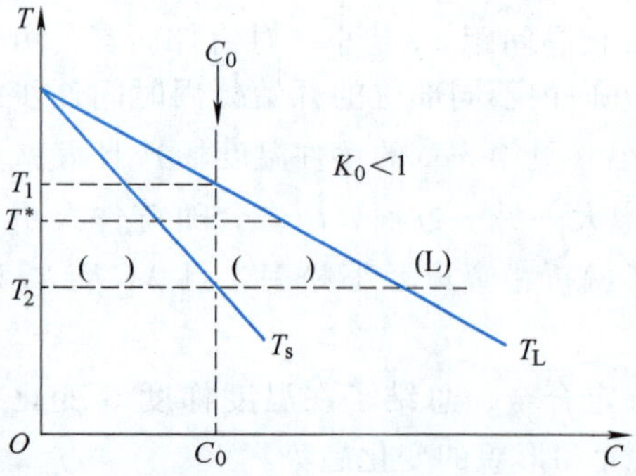

图5-38　二元合金相图

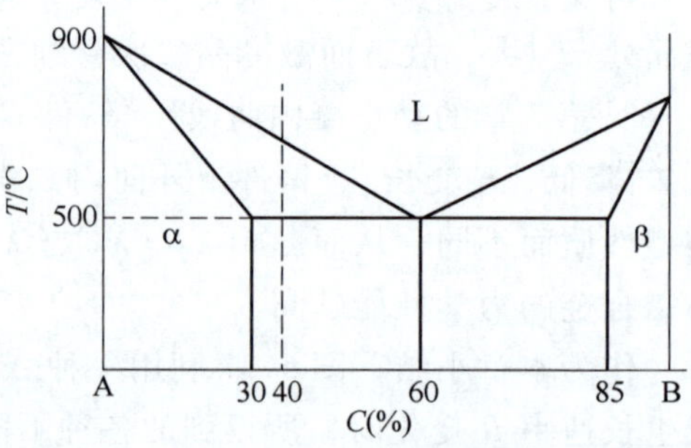

图5-39　二元合金相图

4. 某二元合金相图如图 5-39 所示，合金液的成分为 $C_B=40\%$，置于长瓷舟中并从左端开始凝固。温度梯度大到足以使固-液界面保持平面生长。假设固相无扩散，液相均匀混合。试求：①α 相与液相之间的平衡分配系数 K_0；②凝固后共晶体的数量占试棒长度的百分数；③画出凝固后的试棒中溶质 B 的浓度沿试棒长度的分布曲线，并注明各特征成分及其位置。

5. 设上题合金成分为 $C_0=C_B=10\%$：①证明已凝固部分（f_S）的平均成分 $\overline{C}_S=\dfrac{C_0}{f_S}[1-(1-f_S)^{K_0}]$；②当试棒凝固时，液体成分增高，而这又会降低液相线温度。证明液相线温度 T_L 与 f_S 之间的关系为 $T_L=T_m-m_LC_0(1-f_S)^{K_0-1}$（$T_m$ 为纯组元 A 的熔点，m_L 为液相线斜率的值）。

6. 图 5-40 所示为液相只有有限扩散凝固条件下的溶质再分配，试在图上完成以下 1)~4) 内容（做题中最好不查看教材）：

1）在三条虚线与纵坐标相交处标出其对应成分。

2）以纵虚线标出最初过渡区进入稳定状态的分界位置。

3）写出稳定阶段界面前方富集层溶质浓度 $C_L(x')$ 与 x' 的关系式。

4）标出“特征距离”$\lambda=\dfrac{D_L}{R}$ 及其对应 x' 处 $[C_L(\lambda)-C_0]$ 的高度，并写出其表达式。

5）以数学解析法证明式(5-10)：$G_C=\left(\dfrac{\partial C_L(x')}{\partial x'}\right)_{x'=0}=\dfrac{\Delta C_0}{D_L/R}$。

6）在图 5-40 上标出 G_C 及 ΔC_0，并说明式（5-10）的几何意义。

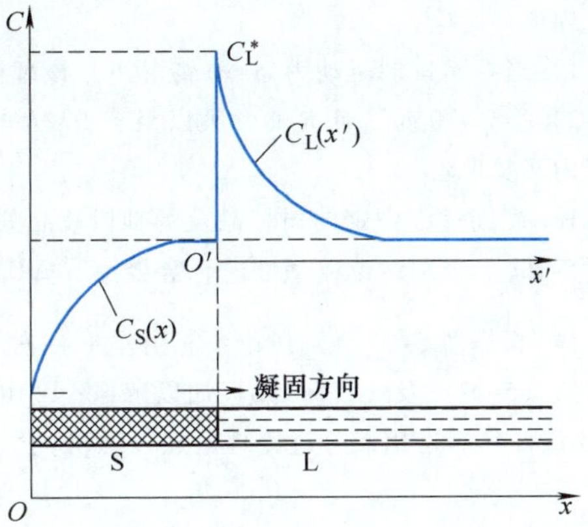

图 5-40　液相只有有限扩散凝固条件下的溶质再分配

7. 在固相无扩散而液相仅有扩散凝固的条件下，分析凝固速度变大（$R_1\rightarrow R_2$，且 $R_2>R_1$）时，固相成分的变化情况，以及溶质富集层的变化情况。

8. 根据式（5-12a）$C_L^*=\dfrac{C_0}{K_0+(1-K_0)e^{-\frac{R}{D_L}\delta_N}}$，试分析比较在稳定凝固阶段，“液相部分混合”与“液相仅有有限扩散”两种情况下 C_L^* 与 C_S^* 的高低。

9. 设某二元铝合金的液相线及固相线均为线性，液相线斜率为 $m_L=-1.5K/\%$（浓度每增加 1%，液相线温度下降 1.5K），其 $K_0=0.25$，合金原始成分 $C_0=1\%$，纯铝熔点约取为 $T_m=660℃$。在“液相只有有限扩散”溶质再分配条件下，稳定状态的凝固速度 $R=100\mu m/s$ 时，溶质扩散系数 $D_L=5000\mu m^2/s$。

1）画出具有液相线及固相线的部分相图（温度坐标从 653℃ 到 661℃，成分坐标从 0 到 5%），分别计算固-液界面前沿各 x' 处的 $C_L(x')$（保留四位小数）及对应的 $T_L(x')$（保留一位小数），将计算值填入下表。

$x'/\mu m$	0	20	40	60	80	100	300	600
$C_L(x')(\%)$								
$T_L(x')/℃$								

2）根据计算结果作图描点，以光滑曲线表达 $C_L(x')-x'$ 及 $T_L(x')-x'$ 的关系，并对 $T_L(x')$ 相对 $C_L(x')$ 的关系做简要讨论。若考虑凝固需要的动力学过冷度 $\Delta T_k=3K$（这里有意夸大），在 $T_L(x')-x'$ 图中以虚线作另一条实际的 $T_L(x')-x'$ 曲线。

3）以界面前沿液体的实际温度梯度 $G_{L1}=80K/mm$ 及 $G_{L2}=25K/mm$ 在 $T_L(x')-x'$ 图上分别作直线，并指出是否产生成分过冷。

10. 设某合金的 $K_0=0.6$，液相线斜率绝对值 $m_L=-3K/C\%$，溶质扩散系数 $D_L=5000\mu m^2/s$。

1）当在"液相只有有限扩散"溶质再分配条件下，稳定状态的凝固速度 $R=25\mu m/s$，界面前沿液体温度梯度 $G_L=10K/mm$ 时，判断在合金原始成分分别为 $C_0=1\%$ 及 2%两种情况下成分过冷的可能性。

2）在上述合金原始成分为 $C_0=1\%$ 的条件下，若分别使 R 变大或 G_L 变小，会发生何种情况？

11. 成分过冷的大小受哪些因素的影响？如何影响？

12. 结合作图以数学演绎法证明：判别式（5-16a）可表达为 $\frac{G_L}{R}<\frac{T_0-T_i}{D_L}$，其中 $T_0=T(C_0)$，$T_i=T_L(x'=0)$。

13. 在同一幅图中表示 5.1 节描述的四种方式的凝固过程中，溶质再分配条件下固相成分的分布曲线。

14. 根据式（5-13a）分析讨论有效分配系数 K_E 的三种情况。

15. 讨论成分过冷对单相固溶体凝固组织形貌的影响，其中需注重说明界面由平面→胞状的条件、胞状晶→树枝状晶的趋势与因素、外生生长→内生生长的前提。

16. "界面稳定性动力学"理论克服了"成分过冷理论"的哪些不足之处？

17. 根据界面稳定性动力学理论所获得的式（5-22），即 $\lambda_i=2\pi\sqrt{\frac{\Gamma}{mG_C-G}}=2\pi\sqrt{\frac{\Gamma}{\phi}}$，并依据 λ_i 的意义，理解并讨论：

1）当界面扰动驱动力 $\phi\to0$ 情况下，该理论与成分过冷理论的相似性及微小区别之处。

2）当 $\phi\gg0$ 时，且 R 非常大以至于 D_L/R 与 $\Gamma/\Delta T_0$ 相等时，再次出现界面稳定（绝对稳定 $R\geqslant R_a$）的物理内涵及现象。

18. 凝固过程中定向树枝晶及等轴树枝晶的 λ_2 随局部凝固时间 t_f 延长而变大，试简述其机制，并依据式（5-28b）分别讨论铸型性质、合金性质 ΔT_0 对二次枝晶间距的影响。

19. 根据图 5-37 分别讨论：①由左下→右上变化（冷却速率 $|\dot{T}|=GR$ 趋高）情况下对组织的影响，并以式（5-27）及式（5-28b）加以解释；②由右下→左上变化（G/R 趋小）情况下对组织的影响，并以 G_L 替代 G 然后运用成分过冷理论加以说明。

第6章　多相合金凝固

大部分合金在凝固过程中存在着两个或两个以上的固相，其凝固过程称为多相合金的凝固，它比单相固溶体的凝固情况复杂。除了初生单相固溶体的结晶以外，多相合金还可能会出现其他结晶反应，如共晶、包晶及偏晶反应等。本章以讨论共晶合金凝固为主，适当介绍包晶合金凝固。

6.1　共晶组织的分类及特点

共晶系合金在生产与应用中占有很大的比重。共晶体由两相或多相组成，可看作是由凝固自然形成的“复合材料”。而且，共晶凝固组织往往比单相凝固组织要细小得多，所以具有更为优异的力学性能。共晶合金的铸造工艺性能优越，即使合金为亚共晶或过共晶成分，在通常凝固条件下也必然经历共晶反应。因此，从技术角度而言，对共晶凝固及其规律的掌握和组织控制显得特别重要。

共晶组织的形态是多种多样的，这与合金的化学成分、组成相的晶体学特性以及共晶生长条件等因素有关。亨特（Hunt）和杰克森（Jackson）根据组成相的 Jackson 因子 α [见式(4-23)] 来进行分类，将二元共晶组织分为以下三类：

（1）第一类共晶　由粗糙-粗糙界面（非小平面-非小平面）两相组成的共晶为第一类共晶，通常的金属-金属及一些金属-金属间化合物共晶系统（如 Al-Al_2Cu 及 Al-Al_3Ni）属于此类。此类共晶的两相按耦合方式进行共生生长（将在本章的 6.2.2 中详细描述，且在 6.3.2 中最终给出定义），其典型显微形态为规则层片状（图 6-1 及图 6-3），或其中有一相为平行排列的棒状或纤维状（图 6-2）。因此，此类共晶组织又称为规则共晶（Regular Eutectics）。非共晶成分的合金在共晶反应前，其初生相呈树枝状长大，共晶反应后的组织由初晶相及共晶体所组成，图 6-4 所示的黑色组织为初晶 α-Cu 相。

（2）第二类共晶　由粗糙-光滑界面（非小平面-小平面）两相组成的共晶为第二类共晶，金属-非金属共晶及某些金属-金属间化合物共晶系统（图 6-5 所示的 Mg-Mg_2Sn）属于此类。其长大过程中的两相往往仍是相互耦合的共生生长，但由于小平面相各向异性强，易按自身特定的晶体学取向生长，且对凝固条件（如杂质元素或变质元素）十分敏感，容易发生弯曲和分枝，所得到的组织较为无规则，如图 6-5 所示的黑色 Mg_2Sn 相呈非规则分布。在共晶两相耦合生长时，这种小平面相常为领先相向前凸出，如图 6-25 所示的共晶团生长中石墨凸出的尖端，同时其周围为另一相所围绕。本章 6.5 及 6.6 两节重点讨论的 Fe-G（石墨）和 Al-Si 两大类合金属于工业中应用最为广泛的合金系，均归于这一类。

（3）第三类共晶　由光滑-光滑界面（小平面-小平面）两相组成的共晶为第三类共晶，非金属-非金属（两共晶组成物都具有光滑界面）共晶系统属于此类。其长大过程中两相不再是耦合生长，所得到的组织为两相的不规则混合物，如图 6-6 所示。不过，情况并非总是如此，正如海纳威尔等人所指出的，一些无机共晶体也可按第一类方式进行共生生长形成规则共晶，如图 6-7 所示。

绝大多数第二类及第三类共晶由于形态不规则，称为非规则共晶（Irregular Eutectics）。第一类及第二类共晶合金在工业中具有广泛的实用价值，研究得较多，人类对其生长规律的认识也相对较成熟。

图 6-1 Pb-Sn 层片状规则共晶

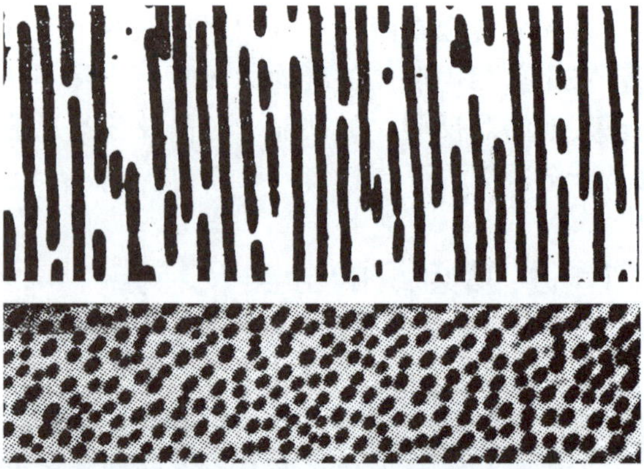

图 6-2 Al-Al_3Ni 棒状规则共晶
（上图为纵截面，下图为横截面）

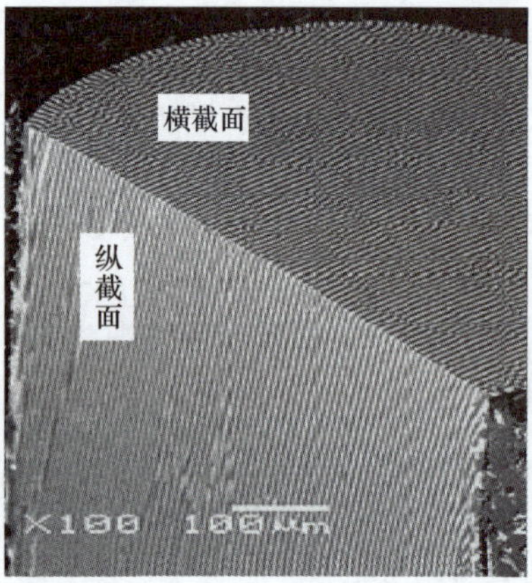

图 6-3 Al-Al_2Cu 层片状规则共晶

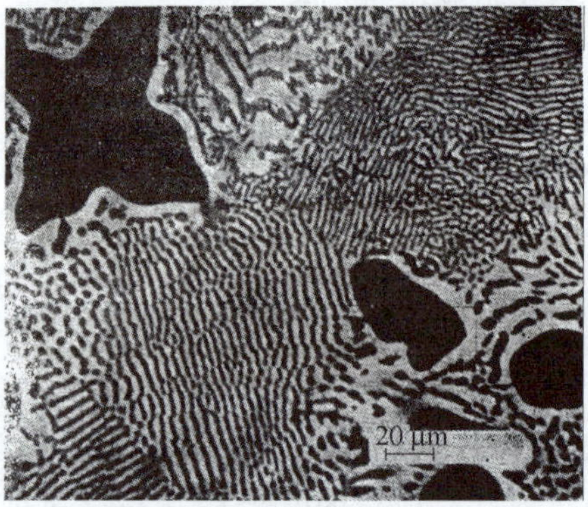

图 6-4 初晶及共晶体（亚共晶 Cu-Ag 合金）

图 6-5 Mg-Mg_2Sn 非规则共晶

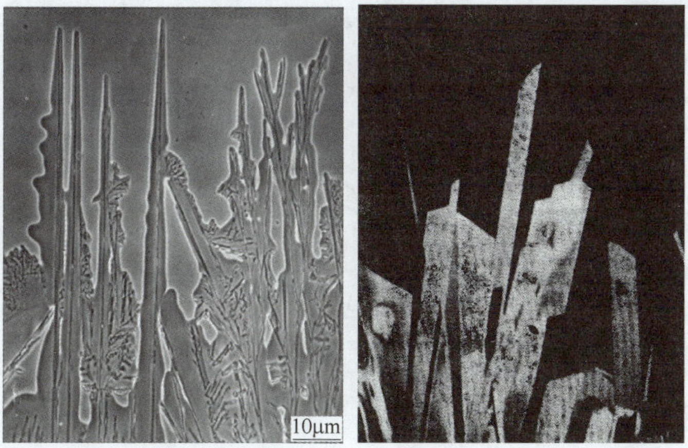

a)　　　　b)

图 6-6　两相非耦合生长形成不规则共晶

a）琥珀腈-茨醇共晶　b）偶氮苯-苯偶酰共晶

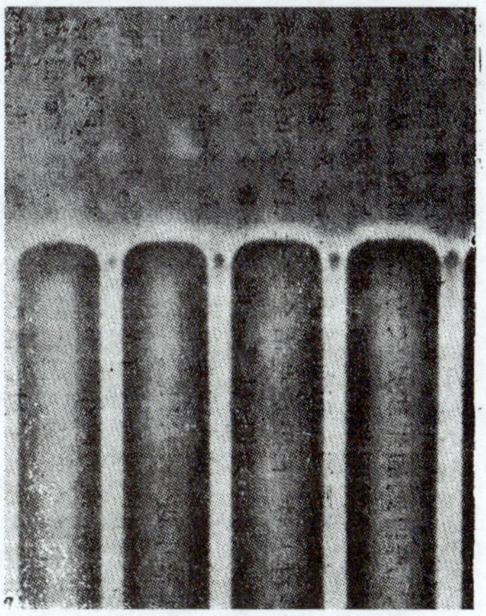

图 6-7　四溴化碳-六氯乙烷（规则共晶体）

6.2　规则共晶的凝固

6.2.1　层片状共晶组织的形核过程

层片状共晶组织是最常见的一类非小平面-非小平面共生共晶组织，现以球状共晶团为例，讨论层片状共晶组织的形成过程。如图 6-8 所示，设共晶转变开始时，熔体首先通过独立形核而析出富 A 组元的领先相 α 固溶体小球。α 相的析出促使界面前沿 B 组元原子的不断富集，且为新相（β 相）的析出提供了有效衬底，从而导致 β 相固溶体在 α 相球面上的析出。在 β 相析出过程中，向前方的熔体中排出 A 组元原子，也向与小球相邻的侧面方向（球面方向）排出 A 原子。由于两相性质相近，从而促使 α 相依附于 β 相的侧面长出分枝。α 相分枝生长又反过来促使 β 相沿着 α 相的球面与分枝的侧面迅速铺展，并进一步导致 α 相产生更多的分枝。如此交替进行，很快就形成了具有两相沿着径向并排生长的球形共生界面双相核心，这就是共晶的形核过程。显然，在领先相表面一旦出现第二相，则也可通过图 6-9 所示的“搭桥”方式产生新的层片来构成所需的共生界面，而不需要每个层片重新形核。事实证明，这也是一般非小平面-非小平面共晶所共有的形核方式。

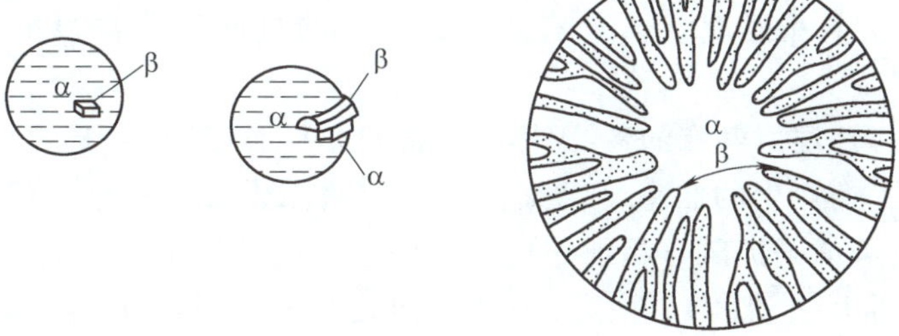

图 6-8　球形共晶的形核与长大

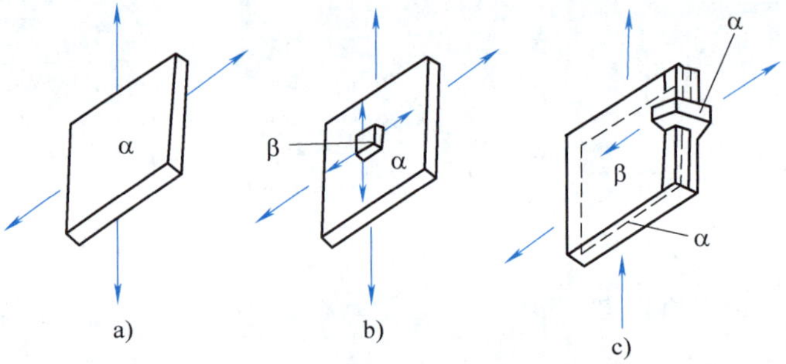

图 6-9　层片状共晶搭桥式形核方式

6.2.2　层片状共晶组织的扩散耦合生长

非小平面-非小平面层片状规则共晶向前生长与晶体学方向无关联，只取决于热流方向及原子扩散，两相并排地向前生长，其长大方向垂直于共同的固-液界面，并借助于 A、B 组元横向的扩散耦合而协同生长。为了方便理解，首先假想共晶两相在相互隔离的两个容器中从共晶成分的熔体中生长出来，如图 6-10a 所示，α 相向熔体中析出 B 原子，而 β 相向熔体中析出 A 原子。在生长方向必然发生溶质传输的长程扩散，且在稳态下的溶质分布可以按第 5 章中讨论的指数衰减方式来描述，从而产生如图 5-8 所示的富集程度及范围均很大的溶质边界层，其厚度约为 $2D_L/R$。值得注意的是，当浓度以分数表示时 $C_B=(1-C_A)$，此长程扩散场将涉及大范围的溶质聚集和相应低的生长界面温度（远低于共晶温度 T_e）。

现在设想将两相并列放在一起，且两相固-液界面在同一平面上，如图 6-10b 所示，这相当于层片状规则共晶生长的实际情况，且非常有利于两相的生长，因为由其中一相析出的溶质恰恰满足另一相的生长需求。因此，沿固-液界面的横向扩散（图 6-10b 中粗箭头所示方向的 J_t）将起支配性作用。根据图 6-10b 对应的相图，按照局部平衡的方式以与 α 相平衡的液相成分 C_L^α 及与 β 相平衡的液相成分 C_L^β 标注在固-液界面处。可见，固-液界面处的液相浓度仅按很小的振幅（$\Delta C=C_L^\alpha-C_L^\beta$）而波动，界面处最大溶质富集程度 $\Delta C/2$ 大大低于图 6-10a 中所示单相生长时的情况。对应于溶质 ΔC，界面过冷度最大值为 ΔT_c^{max}（在图 6-10 中没有考虑界面处的曲率效应）。此外，横向扩散耦合的结果使界面前的溶质富集边界层厚度大大缩小，由图 6-10a 中的约 $2D_L/R$（实际中通常为数百微米以上）降到仅为片层间距的一半左右（$\lambda/2$，通常仅为微米量级）。因为在界面处的最大浓度差（相对于 C_e）远小于单相生长条件下溶质富集层的最大浓度差值，所以正在生长的界面温度接近于平衡共晶温度 T_e。换言之，其界面的过冷度通常很小，这是规则共晶生长的另一重要特征。

当然，α 及 β 相片层所共有的液-固界面通常并非平面（图 6-11），由 α、β 与熔体三相交界处的界面张力平衡产生的曲率（毛细作用）使共晶生长条件稍许偏离相图中的平衡状态。图 6-12 中同时考虑了扩散与毛细作用对界面过冷度的影响，首先，图 6-12a 显示了界面处 B 原子的扩散路径（流线），注意，A 原子与之相似按相反方向的路径扩散（图中未表示出来）。接近界面处的流线更粗，表示扩散流量更高，随着离开界面距离 z 的增加，因横向扩散使界面前溶质浓度衰减非常快，扩散流量也迅速变小。当 $z\approx\lambda/2$ 时（横向扩散的特

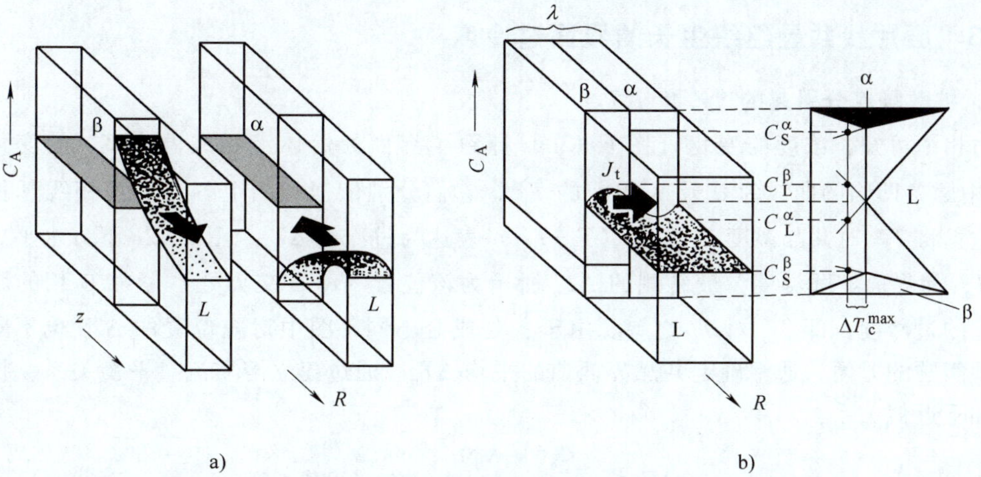

图 6-10 层片状共晶生长时固-液界面前沿成分分布及扩散场示意图

a）两相相互隔离生长情况 b）两相并排生长情况

征衰减距离），液相浓度 $C_L \to C_e$，即溶质富集波动的振幅 $\Delta C \to 0$。当 $z>\lambda/2$ 后，则不存在溶质富集（图 6-10b），也就不再有横向扩散。

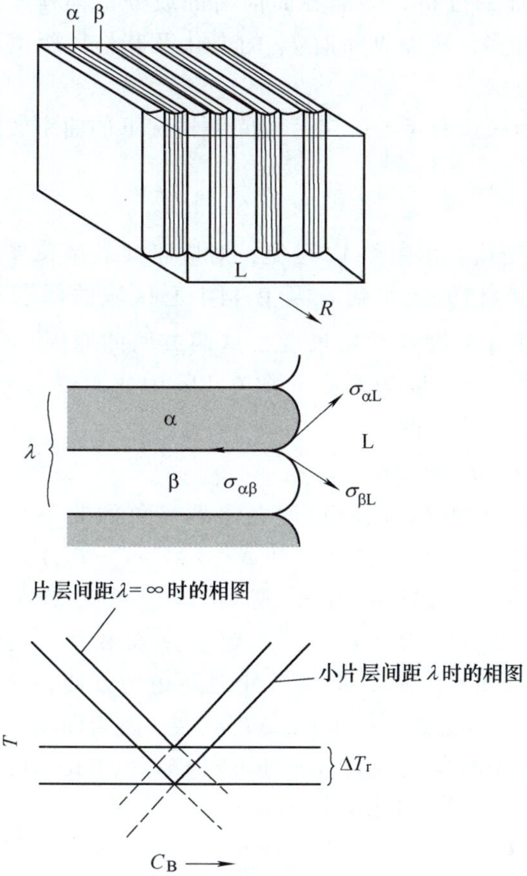

图 6-11 共晶界面处的曲率效应

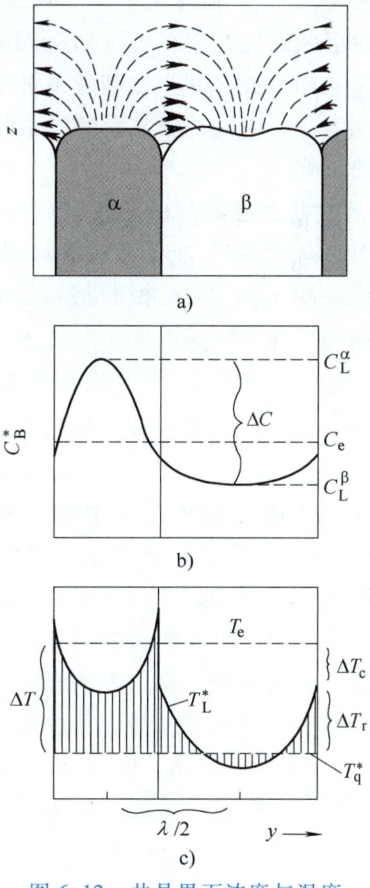

图 6-12 共晶界面浓度与温度

6.2.3 层片状共晶组织生长的界面过冷度

1. 扩散场成分引起的过冷度 ΔT_c

由相图可知，浓度的变化（图 6-12b）导致了界面处熔体液相线温度 T_L^* 的变化。图 6-12c中两条凹陷的曲线为 α 及 β 相前的 T_L^*，它们分别依据相图上各自的液相线延长线确定。这里将 T_L^* 对共晶温度 T_e 之差（$T_e - T_L^*$）表达为过冷度 ΔT_c。图 6-12c 下方水平虚线表达的 T_q^* 为界面实际温度，最右侧的 ΔT_c 所示为该位置（α/β 交界处）紧靠 β 相的熔体成分引起的过冷度，即 T_L^* 对 T_e 之差。由于各处成分不同，图中对应位置的 ΔT_c 也不同。为了处理问题的方便，通常确定共晶界面前的平均 ΔT_c。通过建立溶质流量平衡关系，推导可得到如下近似关系：

$$\Delta T_c = \frac{C_e(1-K_0)}{2D_L\left(\frac{1}{-m_\alpha}+\frac{1}{m_\beta}\right)}\lambda R = K_c \lambda R \tag{6-1}$$

式中 m_α 及 m_β 为 α 及 β 相液相线斜率，过冷度 ΔT_c 为共晶界面处 T_L^* 的平均值对 T_e 之差，如图 6-13a 所示，即成分引起的平均过冷度。此处有两点需要特别指出：第一，这里讨论的 ΔT_c（共晶温度 T_e 与界面处液相线温度 T_L^* 之差）并非属于成分过冷（成分过冷为液相线温度 T_L 与实际温度之差）；第二，根据前面的分析，共晶界面前沿的成分富集程度及扩散边界层距离比之单相固溶体凝固的均要小得多，所以界面前 T_L 的变化及其作用距离不足以引起共晶生长界面产生胞状或柱状树枝晶组织。

到此为止，问题并没有得到彻底解决，因为尚没有考虑一定片层间距情况下的曲率效应对温度的影响。

2. 层片状共晶界面曲率效应

下面重新回到固-液界面前沿的周期性浓度变化。由图 6-12 可见，对应于共晶生长界面的液相线温度 T_L^*，从 α 相的某些区域的高于 T_e 值，变化到 α 及 β 相中心区域的低于 T_e 值，甚至低于界面实际温度 T_q^* 的值。而由于热导率高及片层尺度小这两方面的原因，T_q^* 为常值，即规则共晶液-固界面为等温面。因此，过冷度的差值（图 6-12c 中的阴影部分）必然由曲率过冷 ΔT_r 来补偿以维持界面处的局部平衡，即

$$\Delta T = \Delta T_c + \Delta T_r = T_e - T_q^* = 常量 \tag{6-2}$$

例如，在某相（图 6-12 中的 β 相）片层较宽的中心区域可能会出现一负的曲率（凹陷），此处曲率过冷 ΔT_r 为负值，以便对界面过冷度进行补偿（该处 $\Delta T_c > \Delta T = T_e - T_q^*$）。

在图 6-11 所示的 α-β 界面与生长界面的交界处，界面张力 $\sigma_{\alpha\beta}$ 必须与 $\sigma_{\alpha L}$ 和 $\sigma_{\beta L}$ 维持力学平衡，而与力学平衡相关的 $\sigma_{\alpha L}$ 和 $\sigma_{\beta L}$ 的高低及其方向（角度）决定了 α 及 β 片层的曲率。显然，生长界面不同位置的曲率有所差别（图 6-12a），但为了处理问题的方便，这里假设各处曲率处处相等，即计算中取平均曲率 k。根据式（4-9b），$\Delta T_r = \Gamma k$，因为曲率 k 与 $1/\lambda$ 成正比，即 $k = K'/\lambda$，则有 $\Delta T_r = \Gamma K'/\lambda$。对于特定物相其吉布斯-汤姆孙（Gibbs-Thomson）系数 Γ 为常数［见式（4-9）相关的 Γ 定义式］，于是得

$$\Delta T_r = \frac{K_r}{\lambda} \tag{6-3}$$

式中，K_r 为一个常量。由式（6-1）及式（6-3）确定的 ΔT_c 及 ΔT_r 分别表示在图 6-13a 中。注意，图 6-13a 中的各个过冷度为确定凝固速度 R 及特定的层片间距 λ' 条件下的情况，且均为平均值。

6.2.4　确定共晶片层间距的最小过冷度准则

由式（6-1）及式（6-3）可得到层片状共晶生长界面处总的过冷度（$\Delta T=T_e-T_q^*$）

$$\Delta T=K_c\lambda R+\frac{K_r}{\lambda} \tag{6-4}$$

式中，第一项为 ΔT_c；第二项为 ΔT_r。由式（6-4）可知，当片层间距 λ 变化时，两种过冷度以相反的方式变化。如图 6-13b 所示，ΔT_c 随 λ 的增大而线性增大（液相线温度 T_L^* 下降，注意，$\Delta T_c=T_e-T_L^*=K_c\lambda R$），而 ΔT_r 则按反比例函数随片层间距 λ 的增大而减小，两项之和 ΔT 对 λ 的关系为图 6-13b 中阴影区域的上缘曲线（图 6-13a 对应的是图 6-13b 中任意片层间距 λ' 的情况）。显然，从纯数学角度来看，对于 ΔT-λ 关系，式（6-4）不具有唯一解，而具有很多组 ΔT-λ 数据可满足该式。即使当 ΔT 确定后，也同时存在两个 λ 值（图 6-13b 中的曲线），且它们可能相差很大。

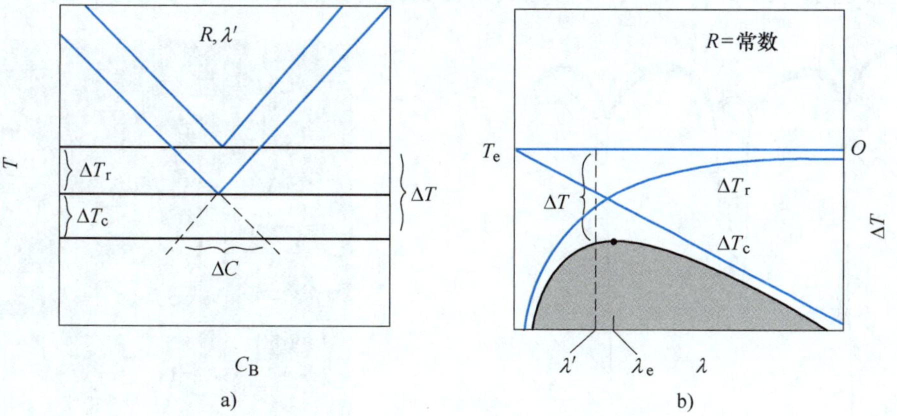

图 6-13　层片状规则共晶生长中的界面过冷度

分析图 6-13b 可知，当 λ 较小时，共晶的生长受毛细作用的控制，即曲率过冷 ΔT_r 的作用大于 ΔT_c；而当 λ 较大时，则扩散成为关键因素，ΔT_c 作用占主导。在 ΔT-λ 关系曲线上存在一个极值点，在 $\lambda=\lambda_e$ 时共晶生长界面的温度最高，换言之，此时界面过冷度 ΔT 为最小值。一般认为，对于规则共晶，共晶生长最可能发生在过冷度最小值处，此即共晶凝固理论中著名的最小过冷度准则，亦称为极值准则（Extremum Criterion）。根据这一准则，极值点对应的共晶片层间距趋于确定值 λ_e。

科研及生产中的大量实例也表明，对于特定合金在确定的凝固冷却条件下，规则共晶片层间距虽然具有一定的分散度，但分散度并不大，共晶片层间距 λ 基本接近，其平均间距略高于 λ_e。有研究表明，共晶片层间距处于一定范围，其下限的确为 λ_e，而其上限却高于 λ_e 约 20%。当然，极值准则所确定的 λ_e 除了由合金性质因素决定的 K_c、K_r 之外，还受到凝固条件的影响，如生长速率 R。因此，即使确定成分的合金，由于铸件大小或凝固先后差别，生长速率也不同，壁厚不同或同一铸件不同部位观察到的片层间距也会有较大差别。

图 6-13b 所描述的为共晶生长速率 R 为常数的情况下，若 R 增大，将会使图中 ΔT_c-λ 线性关系的斜率绝对值增大，而 R 对 ΔT_r-λ 曲线没有影响。因此，R 增大将使 ΔT-λ 曲线的极值点位置 λ_e 左移，从而获得更小的共晶片层间距。对式（6-4）求导并令 $d(\Delta T)/d\lambda=0$，即可求出片层间距 λ_e 与 R 的关系，即

$$\lambda_e^2 R=\frac{K_r}{K_c} \quad 或 \quad \lambda_e=\sqrt{\frac{K_r}{K_c}}R^{-1/2}=K_\lambda R^{-1/2} \tag{6-5}$$

式（6-5）表明，λ_e 与 $R^{1/2}$ 成反比。从共晶凝固的物理过程不难理解式（6-5）表达的 λ_e-R 关系。同一相界面前沿横向的溶质浓度分布并非均匀，例如，α 相片层前沿的中心处 B 原子扩散的距离比在 α-β 交界处要远，所以在 α 片层中部 B 原子的扩散比 α-β 交界处要困难得多，容易引起此处 B 原子聚集而使浓度升高，而且片层间距越厚这种情况越严重。另一方面，生长速度 R 越快，B 原子扩散走的机会就越少，上述 B 原子聚集的情况就更加严重，这会影响 α 相在此处的继续生长速度，从而形成凹坑，使得 B 原子扩散越发困难。当 B 原子浓度升高到足以使 β 相形核，新的 β 相片层则在此处形成，从而片层间距得以调整，如图 6-14a 所示。因此，共晶生长速度 R 越快（共晶阶段冷却速率越大），相应的片层间距 λ 就会越小。图 6-14b 所示为 R 增大引起共晶片层间距减小的实例。

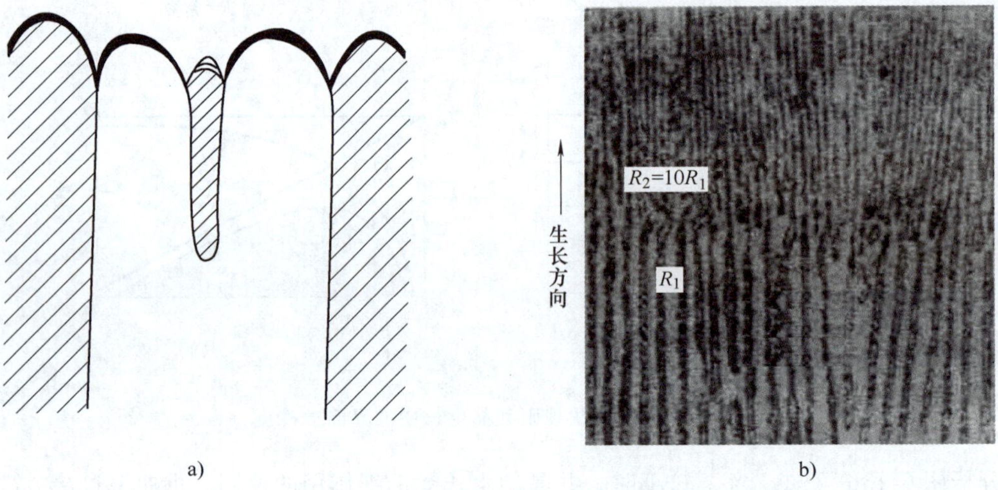

图 6-14　R 增大对共晶片层间距的调整

a）片层间距的调整示意图　b）R 增大引起 Pb-Sn 合金片层间距减小的实际凝固组织照片

同时，由式（6-4）及式（6-5）整理可得到极值点过冷度 ΔT_e 与共晶生长速度（ΔT_e-R）的关系

$$\frac{\Delta T_e}{R^{1/2}}=2(K_r K_c)^{1/2} \quad 或 \quad \Delta T_e=K_R R^{1/2} \tag{6-6}$$

可见，共晶生长速度 R 越快，共晶生长过冷度 ΔT_e 越大。

6.2.5　棒状共晶生长

规则共晶除了层片状共晶外，另一种类型是棒状共晶，该组织中一个组成相以棒状或纤

维状形态沿着生长方向规则地分布在另一相的连续基体中（图 6-2）。究竟出现棒状还是层片结构，取决于共晶中 α 相与 β 相的体积分数和第三组元的影响。在 α 相与 β 相两固相间界面张力各方向相同的情况下，当某一相的体积分数远小于另一相时，则该相以棒状方式生长。当两相的体积分数相近时，则倾向于层片状生长。更确切地说，如果一相的体积分数小于 1/π 时，该相将以棒状结构出现；如果体积分数在 1/π~1/2 之间时，两相则均以片状结构出现。

如图 6-15 所示，设 α、β 两相的共晶体积为 1×1×1 的立方体单元，若 α 相为棒状，所占体积为 $V_r=\pi r^2\times1=\pi r^2$，其与 β 相接触的面积为 $S_r=2\pi r1=2\pi r$；若 α 相为片状，所占体积为 $V_b=1\times1\times b$，其与 β 相接触的面积为 $S_b=2\times1\times1=2$。考虑临界状态 $S_r=S_b$ 时 $2\pi r=2$，得 $r=1/\pi$，这时 $V_r=\pi r^2=\pi\ (1/\pi)^2=1/\pi$。当 $V_r>1/\pi\ (r>1/\pi)$ 时有 $S_r=2\pi r>2=S_b$，也就是说，棒状 α 相与 β 相接触的面积大于片状 α 相与 β 相接触的面积。因此，考虑界面能对系统能量的贡献，当 α 相体积大于 1/π 时，取片状 α 相的系统能量更低，这时层片状共晶结构系统更稳定。

但必须指出，晶体之间的界面张力不可能是各向同性的。层片状共晶中两相间的位向关系要比棒状共晶中两相间的位相关系强，在片状共晶中，相间界面更可能是低界面能的界面，而棒状共晶两相间的界面不可能都是低能界面（注意晶体几何因素）。因此在实际中，即使共晶体中一相的体积分数小于 1/π，也可能出现层片状共晶；但共晶体中一相的体积分数大于 1/π 时，不会出现棒状共晶。

此外，如果第三组元在两相中的平衡分配系数相差较大，则可能出现第三组元仅引起一个组成相产生成分过冷。在这种情况下，如图 6-16a~d 所示，产生成分过冷相的层片在生长过程中将会越过另一相层片的界面而伸入液相中，通过搭桥作用，落后的一相将被生长快的一相割成筛网状，并最终发展成棒状组织。

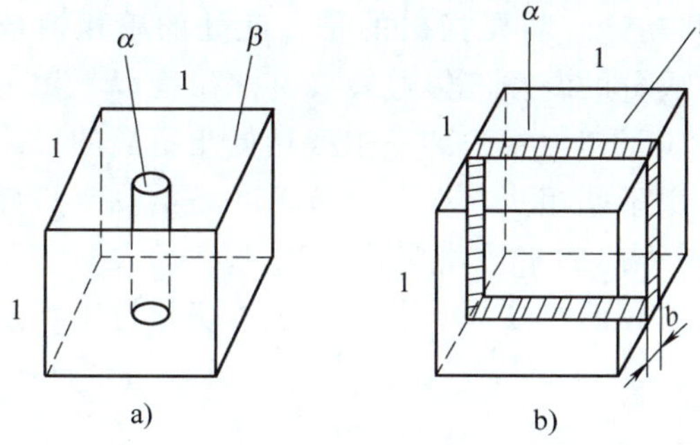

图 6-15　棒状与层片状结构界面积计算示意图

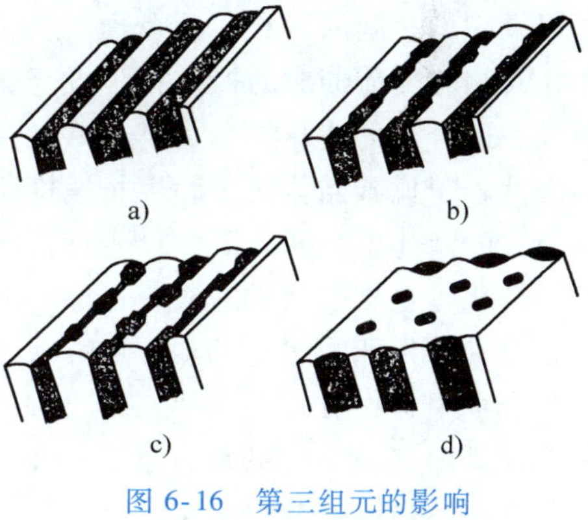

图 6-16　第三组元的影响

6.3　共晶与枝晶相的竞争生长

6.2 节以共晶成分点的合金为对象，主要介绍了标准层片状及棒状规则共晶的生长过程及其规律。然而，实际应用的共晶系合金，即使为非小平面-非小平面的合金类型，无论是共晶成分还是非共晶成分，还可能出现各种各样与上述标准规则共晶完全不同的共晶生长方式及相应的组织形态。

6.3.1　共晶生长界面的失稳

如前所述，在共晶成分的纯二元合金结晶时，由于溶质横向扩散的主导作用，固-液界面前沿的成分富集程度很低，且 A、B 两组元在界面前的富集层仅相当于层片厚度数量级（如前分析为 $\lambda/2$），因此不会引起共晶生长界面前沿的成分过冷，易得到类似单相结晶中宏观平坦的共生界面。然而，如图 6-17 所示，在一些条件下，二元共晶可发生单相或两相两种类型的界面形态失稳。

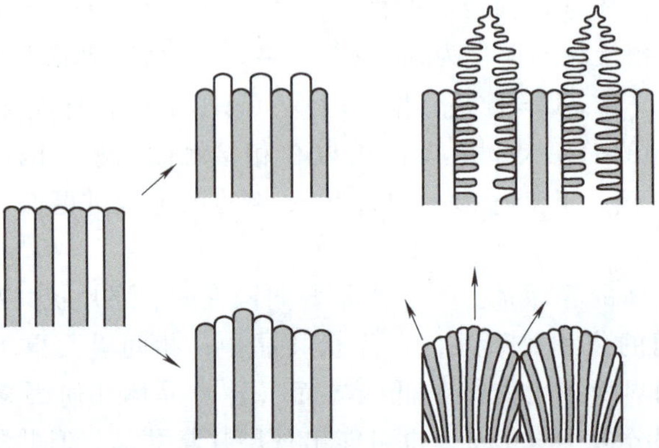

图 6-17　共晶生长界面失稳类型所导致的两种结果

a）仅一相失稳　b）两相同时失稳

1. 单相及两相两种类型的界面失稳

图 6-17a 所示的单相界面失稳通常发生在纯二元合金的非共晶成分，且在 G_L/R 较低条件下（很小的温度梯度及较高的生长速度）更易出现，结果形成一种混合组织，即单相树枝晶以及它们之间的两相层片状（或纤维状）共晶体。需要指出的是，此处的单相树枝晶并非在共晶转变前形成的初生相。设想偏离共晶成分的合金液体过冷到共晶温度以下发生共晶凝固，此合金的液相线总是高于共晶温度，对应于初生相的共晶中一相处于更高的过冷状态，因此趋于比共晶体更快的生长速度。而且，由于此相一旦在一些位置突破共晶生长界面伸到前方的液体中，则其固-液界面前方易形成长距离的溶质富集边界层（将远大于 $\lambda/2$），于是此单相将会发生严重的成分过冷，必然形成单相的树枝晶。若其他位置仍保持正常的共晶生长，其结果即为图 6-17a 右侧所示的组织形态。

当合金中存在对 α 及 β 两相均为 $K_0 \ll 1$ 的第三组元时（$K_0 \gg 1$ 情况类似），每个相在生长中都要排出这种第三组元的原子，并在共晶凝固界面前沿形成溶质富集层，此富集层无法依靠界面前的横向扩散来消除，只能依靠向液体内部的纵向扩散来平衡。因此，类似单相固溶体的结晶过程，这个富集层厚度将很大，可能达到几百个层片数量级。在适当的工艺条件下（如 G_L 较小、R 较大时），界面前方液体将形成成分过冷，从而界面失稳导致界面形态的改变，宏观平坦的共生界面将转变为类似于单相固溶体结晶时的胞状界面（图 6-17b）。在界面突出的胞状生长中，共晶两相仍以垂直于界面（图 6-17b 右侧箭头）的方式进行耦合生长，故两相的层片将会发生弯曲而形成扇形结构。图 6-18 所示为不纯 Pb-Cd 共晶两相失稳发生胞状生长的实际组织照片，当第三组元浓度较大或在更大的凝固速度下，成分过冷进一步扩大，胞状共晶将发展为树枝状共晶组织，如图 6-19 所示，甚至会导致共晶合金由外生生长转变为内生生长，从而形成等轴（粒状）共晶，如图 6-20 所示。如果第三组元仅引起单相的成分过冷，则会形成前述的单相界面失稳的组织形态。

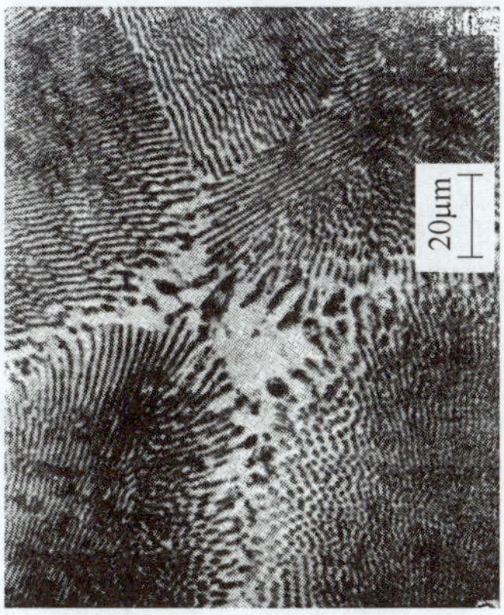

图 6-18 不纯 Pb-Cd 胞状共晶组织

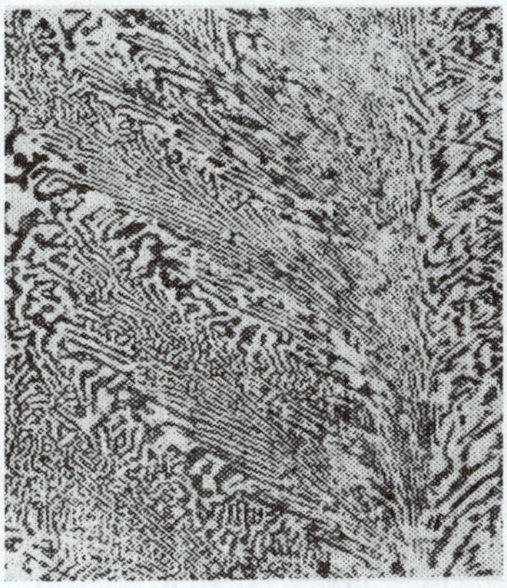

图 6-19 Al-$CuAl_2$ 树枝状共晶团

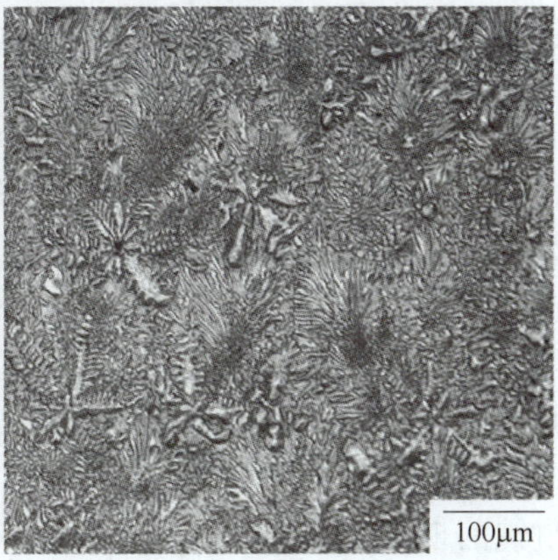

图 6-20 NiAl-Cr 等轴共晶（R=28μm/s）

2. 工艺因素 G_L/R 和熔体对流对共晶界面失稳的影响

由上述可知，合金成分、微量元素或杂质的性质及浓度等因素均会影响共晶凝固界面是否失稳及其程度，此外，凝固条件也会产生影响。图 6-21 表达了在相同杂质情况下工艺因素 G_L/R 对共晶界面失稳的影响，当 NiAl-Mo 共晶合金的定向凝固速度由 2.2μm/s 突然增大到 28μm/s 以上时，纤维状规则排列共晶间距由 3.0μm 迅速减小到 1.0μm，且共晶凝固界面很快失稳而发展为胞状共晶。在图 6-21 中，白亮色组织为 α-Mo 相，而黑色组织为金属间化合物 NiAl 相。

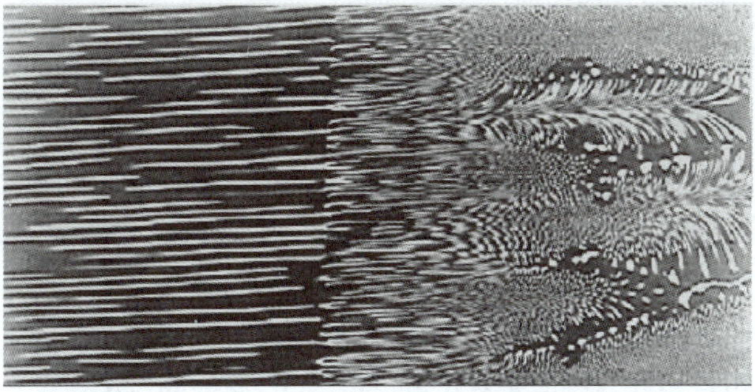

图 6-21 NiAl-Mo 共晶组织因凝固速度加快失稳转为胞状共晶

另一方面，熔体对流也会对共晶生长界面的稳定性产生显著影响，这主要是通过影响界面前沿形成的溶质长程边界层而起作用的。而且，对流强弱及其影响往往与凝固速度、合金成分及其组元的密度差异以及温度分布等因素密切相关。通常认为，对流对偏离共晶成分的合金生长界面的单相失稳有促进作用，而对高纯度共晶成分的合金则无明显影响（溶质边界层厚度远小于对流引起的动量边界层）。

Trivedi 团队曾运用微管控制对流的凝固试验，研究了高纯度 Al-22%Cu 合金（共晶点 w_{Cu}为 33%）在不同定向凝固速度 R 下的对流效应对共晶凝固界面形貌的作用，结果表明：凝固速度 R=0.4μm/s 时，因对流作用较小，无论管内还是管外，凝固界面仍为平面且保持着纤维状规则共晶生长；而当凝固速度 R 仅增大到 0.5μm/s 时，却明显加剧了对流的作用，导致如图 6-17a 所示类型的界面单相失稳，在规则共晶间出现了树枝状 α-Al，且远远突入到界面前方的熔体中。

6.3.2　偏离平衡相图的共晶共生区

根据平衡相图，共晶成分的合金凝固后为 100% 的共晶组织，而任何偏离共晶成分的合金凝固后都不能获得 100% 的共晶组织，应为 α 或 β 初生相加共晶组织。然而，由于生长动力学因素，实际共晶凝固过程不可能完全遵循平衡相图获得相应组织，在不同条件下通常出现以下三种情况：①共晶成分的合金在冷速较快时不一定能得到 100% 的共晶组织，而可能得到亚共晶或过共晶组织；②有些非共晶成分的合金反而得到 100% 的共晶组织；③有些非共晶成分的合金在一定的冷速下出现两相相对独立的“离异共晶”。

为了解释非共晶成分可以获得完全共晶组织的现象，早期有人提出“伪共晶区”概念。依据热力学分析认为，非共晶成分的合金液过冷到如图 6-22 所示的两条液相线的延长线所包括的范围内时，它们都可以产生完全的共晶组织。因为这时对 α 相及 β 相都具有过冷度，它们可以同时结晶出来耦合生长成为共晶组织。这样的共晶组织为非共晶成分，称为伪共晶，两条液相线的延长线所包括的区域称为伪共晶区。

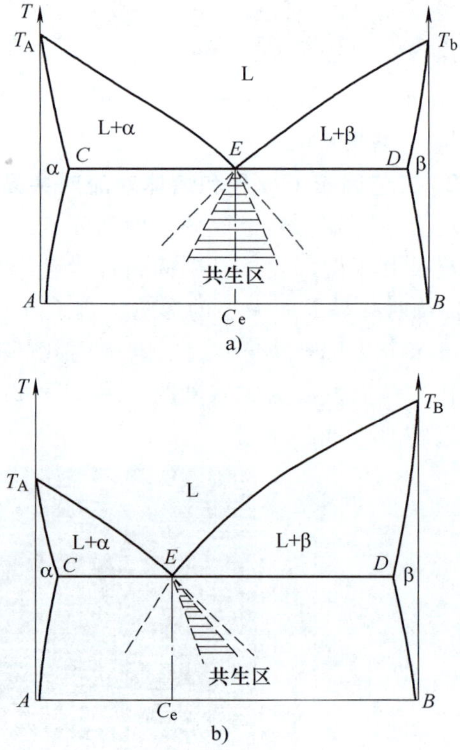

图 6-22　伪共晶区及共晶共生区
a）对称型共生区　b）非对称型共生区

然而，伪共晶区概念却不能解释共晶成分合金有时得不到100%共晶组织的现象。为此，后来有人进一步提出共生区概念。该理论认为，一定成分的合金液只有过冷到如图 6-22 所示的阴影区域，α 及 β 两相才可能发生共晶共生生长。可见，这一区域只是两条液相线的延长区内的一部分。所谓共生生长（Cooperative Growth），是指在共晶生长过程中，两相彼此交替相邻且具有共同的生长界面，通过界面前方液相中溶质的横向耦合扩散，互相不断地为相邻的另一相提供生长所需的组元，彼此协同向前生长。上一节中所讨论的层片状及棒状（或纤维状）规则共晶的耦合生长方式即为典型的共生生长。对应于相图上发生共晶共生生长的区域称为共晶共生区（Couple Zone）。其中，图 6-22a 所示的情况为对称型共生区，发生在两个组元熔点相近、两条液相线基本对称、两相长大速度基本相同的非小平面-非小平面合金中；图 6-22b 所示为非对称型共生区，发生在两个组元熔点相差较大、两条液相线不相对称、共晶两相性质相差较大的非小平面-小平面合金中。由此不难理解，在图 6-22b 所示的情况下，共晶成分的合金在一定过冷度下首先析出初生 α 相，当液相成分进入共生区后才可能发生共生生长，因此得不到 100% 的共晶组织。

随着凝固技术及理论的发展，人们对共晶共生区有了更深入的认识。图 6-22 所示共生区的情形被认为一般发生在接近 $G_L=0$ 的情况下，而在 $G_L>0$ 的情况下，共生区如图 6-23a 和图 6-23b 所示的情形。

通常，图 6-23a 所示为非小平面-非小平面合金系的对称型共生区，其形状如砧斧状。共生区上部的宽区域发生在低速生长和较高的正温度梯度条件下，而下部区域对应于大过冷度的高速生长。在共生区中，低过冷度下为平面共生共晶。随着过冷度增大生长速率加快，加之杂质的作用而出现成分过冷，共晶凝固界面将变得不稳定，这首先导致胞状共晶的形成（图 6-17b 所示方式），继而产生树枝状共晶，过冷度继续增大（R 亦大）则出现等轴共晶。在图 6-23 中，当合金成分及界面过冷温度相交于共生区之外的两侧时，左侧最终组织为 α 相枝晶加共晶，右侧最终组织为 β 相枝晶加共晶。

共晶系某种成分的合金究竟按什么方式凝固以及最终组织形态如何，取决于特定条件下共晶与单相枝晶的生长速率 R 的高低，即取决于共晶与单相枝晶的竞争，这可通过图 6-23a 和图 6-23b 以及右边所示各组织的生长速率曲线 T-R 来分析。以图 6-23a 为例，原始成分为 C_0 的合金，若 R 处于第一个 R_{eut} 的速率区间，成分与界面温度相交于平面共生区，共晶生长速率 R_{eut} 大于其任一单相的生长速率（R_α 及 R_β），此时只发生平面共生生长而得到完全的平面共生共晶。若 R 处于 R_β 为最高的速率区间时，成分与界面温度相交于共生区右侧，由于 $R_\beta>R_{eut}$，则发生 β 单相枝晶与其间的共晶伴随生长（图 6-17a 所示方式），且 β 枝晶突出于共晶界面之前，最终组织为 β 相枝晶加共晶。若 R 处于第二个 R_{eut} 速率区间，成分与界面温度又相交于共生区，再次有 $R_{eut}>R_\beta$，组织为完全的等轴共生共晶，如图 6-20 所示情况。

可见，对于规则共晶的对称型共生区（图 6-23a），共晶成分及其附近成分的合金在任何生长速率（或过冷度）下均能形成完全的共晶组织。然而，对于不规则共晶（具有小平面相）的合金系，大过冷度的快速生长时出现非对称型共生区（图 6-23b），共生区往往偏向于生长困难的相（例如 Al-Si 系统中的 Si）的一侧。其最重要的实际影响是，共晶成分的合金在大过冷度凝固时可能不为完全的共晶组织，甚至当成分 C_0 处于共晶点的 β 相一侧时，也可能形成 α 相树枝晶，这很容易从图 6-23b 中分析看出。

需要特别交代的是，图 6-23 表达的是当前凝固情况下熔体成分和界面过冷温度所处条件下的凝固规律，在图中“α 树枝晶+共晶”及“β 树枝晶+共晶”的区域内，α 或 β 并非初生相，而是由于界面失稳单相枝晶与其间的共晶伴随生长，即图 6-17a 所描述的方式。但是，不要因图 6-23 所示及上面的讨论就误认为共晶反应前不可能发生初生相的结晶。特定成分的合金液在不同条件下，可以通过直接过冷而进入共晶线以下的区域，也可能通过初生相的生长，而后根据成分及过冷温度的变化结果进入共晶线以下的共生区或其两侧的某个区域。另需指出的是，图 6-23a 所示共生区内随过冷度增大而共晶形态的变化是基于定向凝固条件下规律的总结。其实，对于非定向凝固的普通铸件或铸锭，即使在过冷度（或生长速率）不大的情况下，共晶生长方式也可能存在类似的变化规律。其特定条件下的共晶生长方式以及组织形态如何，本质上取决于共晶生长界面是否出现失稳，即是否出现成分过冷及其程度，这缘于第三组元的存在及其性质与浓度，以及工艺条件（G_L/R）。例如，只要存在对 α 及 β 两相均为 $K_0\ll1$ 的第三组元，在铸件的厚大断面处，凝固后期往往 G_L 很小，即使生长速率 R 很小，也会因界面失稳而出现非平面共生生长，甚至有等轴共晶团的内生生长。

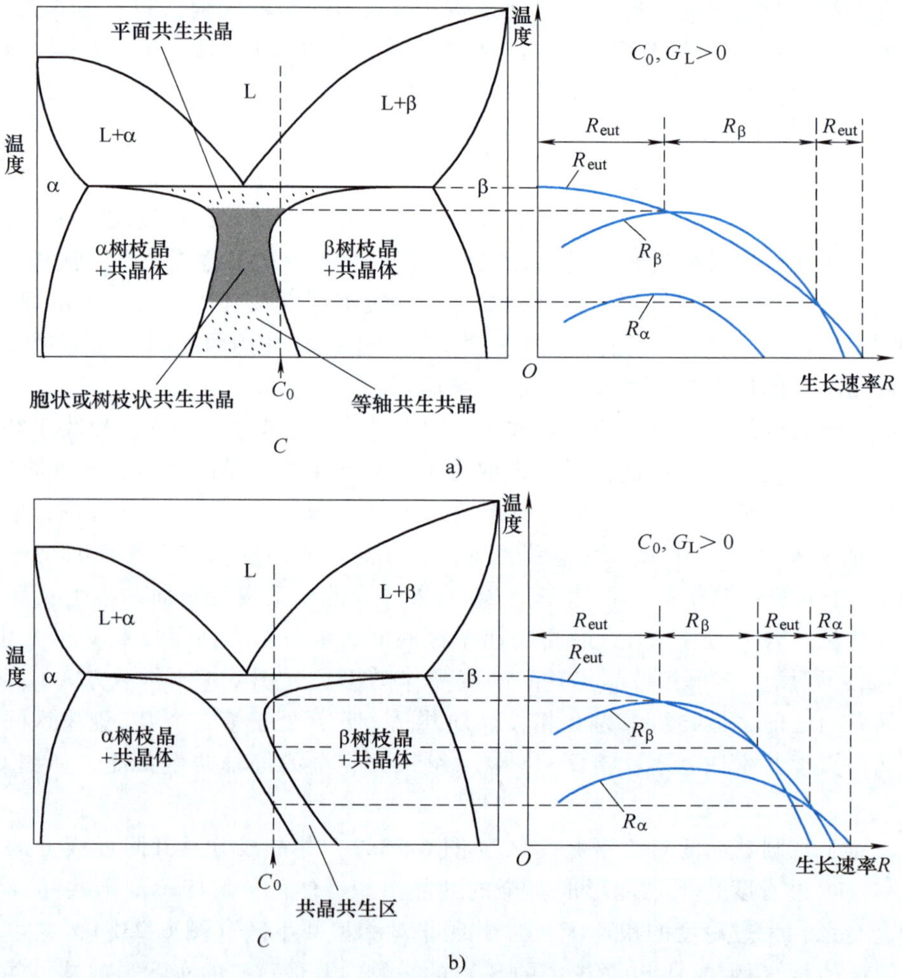

图 6-23　$G_L>0$ 情况下的共晶共生区

a）对称型共生区（非小平面-非小平面）　b）非对称型共生区（非小平面-小平面）

共晶共生区的概念是现代共生共晶结晶理论的一个重要组成部分，它把建立在纯粹热力学基础上的平衡相图概念和不平衡共晶结晶动力学过程联系起来，从而加深了对共晶结晶过程的认识。通过共生区概念，可以满意地解释共晶结晶组织的一系列偏离平衡相图的现象。共生区的概念与平衡相图并不矛盾，在无限缓慢的冷却条件下，共生区退缩到共晶点，合金液即按平衡相图所示的规律进行结晶。

6.3.3　离异生长及离异共晶

在共晶转变不能进入共生区的情况下，除了上面所描述的枝晶相与其间共晶伴随生长的情况之外，还会出现另一种情况，即离异生长（Divorced Growth）。在此情况下，共晶两相没有共同的生长界面，它们各自以不同的速度而独立地生长。也就是说，两相的析出与生长在时间上和空间上都是彼此分离的，因而所形成的组织中没有共生共晶的特征。这种非共生生长的共晶结晶方式称为离异生长，所形成的组织称为离异共晶（Divorced Eutectics）。

离异共晶组织总体上有“晶间偏析型”及“晕圈型”两种情况，如图 6-24 所示。当一相大量析出，而另一相尚未开始结晶时，将形成晶间偏析型离异共晶组织（图 6-24a），它可由两种原因所造成：

（1）由系统本身的原因 如果合金成分偏离共晶点很远，初晶相长得很大，共晶成分的残留液体很少，类似于薄膜分布于枝晶之间。当发生共晶转变时，一相依附初晶相的枝晶继续长出，而把另一相单独留在枝晶间。

（2）由另一相的形核困难所引起 合金偏离共晶成分，初晶相长得较大。如果另一相不能以初生相为衬底而形核，或因液体过冷倾向大而使该相析出受阻时，初生相就继续长大，而把另一相留在枝晶间。

在共晶结晶过程中，有时可以看到第二相环绕着领先相表面生长而形成一种镶边外围层的情况，此外围层称为“晕圈”（图 6-24b）。关于晕圈的成因，一般认为是由两相在形核能力和生长速度上差别较大所致，故在两相性质差别较大的非小晶面-小晶面共晶合金中经常能见到这种晕圈组织。此时领先相往往是高熔点的非金属相，金属相则围绕着领先相而形成晕圈，两相与熔体之间就没有共同的生长界面，而只有形成晕圈的第二相与熔体相接触，所以原先的领先相只能依靠原子通过晕圈的扩散进行长大，最后形成领先相呈球团状结构的离异共晶组织。球墨铸铁的共晶反应是最具代表性的晕圈型离异共晶方式。

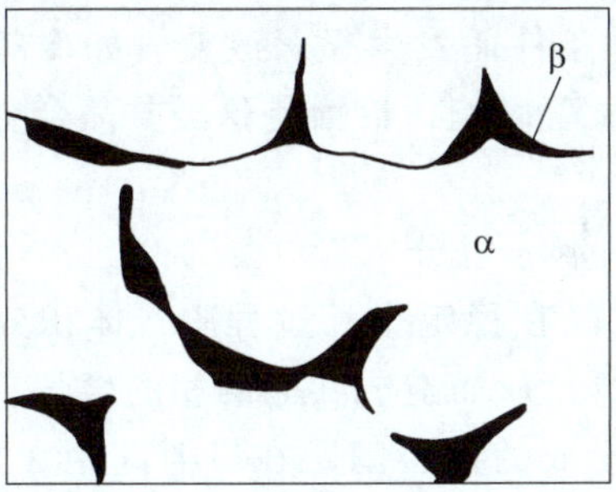

a)

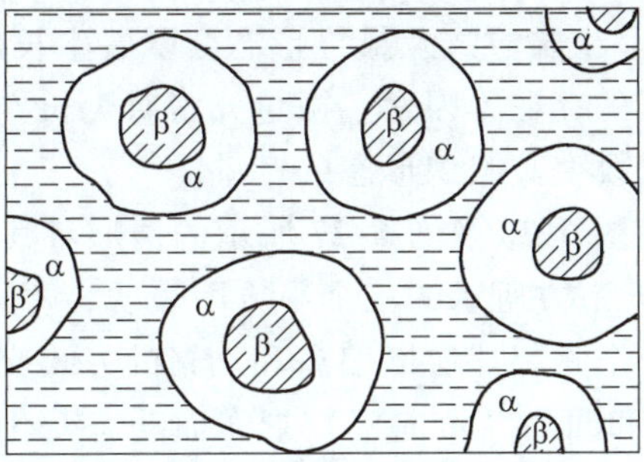

b)

图 6-24 两种离异共晶

a）晶间偏析型离异共晶 b）晕圈型离异共晶

小平面领先相的固-液界面是各向异性的，若第二相只能将其慢生长面包围住，而其快生长面仍能突破晕圈的包围并与熔体相接触，则晕圈是不完整的，称为非封闭晕圈。此时，实际上两相仍具有共同的生长界面而以共生方式进行耦合结晶。灰铸铁片状石墨与奥氏体共晶团的生长属于此类，如图 6-25 所示。

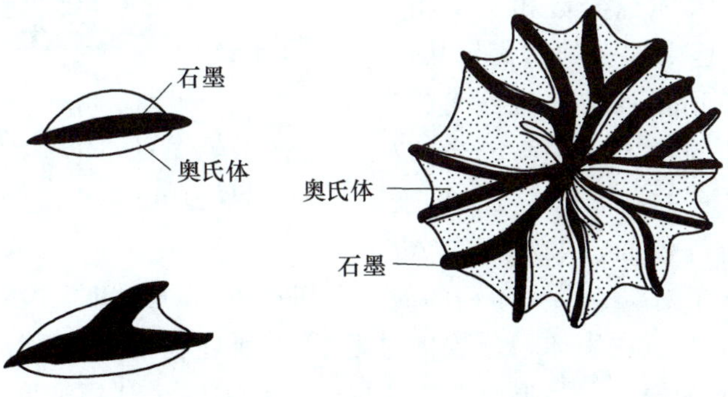

图 6-25 灰铸铁石墨-奥氏体共晶团生长示意图

6.4　非小平面-小平面非规则共晶的结晶

6.4.1　非小平面-小平面非规则共晶的一般特征及形成机制

到此为止，还没有深入了解非小平面-小平面非规则共晶的具体结晶机制及一般特征。由于小平面相强烈的各向异性，这类共晶随条件改变其形貌差异很大，比前述规则共晶要复杂得多，对其生长机制的研究迄今尚不完全成熟。然而近几十年在定性认识这类共晶生长特征及其机制方面有了新的进展，也逐步形成较为统一的认识。与规则共晶相比，这类共晶结晶方式的主要特征概述如下：

1）共晶生长的液固界面不再为等温面，界面形态则成为参差不齐的非平面（如灰铸铁共晶团）。

2）共晶体中小平面相不规则分布，呈现出共晶间距的不均匀性，而且其平均间距远大于规则共晶中极值准则所对应的间距 λ_e。

3）生长界面过冷度比规则共晶的大。

4）由于生长过冷度大，在生长界面前的液相中可能形成新的共晶晶核。

5）共晶生长方式及最终形态会随着生长动力学条件而发生显著改变，如冷却条件、微量第三组元的存在等因素。微量元素对生长方式的显著影响，恰恰是这类共晶合金可通过变质处理借以改变其组织形态的基础。

下面以图6-26及图6-27所示的情形对其生长机制予以分析。

图6-26下方所示的三个小方图表明，不规则共晶在稳定生长过程中，体积分数小的小平面相的两个相邻片层以偏离和汇聚的方式交替进行，从而造成共晶两相的生长界面以凸起（正曲率）和凹陷（负曲率）形态而动态变化，所形成的片层间距在极值间距 λ_e 与分枝间距 λ_b（Branching Space）之间波动。该类共晶中的小平面相以高度各向异性的方式生长，由于小平面相按侧向生长机制以特定晶体学取向生长（与非小平面相按界面法线方向的连续生长方式不同），其中一些相邻片层在生长中将会相互偏离（λ 渐增），如图6-26及图6-27所示。当两相邻片层“偏离”生长时，由于其间较大体积分数相（α 相）的界面中间部位溶质越来越多的聚集，从而出现凹陷。由图6-26所示的 T-λ 曲线可知，界面过冷度 ΔT 随 λ 的增大而提高，当 ΔT 增大到一定程度，曲率不再能抵偿 ΔT 的变化时，界面将成为非等温面。最终，在 ΔT 对应的 ΔT_b 处，即正在偏离的小平面相的间距增大到分枝间距 λ_b 时，在小体积分数相的固-液界面处也出现凹陷（图6-26右下方小方图），单个片层将分叉为两个。当形成新的片层时，其中一个片层通常会与另一相邻分叉片

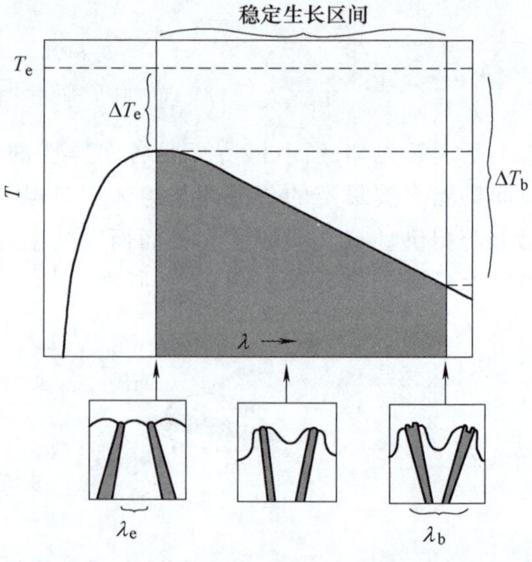

图6-26　不规则共晶中小平面相间距的调整

层之间以相互靠拢的“汇聚”方式向前推进，从而由偏离生长转为汇聚生长。

随着两相邻片层的汇聚生长（λ 渐小），溶质聚集程度逐渐降低，其间大体积相的界面凹陷的程度也渐次减小，直至曲率由负值转为正值且逐渐增大。在这一过程中，随着 λ 的减小而界面过冷度降低，因不断减弱的溶质聚集，当 λ 降至 λ_e 时，过冷度最终达到最小值 ΔT_e（温度的最大值）。由于小平面相不能轻易地改变其生长方向，假如两片层继续变小，将会使局部间距降低到比 λ_e 更小的数值。然而，在低于 λ_e 区域的 T-λ 曲线斜率很大时，λ 的稍许降低即会引起温度大幅度降低（溶质扩散受限），结果是任何小于极值 λ_e 的间距将会因其中一个片层生长的停止（图 6-27 左下位置所示）而增加。图 6-28 所示为三种非规则共晶类合金在定向凝固条件下小平面相的形貌，与上述生长机制均有较好的吻合。

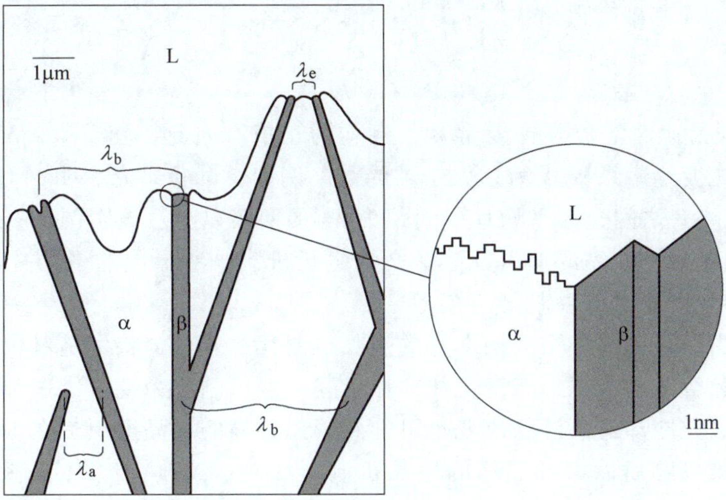

图 6-27　不规则共晶的生长机制

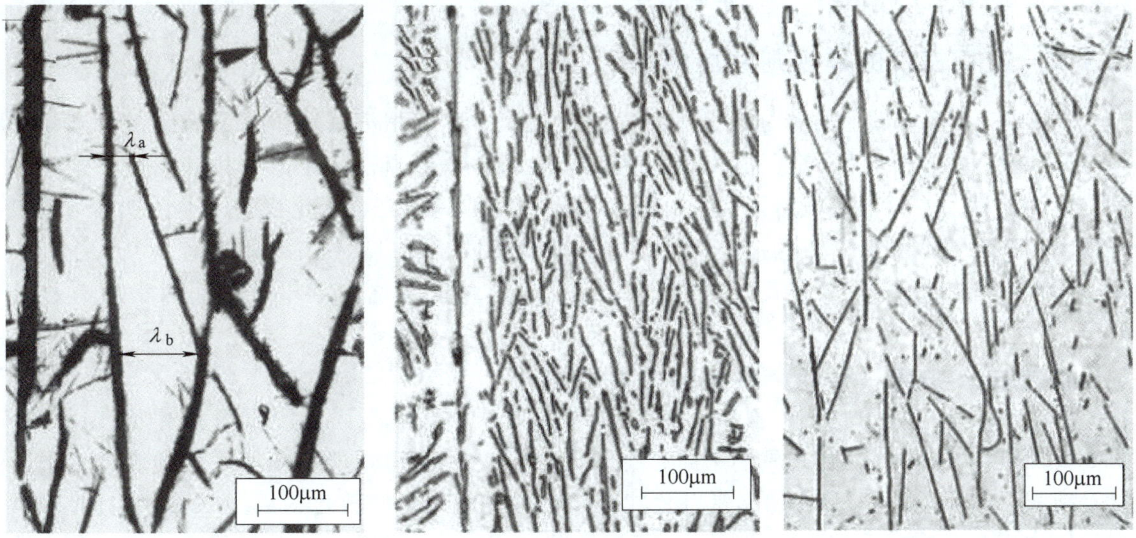

a)　　b)　　c)

图 6-28　定向凝固条件下共晶生长过程中小平面相的实际形貌

a）灰铸铁的共晶石墨（R=0.138μm/s）　b）Al-Si 合金中的共晶 Si（R=0.278μm/s）

c）Al-Fe 合金中的共晶 Al_3Fe（R=0.278μm/s）

上述小平面相的相邻片层相互偏离及汇聚交替生长的次序，在整个共晶生长界面的各处是不一致的。因此，生长界面总体上形成凹凸不同、高低不平的形态，界面温度在各处也不同（非等温面）。此外，该共晶生长机制合理地解释了小平面相的片层间距 λ 在极值点 λ_e 与分枝间距 λ_b 之间的离散分布特征，也阐明了片层间不平行分布的非规则特征，同时也不难理解其大的平均间距以及高的平均过冷度。

若定量考虑非小平面-小平面非规则共晶的平均片层间距 λ_a，设 $\phi=\lambda_a/\lambda_e$，则有

$$\lambda_a=\frac{\lambda_e+\lambda_b}{2}=\phi\lambda_e \tag{6-7}$$

近年来有人将界面温度梯度 G_{SL} 对非规则共晶 λ_a 的影响也加以考虑，例如，Gündüz 等人以 Kurz 及 Fisher 模型为基础，得出 λ_a 与 R、G_{SL} 的关系

$$\lambda_a=K_cR^{-a}G_{SL}^{-b} \tag{6-8}$$

式中，a 及 b 分别为速度常数及梯度常数，且均为正值。因此，随着 R、ΔT_e、G_{SL} 的增大，片层间距均会随之变小，系数 ϕ 为远大于 1 的数。例如，试验研究表明，对于 Al-Si 共晶系而言，通常 ϕ 在 2~3 之间，即平均片层间距为 λ_e 的两倍以上。该实例也直观地表明，由于非小平面-小平面非规则共晶的偏离及汇聚交替生长机制，所形成的平均片层间距比规则共晶的（理论上 $\phi=1$）要大得多。

必须指出，由于不同的小平面相本身的生长机制存在差异，特别是对生长条件的变化高度敏感，这类共晶合金的组织形态变化往往比上述一般机制更为复杂。一种合金即使主要成分不变，微量元素及冷却等条件的改变也可导致形态各异的共晶组织。在工业中，通过向金属液中加入某些微量物质以影响晶体的生长机制，从而达到改变组织形态、提高性能的目的，这种处理工艺称为变质（Modification）。在现代工业中，变质处理已经成为控制铸件结晶组织形态及其力学性能的一种非常重要的手段。

6.4.2 灰口铸铁的非规则共晶结晶㊀

在 Fe-C 相图上碳的质量分数大于奥氏体最大固溶度（根据其他组元的有无及含碳量在 $w_C=2.1\%$左右变化）的合金，其凝固过程具有铁液→奥氏体+高碳相的共晶反应，这些合金统称为铸铁。在共晶阶段所形成的高碳相为渗碳体或其他合金碳化物的一类铸铁称为白口铸铁，而共晶高碳相为石墨的一类铸铁则称为灰口铸铁。灰口铸铁在结晶过程中其石墨为典型的小平面相，石墨生长方式及形态随铸铁成分的微量变化、冷却条件等因素而有显著差异。

1. 奥氏体-石墨（γ-G）共晶的多种方式

在定向凝固条件下，若不含 Mg 或 Ce 等球化元素，共晶凝固阶段石墨为片状，且符合图 6-27 所示的典型不规则共晶小平面相生长机制，实际组织如图 6-28 所示。随着合金中微量元素 Mg 或 Ce 的加入和增加，具有片状石墨的共晶组织开始转化为以胞状方式定向结晶，而后以内生生长方式形成等轴共晶，继而等轴共晶团内的石墨逐渐由片状演变为蠕虫状、团块状，直至球状石墨。

㊀ 若教学课时安排有限，授课教师可灵活处理本节课堂教学内容。在此情况下，学有余力的同学可自行仔细研读。

与上述规律相似，在非定向凝固的通常铸造条件下，随着铸铁中微量元素的改变，因共晶凝固方式的不同，石墨形成如图 6-29 所示的三种典型形态，从而产生了现代工业中最常用的三类灰口铸铁，即灰铸铁（石墨呈片状）、球墨铸铁以及在它们中间状态的蠕墨铸铁。其中，图 6-29a 所示为三类铸铁在光学显微镜下的典型金相组织；图 6-29b 所示为扫描电镜（SEM）所揭示的对应石墨的空间形貌特征。读者需注意区分灰铸铁及灰口铸铁的概念。下面主要对灰铸铁及球墨铸铁的共晶生长条件及其石墨形成机制做简要介绍。

灰铸铁　　球墨铸铁　　蠕墨铸铁

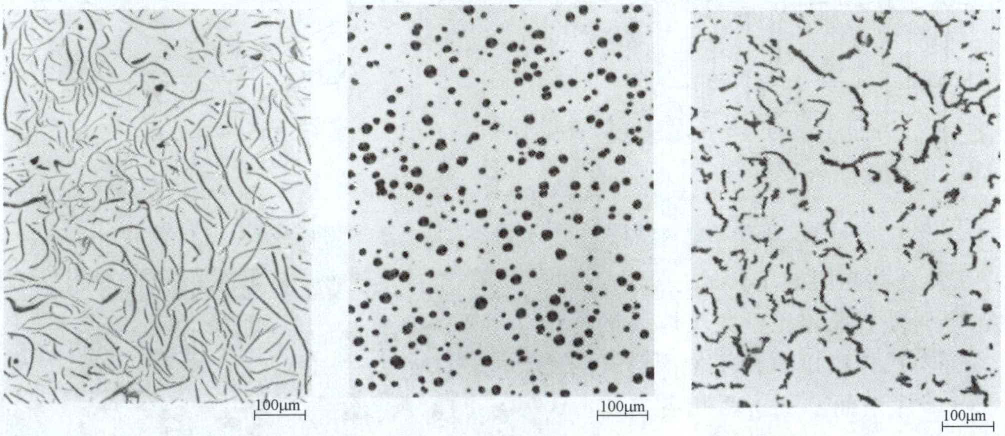

a)

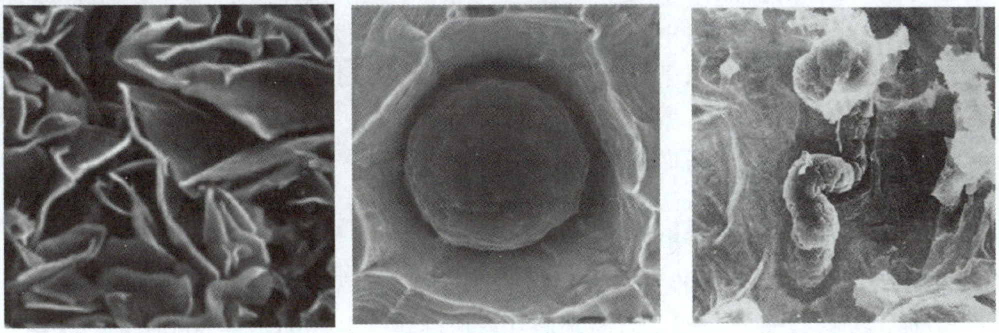

片状石墨　　球状石墨　　蠕虫状石墨

b)

图 6-29　不同共晶生长方式所形成的三类铸铁的典型金相组织及石墨形态

a）三类铸铁的典型金相组织（光学照片）　b）三种石墨的空间形貌特征（SEM 照片）

2. 灰铸铁的共晶（片状石墨+奥氏体）结晶

石墨的晶体结构如图 6-30a 所示，属于六方晶系。石墨的棱柱面（$10\bar{1}0$）为快生长面，以其法线方向［$10\bar{1}0$］向前推进，石墨的基面（0001）为慢生长面，以其法线方向［0001］向前推进。

对于具有片状石墨的灰铸铁，其普通工业铁液含有较高的 S、O 等有害杂质元素（表面及界面活性）。此时，石墨与铁液的界面张力较低，尤其是铁液与石墨棱柱面的界面张力低于与基面的界面张力，即 $\sigma_{G\text{-}L}(10\bar{1}0)<\sigma_{G\text{-}L}(0001)$。根据热力学能量最低原理，则石墨棱柱面暴露于铁液中，其快生长特性得以发挥，从而按［$10\bar{1}0$］方向推进，呈片状生长。

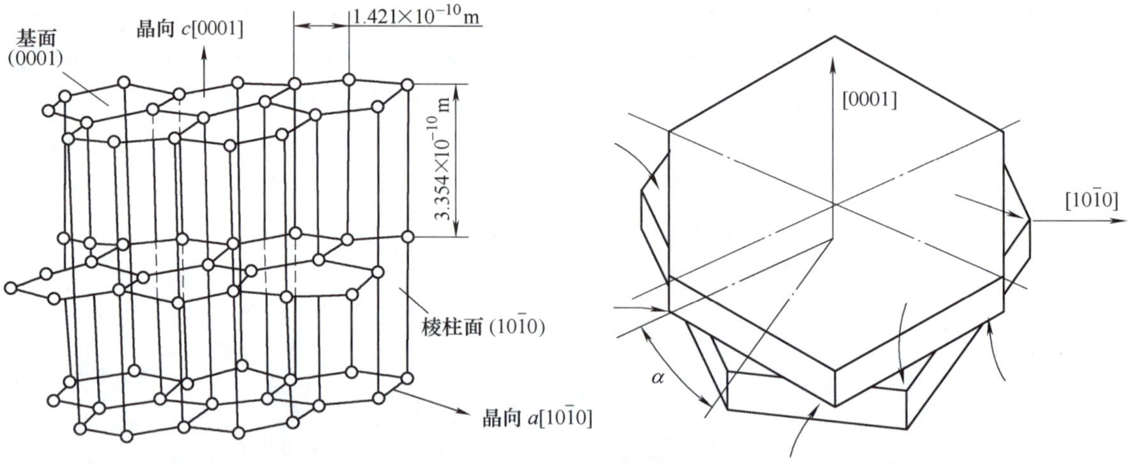

图 6-30　石墨的晶体结构 a）与灰铸铁片状石墨的旋转孪晶生长机制 b）

在灰铸铁共晶团的生长的过程中，在固-液界面处石墨领先于奥氏体（图 6-25），而奥氏体则以非封闭晕圈形式包围着石墨片基面，G-γ 两相各自排出并提供给对方生长所需的原子而协同长大。因此，灰铸铁共晶团生长仍属于共生生长。此外，共晶团中石墨片的生长由于主要依赖于碳原子在固相奥氏体中的扩散而进行，其增厚速度受到严重制约，又因石墨基面本身生长较慢的特性，所以石墨在［0001］方向增厚的速度远低于凸入液体的石墨在［10$\bar{1}$0］方向的推进速度，这正是灰铸铁共晶团石墨呈片状的主要原因。

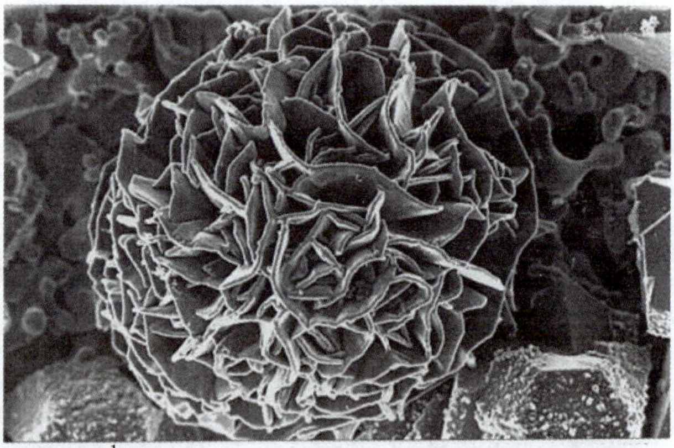

图 6-31　灰铸铁共晶团的片状石墨空间形貌

另一方面，X 射线研究表明，石墨基面常形成旋转孪晶，如图 6-30b 所示。这些孪晶为伸入液相的石墨片前端改变生长方向（注意，［10$\bar{1}$0］的择优生长取向并未改变）创造了条件，从而使石墨不断分枝且发生弯曲。最终所形成的共晶团内片状石墨的空间形貌如图6-31所示。由此可知，灰铸铁的共晶凝固组织是在连续奥氏体基体中分布着多束因分枝及弯曲而高度紊乱的石墨片的两相混合体，其金相试样截面在显微镜下看似是相互孤立的许多石墨片，而只要同属一个共晶团，实际则为起源于同一核心而空间互连的亚结构。

3. 球墨铸铁的共晶（球状石墨+奥氏体）结晶及其特征

球墨铸铁的共晶反应是最具代表性也是最受关注的晕圈型离异共晶方式。在共晶阶段，如图 6-32 所示，伴随着奥氏体外壳的增厚，石墨球借助碳原子通过奥氏体外壳由外向内的扩散而长大，这种共晶生长模式直至凝固结束。实际上，球墨铸铁实际凝固中的奥氏体常常以树枝晶的形式出现。对于亚共晶球墨铸铁，在温度低于液相线时即开始析出初生奥氏体树枝晶，而石墨球也独自在铁液中析出（因球化及孕育处理造成的局域热力学及动力学条件）。因熔体对流及密度差等作用石墨球易在熔体中漂移，且一旦与初生奥氏体枝晶相遇则易与之连为一体，并很快被其包围，而独立于初生奥氏体的石墨球在共晶阶段当然也很快被共晶奥氏体所包围。因此，在亚共晶球墨铸铁中往往可形成如图 6-33 所示的共晶团形貌，其中若干相互靠近的石墨球分别被类球状奥氏体壳所包围，而这些奥氏体壳实际上同属初生奥氏体的某个树枝晶。研究证实，即使是过共晶球墨铸铁，其共晶奥氏体也可能存在树枝状晶。

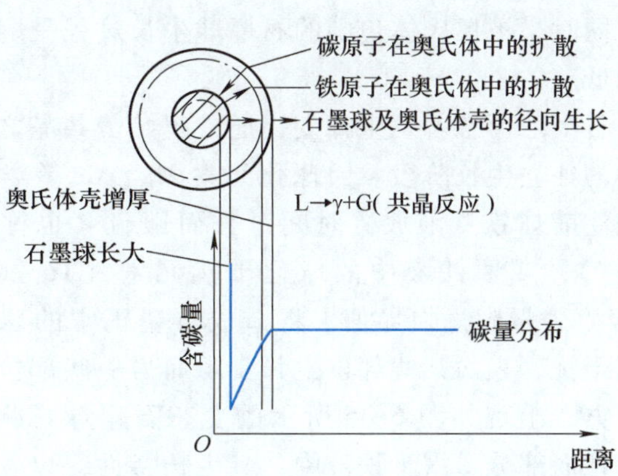

图 6-32 球墨铸铁的石墨球-奥氏体共晶团生长示意图

自球墨铸铁问世以来，人们曾对石墨球化机理提出了很多种学说，虽然迄今尚未达到最终统一，但许多研究所证实的一些客观实际及其理论分析从不同角度揭示了石墨球化的相对本质。

就热力学而言，对于高纯度铁液，或以 Mg、Ce 等球化元素进行过合适球化处理的工业铁液（球化元素强烈的脱氧脱硫作用)，铁液中 S、O 的含量很低。此时，石墨与铁液的界面张力比普通工业铁液中的高。更为有意义的是，石墨基面及棱柱面与铁液界面张力的相对关系转变为 $\sigma_{G\text{-}L}(0001)<\sigma_{G\text{-}L}(10\bar{1}0)$，此即石墨球化的热力学条件。在此条件下，不难理解，石墨以基面（0001）为外露面成为生长界面，而棱柱面（$10\bar{1}0$）却隐匿起来，凝固形成球状石墨。

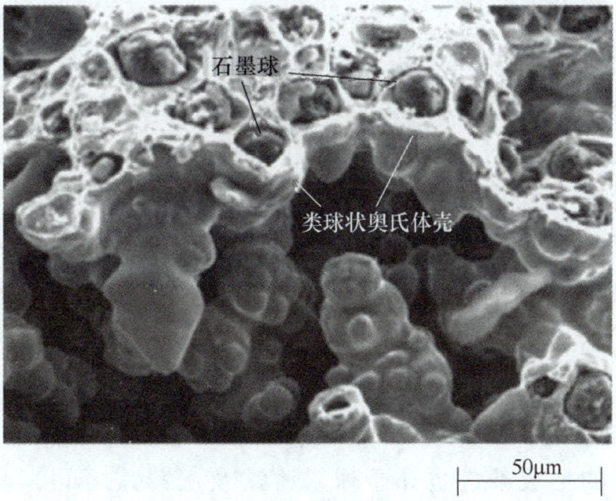

图 6-33 亚共晶球墨铸铁奥氏体及共晶团实际形貌

多项研究表明，看似单个的石墨球实际上是由多个锥形石墨微晶呈辐射状组合而成的多晶体，各锥晶的外端为（0001）基面，图 6-34 所示为其半球的结构。按照这种组合，石墨球的外表面均为基面，而棱柱面则相互贴合而湮没起来。如此，石墨只能以基面按［0001］方向（c 轴）长大，若各方向的锥形石墨微晶沿 c 轴推进速率大致相等，则必然形成总体为球状的组合体。

石墨为典型的小平面相，石墨球生长主要以螺旋位错台阶及台阶侧向生长（［$10\bar{1}0$］方向铺展）两种机制，凭借基面一层层地铺满而获得沿［0001］方向的长大。无论石墨球在铁液中独立生长还是离异共晶阶段在奥氏体中的生长，其上述结构及生长特性并没有区别。所不同的是，共晶阶段石墨球依赖碳原子在固体奥氏体中扩散而获得的生长速率会大大降

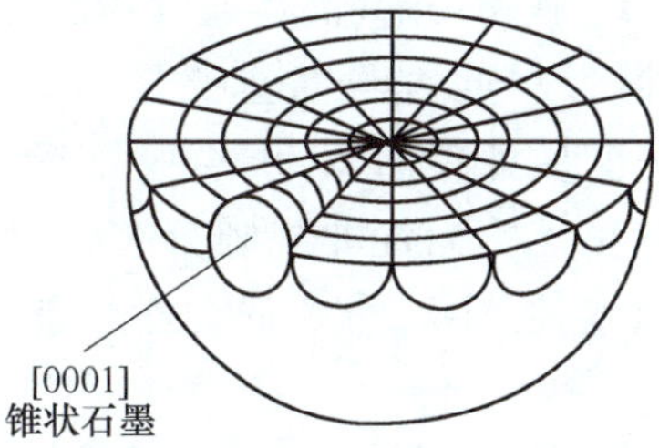

图 6-34 石墨球结构（由多个锥状石墨微晶构成）

低；同时，被奥氏体包围的石墨球生长过程受熔体中有害元素干扰而发生畸变的概率也将大大降低。

石墨球形态若发生畸变，通常起始于共晶之前在熔体中的独立生长阶段。因球化元素 Mg、Ce 等含量不足或浇注前球铁铁液放置时间过长而回硫（也称“球化衰退”），或原铁液中的球化干扰元素（Ti、As、Pb、Sn 等）含量超过临界值，将造成石墨正常的球状生长受到干扰，表面某些部位生长受阻而另一些部位却凸出于前方，出现如图 6-35 所示的变态石墨球。此时，石墨棱柱面部分暴露于铁液中，其生长特性得以发挥，石墨继续生长将发生［$10\bar{1}0$］方向的延伸，这将导致石墨形态的进一步恶化。若畸变发生在早期，将发展为完全非球形态。若铁液中畸变严重的石墨在共晶阶段难以形成全封闭奥氏体外壳，则共晶生长阶段的石墨畸变将继续发展。

图 6-35　受干扰发生畸变的石墨球

根据上述分析，球墨铸铁的凝固具有显著特征。由于球墨铸铁共晶反应受原子在固体中扩散的制约，加之球化元素提高凝固过冷度的作用（温度降低则固态扩散更慢），共晶反应时间长成为球墨铸铁凝固的显著特征之一。而且，也因共晶凝固缓慢而铸件断面上固液两相区范围宽，球墨铸铁倾向于体积凝固特征。此外，由于球化处理及孕育处理为球墨形核提供了大量现成的异质固相质点，也因为球化元素提高凝固过冷度，球墨铸铁的共晶团数量比灰铸铁的共晶团数量显著增多，其差别可高达数十倍甚至上百倍。

蠕墨铸铁介于前面讨论的球墨铸铁及灰铸铁石墨形态之间，其大部分石墨呈蠕虫状（通常规定蠕墨铸铁中球状石墨数量少于 20%），如图 6-29 所示的电镜照片所示。蠕虫状石墨的形成条件也介于球墨铸铁及灰铸铁之间，其形成机制这里不做深入介绍。通常，在处理技术上，蠕墨铸铁铁液中 Mg 或 Ce 等元素的残留量低于球墨铸铁，或在蠕化剂中添加微量的球化干扰元素钛。

6.4.3　Al-Si 合金的非规则共晶结晶㊀

铝合金在有色合金中应用最为广泛，而 Al-Si 类合金约占铝合金的 80%。虽然 Al-Si 类合金大多为多元合金（形成 Mg_2Si、$CuAl_2$ 等强化相），且含硅量多属于亚共晶范畴，但该类合金组织中 Al-Si 共晶体通常占总体积的 50%~90%，因此，掌握 Al-Si 共晶凝固规律对控制其铸件组织与性能至关重要。

未经变质处理的 Al-Si 合金液凝固后硅晶体的形貌如图 6-36a 及图 6-36c 所示，以粗大板片状呈无方向性非规则分布，共晶及近共晶成分的 Al-Si 合金还常有少量初晶硅，这样的组织致使 Al-Si 合金的力学性能较低。为此，工业生产技术上通常以 Na 及 Sr 对 Al-Si

㊀ 若教学课时安排有限，授课教师可灵活处理本节课堂教学内容。在此情况下，学有余力的同学可自行仔细研读。

合金液进行变质处理，以实现共晶硅由片状向纤维状形态的转变，且消除初晶硅，如图6-36b和图6-36d所示。从而使铝硅合金抗拉强度可升高50%左右，塑性甚至可升高三倍左右。

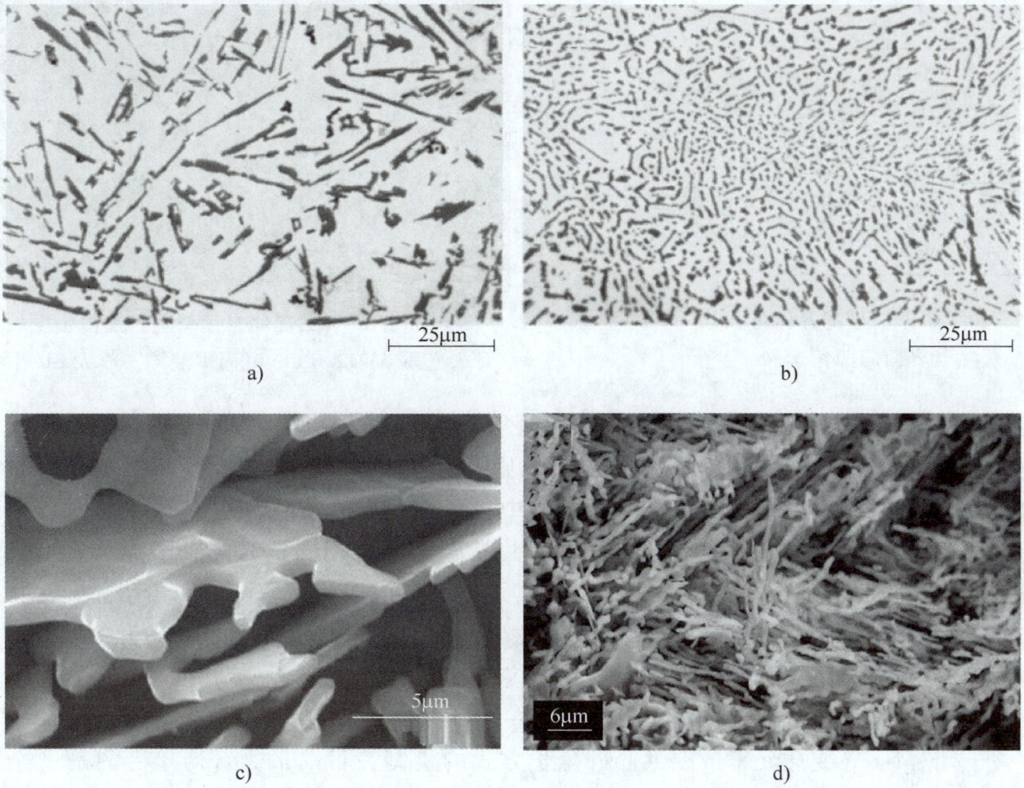

图6-36　Al-Si共晶合金未变质与变质后的共晶硅形貌

a)、c) 未经变质处理的光学显微镜及电镜照片　b)、d) 变质处理后的光学显微镜及电镜照片

自Al-Si合金变质工艺发明以来，人们基于实践与实验研究提出了种种学说来解释变质元素对共晶硅的作用机理，这些学说总体可归结为“影响共晶硅生长”和“抑制硅晶体形核”两大方面。下面首先了解未变质Al-Si合金的共晶生长规律和机制。

1. 未变质Al-Si合金的共晶生长

在Al-Si合金的共晶生长中，硅晶体作为领先相，而α-Al依附共晶硅进行形核与生长，且在其发展过程中α-Al会随着共晶硅的生长而不断形成。因此，了解共晶硅的生长对掌握Al-Si共晶结晶规律至关重要。

未变质Al-Si合金的共晶生长中，钻石面心立方结构的硅晶体以（111）特定晶面构成其外表面，并以唯一的<112>晶向生长。这种各向异性特性决定了生长过程难以改变其特征方向。此外，硅晶体的（111）面可形成角度为141°的凹角孪晶，如图6-37所示。其沟槽处易形成二维生长台阶，为硅原子着落提供了便利，维持硅晶体生长及一定程度的分枝，此即“孪晶面凹角台阶机制”（The Twin Plane Re-entrant Edge Mechanism，TPRE）。然而，未变质共晶硅的孪晶密度低，因而分枝相对有限，加之特定的生长取向共同确定了其平直、粗大的板片状形貌特征。

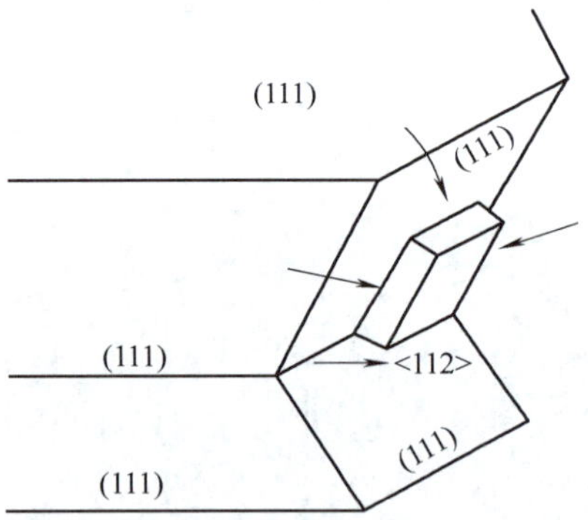

图 6-37　硅的晶体生长界面的凹角孪晶

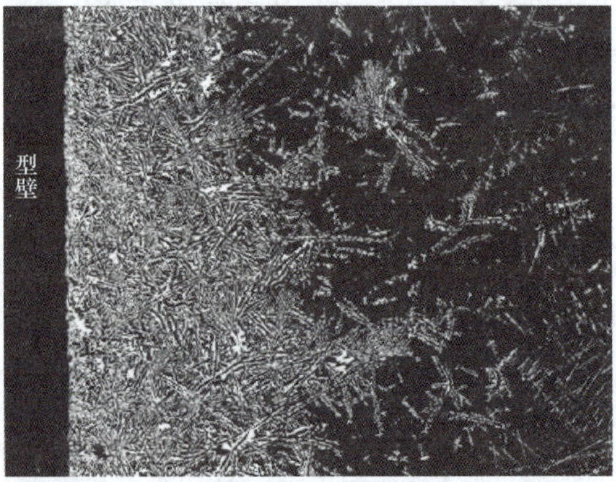

图 6-38　Al-Si 共晶团自型壁生长及内生生长（未变质 Al-12.6%Si 凝固中液淬，放大 21 倍）

初期阶段，共晶团以松散的共生模式呈辐射状生长，这样既可以自型壁向内发展，也可以按内生方式形成，如图 6-38 所示。因不规则共晶生长，固-液界面参差不齐且为非等温面，各个硅片端部领先于 α-Al 相深入到液体中。最终形成的共晶团是 α-Al 和板片状硅紊乱排列的两相混合体，其中 α-Al 为多晶体，而共晶硅则源自相同核心经有限分枝所形成。这与灰铸铁共晶团的情形很相似，只是因为石墨及硅分别形成旋转孪晶及凹角孪晶，片状共晶硅的分枝比片状石墨的分枝要少得多且不易发生弯曲。在金相磨面上看似互为独立的针状共晶硅（图 6-36a），在共晶团内实际为相互连接在一起的粗片硅（图 6-36c）。

2. 变质元素对共晶硅生长方式的作用——IIT 机制

关于 Sr、Na 等变质元素改变共晶硅生长方式的机制，目前最为普遍接受的是“杂质促发孪晶机制”（Impurity-induced Twinning Mechanism，IIT）。基于 TPRE 机制，该学说认为，变质元素吸附并聚集在硅的生长界面前沿，在共晶生长中不断封锁共晶硅的原有孪晶台阶，而又不断促发大量新的凹角孪晶，使共晶硅分枝比未变质时要频繁得多。而且，孪晶密度的显著增大使得共晶硅原先的强各向异性生长特性大为减弱（后面将会看到，不再是单一的<211>生长取向）。于是，共晶硅由变质前分枝有限且粗片状长大模式锐变为大量频繁分枝的纤维状生长，最终使共晶硅的形貌及尺寸均有了质的改变。图 6-39a 中分枝频繁的纤维共晶硅构成的珊瑚状生长形态清晰地印证了上述机制。研究表明，未变质共晶硅的孪晶密度非常低，其典型硅断面上孪晶间距为 0.4~1.0mm，而变质后硅断面的孪晶密度大幅提高，孪晶间距在 0.005~0.1μm 之间，图 6-39b 所示为变质后纤维共晶硅上孪晶密度的实际情形。变质处理大幅促发共晶硅孪晶这一现象为 IIT 机制提供了重要依据。

研究证实，变质元素几乎全部分布在共晶硅中且相对均匀，而在初生及共晶 α-Al 相中却可以忽略，这一现象也被视为 IIT 机制的重要依据，但逻辑上并不具有排他性。研究还发现，变质后的纤维共晶硅虽然仍存在<211>生长方向，但<110>生长方向却占多数，也发现有<001>生长方向的现象。原先单一<211>生长取向的改变，必然为频繁分枝和改变生长方向创造了条件。

虽然杂质促发孪晶机制获得了广泛认同，但其对有些现象却不能解释。例如，快速凝固

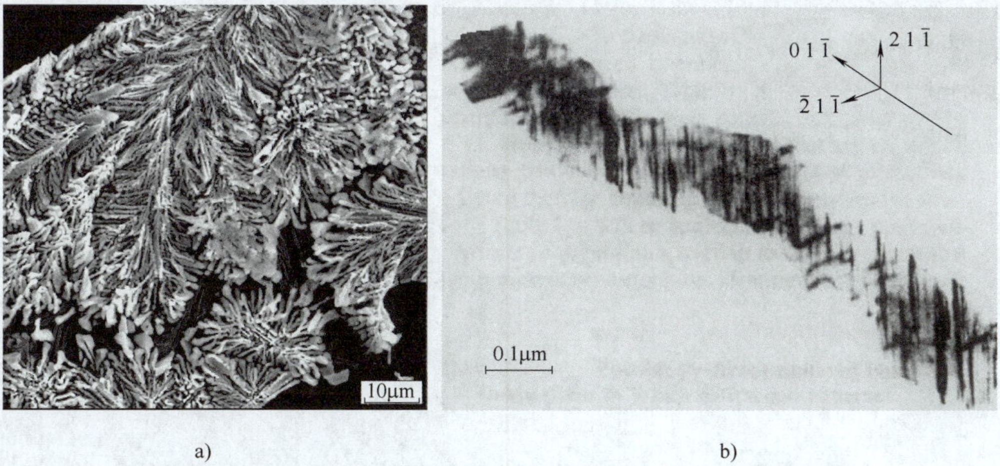

图 6-39 变质后频繁分枝的纤维共晶硅 a）及其上高密度孪晶 b）

Al-Si 合金也可以得到细小纤维状共晶硅。如图 6-40 所示，在未加变质元素的情况下，随着凝固速率的增大，Al-Si 共晶的硅晶体形貌发生由片状到纤维状的转变。

此外，极高纯度的 Al-Si 合金即使在未变质、非快速冷却的条件下，也可以形成变质效果的纤维状共晶组织；而且，观察发现未变质的纤维状共晶硅的孪晶密度并不高。

图 6-40 定向凝固速率 R 对 Al-Si 共晶中硅晶体形貌的影响
（未加任何变质元素）

3. 变质处理对 Al-Si 共晶形核的作用——限制形核机制

工业 Al-Si 合金熔体通常存在杂质磷且形成化合物 AlP。AlP 可作为硅的异质形核基底，这一点已被许多研究者证实，如图 6-41 所示。它既可以引起初晶硅形核，使得近共晶成分的亚共晶 Al-Si 合金出现初晶硅（即亚共晶成分形成过共晶组织），也可以促进共晶体中领先相共晶硅的形核。据此，"限制形核理论"（Restricted Nucleation Theory）认为，变质元素抑制了 AlP 作为硅异质形核的作用，且降低了硅原子在熔体中的扩散系数，因此，变质后的 Al-Si 合金共晶生长过冷度通常显著增大，共晶组织得以细化而起到变质效果。

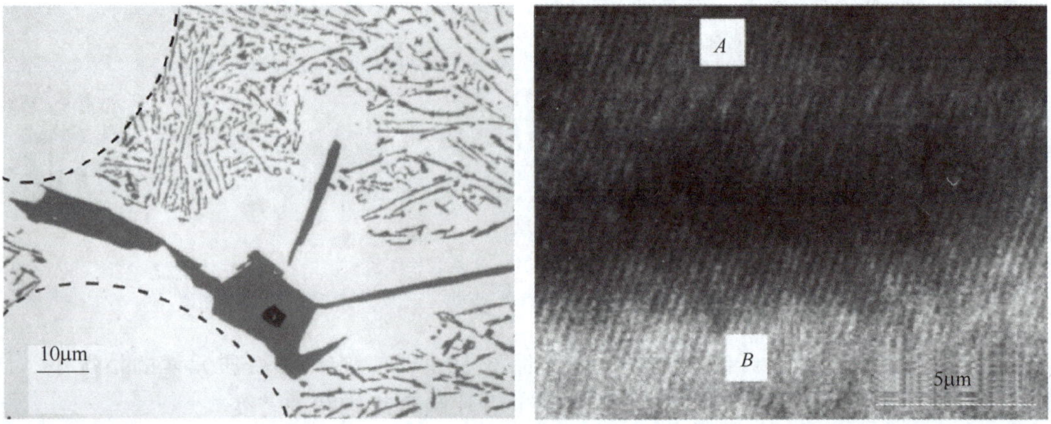

a)　　　　b)

图 6-41　AlP 作为硅晶体的异质形核基底

a) Al-10%Si 由半固态液淬的组织　AlP（深黑色）作为初晶硅（浅黑色）的基底，片状共晶体是在液淬过程中形成的，虚线为共晶反应前初生铝枝晶的轮廓

b) 硅晶体（A 区）与 AlP（B 区）的良好共格关系：它们的（111）面几乎无晶格失配

图 6-42 显示了 P 及 Sr 对 Al-Si 共晶生长过冷度的影响。为了理解图 6-42 所示的现象，首先由图 6-43 引入 Al-Si 共晶结晶的几个参数并对其意义加以说明。图 6-43 中 T_c 为试样中心的冷却曲线（T-t），其一次微分 dT/dt 表达对应时间 t 的瞬时冷却速率。可以看出，在共晶结晶之前冷却速率 dT/dt 几乎以 −0.6℃/s维持不变；当 T_c 下降至 570℃ 以下时 dT/dt 开始上升（T_c 下降变缓），这是因为 Al-Si 共晶反应开始放出结晶潜热，对应的 T_N 即为共晶形核温度。随着共晶晶粒的形成与生长释放出更多潜热，直至 T_c 降至最小值 T_{min}（$dT/dt=0$），温度停止下降。然后，出现 $dT/dt>0$，温度发生回升（再辉），直至共晶稳定生长温度 T_G。在共晶稳定生长阶段，随着条件的不同（共晶所占比例、生长速率快慢等）可出现不同长度的生长平台温度。现在再次观察图 6-42，可发现 Sr 变质对冷却曲线的影响：①共晶形核温度 T_N 降低，且再辉程度显著增大；②因共晶平台温度 T_G 降低而共晶生长过冷度 ΔT_G（T_G 与平衡共晶温度之差）增大；③共晶凝固时间缩短。而添加 P 却产生与 Sr 完全相反的影响。

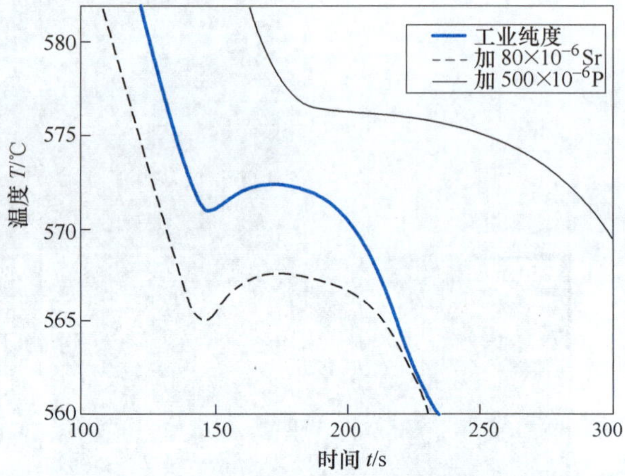

图 6-42　P 及 Sr 对 Al-Si 共晶凝固过冷度的影响

在工业生产中，Na 及 Sr 引起 Al-Si 合金共晶生长过冷度 ΔT_G 增大，这是公认的普遍现

象，但对如何改变共晶硅形态的认识并不明确。特别值得关注的是，近年的一项研究表明：在未变质情况下，与工业纯度合金相比，虽然高纯度合金共晶T_N、T_{min}也有明显降低，而共晶生长过冷度ΔT_G的增大并不明显（T_G只是稍稍降低），但其共晶硅却为纤维状，且初晶硅消失；对于Sr变质的高纯度合金，其T_{min}温度的降低及再辉程度更加明显，但共晶生长过冷度ΔT_G的增大却也不明显，而其共晶硅全部为非常细小的纤维状。由此可见，共晶硅的变质效果，本质上并非由共晶生长过冷度ΔT_G的增大所引起的。

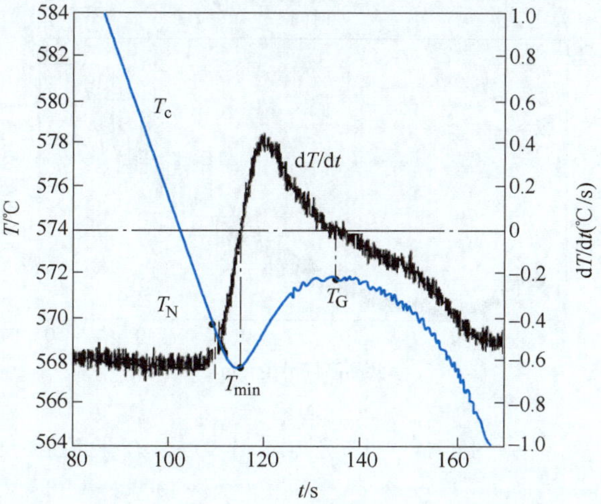

图 6-43　Al-7%Si 合金共晶结晶的热分析及其特征参数

虽然限制形核理论并不十分完善，但限制磷含量以及如何根据磷含量添加变质元素，在Al-Si合金工业生产中却公认是十分重要的。例如，通常认为，在A356合金（$w_{Si}=7\%$）中添加$w_{Sr}=0.012\%$可获得满意的变质效果。在磷的质量分数不大于0.001%并不含其他有害元素（如锑对锶的效果有“毒害”作用）的情况下，$w_{Sr}=0.006\%\sim0.007\%$即可取得完全变质的作用，而合金的磷每增加0.001%，则必须增加0.003%的锶以抵消磷的“毒害”作用。

4. 变质处理与Al-Si合金共晶结晶动力学

近年研究证实，无论是工业纯度还是高纯度的Al-Si合金，变质处理均降低它们的共晶形核率，其最终共晶团尺度显著增大，与此同时，变质共晶团数目呈数量级减少。此外，变质后Al-Si共晶团生长速率R（径向推进速度）显著增大，这与前述共晶凝固时间缩短的现象相吻合。已经建立了一些预测R-ΔT的关系式，代表性的有

$$R=\mu(\Delta T)^n=\begin{cases}R=0.041\Delta T^4 & \text{（未变质铝硅合金）} \quad (6\text{-}9a)\\ R=0.330\Delta T^2 & \text{（变质铝硅合金）} \quad (6\text{-}9b)\end{cases}$$

式中，ΔT为实际温度与平衡共晶温度之差，即共晶生长过冷度。可见，虽然指数项n分别为4及2，但因变质通常引起ΔT显著增大，且系数μ几乎大了一个量级，所以整体上变质后共晶生长速率R要高得多。此外，由图6-42所示的热分析曲线可知，共晶阶段的过冷度随时间发生变化，所以共晶团生长过程的R也有起伏变化。

德尔利（Dahle）等人在Al-10%Si合金凝固中实时测取过冷度ΔT，然后利用式（6-9）计算未变质及变质两种情况下从共晶开始t_N到结束t_E各时刻的生长速率R，结果如图6-44所示。由变质前后的图6-44a及图6-44b可以看出未变质的共晶团尺度仅为几十微米，而锶变质的共晶团则可达毫米尺度。图6-44对应的共晶晶粒半径是以$r=\int\mu(\Delta T)^n\mathrm{d}t$从$t_N$到$t_E$对$t$积分获得的，其计算结果与对应金相观察的共晶团尺寸基本一致。图6-44b中的水平虚线表达获得完全变质效果的临界生长速率$R=7\mu\text{m/s}$。另一方面，由于生长速率随时间的起伏，即使在同一共晶团晶粒之内，不同凝固部位的变质效果（共晶硅的形态）也可能随凝固时间及位置的不同而有明显区别。

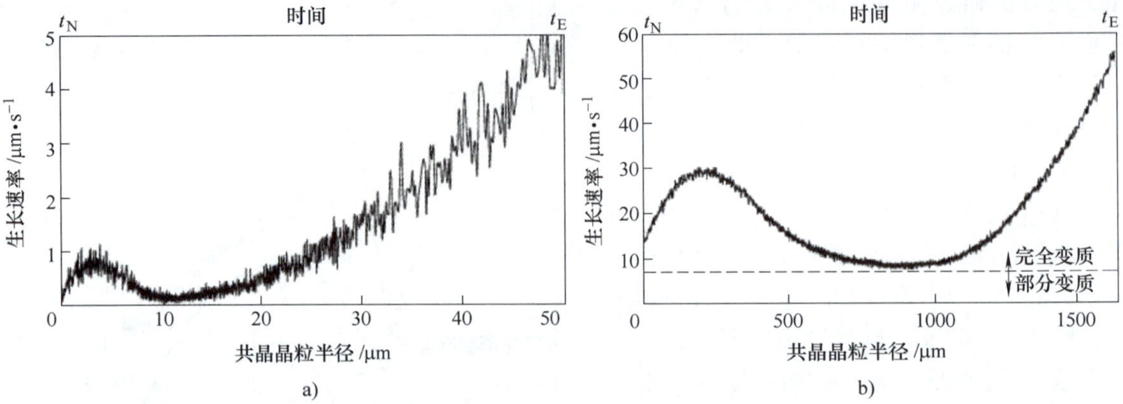

图 6-44　变质处理对 Al-10%Si 合金共晶团尺寸及晶粒生长速度随时间变化的影响

a）未变质　b）w_{Sr} = 0.01%

由此可知，变质效果与共晶生长速率密切相关。工业生产实践也反复证实，铸件冷却速率越快，越有利于共晶硅的变质效果，这一规律特别在锶变质的情况下更加明显。

另需指出，变质引起共晶团晶粒的显著增大，也负面地促进了铸件缩松及气孔的形成倾向，从而增大了铸件的孔隙率。在采用变质技术的生产中，除了限制必要的锶加入量以外，需注意在以下五个方面采取工艺措施：①尽量减少熔体中的含气量，合金熔体含气量最好低于0.13mL/100g，因此需注意加强除气及避免熔体高温过热；②提高凝固速率，可在砂型的铸件重要部位设置冷铁，金属型增强水冷或采用高热导率的涂料；③细化晶粒，可采用如Al-5Ti-1B等晶粒细化剂；④合理设计铸型，避免铸件致密度要求高的部位处于热节处，如轮形铸件需要低表面粗糙度的加工面应远离冒口或浇注系统；⑤增加过滤措施，避免气孔赖以形核的夹杂物进入型腔。

5. Al-Si 合金熔体的表面张力与变质效果

对于 Al-Si 合金熔体，其变质元素为表面活性物质。此外研究证实，变质元素吸附在硅晶体生长的固液界面上。因此，变质处理可降低 Al-Si 合金熔体表面张力，同时也降低硅与α-Al 之间的界面张力。基于变质元素表面活性特性，存在着许多解释共晶硅的变质效果。

随着认识的深入，基于表面张力的诸多变质学说被发现不尽完善。尽管如此，变质元素引起表面张力下降及其与变质效果的关系却被许多研究实例所证实。例如，通过钠盐变质近共晶 Al-Si 合金的大量试验，探讨了熔体表面张力与变质效果的关系，根据表面张力可以将变质效果分为三个区域，表面张力低于 400mN/m 的区域变质效果非常理想，而高于530mN/m 的区域仅获得部分变质效果，介于其间的为一般变质效果。

迄今为止，对 Al-Si 合金变质机制的认识尚不完善。最近的观点指出，变质理论的完善发展既要考虑生长过程也要考虑形核过程。值得欣慰的是，经过多年努力所揭示和证实的上述一些重要现象、结论和规律，在 Al-Si 合金的生产技术及质量控制中已起到了重要的指导作用。

6.5 包晶凝固

包晶凝固是一个十分重要的相变过程，工业中常用的铸钢、铸铜合金（包括用于型材和锻材的铸锭合金）等传统材料的凝固过程都包含包晶反应，现代高技术领域的 Fe-Cr-Ni 高温合金、Ti-Al 轻质合金、Co-Sm-Cu 及 Nd-Fe-B 稀土永磁材料，以及 Y-Ba-Cu-O 高温超导材料等新型合金的凝固也都具有包晶反应。由于包晶凝固行为及组织形成的复杂性，对其认识一直远不如对单相和共晶凝固那样深入。本节概略介绍包晶凝固的一般特性，以及近年来在包晶凝固领域获得的一些主要规律与认识。

6.5.1 包晶凝固过程

1. 包晶合金的平衡凝固

包晶反应是一种由固相和液相相互作用生成另一个固相的过程，典型包晶相图及包晶凝固过程如图 6-45 所示。现以具有包晶凝固特征的亚包晶 C_0 成分合金作为考察对象，来分析包晶合金的平衡凝固过程。当温度降至 T_L 时首先析出初生 α 相，在 α 相枝晶生长过程中组元 B 在液相中富集，导致液相成分沿相图的液相线变化，而 α 相的成分则沿固相线变化，包晶反应前初生相析出如图 6-45d 所示的 *a—a* 初始阶段。当温度下降到包晶转变温度 T_p 时，α 相与液相浓度分别为 C_α 和 C_L，开始发生包晶反应：$\alpha(C_\alpha)+L(C_L)\rightarrow\beta(C_p)$，包晶相 β 在 α 相表面发生异质形核，并很快将 α 相包裹在中间（非定向凝固条件下 α 相可能被 β 相完全包裹），此即图 6-45d 所示的 *b—b* 中间阶段。此后，β 相向 α 相及液相两侧生长，组元 *B* 自 β-L 界面向 α-β 界面扩散，导致 α-β 界面向 α 相一侧扩展，而组元 *A* 则自 α-β 界面向 β-L 界面扩散并导致该界面向液相扩展，此即图 6-45d 所示的 *c—c* 最后阶段。因此，随着包晶转变的进行，β 相不断增多，而 α 相及液相不断减少，直至液相完全消失，转变结束时平衡组织为 β 相及剩余初生 α 相。对于包晶成分的合金，包晶反应结束时平衡组织为单一 β 相；对于过包晶成分的合金，相应平衡组织为 β 相和剩余液相。

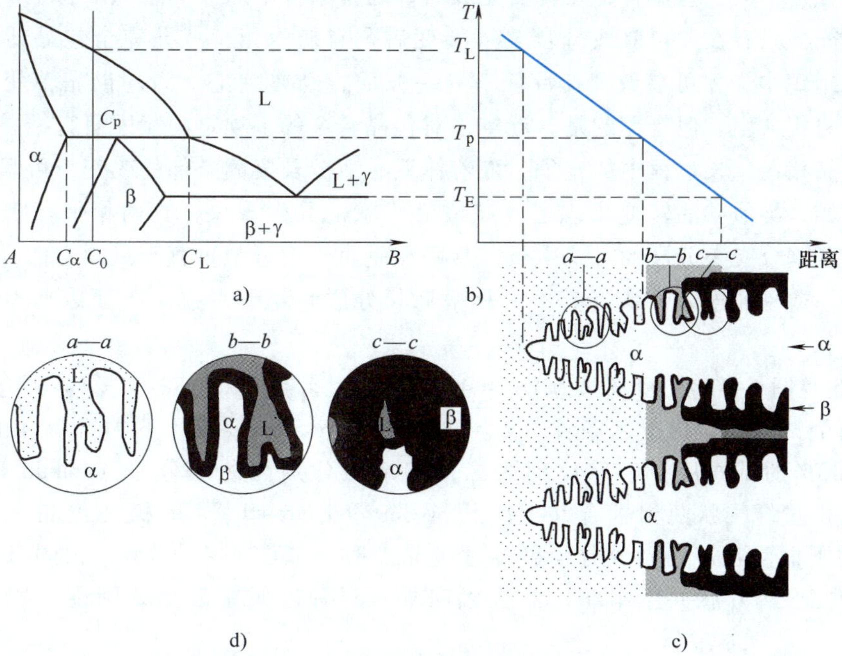

图 6-45 定向凝固条件下的包晶转变

a）具有包晶反应的相图 b）凝固界面前沿的温度分布 c）枝晶排列示意图 d）三个截面放大图

2. 非完全包晶转变

需要指出的是在上述过程中，随着时间的延续，包晶相不断增厚，扩散距离越来越远，转变也越来越困难，完成平衡包晶转变往往相当费时。因此，在实际铸件的凝固过程中，诸多合金系的包晶转变很难充分完成，凝固完成后在包晶相中心通常存在着非平衡的初生相。例如，Cu-80%Sn合金平衡凝固组织应为（η+Sn）共晶体和η相，在空冷条件下，其凝固组织中仍残留较多包晶前生成的初生相ε，说明包晶转变远未完全进行。当然，对于溶质原子小而扩散相对容易的系统，包晶反应可充分进行，如碳在Fe-C合金中容易扩散，因此碳钢的组织中通常无初生δ-Fe相。

3. 包晶相的直接凝固

实际凝固过程中初生α相析出会出现成分偏析，固相线向左下方偏移。这样，当合金冷至包晶温度线时，剩余液相将比相应平衡值多；当冷经包晶线时，包晶转变也将难以充分完成。其结果是，不但过包晶成分的合金，甚至亚包晶成分的合金，在包晶温度线以下都可能剩有部分尚未发生包晶转变的液相。这部分液相将在温度下降过程中直接结晶为包晶相，即L→β，这种方式称为包晶相的直接凝固，它包括两种情况：一是依附于已形成的包晶相直接向液相中生长；二是包晶相也可能在液体中单独形核且独立生长。此外，当冷却速度很高时，液相有可能完全过冷至包晶线以下，尤其是过包晶成分的合金更易如此。这样，合金可以不发生包晶转变，而由液体直接凝固成为包晶相。

6.5.2 包晶转变中的相竞争㊀

1. 包晶转变组织的复杂性

与共晶合金不同，包晶合金在转变完成后，通常条件下从凝固组织中看不出任何包晶转变过程的特征，只有在亚包晶成分合金（转变后剩有初生相）或非完全包晶转变（见前面的分析）的组织中，才可以看到其特征。另一方面，经典理论认为，包晶转变不可能出现类似共晶的两相共生。但有趣的是，近年来对包晶合金的多项定向凝固研究结果表明，由于初生相与包晶相在生长过程中的竞争，随着体系、成分及凝固条件的改变，可呈现不同的组织形态。例如，类似共晶转变出现层片状或纤维状的共生现象，其两相平行于凝固方向排列；也有的以耦合交替分层的方式生长，其两相垂直于或近似垂直于凝固方向呈现交替的带状组织形貌，或呈非连续带状（其中一相呈岛状分层）组织形态。下面以典型的示例予以说明。

图6-46及图6-47所示分别为$w_{Ni}=4.3\%$及$w_{Ni}=4.4\%$的Fe-Ni合金（包晶点$w_{Ni}=4.33\%$）两个试样在定向凝固条件（$G=18K/mm$，$R=10\mu m/s$）下的组织。由图6-46可见，$w_{Ni}=4.3\%$的试样从中心部位到边缘，其组织分别为岛状分层（Island Banding）生长、片状及少量纤维状两相耦合共生生长（Coupled Growth）、单相（包晶γ相，图中深色部分）的平面生长。而当成分稍稍越过包晶点时，如图6-47所示，相同条件下的试样中心部位却完全为片状共生组织，而位置向外越过片层间距波动处则逐步以纤维状共生组织为主。

㊀ 若教学课时安排有限，这部分内容可不作为课堂教学内容。在此情况下，学有余力的同学可自行研读。

a)

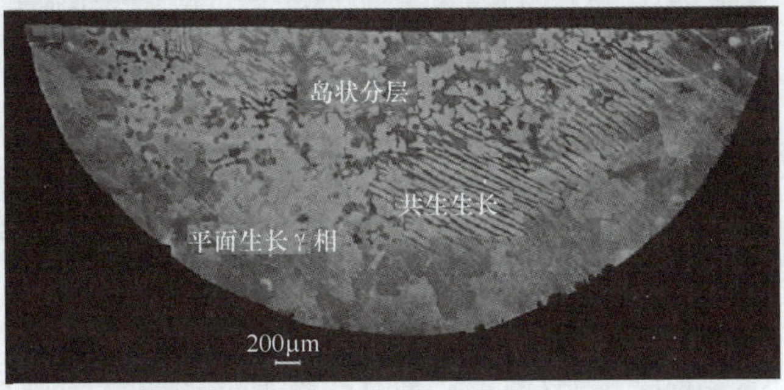

b)

图 6-46　Fe-Ni 合金的试样（$w_{Ni}=4.3\%$）定向凝固组织

a）纵向截面　b）横向截面

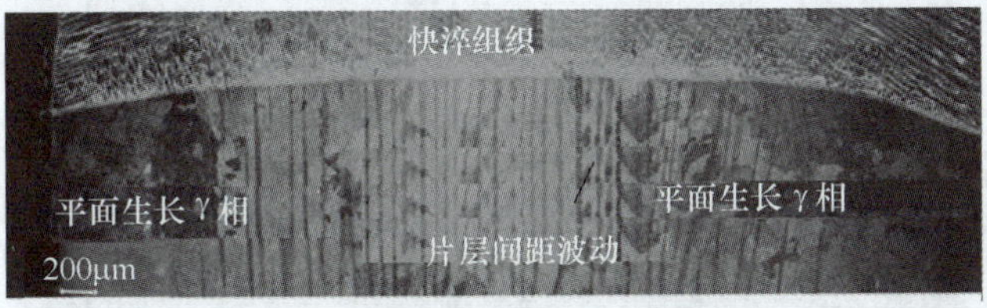

a)

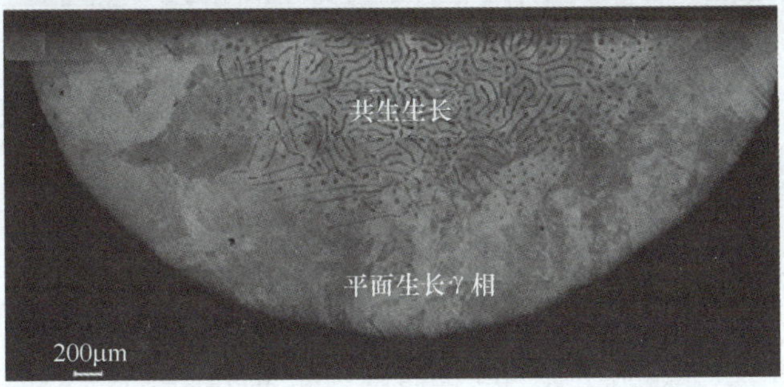

b)

图 6-47　Fe-Ni 合金的试样（$w_{Ni}=4.4\%$）定向凝固组织

a）纵向截面　b）横向截面

图 6-48 及图 6-49 所示为 $w_{Bi}=33\%$ 的 Pb-Bi 过包晶合金（包晶点 $w_{Bi}=29\%$）的定向凝固组织，其温度梯度均为 $G=27\text{K/mm}$，而随着凝固速度的改变则出现不同生长方式的组织。在较高凝固速度（$R=1.40\mu\text{m/s}$）下，如图 6-48a 所示，以初生 α 相（黑色）为领先相，包晶 β 相（白色）则处于 α 相之间，两相共生向前推进。在 $R=0.83\mu\text{m/s}$ 的速度下，如图 6-48b 所示，凝固进程中在两相共生阶段之间出现过渡带状组织。在 $R=0.563\mu\text{m/s}$ 及更低的速度下，可形成相对稳定的两相交替带状组织，如图 6-49 所示。然而，在较低的温度梯度（$G=15\text{K/mm}$）下，在上述凝固速度范围内却难以形成带状组织。

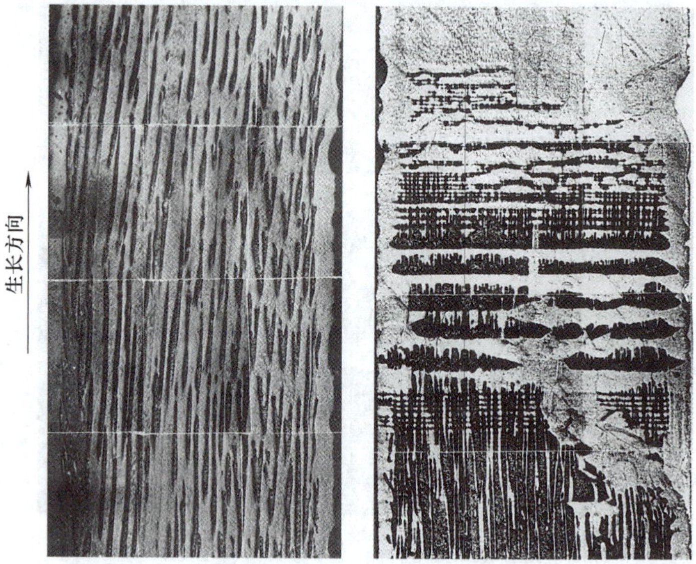

a) b)

图 6-48 Pb-33%Bi 包晶合金的定向凝固组织（$G=27K/mm$）

a）$R=1.40\mu m/s$ b）$R=0.83\mu m/s$

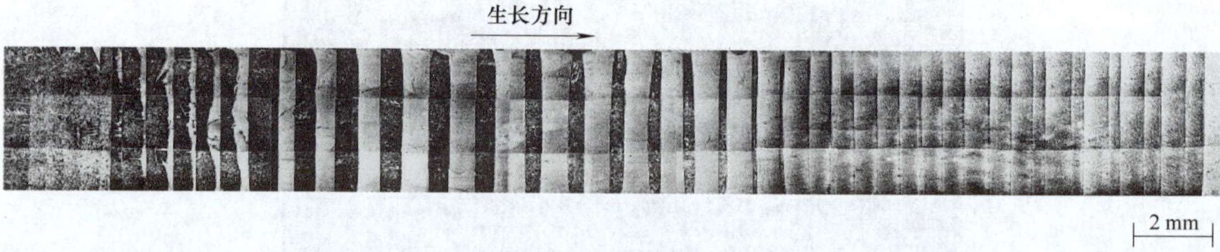

图 6-49 Pb-33%Bi 包晶合金的低速带状组织（$R=0.563\mu m/s$，$G=27K/mm$）

2. 包晶转变组织的形成规律及认识

尽管目前对包晶合金凝固中组织形成的认知尚不完全成熟，但是，通过大量的实验研究现象，在认识上已经获得了一些重要规律，其中合金成分、温度梯度与凝固速度的比值 G/R 往往在总体上起着关键作用。

（1）成分的作用 当合金成分越过包晶转变的初生相成分 C_α（即包晶线左端成分）一定范围后，则在一定条件下可能出现两相交替的带状分层组织；随着合金成分增高到某个范围，则会发生两相共生生长；当成分继续升高到一定程度（特别是越过包晶成分 C_β 或之后一定值），则会出现单纯包晶相的直接凝固。另一方面，即使特定成分的合金凝固，由于成分再分配过程以及对流、扩散等因素引起成分分布的不一致，同一合金的不同部位也会出现包晶凝固方式及组织的差别，且符合上述合金成分差异而出现的规律。例如，仔细分析图 6-46 可知，越靠近试样边缘的部位，由于对流、扩散的减弱而其成分镍含量越高（能谱检测证实），Fe-4.3%Ni 的组织分布也完全符合上述规律。有人根据共晶共生生长理论并经发展后提出，在特定条件下两相带状生长及共生生长之间存在着一个处于 C_α 及 C_β 之间的临界值 C_{crit}。以理论计算得出若干合金体系的 C_{crit} 与相应的实验结果进行比较，其规律基本吻合。例如，Ni-Al 相图上 C_α 及 C_β 分别为 $w_{Al}=11.1\%$ 及 $w_{Al}=12.4\%$，其理论计算临界值

$C_{crit}=12.0\%$，相应实验观察结果为，两相带状生长成分范围为 $w_{Al}=11.7\%\sim11.9\%$，共生生长范围为 $w_{Al}=11.9\%\sim12.4\%$。

（2）比值 G/R 的作用　若合金成分合适，当 G/R 高于某临界值时，包晶转变会出现带状或共生组织。一些研究表明，在此范围内，较低的 G/R 情况下包晶转变容易出现两相共生组织，而较高的 G/R 倾向于形成连续带状或非连续带状（岛状分层）组织，Ni-Al、Pb-Bi、Cd-Sn 等包晶系统的组织均符合这一规律。因此，温度梯度 G 不变时，低速下易出现带状组织，而高速下却为两相共生组织，这可从图 6-48 及图 6-49 所示的 Pb-33%Bi 合金的结果很明显地看出。另一方面，研究表明，包晶转变存在等温共生及非等温共生的不同情况。前者的共生两相凝固界面为等温平面，因此亦称为“平面共生”；而后者共生两相中的一相为胞状且凸出于另一相，因此两相凝固界面为非等温面，亦称为“胞状共生”及“弱共生”。Flemings 曾指出，高的温度梯度 G 是出现包晶共生的必要条件，以抑制初生相的树枝状生长。Kurz 等人基于成分过冷理论进一步研究指出，包晶转变出现“胞状共生”所需条件为 G/R 接近或稍高于保持单相平面生长的成分过冷临界值，而且，平面共生比胞状共生需要更高的 G/R。

（3）由初始初生相过渡形成不同包晶转变组织机制　包晶转变方式及其组织类型总体被认为与两相的形核与生长竞争行为相关，而它们受到多种因素的制约，如合金系统、成分、界面能，以及对流、温度场、过冷度等动力学条件。然而，究竟为什么由初生相发展为不同的两相组织形态，理论上尚未形成统一认识。目前，带状组织的形成机制被解释为由初生相平面生长的初始过渡阶段发生第二相形核并横向生长，此后两相往复交替以对方为基底发生形核与横向生长。根据对 Fe-Ni 包晶转变现象的观察，其共生生长起源于第二相在初生相上多处形核，被认为由初生相过渡到两相共生的机制之一。Trivedi 强调，两相形态选择主要受对流、形核过冷度及其形核率以及两相生长竞争所控制，并根据 Sn-Cd 包晶合金实验观察提出了如图 6-50 所示的模型，即包晶两相形态受生长竞争影响的同时，主要取决于第二相形核距离或形核率，也即依赖于形核过冷度。

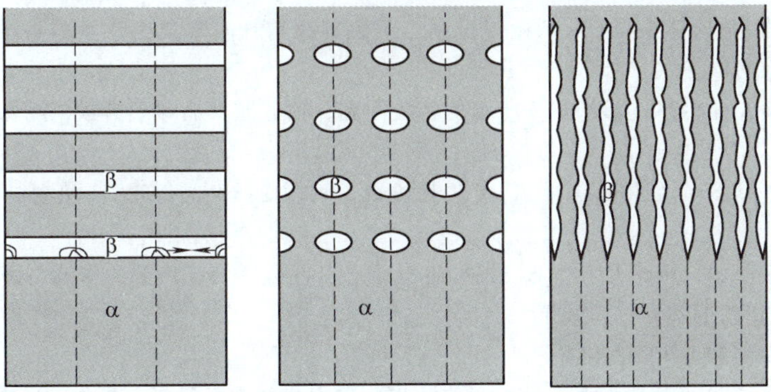

图 6-50　第二相形核率对包晶转变组织选择的作用

思考与练习

1. 根据共晶体两组成相的 Jackson 因子，共晶组织可分为哪三类？它们各有何生长特性及组织特点？
2. 以某合金生产厚大平板铸件，凝固首先析出 α 初生相，其生长速度 $R=8\mu m/s$，溶质 B 原子在液相

中的扩散系数 $D_L=5600\mu m^2/s$，到共晶阶段形成 α-β 层片状规则共晶，其片层间距为 5.6μm。

1）分别估算初生相及共晶生长阶段 α 相在固-液界面前沿的溶质富集边界层厚度。

2）比较两阶段边界层厚度的差别，并对此现象给予理论解释。

3. 图 6-12b 中所表达的界面上成分分布为连续的周期性曲线（C_B^*），为什么图 6-12c 所表达的液相线温度 T_L^* 却为两条不连续的凹陷曲线（结合共晶点附近 α、β 两相的液相线及其延长线予以考虑）？

4. 根据共晶片层间距的最小过冷度准则并参考相关参数 K_c、K_r 的推导过程，讨论合金性质 K_0、D_L 及液-固界面张力 σ_{SL} 对规则共晶 λ_e 的影响（凝固速率 R 不变）。

5. 理解共晶结晶的两种界面失稳的条件、组织形态、影响因素及其规律。

6. 如图 6-23b 所示，其三条横虚线将共晶温度以下分成四个不同的过冷区域。若通过改变凝固条件分别使 C_0 成分的合金液体直接过冷到四个不同区域（从上到下将它们分别称为①、②、③、④四个过冷区），根据共晶与单相枝晶因 R 的高低而竞争的情况，试讨论这四个过冷区所对应的组织类型及形貌。

7. 根据偏离→汇聚→…交替生长机制，参考图 6-26 中的 ΔT-λ 曲线，解释以下问题：①非小平面-小平面非规则共晶的共晶平均过冷度大于规则共晶；②其液-固界面为非等温面。

8. 根据表 6-1 数据，完成以下计算及分析：

1）凝固速率 R 分别为 9μm/s 及 64μm/s 条件下 Al-Cu 合金共晶体（Al-Al_2Cu）的最小间距 λ_e 及最小过冷度 ΔT_e，并对其结果进行简要讨论。

2）若取 Fe-C（片状石墨）非规则共晶的 $\phi=\lambda_a/\lambda_e$ 的比值为 3.0，计算灰铸铁在 $R=0.138\mu m/s$ 凝固条件下共晶体中石墨片的平均间距 λ_a，并将计算结果与图 6-28a 所示的实际组织进行比较。

表 6-1　不同合金共晶反应相关参数的参考值

参数	合金系				
	Pb-Sn	Al-Cu	Al-Si	(γ-Fe)-C	(γ-Fe)-Fe_3C
共晶温度 T_e/℃	183	548.2	577.2	1154.5	1147.1
共晶成分 C_e(质量分数,%)	61.9	32.7	12.6	4.26	4.30
β 相体积分数 f_β	0.37	0.46	0.127	0.074	0.485
K_c/K·s·m^{-2}	5.93×10^9	4.62×10^9	8.3×10^9	151×10^9	6.03×10^9
K_r/m·K	0.207×10^{-6}	0.47×10^{-6}	0.94×10^{-6}	2.36×10^{-6}	0.752×10^{-6}

9. 基于片状石墨-奥氏体共晶生长的微观机制：①解释灰铸铁石墨成为片状的根本原因；②描述灰铸铁共晶团内石墨的空间形态。

10. 参考图 6-30、图 6-24b 及图 6-33 所示的相关内容，描述亚共晶球墨铸铁的石墨球从形核到凝固结束的结晶过程。

11. 基于未变质 Al-Si 合金共晶硅的 TPRE 生长机制，阐述变质共晶硅的 IIT 机制。哪些现象可作为 IIT 机制的依据？

12. 根据图 6-42 所示，阐述 P 及 Sr 对工业 Al-Si 合金共晶凝固特征参数的影响，进而阐述 P 及 Sr 对亚共晶 Al-Si 合金凝固组织的实际作用效果。

13. 从图 6-44 你能够看出哪些结论？

14. 虽然对 Al-Si 合金变质机制尚未获得最终认识，但在生产实际及研究中却已证实了一些重要的现象和规律，简要综述锶变质对亚共晶 Al-Si 工业合金各方面的作用现象和规律。

第 7 章　铸件与焊缝宏观组织及其控制

铸件与焊缝组织

7.1　铸件的宏观组织

铸件的宏观组织通常由激冷晶区、柱状晶区和内部等轴晶区所组成，如图 7-1 所示。其中激冷晶区和内部等轴晶区是由等轴晶粒（在极大冷却速度条件下激冷晶区也可能是柱状晶）组成的，其排列方向比较紊乱。它们之间的差别仅在于激冷晶区的晶粒细小，内部等轴晶区的晶粒较为粗大。柱状晶区的特点是晶粒都是垂直于型壁排列，且平行于热流方向，在这个方向上的晶轴长大尺寸远比其他方向长。当然，并不是所有的铸件其宏观组织都是由以上三个晶区所组成，不同的条件下可分别出现图 7-2 所示的四种情况：只有柱状晶（图 7-2a）；表面细等轴晶加柱状晶（图 7-2b）；三个晶区都有（图 7-2c）；只有等轴晶（图 7-2d）。即使是具有三个晶区的宏观组织，其各个晶区所占的比例因凝固条件不同往往也是不一样的，造成了铸件宏观组织的多样化。

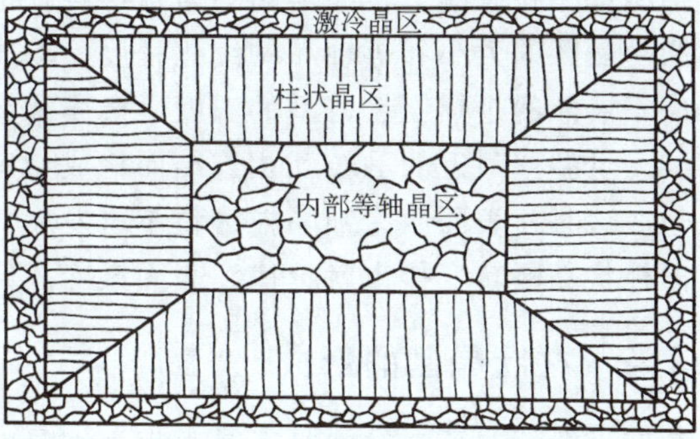

图 7-1　铸件典型宏观组织分布示意图

大多数工业应用情况下，希望铸件宏观组织获得各向同性的等轴细晶粒组织。为此，应创造条件抑制晶体的柱状长大，而促使内部等轴晶的形成和等轴晶细化。我们知道，晶界是由于各晶粒长大时相碰而形成的，晶界特别可能发生合金溶质、有害杂质元素及非金属夹杂物的聚积，而使得晶界处往往是性能最为薄弱的环节。就断裂而论，裂纹最易沿晶界扩展（特别是存在着溶质及杂质偏析时）。柱状晶相碰的地带溶质及杂质聚积严重，造成强度、塑性、韧性在柱状晶的横向方向大幅度下降，对热裂敏感，腐蚀介质中易成为集中的腐蚀通道。从另一方面看，柱状晶的特点是各向异性，对于诸如磁性材料、发动机和螺旋

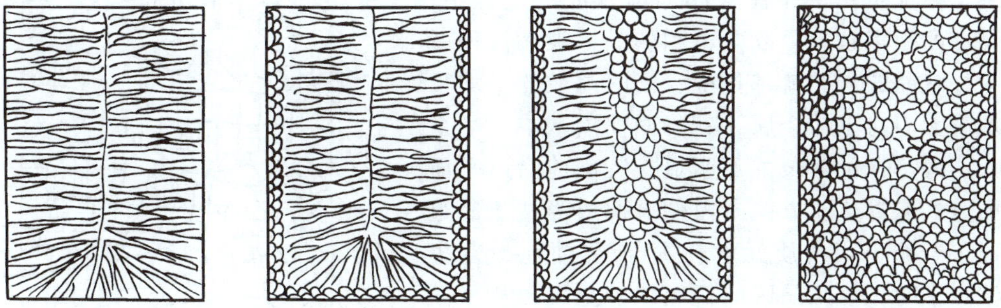

a)　　b)　　c)　　d)

图 7-2　几种不同类型的铸件宏观组织示意图

桨叶片等这些强调单方向性能的情况，采用定向凝固获得全部柱状晶的零件反而更具优点。所以，如何在技术上有效地控制铸件的宏观组织十分重要。在讨论这方面问题之前，有必要分析各晶区组织的形成机理。

7.2　表面激冷晶区及柱状晶区的形成

7.2.1　表面激冷晶区的形成

表面激冷晶区中的晶粒通常是无方向性的细等轴晶。根据传统理论，当液态金属浇入温度较低的铸型中时，型壁附近熔体由于受到强烈的激冷作用，产生很大的过冷度而大量非均质生核。这些晶核在过冷熔体中也采取枝晶方式生长，由于其结晶潜热既可从型壁导出，也可向过冷熔体中散失，从而形成了无方向性的表面细等轴晶组织。研究表明，除了激冷晶区大量非均质生核过程以外，各种形式的晶粒游离也是形成表面细等轴晶的“晶核”来源，包括型壁晶粒脱落、枝晶熔断与增殖等各种形式（详见下节）产生并游离来的“晶核”。表面激冷晶区的大小和等轴晶的细化程度，取决于型壁或液体中杂质微粒的成核能力，同时也取决于液体的过热度、铸型的温度、金属和铸型的热学性质等。

一旦型壁附近的晶粒互相连结而构成稳定的凝固壳层，凝固将转为柱状晶区由外向内的生长。这时，表面激冷细晶粒区将不再发展。因此稳定的凝固壳层形成得越早，表面细晶粒区向柱状晶区转变得也就越快，表面激冷晶区也就越窄。

7.2.2　柱状晶区的形成

在一般情况下，柱状晶区是由表面细晶粒区发展而成的，但也可能直接从型壁处长出。稳定的凝固壳层一旦形成，柱状晶就直接由表面细等轴晶凝固层某些晶粒为基底向内生长，发展成由外向内生长的柱状晶区。由于固-液界面处单向的散热条件（垂直于界面方向），处在凝固界面前沿的晶粒在垂直于型壁的单向热流的作用下，便转而以枝晶状单向延伸生长。由于各枝晶主干方向互不相同，那些主干取向与热流方向相平行的枝晶，较之取向不利的相邻枝晶生长得更为迅速。它们优先向内伸展并抑制相邻枝晶的生长。在逐渐淘汰取向不利的晶体过程中发展成柱状晶组织（图7-3）。这个互相竞争淘汰的晶体生长过程称为晶体的择优生长。由于择优生长，在柱状晶向前发展的过程中，离开型壁的距离越远，取向不利的晶体被淘汰得就越多，柱状晶的方向就越集中，同时晶粒的平均尺寸也就越大。对于纯金属，其凝固前沿基本上呈平面生长，故其择优生长并不明显，凝固前沿以平面生长的方式逆着热流方向向内伸展而成为柱状晶组织。对于合金，当溶质元素在固-液界面前沿富集而逐渐增多时，柱状晶区的亚组织能呈现出从平面生长、胞状生长直到树枝状生长等各个阶段的结构形态。但有人研究指出，合金在通常的铸造条件

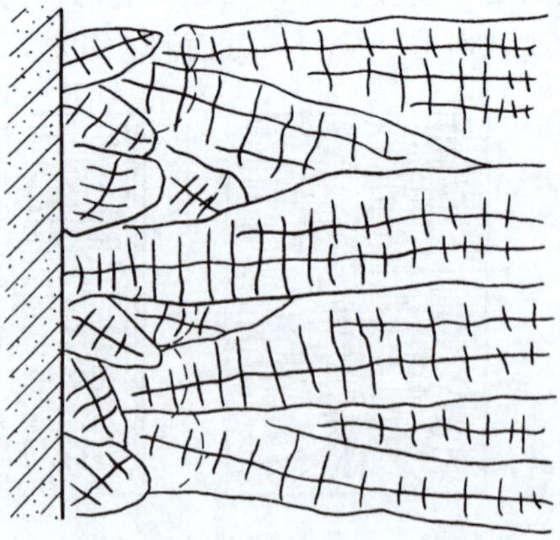

图7-3　柱状晶区的形成与发展示意图

下，柱状晶全由树枝晶形成。此外，当液态金属中有少数游离晶粒偶尔被界面前沿“捕获”时，则柱状晶区中将有一些孤立的等轴晶存在。

柱状晶区开始于稳定凝固壳层的产生，而结束于内部等轴晶区的形成。因此柱状晶区的存在与否及宽窄程度取决于上述两个因素综合作用的结果。而控制柱状晶区向前继续发展的关键因素是内部等轴晶区的出现。如果界面前方始终不利于等轴晶的形成与生长，则柱状晶区可以一直延伸到铸件中心，直到与对面型壁长出的柱状晶相遇为止，从而形成所谓的穿晶组织。如果界面前方有利于等轴晶的产生与发展，内生生长而形成内部等轴晶，这样会阻止柱状晶区的进一步扩展。内部等轴晶形成得越早，柱状晶晶区越窄。如果柱状晶晶区还没来得及形成时（稳定的凝固壳层还未形成），断面内部就已经开始大范围形成等轴晶，则完全没有柱状晶晶区出现，整个铸件将完全是等轴晶组织。因此，如果在凝固初期就使得内部产生等轴晶的晶核，将会有效地抑制柱状晶的形成。

7.3 内部等轴晶的形成机理

从本质上说，内部等轴晶区的形成是由于熔体内部晶核自由生长的结果。但是，关于等轴晶晶核的来源以及这些晶核如何发展并最终形成等轴晶区的具体过程，仍然存在着不同的理论解释。

7.3.1 “成分过冷”理论

这个理论是威甘德（Winegand）和查默斯（Chalmers）于1954年提出来的。该理论认为，随着凝固层向内推移，固相散热能力逐渐削弱，内部温度梯度趋于平缓，且液相中的溶质原子越来越富集，从而使界面前方成分过冷逐渐增大。当成分过冷大到足以发生非均质生核时，便导致内部等轴晶的形成。然而，这种说法后来被人们所怀疑，连查默斯本人也放弃了它。首先，很难理解非均质生核所需要的微小过冷度为什么会迟到柱状晶区已充分长大以后才能形成。其次，该理论无法解释有关内部等轴晶形成的实验现象。例如，日本学者大野笃美做了这样的实验：他将Al-0.2%Cu合金放入坩埚中熔化，在750℃时连同坩埚一起淬入水中，在淬入水中的同时，对坩埚进行摇动，所得到的组织为等轴晶位于坩埚下部并夹在上下两柱晶区之间。但如果在坩埚中置一不锈钢筛网，采用同样的合金、同样的淬入方法，结果等轴晶被不锈钢筛阻隔在上部。这一实验说明在柱状晶所包围的残液中，靠成分过冷重新形核产生等轴晶的说法是靠不住的，不然，在相同的冷却条件下，不锈钢筛网的下面也应该有等轴晶的存在。然而，上面所谈到的实验并不能否认非自发形核质点的作用，只能说明在通常的铸造条件下，等轴晶在凝固开始时就有可能已经产生。必须指出，在有大量有效生核质点的情况下，成分过冷所导致的非均质生核过程仍然可能是内部等轴晶晶核的有效来源之一。比如，孕育处理加入的形核剂（又称孕育剂），往往具有促进成分过冷而细化晶粒的作用。

7.3.2 激冷等轴晶型壁脱落与游离理论

1963年，查默斯在否定了他前一个说法之后，提出了在浇注的过程中及凝固的初期激冷等轴晶自型壁脱落与游离促使等轴晶形成的理论，而后又得到不同研究者的验证和发展。

大野笃美用高温显微镜对 Sr-10%Bi 合金的凝固进行了连续拍照直接观察，证实了凝固初期在型壁上形成等轴晶的游离过程，使上述理论得到了更充分的证实。

在浇注过程中，由于浇注系统和铸型型壁处的吸热产生大的过冷，促使大量晶核形成，产生大量的细小等轴晶，这些小等轴晶从型壁脱落并随着浇注液流而分布于整个铸件，如图 7-4 所示。如果经历的区域温度不高，这些小等轴晶被熔化掉的也少，大部分可以保留下来成为等轴晶的核心，这就说明了为什么浇注温度低可以使柱状晶区变窄而扩大等轴晶区的原因。当心部的等轴晶阻塞着柱状晶发展时，柱状晶即停止长大。

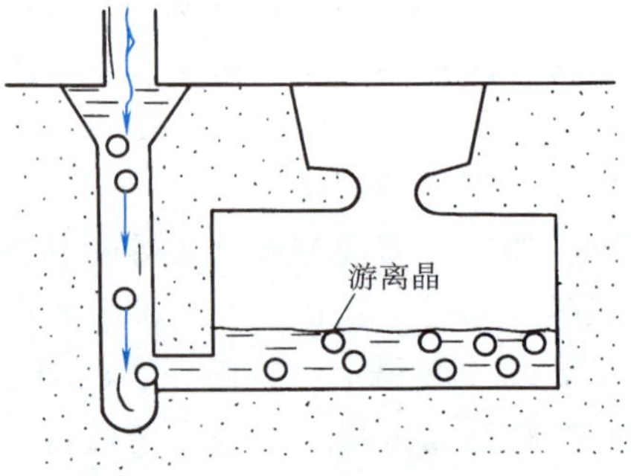

图 7-4　浇注过程中激冷晶的游离

等轴晶体即便在浇注过程中没有来得及形成，那么在浇注完毕后凝固的开始阶段，在型壁处形成的晶体，由于其密度或大于母液或小于母液也会产生对流，依靠对流可将型壁处产生的晶体脱落且游离到铸件的内部。图 7-5 所示即为产生这种对流的示意图。此外，型壁处和铸件心部的液体温度差造成的热温对流，也使得晶体由型壁处向内部熔体游离。而且，金属表面的空气冷却使表面的液体因温度降低密度增大而下沉和沿型壁处液体的上升使对流作用加剧，从而也将型壁处的晶体带至型腔内部。

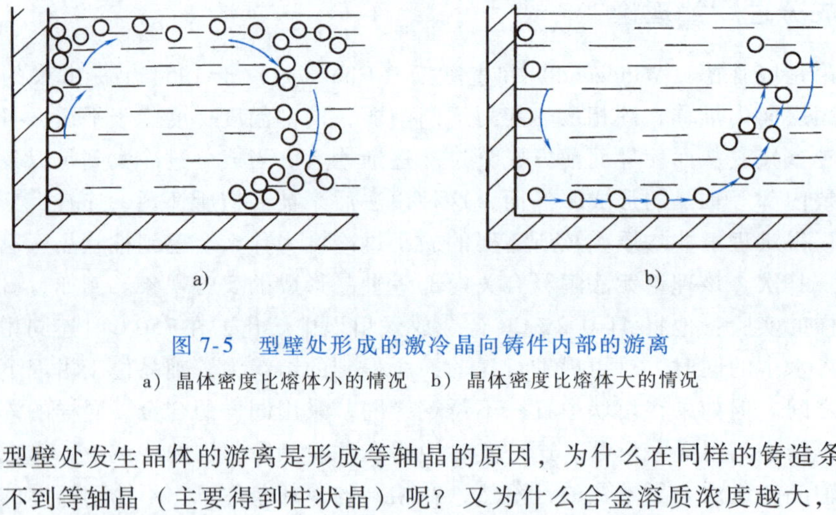

a)　　b)

图 7-5　型壁处形成的激冷晶向铸件内部的游离

a）晶体密度比熔体小的情况　b）晶体密度比熔体大的情况

既然在型壁处发生晶体的游离是形成等轴晶的原因，为什么在同样的铸造条件下，纯金属却几乎得不到等轴晶（主要得到柱状晶）呢？又为什么合金溶质浓度越大，越不容易得到柱状晶而主要是等轴晶呢？这个问题要从游离的难易程度来说明。对于纯金属来说，在型壁处产生晶体的游离是很困难的。由于型壁处过冷度最大，所以沿型壁方向晶体的长大速度最快，晶体与晶体之间很快能够连接起来形成凝固壳。当一个整体的凝固壳形成之后，结晶体再从型壁处游离出去就很困难。但是如果向金属中添加溶质，则在晶体与型壁的交会处将会形成溶质的偏析。而溶质的偏析使此处熔点降低，从而晶体在与型壁的交会处发生局部重熔而产生“脖颈”。一方面，具有“脖颈”的晶体不易沿型壁方向与其相邻晶体连接形成凝固壳；另一方面，在浇注过程和凝固初期存在的对流容易冲断“脖颈”，使晶体脱落并游离出去，如图 7-6 所示。

这些游离的晶体遇到低温区或溶质浓度较低的区域时将会生长，而移动到高温区或溶质浓度高的区域时将会发生局部熔化。由于铸型内合金熔体的温度和成分在不同区域不是完全均匀的，因此，游离的晶体在移动过程中发生着反复的生长或局部熔化，如图 7-7 所示。这种晶体的增长或局部熔化，对那些溶质偏析严重而易于产生较细脖颈的晶体来说，在某些区域可能发生脖颈根部的熔断而使一个晶体分离成几个晶体，使游离晶数量增加，即晶体发生增殖。

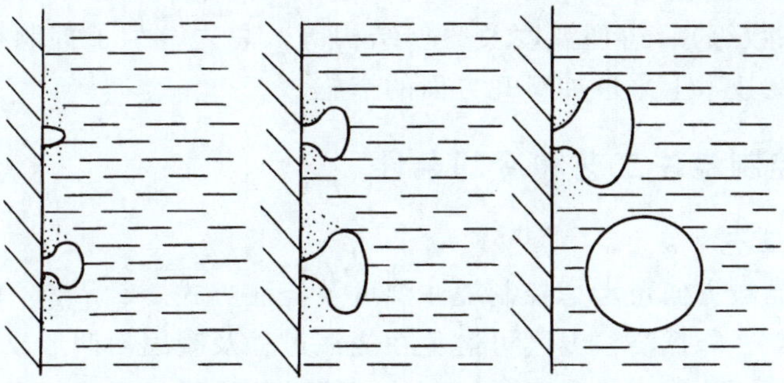

图 7-6 晶体与型壁交会处产生“脖颈”促使晶体发生脱落而游离

7.3.3 枝晶熔断及结晶雨理论

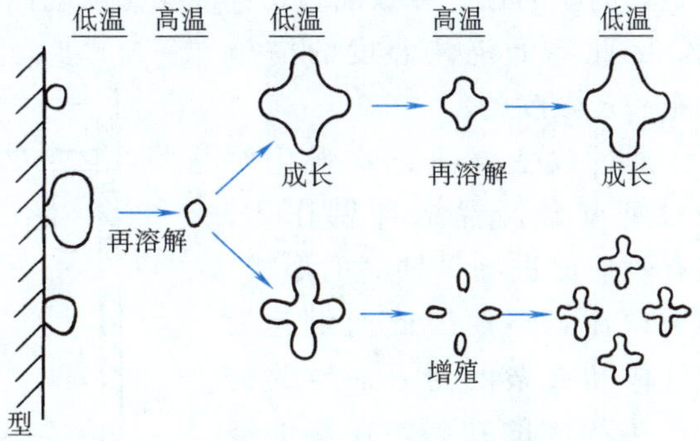

图 7-7 游离晶体的生长、局部熔化与增殖

Jackson 等人提出，生长着的柱状枝晶在凝固界面前方的熔断、游离和增殖导致了内部等轴晶晶核的形成，称为“枝晶熔断”理论。奥氏体枝晶前端在单向结晶条件下的熔断和游离就是一个很好的例证。而索辛（Southin）、罗逊汉（Rosenhain）等人则认为，液面冷却产生的晶粒下雨似地沉积到柱状晶区前方的液体中，下落过程中也发生熔断和增殖，是铸锭凝固时内部等轴晶晶核的主要来源，称为“结晶雨”理论。

无论是关于等轴晶晶核的来源问题，还是等轴晶区形成的具体过程问题，上述各理论与看法均有自己的实验根据，然而也受到各自实验条件的限制。虽然有关细节问题尚需进一步探讨，但是仅承认其中一种说法而轻率地否定其他作用似乎都是片面的。目前比较统一的看法是内部等轴晶区的形成很可能是多种途径起作用。在一种情况下，可能是这种机理起主导作用，在另一种情况下，可能是另一种机理在起作用，或者是几种机理的综合作用，而各自作用的大小当由具体的凝固条件所决定。

7.4 铸件宏观结晶组织的控制

综上所述，铸件中三个晶区的形成是相互联系、彼此制约的。稳定凝固壳层的产生决定着表面细晶粒区向柱状晶区的过渡，而阻止柱状晶区进一步发展的关键则是中心等轴晶区的形成。因此，从本质上说，晶区的形成和转变乃是过冷熔体独立生核的能力和各种形式晶粒游离、增殖或重熔的程度这两个基本条件综合作用的结果，铸件中各晶区的相对大小和晶粒的粗细就是由这个结果所决定的。凡能强化熔体独立生核，促进晶粒游离，以及有助于游离晶的残存与增殖的各种因素，都将抑制柱状晶区的形成和发展，从而扩大等轴晶区的范围，并细化等轴晶组织。这些因素归纳起来有两个方面，一个是金属方面的，一个是铸型方面的。在金属方面，影响宏观组织形成的因素有化学成分、形核特性、浇注温度，以及金属液在浇注和凝固过程中的运动等。在铸型方面，影响宏观组织形成的因素有铸件的热物理性质（如热导率、蓄热系数等）、铸型温度及铸型结构等。总之，为了抑制柱状晶，获得并细化等轴晶组织，通常在技术上采取如下几方面的措施。

7.4.1 合理地控制浇注工艺和冷却条件

1. 合理的浇注工艺

浇注工艺细化晶粒方面可考虑控制浇注温度及浇注方式。

从前面讨论可知，降低浇注温度可避免在浇注过程及凝固初期形成的激冷等轴晶在向内部游离过程中不致因熔体温度过高而重熔，从而促进等轴晶的形成。大量实验证实，合理降低浇注温度是减少柱状晶、获得细化等轴晶的有效措施之一。但是过低的浇注温度将降低液态金属的流动性，导致浇不足和冷隔等缺陷的产生。特别是对复杂的异形铸件，其危害性更大。因此降低浇注温度的措施是有一定限度的。

通过改变浇注方式强化对流对型壁激冷晶的冲刷作用，能有效地促进细等轴晶的形成。但必须注意不要因此而引起大量气体和夹杂的卷入而导致铸件产生相应的缺陷。在铸件浇注过程中，液态金属在型壁的激冷作用下大量形核，被液流冲击带入液相区，并发生增殖，成为后续凝固的结晶核心。大野笃美研究比较了图7-8所示的几种浇注方法（石墨型，Al-0.2%Cu合金）对铸件宏观凝固组织的影响。采用图7-8a所示铸型中间的方法浇注，对型壁无冲刷作用，获得的凝固组织大多为粗大柱状晶。而采用图7-8b所示单孔上注方法，使液流沿型壁冲刷，结果柱状晶区缩小，内部等轴晶区扩大，且晶粒细化。进一步使液流分散，

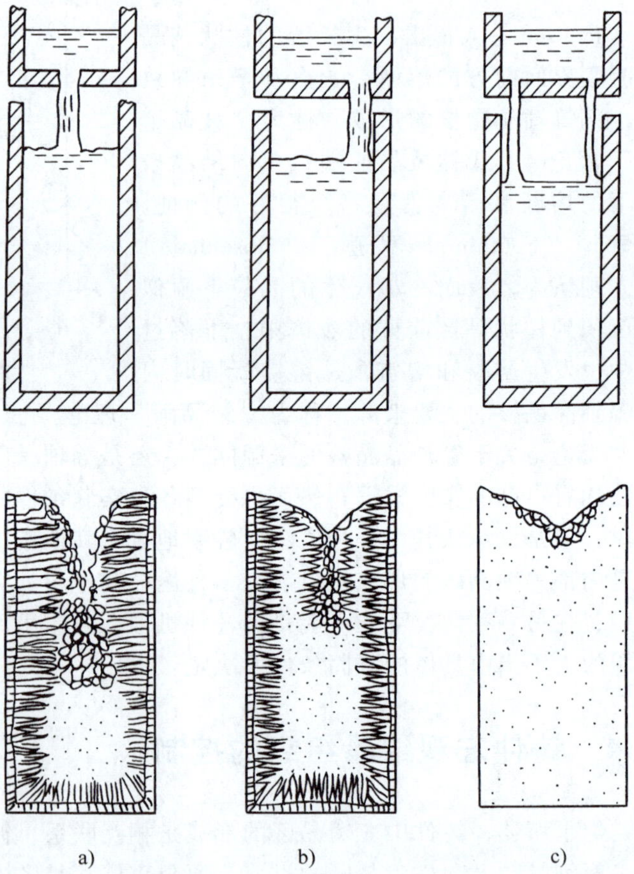

图7-8 不同浇注方法引起不同的铸件凝固组织

采用图 7-8c 所示的沿型壁六孔浇注，得到全部细小等轴晶。浇注缓慢，并且浇注结束时过冷度较低，越利于晶核的生存。后来大野笃美采用图 7-9 所示的水流冷却的斜板浇注方法，获得了比图 7-8c 更好的晶粒细化效果。

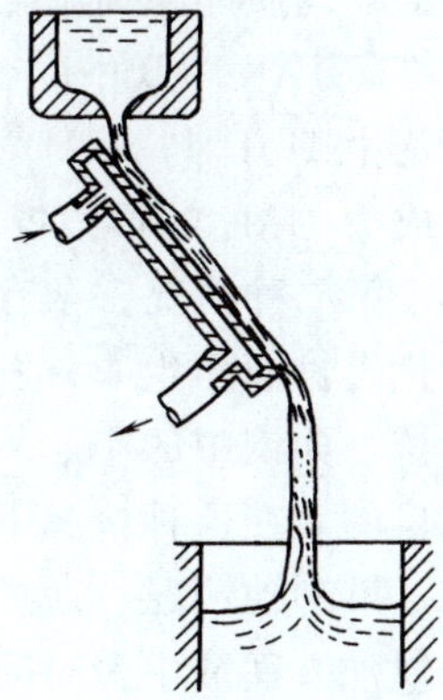

图 7-9 金属液通过水冷斜板浇注

2. 冷却条件的控制

控制冷却条件的目的是形成宽的凝固区域和获得大的过冷，从而促进熔体生核和晶粒游离。小的温度梯度 G_L 和高的冷却速度 v 可以满足以上要求。但就铸型的冷却能力而言，除薄壁铸件外，这二者不可兼得。由于高的散热速度不仅使凝固过程中 G_L 变大，而且在凝固开始时还促使稳定凝固壳层的过早形成。因此，对薄壁铸件，可采用高蓄热、快热传导能力的铸型来细化晶粒；而对厚壁铸件，一般采用冷却能力小的铸型以确保等轴晶的形成，再辅以其他晶粒细化措施以得到满意的效果。如果是采用冷却能力大的金属型，则需配合以更强有力的晶粒游离措施才能得到预期效果，因此比前者要困难得多。在合理控制冷却条件方面的一个比较理想的方案是既不使铸型有较大的冷却作用以便降低 G_L，又要使熔体能够快速冷却。悬浮铸造法能满足这一要求。所谓悬浮铸造法，就是在浇注过程中向液态金属中加入一定数量的金属粉末，这些金属粉末像极多的小冷铁均匀地分布于液态金属中，起着显微激冷作用，加速液态金属的冷却，促进等轴晶的形成和细化。它与通常的孕育处理的最大区别就在于其主要作用是显微激冷。但由于金属粉末的选择也需要遵循界面共格对应原则，而在液态金属凝固过程中，即将熔化掉的粉末微粒也起着非均质核心的作用，所以也可以把悬浮铸造法看成是一种特殊的孕育处理方法。

7.4.2 孕育处理

孕育处理是在浇注之前或浇注过程中向液态金属中添加少量物质以达到细化晶粒、改善宏观组织目的的一种工艺方法。从本质上说，孕育（Inoculation）主要是影响生核过程和促进晶粒游离以细化晶粒；而变质（Modification）则是改变晶体的生长机理，从而影响晶体形貌。变质在改变共晶合金的非金属相的结晶形貌上有着重要的应用，而在等轴晶组织的获得和细化中采用的则是孕育方法。但需要指出，虽然孕育和变质的主要目的各不相同，但它们之间存在着密切的联系和影响。比如，良好的孕育处理可促进球墨铸铁的石墨以球状方式生长，提高球化率；细化白口抗磨铸铁凝固组织可在一定程度上改善碳化物的形态和分布。再比如，以 Na 或 Sr 等元素对 Al-Si 合金进行变质处理，在使共晶 Si 由片状转为棒状生长的同时，共晶 Si 也得到了显著的细化。

关于孕育剂的作用机理，存在着两类观点。一类观点认为，孕育主要起非自发形核作用；另一类观点认为，通过在生长界面前沿的成分富集而使晶粒根部和树枝晶分枝根部产生缩颈，促进枝晶熔断和游离而细化晶粒。

非自发形核可以从三个方面来理解。

第一种情况，孕育剂含有直接作为非自发生核的物质，即一些与欲细化相具有界面共格对应的高熔点物质或同类金属微小颗粒。它们在液态金属中可直接作为欲细化相的有效衬底而促进非均质生核。比如，在高锰钢中加入锰铁、高铬钢中加入铬铁都可以直接作为欲细化相的非均质晶核而细化晶粒并消除柱状晶组织。又如，铝合金铸件及铸锭的铸造过程中添加 Al-Ti 及 Al-Ti-B 中间合金晶粒细化剂，已成为最经济、最有效的广泛应用的工艺。Al-Ti 孕育剂中 $TiAl_3$ 与 α-Al 之间有良好的晶格匹配关系。而研究证明，在 Al-Ti-B 孕育剂中，TiB_2 将成为 $TiAl_3$ 的形核核心，而 $TiAl_3$ 则进一步作为 α-Al 的形核核心。

第二种情况，孕育剂能与液相中某些元素（最好是欲细化相的原子）反应生成较稳定的化合物而产生非自发生核。此化合物应与欲细化相具有界面共格对应关系而能促进非均质生核。如钢中的 Ti、V 就是通过形成能促进非均质生核的碳化物和氮化物而达到细化等轴晶的目的。在这种情况下，构成包晶反应的生核剂具有特别大的优越性。

第三种情况，通过在液相中造成很大的微区富集而迫使结晶相提前弥散析出而生核。如硅铁加入铁液中瞬时间形成了很多富硅区，造成局部过共晶成分迫使石墨提前析出。而硅的脱氧产物 SiO_2 及硅铁中的某些微量元素形成的化合物可作为石墨析出的有效衬底而促进非均质形核。

第二类观点（促进枝晶熔断和游离）认为，等轴晶只是在凝固的开始阶段形成，之后游离沉积。晶粒细化剂的作用在于使枝晶产生更细的脖颈，其结果必然导致结晶更易于游离。晶粒细化剂之所以使枝晶脖颈更细，主要是溶质的偏析造成的，在凝固过程中由于溶质在枝晶侧向的偏析，使此处的过冷度减少，从而使晶体的长大受到抑制而产生细的脖颈。对于溶质分配系数 $K_0<1$ 的合金来说，K_0 越小，凝固时偏析越大，溶质对晶粒细化作用越大；对 $K_0>1$ 的合金来说，K_0 越大，凝固时溶质偏析越大，溶质对晶粒的细化作用也越大。可以用偏析系数 $|1-K_0|$ 来衡量溶质元素对晶粒细化作用的大小。不论 $K_0<1$ 或 $K_0>1$，偏析系数大的元素，在凝固时引起的偏析越大，它们对晶粒的细化作用也越大。因此，$|1-K_0|$ 数值的大小就成了选择孕育剂的依据。大野笃美是这一观点的积极倡导者，他甚至否认孕育的非自发形核作用。

表 7-1 所示为合金常用孕育剂的主要元素。

表 7-1　合金常用孕育剂的主要元素

合金种类	孕育剂主要元素	加入量(质量分数,%)	加入方法
碳钢及合金钢	Ti	0.1~0.2	铁合金
	V	0.06~0.30	
	B	0.005~0.01	
铸铁	Si-Fe, Ca, Ba, Sr	0.1~1.0, 与 Si-Fe 复合	铁合金
铝合金	Ti, Zr, Ti+B, Ti+C	Ti:0.15; Zr:0.2 复合: Ti 0.01 B 或 C 0.05	Al-Ti, Al-Zr, Al-Ti-B, Al-Ti-C 中间合金
过共晶 Al-Si 合金	P	≥0.02	Al-P, Cu-P, Fe-P 中间合金
铜合金	Zr, Zr+B, Zr+Mg, Zr+Mg+Fe+P	0.02~0.04	纯金属或中间合金
镍基高温合金	WC, NbC		碳化物粉末

虽然孕育机理至今尚没有统一的认识，但上述不同的观点均有其实验依据，并分别在生产技术中得到了成功的实践。可以认为，它们从不同的侧面揭示了不同孕育剂的作用机理。

实践表明，多元复合孕育剂往往比单一组元的孕育剂效果更佳，这便是一个很好的说明。

孕育剂加入合金液后要经历一个孕育期和衰退期。在孕育期内，作为孕育剂的中间合金的某些组分完成熔化过程，或与合金液反应生成化合物，起细化作用的异质固相颗粒均匀分布并与合金液充分润湿，逐渐达到最佳的细化效果。当细化效果达到最佳值时浇注是最理想的，通常存在一个可接受的保温时间范围。随合金熔化温度和孕育剂种类的不同，达到最佳细化效果所需要的时间也不同。试验指出，几乎所有的孕育剂都有在孕育处理后一段时间出现孕育衰退（孕育效果逐渐减弱）现象。因此孕育效果不仅取决于孕育剂的本身，而且也与孕育处理工艺密切相关。一般说来，处理温度越高，孕育衰退越快。因此在保证孕育剂均匀散开的前提下，应尽量降低处理温度。孕育剂的粒度也要根据处理温度、被处理合金液量和具体的处理方法来选择。为了使孕育衰退的副作用降低到最低限度，近年来发展了一系列后期（瞬时）孕育方法，其中包括各种形式的随流孕育法和型内孕育法。同时，研究人员在不断地开发适用于不同合金的长效孕育剂。

7.4.3 动力学细化

动力学细化方法主要是采用机械力或电磁力引起固相和液相的相对运动，导致枝晶的破碎或与铸型分离，在液相中形成大量结晶核心，达到细化晶粒的目的。常用的动力学细化方法如下。

1. 铸型振动

在凝固过程中振动铸型可使液相和固相发生相对运动，导致枝晶破碎形成结晶核心。离心铸造时若周期改变旋转方向可获得细小等轴晶，便可说明液相和固相发生相对运动所起的细化晶粒作用。振动还可引起局部的温度起伏，有利于枝晶熔断。同时，振动铸型可促使“晶雨”的形成。“晶雨”的来源是液态金属表面的凝固层。当液态金属静止时，表面凝固的金属结壳而不能下落。而铸型振动可使壳层中的枝晶破碎，形成“晶雨”。

2. 超声波振动

超声波振动可在液相中产生空化作用，形成空隙，当这些空隙崩溃时，液体迅速补充，液体流动的动量很大，产生很高的压力。根据克劳修斯-克拉珀龙（Clausius-Clapeyron）方程 $\Delta T=\left(\dfrac{T_m\Delta V}{\Delta H}\right)\Delta p$［$\Delta T$ 为压力引起熔点温度的改变，T_m 为大气压下的熔点，ΔV 为凝固时体积的改变（凝固为负值），ΔH 为凝固潜热（凝固为负值），Δp 为压力的改变］可见，当压力增加时凝固，合金熔点温度也要增加，从而提高了凝固过冷度，这势必造成形核率的提高，使晶粒细化。高压条件下凝固可细化晶粒的原因与之相同。

3. 液相搅拌

采用机械搅拌、电磁搅拌或气泡搅拌均可造成液相相对固相的运动，引起枝晶的折断、破碎与增殖，达到细化晶粒的目的。其中机械和电磁搅拌方法不仅使晶粒细化，而且可使晶粒趋于球化。

4. 流变铸造

流变铸造（Rheocasting）又称半固态铸造，为美国 MIT（麻省理工学院）弗莱明斯（M. C. Flemings）等所发明。这种方法的实质是当液体金属凝固达 50%～60%时，在氩气保护下进行高速搅拌，使金属成为半固态浆液，将半固态浆液凝固成坯料或挤压至铸型凝固成形，其固态晶体随搅拌转速的增加而更加趋于细小而圆整，力学性能显著提高。其原因在于，固态晶体之间以及它们与液体之间发生碰撞、摩擦和冲刷作用，这使得固相颗粒在各个方向上温度均匀，热流无方向性；此外，在固-液界面处也没有溶质富集现象，从而消除了“成分过冷”，这样就使得晶体在各个方向上的长大速度快而均匀，从而成为细小圆整的颗粒状。这种细小圆整的半固态金属浆液由于具有较好的流动性而容易成形。因为它的温度已远低于液相线温度，所以对于黑色金属的压铸件来说，能大大减轻金属对模具的热冲击，从而可提高压铸模具的寿命，扩大黑色金属压铸的应用范围。这种方法目前仍在进一步发展、完善之中，主要是解决强烈搅拌带来的副作用及设备问题。

7.5　焊接熔池凝固及控制

熔焊条件下的液态金属凝固过程与一般液态金属凝固过程在本质上没有区别，都是晶核生成和晶核长大的过程。然而，由于焊接熔池凝固条件的特殊性，其凝固过程还存在着自己的一些特征。

7.5.1　熔池凝固条件

熔焊时，在高温热源的作用下，母材发生局部熔化，并与熔化了的焊接材料相互混合形成熔池，同时进行短暂而复杂的冶金反应。当热源离开后，熔池金属便开始了凝固，如图7-10所示。因此，焊接熔池具有以下一些特殊性。

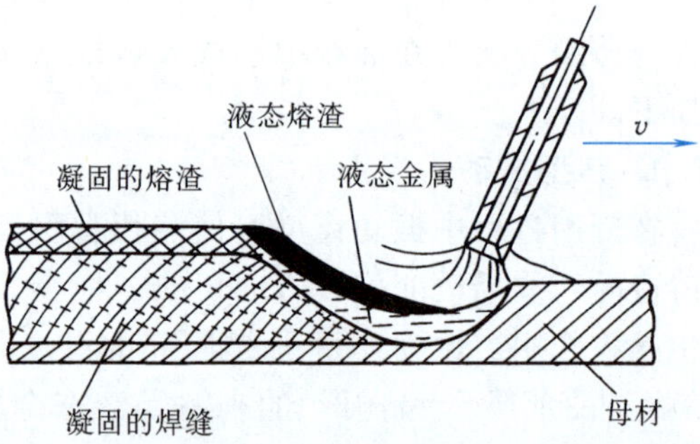

图7-10　熔池凝固及焊缝的形成

（1）熔池金属的体积小，冷却速度快　在一般电弧焊条件下，熔池的体积最大也只有30cm³，质量不超过100g，因其周围被冷态金属所包围，所以熔池的冷却速度很快，通常可达4~100℃/s，远高于一般铸件的冷却速度。由于冷却快，温度梯度大，致使焊缝中柱状晶得到充分发展。这也是造成高碳、高合金钢以及铸铁材料焊接性差的主要原因之一。

（2）熔池金属中不同区域温差很大，中心部位过热温度最高　因加热与冷却速度很快，熔池中心和边缘存在较大的温度梯度。例如，对于电弧焊接低碳钢或低合金钢，熔池中心温度高达2100~2300℃，而熔池后部表面温度只有1600℃左右，熔池平均温度为（1700±100）℃。由此可见，熔池金属中温度不均匀，且过热度较大，尤其是中心部位过热温度最高，非自发形核的原始质点数将大为减少，这也促使焊缝柱状晶的发展。

（3）热源移动　凝固过程是一个动态过程，一般熔焊时，熔池是以一定的速度随热源而移动，如图7-11所示，处于热源移动方向前端（*abc*）的母材不断熔化，连同过渡到熔池中的熔融的焊接材料一起在电弧吹力作用下，对流至熔

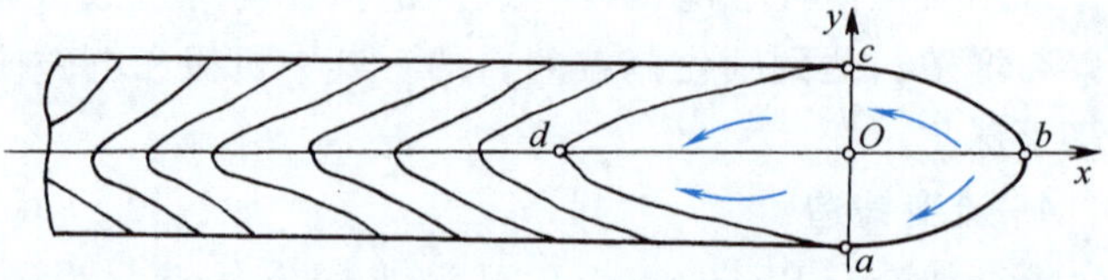

图7-11　熔池的运动状态下结晶

池后部（*cda*）。随着热源的离去，熔池后部的液态金属立即开始凝固。因此，凝固过程是连续进行并随热源同步运动的。

(4) 液态金属对流激烈　熔池中存在许多复杂的作用力，如电弧的机械力、气流吹力、电磁力，以及液态金属中密度差，使熔池金属产生强烈的搅拌和对流，在熔池上部其方向一般趋于从熔池头部向尾部流动（图 7-11），而在熔池底部的流动方向与之正好相反，这一点有利于熔池金属的混合与纯净。

7.5.2 熔池结晶特征

(1) 联生结晶　从前面所述的结晶理论知道，过冷是凝固的条件，并且通过萌生晶核和晶核长大而进行的。但因熔池金属过热较大，在开始凝固时，自发形核的可能性是极其微小的，特别是在过热度最大的熔池中心区域尤其困难。研究证明，熔池结晶是非自发形核起主要作用。

在熔池中存在两种现成固相表面：一种是合金元素或杂质的悬浮质点（在正常情况下所起作用不大）；另一种就是熔池边界未熔母材晶粒表面，非自发形核就依附在这个表面，从而可以在较小的过冷度下，以柱状晶的形态向焊缝中心生长，如图 7-12 和图 7-13 所示。这种结晶特征称为联生结晶（也称外延生长）。可以看出，焊缝金属初始晶体是直接从熔合区附近母材的晶粒生长区延续过来的，即熔合区母材晶粒对焊缝晶体结构具有一定的遗传性。例如，在埋弧焊或电渣焊中，由于焊接热输入较大，熔池周围过热的母材晶粒会变得粗大，致使焊缝柱状晶也粗大。因此，焊接过程中应避免母材长时间过热。

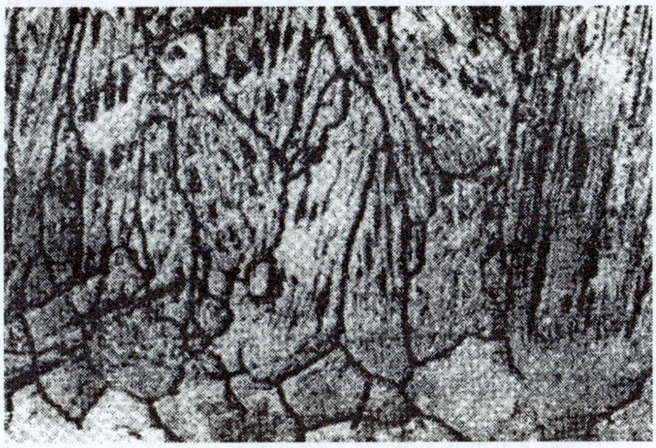

图 7-12　不锈钢自动焊时的联生结晶

(2) 晶体成长的选择性与弯曲柱状晶　一般典型的焊接熔池形状如图 7-14 所示，熔池的轮廓即表示液相面，其形状很像不标准的半椭球。由第 3 章焊接过程温度场可知，熔池的形状和大小，受母材的热物理性质、尺寸和焊接方法以及工艺参数等因素的影响。

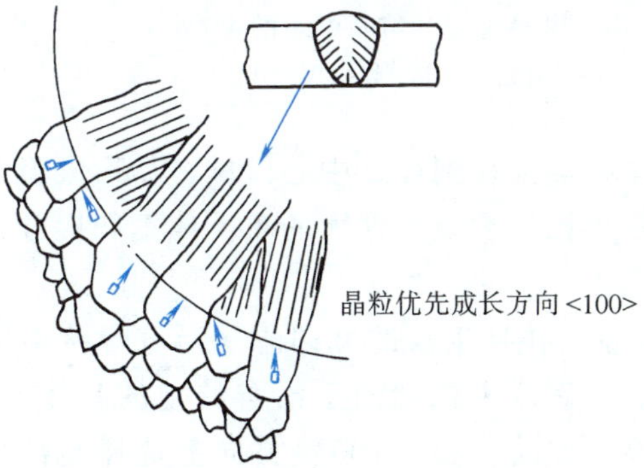

图 7-13　熔池中柱状晶的形成

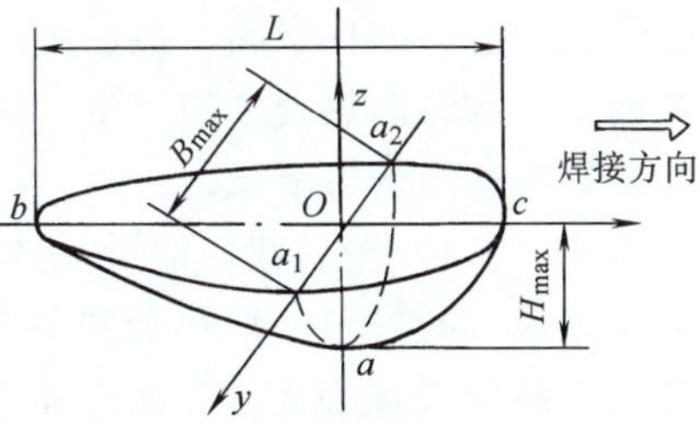

图 7-14　典型焊熔池形状

如图 7-15 所示，熔池的最大散热方向是液相等温线的法线方向。假定焊接时熔池保持一定的形状，并首先假定晶体生长方向与最大散热方向正好相反，则可以按如下方式来讨论晶粒生长方向与焊接方向间的关系。

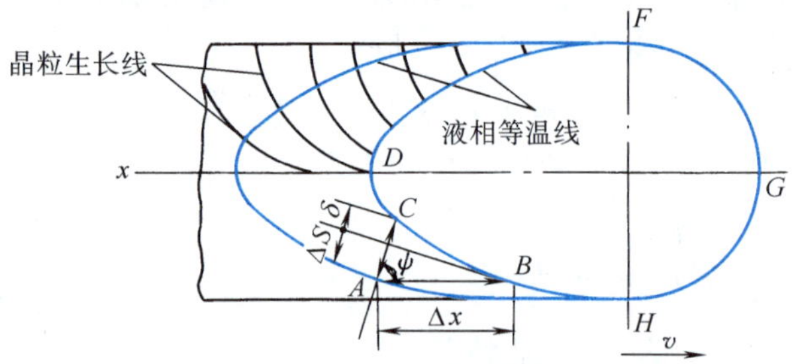

图 7-15　熔池晶体生长线速度分析图

在液相等温线上任一点 A 的晶粒主轴沿等温线法线方向生长，设晶体的生长线速度为 R，而熔池则以焊接速度 v 沿 x 方向移动。当经过 Δt 时间后，焊接熔池移动距离为 Δx，A 点便移至 B 点。与此同时，A 点晶粒长大至 C 点，以保持熔池形状不变。设 A 点晶粒的增长量为 $\Delta S+\delta$。于是有

$$\Delta x=v\Delta t$$

$$\Delta S+\delta=R\Delta t$$

故

$$\frac{\Delta S+\delta}{\Delta x}=\frac{R}{v}$$

当 $\Delta t\rightarrow 0$ 时，δ 将比 ΔS 更快趋向于零，故可忽略不计。则上式成为

$$R=v\cos\psi \tag{7-1}$$

式中，ψ 为晶粒生长方向与熔池移动方向之间的夹角。

由式（7-1）和图 7-15 可看出：等温线上各点的 ψ 角是变化的，说明晶粒成长的方向和线速度都是变化的。在熔合区上晶粒开始成长的瞬时（如图 7-15 中 H 和 F 点），$\psi=90°$，$\cos\psi=0$，晶粒生长线速度 R 为零，即焊缝边缘的生长速度最慢。而在热源移动后面的焊缝中心（D 点），$\psi=0°$，$\cos\psi=1$，晶粒生长速度 R 与焊接速度 v 相等，即晶体生长最快。一般情况下，由于等温线是弯曲的，其曲线上各点的法线方向不断地改变，因此晶粒生长的有利方向也随之变化，形成了特有的弯曲柱状晶的形态。

焊接速度对晶粒生长形态有较大的影响。如图 7-16 所示，焊接速度大时，焊接熔池长度增加，ψ 角也相应增大，柱状晶便趋向垂直于焊缝中心线生长（图 7-16a）。焊接速度慢时，ψ 角也相应减小，柱状晶越弯曲（图 7-16b）。垂直于焊缝中心线的柱状晶，最后结晶的低熔点夹杂物被推移到焊缝中心区域，易形成脆弱的结合面，导致纵向热裂纹的产生。这就是为什么在焊接热裂敏感性大的奥氏体钢和铝合金时不能采用高速焊的主要原因。

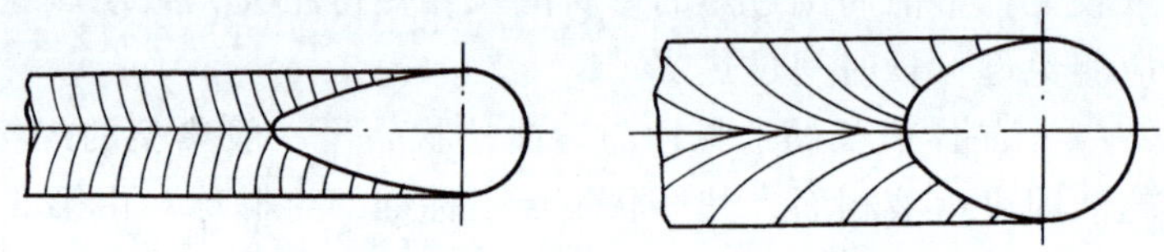

a)　　b)

图 7-16　焊接速度对结晶形态的影响

a）焊接速度大　b）焊接速度小

在式（7-1）中，我们假设晶体生长是各向同性，并且生长的方向总是沿着焊接熔池中温度梯度最大的方向（散热最快的方向）。实际上，晶体生长倾向于沿着特定的晶体方向，如在立方晶体（体心立方和面心立方）中沿〈100〉方向。在〈100〉方向上选择生长是因为在该方向上原子的堆垛最松散，这表明，由于结晶是从原子杂乱排列的液体中进行，在

〈100〉方向上原子的排列比较松散，则可以使晶体在该方向上的生长线速度比其他方向（原子排列比较紧密方向）更快。考虑这一点，必须对式（7-1）进行修正。如果定义 θ 为〈100〉方向与最大温度梯度方向之间的夹角，那么晶体生长的实际线速度为

$$R' = R\cos\theta \tag{7-2}$$

这样，当晶体〈100〉方向与散热最快方向（最大温度梯度方向）相一致时，则晶体实际生长线速度最快，最有利于晶粒长大，这种优先得到成长的晶体，可以一直长至熔池的中心，形成粗大的柱状晶体。而当晶体〈100〉方向与散热最快方向不一致时，这时晶粒的成长就缓慢甚至停止下来，如图 7-12 和图 7-13 所示，这就是焊缝中柱状晶体选择长大的结果。

（3）熔池凝固组织形态的多样性　实验证明，熔池中成分过冷的分布在不同的凝固阶段是不同的，因此，其凝固生长界面亦将发生变化。在熔池两侧翼边界（图 7-15 中点 F、H），由于结晶速度 R 非常小，温度梯度 G 较大，G/R 则很大，成分过冷接近于零，满足平面晶生长的条件。随着凝固界面远离熔合区边界向焊缝中心推进时，结晶速度 R 逐渐增大，而温度梯度 G 减小，G/R 逐步减小，在某一时刻以后，将发生成分过冷，平面生长将转为胞状生长；随着成分过冷的进一步加大，树枝晶生长的方式逐渐占主导地位，在到达熔池尾端结束凝固时，G/R 最小，成分过冷度最大，有可能形成等轴树枝晶区。图 7-17 示意地表示了焊缝中不同部位凝固界面生长方式的大致情况。

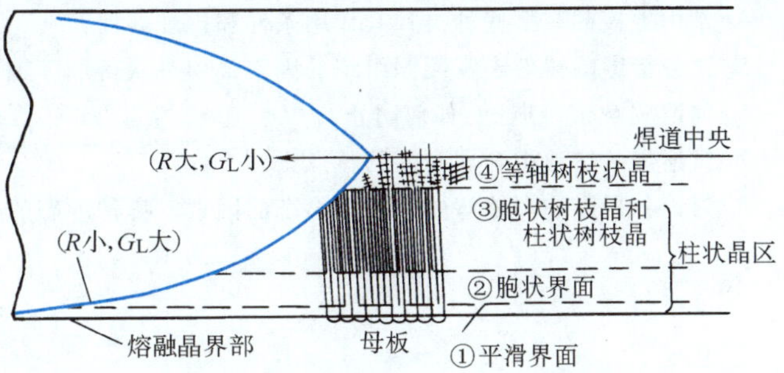

图 7-17　焊缝结晶形态的变化示意图

应当指出的是：在实际焊缝中，由于化学成分、板厚和接头形式不同，不一定具有上述全部凝固形态。此外，焊接参数对凝固形态也有很大影响。例如：当焊接速度增大时，在焊缝中心部位的温度梯度 G 变小，而结晶速度 R 增大，因此，往往容易出现大量的等轴晶；而在焊接速度较低时，主要是胞状树枝晶。

7.5.3　熔池结晶组织的细化

焊缝金属的力学性能是影响焊接接头使用可靠性的重要因素，其中强度与韧性是最关键的性能指标。在一定的条件下，焊缝中易生成粗大的柱状晶体，它会降低焊缝金属的强度和韧性。特别是在焊接稳定型奥氏体钢时，粗大柱状晶还是造成热裂纹的原因之一，同时对焊缝耐晶间腐蚀也不利。因此，细化熔池结晶组织具有十分重要的意义。

目前焊接中也是通过提高形核率和抑制晶粒长大两个方面来细化熔池凝固组织。

（1）晶粒细化　焊接时，通过焊接材料向熔池加入一定量的合金元素（如 B、Mo、V、Ti、Nb 等）可以作为熔池中非自发晶核的质点，从而使焊缝晶粒细化。

（2）振动结晶　所谓振动结晶，就是采用振动的方法来打断正在成长的柱状晶，增大晶粒游离倾向，达到细化晶粒的目的。振动方式主要有机械振动、超声振动和电磁搅拌。

（3）焊接工艺　采用恰当的焊接工艺措施，也可改善熔池凝固结晶。主要方法是小热

输入、多层焊和锤击焊道表面等。

小热输入焊接，可以减小熔池尺寸和液态金属过热度，同时提高了焊缝的冷却速度，即可避免产生粗大的柱状晶组织。但冷却速度也不宜过快，否则会引起焊缝和热影响区固态相变时产生淬火组织，增大冷裂纹倾向。

对于一定板厚的焊接结构，采用多层焊可使每道焊缝尺寸变小，即柱状晶成长的空间减小，有利于晶粒细化。另外，多层焊时后一层焊道对前一层焊道具有附加热处理的作用，从而也可改善焊缝固态相变的组织。

焊接过程中，锤击焊道可使前一层焊缝（或坡口表面）晶粒不同程度地破碎，后层焊缝在凝固时因联生结晶而使晶粒细小。此外，锤击焊道还会产生塑性变形而降低残余应力，从而提高焊缝的韧性和疲劳强度。

思考与练习

1. 铸件典型宏观凝固组织是由哪几部分构成的？它们的形成机理如何？
2. 试分析溶质再分配对游离晶粒的形成及晶粒细化的影响。
3. 液态金属中的流动是如何产生的？流动对内部等轴晶的形成及细化有何影响？
4. 常用生核剂有哪些种类？其作用条件和机理如何？
5. 试分析影响铸件宏观凝固组织的因素，列举获得细等轴晶的常用方法。
6. 何谓“孕育衰退”？如何防止？
7. 试述焊接熔池中金属凝固的特点。
8. 讨论分析影响焊缝弯曲柱状晶形态的因素。哪种形态的柱状晶最易于产生焊接纵向裂纹？

第 8 章　特殊条件下的凝固与成形

8.1　概述

特殊条件是指与传统的铸件（锭）凝固过程不同的条件。限于篇幅，这里只介绍快速凝固、失重条件下的凝固和定向凝固，其他一些特殊条件下的凝固（包括连续铸造、半固态成形等）将不涉及。

快速凝固技术是一类凝固速率远大于传统凝固过程的材料成形技术。要想提高液态金属的凝固速率，就需要有更高的冷却速率或更短的凝固时间。材料工作者始终希望获得更高的冷却速率，由此而发展了大量采用急冷方法的快速凝固技术。同时，深过冷技术的研究和开发，也为快速凝固技术开辟了一个崭新的方向。

宇宙空间历来是人类向往和探索的重要领域。随着对宇宙空间研究的深入，空间技术也为材料成形提供了诱人的条件。失重条件（也称微重力条件）就是空间技术为人们提供的特殊材料成形条件之一。

定向凝固技术在共晶凝固、定向柱状晶生长和单晶制备等方面都有重要的意义。对于凝固温度范围宽的合金，通过定向凝固技术可以使凝固界面的温度梯度增大，糊状凝固区域明显减小，因此能够改善铸件的补缩，保证铸件完整性，提高铸件的力学性能。

8.2　快速凝固

8.2.1　快速凝固简介

快速凝固是指采用急冷技术或深过冷技术获得很高的凝固前沿推进速率的凝固过程，通常其界面推进速率大于 10mm/s。在采用急冷方法的快速凝固技术中，液态金属的冷却速率达到 $10^5 \sim 10^{10}$K/s，而一般凝固过程的冷却速率通常不超过 10^2K/s。实践表明，用于固态的淬火冷却速率对从液态到固态转变的结晶过程没有特别明显的影响。这主要是由于液态金属原子迁移率比固态时的要大得多，要想改变液态金属的结晶过程显然需要有更高的冷却速率才行。为了获得更高的冷却速率，人们采取了一系列不同于传统方法的冷却模式，从而发展了快速凝固技术。

当生长速率，即固-液界面的移动速率赶上或超过原子间扩散速率时，固-液界面上的局部平衡将被打破。如果生长速率的量级超过扩散速率，晶体将来不及转变成分，从而难以达到与熔体相同的化学势。随着凝固速率的提高，一个合金体系将从完全扩散平衡变化到固-液界面局部平衡，再到非稳定界面局部平衡，直至出现界面不平衡。在完全扩散平衡的条件下，固-液界面上没有化学势梯度，相成分均匀，此时不存在温度梯度，合金体系适用杠杆定律。在固-液界面局部平衡的条件下，平衡相图只在固-液界面上有效，可根据平衡相图获得不同相的成分和温度，此时界面曲率发生修正（Gibbs-Thomson 效应）。在非稳定界面局部平衡条件下，稳定相不能很快地形核或生长，界面条件通过亚稳相图（实际的热力学相图）给出。到界面不平衡时，在界面上相图不再有效，界面上的化学势不相等，但仍可根据不同相的自由能方程得到预测平衡条件下不可能发生的反应，如形成非平衡相的反应及发生的判据。

大量研究表明，快速凝固使金属材料发生了一些前所未有的结构变化，主要有：形成超细组织；形成溶解度比通常情况下大得多的过饱和固溶体，固溶体中合金元素的含量大大超过平衡相图上合金元素的极限溶解度；形成亚稳相或新的结晶相；形成微晶、纳米晶或金属玻璃。通过形成不同的组织结构，特别是亚稳相、微晶、纳米晶或金属玻璃，可以获得优异的强度、塑性、耐磨性、耐蚀性等，从而满足各种实际应用的需要。

8.2.2　快速凝固方法

采用急冷技术的快速凝固处理方法主要有：

1）把金属或合金熔体分散成小液滴（雾化技术、乳化技术或喷射成形技术），以使这些小液滴在凝固前达到很大的过冷度。

2）使液流保持一个很小的截面，并与高效冷却（散热）器接触（熔体旋转法或薄截面连续铸造法）。

3）使材料的一个薄层快速熔化并与无限大散热器紧密接触。散热器通常是同一种材料或相关的材料（如电子或激光束表面脉冲/移动熔化）。

在任何一种情况下，都将由于直接通过外加散热器或由于过冷熔体本身的作用而使转变热快速散发，从而实现快速凝固。快速凝固的产品从粉末或条状颗粒，到不连续或连续薄截面条带或丝，直到含有一些孔隙的厚喷射沉积体。这些产品，有些可以直接用于航空工业，例如，一些很细的轻合金颗粒可以用于航天飞机或卫星发射火箭的燃料或信号剂，平流铸造的薄带可以用作发动机零件的铜垫片。然而，大多数情况下，快速凝固的产品必须通过适当

表 8-1　快速凝固代表技术及相应产品的特征

技术名称	操作要点	产品特征
1. 液滴技术		
气体冲击雾化法	采用高压气体冲击金属液流	不规则形状或球形颗粒
离心雾化法	从旋转盘或杯的切线上分散出熔体薄片	光滑球形粉末颗粒
冷淬法	在急冷表面上压缩小液滴	直径大约 2mm 厚 1μm 的薄片
喷射成形法	把小液滴沉积到急冷基底或加热收集器上	低孔隙率的厚喷射沉积体
2. 旋转技术		
自由喷射熔体旋转法	把柱状液流喷射到旋转急冷体上	连续条带，约 2mm 宽，10～100μm 厚
平流铸造法	采用矩形或多边形液流，近距离冲击到旋转急冷体上	连续薄板，可以达 150mm 宽，20～100μm 厚
熔体提取/溢流法	通过旋转圆盘不断从熔池中提取熔体	非圆形截面的连续或短纤维，或连续宽薄板
旋转水浴法	将柱状熔体流射入旋转水环中	圆形截面连续丝线或球形粉末颗粒
3. 表面熔化技术		
电子或激光束重熔法	表面材料的连续快速熔化	表面上形成一薄层快速凝固材料
纳秒/皮秒脉冲熔化法	表面上局部快速熔化	处理点周围材料的局部快速凝固

的黏结或固化处理以形成最终的尺寸、密度或零件。这些技术包括聚合物黏结、液态金属渗透，但主要是粉末冶金技术，如热压或热成形技术。

前面提到的不同制备方法的基本情况见表 8-1。下面分别对这几类技术进行简述。

1. 液滴技术

下垂的液滴或自由降落的熔体流由于表面张力的作用趋向于分成小液滴，液滴技术就是从这一事实发展起来的。这种技术可以通过双向高速喷枪的冲击、在旋转杯或盘的边缘的离心力作用以及采用电场等来实现。标准的方法是采用高速气流喷枪或水喷头，如图 8-1 所示。这些方法产生、推进并冷却小液滴，并可以使小液滴在飞行过程中完全凝固，可以形成单个的颗粒或薄片，或在合适的基底上形成厚沉积层。由这种技术形成的粉末或者颗粒的尺寸和形状有一定的分布。在同一种操作条件下，如果增加雾化气流的压力，将使比较细小的颗粒部分的尺寸分布增加，而采用水雾化则会导致颗粒形状更加不规则。在同一粉末样品中，尽管尺寸和形状大致相同的颗粒可能具有非常不同的显微组织，但总的来说，尺寸小的颗粒还是趋向于更快地冷却或在凝固前得到更大的过冷度，从而凝固得更快。由一定尺寸小液滴形成的薄片，由于它们提供了更大的表面，热量散发更快，因而凝固得也更快，特别是当这些薄片至少有一个面与高效冷却器（如水冷旋转铜鼓）紧密接触的情况下。喷射沉积可以获得与相应的薄片相同的显微组织，因为喷射沉积的凝固时间比在基底上沉积连续层片的时间要短。目前，从每次产量不大于 1kg 的实验室雾化装置到年产量 5×10^4t 工业雾化设备都有应用。用于生产高性能产品的粉末通常要在惰性气体或真空条件下雾化，以减少氧化物和其他有害夹杂的形成。

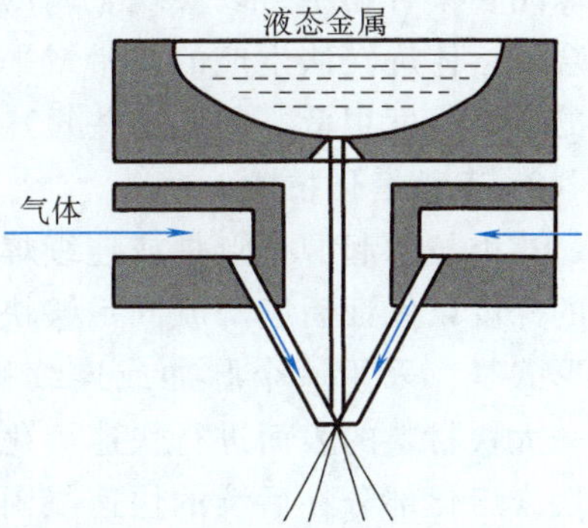

图 8-1　雾化法的装置示意图

2. 旋转技术

这类技术从最简单的由流嘴产生单一熔体流并在分散成小液滴前形成稳定的表面膜或凝固，到特别复杂的采用一个或多个熔体流冲击到单辊或双冷却辊表面上以形成宽的或复合的条带。在标准的自由喷射冷却熔体旋转方法（图 8-2）中，熔体流冲击到以几十米每秒的速度旋转的单个冷却辊上形成厚 10~100μm、宽几毫米的单一条带。在平流铸造中，喷嘴口到冷却体表面的距离降低到 0.5mm，以限制熔池的形成和防止相应的不稳定现象的出现。通过该技术，可以成吨生产最大宽度达 500mm 的薄带。熔体提取法和由此发展的熔体溢流法不需要产生熔体流。在熔体提取法中，旋转的冷却辊直接从坩埚中熔体的表面或者固体电极的熔化端形成制品。熔体提取法是一种成本较低的制备技术，可以成吨生产常用于水泥或耐火材料的增强纤维。

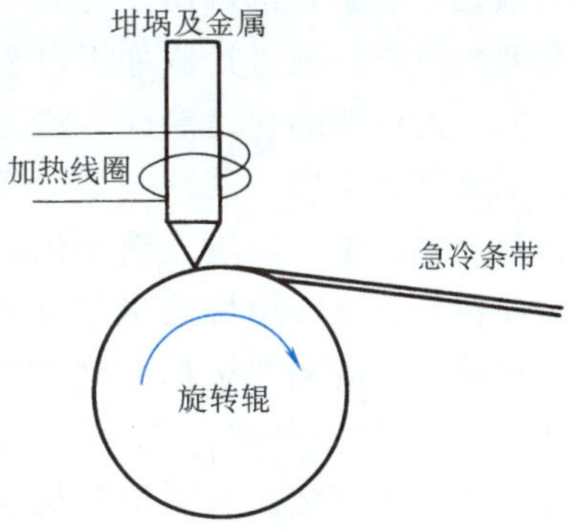

图 8-2　熔体旋转法示意图

具有圆形截面的连续快速凝固制品可以通过旋转水浴生产。该技术使由圆形流嘴产生的液流在旋转水浴边缘的旋转水环处直接凝固。当熔体流进入水浴并发生分散时，这种技术则可以用于生产粉末颗粒。自由喷射冷却熔体旋转法和熔体提取法也可以用来生产薄片产品，此时需要在冷却体上做出规律分布的凹槽以破坏冷却表面的连续性。这样的薄片（铝基）可以用在聚合物中，以实现金属的良好导电特性和塑料生产成本低、适应性好的优点之间的结合。熔体旋转法生产的条带或平流铸造法生产的片材可以加工成短片状产品。由于连续条带的压缩密度很低，因此这些短片比连续条带更适合通过粉末冶金进行固化生产。

3. 表面熔化技术

这类技术起源于点焊或连续焊接技术。它与点焊和连续焊接的不同点仅在于需要控制熔化的深度以保证后续的凝固足够快。最简单的形式是，采用一个脉冲或连续移动热源，对一大块材料的表面进行快速熔化，材料的大块未熔化部分在后续的快速凝固过程中充当散热器的角色，如图 8-3 所示。这样，尽管快速凝固将可能产生非常不同的组织和良好的性能，快速冷却的材料与母材基本上具有相同的化学成分。另一个方法是，在材料的表面预先放置或喷射合金，或者分散添加剂，以使它们混合到熔化区中，产生一个与所在基体材料成分不同的表面区。第三个方法是，对预先放置在表面上的材料进行熔化，使其与基体合金的混合限制在形成有效结合的最小程度。以上三种方法，都可以在基体材料上形成一种寿命更长的表面，而基体材料在其他方面都可以满足应用需要。

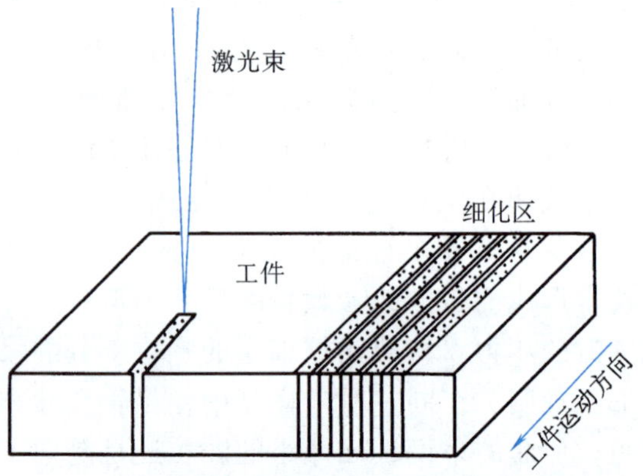

图 8-3　表面熔化法示意图

纳秒（10^{-9}s）级和皮秒（10^{-12}s）级激光光源都已经被用于表面熔化，表面熔化区的深度大致在 0.1μm，在凝固过程中的冷却速率大致为 10^{10}K/s，而凝固时间则大致在 10^{-9}s。移动激光和电子束都可用于对整个表面进行处理，处理过程中每次新的移动都增加一个熔化区宽度的距离。通过控制加工过程的参数，现在可以生产没有裂纹、相对光滑的表面。

另一类重要的快速凝固方法是液态金属深过冷法。液态金属深过冷法是块体材料快速凝固的主要制备手段，其核心是消除合金液中的异质形核核心，其主要方法包括熔融玻璃净化法和悬浮熔炼法。熔融玻璃净化法是通过熔融玻璃对合金液的净化作用，消除合金液中的异质形核核心；悬浮熔炼法主要是通过无容器熔炼消除合金熔体与容器接触对形核的促进作用。目前采用的悬浮熔炼方法主要有电磁悬浮、静电悬浮、声悬浮等技术。图 8-4 所示为 Ni-10%Cu（摩尔分数）合金随过冷度增加凝固组织的变化情况。从图中可以看出，随着过冷度增大，该合金的凝固组织从枝晶逐步变化到胞状晶。

8.2.3　快速凝固显微组织

快速凝固的产品除一部分可以直接应用外，大部分需要通过适当的后续加工才能应用，因此无论是由快速凝固直接形成的产品还是通过后续加工形成的产品，其显微组织都非常重要。

1. 快速凝固形成的显微组织

在快速凝固条件下，由于凝固是在很大的过冷度和很高的冷却速率下进行的，凝固组织中出现了非平衡相，这些非平衡相的产生在动力学上优先于平衡相。金属玻璃（后面将单

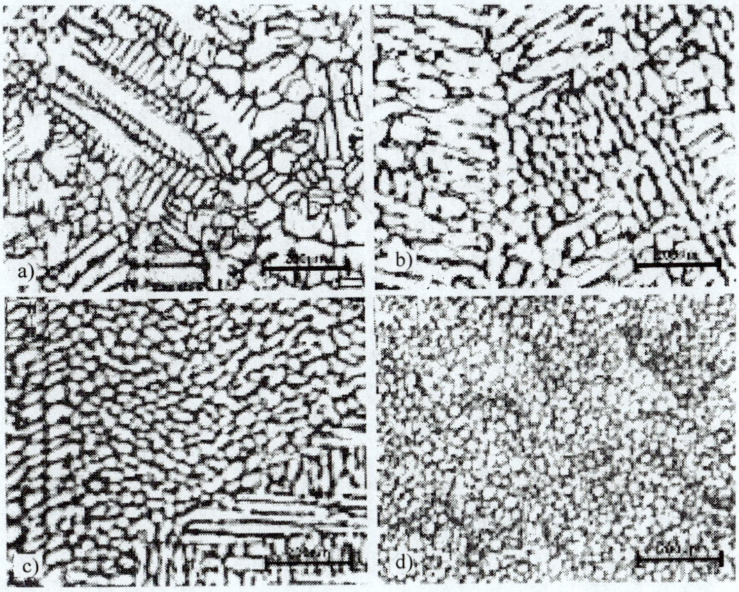

图 8-4　Ni-10%Cu（摩尔分数）在过冷度为 a）89K、b）150K、c）174K 和 d）260K 时的凝固组织（光学显微镜照片）

独阐述）的形成就是一个最简单的例子，通过采用合适的合金，使液相线温度和玻璃化形成温度之间的温度间隔降到最小，从而使合金在形成玻璃以前难以结晶。在包晶或亚共晶成分区间，初生金属间化合物的形成是否被抑制，取决于它们与 α 相（或在扩展了的 α 液相线或共晶温度以下的共晶相）形核和生长的动力学条件。使 α 液相线和 β 液相线（或共晶温度，或非平衡金属间化合物温度）之间的温度间隔降到最小，也可以使非平衡金属间化合物结构优先生长。在这样的非平衡条件下生长的相，其成分会远离平衡值，从而使固溶度增大，也可能使共晶生长的成分发生变化。

对于特定的快速凝固条件，可以通过已知的转变温度和实验或理论预测的竞争相以及结构的形核和生长动力学来预测其显微组织。可以对观测到的凝固参数（如冷却速率、局部凝固时间、凝固前沿速率以及温度梯度）和组织参数（如晶粒尺寸、枝晶臂间距、枝晶臂尺寸、一次枝晶间距、二次臂间距以及共晶体间距等）之间的关系与预测结果进行比较。这些关系使我们只要知道快速凝固的具体条件或特点就能够预测显微组织的尺度。然而，比较复杂的是，在雾化和喷射过程中冷却和凝固的不同阶段都会发生小液滴的碰撞，在旋转法中与冷却表面接触以及从冷却表面脱离的各种变化，以及在表面熔化技术中已处理材料在后续的加热过程中被重新加热等，使得最后产生的组织是快速凝固与后续的热处理的共同结果。

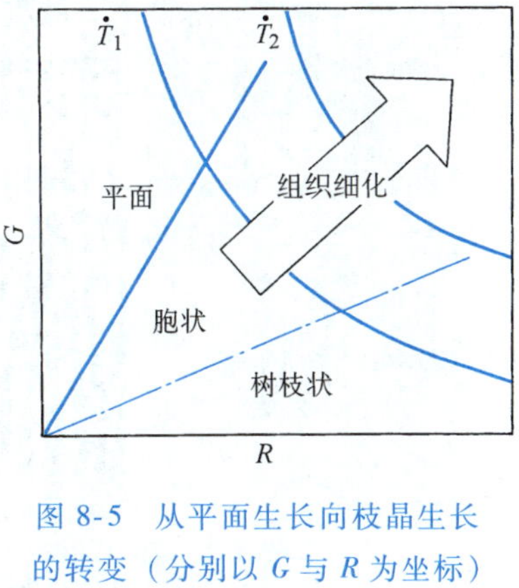

图 8-5　从平面生长向枝晶生长的转变（分别以 G 与 R 为坐标）

对于一个合金体系，把非平衡理论中的两个参数，即温度梯度 G 和生长速率 R 联系起来，可以表示显微组织的变化。图 8-5 表示枝晶从平面生长向胞状生长的转变。图中添加了两条线，即 $\dot{T}_1$ 和 $\dot{T}_2$，$\dot{T}_1<\dot{T}_2$，表示

随冷却速率的增长枝晶组织得到细化。用 GR 空间可以更好地表示细化过程，它反映了枝晶间距（即偏析间距的变化）随 GR 的变化

$$GR=\frac{dT}{dx}\frac{dx}{dt}=\frac{dT}{dt}=\dot{T} \tag{8-1}$$

对通常的铸件和铸锭，$GR=10^{-3}\sim10^{1}$K/s，但对雾化法的 $GR=10^{2}\sim10^{6}$K/s。相应地，偏析间距 λ 从 1000μm 减小到 0.01μm。一般来说，溶质的浓度梯度总是使界面不稳定，但是在生长速率很高时，界面层的厚度达到了原子量级，此时溶质浓度梯度的不稳定作用就退居到次要地位，而表面能的影响处于首要地位。因此，界面速率上升致使平界面生长向非稳定生长变化存在一个临界点，该临界点是成分的函数，与温度梯度 G 完全无关。

图 8-6 所示为处于平衡相图中最大固溶度右侧的合金在冷却过程中固溶度可能发生增加的情况。从图中可以看出，成分 C_0 为原始成分，过冷出现在共晶温度以下的区域。如果 β 相不能形核，α 相将沿虚线表示的固相线单独形核凝固。α 相凝固的条件是，过冷度必须满足使 α 相形核并不致再回到（由于凝固放热而使液态金属的温度提高）α 相固相线延长线以上的温度区间。这样形成的 α 相的成分将超过平衡相图中的最大固体溶解度。对于一个成分为 C_0 的二元共晶合金，其平衡相由 α 相和 β 相组成，但在快速凝固条件下 α 相和 β 相的过冷形核可能都被遏制，使液态金属进入亚稳相 γ 相的生长区（该生长区完全在共晶点以下），这样 γ 相就可以从液相中生长出来。也有可能只有 α 相生长而 β 相不形核，或由 α 相单独形核然后再由 α 相中形核出 γ 相。另一种情形是，与玻璃形成相似——液体被过冷到玻璃化转变温度 T_g 以下，并形成无定形固体，此时动力学机制是主要因素。

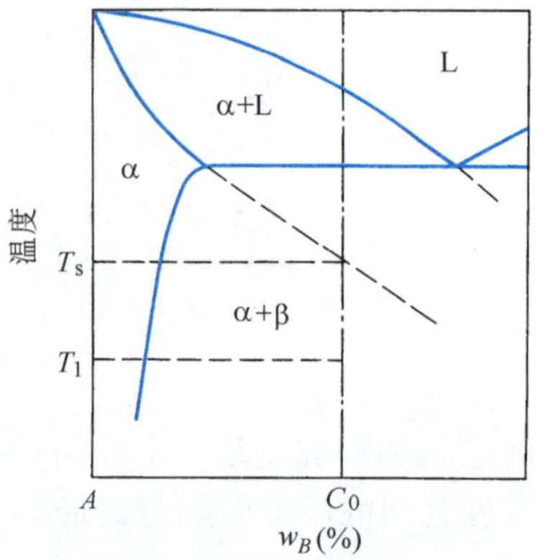

图 8-6 固体溶解度极限在冷却过程中的变化示意图

图 8-7 所示为 Zn-1.8%Ag（摩尔分数）合金在不同冷却速率下的显微组织。图中上半部分为沿生长方向的显微组织，下半部分则为相应的垂直于生长方向的显微组织。从图中可

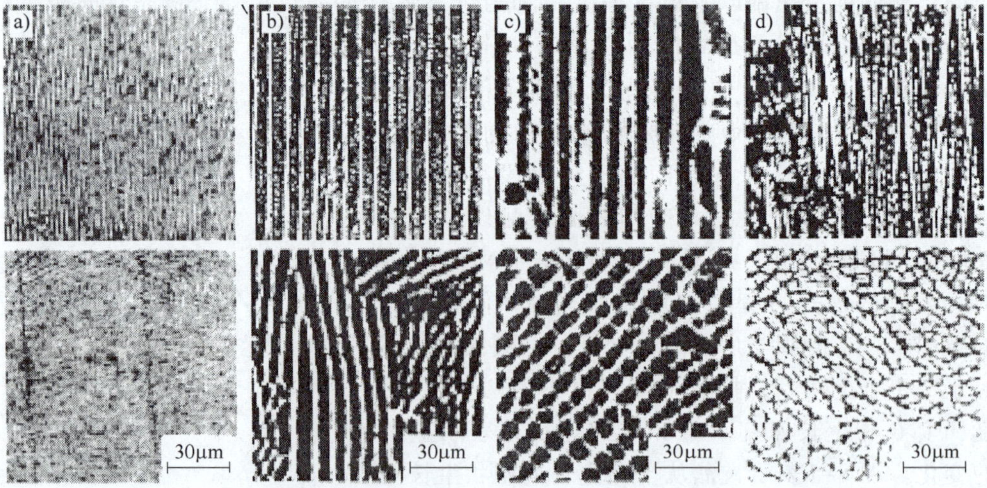

图 8-7 Zn-1.8%Ag（摩尔分数）合金在不同冷却速率下的显微组织
（a、b、c、d 生长速率分别为 12mm/s、3.54mm/s、2.06mm/s、0.48mm/s）

以看出，当固-液界面推进速率提高（从 0.48mm/s 到 12mm/s）时，材料组织发生了明显细化。图 8-8 所示为熔体旋转法获得的 Al-Si-Zr 合金的透射电镜照片。图 8-8a、b 中箭头所示为不同于平衡组织四方晶系 DO23 型 Al_3Zr 的亚稳定相四方晶系 DO22 型 Al_3Zr。从小角衍射谱（SADP，图 8-8 中插入的小图）可以看出，这种亚稳定相与 Al 晶粒（图 8-8a、b 中白色颗粒状组织）之间存在一定的晶体取向关系。图 8-9 所示为 $Al_{88}Y_7Fe_5$ 合金通过熔体旋转法形成的金属玻璃（后面将进一步阐述）的透射电镜（TEM）明场照片和热分析曲线。所形成的金属玻璃在时效过程中形成了 Al 纳米晶，如图 8-9c 所示的颗粒。

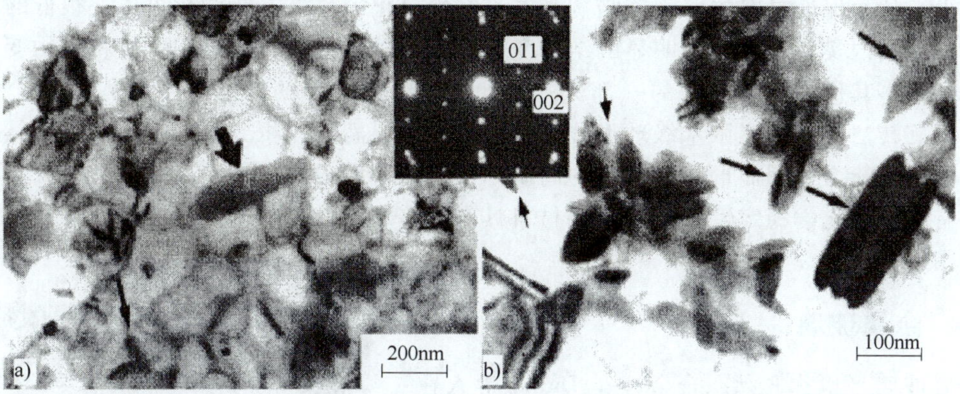

图 8-8　熔体旋转法制备的 Al-Si-Zr 合金的凝固组织 a）和 b）
插入图为小角衍射（SADP）谱

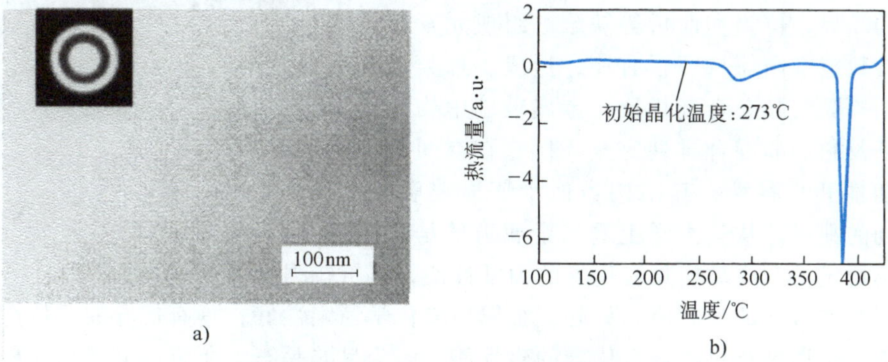

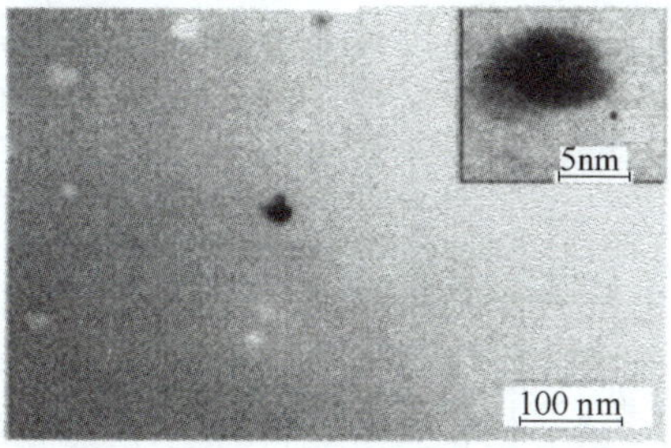

图 8-9　快速凝固 $Al_{88}Y_7Fe_5$ 合金的 a）明场照片
（内部照片为衍射谱）、b）热分析曲线和 c）时效后的透射电镜照片

2. 凝固后处理的影响

凝固后处理主要包括机械处理、加热处理和热机械处理。机械处理如对熔体旋转法生产的条带的剪切或粉碎，或颗粒的冷挤压；加热处理如颗粒热固化前的真空或净化除气；热机械处理如对经过封装、热压成形或者喷射沉积的材料进行热压、轧制、锻压以降低孔隙并保证金属-金属联结，另外也可能包括成形材料的最终热处理。对这些过程进行适当的控制，可以保证快速凝固组织不发生根本变化，而且一般来讲，还可以获得适合应用要求的优化结构。动态挤压技术可以保证颗粒表面快速变形和熔化而实现局部焊接并使整个材料的温度只上升很少，从而保证材料的非平衡结构基本不发生变化。另外，热固化可以在很低的温度下和很短的时间内实现，以防止明显的结构变化。如果需要使材料的组织发生特定的变化，在工程上可以将其作为固化过程的一部分。例如，在固化成形的微晶 Al-Fe-V-Si 合金中，由于用熔体旋转法制备的亚微米级球形硅化物颗粒具有很高的体积分数，且这些颗粒具有很强的抗高温粗化能力，因而形成了很好的高温弥散强化作用；同时，由于这些弥散分布的颗粒本身具有很高的化学稳定性，从而使该材料具有足够的韧性和很好的耐蚀性。该材料的显微组织如图 8-10 所示。

8.2.4　金属玻璃

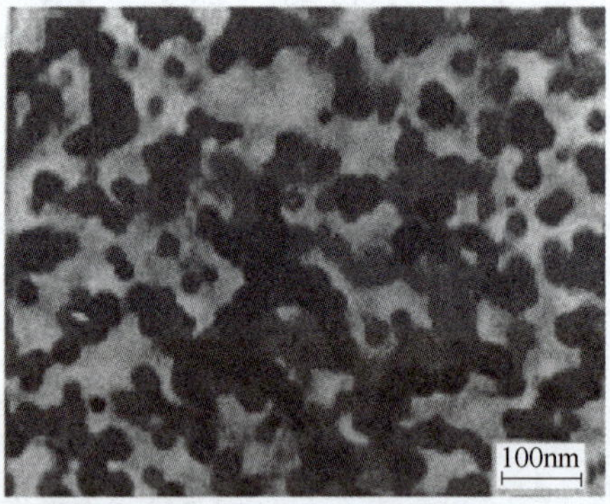

图 8-10　快速凝固 Al-Fe-V-Si 合金固化成形显微组织

金属玻璃（也称非晶态合金）是 Duwez 等人在 1960 年首先发现的，他们通过对熔融 $Au_{80}Si_{20}$ 合金快速冷淬获得了金属玻璃。在金属玻璃中，原子在三维空间呈拓扑无序状态排列，不存在通常晶态合金所存在的晶界、位错和偏析等缺陷，组成元素在几个晶格常数范围内保持短程有序，形成一种类似原子簇的结构。与晶态合金相比，金属玻璃中构成合金的原子及它们的混合排列完全无序，在空间上不呈现周期性和平移性，其结构类似于普通玻璃。如前面提到的那样，从热力学上看，金属玻璃是非平衡态，不稳定。金属玻璃具有优异的力学性能，其抗拉强度可高达 3~4GPa，高于目前使用的高强度晶态合金的最高值。另外，金属玻璃化学稳定性好，具有优异的磁特性。即使在高频条件下，金属玻璃仍然具有优异的磁性能；因为呈非晶态，所以由晶体的对称性而引起的磁性各向异性小。不同组成的合金，可以具有很好的耐蚀性能、优异的软磁性能、优良的超导性能、较高的热稳定性和较低的表面活性。由于金属玻璃的优异特性，已经或可望应用于机械结构材料、磁性材料、声学材料、仿生材料、光学材料、体育器材以及电子材料等多个方面。

一般认为，容易形成玻璃态的合金是由高族过渡金属元素与金属元素及一种低族过渡金属元素或由高族金属过渡元素与低族过渡金属元素形成的合金。玻璃形成能力则用相对玻璃化转变温度 $T_{rg}=T_g/T_l$（其中 T_g 是玻璃化转变温度，T_l 是液相线温度）来表示，T_{rg}值越大，说明玻璃形成能力越强。由熔体冷淬获得玻璃态的合金其 T_{rg}值一般在 0.44~0.66 之间。由于由两种组元形成的合金其 T_g 值不一定随其中某一元素的特性及含量的变化而发生明显的变化，因此 T_{rg}值主要取决于 T_l，这正是许多共晶合金玻璃形成倾向较大的原因。

为了对玻璃形成动力学进行分析，有人构建了与研究钢的奥氏体转变时使用的等温转变图类似的转变图。根据这一转变图，可以确定使合金熔体的结晶小于某一体积分数的临界冷却速率。一般认为，晶体的体积分数达到 10^{-6} 即为形核状态。在某一合金体系中，对玻璃化形成有明显影响的因素主要有冷却速率、形核密度和材料特性。图 8-11 所示为所构建的等温转变图，由该图可以得到形成金属玻璃的临界冷却速率。图中显示了两种不同临界结晶体积分数的等温转变图，其中两条曲线的形核率分别为 $x=10^{-6}$ 和 $x=10^{-8}$。这些曲线的鼻部对应着发生指定体积分数的结晶转变所需要的最短时间。避免发生特定体积分数结晶的临界冷却速率为

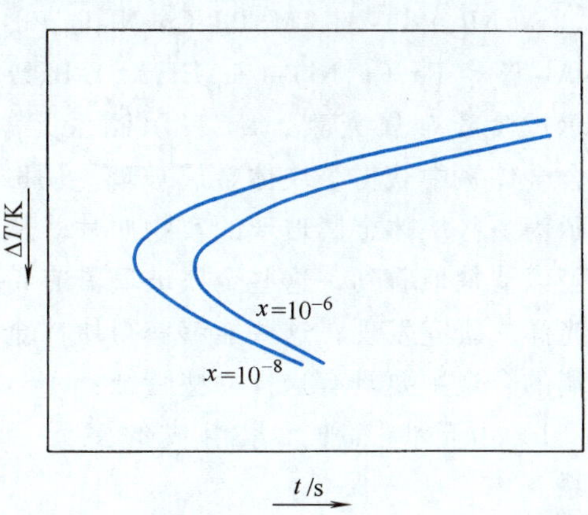

图 8-11 玻璃化转变的等温转变图示意图

$$\left(\frac{\mathrm{d}T}{\mathrm{d}t}\right) \approx \frac{\Delta T_N}{\tau_N} \tag{8-2}$$

式中，$\Delta T_N = T_m - T_N$，T_m 是熔点，T_N 是等温转变图鼻部的温度；τ_N 为鼻部的时间。有关计算表明，对于纯金属，临界冷却速率为 10^{10}K/s，而近年来发展的一些块体金属玻璃的临界冷却速率可达 $0.1 \sim 10^2$K/s。

对玻璃形成能力，熔点时黏度大、冷却过程中黏度快速上升是重要的因素。氧化物玻璃形成材料具有熔点时黏度大的特征，而有机物玻璃形成材料则具有黏度上升快的特征。对于合金材料，当 T_m/T_g 低时可以得到相对较大的熔点黏度值或相对较高的黏度-温度变化值（$\mathrm{d}\eta/\mathrm{d}T$ 值，式中 η 为黏度系数，T 为温度）。对于一定的黏度-温度关系，熔点低则比较有利于玻璃态的形成，因此在一个合金体系中通常强调选择靠近共晶点的成分。

在金属玻璃发现以后的几年时间里，出现了三元 Pd-Si-N 金属玻璃，其中 N 分别为 Ag、Cu 或 Au。$Pd_{77.5}Cu_6Si_{16.5}$ 合金可以获得最大厚度为 0.5mm 的玻璃态，而且证明了玻璃化转变温度的存在。在一些 Pd-Cu-Si 和 Pd-Ag-Si 三元合金中，过冷液体范围（晶化温度与玻璃化转变温度之间的差值）可达 40K，这使作者们能够仔细地研究金属玻璃的玻璃化转变规律及随后的结晶。随后，有人对 Pd-T-P 合金（其中 T 分别为 Ni、Co 和 Fe）进行了研究并在这些合金中获得了 1mm 量级的临界玻璃形成厚度。从 20 世纪 80 年代末开始，块体金属玻璃的研究得到了越来越广泛的重视。所谓块体金属玻璃，就是指在三维方向上均具有宏观尺寸的金属玻璃。图 8-12 所示为形成玻璃的临界厚度随年代的变化关系。目前已经在 Mg-Ln-TM、Ln-Al-TM、Zr-Al-TM、Zr-Ti-Al-TM、Ti-Zr-TM、Zr-Ti-TM-

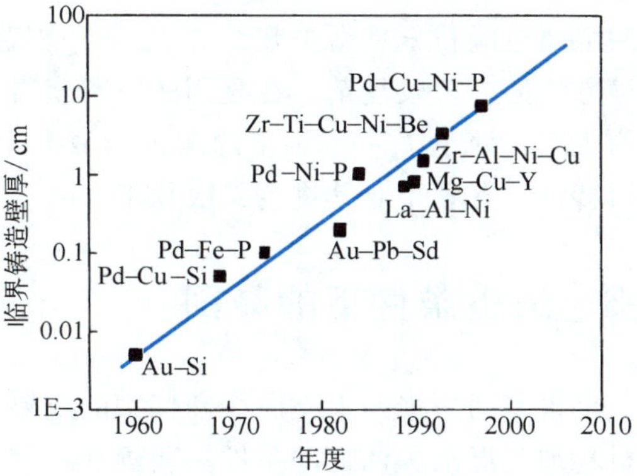

图 8-12 形成金属玻璃的临界厚度随年代的变化关系

Be、Zr-(Nb,Pd)-Al-TM、Pd-Cu-Ni-P、Pd-Fe-Ni-P、Ti-Zr-Ni-Cu-Sn、Ti-Zr-Ni-Cu-(Si,B)、Ti-Zr-Al-TM、(Fe,Co,Ni)-(Zr,Hf,Nb)-B、Fe-Co-Ln-B、Ni-Ti-P 及 Ni-Nb-(Cr,Mo)-(P,B)(TM 表示过渡族金属元素，Ln 表示镧系元素）等合金体系中获得了块体金属玻璃。图8-13所示为一些块体金属玻璃的实物照片。从图中可以清楚地看到，这些金属玻璃具有特殊的光泽。研究发现，这些能够获得块体金属玻璃的合金主要具有这样一些特征：

图 8-13 部分块体金属玻璃的实物照片

1）由至少三种元素组成的多元合金体系。

2）三种主要组成元素的原子尺寸具有显著的差异，其原子尺寸比的差值在 12%以上。

3）三种主要组成元素混合时放热。

块体金属玻璃具有高强度、高硬度、高耐蚀性以及良好的电磁、储能等特性，因此采用合理的方法制备块体金属玻璃具有重要的科学意义和巨大的应用价值。在用于描述玻璃化（非晶态）形成动力学的温度-时间-转变曲线中，临界冷却速率 R_c 是衡量玻璃形成能力（Glass Forming Ability—GFA）的重要因素。R_c 可以通过实验测量或者估算获得。对于非晶合金，R_c 越小说明其越容易形成块体金属玻璃。能够形成块体金属玻璃的合金，在玻璃化转变温度 T_g 以上具有一个过冷液态金属的稳定化温度区间，在该温度区间内，合金处于深过冷液体状态，温度升高达到晶化温度 T_x 以上合金开始晶化；温度下降达到 T_g 温度以下即发生玻璃化转变。对于块体金属玻璃，上述温度差（$\Delta T_x = T_g - T_x$）有着重要意义，通常可以通过它的大小来表示玻璃形成能力的大小。另外，前面提到的相对玻璃转变温度（$T_{rg} = T_g/T_l$，式中 T_g 为玻璃转变温度和，T_l 为液相线温度）也被用于衡量玻璃形成能力。但是无论 ΔT_x还是 T_{rg}都在一些合金体系中出现矛盾的情况。为此，有人提出了新的判据，但在某些合金中仍然与实验结果相矛盾。

目前块体金属玻璃的制备方法大致可以分为铸造法和固化法两大类。其中铸造法又包括铜模铸造法、水淬法和气压冲击铸造法等。固化法则是通过对雾化法或其他快速凝固方法获得的金属玻璃粉末重新加热，在 $T_g \sim T_x$ 温度范围内经热轧或温挤压制备出块体金属玻璃。这种方法的工艺较复杂，在凝固法不断获得深入研究的情况下应用相对较少。不同的研究工作均表明，处于 $T_g \sim T_x$ 温度的深过冷液态金属具有较高的黏度，在一定变形速率下表现出超塑特性，有利于对其进行二次加工。

8.3 失重条件下的凝固

宇宙空间历来是人类向往和探索的重要领域。随着对宇宙空间研究的深入，空间技术也为材料加工提供了诱人的条件。我国载人航天计划的实施和登月计划的规划，将为我国材料工作者提供更加有利的条件。失重条件（也称微重力条件）就是空间技术为人们提供的特殊材料加工条件之一，它与其他特殊条件的实验设施（如巨磁场、高能激光、超高真空等）

相似，设备不仅复杂而且十分昂贵。研究发现，在失重条件下出现了与重力条件下完全不同的现象，例如，没有容器条件下的形核、流体行为以及由密度梯度引起的对流等。图 8-14 所示分别为在地面和空间条件下 Al-Cu 合金的定向凝固实验结果。这一实验结果表明，在微重力条件下基本上可以获得纯扩散的凝固条件，很好地抑制了沿试样凝固方向的成分偏析。

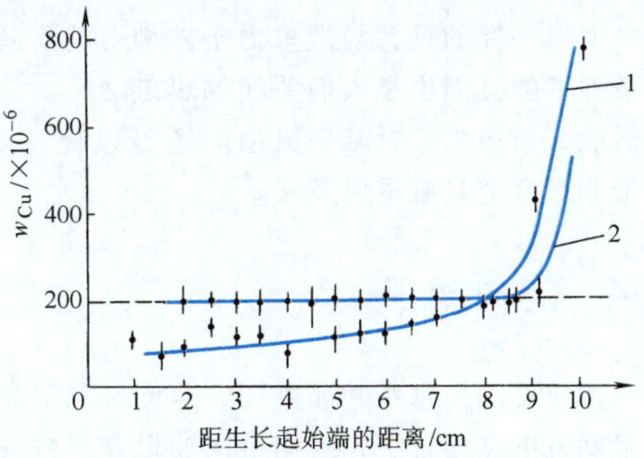

图 8-14 在地面条件 1 和空间条件 2 下 Al-Cu 合金的轴相 Cu 含量分布曲线

在重力条件下，温度梯度引起对流流动，这使凝固界面处溶质原子的浓度发生变化；而在重力降低的条件下，在界面上缺少液体流动，使质量和热量传输仅通过扩散过程实现，这样具有两个或更多不同成分的液体就能够长时间共存。利用微重力条件制备难混熔偏晶合金是微重力技术应用于材料领域的一个重要方面，由于克服了地面条件下相对密度差造成的严重分层现象，将有可能开发出一系列新型合金材料。失重条件在材料领域应用的另一个重要方面是采用区域悬浮技术的晶体生长技术。

在空间飞行器和地面上均进行了大量关于失重条件下材料的凝固实验。在轨实验装置的局部加速度为（$10^{-4}\sim10^{-5}$）g，其中 g 是地球上的重力加速度（$g=9.8\mathrm{m/s^2}$）。地面实验主要通过落管技术实现。在宇宙空间，可以对大悬浮区域进行控制，并排除发生对流混合的各种因素。然而，在失重条件下其他效应也很明显（如表面张力），如表面张力梯度可能导致流体从表面张力较低的区域向表面张力较高的区域流动（如从高温向低温流动）；多组分体系的成分梯度也会导致表面张力的差异，从而出现界面形貌不稳定现象。形貌不稳定与成分过冷联系在一起时，就变成了热-溶质（双扩散）流体不稳定。上述现象与浓度梯度有关。而浓度梯度又是与液-固界面上不同的热量、质量传输速率相联系的。这两种不稳定性结合到一起，对重力加速度的影响非常敏感。总之，在失重条件下液态金属及其凝固的行为是复杂的，目前已经能够对可能出现的过程进行预测。图 8-15 所示为 $Cu_{84}Co_{16}$ 合金电磁悬浮试

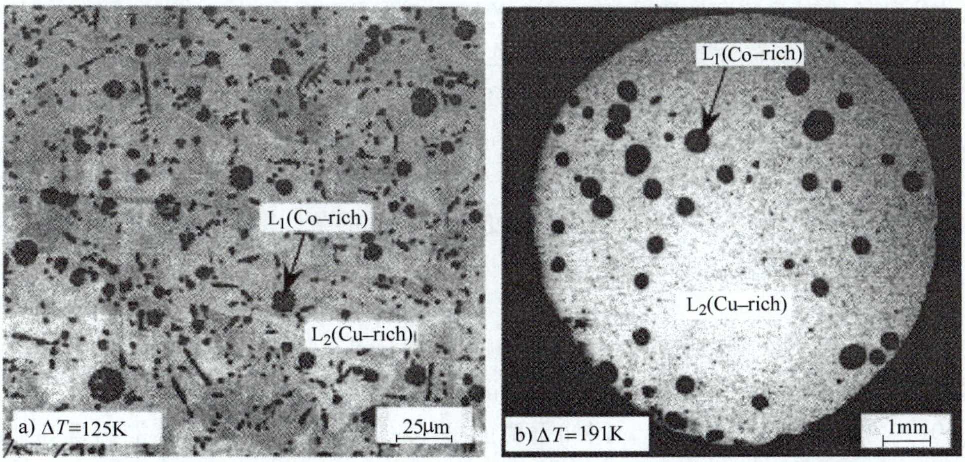

图 8-15 不同过冷度（ΔT）下 $Cu_{84}Co_{16}$ 合金电磁悬浮试样在不同过冷度下落管实验的凝固组织

样在不同过冷度下落管实验的凝固组织。结果表明，通过悬浮熔炼和落管技术得到了富 Co 相在富 Cu 基体上均匀分布的凝固组织。

值得一提的是，与微重力条件相对的是超重力条件，即大于正常重力的高压条件。在高压条件下的凝固也是人们关注的热点之一，压力作用可以增大合金的扩散激活能，降低形核激活能，当压力超过某一极值时还可以提高某些合金的非晶（玻璃）形成能力，对于开发新型非晶合金具有重要意义。

8.4　定向凝固

定向凝固技术在共晶凝固、定向柱状晶生长和单晶铸造等方面都有重要的意义。对于凝固温度范围宽的合金，定向凝固通过在铸件的不同部位放置冷铁实现。这时凝固界面的温度梯度很大，糊状凝固区域也明显减小，因此补缩得到改善，铸件完整性变好，同时铸件的力学性能也得以提高。

20 世纪 60 年代初，为了改善铸造超合金的塑性，有人采用先进的铸件定向凝固技术，制造了单向排列的晶粒组织，从而抑制了晶间断裂。由于定向凝固，材料的抗蠕变和抗热疲劳特性都得到了很大程度的提高，因此定向凝固材料的塑性很高（伸长率≈25%），而传统铸造合金只有≈2%。在叶片中，在加热和冷却循环 ΔT 中由叶片不同区域的微膨胀导致的循环应力可以大致表示成

$$\Delta\sigma=\alpha E\Delta T \tag{8-3}$$

式中，α 为线胀系数；E 为弹性模量。

决定疲劳寿命的应力范围与 E 成正比，而 E 随晶体方向发生显著变化。在定向凝固超合金中的柱状晶粒结构是由晶体在〈001〉方向快速生长得到的，这使晶体在凝固方向上有特别明显的晶体学织构。而 E 在〈001〉方向上的值最小，比等轴晶的非织构超合金的值低约 20%。

生产单晶零件只在定向凝固铸造的开始部分加上一个几何约束，从而只允许一个经竞争生长而形成的〈001〉晶体发展到主体铸件中。定向凝固技术被成功地用于发动机叶片的生产，其基本过程与通常的晶体生长相似。采用这种技术已经制备了线性排列的共晶结构、定向生长柱状晶结构和单晶发动机叶片。通常的定向凝固装置的工作过程大致为：材料在顶部的熔化室中熔化，然后浇注到模型中，模型在一端急冷，可控拉伸装置保证了金属在模具中的定向凝固。定向凝固的单晶叶片是通过对多晶的螺旋选择生长凝固而成的。定向凝固使得类似枝晶的组织在一个特定的方向上生长。在 Ni 基发动机叶片材料中，无论是单晶生长还是柱状晶生长的结构，〈100〉都是选择生长方向，使材料的蠕变特性得到了改善。柱状晶结构避免了横向晶界，而横向晶界往往是蠕变失效的发生源。图 8-16 所示为一个单晶叶片及开始部分的柱状晶以及螺旋选择器。图 8-17 所示为等轴晶、柱状晶和单晶叶片外观的比较。

在进行单晶生长时，必须通过先进的检测手段保证其复杂铸造过程的完整性。这需要运用相应的检测过程。例如，采用实时 X 射线衍射技术保证晶体取向在要求的范围（通常大约在〈001〉方向的 7°范围之内）。同样重要的是，在单晶生长过程中不能出现其他晶粒形核。这些检测要求是单晶零件成本相对较高的主要因素，这也大大限制了单晶材料的工程

应用。

图 8-16　柱状晶、螺旋选择器及生长的单晶

图 8-17　等轴晶、柱状晶和单晶的比较

思考与练习

1. 快速凝固对金属的结构有何影响？
2. 采用急冷技术的快速凝固方法主要分几类？试述它们的工艺特点。
3. 试述定向凝固工艺的优点及其在工业上的作用。

第9章 液态金属与气相的相互作用

在焊接或熔炼过程中，液态金属会与各种气体发生相互作用，从而对焊件或铸件的性能产生影响。本章着重介绍各种气体的来源、气体与金属的相互作用机制、气体对金属质量的影响以及控制气体的措施等。

9.1 气体的来源与产生

9.1.1 焊接区内的气体

焊接区内的气体是参与液态金属冶金反应最重要的物质，因此必须了解这类物质的来源、成分和性质。

1. 气体的来源

焊接区的气体主要来源于焊接材料，如焊条药皮、焊剂及药芯焊丝中的造气剂、高价氧化物和水分等；而气体保护焊时主要来自所采用的保护气体和其中的杂质（如氧、氮、水气等）。此外，热源周围的空气也是一种难以避免的气体源；焊材表面和母材坡口附着的吸附水、油、锈和氧化皮等在焊接时也会析出气体，如水气、氧、氢等。

除了直接进入焊接区内的气体（如空气、保护气体中的水分等）外，焊接区内的气体主要是通过一些物理化学反应产生的。

（1）有机物的分解和燃烧　制造焊条时常用淀粉、纤维素等有机物作为造气剂和涂料增塑剂，这些物质被加热到220~250℃以后，将发生复杂的热氧化分解反应。反应生成的气态产物主要是CO_2、CO、H_2、烃和水气。纤维素的热氧化分解反应可表示为

$$(C_6H_{10}O_5)_m+7/2mO_{2(气)}=6mCO_{2(气)}+5mH_{2(气)}$$

（2）碳酸盐和高价氧化物的分解　焊接材料中常用的碳酸盐有$CaCO_3$、$MgCO_3$及$BaCO_3$等，当其被加热到一定温度后，开始发生分解并放出CO_2气体

$$CaCO_3=CaO+CO_2\uparrow$$

$$MgCO_3=MgO+CO_2\uparrow$$

在空气中，$CaCO_3$和$MgCO_3$开始分解的温度分别为545℃和325℃，剧烈分解的温度分别为910℃和650℃。可见，在焊接热源作用下，它们易于分解。

焊接材料中常用的高价氧化物主要有Fe_2O_3和MnO_2，它们在焊接过程中将发生逐级分解

$$6Fe_2O_3=4Fe_3O_4+O_2$$

$$2Fe_3O_4=6FeO+O_2$$

$$4MnO_2=2Mn_2O_3+O_2$$

$$6Mn_2O_3=4Mn_3O_4+O_2$$

$$2Mn_3O_4=6MnO+O_2$$

反应结果生成大量的氧气和低价氧化物 FeO 和 MnO。

（3）材料的蒸发　焊接过程中，除了焊接材料和母材表面的水分发生蒸发外，金属元素和熔渣的各种成分在电弧高温作用下也会发生蒸发，形成相当多的蒸气。

金属材料中 Zn、Mg、Pb、Mn 和氟化物中 AlF_3、KF、LiF、NaF 的沸点都比较低，它们在焊接过程中极易蒸发。铁合金的沸点虽然较高，但焊接时其浓度较大，所以气相中铁蒸气的数量相当可观。焊接电流和电弧电压增加时，材料的蒸发也会加剧。

焊接时的蒸发现象不仅使气相成分和冶金反应复杂化，而且造成合金元素损失，甚至产生焊接缺陷，增加焊接烟尘，污染环境，影响焊工身体健康。

2. 气体的分解

进入焊接区内的气体在电弧高温作用下将进一步分解或电离，从而影响气体在金属中的溶解或其与金属的作用。

（1）简单气体的分解　简单气体是指 N_2、H_2、O_2、F_2 等双原子气体，它们受热而获得足够的能量后，将分解为单个原子或离子和电子，见表 9-1。利用标准状态下分解反应的热效应 ΔH°_{298}，可以比较各种气体和同一气体按不同方式进行分解的难易程度。

表 9-1　气体分解反应

编　号	反　应　式	ΔH°_{298}/kJ · mol	编　号	反　应　式	ΔH°_{298}/kJ · mol
1	$F_2=F+F$	-270	6	$CO_2=CO+1/2O_2$	-282.8
2	$H_2=H+H$	-433.9	7	$H_2O=H_2+1/2O_2$	-483.2
3	$H_2=H+H^++e$	-1745	8	$H_2O=OH+1/2H_2$	-532.8
4	$O_2=O+O$	-489.9	9	$H_2O=H_2+O$	-977.3
5	$N_2=N+N$	-711.4	10	$H_2O=2H+O$	-1808.3

N_2、H_2、O_2 的分解度 α（已分解的分子数与原始分子数之比）随温度的变化如图 9-1 所示。由图可见，在电弧热作用（5000K）下，H_2 和 O_2 的分解度很大，绝大部分以原子状态存在，而 N_2 的分解度很小，基本上以分子状态存在。

（2）复杂气体的分解　CO_2 和 H_2O 是焊接过程中最常见的复杂气体，它们在高温下将分解出 O_2（图 9-2 和图 9-3），使气相的氧化性增加。水蒸气的分解产物除了 O_2 和 O 外，还有 H_2、H 和 OH 等，这不仅增加了气相的氧化性，而且还会增加气相中的氢分压。

复杂气体分解的产物在高温下还可进一步分解和电离，见表 9-1。

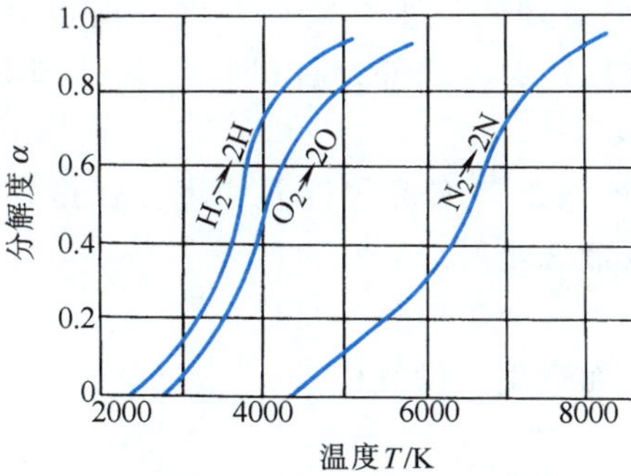

图 9-1　双原子气体分解度 α 与温度的关系（$p_0=0.1$MPa）

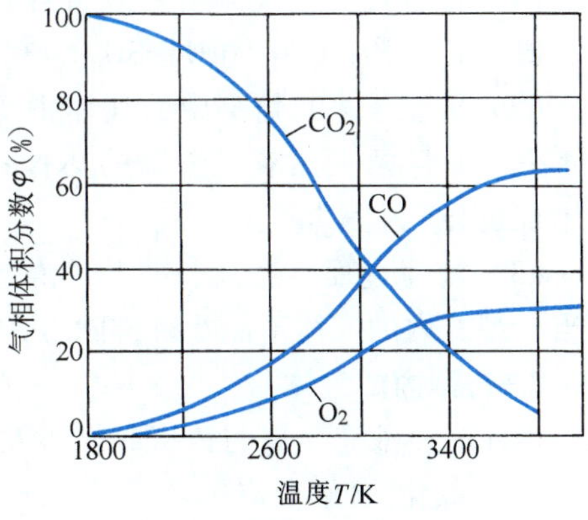

图 9-2　CO_2 分解时气相的平衡成分与温度的关系

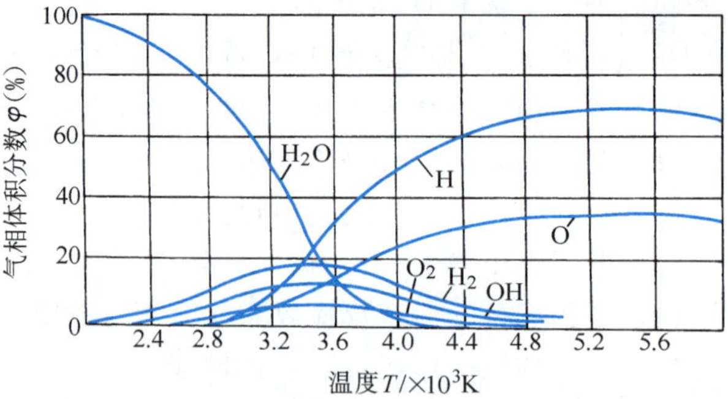

图 9-3 H_2O 分解形成的气相成分与温度的关系（p_0 = 0.1MPa）

3. 气相的成分

焊接区内常常同时存在多种气体，这些气体之间也将发生复杂的反应。表 9-2 列出了焊条电弧焊时焊接区的气相组成。由表可见，用低氢型焊条焊接时，气相中 H_2 和 H_2O 的含量很少，故称“低氢型”。酸性焊条焊接时氢含量均较高，其中纤维素型焊条的氢含量最高。

综上所述，焊接区内的气体是由 CO、CO_2、H_2O、O_2、H_2、N_2、金属和熔渣的蒸气以及它们分解或电离的产物所组成的混合物。其中，对焊接质量影响最大的是 N_2、H_2、O_2、CO_2 和 H_2O。

表 9-2 碳钢焊条电弧焊焊接区室温时的气相成分

焊条药皮类型	气相成分(体积分数)(%)				备注
	CO	CO_2	H_2	H_2O	
高钛型(J421)	46.7	5.3	35.5	13.5	焊条在 110℃ 烘干 2h
钛钙型(J422)	50.7	5.9	37.7	5.7	
钛铁矿型(J423)	48.1	4.8	36.6	10.5	
氧化铁型(J424)	55.6	7.3	24.0	13.1	
纤维素型(J425)	42.3	2.9	41.2	12.6	
低氢型(J427)	79.8	16.9	1.8	1.5	

9.1.2 铸造过程中的气体

1. 气体的来源

铸造时的气体主要来源于熔炼过程、铸型和浇注过程。

（1）熔炼过程 气体主要来自各种炉料、炉气、炉衬、工具、熔剂及周围气氛中的水分、氮、氧、氢、CO_2、CO、SO_2 和有机物燃烧产生的碳氢化合物等。

（2）铸型 来自铸型中的气体主要是型砂中的水分。即使烘干的铸型在浇注前也会吸收水分，并且黏土在液态金属的热作用下其结晶水还会分解。此外，有机物（黏结剂等）的燃烧也会产生大量气体。

（3）浇注过程 浇包未烘干，铸型浇注系统设计不当，铸型透气性差，浇注速度控制不当，型腔内的气体不能及时排除等，都会使气体进入液态金属。

2. 铸型内的气体

浇注时，液态金属与铸型界面将发生化学反应，从而产生大量气体。

（1）氧化-分解反应

1）水蒸气与合金元素反应。在液态金属的热作用下，铸型中的水分被蒸发，黏土中的结晶水发生分解，产生大量的水蒸气。高温水蒸气压力很大，不可能完全通过铸型及时排

除，在界面处与液态金属发生化学反应

$$mMe+nH_2O \longrightarrow Me_mO_n+nH_2 \tag{9-1}$$

式中，Me 为液态金属中的元素，如 Fe、C、Si、Mn、Al 等。

反应的结果生成了金属氧化物和氢气，使铸件表面形成氧化膜或产生夹杂物，型腔及界面处气体压力升高。

2）固体炭燃烧。界面处及砂粒间的自由氧使合金氧化，同时使造型材料中的炭及有机物燃烧，产生 CO 和 CO_2 气体，即

$$2C+O_2 \longrightarrow 2CO \tag{9-2}$$

$$CO+\frac{1}{2}O_2 \longrightarrow CO_2 \tag{9-3}$$

3）砂型组分分解。高温下砂型组分也会发生分解反应，释放出气体。树脂砂中的尿素、乌洛托品［$(CH_2)_6N_4$］等在高温下，首先分解生成氨（NH_3），氨又继续分解

$$2NH_3 \longrightarrow N_2+3H_2 \tag{9-4}$$

此外，还有烷烃的分解

$$CH_4 \longrightarrow C+2H_2 \tag{9-5}$$

$$C_nH_{2n+2} \longrightarrow nC+(n+1)H_2 \tag{9-6}$$

（2）气相的平衡　经氧化-分解反应后，在液态金属与铸型界面处形成的气相成分主要有 H_2O、H_2、CO、CO_2，还有少量的 N_2 和 CH_4 等。铸型表面残留的固体炭将继续与气相发生相互作用

$$C+O_2 \longrightarrow 2CO \tag{9-7}$$

$$C+H_2O \longrightarrow CO+H_2 \tag{9-8}$$

$$C+2H_2O \longrightarrow CO_2+2H_2 \tag{9-9}$$

$$CO_2+H_2 \longrightarrow CO+H_2O \tag{9-10}$$

在一定温度下，H_2-CO-CO_2-H_2O 气相中各成分应达到平衡浓度，其关系可从式（9-10）得出

$$K=\frac{p_{CO}p_{H_2O}}{p_{CO_2}p_{H_2}}=f\ (T) \tag{9-11}$$

式中，K 为平衡常数，它是温度 T 的函数；p_{CO}、p_{CO_2}、p_{H_2}、p_{H_2O}是界面上各气相的分压。

同样可得出其余反应式的平衡常数，它们与温度的关系见表 9-3。由表可见，在高温平衡状态下，液态金属与铸型界面处气相成分中 H_2 和 CO 含量较高，CO_2 含量较少。

（3）铸型内气体的成分　在不同的铸型内浇注铁液后，铸型内气体成分与浇注后停留时间的关系如图 9-4 所示。可见，铸型内气相的成分主要是 H_2、CO 和 CO_2，在含氮的树脂砂型中还含有一定量的 N_2。有机物铸型因热分解速度比无机物铸型快得多，所以浇注后 O_2 含量迅速降低，H_2 含量迅速上升；无机物铸型则由含 O_2、CO_2 较高的氧化性气氛转变为以 H_2 和 CO 为主的还原性气氛。此外，浇注温度越高，铸型内自由碳越多，越有利于还原性气氛的形成；反之，N_2 及氧化性气体 CO_2、O_2 含量较高，而 H_2、CO 含量较低。

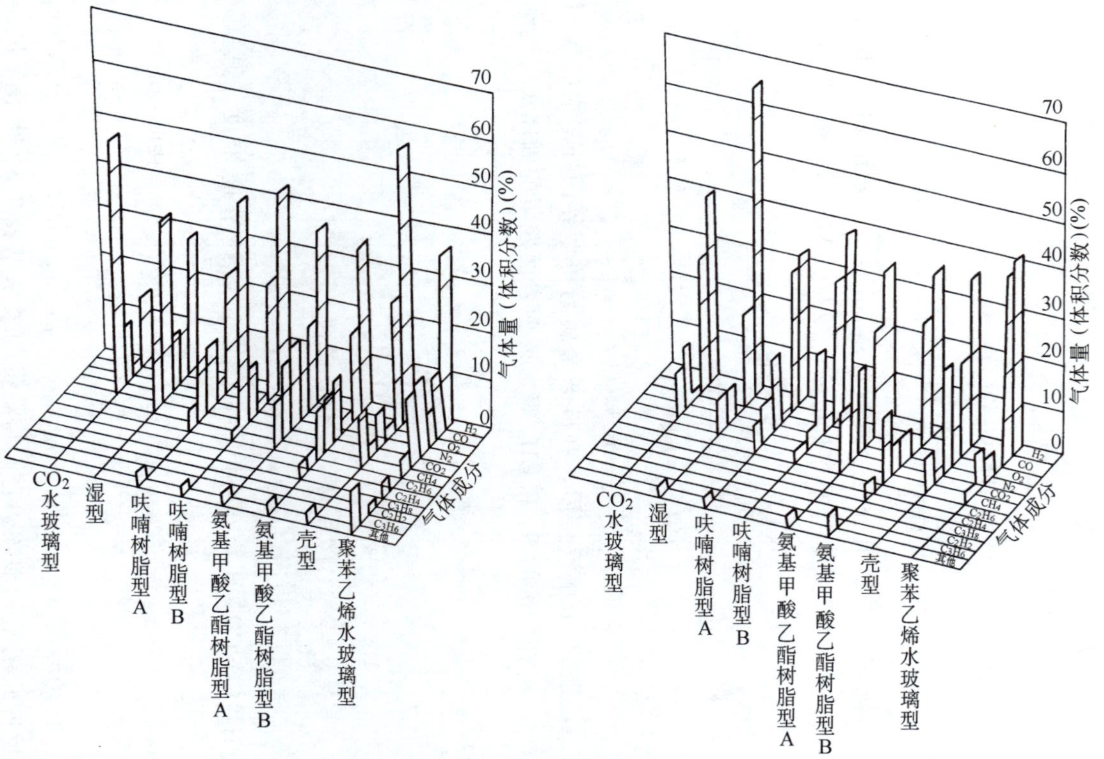

a)　　b)

图 9-4　铸型内气体成分

a）浇注后 2min（CO_2 型、湿型），浇注后 1.5min（其他铸型）　b）浇注后 5~7min

总之，铸型内的气相组成和含量是随温度、造型材料种类、浇注后停留的时间等因素的变化而变化的。

表 9-3　平衡常数与温度的关系

温度 T/℃		800	1000	1200	1400	1600
平衡常数	$K=\dfrac{p_{CO}p_{H_2O}}{p_{CO_2}p_{H_2}}$	0.98	1.99	2.92	4.52	5.44
	$K=\dfrac{p_{CO}^2}{p_{O_2}}$	7	135	1150	6026	22390
	$K=\dfrac{p_{CO}p_{H_2}}{p_{H_2O}}$	9	86	557	2150	6150
	$K=\dfrac{p_{CO_2}p_{H_2}^2}{p_{H_2O}^2}$	8	48	179	550	1250

9.2　气体在金属中的溶解

在焊接和熔铸过程中，与液态金属接触的气体可分为简单气体和复杂气体两大类。前者如 H_2、N_2、O_2 等，后者如 CO_2、H_2O、CO 等。本节主要讨论 H_2、N_2 和 O_2 在金属中的溶解规律。

9.2.1　气体的溶解过程

气体在高温下可以分子、原子或离子状态存在。原子或离子状态的气体可直接溶入液态金属，而分子状态的气体必须分解为原子或离子后，才能溶解到液态金属中。

双原子气体溶解于液态金属的动力学过程如图 9-5 所示，一般有两种方式。氮在高温下多呈分子状态，故其溶解过程以图 9-5a 所示的方式为主，该过程可分为以下四个阶段：

1）气体分子向金属-气体界面运动。

2）气体被金属表面吸附。

3）气体分子在金属表面上分解为原子。

4）原子穿过金属表面层向金属内部扩散。

氢在高温时分解度较大，电弧温度下可完全分解为原子氢，故焊接时氢的溶解过程以图 9-5b 所示的方式为主。

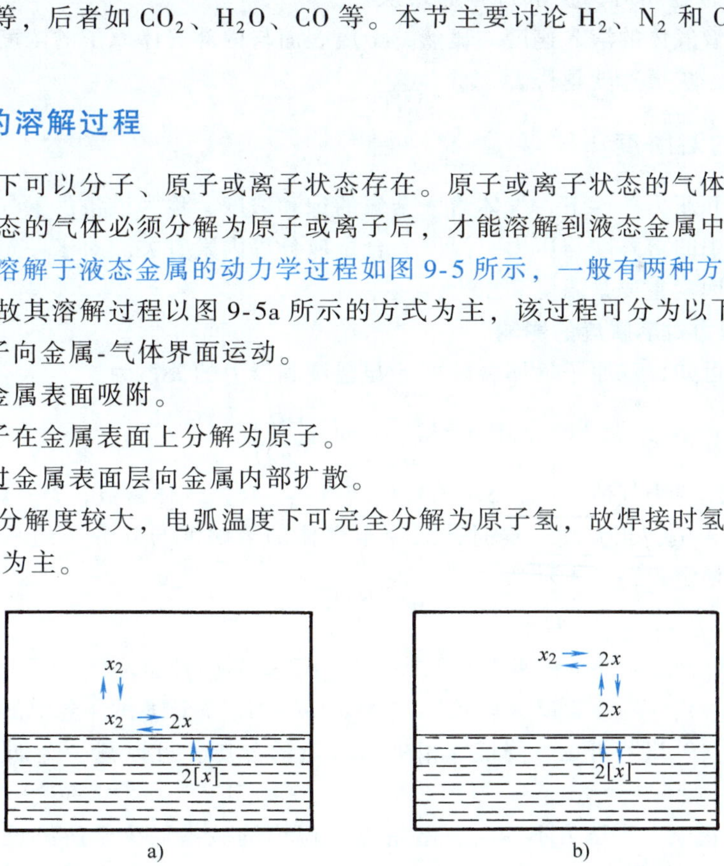

双原子气体溶入金属液的两种方式

图 9-5　双原子气体 x_2 的溶解过程示意图

气体无论以何种方式向金属中溶解，都要先趋近金属表面并吸附于表面上，然后以原子状态溶入金属内部。气体趋近于金属表面的过程，可以是气体质点的机械运动，也可以是带电质点在电场作用下的定向运动。金属吸收不带电气体质点（如分子、原子）的过程是纯化学过程，它遵从化学反应平衡法则；而金属吸收带电质点（如离子）的过程则是电化学过程，它不服从化学反应平衡法则。

在电弧气氛中，氮除了以分子形式存在外，还可能以原子 N 和离子 N^+形式存在。带电质点 N^+在电场作用下，将向阴极表面运动（图 9-6），并且电场作用越强，即阴阳两极电压越大，运动到阴极的 N^+越多。当液态金属处于阴极时，氮不仅以原子而且以离子的形式溶入金属，此时金属可溶解更多的氮；当液态金属处于阳极时，氮仅以中性原子形式溶入金属。氢的溶解与氮类似，主要差别在于弧柱空间中的氢已完全分解为原子态，并有一部分离解为 H^+。

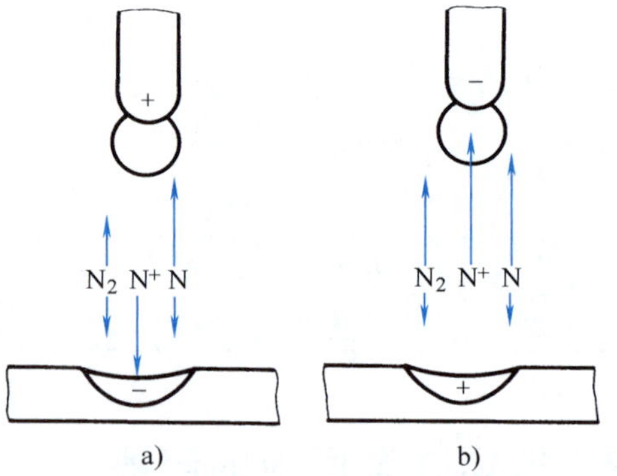

图 9-6　电流极性对氮的质点运动和溶解的影响
a）直流反接　b）直流正接

气体溶入液态金属时，扩散过程起着关键作用，它决定着气体的溶入速度。显然，金属表面与内部气体原子的浓度差越大、气体的压力或温度越高，扩散速度越快。

9.2.2　气体的溶解度

在一定温度和压力条件下，气体溶入金属的饱和浓度，称为该条件下气体的溶解度。

气体在金属中的溶解度与压力、温度、合金成分等因素有关。对于一定成分的合金，影响气体溶解度的因素主要是温度和压力。

1. 温度和压力对溶解度的影响

由物理化学可知，双原子气体溶解度 S 与温度和压力的关系为

$$S=K_0\sqrt{p}\exp\left(-\frac{\Delta H}{2RT}\right) \tag{9-12}$$

式中，K_0 为常数；p 为气体分压；ΔH 为气体溶解热；R 为气体常数；T 为热力学温度。

（1）压力的影响　当温度一定时，双原子气体的溶解度与其分压的平方根成正比，这一规律称为平方根定律，可表示为

$$S=K\sqrt{p} \tag{9-13}$$

式中，K 为气体溶解反应的平衡常数，取决于温度和金属的种类。

氮和氢在钢、铁中的溶解度，以及氢在 Al、Cu、Mg 等金属和合金中的溶解度均服从平方根定律。由式（9-13）可见，降低气相中氮或氢的分压，可以减少金属中的氮含量或氢含量。

（2）温度的影响　当压力不变时，溶解度与温度的关系取决于溶解反应的类型，如图 9-7 所示。气体溶解过程为吸热反应时，ΔH 为正值，溶解度随温度的升高而增加；金属吸收气体为放热反应时，ΔH 为负值，溶解度随温度的上升而降低。氮和氢在不同金属或合金中的溶解反应类型见表 9-4。

此外，金属发生相变时，由于金属组织结构的变化，气体的溶解度将发生突变。液相比固相更有利于气体的溶解。当金属由液相转变为固相时，溶解度的突然下降将对铸件和焊件中气孔的形成产生直接的影响。

表 9-4　氮和氢在金属或合金中的溶解反应类型及形成化合物倾向

气体	金　属　与　合　金	溶解反应类型	形成化合物倾向
氮	铁和铁基合金	吸热反应	能形成稳定氮化物
	Al、Ti、V、Zr 等金属及合金	放热反应	
氢	Fe、Ni、Al、Cu、Mg、Cr、Co 等金属及合金	吸热反应	不能形成稳定氢化物
	Ti、Zr、V、Nb、Ta、Th 等金属及合金	放热反应	能形成稳定氢化物

氮和氢在铁中的溶解度与温度的关系如图 9-8 所示。可以看出，氮和氢在液态铁中的溶解度均随温度的升高而增大，在 2200℃ 和 2400℃ 左右，其溶解度分别达到最大值，继续升温后由于金属蒸气压快速增加，气体的溶解度急剧下降，至铁的沸点（2750℃）溶解度变为 0。当液态铁凝固时，氮和氢的溶解度突然下降；在晶型转变温度，溶解度也发生了明显的突变。

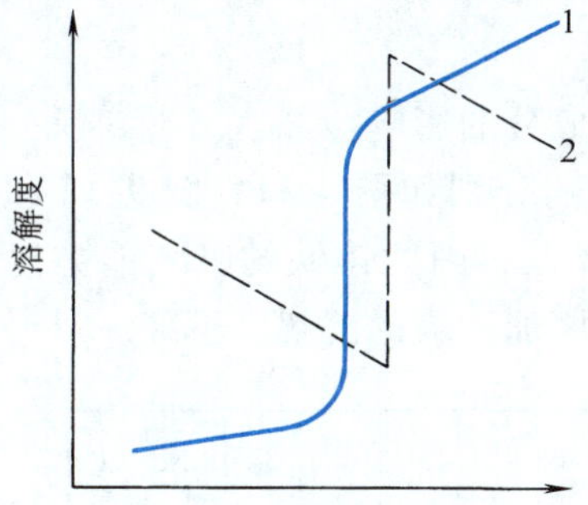

图 9-7　气体溶解度与热效应和温度的关系

1—吸热溶解　2—放热溶解

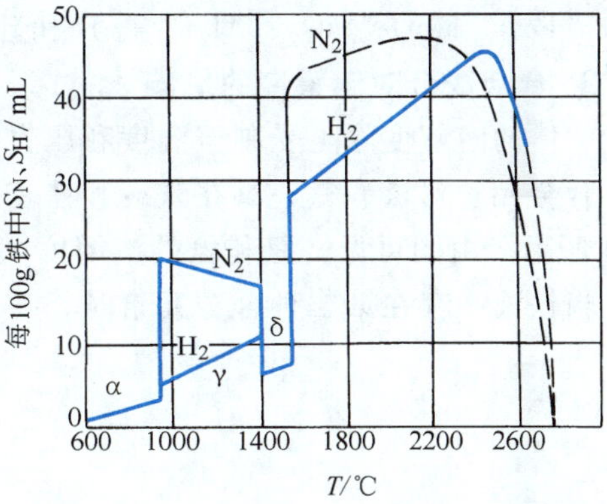

图 9-8　氮和氢在铁中的溶解度与温度的关系（$p_{N_2}=0.1MPa$　$p_{H_2}=0.1MPa$）

由图 9-8 还可看出，氮和氢在面心立方晶格（γ-Fe）中的溶解度比在体心立方晶格（δ-Fe 和 α-Fe）中大，这是由于面心立方晶格的间隙大于体心立方晶格的间隙所致。此外，氮在 γ-Fe 中的溶解度随温度的升高而减小，其主要原因在于氮与铁所形成的氮化铁（Fe_4N）在高温时不稳定，随着温度的升高，γ-Fe 中的氮化铁将发生分解，致使氮的溶解度降低。

氢在其他金属中的溶解度变化如图 9-9 所示。可以看出，第Ⅱ类金属（吸氢过程是放热反应）不同于第Ⅰ类金属（氢的溶解是吸热反应），随着温度的升高，氢在第Ⅱ类金属的溶解度减小，即第Ⅱ类金属在低温下吸氢量大，高温时吸氢量小。

氮在铝、铜及其合金中的溶解度一般都非常低。因此，在铝、铜合金精炼时，可借助于氮气去除金属液中的有害气体和杂质。氮与铜、镍不发生作用（既不溶解，也不形成氮化物），故焊接这类金属时，可用氮作保护气体。

氧通常以原子氧和 FeO 两种形式溶入液态铁中。氧在液态铁中的溶解度随温度的升高而增大，如图 9-10 所示。室温下 α-Fe 几乎不溶解氧。因此，铁基金属中的氧绝大部分以氧

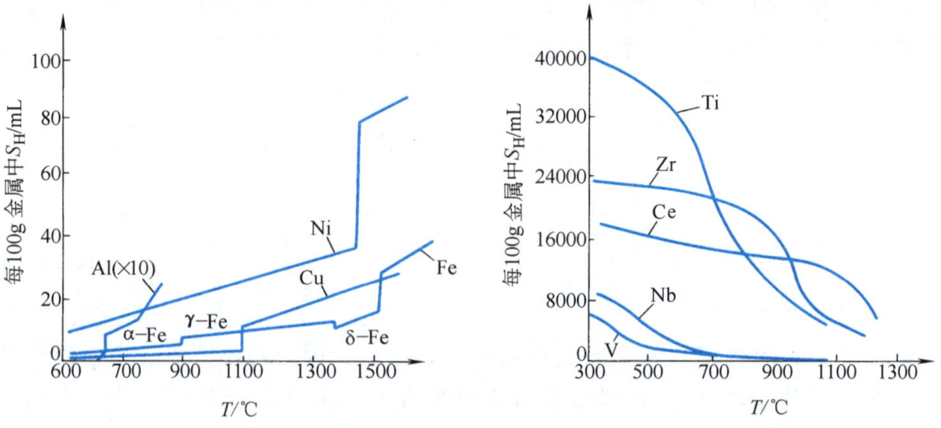

图 9-9　氢在不同金属中的溶解度随温度的变化（p_{H_2}=0.1MPa）

a）Ⅰ类金属　b）Ⅱ类金属

化物（FeO、MnO、SiO_2、Al_2O_3 等）和硅酸盐夹杂物的形式存在。

2. 合金成分对溶解度的影响

气体的溶解度除了受制于温度和压力外，还会受到合金成分的影响。

合金元素对氢、氮、氧在铁液和铁基合金中溶解度的影响分别如图 9-11、图 9-12 和图 9-13 所示。由图可见，氢和氮的溶解度随碳含量的增高而降低，因此铸铁的吸气能力比钢低；当铁液中存在第二种合金元素时，随着合金元素含量的增加，氧的溶解度下降。

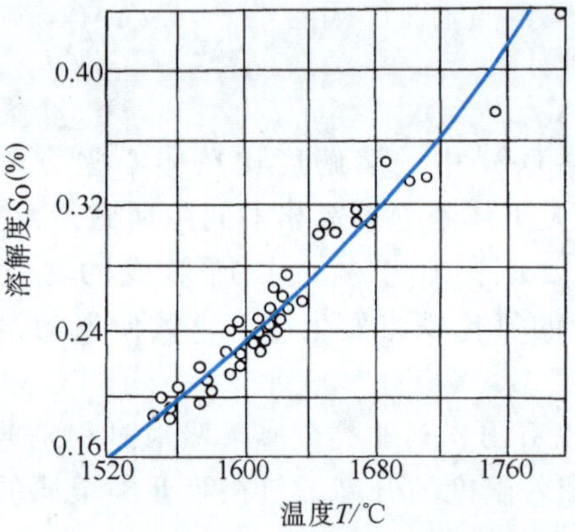

图 9-10　液态铁中氧的溶解度与温度的关系

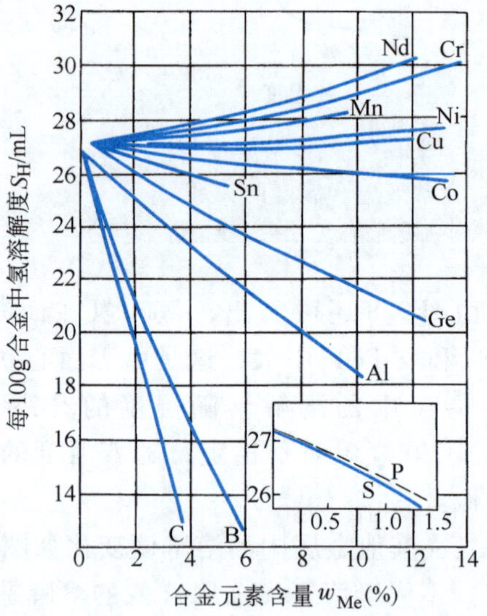

图 9-11　氢在二元系铁合金中的溶解度（1600℃）

一般来说，液态金属中加入能提高气体含量的合金元素，可提高气体的溶解度；若加入的合金元素能与气体形成稳定的化合物（即氮、氢、氧化合物），则可降低气体的溶解度。

此外，合金元素还能改变金属表面膜的性质及金属蒸气压，从而影响气体的溶解度。例如，铁中加入微量的铝会加速水蒸气在铁液表面的分解，从而加速氢在铁液中的溶解；而含有易挥发的镁时，既能提高铁液的蒸气压，又能显著降低铁液的含气量。但铝合金含有镁时，由于镁破坏了合金表面氧化膜的致密性，致使铝合金增氢。

3. 其他因素的影响

（1）电流极性的影响 电流极性决定了电弧气氛中阳离子 N^+和 H^+的运动方向（见图9-6），从而影响气体的溶解量。直流正接时，熔滴处于阴极，阳离子将向熔滴表面运动，由于熔滴温度高，比表面积大，故熔滴中将溶解大量的氢或氮；直流反接时，阳离子仍向阴极运动，但此时阴极已是温度较低的熔池，故氢或氮的溶解量要少。

（2）焊接区气氛性质的影响 在还原性介质中，氮的质点主要为 N^+、N 和 N_2；而在氧化性气氛中，氮还可以 NO^-的形式溶入液态金属。此外，电弧气氛中存在少量氧时，能提高阴极电压，促使 N^+在阴极中的溶解。氧的存在还可减少液态金属对氢的吸附，有效降低氢在液态铁、低碳钢和低合金钢中的溶解度。

研究表明，在电弧焊条件下，氢和氮在熔化金属中的含量高于按平方根定律计算出来的溶解度。其主要原因在于：气体分子或原子受激后溶解速度加快；电弧气氛中的阳离子 N^+或 H^+可直接在阴极溶解；在氧化性电弧气氛中形成的 NO，遇到温度较低的液态金属时可分解为 N 和 O，而 N 能迅速溶入金属。

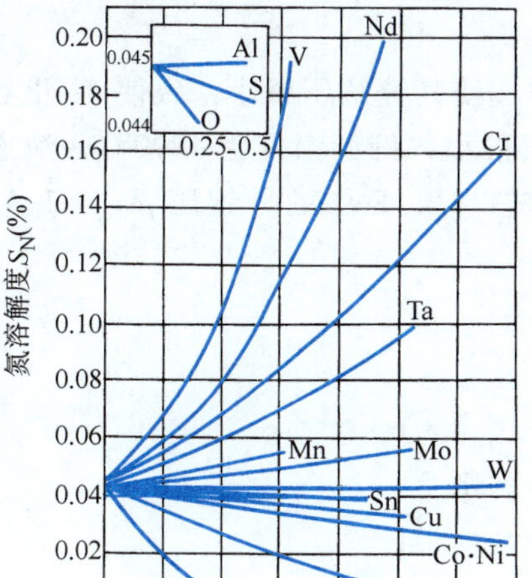

图 9-12 氮在二元系铁合金中的溶解度（1600℃）

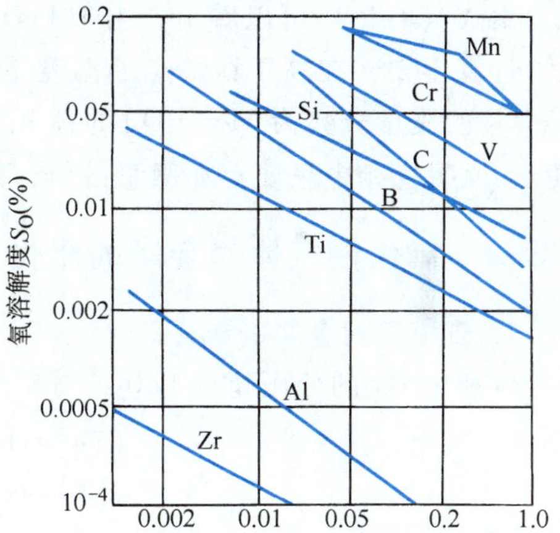

图 9-13 合金元素含量对液态铁中氧的溶解度的影响（1600℃）

9.3 气体对金属的氧化

在焊接和熔炼过程中，液态金属可与多种氧化性气体发生作用而导致氧化。本节主要讨论 O_2、CO_2、H_2O 等气体对金属的氧化。

9.3.1 金属氧化还原方向的判据

在一个由金属、金属氧化物和氧化性气体组成的系统中，判别金属是否被氧化可以采用金属氧化物的分解压 p_{O_2} 作为判据。若氧在金属-氧-氧化物系统中的实际分压为 $\{p_{O_2}\}$，则

$\{p_{O_2}\} > p_{O_2}$ 时，金属被氧化；

$\{p_{O_2}\} = p_{O_2}$ 时，处于平衡状态；

$\{p_{O_2}\} < p_{O_2}$ 时，金属被还原。

金属氧化物的分解压是温度的函数，它随温度的升高而增加，如图 9-14 所示。可以看出，除了 Ni 和 Cu 外，在同样温度下，FeO 的分解压最大，即最不稳定。FeO 为纯凝聚相时，其分解压为

$$\lg p_{O_2} = -\frac{26730}{T} + 6.43 \tag{9-14}$$

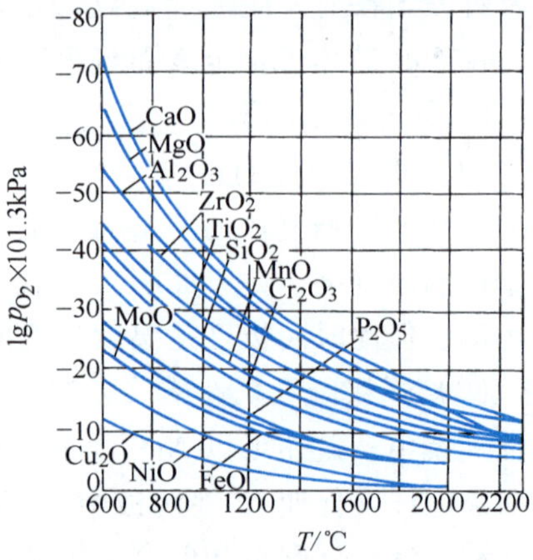

图 9-14　自由氧化物分解压与温度的关系

通常情况下，FeO 不是纯凝聚相，而是溶于液态铁中，这时其分解压可用下式表示

$$p'_{O_2} = p_{O_2}\frac{[\text{FeO}]^2}{[\text{FeO}]^2_{max}} \tag{9-15}$$

式中，p'_{O_2} 是液态铁中 FeO 的分解压；[FeO] 是溶解在液态铁中的 FeO 含量；$[\text{FeO}]_{max}$ 是液态铁中 FeO 的饱和含量。

由式 (9-15) 可以看出，由于 FeO 溶于液态铁中，使其分解压减小，致使 Fe 更容易氧化。计算得知，在高于铁熔点的温度下 FeO 的分解压很小，例如温度为 1800℃，液态铁中 [FeO] 的质量分数为 1%（[O] 的体积分数为 0.222%）时，FeO 的分解压 $p'_{O_2} = 1.5\times10^{-8}$ MPa，说明气相中只要存在微量的氧，即可使铁氧化。

9.3.2　氧化性气体对金属的氧化

1. 自由氧对金属的氧化

气相中 O_2 的分压超过 FeO 的分解压时，将使 Fe 氧化

$$[\text{Fe}] + O_2/2 = \text{FeO} + 26.97\text{kJ/mol}$$

$$[\text{Fe}] + \text{O} = \text{FeO} + 515.76\text{kJ/mol}$$

由反应的热效应看，原子氧对铁的氧化比分子氧更激烈。除了铁以外，钢液中其他对氧亲和力比铁大的元素也会发生氧化，如

$$[\text{C}] + O_2/2 = \text{CO}\uparrow$$

$$[\text{Si}] + O_2 = (\text{SiO}_2)$$

$$[\text{Mn}] + O_2/2 = (\text{MnO})$$

2. CO_2 对金属的氧化

纯 CO_2 高温分解得到的平衡气相成分和气相中氧的分压 $\{p_{O_2}\}$ 见表 9-5。可以看出，温度高于铁的熔点时，$\{p_{O_2}\}$ 远大于 FeO 的分解压 p_{O_2}；当温度为 3000K 时，$\{p_{O_2}\} \approx 20.3$kPa，约等于空气中氧的分压；当温度高于 3000K 时，CO_2 的氧化性超过了空气。所以，高温下 CO_2 对液态铁和其他许多金属均为活泼的氧化剂。

CO_2 与液态铁的反应式和平衡常数为

表 9-5　纯 CO_2 高温分解得到的平衡气相成分和气相中氧的分压

温度/K		1800	2000	2200	2500	3000	3500	4000
气相成分（体积分数）（%）	CO_2	99.34	97.74	93.94	81.10	44.26	16.69	5.92
	CO	0.44	1.51	4.04	12.60	37.16	55.54	62.72
	O_2	0.22	0.76	2.02	6.30	18.58	27.77	31.36
气相中氧的分压$\{p_{O_2}\}$ /×101.325kPa		2.2×10^{-3}	7.6×10^{-3}	2.02×10^{-2}	6.3×10^{-2}	18.58×10^{-2}	27.77×10^{-2}	31.36×10^{-2}
饱和时 FeO 分解压 p_{O_2} /×101.325kPa		3.81×10^{-9}	1.08×10^{-7}	1.35×10^{-6}	5.3×10^{-5}	—	—	—

$$CO_2+[Fe]=CO+[FeO] \tag{9-16}$$

$$\lg K=-\frac{11576}{T}+6.855 \tag{9-17}$$

温度升高时，平衡常数 K 增大，反应向右进行，促使铁氧化。计算表明，即使气相中只有少量的 CO_2，对铁也有很大的氧化性。因此，用 CO_2 作保护气体只能防止空气中氮的侵入，不能避免金属的氧化。

3. H_2O 对金属的氧化

H_2O 气与 Fe 的反应式和平衡常数为

$$H_2O_{(气)}+[Fe]=[FeO]+H_2 \tag{9-18}$$

$$\lg K=-\frac{10200}{T}+5.5 \tag{9-19}$$

可见，温度越高，H_2O 的氧化性越强。比较式（9-17）和式（9-19）可以看出，在液态铁存在的温度，H_2O 气的氧化性比 CO_2 小。但应注意，H_2O 气除了使金属氧化外，还会提高气相中 H_2 的分压，导致金属增氢。

4. 混合气体对金属的氧化

焊条电弧焊时，焊接区的气相是多种气体的混合物。理论计算表明，钛铁矿型焊条和低氢型焊条电弧气氛中，氧的分压$\{p'_{O_2}\}$在温度高于 2500K 时大于 FeO 的分解压 p'_{O_2}，因此混合气体对铁是氧化性的。

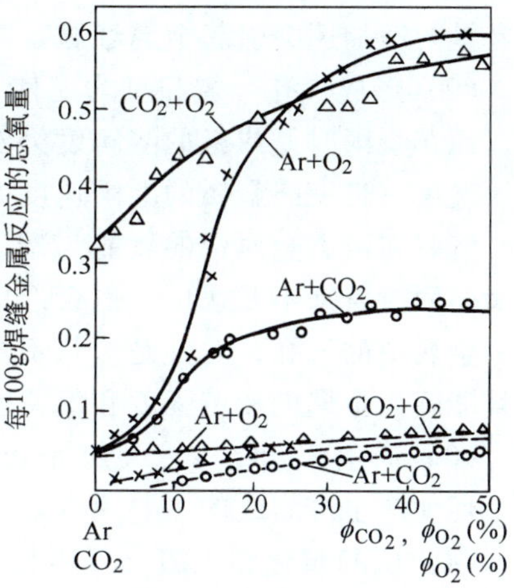

图 9-15　$\sum O$ 和焊缝氧含量 w_O 与保护气体成分的关系

实线—$\sum O$　虚线—w_O

（焊丝—H08Mn2Siϕ1.6mm　母材—低碳钢）

气体保护焊时，为了改善电弧的电、热和工艺特性，常采用氧化性混合保护气体，如 $Ar+O_2$、$Ar+CO_2$、$Ar+CO_2+O_2$ 或 CO_2+O_2 等。目前评价混合气体氧化能力的指标为$\sum O$(g/100g)，即与 100g 焊缝金属反应的总氧量，可由各种合金元素的氧化损失量计算得到。图 9-15 给出了$\sum O$ 和焊缝氧含量与保护气体成分之间的关系。由图可见，在 CO_2 和 O_2 体积分数相同的条件下，$Ar+O_2$ 的氧化能力比 $Ar+CO_2$ 大；$Ar+15\%O_2$(体积分数)的氧化能力与纯 CO_2

相当。在所有混合气体中，随着 O_2 和 CO_2 含量的增加，焊缝中的氧含量增加。

9.4 气体的影响与控制

9.4.1 气体对金属质量的影响

气体在金属中无论以何种形式存在，都会对金属的性能产生一定的影响。氮、氢和氧是最常见的三种气体，它们对金属的有害作用归纳起来大致有以下几个方面。

（1）使材料脆化 钢材中氮、氢或氧的含量增加时，其塑性和韧性都将下降，尤其是低温韧性下降更为严重。

室温时氮在 α-Fe 中的溶解度仅为 0.001%（质量分数）。若钢在高温时溶入了较多的氮，则在快速冷却条件下，一部分氮以过饱和形式存在于固溶体中，另一部分氮则以针状 Fe_4N 的形式析出，分布于晶界和晶内，使金属的强度和硬度升高，塑性和韧性下降。过饱和氮在金属中处于不稳定状态，随着时间的延长也将逐渐析出，并形成稳定的针状 Fe_4N，导致金属时效脆化。炼钢时若加入过多的铝而生成大量的 AlN，则因 AlN 呈细微的多角形颗粒状分布在晶界，也会使材料脆化。

氢导致钢材脆化主要体现在两个方面：一是引起氢脆，二是形成白点。氢在室温附近使钢的塑性严重下降的现象称为氢脆，它是由溶解在金属晶格中的原子氢发生扩散、聚集引起的。白点是氢含量较高的碳钢和低合金钢拉伸或弯曲断面上出现的银白色圆形脆断点，又称鱼眼，其直径一般为 0.5~3mm，白点的中心常有夹杂物或气孔。金属的氢含量越高，出现白点的可能性越大。一旦产生白点，金属的塑性就会大大下降。

氧在金属中多以化合物形态的氧化物夹杂存在，使金属的强度、塑性和韧性明显下降，氧含量的增加还会引起金属红脆、冷脆和时效硬化等。

（2）形成气孔 氮和氢均能使金属产生气孔。液态金属在高温时可以溶解大量的氮或氢，而在凝固时氮或氢的溶解度突然下降，这时过饱和的氮或氢以气泡的形式从液态金属中向外逸出。当液态金属的凝固速度大于气泡的逸出速度时，就会形成气孔。

溶解在液态金属中的氧能与碳发生反应，生成不溶于金属的 CO 气体。CO 气体在液态金属凝固时若来不及逸出，也会形成气孔。

金属中的气孔，尤其是形状不规则的气孔，不仅会增加缺口敏感性，使金属强度下降，而且能降低金属的疲劳强度和气密性。

（3）产生冷裂纹 冷裂纹是金属冷却到较低温度下产生的一种裂纹，其危害性很大。氢是促使产生冷裂纹的主要因素之一，这将在第 13 章中进行讨论。

（4）引起氧化和飞溅 氧可使钢中有益的合金元素烧损，导致金属性能下降；焊接时若熔滴中含有较多的氧和碳，则反应生成的 CO 气体因受热膨胀会使熔滴爆炸，造成飞溅，影响焊接过程的稳定性。

应当指出，焊接材料具有氧化性并不都是有害的，有时故意在焊接材料中加入一定量的氧化剂，以减少焊缝的氢含量，改善电弧的特性，获得必要的熔渣物化性能。

9.4.2 气体的控制措施

鉴于氮、氢和氧的有害作用，必须采取有效措施，减少这些气体在金属中的含量。

（1）限制气体的来源　氮主要来源于空气，它一旦进入液态金属，去除就比较困难。因此，控制氮的首要措施是加强对金属的保护，防止空气与金属接触。如金属冶炼时，根据不同的冶炼期配制不同组成和足够数量的熔渣，以加强对液态金属的保护；液态金属出炉后，在浇包的液面上用覆盖剂覆盖，以免液态金属与空气接触；在真空中熔炼和浇注等。焊接工艺中，在焊条药皮中加入造气剂（如碳酸盐、有机物等），形成气-渣联合保护；气体保护焊时，采用惰性气体（如氩、氦等）保护，焊接合金钢、化学活性金属及其合金等。

氢主要来源于水分，包括原材料（炉料、造渣材料、母材、焊接材料等）本身含有的水分、材料表面吸附的水分以及铁锈或氧化膜中的结晶水、化合水等。因此，必须采取措施限制水分的来源。此外，材料内的碳氢化合物和材料表面的油污等也是氢的重要来源。原材料使用前均应进行烘干、去油、除锈等处理；炉膛、出钢槽、浇包等均应充分干燥；炼钢工具在使用前也要加热去除水分；低氢型焊条烘干后应立即使用或放在低温（100℃）烘箱内，以免重新吸潮。

在焊接要求比较高的合金钢和活泼金属时，应尽量选用不含氧或氧含量少的焊接材料，如采用高纯度的惰性保护气体，采用低氧或无氧的焊条、焊剂等，以降低金属中的氧含量。

（2）控制工艺参数　金属中氮、氢、氧的含量与工艺参数密切相关。增大电弧电压时，保护效果变差，液态金属与空气的接触机会增多，使焊缝中氮、氧的含量增加。因此，应尽量采用短弧焊。焊接电流增加时，熔滴过渡频率增加，气体与熔滴作用时间缩短，焊缝中氮、氧含量减少。此外，焊接方法、熔滴过渡特性、电流种类等也有一定的影响。

控制液态金属的保温时间、浇注方式、冷却速度，或调整焊接参数，控制熔池存在时间和冷却速度等，可在一定程度上减少金属中氮、氢、氧的含量。

（3）冶金处理　采用冶金方法对液态金属进行脱氮、脱氧、脱氢等除气处理，是降低金属中气体含量的有效方法。下面着重讨论氮和氢的冶金控制措施，脱氧的具体措施将在第10章详细讨论。

液态金属中加入Ti、Al和稀土等对氮有较大亲和力的元素，可形成不溶于液态金属的稳定氮化物而进入溶渣，从而减少金属的氮含量，降低其形成气孔和时效脆化倾向。但在炼钢时，要严格控制加铝量。

在金属冶炼过程中，常常通过加入固态或气态除气剂进行除氢。如将氯气通入铝液后，可产生下列反应

$$2Al+3Cl_2 \rightarrow 2AlCl_3\uparrow +Q$$

$$H_2+Cl_2 \rightarrow 2HCl\uparrow +Q$$

铝液中的氢既能与氯化合成氯化氢气体而逸出铝液表面，又可通过扩散作用进入氯化铝气泡内，促使$AlCl_3$气体逸出。由于逸出的$AlCl_3$气体能降低气相中氢的分压，因此去氢的效果较好。在生产中，也可采用通入混合气体（如氮-氯或氯-氮-一氧化碳）的方法除气，以减少氯对熔炼设备的腐蚀作用。

焊接工艺中常通过调整焊接材料的成分，使氢在高温下生成比较稳定的不溶于液态金属的氢化物（如HF、OH），以降低焊缝中的氢含量。具体措施如下：

1）在焊条药皮和焊剂中加入氟化物。最常用的氟化物是 CaF_2，焊条药皮中加入7%～8%（质量分数）即可急剧减少焊缝的氢含量。氟化物的去氢机理主要有以下两种：

① 在酸性渣中，CaF_2 和 SiO_2 共存时能发生如下化学反应

$$2CaF_2+3SiO_2=2CaSiO_3+SiF_4$$

生成的气体 SiF_4 沸点很低（90℃），它以气态形式存在，并与气相中的原子氢和水蒸气发生反应

$$SiF_4+3H=SiF+3HF$$

$$SiF_4+2H_2O=SiO_2+4HF$$

反应生成的 HF 在高温下比较稳定，故能降低焊缝的氢含量。

② 在碱性焊条药皮中，CaF_2 首先与药皮中的水玻璃发生反应

$$Na_2O\cdot nSiO_2+mH_2O=2NaOH+nSiO_2\cdot(m-1)H_2O$$

$$2NaOH+CaF_2=2NaF+Ca(OH)_2$$

$$K_2O\cdot nSiO_2+mH_2O=2KOH+nSiO_2\cdot(m-1)H_2O$$

$$2KOH+CaF_2=2KF+Ca(OH)_2$$

与此同时，CaF_2 与氢和水蒸气发生如下反应

$$CaF_2+H_2O=CaO+2HF$$

$$CaF_2+2H=Ca+2HF$$

上述反应生成的 NaF 和 KF 与 HF 发生反应

$$NaF+HF=NaHF_2$$

$$KF+HF=KHF_2$$

生成的氟化氢钠和氟化氢钾进入焊接烟尘，从而达到去氢的目的。

2）控制焊接材料的氧化势。气相中的氧可以夺取氢，生成较稳定的 OH，从而减小气相中的氢分压，降低熔池中氢的含量。因此，适当提高气相的氧化性，有利于降低焊缝的氢含量。焊条药皮中加入碳酸盐或 Fe_2O_3，或采用 CO_2 作保护气体，均可获得氢含量较低的焊缝。因为碳酸盐受热后分解出 CO_2，Fe_2O_3 则分解出 O_2，能促使下列反应向右进行

$$O+H=OH$$

$$O_2+H_2=2OH$$

$$2CO_2+H_2=2CO+2OH$$

在药皮中加入脱氧剂如钛铁，会增加扩散氢的含量。要得到氧和氢含量都低的焊缝金属，在增加脱氧剂的同时，必须采取其他有效的去氢措施。

3）在药皮或焊芯中加入微量稀土元素。焊条药皮中加入微量的钇，可显著降低焊缝中扩散氢的含量，同时能提高焊缝的韧性。微量稀土元素碲和硒也有很强的去氢作用。

4）脱氢处理。焊后把焊件加热到一定温度，促使氢扩散外逸的工艺称为脱氢处理。将焊件加热到350℃，保温1h，可使绝大部分的扩散氢去除。在生产上，对于易产生冷裂的焊件常要求进行焊后脱氢处理。但对于奥氏体钢焊接接头，脱氢处理效果不大。

思考与练习

1. 焊接和铸造过程中的气体来源于何处？它们是如何产生的？

2. 气体是如何溶解到金属中的？电弧焊条件下，氮和氢的溶解过程一样吗？
3. 哪些因素影响气体在金属中的溶解度？其影响规律如何？
4. 电弧焊时，气体在金属中的溶解度是否服从平方根定律？为什么？
5. CO_2、H_2O 和空气在高温下对金属的氧化性哪个大？
6. 控制铸件或焊缝氮含量的重要措施是什么？
7. 氮、氢、氧对金属的质量有何影响？
8. 如何控制铸件或焊缝的氢含量？

第 10 章　液态金属与熔渣的相互作用

焊接过程中或合金熔炼过程中，与液态金属接触并发生化学冶金反应的除了气体介质之外，还有高温下熔融的液态熔渣。了解熔渣的特性对于控制焊接、铸造过程中的化学冶金反应十分重要。

10.1　渣相的作用与形成

10.1.1　熔渣的作用与分类

1. 熔渣的作用

熔渣对于焊接、合金熔炼过程起着积极作用，主要有：

（1）机械保护作用　熔渣的密度一般轻于液态金属，高温下浮在液态金属的表面，使之与空气隔离，可避免液态金属中合金元素的氧化烧损，防止气相中的氢、氮、氧、硫等直接溶入，并减少液态金属的热损失。熔渣凝固后形成的渣壳覆盖在焊缝上，可以继续保护处在高温下的焊缝金属免受空气的有害作用。

（2）冶金处理作用　熔渣与液态金属之间能够发生一系列物化反应，从而对金属的成分与性能产生较大影响。适当的熔渣成分可以去除金属中的有害杂质，如脱氧、脱硫、脱磷和去氢。熔渣还可以起到吸附或溶解液态金属中非金属夹杂物的作用。焊接过程中可通过熔渣向焊缝中过渡合金。

（3）改善成形工艺性能作用　适当的熔渣（或焊条药皮）构成，对于熔焊电弧的引燃、稳定燃烧、减少飞溅、改善脱渣性能及焊缝外观成形等焊接工艺性能的影响至关重要；电弧炉熔炼时，熔渣起到稳定电弧燃烧作用；电渣熔炼中的熔渣作为电阻发热体重熔并精炼金属。

熔渣也有不利的作用，如强氧化性熔渣可以使液态金属增氧，侵蚀炉衬；密度或熔点与金属接近的熔渣易残留在金属中形成夹渣。因此对于不同的成形工艺过程，应合理地选择熔渣的组成，以控制成形件的质量与生产效益。

2. 熔渣的成分与分类

熔渣由多种化合物构成，其性能主要取决于熔渣的成分与结构。焊接熔渣按其成分可分为三类：

第一类为盐型熔渣。它主要由金属氟酸盐、氯酸盐和不含氧的化合物组成。如 CaF_2-NaF、CaF_2-$BaCl_2$-NaF、KCl-NaCl-Na_3AlF_6、BaF_2-MgF_2-CaF_2-LiF 等。盐型熔渣的氧化性很小，主要用于铝、钛等化学活性金属的焊接。

第二类为盐-氧化物型熔渣。这类熔渣主要由氟化物和金属氧化物组成。比较常见的有 CaF_2-CaO-Al_2O_3、CaF_2-CaO-SiO_2、CaF_2-MgO-Al_2O_3-SiO_2 等。这类熔渣的氧化性较小，主要用于重要的低合金高强钢、合金钢及合金的焊接。

第三类为氧化物型熔渣。这类熔渣含有较多的弱碱金属氧化物，是应用最为普遍的一类渣系，如 MnO-SiO_2、FeO-MnO-SiO_2、CaO-TiO_2-SiO_2 等。这类熔渣一般具有较强的氧化性，用于低碳钢、低合金高强钢的焊接。

铸造冶金过程中熔渣的组成与分类较复杂。钢铁熔炼熔渣的主要成分有 SiO_2、CaO、Al_2O_3、FeO、MgO、MnO 等氧化物和少量 CaF_2；有色金属熔炼中熔渣主要来源于熔剂。由于各类有色金属的物理、化学性能大相径庭，因此熔炼中用于除气、脱氧或去夹杂的熔剂品种繁多。如铝合金精炼时采用以 NaCl、KCl 为主的多种氯化盐混合成低熔点的熔剂，覆盖在铝液表面；铜合金精炼时常用的覆盖熔剂有木炭、玻璃（$Na_2O\cdot CaO\cdot 6SiO_2$）、苏打（$Na_2CO_3$）、石灰（CaO）和硼砂（$Na_2B_4O_7$）等。熔渣类型除了与熔炼材料品种有关外，还与具体熔炼方法或工艺过程有关，不同熔炼方法需要不同的熔渣组成，甚至熔炼过程的不同阶段根据冶金反应的要求或其他工艺要求需要改变（或更换）熔渣的组成。

10.1.2　熔渣的来源与构成

1. 焊条电弧焊时的熔渣与药皮

焊条电弧焊时的熔渣来源于焊条药皮中的造渣剂，它们是药皮中最基本的组成物，通常包括钛铁矿（$TiO_2\cdot FeO$）、金红石（TiO_2）、大理石（$CaCO_3$）、硅砂（SiO_2）、长石、白泥和云母（$SiO_2\cdot Al_2O_3$）等。焊接过程中造渣剂熔化，形成独立熔渣相，覆盖在熔滴与熔池表面。

生产中按照焊件的使用要求与焊接工艺性能要求来选择焊条，不同类型的焊条其熔渣化学成分会相差很大。常见焊条电弧焊和埋弧焊焊接熔渣的化学成分见表 10-1。

表 10-1　焊接熔渣的化学成分举例

焊条或焊剂类型	熔渣化学成分（质量分数）（%）										熔渣碱度	
	SiO_2	TiO_2	Al_2O_3	FeO	MnO	CaO	MgO	Na_2O	K_2O	CaF_2	B_1	B_2
钛型	23.4	37.7	10.0	6.9	11.7	3.7	0.5	2.2	2.9	—	0.43	-2.0
钛钙型	25.1	30.2	3.5	9.5	13.7	8.8	5.2	1.7	2.3	—	0.76	-0.9
钛铁矿型	29.2	14.0	1.1	15.6	26.5	8.7	1.3	1.4	1.1	—	0.88	-0.1
氧化铁型	40.4	1.3	4.5	22.7	19.3	1.3	4.6	1.8	1.5	—	0.60	-0.7
纤维素型	34.7	17.5	5.5	11.9	14.4	2.1	5.8	3.8	4.3	—	0.60	-1.3
低氢型	24.1	7.0	1.5	4.0	3.5	35.8	—	0.8	0.8	20.3	1.86	0.9
HJ431	40~44	—	≤4	≤1.8	34~38	≤6	5~8	—	—	3~7	0.43~0.81	-3.0~0.21
HJ250	18~22	—	18~23	≤1.5	5~8	4~8	12~16	—	—	23~30	0.87~1.59	-0.044~0.984

低氢型焊条又称碱性焊条，其药皮的主要特点是不含具有造气功能的有机物而含大量碳酸盐和一定数量的 CaF_2。碳酸盐在加热分解过程中形成熔渣（CaO 或 MgO）并放出 CO_2 保护气体。CaF_2 除了造渣作用之外，还能减少液态金属中的氢含量。表 10-1 中的非低氢型焊条又称为酸性焊条，酸性焊条药皮不论是以硅酸盐为主还是以钛酸盐为主，一般不含 CaF_2，含少量碳酸盐和有机物。

2. 埋弧焊、电渣焊过程中的熔渣与焊剂

埋弧焊、电渣焊过程中，堆积在焊件坡口上方的焊剂受电弧热或自身电阻热加热熔化，形成熔渣，覆盖在焊接电弧和熔池上方，对熔化金属起保护和冶金处理作用。在埋弧焊及电

渣焊焊接时，焊剂是与焊丝（或焊带）配套使用的。焊丝的作用相当于焊条中的焊芯，焊剂的作用相当于焊条中的药皮。焊剂与焊丝的合理匹配是决定焊缝金属化学成分和力学性能的重要因素。

焊剂按制造方法分类可以分为熔炼焊剂与非熔炼焊剂两大类。熔炼焊剂是将一定比例的各种配料放在炉内熔炼，然后经过水冷粒化、烘干、筛选而制成的。非熔炼焊剂的组成与焊条药皮相似，按烘焙温度不同又分为黏结焊剂与烧结焊剂。

熔炼焊剂是由一些氧化物和氟化物组成的，它和焊条电弧焊的熔渣成分类似。熔炼焊剂的制造工艺过程简单，一直是使用最为普遍的一类焊剂。但由于在焊剂制造过程中要消耗大量的电能，因此在一些国家中已经受到限制。两种常用熔炼焊剂 HJ431、HJ250 的成分见表 10-1。

烧结焊剂的碱度可调整范围广，易于添加各种合金元素，有利于改善焊接工艺性能和提高焊缝力学性能，因此具有推广应用的良好前景。黏结焊剂易于实现焊缝金属的合金化，主要用于堆焊和高强钢、不锈钢的焊接。

3. 熔炼过程中的熔渣

炼钢中的熔渣组成物来源于以下几个方面：

1）生铁或废钢原材料中所含的各种合金元素，熔炼过程中由于氧化而形成的氧化物。

2）作为氧化剂或冷却剂使用的矿石和烧结矿等。

3）原材料带入的泥沙或铁锈。

4）加入的造渣材料，如石灰、石灰石、氟石、铁矾土、黏土砖块等。

5）浸蚀下来的炉衬耐火材料。

6）脱氧、脱硫产物。

除冶炼过程中形成的熔渣外，还有用于炉外处理钢液的由人工配制的合成渣，例如炉外脱硫及脱磷精炼过程中的熔渣，用于熔体浇注时的保护浇注渣等。表 10-2 列出了几种常见钢铁熔炼炉中所形成的熔渣成分。

表 10-2　几种常见钢铁熔炼炉中所形成的熔渣成分

熔炼炉种类	化学成分(质量分数)(%)					
	SiO_2	CaO	Al_2O_3	MgO	FeO	MnO
高炉	30~40	35~50	5~20	5~10	<3	—
碱性平炉	10~20	30~50	—	—	10~30	5~20
酸性平炉	55~60	0~10	—	—	15~40	5~20
氧气顶吹转炉	7~14	44~54	—	2~3	TFe14~20	5~8

注：TF 是指总铁或全铁的意思，即 TotalFe，习惯表示法。

10.2　渣体结构及碱度

熔渣的物化性质及其与金属的相互作用与熔渣的内部结构有密切关系。关于液态熔渣的结构，目前存在着两种理论，即分子理论与离子理论。

10.2.1　熔渣结构的分子理论

分子理论的主要依据是室温下对凝固熔渣的相分析和成分分析的结果。其要点如下：

1）液态熔渣是由自由状态化合物和复合状态化合物的分子所组成。自由状态化合物包括氧化物、氟化物、硫化物的分子等。焊接或钢铁熔炼中的熔渣主要是一些独立存在的氧化物，如酸性氧化物 SiO_2、TiO_2、ZrO；碱性氧化物 CaO、MgO、MnO、FeO、Na_2O；两性氧化物 Al_2O_3、Fe_2O_3 等。复合化合物就是酸性氧化物和碱性氧化物生成的盐，如硅酸盐（FeO · SiO_2、MnO · SiO_2、CaO · SiO_2 等）、钛酸盐（FeO · TiO_2、CaO · TiO_2、MnO · TiO_2 等）和铝酸盐 [MgO · Al_2O_3、$(CaO)_3$ · Al_2O_3] 等。

2）氧化物与复合物在一定温度下处于平衡状态。氧化物的复合是一个放热反应，所以一般来说当温度升高时复合物易分解，渣中自由氧化物的浓度增加。另外，各氧化物之间的结合强弱也不同，凡是生成热效应大的就易结合。强酸性氧化物最易与强碱性氧化物结合，强碱性氧化物能从复合物中取代弱碱性氧化物。但根据质量作用定律，当弱碱性氧化物的浓度相当大时，也能从复合物中取代强碱性氧化物。

3）只有渣中的自由氧化物才能与液体金属和其中的元素发生作用。例如只有渣中自由的 FeO 才能参与下面的反应

$$(FeO)+[C]=[Fe]+CO \tag{10-1}$$

而硅酸铁 $(FeO)_2$ · SiO_2 中的 FeO 不能参与上面的反应。

分子理论建立最早，由于它能简明地定性分析熔渣和金属之间的一些冶金反应，因此目前仍广泛应用。但用它无法解释一些重要的现象，如熔渣导电性，因此又出现了离子理论。

10.2.2 熔渣结构的离子理论

离子理论基于对熔渣电化学性能的研究。离子理论的要点如下：

1）认为液态熔渣是由正离子和负离子组成的电中性溶液。它一般包括简单正离子（如 Ca^{2+}、Mn^{2+}、Mg^{2+}、Fe^{2+}、Fe^{3+}、Ti^{4+} 等）、简单负离子（如 F^-、O^{2-}、S^{2-} 等）以及复杂的负离子（如 SiO_4^{4-}、$Si_3O_9^{6-}$、AlO_3^{3-}、$Al_3O_7^{5-}$ 等）。

2）离子在熔渣中的分布、聚集和相互作用取决于它的综合矩：离子电荷/离子半径。表 10-3 给出了各种离子在标准温度（0℃）下的综合矩。当温度升高时，离子的半径增大，综合矩减小，但它们之间的大小顺序不变。离子的综合矩越大，说明它的静电场越强，与异号离子的引力越大。由表 10-3 可见，阳离子中 Si^{4+} 的综合矩最大，而阴离子中 O^{2-} 的综合矩最大，所以二者最易结合为复杂的硅氧阴离子 SiO_4^{4-}。它的结构最简单，为一个四面体。随着渣中 SiO_2 含量的增多（或碱性氧化物 RO 的减少），经过不同的聚合反应可以连成链状、环状和网状结构的硅氧离子团，如图 10-1 所示。硅氧离子的结构越复杂，其尺寸越大。

表 10-3 离子的综合矩

离子	离子半径/nm	综合矩/×10^2(C/cm)	离子	离子半径/nm	综合矩/×10^2(C/cm)
K^+	0.133	3.61	Ti^{4+}	0.068	28.2
Na^+	0.095	5.05	Al^{3+}	0.050	28.8
Ca^{2+}	0.106	9.0	Si^{4+}	0.041	47.0
Mn^{2+}	0.091	10.6	F^-	0.133	3.6
Fe^{2+}	0.083	11.6	PO_4^{3-}	0.276	5.2
Mg^{2+}	0.078	12.9	S^{2-}	0.174	5.6
Mn^{3+}	0.070	20.6	SiO_4^{4-}	0.279	6.9
Fe^{3+}	0.067	21.5	O^{2-}	0.132	7.3

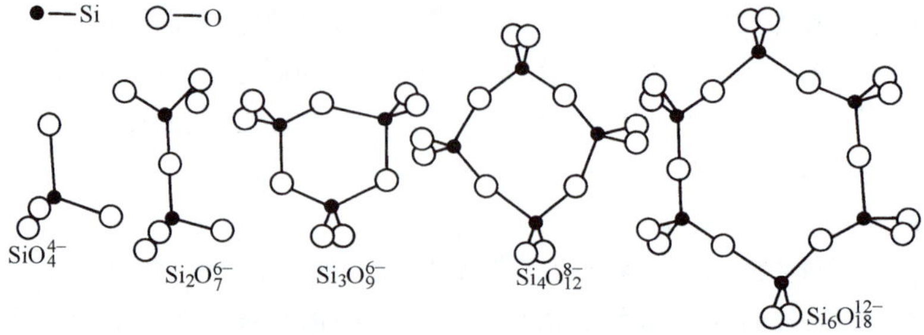

图 10-1　硅氧离子团结构图

此外，离子间的作用力还影响离子在熔渣中的分布。相互作用力强的异号离子彼此接近形成集团，而相互作用力弱的异号离子也形成集团。所以熔渣不是完全均匀的离子溶液，而是微观不均匀的溶液。譬如，由 FeO、CaO 和 SiO_2 组成的熔渣中，综合矩比较大的 Fe^{2+} 和 O^{2-} 彼此接近形成集团，占据某个微区域；而综合矩比较小的 Ca^{2+} 和 ${SiO_4}^{4-}$ 彼此接近形成集团，被排挤到另一个微区域。因此，渣中离子的分布不是完全无序的，而是近程有序的。

3）液体熔渣与金属之间相互作用的过程，是原子与离子交换电荷的过程。例如，硅还原和铁氧化的过程是金属中的铁原子和渣中的硅离子在两相界面上交换电荷的过程，即

$$Si^{4+}+2[Fe]=2Fe^{2+}+[Si] \tag{10-2}$$

结果，硅进入金属，而铁变成离子进入熔渣。从分子理论的观点看，上述反应应为

$$(SiO_2)+2[Fe]=2(FeO)+[Si] \tag{10-3}$$

应当指出，实际的冶金熔渣是十分复杂的溶液，其中不仅有离子，而且还有少量的中性分子。虽然熔渣的离子理论对许多现象的解释比分子理论更合理，但是由于目前它还没有一个完整的模型，又缺乏系统的热力学资料，故在化学冶金中还广泛应用分子理论。

10.2.3　熔渣的碱度

碱度是熔渣的重要化学性质之一。熔渣的其他物化性质，例如氧化能力、黏度等都和熔渣的碱度密切相关。碱度对液态金属的脱硫、脱磷效果也有重要影响。

1. 熔渣碱度的分子理论

按照分子理论，熔渣的碱度就是熔渣中的碱性氧化物与酸性氧化物浓度的比值。表示为

$$B=\frac{\Sigma\ \text{碱性氧化物的摩尔分数}}{\Sigma\ \text{酸性氧化物的摩尔分数}} \tag{10-4}$$

从原子结构的观点来看，氧化物的酸性和碱性的基本区别在于电子层的结构。当两种氧化物互相结合时，如果某氧化物提供电子，则这种氧化物叫作碱性氧化物；而享用电子的氧化物叫作酸性氧化物。当用式（10-4）进行计算时，若 $B>1$ 为碱性渣，$B<1$ 为酸性渣，$B=1$ 为中性渣。但实际上这样的计算结果并不准确。这是因为用该式计算时既没有考虑到各氧化物酸、碱性强弱程度的差别，也没有考虑碱性氧化物和酸性氧化物形成中性复合物的情况。按照氧化物的酸性（或碱性）由强至弱的顺序排列有：

酸性氧化物：SiO_2、TiO_2、P_2O_5 等；

碱性氧化物：K_2O、Na_2O、CaO、MgO、BaO、MnO、FeO 等。

因此产生对式(10-4)的修正公式

$$B_1=\frac{0.018CaO+0.015MgO+0.006CaF_2+0.014(K_2O+Na_2O)+0.007(MnO+FeO)}{0.017SiO_2+0.005(Al_2O_3+TiO_2+ZrO_2)} \quad (10\text{-}5)$$

式中，各化合物的浓度以质量分数计。当 $B_1>1$ 时为碱性渣，$B_1<1$ 时为酸性渣，$B_1=1$ 时为中性渣。表 10-1 中的 B_1 值就是用式(10-5)计算的结果。根据计算结果，表中只有低氢型焊条和 HJ250 的熔渣才是碱性的。这与实际情况是相符的。

2. 熔渣碱度的离子理论

离子理论把液态熔渣中自由氧离子的浓度（或氧离子的活度）定义为碱度。渣中自由氧离子的浓度越大，其碱度越大。其表达式为

$$B_2=\sum_{i=1}^{n}a_iM_i \quad (10\text{-}6)$$

式中，M_i 为渣中第 i 种氧化物的摩尔分数；a_i 为渣中第 i 种氧化物的碱度系数。

表 10-4 给出了 a_i 的取值。

表 10-4 渣中氧化物的 a_i 值

氧化物	K_2O	Na_2O	CaO	MnO	MgO	FeO	SiO_2	TiO_2	ZrO_2	Al_2O_3	Fe_2O_3
a_i 值	9.0	8.5	6.05	4.8	4.0	3.4	-6.31	-4.97	-0.2	-0.2	0

当 $B_2>0$ 时为碱性渣，$B_2<0$ 时为酸性渣，$B_2=0$ 时为中性渣。表 10-1 中的 B_2 就是用式(10-6) 计算的结果。将其与 B_1 的结果相对比，所得到结论基本上是一致的。

碱性氧化物的 a_i 为正值，这是因为碱性氧化物在液态渣中产生 O^{2-}。例如

$$CaO=Ca^{2+}+O^{2-} \quad (10\text{-}7)$$

而酸性氧化物消耗渣中的 O^{2-}。例如

$$SiO_2+2O^{2-}=SiO_4{}^{4-} \quad (10\text{-}8)$$

因此，碱性渣中 O^{2-}多，碱度高；酸性渣中 O^{2-}少，碱度低。

10.3 渣相的物理性质

10.3.1 熔渣的凝固温度与密度

熔渣是一个多元体系，它的液固转变是在一个温度区间进行的，其凝固温度的高低取决于熔渣的组分。一般构成熔渣的各组元独立相的熔点较高，而以一定比例构成复合渣时可使凝固温度大大降低。金属熔炼或熔焊中，若熔渣的熔点过高，将不能均匀覆盖在液态金属表面，保护效果变差。图 10-2 所示为炼钢过程中常见的 $CaO\text{-}FeO\text{-}SiO_2$ 三元渣系的熔化等温线图。

焊接过程中，要求熔渣的凝固温度（或焊条的熔点）与焊丝和母材的熔点相匹配，这对于焊接过程影响很大。若熔渣的凝固温度过高，就会影响焊缝外观成形，甚至产生气孔和夹杂。凝固温度过低时，熔渣不能在焊缝凝固后及时凝固，也会影响对焊缝的保护及外观成形。对于药皮焊条电弧焊，一般药皮熔点要略低于焊芯金属熔点（低 100~200℃）。由于药皮是机械混合物，熔化后才能形成熔渣，所以熔渣的凝固温度必然要比药皮的熔点更低

一些。

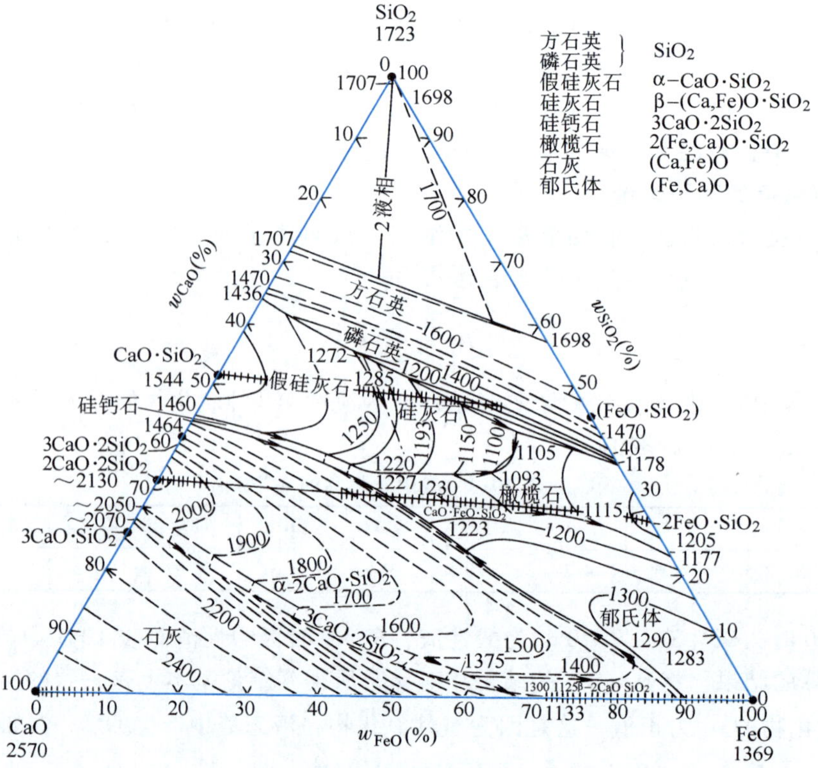

图 10-2　CaO-FeO-SiO$_2$ 渣系熔化等温线图

密度也是熔渣的基本性质之一，它影响熔渣与液态金属间的相对位置与相对运动速度。密度与金属接近的熔渣易滞留于金属内部形成夹杂。几种常见化合物的熔点和密度见表10-5。选用焊材时，首先要保证所形成的熔渣具有合适的凝固温度范围和较低的密度。

表 10-5　几种常见化合物的熔点和密度

化合物	FeO	MnO	SiO_2	TiO_2	Al_2O_3	$(FeO)_2SiO_2$	$MnO\cdot SiO_2$	$(MnO)_2SiO_2$
熔点/℃	1369	1580	1723	1825	2050	1205	1270	1326
密度/$\times10^3$kg·m^{-3}	5.80	5.11	2.26	4.07	3.95	4.30	3.60	4.10

10.3.2　熔渣的黏度

熔渣的黏度是一个较为重要的性能。如果熔渣不具备足够的流动性，则不能正常工作。由于金属与渣之间的冶金反应，从动力学考虑，在很大程度上取决于它们之间的相对传输速度。因此，熔渣的黏度越小，流动性越好，则扩散越容易，对冶金反应的进行就越有利。从焊接工艺的要求出发，焊接熔渣的黏度不能过小，否则容易流失，影响对熔池（或焊缝）在全位置焊接时的成形和保护效果。

药皮焊条电弧焊时，根据熔渣黏度随温度变化的速率，可将熔渣分为“长渣”和“短渣”两类。随温度增高黏度急剧下降的渣称为短渣，而随温度增高黏度下降缓慢的渣称为长渣，如图 10-3 所示。短渣在焊缝凝固后迅速凝固，可保证全位置焊的焊缝外观成形；长渣只能用于平焊位置焊接。

渣的黏度与它的成分和结构有关。含 SiO_2 多的渣结构复杂，Si—O 阴离子聚合程度大，离子尺寸大，黏度大。在温度升高时复杂的 Si—O 离子逐渐破坏，形成较小的 Si—O 阴离子，黏度缓慢下降，因此含 SiO_2 多的酸性渣为长渣。碱性渣中离子尺寸小，黏度低，且随温度升高离子浓度增大，黏度迅速下降，因此碱性渣为短渣。

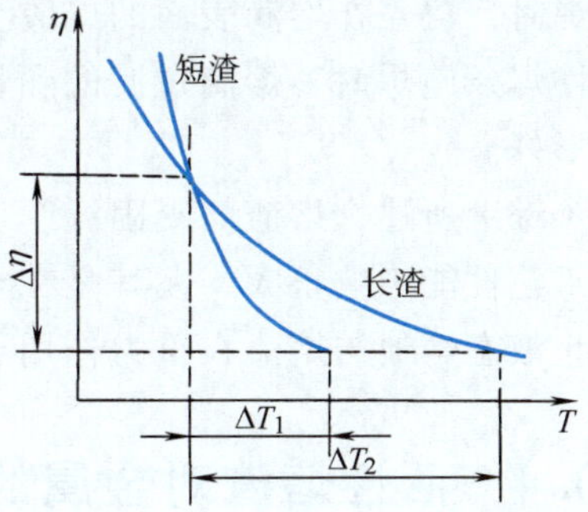

图 10-3 熔渣黏度与温度的关系

在酸性渣中减少 SiO_2，增加 TiO_2，使复杂的 Si—O 阴离子减少，可降低黏度，使渣成为短渣。例如，SiO_2 含量较多的纤维素型、氧化铁型焊条的熔渣属于长渣，只能用于平焊位置的施焊，而 TiO_2 含量较多的钛型、钛钙型焊条的熔渣属于短渣，可用于全位置焊接。另外，在酸性渣中加入能产生 O^{2-} 的碱性氧化物（CaO、MgO、MnO、FeO 等）能破坏 Si—O 离子键，使 Si—O 离子的聚合程度降低，黏度降低，使渣向短渣转化。如

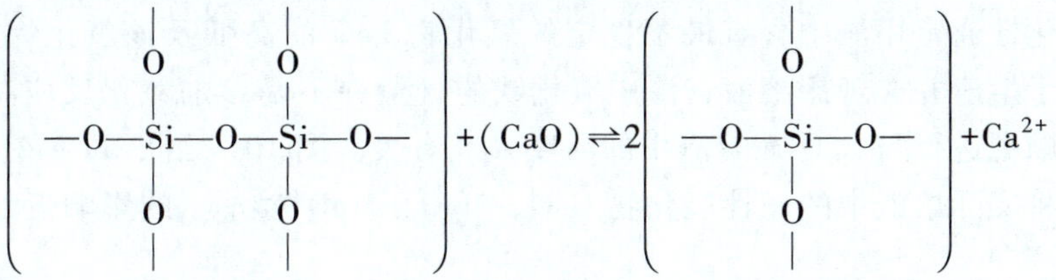

(10-9)

碱性渣中高熔点 CaO 多时，可出现未熔化的固体颗粒而使黏度升高。渣中加入 CaF_2 可起到很好的稀释作用。在碱性渣中，CaF_2 能促使 CaO 熔化，降低黏度；在酸性渣中，CaF_2 中的 F^- 能更有效地破坏 Si—O 键，减小聚合离子尺寸，降低黏度。因此，在焊接熔渣和炼钢熔渣中常用 CaF_2 作为稀释剂。

10.3.3 熔渣的表面张力及界面张力

熔渣的表面张力及熔渣与液态金属间的界面张力对于冶金过程动力学及液态金属中熔渣等杂质相的排出有重要影响。它还影响到熔渣对液态金属的覆盖性能，并由此影响隔离保护效果及焊缝外观成形。

熔渣的表面张力 σ_{s-g} 除了与温度有关外，主要取决于熔渣组元质点间化学键的键能。具有离子键的物质其键能较大，表面张力也较大（如 MgO、CaO、Al_2O_3、MnO、FeO 等）；具有极性键的物质其键能较小，表面张力也较小（如 SiO_2、TiO_2 等）；具有共价键的物质其键能最小，表面张力也最小（如 B_2O_3、P_2O_5 等）。因此，碱度高的渣表面张力大。在碱性渣中加入酸性氧化物 TiO_2、SiO_2、B_2O_3 等能降低碱性渣的表面张力。另外，CaF_2 对降低熔渣表面张力也有显著作用。

影响熔炼与熔焊质量的另一个参数是熔渣与液态金属间的界面张力。界面张力小时，熔渣对金属的覆盖保护效果较好；反之，则有利于熔渣从液态金属中分离。熔渣与液态金属间界面张力的影响因素较多，测定技术也较复杂。一般认为，酸性渣与液态金属间的界面张力较小，对液态金属的润湿性较好，熔渣在钢液表面易铺展，对钢液的保护效果较好。焊条电

弧焊时，覆盖在熔滴表面的熔渣与熔滴间的界面张力过大时，易造成熔滴粗化，飞溅增多。酸性焊条施焊时，熔滴过渡的颗粒较小，鱼鳞纹细密，焊缝圆滑向母材过渡，无咬边，外观成形好。

综上所述，熔渣的凝固温度、黏度和表面张力对焊接、熔炼过程中的化学冶金反应及熔焊工艺性能影响很大，尤其是在全位置焊接时，具有适当表面张力与凝固温度的短渣，对于阻止液态熔池与熔渣在重力作用下的下流、保证焊缝的外观成形是至关重要的。

10.4 活性熔渣对金属的氧化

10.4.1 熔渣的氧化性

高温下覆盖在液态金属表面的熔渣，既有对液态金属的保护作用和促进化学冶金反应过程顺利进行的作用，也有因熔渣自身成分与性能特点而对液态金属污染的副作用，其中包括氧化性较强的熔渣对液态金属的氧化。熔渣的氧化或还原能力是指熔渣向液态金属中传入氧或从液态金属中导出氧的能力。氧化性较强的熔渣又称为活性熔渣。

熔渣的氧化性通常用渣中含有最不稳定的氧化物 FeO 的高低及该氧化物在熔渣中的活度来衡量。由于熔渣并非理想溶液，渣中氧化铁的含量并不是参加氧化反应时的有效浓度，氧化反应能否顺利进行与 FeO 在熔渣中的活度 α_{FeO} 有关。图 10-4 给出 FeO 在 1600℃的等活度曲线。图中将实际熔渣中的碱性氧化物 CaO、MgO、MnO 对 α_{FeO} 的影响近似地认为相同，

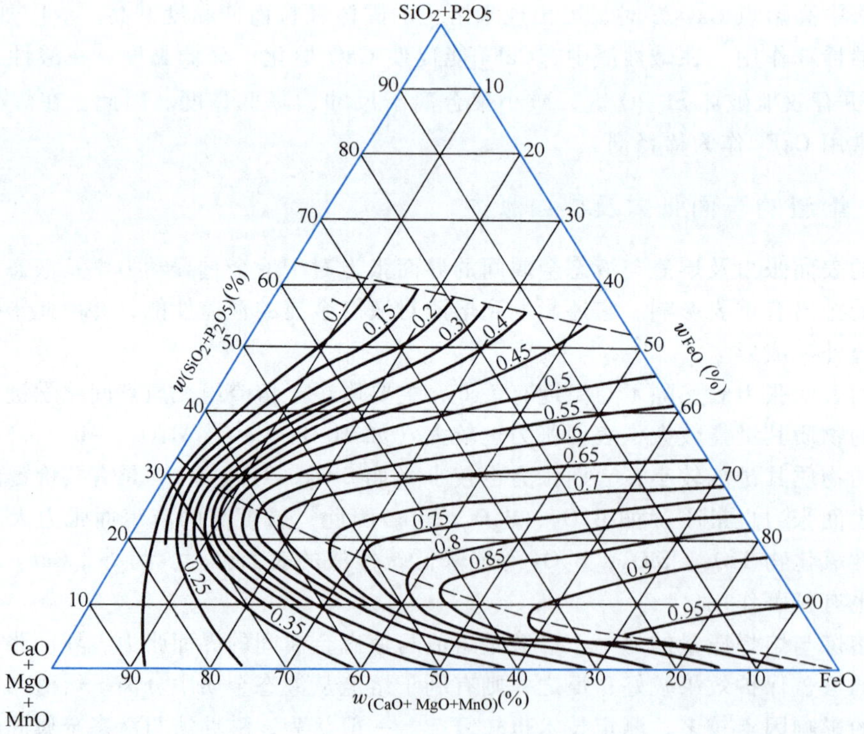

图 10-4 多元渣系中 FeO 的等活度曲线（1600℃）

而 P_2O_5 的影响近似和 SiO_2 相同。实际熔渣中除了 FeO 外，还常有一部分铁的高价氧化物 Fe_2O_3，计算 FeO 的活度时，应将熔渣中的 Fe_2O_3 按下式

$$Fe_2O_3+Fe=3FeO$$

或

$$Fe_2O_3=2FeO+\frac{1}{2}O_2$$

折合成 FeO 的含量，前者称为全氧折合法，后者称为全铁折合法。这样实际熔渣成为图中的伪三元系。

从图 10-4 可以看出，有一条虚线将 α_{FeO} 的各等活度曲线的峰值点连在一起。该虚线表示：当渣中 FeO 含量一定时，欲获得熔渣的最高氧化性，需保持该熔渣中碱性氧化物与酸性氧化物的含量比一定，对应于该比值的熔渣碱度 B 大约为 2。由于该虚线位置偏向组元 CaO+MgO+MnO 一侧，显而易见，FeO 在碱性渣中的活度系数比在酸性渣中大。

在已知熔渣的成分时，根据图 10-4 查出 1600℃下熔渣中 FeO 的活度 α_{FeO}，再通过下式可以估算出该温度下熔渣与液态金属构成的系统达到平衡时液态金属中的含氧量

$$[\%O]=[\%O]_{max}\alpha_{FeO} \tag{10-10}$$

式中，$[\%O]_{max}$ 为在纯氧化铁构成的熔渣下，与之平衡时液态金属中 $[\%O]$ 的极限含量。$[\%O]_{max}$ 是与温度有关的常数，其关系式为

$$\lg[\%O]_{max}=-\frac{6320}{T}+2.734 \tag{10-11}$$

当 $T=1600℃$ 时，$[\%O]_{max}=0.23$。

由式(10-11)可以看出：随着温度的升高，熔渣的氧化性增大。

熔渣对液态金属的氧化形式可分为扩散氧化与置换氧化两种。

10.4.2 扩散氧化

熔渣中的 FeO 既溶于渣又溶于液态钢，在一定温度下，它在两相中的平衡浓度符合分配定律

$$L=\frac{(FeO)}{[FeO]} \tag{10-12}$$

由此可以看出，当温度不变时，增加液态熔渣中的 FeO 的含量将会使液态金属增氧。FeO 的分配常数 L 与温度和熔渣的性质有关。在 SiO_2 饱和的酸性渣中，有

$$\lg L=\frac{4906}{T}-1.877 \tag{10-13}$$

在 CaO 饱和的碱性渣中，有

$$\lg L=\frac{5014}{T}-1.980 \tag{10-14}$$

由两式可以看出，温度升高，L 值减小，即在高温时，FeO 更容易向金属中分配。因此，焊接时渣中的 FeO 主要是在熔滴阶段和熔池前部高温区向液态金属中过渡的。在熔池尾部，随着温度的下降，液态金属中过饱和的氧化铁会向熔渣中扩散，这一过程称之为扩散

脱氧。

比较两式中 L 的大小，在同样温度下，FeO 在碱性渣中比在酸性渣中更容易向金属中分配。也就是说，在熔渣中含 FeO 相同的情况下，碱性渣时金属中的含氧量比酸性渣时大。图 10-5 的试验结果验证了这个结论。这种现象可以用熔渣的分子理论来解释。碱性渣中 SiO_2、TiO_2 等酸性氧化物较少，FeO 大部分以自由状态存在，即 FeO 在渣中的活度系数大，因而容易向金属中扩散，使液态金属中增氧。正是由于这个原因，在碱性焊条药皮中一般不加入含 FeO 的物质，并要求焊接时严格清除焊件表面上的氧化皮和铁锈，否则，将使焊缝增氧并可能产生气孔等缺陷，这就是碱性焊条对铁锈和氧化皮敏感性大的原因。相反，在酸性渣中 SiO_2、TiO_2 等酸性氧化物较多，它们能与 FeO 形成复合物（如 FeO · SiO_2），使自由 FeO 减少，故在熔渣中 FeO 含量相同的情况下，扩散到金属中的氧较少。但是，不应当由此误认为碱性焊条的焊缝含氧量比酸性焊条的高。恰恰相反，多数情况下碱性焊条的焊缝含氧量比酸性焊条低。这是因为尽管碱性渣中 FeO 的活度系数大，但碱性渣中 FeO 的含量并不高（见表 10-1），因此碱性渣对液态金属的氧化性比酸性渣要小。

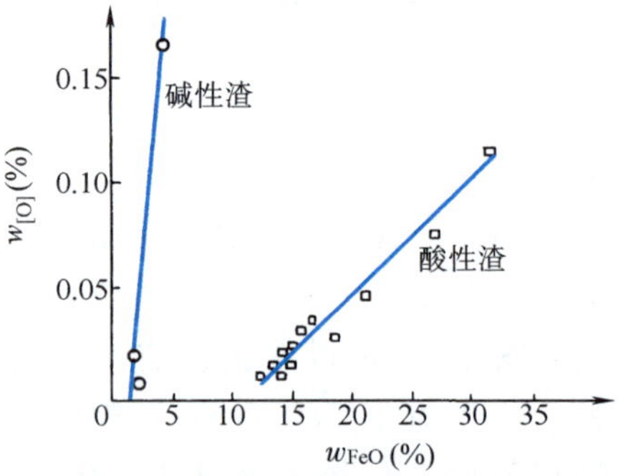

图 10-5 渣的性质与焊缝含氧量的关系

实际扩散氧化反应进行的程度取决于界面附近 FeO 的扩散速度、接触界面面积大小与扩散反应时间。熔焊时由于熔渣在高温液态下的存在时间短暂，因此扩散氧化程度一般远不能达到平衡状态，而炼钢过程的扩散氧化进行得较为充分。

10.4.3 置换氧化

如果熔渣中含有比较多的易分解的氧化物，便可以与液态铁发生置换反应，使金属氧化，同时发生原氧化物中金属元素的还原。例如，用低碳钢焊丝配合高硅高锰焊剂（如 HJ431）埋弧焊时，易发生如下反应

$$(SiO_2)+2[Fe]=[Si]+2\underset{\downarrow\atop [FeO]}{\overset{(FeO)\atop\uparrow}{FeO}} \tag{10-15}$$

$$\lg K_{Si}=\frac{(FeO)^2[Si]}{(SiO_2)}=-\frac{13460}{T}+6.04 \tag{10-16}$$

$$(MnO)+[Fe]=[Mn]+\underset{\downarrow\atop [FeO]}{\overset{(FeO)\atop\uparrow}{FeO}} \tag{10-17}$$

$$\lg K_{Mn}=\frac{(FeO)[Mn]}{(MnO)}=-\frac{6600}{T}+3.16 \quad (10\text{-}18)$$

反应的结果使液态金属中增硅和增锰，同时使铁氧化。生成的 FeO 大部分进入熔渣，小部分溶于液态金属，使之增氧。置换氧化反应与熔渣中 MnO、SiO_2、FeO 的浓度和液态金属中 Si、Mn 的原始含量有关。一般酸性渣对金属的置换氧化性高于碱性渣。

从式（10-16）与式（10-18）可以看出，置换氧化的程度与温度有关。温度升高，平衡常数增大，反应向右进行。因此，置换氧化反应也主要发生在熔滴阶段与熔池前部的高温区。比较相同温度下两式中平衡常数的大小可以看出，在液态金属的过热度较低时，K_{Si} 明显小于 K_{Mn}，即 MnO 的氧化性高于 SiO_2，但 2200℃以上温度时，$K_{Si}>K_{Mn}$，对于过热度很高的熔滴，SiO_2 对熔滴的氧化性可以超过 MnO。

焊接过程中，当焊丝或焊条药皮中含有对氧亲和力比铁大的元素（如 Al、Ti、Cr）时，它们将与 SiO_2、MnO 发生更为激烈的置换氧化反应。例如

$$4[Al]+3SiO_2=2(Al_2O_3)+3[Si]$$

$$2[Al]+3MnO=(Al_2O_3)+3[Mn]$$

反应生成的 Al_2O_3 使焊缝中非金属夹杂物增多，同时 Si、Mn 的含量增大。这对于合金含量较高的钢种将严重降低接头的力学性能，尤其是低温韧性。因此这类材料的焊接应选择熔渣中 SiO_2、MnO 含量少的盐型或盐-氧化物型熔渣。

钢铁氧化熔炼阶段加入的氧化剂（气体氧或矿石）除了进行脱碳、脱磷反应之外，还会与溶解在钢液中的锰、硅等合金元素发生氧化反应。溶入到液态金属中的氧化性气体元素可以直接与合金元素反应，生成相应合金元素的氧化物并进入渣相，称之为直接氧化。但由于液态金属中铁原子数远比其他合金元素多，因此多数情况下是铁元素先被氧化生成氧化亚铁，而后氧化亚铁再将合金元素氧化

$$[O]+[Fe]=(FeO)$$

$$(FeO)+[Mn]=(MnO)+[Fe]$$

或

$$2(FeO)+[Si]=(SiO_2)+2[Fe]$$

该氧化反应称之为间接氧化。间接氧化实质上是式（10-15）、式（10-17）置换氧化的逆反应，反应实际进行的方向与平衡时各相的含量主要取决于温度。和熔焊过程相比，钢铁熔炼时液态金属的过热度不高，间接氧化可以进行得比较充分。

思考与练习

1. 比较熔焊与熔炼过程中熔渣作用的异同点。

2. 由熔渣的离子理论可知，液态碱性渣中自由氧离子的浓度远高于酸性渣，这是否意味着碱性渣的氧化性要比酸性渣更强？为什么？

3. 本章介绍了熔渣的哪些物理性能？这些性能与熔渣的组成或碱度有什么联系？

4. 熔渣的物理性能对熔焊质量有什么影响？

5. 1600℃时，炼钢熔池中熔渣的成分为：

氧化物	CaO	MgO	MnO	FeO	Fe_2O_3	SiO_2	P_2O_5
质量分数（%）	46.59	3.2	5.68	13.82	4.47	24	2.24

钢液含氧 0.07%，问熔渣对钢液而言是氧化渣还是还原渣？

6. 为什么 FeO 在碱性渣中的活度系数比在酸性渣中大？这是否说明用碱性焊条施焊时熔渣的氧化性高于用酸性焊条施焊？为什么？

7. 冶炼与熔焊过程中熔渣的氧化性强会造成什么不良后果？

8. 采用碱性焊条施焊时，为什么要求严格清理去焊件坡口表面的铁锈和氧化皮，而用酸性焊条施焊或 CO_2 焊时对焊前清理的要求相对较低？

9. 试比较表 10-1 中各种焊接熔渣的氧化性强弱。

10. 有人说：“焊接过程中熔渣对液态金属的氧化反应比熔炼过程剧烈，但反应程度不如熔炼时彻底”。您认为这句话对吗？请说明原因。

第 11 章　液态金属的净化与精炼

在材料成形加工过程中，液态金属都表现出易与气相和渣相互相作用的特性，导致金属及其合金中含有过多的有害元素、气体和非金属夹杂物，它们会直接影响其冶金质量及产品的内在质量，时常引起成形件夹渣、气孔、针孔等一系列缺陷，显著降低材料的强度、冲击韧性、疲劳抗力、耐蚀性，甚至造成产品报废。所以，在材料成形过程中需要对液态金属进行净化处理，以保证产品质量。

随着科学技术的发展，涌现了许多新的旨在净化液态金属的工艺方法。所谓金属的净化，即是利用一定的物理化学原理和相应的工艺措施，去除液态金属中的有害元素、夹杂物和气体的过程。由金属净化概念可以看出，它所涉及的内容比较广泛。为了便于集中阐述问题，本章以钢铁为研究对象专门讲述去除有害元素的净化。其中主要内容包括脱氧、脱硫、脱磷和脱碳精炼等问题。

11.1　液态金属的脱氧

液态金属脱氧的目的是尽量减少金属及合金中的含氧量。一方面就是防止液态金属的氧化，减少在液态金属中溶解的氧；另一方面要排除脱氧后的产物。因为它们是金属及合金中非金属夹杂物的主要来源之一，而这些夹杂物会使金属含氧量增加。对于钢液来说，脱氧就是用脱氧剂除去钢液中残留氧化亚铁中的氧而将铁还原的工艺措施。不同的元素具有不同的脱氧能力。脱氧剂的脱氧能力可以用加入等量的脱氧元素后，钢液中氧化亚铁的平衡含量来衡量。与某种元素相平衡的氧化亚铁含量越低时，表明这种元素的脱氧能力越强。

在使用某种元素进行脱氧时，钢液的脱氧程度与该元素在钢液中的残留量有关。这可以从脱氧反应的化学平衡来理解。脱氧的过程可以用下式表示

$$x[\mathrm{Me}]+y[\mathrm{FeO}]\rightarrow(\mathrm{Me}_x\mathrm{O}_y)+y[\mathrm{Fe}] \tag{11-1}$$

式（11-1）中，Me 表示脱氧元素，如 Mn、Si、Al 等。当反应进行充分，达到平衡时，Me 与钢液中氧化亚铁的含量（残留量）之间存在着下述的关系

$$[\mathrm{Me}]^x\ [\mathrm{FeO}]^y=K \tag{11-2}$$

式（11-2）中，K 是常数，它是温度

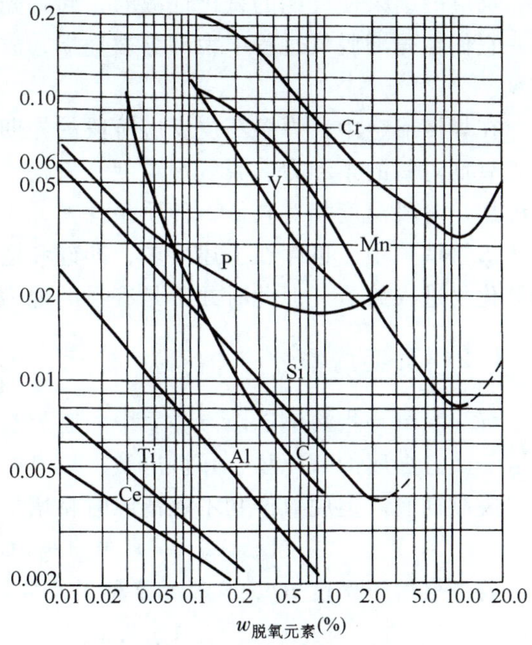

图 11-1　各种元素脱氧能力的比较（1600℃）

的函数，在一定的温度条件下为定值。由此可见，钢液中氧化亚铁的残留量与脱氧元素的残留量成反比，钢液中脱氧元素的残留量越高，则氧化亚铁的残留量越低，即钢液的脱氧程度越彻底。图 11-1 表明一些元素在 1600℃时的脱氧能力及在不同的残留量条件下钢液的脱氧程度。元素按脱氧能力由小到大排列的顺序是：Cr、Mn、V、C、Si、B、Ti、Al、Zr、Ce。当使用几种脱氧剂进行脱氧时，应按照脱氧能力的顺序由小到大依次使用。铸造和焊接冶金中最常用的脱氧剂是锰、硅、钛和铝。

在材料成形加工中，液态金属的脱氧方法很多，按其进行的方式和特点主要可分为先期脱氧、沉淀脱氧、扩散脱氧和真空脱氧等。

11.1.1　先期脱氧

对于熔焊过程，在药皮加热阶段，固态药皮中进行的脱氧反应称为先期脱氧。其特点是脱氧过程和脱氧产物与高温的液态金属不发生直接关系，脱氧产物直接参与造渣。

含有脱氧元素的药皮中，造渣剂和造气剂被加热时其中的高价氧化物或碳酸盐分解出的氧和二氧化碳便和脱氧元素发生反应，例如

$$CaCO_3 = CaO + CO_2$$

$$MgCO_3 = MgO + CO_2$$

$$Fe_2O_3 = FeO + O_2$$

$$2MnO_2 = 2MnO + O_2$$

$$Ti + 2CO_2 = TiO_2 + 2CO$$

$$2Al + 3CO_2 = Al_2O_3 + 3CO$$

$$Si + 2CO_2 = SiO_2 + 2CO$$

$$Mn + CO_2 = MnO + CO$$

反应的结果使气相的氧化性减弱，起到先期脱氧的作用。由于 Al 和 Ti 对氧的亲和力很强，它们在先期脱氧过程中大部分被烧损，故保护了 Si、Mn 等其他脱氧元素进入熔池进行脱氧。

在焊接冶金中，焊条药皮反应阶段的先期脱氧是重要的脱氧方式之一。其脱氧效果取决于脱氧剂对氧的亲和力、脱氧剂粒度、氧化剂与脱氧剂的比例、焊接电流密度等因素。由于药皮加热阶段温度相对较低，传质条件差，先期脱氧是不完全的，需进一步脱氧。而在一般的熔炼钢铁炉中，也存在上述反应，即硅和锰等元素与炉气中的氧化性气体发生反应，生成的氧化物进入熔渣。但此时并不是有目的地为了脱氧。

11.1.2　沉淀脱氧

沉淀脱氧是指溶解于液态金属中的脱氧剂直接和熔池中的［FeO］起作用，使其转化为不溶于液态金属的氧化物，并析出转入熔渣中的一种脱氧方式。这种方法的优点是脱氧速度快，脱氧彻底。但脱氧产物不能清除时将增加金属液中杂质的含量。其脱氧反应为

$$x[\mathrm{Me}] + y[\mathrm{O}] = (\mathrm{Me}_x\mathrm{O}_y) \tag{11-3}$$

若考察熔渣碱度 B_L、脱氧元素种类及数量等影响，有如下关系式

$$\lg w_{[\mathrm{O}]} = -\frac{A}{y}B_L - \frac{x}{y}\lg w_{[\mathrm{Me}]} + \frac{1}{y}\lg w_{(\mathrm{Me}_x\mathrm{O}_y)} - \frac{1}{y}(C - yD)$$

其中，A、C 和 D 为与脱氧元素有关的常数。从上式看出，脱氧效果或金属中的含氧量 [O]，不仅与脱氧元素 [Me] 数量和脱氧产物 (Me_xO_y) 数量有关，并且和熔渣碱度 B_L 有关。[Me] 越多、(Me_xO_y) 越少，脱氧效果越好。另外，熔渣的性质应与脱氧产物的性质相反，这样有利于降低脱氧产物在熔渣中的活度，也有利于熔渣吸收脱氧产物。

要实现沉淀脱氧，应具备三个条件：① 必须向熔池中加入对氧亲和力大的元素；② 脱氧产物应不溶于金属而成为独立液相转入熔渣；③ 熔渣的酸碱性质应与脱氧产物的性质相反，以利于熔渣吸收脱氧产物。下面介绍几种生产中常用的脱氧反应。

1. 锰的脱氧反应

在液态金属中加入适量锰，可进行如下脱氧反应

$$[Mn]+[FeO]=[Fe]+(MnO)$$

$$K=\frac{\alpha_{MnO}}{\alpha_{Mn}\alpha_{FeO}}=\frac{w_{(MnO)}\gamma_{MnO}}{\alpha_{Mn}\alpha_{FeO}} \tag{11-4}$$

式中，γ_{MnO} 为渣中 MnO 的活度系数；α_{MnO} 为渣中的 MnO 活度；α_{Mn} 为液态金属中 Mn 的活度；α_{FeO} 为液态金属中 FeO 的活度；$w_{(MnO)}$ 为渣中氧化锰的质量分数；K 为平衡常数，是温度的函数，温度降低，K 增大，有利于脱氧。

当金属中含 Mn 和 FeO 量少时，其活度系数近似为 1，于是可得到

$$w_{[FeO]}=\frac{w_{(MnO)}\gamma_{MnO}}{Kw_{[Mn]}} \tag{11-5}$$

由式 (11-5) 可以看出，增加金属中的含 Mn 量，减少渣中的 MnO，可以提高脱氧效果。熔渣的性质对锰的脱氧效果也有很大的影响。在酸性渣中含有较多的 SiO_2 和 TiO_2，它们与脱氧产物 MnO 生成复合物 $MnO \cdot SiO_2$ 和 $MnO \cdot TiO_2$ 从而使 MnO 的活度系数减小，因此脱氧效果较好。相反，在碱性渣中 MnO 的活度系数较大，不利于锰脱氧，且碱度越大，锰的脱氧效果越差。正是由于这个原因，一般造酸性渣的钢液中可用锰铁作为脱氧剂，而碱性渣的钢液中不单独用锰铁作脱氧剂。

根据钢液中锰的浓度不同，其脱氧产物 MnO 和 FeO 既可形成液态产物，又可形成固态产物，如图 11-2 所示。出现液态或固态产物的临界含锰量既取决于钢液的温度，也与钢液中加入的锰铁量有关。显然，在一定的温度下，加入过多的锰会形成固态产物，易造成夹杂。此外，温度下降使锰的脱氧能力提高，在焊接熔池尾部，由于温度下降，有利于锰脱氧。但相对其他常用的脱氧剂 Al、Ti 和 Si 来说，锰是一种弱脱氧剂。

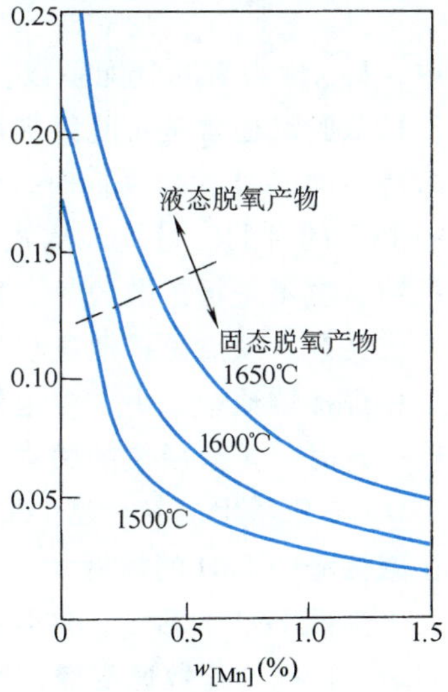

图 11-2　与液态及固态脱氧产物平衡的锰、氧浓度

2. 硅的脱氧反应

在钢液中加入脱氧剂硅铁或含硅较高的合金，可进行如下反应

$$[Si]+2[FeO]=2[Fe]+(SiO_2)$$

$$w_{[FeO]}=\sqrt{\frac{w_{(SiO_2)}\gamma_{SiO_2}}{w_{[Si]}K}} \tag{11-6}$$

显然，提高熔渣的碱度和金属中的含硅量，可以提高硅的脱氧效果。

硅的脱氧能力比锰大，但生成的 SiO_2 熔点高（见表 10-5）。通常认为 SiO_2 处于固态，不易聚合为大的质点；同时 SiO_2 与钢液的界面张力小，润湿性好，不易从钢液中分离，所以易造成夹杂。因此，一般不单独用硅脱氧。

3. 硅锰联合脱氧反应

把硅和锰按适当的比例加入液态金属中进行复合脱氧时，其脱氧产物为不饱和液态硅酸盐，它的密度小，熔点低（见表 10-5），易于浮出，并易被熔渣吸收，从而减少钢中的夹杂物和含氧量，脱氧效果十分显著。

在熔炼钢铁和焊接冶金中经常采用硅锰联合脱氧。例如，在转炉炼钢时，炉内加入一定量的硅锰合金进行预脱氧，结果使钢中氧含量大大降低；碱性焊条药皮中和二氧化碳气体保护焊焊丝中常加入适当比例的锰和硅进行联合脱氧，脱氧效果较好。

采用含两种以上脱氧元素的复合脱氧剂一直被铸造和焊接冶金工作者所重视。因为这种脱氧剂熔点低，熔化快，且各种反应在同一区域进行，有利于低熔点脱氧产物形成、聚合和排除，减少夹杂物的数量。例如，钙的脱氧能力很强，但它的蒸气压高，在钢液中溶解度低，脱氧效果变差；如果用硅钙合金作脱氧剂，则可提高钙的溶解度，减少蒸发损失，易生成低熔点的硅酸钙，对 Al_2O_3 还起助熔作用。因此，硅钙合金不仅是有效的脱氧剂，而且起到消除夹杂物，净化钢液的作用。

11.1.3　扩散脱氧

扩散脱氧是在液态金属与熔渣界面上进行的，是以 FeO 在两相中的分配定律为理论基础的。即 FeO 同时存在于熔渣和钢液中，熔渣中的 FeO 与钢液中的 FeO 能够互相转移，而且是趋于平衡。这种情况符合物理化学中的异相平衡的分配定律。熔渣中与钢液中 FeO 的浓度之间存在一定的比值

$$\frac{w_{(\mathrm{FeO})}}{w_{[\mathrm{FeO}]}}=L_{\mathrm{FeO}} \tag{11-7}$$

式中，L_{FeO} 称为氧的分配系数，它是温度的函数，其关系式为式（10-13）和式（10-14）。

扩散脱氧通常是将脱氧剂加在熔渣中，使脱氧元素与熔渣中的 FeO 起作用而进行脱氧。当熔渣中的 FeO 含量降低时，钢液中的 FeO 就向熔渣中扩散。这样就间接地达到了脱去钢液中 FeO 的目的。另外，从式（10-13）和式（10-14）可知，通过降低温度，增大氧的分配系数，也可进行扩散脱氧。扩散脱氧的优点是脱氧产物留在熔渣中，液态金属不会因脱氧而造成夹杂。缺点是扩散过程进行得缓慢，脱氧时间长。

在焊接熔池中，由于熔池的后部温度降低，氧的分配系数增大，即可进行扩散脱氧。当温度一定时，扩散脱氧的关键是降低渣中 FeO 的活度。在焊接熔池的酸性渣中，由于 SiO_2 和 TiO_2 与 FeO 生成复合物 $FeO\cdot SiO_2$ 和 $FeO\cdot TiO_2$，使 FeO 的活度减小，有利于扩散脱氧，而在碱性渣中 FeO 的活度大，其扩散脱氧的能力比酸性渣差。很显然，焊接熔渣中的脱氧剂也可降低 FeO 的活度，加强扩散脱氧。但是在焊接熔池凝固过程中，由于液态熔池存在时间短，FeO 的扩散速度慢，因此扩散脱氧进行得不充分。

电炉炼钢一般是采用沉淀脱氧与扩散脱氧相结合的方法，即先用锰（锰铁）进行沉淀脱氧，再用碳（炭粉）和硅（硅铁粉）进行扩散脱氧，最后再用铝进行沉淀脱氧。这种沉

淀脱氧与扩散脱氧相结合的方法既能保证钢的质量，又不会使冶炼的时间过长。

在电炉炼钢的脱氧过程中，扩散脱氧是重要环节。钢液脱氧是否良好与造还原渣（白渣或电石渣）脱氧操作有着重要的关系。脱氧的过程是在炉渣中进行的，图 11-3 所示为在白渣下的脱氧过程（钢液在电石渣下脱氧的原理与白渣下脱氧相似）。前一阶段是碳起脱氧作用

$$C+(FeO)=CO\uparrow+[Fe]$$

后一阶段是硅起脱氧作用

$$Si+2(FeO)=(SiO_2)+2[Fe]$$

还原生成的铁返回到钢液中，而氧化亚铁逐渐减少，这样就破坏了原来的平衡，于是钢液中氧化亚铁会自动地向炉渣中扩散转移

$$[FeO]\rightarrow(FeO)$$

这样就达到了脱氧的目的。

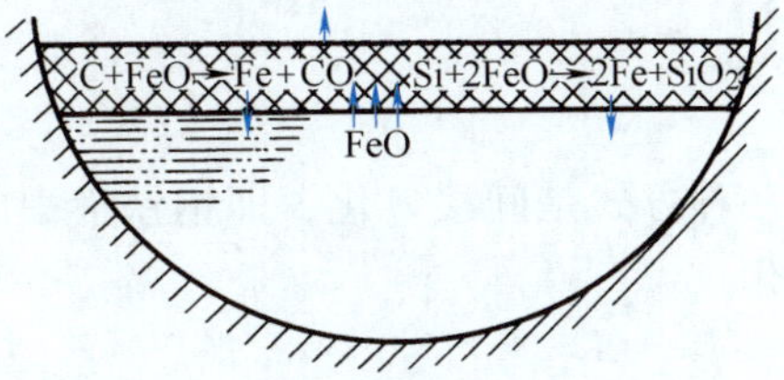

图 11-3 白渣下脱氧过程示意图

为了使扩散脱氧过程顺利进行，需要创造适当的热力学条件和动力学条件。实现扩散脱氧的有利条件如下：

（1）还原性炉气　只有炉气是还原性的，才有可能造出还原性（含氧化亚铁少）的炉渣。例如，电弧炉炼钢由于不用燃烧方法加热，因此能够关闭炉门，避免进入空气，保持还原性炉气。这是电弧炉炼钢的优点之一。

（2）高的炉温　高温有利于碳的脱氧。从图 11-4 可以看出，在炉温升高的条件下，碳与氧的亲和力增大，而铁与氧的亲和力减小，因此，炉温越高，碳的脱氧能力越强。这与一般焊接熔池中扩散脱氧要求温度低正相反。

（3）炉渣的黏度　炉渣的黏度要小。炉渣黏度大，会使氧化亚铁的传输速度降低，因而使脱氧速度变慢，脱氧的效果差。

11.1.4 真空脱氧

真空脱氧的原理实质上是以降低 CO 分压为手段加强钢液中碳的脱氧能力。由于钢液的熔化过程是在真空条件下进行，碳的脱氧能力比在常压下大为提高。这是因为碳的氧化反应

$$[C]+[O]=CO\uparrow \tag{11-8}$$

生成的 CO 不溶于液态金属，直接被抽走，有利于反应向右进行得很彻底，因而钢液脱氧良好。

研究表明，在温度为 1873K、$p_{CO}=1.0kPa$ 的条件下，$w_C=0.1\%$ 时 $w_O=2.5\times10^{-4}\%$；$w_C=0.5\%$ 时 $w_O=0.5\times10^{-4}\%$，即当 $p_{CO}=1.0kPa$ 时碳的脱氧能力高于铝的脱氧能力。这是按理想条件计算的结果，没有考虑钢液同其他氧化物的接触情况，这只有在特殊的成形工艺冶炼中（例如真空电弧炉熔炼、电子轰击炉熔炼、真空电子束焊接等）才有可能。而在一般的真空处理时，钢液总是同钢包衬或炉渣接触。在钢液同各种氧化物接触的条件下，碳不仅使钢液脱氧，还能使其他氧化物还原，例如发生 $(SiO_2)\rightarrow[Si]+2[O]$ 反应。这些还原反应除了降低钢液的脱氧程度以外，还可能使钢液中一些成分达到不应有的上限。因此，在一般真空处理条件下，碳只能起到部分脱氧的作用。尽管如此，在真空条件下用碳脱氧，脱氧产物不留在钢液中，所以对提高钢液质量有明显的效用。

11.2　液态金属的脱碳精炼反应

脱碳反应是成形冶金中非常重要的反应之一，其目的除了对钢液进行脱碳之外，主要还是去除钢液中的有害气体和夹杂物，对钢液起精炼作用。反应方式主要有两种：一种是碳被氧化性气体直接氧化

$$2[C]+O_2=2CO\uparrow \tag{11-9}$$

$$[C]+CO_2=2CO\uparrow \tag{11-10}$$

另一种方式是间接氧化，即钢铁液中的铁先被氧化而生成氧化亚铁，而后碳又被氧化亚铁所氧化

$$2[Fe]+O_2=2[FeO] \tag{11-11}$$

$$[C]+[FeO]=[Fe]+CO\uparrow \tag{11-12}$$

在冲天炉熔炼过程中，铁液的脱碳主要是通过炉气中的 O_2 和 CO_2 成分对铁液的直接脱碳以及炉气通过 FeO 对铁液的间接脱碳。而在炼钢生产中，一般是通过向钢液中吹氧或加矿石进行脱碳反应的。

为了促使以上脱碳反应进行，需要创造一定的温度条件。在较低的温度条件下，碳被氧化的少，铁被氧化的多。而在较高的温度条件下，碳被氧化的多，铁被氧化的少。这种变化是由于碳-氧亲和力与铁-氧亲和力随着温度的变化而变化的结果。图 11-4 所示为碳的氧化反应和铁的氧化反应的生成自由能图。当温度超过一定值（约 1000℃）以后，碳-氧的亲和力就超过铁-氧的亲和力。因此，在炼钢生产上规定，在氧化期中，只有在钢液温度超过一定的温度（热电偶温度为 1530℃）时，才可以吹氧和加矿石脱碳。

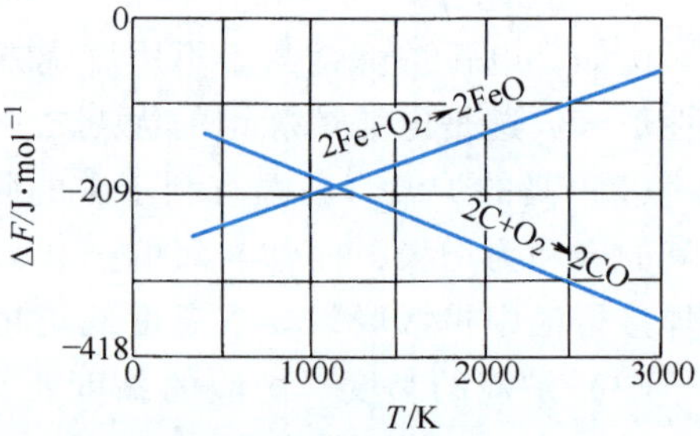

图 11-4　碳的氧化反应与铁的氧化反应的生成自由能图

脱碳反应生成的产物是一氧化碳。一氧化碳不溶解于钢液，因而形成了大量的气泡。气泡在与钢液脱离和上浮过程中，使钢液受到强烈的搅动，使得钢液温度和化学成分均匀，并能有效地清除钢液中的气体和非金属夹杂物。由于脱碳反应能够起到这样的作用，所以在炼钢时，总是使炉料的平均含碳量超过钢的规定含碳量，以便在氧化期中将这部分多余的碳氧化掉。因此可以说，在一般的炼钢过程中，脱碳是手段而不是目的。当然，如果检验发现钢液的含碳量高于成分设计的碳量时，也可采用脱碳反应来降低钢液的含碳量。

在熔焊过程中，同样存在上述反应。如果母材或焊接材料中含碳量较高，熔池中又存在一定的含氧量，那么在熔滴和熔池的高温阶段，上述反应进行得很激烈，产生的大量 CO 气体受热膨胀，发生爆炸，飞溅增大，严重时造成焊接过程不稳定。如果在熔池后半部结晶时还进行这些反应，则可能产生气孔。

近代在发展新型低合金结构钢、低温钢和不锈钢等钢种中有一种趋向是要求钢中含碳量非常低，比如，为提高钢的焊接性而开发的 CF 钢、细晶粒钢和管线钢等。这就要求能冶炼出低碳（$w_C \leqslant 0.08\%$）、超低碳（$w_C \leqslant 0.03\%$）以及极低碳（$w_C \leqslant 0.01\%$）的钢液。这样

的技术要求在一般的空气气氛冶炼条件下是难以达到或不可能达到的。因为钢液中的碳以及构成钢的基本元素铁和其他元素都与钢中的氧存在一定的平衡关系。当钢液中的碳被氧化得很低时，钢中的氧就会达到很高的值。这时，铁及其他合金元素含量也将被大量地氧化，其结果不仅会造成元素的大量烧损，更严重的是会使钢液中存在大量的氧化铁及其他氧化夹杂物，降低钢的质量。所以为了冶炼纯净度高的低碳钢液，比较有效的方法是在真空下进行脱碳。例如生产中采用真空氩氧脱碳精炼（VOD）法以及真空氩氧脱碳转炉（VODC）法。下面从热力学的角度来说明真空脱碳原理。

首先看碳的氧化反应式（11-9）。在空气气氛冶炼条件下，CO 的分压力是比较高的，因此限制了碳的氧化。欲使碳量降得很低，必须使钢液含氧量提高，即使钢液过度氧化。而在真空条件下，由于反应生成物 CO 被抽去，CO 的分压力很低，即［C］和［O］的乘积可以降得很低。亦即在同样的钢液含氧量［O］下，在真空条件下的平衡含碳量比在大气条件下的平衡值大为降低。真空度越高（即 CO 分压力越低）时，其平均的含碳量越低，其间的关系如图 11-5 所示。

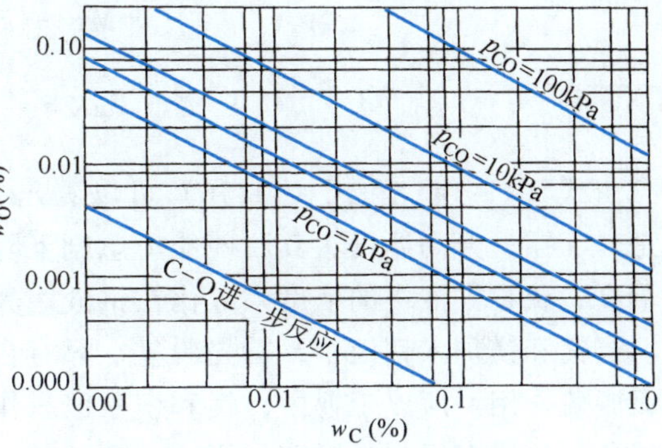

图 11-5 在 1700℃和不同的 CO 压力下 C-O 之间的平衡关系

11.3 液态金属的脱硫

硫是钢铁中的有害杂质之一。当硫以 FeS 的形式存在时危害性最大。因为它与液态铁几乎无限互溶，而在室温下它在固态铁中的溶解度仅为（质量分数）0.015%~0.02%（图 11-6）。这样，在钢铁凝固时它容易发生偏析，以低熔点共晶 Fe+FeS（熔点为 985℃）或 FeS+FeO（熔点为 940℃）的形式呈片状或链状分布于晶界，增加了金属产生热裂纹的倾向，同时还会降低冲击韧性和耐蚀性。在一些高镍的合金钢中，硫的危害作用更为严重。因为硫与镍形成 NiS，而 NiS 又与 Ni 形成熔点更低的共晶 NiS+Ni（熔点为 644℃），所以产生热裂纹的倾向更大。当钢中含碳量增加时，会促使硫发生偏析，从而增加它的危害性。由于上述原因，有必要采用脱硫的措施减少金属中的含硫量。目前成形工艺中常用的脱硫方法，按脱硫反应进行的地方来分，可以分为炉内脱硫和炉外脱硫两种方式。按脱硫的物理化学作用或过程来分，可分为沉淀脱硫、熔渣脱硫和真空脱硫。下面重点叙述沉淀脱硫和熔渣脱硫。

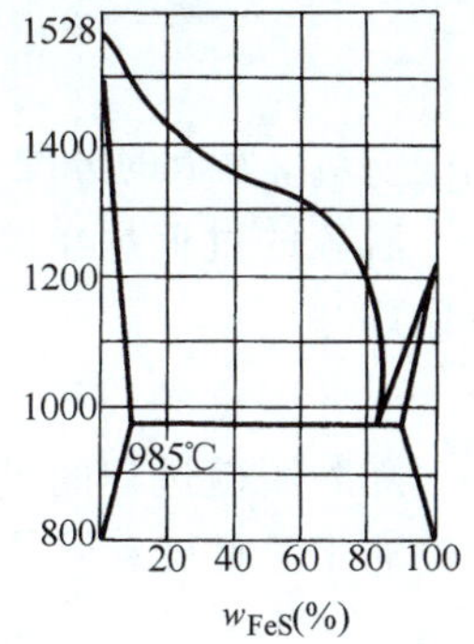

图 11-6 Fe-FeS 状态图

11.3.1 沉淀脱硫

沉淀脱硫和沉淀脱氧一样，是将脱硫合金元素直接加入液态金属中进行脱硫。常用的脱硫元素有锰、镁、钠、钙、稀土等。这些元素与硫的亲和力大于铁，与硫形成熔点高、不溶于液态钢铁的稳定硫化物。因此，所谓沉淀脱硫，就是溶于液态金属中的元素和硫结合成不溶于此种液态金属的硫化物，沉淀出来，上浮进入渣相而进行脱硫的方法。锰和镁脱硫反应为

$$[FeS]+[Mn]=(MnS)+[Fe] \tag{11-13}$$

$$\lg K=\frac{8220}{T}-1.86 \tag{11-14}$$

$$[Mg]+[S]=(MgS) \tag{11-15}$$

$$\lg K=\frac{22750}{T}-9.63 \tag{11-16}$$

由式（11-14）和式（11-16）可以看出，温度升高，平衡常数减小，不利于脱硫。特别是对于镁，升高温度，其脱硫能力急剧下降。我们知道铁液温度相对钢液温度低，碳、硅含量高；硫在铁液中的活度系数比在钢液中大，而氧在钢液中的活度远远高于在铁液中的活度。当锰和镁加入钢液中，首先脱氧，只有含氧量极低时，才能脱硫。实际上，锰和镁对钢液无脱硫作用。所以工业中，锰和镁一般只作为铁液的脱硫剂。例如在球墨铸铁生产中，作为球化剂的镁有很强的脱硫作用。

11.3.2 熔渣脱硫

熔渣脱硫是目前铸造和焊接冶金中主要的脱硫方法。它是利用熔渣中的 CaO、CaC_2、MnO、MgO 等进行脱硫，其脱硫反应也包括有扩散过程。脱硫的原理与扩散脱氧相似。

液态钢铁中的硫以硫化铁的形态存在，硫化铁也是同时存在于熔渣和液态金属中，能够互相转移。当达到动态平衡时，熔渣中的硫化铁的含量与钢液中硫化铁含量成一定的比例

$$\frac{w_{(FeS)}}{w_{[FeS]}}=L_{FeS}$$

式中，L_{FeS} 为硫的分配系数，它也是温度的函数，一定的温度下它是一个定值。

脱硫的过程是在熔渣中进行的。例如在白渣冶炼条件下（图 11-7），渣中的氧化钙起脱硫作用

$$(CaO)+(FeS)\rightarrow(CaS)+(FeO) \tag{11-17}$$

随着脱硫过程的进行，熔渣中的硫化铁含量逐渐减少，于是钢液中的硫化铁就会自动地往炉渣中扩散转移

$$[FeS]\rightarrow(FeS)$$

这样就达到了脱硫的目的。电石渣脱硫的过程与白渣脱硫过程相似，只是在电石渣下起脱硫作用的不仅有氧化钙，而且还有碳化钙

$$3(FeS)+(CaC_2)+2(CaO)\rightarrow3(CaS)+3[Fe]+2CO$$

影响熔渣脱硫过程的主要因素如下：

（1）熔渣的还原性和碱度　由式（11-17），渣中氧化钙的浓度高和氧化亚铁的浓度低都有利于反应的进行，因此，在还原期中脱硫是有利的。熔渣碱度高也有利于脱硫。

（2）黏度　脱硫存在着传输过程。熔渣黏度小则容易传输，有利于脱硫反应的进行。

(3) 温度 用氧化钙和用碳化钙脱硫，其反应都是吸热反应，因此，温度高有利于脱硫。另外，温度高，熔渣黏度小，扩散快。熔渣熔点与石灰量有关，碱度越高，熔点也越高。当温度高时，可以用高碱度渣脱硫。

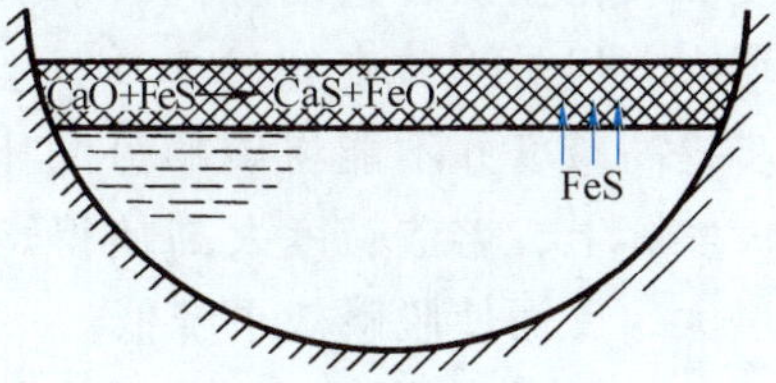

图 11-7 白渣下脱硫过程示意图

(4) 硫的活度 硫的活度大，容易从金属液中析出，有利于脱硫。凡增加硫的活度的因素，例如提高铁液的碳、硅含量，都有利于脱硫。

在脱硫反应中，扩散成为决定整个反应过程快慢的限制性环节。为了进行充分扩散，以使反应达到平衡，需要很长的时间。实际上，脱硫反应在还原期的有限的时间内总是来不及充分进行的。钢液的含硫量总是比与熔渣相平衡的数值高得多。为增加熔渣和金属液两相之间的接触面积，创造有利的动力学条件，常采用炉外脱硫的措施，如在出钢时采取“钢渣混出”的操作方法能够起到进一步脱硫的效果。生产经验表明：在一般的情况下，出钢后的钢液含硫量比临出钢前降低 30%~50%，而这些硫如果是在炉内脱掉时，则需要一个相当长的时间；铸造中铁液大多采用气动脱硫法，即向铁液中吹氮气，使脱硫剂与铁液充分接触，或脱硫剂随氮气吹入铁液中，以提高脱硫效果。

在熔化焊接冶金中，由于焊接过程非常迅速，熔池冶金反应时间很短，因此脱硫过程更加难以进行充分。只有当要求含硫量特别严格时，才利用碱性药皮或碱性焊剂在熔池中造碱度较大、氧化性较弱的熔渣，以提高脱硫能力。但此种措施会降低焊接工艺性能。有效措施是限制焊接熔池中硫的来源。

11.4 液态金属的脱磷

磷在大多数铁基合金中都被认为是有害元素。它在钢中主要以 Fe_2P 和 Fe_3P 的形式存在，它们与铁、镍形成低熔点共晶，如 Fe_3P+Fe（熔点 1050℃），Ni_3P+Fe（熔点 880℃）。磷化铁常分布于晶界，减弱了晶粒之间的结合力，同时它本身硬而脆。因此，当钢中含磷量过多时，将增加材料的冷脆性，即冲击韧性降低，脆性转变温度升高。在含碳量较高的低合金钢和奥氏体钢中，磷也会促使产生热裂纹。因此，除控制一些原材料含磷量以外，应采取冶金脱磷措施降低金属中的含磷量。

铸造与焊接冶金过程中，脱磷反应分为两步：第一步，熔渣中的氧化亚铁将钢液中的磷氧化生成 P_2O_5；第二步，使之与渣中的碱性氧化物生成稳定的磷酸盐。两步合并的反应式为

$$2[Fe_2P]+5(FeO)+4(CaO)\rightarrow((CaO)_4\cdot P_2O_5)+9[Fe]$$

这个反应是放热反应，$\Delta H=-544310J/mol$。

脱磷的有利条件是高碱度和强氧化性的、黏度小的熔渣，以及较大的渣量和较低的温度。

(1) 熔渣的碱度和氧化性 为了促使脱磷反应进行，应造高碱度和强氧化性的熔渣。图 11-8 表明熔渣碱度和渣中氧化亚铁含量对磷在熔渣中和钢液中的分配比值的影响。分配比值越高，表明钢液中的磷转移到熔渣中去得越多，即脱磷效果越好。由图可见，随着熔渣

碱度和氧化亚铁含量的提高，磷分配比值也增大。但是当碱度超过3.0以上时，进一步提高碱度并不能将磷的分配比提得更高。实际上，熔渣碱度太高使得熔渣的黏度增大，反而使脱磷效果降低。

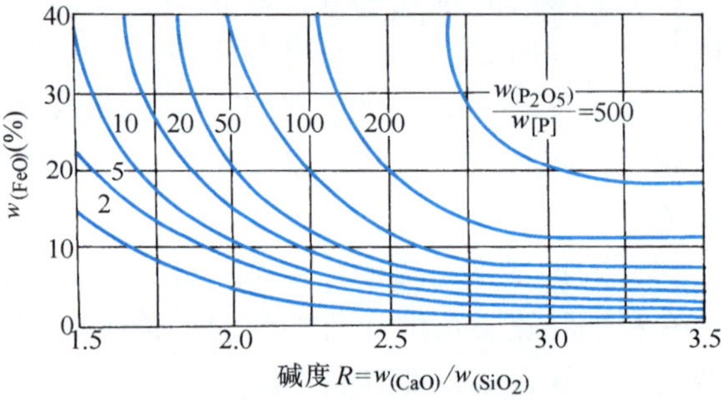

图 11-8　熔渣碱度和氧化亚铁含量对磷在渣及钢液中分配比值的影响

（2）熔渣的黏度　脱磷反应是在熔渣与钢液界面上进行的。随着反应过程的进行，界面处的氧化钙和氧化亚铁因参加反应而消耗，浓度降低，必然会引起远处（渣层上方）的氧化钙和氧化亚铁向界面传输。与此同时，脱磷反应生成物磷酸钙在界面处的浓度增高，必然会由界面向远处（渣层上方）传输。熔渣黏度大时，不利于这些传输过程的进行，因而脱磷效果降低。

（3）温度　脱磷是强放热反应，降低温度有利于反应的进行。但是，只有在高温下才能获得流动性良好的高碱度熔渣，所以温度必须适当，才能有效地脱磷。

（4）渣量　随着脱磷反应的进行，熔渣中的磷酸钙浓度逐渐增大，这对于进一步脱磷来说是起阻碍作用的。熔渣的量越大，磷酸钙浓度的增长越慢，熔渣中能够吸收的磷量也越多。因此，渣量大是有利于脱磷的。当然造渣量也不能过多，因为造渣需要消耗大量的热，使耗电量增加，冶炼时间延长。

综上所述可以看出，碱性电弧炉炼钢中，在熔化期形成的初期渣虽然碱度不高，但由于FeO含量高，流动性好，加之炉温低，所以大部分磷在熔化期即被氧化进入渣中。熔化期结束时，这种含有大量磷的熔渣应当扒掉，另造新渣。进入还原期后，渣中FeO含量相当低，炉温又高，脱磷非但不能进行，如果含磷的氧化渣没有扒净，反而会出现“返磷现象”。碱性冲天炉中，由于渣的碱度和氧化能力不高，脱磷效果不佳。酸性冲天炉内，磷即使在氧化带被氧化，但因熔渣碱度相当低，渣中的磷又重新回到铁液内，所以铸铁熔化过程中，含磷量基本上没有变化。焊接熔渣中，其碱度因受焊接工艺性能的制约，不可能很大，同时碱性渣不允许含有较多的FeO，否则会使焊缝增氧，不利于脱硫，甚至产生气孔，所以焊接冶金中碱性渣的脱磷效果不理想。要控制焊缝含磷量，主要是严格限制焊接材料中的含磷量。

思考与练习

1. 何谓沉淀脱氧？试述生产中常用的几种沉淀脱氧反应。
2. 试述铸造与焊接冶金工艺中常用的脱氧方式及特点。
3. 从冶金反应动力学角度分析熔渣黏度过大或过小所带来的问题。
4. 综合分析熔渣的碱度对脱氧、脱磷、脱硫的影响。
5. 试述熔渣脱硫的原理及影响因素。
6. 熔炼超低碳合金钢时应采取怎样的工艺措施？
7. 磷在钢中有何危害？试述影响脱磷的几种因素。

第 12 章　焊接热影响区的组织与性能

熔焊时在高温热源的作用下，靠近焊缝两侧的一定范围内发生组织和性能变化的区域称为“热影响区”（Heat Affect Zone），或称“近缝区”（Near Weld Zone）。焊接接头主要是由焊缝和热影响区两大部分组成，其间存在一个过渡区，称为熔合区，如图 12-1 所示。因此要保证焊接接头的质量，就必须使焊缝和热影响区的组织与性能同时都达到要求。随着各种高强钢、不锈钢、耐热钢以及一些特种材料（如铝合金、钛合金、镍合金、复合材料和陶瓷等）在生产中不断使用，焊接热影响区存在的问题显得更加复杂，已成为焊接接头的薄弱地带。因此，许多国家研究工作者对焊接热影响区都给以很大的重视。

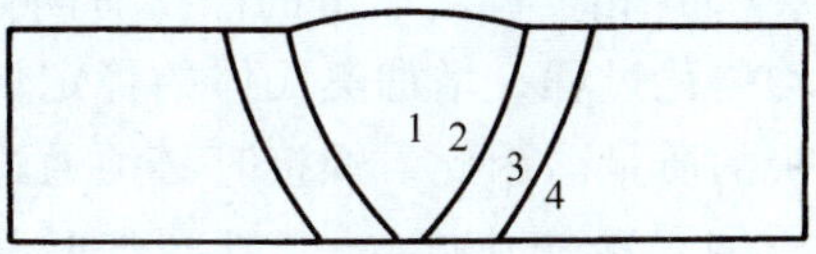

图 12-1　焊接接头示意图

1—焊缝　2—熔合区　3—热影响区

4—未变化的母材

12.1　焊接热循环

12.1.1　研究焊接热循环的意义

在焊接热源的作用下，焊件上某点的温度随时间的变化过程称为焊接热循环。前面所述的焊接温度场反映了某瞬时焊接接头中各点的温度分布状态，而焊接热循环是反映焊接接头中某点温度随时间的变化规律，也描述了焊接过程中热源对焊件金属的热作用。图 12-2 所示为低合金钢焊条电弧焊时焊件上不同点的焊接热循环曲线。离焊缝越近的点其加热速度越大，加热的峰值温度越高，冷却速度也越大。但加热速度远大于冷却速度。对于整个焊接接头来说，焊接中的加热和冷却是不均匀的，这种不均匀的热过程将引起接头组织和性能的不均匀变化以及复杂的应力状态。因此，研究焊接热循环的意义为：①找出最佳的焊接热循环；②用工艺手段改善焊接热循环；③预测焊接应力分布及改善热影响区组织与性能。

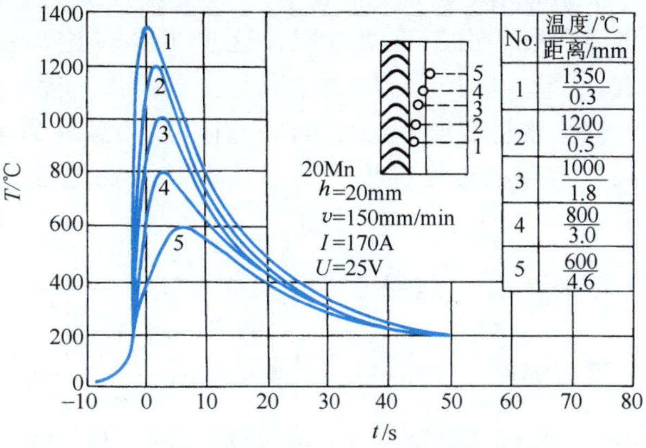

图 12-2　低合金钢堆焊焊缝邻近各点的焊接热循环

12.1.2　焊接热循环的参数及特征

决定焊接热循环特征的主要参数有以下四个：

（1）加热速度 ω_H　焊接热源的集中程度较高，引起焊接时的加热速度增加，较快的加热速度将使相变过程进行的程度不充分，从而影响接头的组织和力学性能。不同的焊接方法、工艺因素和焊件材料等将影响加热速度的大小。

（2）最高加热温度 T_{max}　也称为峰值温度。距焊缝远近不同的点，加热的最高温度不同。焊接过程中的高温使焊缝附近的金属发生晶粒长大和重结晶，从而改变母材的组织与性能。研究加热的最高温度可以间接地判断焊件产生内应力的情况和塑性变形区的范围，对于了解热影响区组织性能变化的规律具有重要意义。

（3）相变温度以上的停留时间 t_H　在相变温度 T_H 以上停留时间越长，越有利于奥氏体的均匀化过程，增加奥氏体的稳定性。但同时易使晶粒长大，引起接头脆化现象，从而降低接头的质量。因此，焊接时必须通过不同途径来防止粗晶脆化现象。

（4）冷却速度 ω_C（或冷却时间 $t_{8/5}$）　冷却速度是决定焊接热影响区组织和性能的重要参数之一。对低合金钢来说，熔合线附近冷却到 540℃ 左右的瞬时冷却速度是最重要的参数。也可采用某一温度范围内的冷却时间来表征冷却的快慢，如 800～500℃ 的冷却时间 $t_{8/5}$，800～300℃ 的冷却时间 $t_{8/3}$，以及从峰值温度冷至 100℃ 的冷却时间 t_{100}。

总之，焊接热循环具有加热速度快、峰值温度高、冷却速度大和相变温度以上停留时间不易控制的特点（图 12-3），这些都会直接影响焊缝两侧附近母材的组织和性能的变化，即形成焊接热影响区。

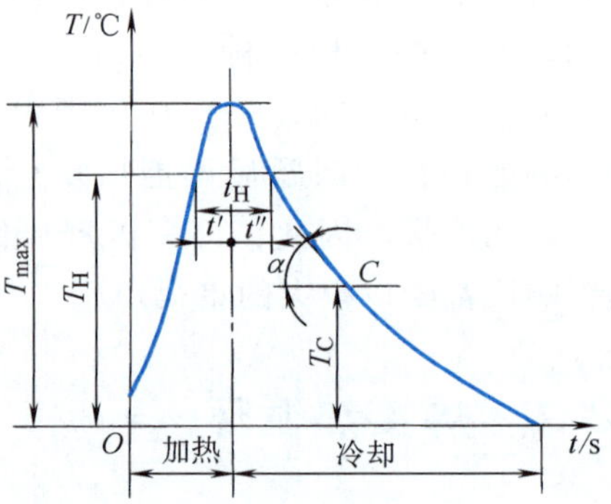

图 12-3　焊接热循环的特征

12.1.3　焊接热循环参数的计算及其影响因素

根据焊接传热理论，配合一些实验数据，利用数学模型可以计算出焊接热循环的几个重要参数。由于篇幅有限，这里主要讨论焊接热源高速运动时厚板和薄板的热循环参数。

（1）峰值温度 T_{max} 的计算　当焊接热源高速运动时，假定热只能横向传播，在沿 x 方向认为不存在温度梯度，则焊件上某点的温度随时间的变化如式（12-1）和式（12-2）所示

厚板焊件（点热源）
$$T - T_0 = \frac{E}{2\pi\lambda t}\exp\left(-\frac{R^2}{4at}\right) \tag{12-1}$$

薄板焊件（线热源）
$$T - T_0 = \frac{E/\delta}{2(\pi\lambda c\rho t)^{1/2}}\exp\left(-\frac{y^2}{4at}\right) \tag{12-2}$$

式中，E 为焊接热输入（J/m）；R 为厚焊件上某点距热源运行轴线的垂直距离（m），$R=\sqrt{y^2+z^2}$；y 为薄板上某点距热源运行轴线的垂直距离（m），其余符号意义参见第 3 章。以上二式未考虑表面散热的影响。

当 $\partial T/\partial t=0$ 时，即可求得最高温度 T_{max}

点热源（厚板）
$$T_{max} = T_0 + \frac{0.234E}{c\rho R^2} \tag{12-3}$$

线热源（薄板）

$$T_{\max}=T_0+\frac{0.242E/\delta}{c\rho y} \tag{12-4}$$

由式（12-3）和式（12-4）可看出，当 E 一定时，焊件上某点离开热源轴心距离越远，最高温度 $T_{\max}$ 越低；而对焊件上某一定点，随着热输入 E 的提高，其 $T_{\max}$ 增高，显然焊接热影响区的宽度增大。另外峰值温度的高低还受焊件热物理性质的影响。例如其他条件相同时，不锈钢的热影响区宽度大于低碳钢。

（2）在相变温度以上的停留时间 t_{H} 的计算　靠近焊缝附近区域晶粒最易长大，研究其高温停留时间对于控制热影响组织性能具有重要意义。以焊缝中心点代替焊缝边界点，则高温 T_{H} 停留时间 t_{H} 的计算表达式为

点热源（厚板）

$$t_{\mathrm{H}}=\frac{E}{2\pi\lambda(T_{\mathrm{H}}-T_0)} \tag{12-5}$$

线热源（薄板）

$$t_{\mathrm{H}}=\frac{(E/\delta)^2}{2\pi\lambda c\rho(T_{\mathrm{H}}-T_0)^2} \tag{12-6}$$

由上式可以看出，在其他条件不变的情况下，提高热输入 E，高温停留时间 t_{H} 延长，也就是说发生粗晶脆化的可能性增大。提高初始温度 T_0（预热温度），也会延长高温停留时间 t_{H}。但对其影响较小，实际生产中，一般可以不考虑。

（3）冷却速度 ω_{C} 和冷却时间的计算　试验证明，焊缝与熔合区的冷却速度几乎相同，因此可以计算焊缝冷却速度。利用式（12-1）和式（12-2），令 $R=0$，$y=0$，求 t_{C} 时的瞬时冷却速度 $\omega_{\mathrm{C}}=\partial T/\partial t$，推导整理

厚板

$$\omega_{\mathrm{C}}=2\pi\lambda\frac{(T_{\mathrm{C}}-T_0)^2}{E} \tag{12-7}$$

薄板

$$\omega_{\mathrm{C}}=2\pi\lambda c\rho\frac{(T_{\mathrm{C}}-T_0)^3}{(E/\delta)^2} \tag{12-8}$$

冷却时间为

厚板

$$t_{8/5}=\frac{E}{2\pi\lambda}\left[\frac{1}{500-T_0}-\frac{1}{800-T_0}\right] \tag{12-9}$$

薄板

$$t_{8/5}=\frac{(E/\delta)^2}{4\pi\lambda c\rho}\left[\frac{1}{(500-T_0)^2}-\frac{1}{(800-T_0)^2}\right] \tag{12-10}$$

从上式可以分析，不管是厚板和薄板，其冷却速度 ω_{C} 随着热输入 E 和初始温度 T_0 的提高而降低，冷却时间随着热输入 E 和初始温度 T_0 的提高而延长。但它们各自的贡献不一样。实际生产中，综合考虑其他因素，主要是通过提高初始温度即预热温度来降低冷却速度，延长 $t_{8/5}$ 时间，达到改善热影响区组织与性能的目的。同时母材的热物理性质也影响冷却速度和冷却时间。当然焊件的形状、尺寸、接头的形式、焊道的长度及层数都会影响焊接热循环参数，这里不作详述。

总之，焊接热循环是焊接接头经受热作用的过程。焊缝两侧各部位所经历的热循环不同，决定了其组织性能的非均匀性，特别是熔合区和粗晶区是焊接接头的薄弱环节。因此焊接热循环对于接头的组织、力学性能以及应力变形等的影响都是十分重要的。

12.2　焊接热循环条件下的金属组织转变特点

焊接条件下热影响区的组织转变与热处理条件下的组织转变相比，其基本原理是相同的。但由于焊接过程的特殊性，使焊接条件下的组织转变又具有与热处理不同的特点。对于低合金高强钢来说，钢的固态相变规律仍是分析焊接热影响区组织转变的基础。

12.2.1　焊接过程的特殊性

焊接热过程概括起来有以下六个特点：

（1）加热温度高　一般热处理时加热温度最高在 Ac_3 以上 100~200℃，而焊接时加热温度远超过 Ac_3，在熔合线附近温度可达 1350~1400℃。

（2）加热速度快　焊接时由于采用的热源强烈集中，故加热速度比热处理时要快得多，往往超过几十倍甚至几百倍。

（3）高温停留时间短　焊接时由于热循环的特点，在 Ac_3 以上保温的时间很短（一般焊条电弧焊为 4~20s，埋弧焊时为 30~100s），而在热处理时可以根据需要任意控制保温时间。

（4）自然条件下连续冷却　在热处理时，可以根据需要来控制冷却速度或在冷却过程中不同阶段进行保温。然而在焊接时，一般都是在自然条件下连续冷却，个别情况下才进行焊后保温或焊后热处理。

（5）加热的局部性和移动性　将产生不均匀相变及应变。

（6）在应力状态下进行组织转变。

综合上述，焊接条件下热影响区的组织转变必然有它本身的特殊性。

12.2.2　焊接加热过程的组织转变

焊接过程的快速加热，首先将使各种金属的相变温度比起等温转变时大有提高。从大量的试验结果表明，加热速度越快，不仅被焊金属的相变点 Ac_1 和 Ac_3 提高幅度增大，而且 Ac_1 和 Ac_3 之间的间隔也越大，如图 12-4 和表 12-1 所示。由表 12-1 可以看出，钢中含有较多的碳化物形成元素（Cr、W、Mo、V、Ti、Nb 等）时，随着加热速度的提高，对相变点 Ac_1 和 Ac_3 的影响更为明显（如 18Cr2WV）。这是因为碳化物形成元素的扩散速度很小（仅为碳的 1/1000~1/10000），同时它们本身还阻碍碳的扩散，因而大大地减慢了奥氏体的转变过程。加热速度除对相变温度有影响外，还影响奥氏体的形成过程。特别是对奥氏体的均质化过程有着重要的影响。由于奥氏体的均质化过程属于扩散过程，因此加热速度快，相变点以上停留时间短，不利于扩散过程的进行，从而均质化的程度很差。这一过程必然影响冷却过程的组织转变。由图 12-4 可以看出，不含强碳化物形成元素的 45 钢，奥氏体晶粒开始长大温度低，高温区晶粒粗大。而含强碳化物形成元素的 40Cr 钢，因强碳化物分解温度较高，碳化物的存在会阻碍奥氏体晶粒长大，只有当强碳化物完全被溶解于奥氏体中，这种阻碍才消失，所以含强碳化物形成元素的钢其奥氏体开始长大的温度相对要高。

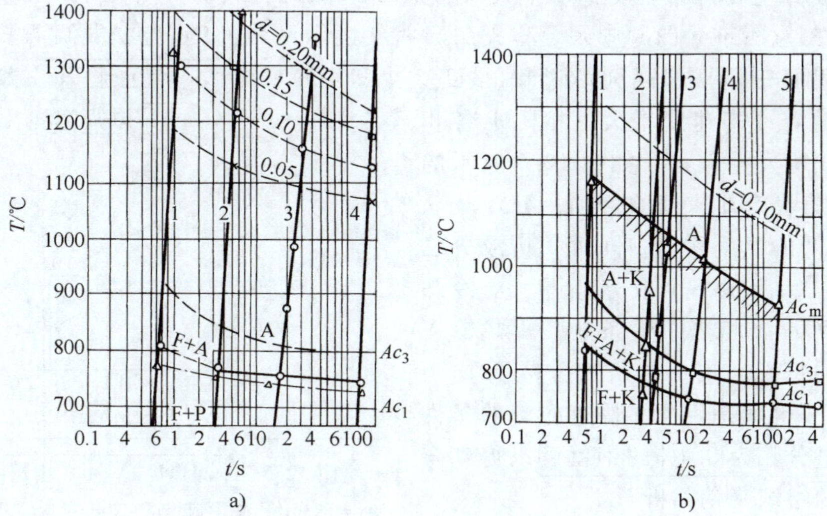

图 12-4　焊接快速加热对 Ac_1、Ac_3 和晶粒长大的影响

a）45 钢（ω_H：1—1400℃/s；2—270℃/s；3—35℃/s；4—7.5℃/s）

b）40Cr（ω_H：1—1600℃/s；2—300℃/s；3—150℃/s；4—42℃/s；5—7.2℃/s）

d—晶粒的平均直径　A—奥氏体　P—珠光体　F—铁素体　K—碳化物

表 12-1　加热速度对相变点 Ac_1 和 Ac_3 及其温度变化差值的影响

钢种	相变点	平衡状态/℃	非平衡状态/℃				非平衡状态下 Ac_1 和 Ac_3 变化差值/℃		
			加热速度 ω_H/℃·s^{-1}				加热速度 ω_H/℃·s^{-1}		
			6~8	40~50	250~300	1400~1700	40~50	250~300	1400~1700
45	Ac_1	730	770	775	790	840	45	60	110
	Ac_3	770	820	835	860	950	65	90	180
40Cr	Ac_1	740	735	750	770	840	15	35	105
	Ac_3	780	775	800	850	940	25	75	165
23Mn	Ac_1	735	750	770	785	830	35	50	95
	Ac_3	830	810	850	890	940	40	80	130
30CrMnSi	Ac_1	740	740	775	825	920	35	85	180
	Ac_3	820	790	835	890	980	45	100	190
18Cr2WV	Ac_1	710	800	860	930	1000	60	130	200
	Ac_3	810	860	930	1020	1120	70	160	260

12.2.3　焊接冷却过程的组织转变

根据材料化学成分和冷却条件的不同，固态相变一般可分为扩散型相变和非扩散型相变，焊接过程中这两种相变都会遇到。焊接条件下的组织转变特点不仅与等温转变不同，也

与热处理条件下的连续冷却组织转变不同，而且在组织成分上比一般热处理条件下更为复杂。

焊接过程属于非平衡热力学过程，在这种情况下，随着冷却速度增大，相图上各相变点和温度线均发生偏移。如图 12-5 所示的 Fe-C 合金，随着冷却速度的增加，Ar_1、Ar_3、A_{cm}等均向更低的温度移动，同时共析成分已经不是一个点，而是一个成分范围。当冷却速度 $\omega_C=30℃/s$（相当于焊条电弧焊热输入为 17kJ/cm 的情况）时，共析成分范围 $w_C=0.4\%\sim0.8\%$。也就是说，在快速冷却的条件下，碳的质量分数为 0.4% 的钢就可以得到全部为珠光体的组织（伪共析）。

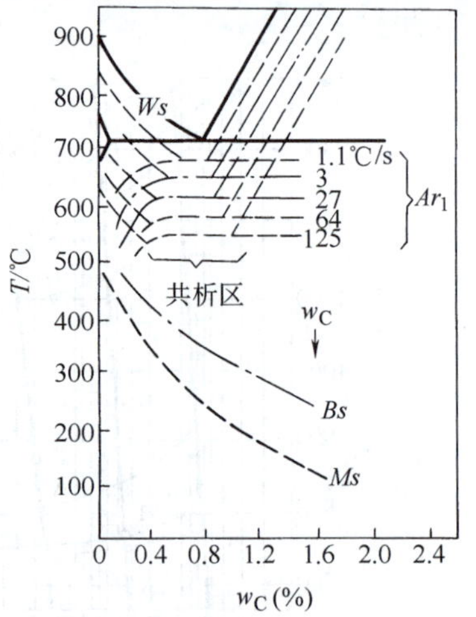

图 12-5 冷却速度对 Fe-C 相图的影响

Ar_1—珠光体开始形成温度 Bs—贝氏体开始形成温度

Ms—马氏体开始形成温度 Ws—魏氏组织开始形成温度

钢中除碳之外，尚有多种合金元素（如 Mn、Si、Cr、Ni、Mo、V、Nb、Ti、B、Re 等），它们对相图的影响也十分复杂。当冷却速度增加到一定程度之后，珠光体转变将被抑制，发生贝氏体或马氏体转变。

应当指出，在焊接连续冷却条件下，过冷奥氏体转变并不按平衡条件进行，如珠光体的成分，由 $w_C=0.77\%$而变成一个成分范围，形成伪共析组织。此外，贝氏体、马氏体也都是处在非平衡条件下的组织，种类繁多。这与焊接时快速加热、高温、连续冷却等因素有关。

通过进行焊接热模拟试验，研究各种材料热影响区的组织转变，建立“模拟焊接热影响区连续冷却组织转变图 SH-CCT”技术资料数据库，可以比较方便地预测焊接热影响区的组织和性能，同时也能作为选择焊接热输入、预热温度和制订焊接工艺的依据。有关典型钢种的连续冷却转变图及组织的变化可参阅有关焊接手册。

12.3 焊接热影响区的组织与性能分析

12.3.1 焊接热影响区的组织分布

根据钢的热处理特性，把焊接用钢分为两类，一类是淬火倾向很小的钢种，如低碳钢和某些低合金钢，称为不易淬火钢；另一类是淬硬倾向较大的钢种，如中碳钢，低、中碳调质合金钢等，称为易淬火钢。由于淬火倾向不同，这两类钢的焊接热影响区组织也不同。

1. 不易淬火钢的热影响区组织

在一般的熔焊条件下，不易淬火钢按照热影响区中不同部位加热的最高温度及组织特征，可分为以下四个区，如图 12-6 所示。

（1）熔合区　焊缝与母材之间的过渡区域，常称为熔合区（亦称半熔化区）。该区的范围很窄，常常只有几个晶粒。熔合区最大的特征是具有明显的化学成分不均匀性，从而引起组织、性能上的不均匀性，所以对焊接接头的强度、韧性都有很大的影响。在许多情况下，熔合区常常成为焊接接头最薄弱的部位，是产生裂纹、脆性破坏的发源地。

（2）**过热区（粗晶区）**　加热温度在固相线以下到晶粒开始急剧长大温度（约为1100℃）范围内的区域叫过热区。由于金属处于过热的状态，奥氏体晶粒发生严重的粗化，冷却之后便得到粗大的组织，并极易出现脆性的魏氏组织，故该区的塑性、韧性较差。焊接刚度较大的结构时，常在过热粗晶区产生脆化或裂纹。过热区的大小与焊接方法、焊接热输入和母材的板厚等有关。**过热区与熔合区一样，都是焊接接头的薄弱环节。**

（3）**相变重结晶区（正火区或细晶区）**　该区的母材金属被加热到 Ac_3 至1100℃左右温度范围，其中铁素体和珠光体将发生重结晶，全部转变为奥氏体。形成的奥氏体晶粒尺寸小于原铁素体和珠光体，然后在空气中冷却就会得到均匀而细小的珠光体和铁素体，相当于热处理时的正火组织，故亦称正火区。由于组织细密，此区的塑性和韧性均较好，是热影响区中组织性能最佳的区段。

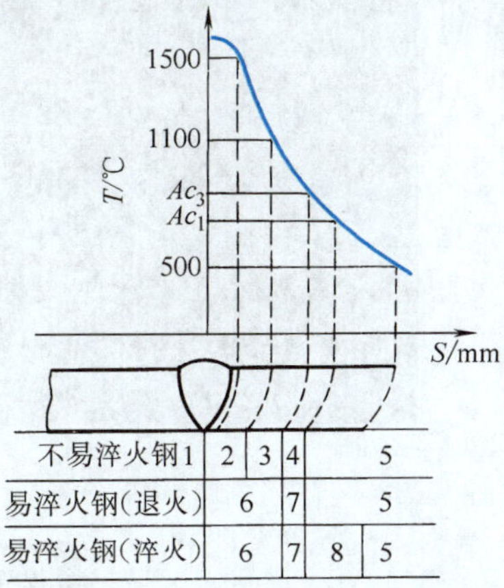

图 12-6　焊接热影响区的分布特征
1—熔合区　2—过热区　3—相变重结晶区
4—不完全重结晶区　5—未变化的母材
6—淬火区　7—部分淬火区　8—回火区

（4）**不完全重结晶区**　焊接时处于 $Ac_1 \sim Ac_3$ 范围内的热影响区属于不完全重结晶区。因为在 $Ac_1 \sim Ac_3$ 范围内只有一部分组织发生了相变重结晶过程，成为晶粒细小的铁素体和珠光体，而另一部分是始终未能溶入奥氏体的剩余铁素体。由于未经重结晶仍保留粗大晶粒，所以此区特点是晶粒大小不一，组织不均匀，因此力学性能也不均匀。

图 12-7 所示为 Q235 钢热影响区的组织金相图。

对于低碳钢和一些淬硬倾向较小的钢，除了过热区的组织以外，其他部位的热影响区组织基本相同。低碳钢的过热区主要是魏氏组织，而不易淬火的低合金钢由于合金元素 Mn 的加入，使过热区还出现少量粒状贝氏体。某些不易淬火的低合金钢则由于过热区加热温度高，除 Mn 以外，还有部分 Ti 的碳化物、氮化物溶入奥氏体，提高了奥氏体的稳定性，因此过热区全部获得粒状贝氏体组织。

必须指出，热影响区的组织变化除取决于母材的化学成分外，还受板厚、接头形式以及焊接方法与规范等因素的影响，因此需根据具体情况分析。

2. 易淬火钢热影响区的组织

焊接淬硬倾向较大的钢种，如低碳调质钢（18MnMoNb）、中碳钢（45 钢）和中碳调质高强钢（30CrMnSi）等，其焊接热影响区的组织分布与母材焊前热处理状态有关。如母材焊前是正火状态或退火状态，则焊后热影响区可分为：

（1）**完全淬火区**　焊接时热影响区处于 Ac_3 以上的区域，与不易淬火钢的过热区和正火区相对应。加热时铁素体和珠光体全部转变为奥氏体。由于这类钢的淬硬倾向较大，焊后冷却时很容易得到淬火组织（马氏体），故称完全淬火区。在紧靠焊缝相当于低碳钢过热区的部位，由于晶粒严重粗化，故得到粗大的马氏体，如图 12-8a 所示。而相当于正火区的部位则得到细小的马氏体，如图 12-8b 所示。但在实际焊接接头中，由于焊接用钢一般淬硬性不会太高，并在实际施焊时注意选择恰当的加热规范，加之该处的奥氏体均匀性差，故出现贝

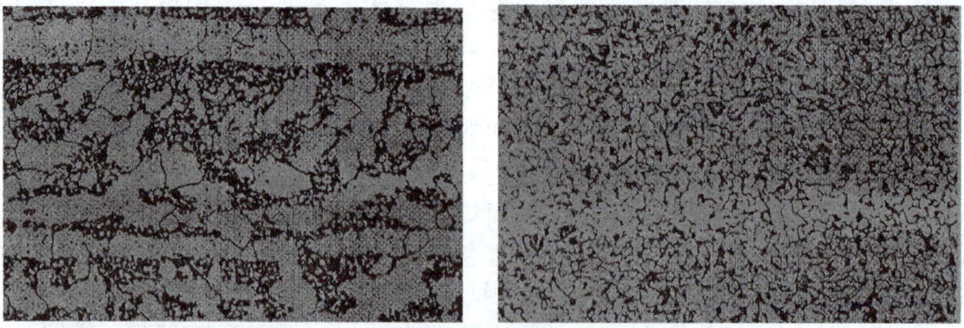

a)　　　　　　　　b)

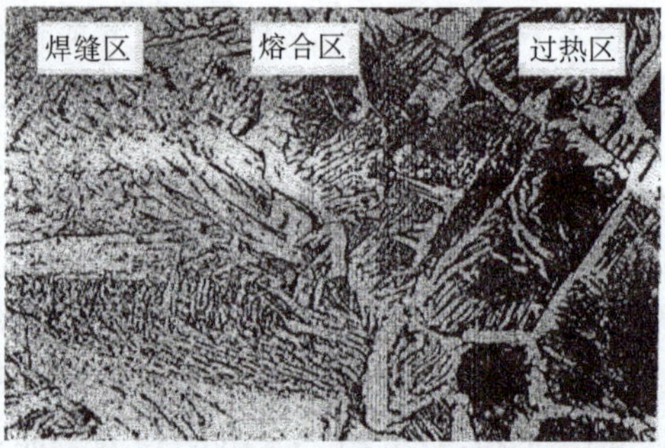

c)

图 12-7　Q235 钢板埋弧焊热影响区各部位组织 200×

a）不完全重结晶区　b）重结晶区　c）过热区、熔合区、焊缝区

氏体、索氏体等正火组织的可能性更大，从而形成了与马氏体共存的混合组织。

a)　　　　　　　　b)

图 12-8　低碳调质钢焊条电弧焊完全淬火区组织 400×

a）过热区（粗大马氏体）　b）细晶区（细小马氏体）

（2）不完全淬火区　母材被加热到 $Ac_1 \sim Ac_3$ 温度之间的热影响区，在快速加热条件下，铁素体很少溶入奥氏体，而珠光体、贝氏体、索氏体等转变为奥氏体。在随后快冷时，奥氏体转变为马氏体，原铁素体保持不变，并有不同程度的长大，最后形成马氏体加铁素体的混合组织，故称不完全淬火区。如含碳量和合金元素含量不高或冷却速度较小时，奥氏体也可

能转变成索氏体或珠光体。

(3) 回火软化区　如果母材焊前是调质状态，焊接热影响区的组织分布除存在完全淬火区和不完全淬火区外，还存在一个回火软化区。在回火区内组织和性能发生变化的程度取决于焊前调质的回火温度。如焊前调质时的回火温度为 T_t，那么低于此温度的部位，其组织性能不发生变化，而高于此温度的部位，组织性能将发生变化，出现软化现象；若焊前为淬火态，则可获得不同的回火组织。紧靠 Ac_1 的部位，相当于瞬时高温回火，故得到回火索氏体。而离焊缝较远的区域，由于温度较低则相应获得回火马氏体。由此可知，热影响区的组织和性能不仅与母材的化学成分有关，同时也与焊前的热处理状态有关。

总之，焊接热影响区的组织分布是不均匀的，其中近缝区常是影响接头性能的关键部位，是整个焊接接头的薄弱地带。

以上所讨论的焊接热影响区组织特征，仅仅是一般的情况，实际上由于各种因素的影响可能出现某些特殊问题，这就要根据母材和施焊的具体条件进行分析。

12.3.2　焊接热影响区的性能

根据前面的讨论可以知道，焊接热影响区的组织分布是不均匀的，因而在性能上也不均匀。焊接热影响区与焊缝不同，焊缝可以通过化学成分的调整再配合适当的焊接工艺来保证性能的要求。而热影响区性能不可能进行成分上的调整，它是在焊接热循环作用下才产生的不均匀性问题。对于一般焊接结构来讲，主要考虑热影响区的硬化、脆化、韧化、软化，以及综合的力学性能、耐蚀性能和疲劳性能等，这要根据焊接结构的具体使用要求来决定。

1. 焊接热影响区的硬化

焊接热影响区的硬度主要取决于被焊钢种的化学成分和冷却条件，其实质是反映不同金相组织的性能。由于硬度试验比较方便，因此，常用热影响区的最高硬度 H_{max} 判断热影响区的性能，它可以间接预测热影响区的韧性、脆性和抗裂性等。工程中已把热影响区的 H_{max} 作为评定焊接性的重要指标。应当指出，即使同一组织也有不同的硬度，这与钢的含碳量以及合金成分有关。例如高碳马氏体的硬度可达 600HV，而低碳马氏体只有 350~390HV。同时二者在性能上也有很大不同，前者属脆硬相（孪晶马氏体），后者硬度虽高，但仍有较好的韧性。

(1) 化学成分的影响　热影响区的硬化倾向从根本上说取决于母材的化学成分，焊接工艺条件只是能否出现硬化的外界因素。首先是含碳量，它显著影响奥氏体的稳定性，对硬化倾向影响最大。含碳量越高，越容易得到马氏体组织。但马氏体数量增多并不意味着硬度一定大。马氏体的硬度随含碳量的增高而增大。

合金元素的影响与其所处的形态有关。溶于奥氏体时提高淬硬性（和淬透性）；而形成未溶碳化物、氮化物时，则可能成为非马氏体相变产物非均匀形核的核心，从而细化晶粒，导致淬硬性下降。

碳当量（Carbon Equivalent）反映钢中化学成分对硬化程度的影响，它是把钢中合金元素（包括碳）按其对淬硬性（包括冷裂、脆化等）的影响程度折合成碳的相当含量。世界各国根据具体情况建立了许多碳当量公式。实践证明，这些碳当量公式对于解决本国的工程实际问题起到了良好的作用。

在 20 世纪 40~50 年代，当时钢材以 C-Mn 强化为主，为评定这类钢的焊接性，先后建立了许多碳当量公式，其中以国际焊接学会推荐的 $CE_{(IIW)}$ 和日本焊接协会的 $Ceq_{(WES)}$ 公式应用较广。这两个公式为

$$CE_{(IIW)} = w_C + \frac{w_{Mn}}{6} + \frac{w_{Cu+Ni}}{15} + \frac{w_{Cr+Mo+V}}{5} \tag{12-11}$$

$$Ceq_{(WES)} = w_C + \frac{w_{Mn}}{6} + \frac{w_{Si}}{24} + \frac{w_{Ni}}{40} + \frac{w_{Cr}}{5} + \frac{w_{Mo}}{4} + \frac{w_V}{14} \tag{12-12}$$

式（12-11）主要适用于中等强度的非调质低合金钢（$\sigma_b = 400 \sim 700\text{MPa}$）；式（12-12）主要适用于强度级别较高的低合金高强钢（$\sigma_b = 500 \sim 1000\text{MPa}$），调质和非调质的钢均可应用。根据文献报道，这两个公式均适用于碳的质量分数为 0.180%以上的钢种；而碳的质量分数在 0.170%以下时，不可采用式（12-11）和式（12-12），这是根据试验条件和统计的精度而确定的。

20 世纪 60 年代以后，为改进钢的焊接性，世界各国大力发展了低碳微量多合金元素的低合金高强钢。在这种情况下，采用式（12-11）和式（12-12）已不适用。为此，日本的伊藤等人采用 Y 形坡口对接裂纹试验对 200 多个低合金钢进行研究，建立了 P_{cm} 公式

$$P_{cm} = w_C + \frac{w_{Si}}{30} + \frac{w_{Mn+Cu+Cr}}{20} + \frac{w_{Ni}}{60} + \frac{w_{Mo}}{15} + \frac{w_V}{10} + 5w_B \tag{12-13}$$

式（12-13）主要适用于 $w_C \leqslant 0.17\%$、$\sigma_b = 400 \sim 900\text{MPa}$ 的低合金高强钢。P_{cm} 与 $CE_{(IIW)}$ 之间有如下的关系

$$P_{cm} = \left(\frac{2w_C + CE_{(IIW)}}{3}\right) + 0.005 \tag{12-14}$$

近年来为适应工程上的需要，日本的铃木和百合冈等人通过大量试验，把钢的含碳量范围扩大到 $w_C = 0.034\% \sim 0.254\%$，提出了一个新的碳当量公式

$$CEN = w_C + A(C)\left(\frac{w_{Si}}{24} + \frac{w_{Mn}}{16} + \frac{w_{Cu}}{15} + \frac{w_{Ni}}{20} + \frac{w_{Cr+Mo+V+Nb}}{5} + 5w_B\right)$$

式中，$A(C)$ 为碳的适应系数，$A(C) = 0.75 + 0.25\tanh[20(w_C - 0.12)]$；tanh 是双曲线正切函数。

分析表明，当钢中 $w_C \geqslant 0.180\%$ 时 CEN 近似 $CE_{(IIW)}$；而 $w_C \leqslant 0.17\%$ 时，CEN 则近似于 P_{cm}。它们之间有如下关系

$$CEN = w_C + A(C)[CE_{(IIW)} - w_C + 0.0120] \tag{12-15}$$

$$CEN = w_C + A(C)[3P_{cm} - 3w_C - 0.003] \tag{12-16}$$

综上所述，无论是应用范围，还是评定淬硬倾向的精度，CEN 都比 $CE_{(IIW)}$ 和 $Ceq_{(WES)}$ 精确。

近年来随着冶炼技术水平的提高，已研制出许多新的适合于焊接的低合金高强钢，如 CF 钢、细晶粒钢、TMCP 控轧钢和管线钢等，因而大大提高了这些钢的焊接性。

在评定这些低碳微合金化（Mo、V、Ti、Nb、B 等）的控轧钢和细晶粒钢的淬硬程度

时，必须考虑有效含量。为此，伊藤等对 P_{cm} 又进行了若干改进，提出了新的碳当量公式。在此不再进一步叙述。

总之，随着冶炼技术的不断发展，钢的性能也在不断改进，因而相应的碳当量公式（CE、Ceq、CEN、P_{cm}等）也将不断地完善。

（2）冷却条件的影响　焊接热影响区的冷却条件主要取决于焊接热循环特性。延长 $t_{8/5}$ 时间可以在一定程度上降低 HAZ 的硬化性；不过却增大了高温持续时间 t_H，这样不仅使晶粒粗化，而且易使第二相固溶，且使奥氏体中碳的均匀化程度增高，所有这些又都促使硬化性增大。

在同样冷速条件下，晶粒越粗大，越易于获得马氏体组织。因此应尽可能控制高温持续时间，使 t_H 越短越好。为此，必须减小焊接热输入，并适当降低预热温度。

实验证明，为了减小硬化倾向，应尽可能降低 t_H 值，以减小晶粒粗化，同时又必须保证适当缓慢的冷却条件。

采用热影响区最大硬度 H_{max} 作为一个因子来评价金属的焊接性（包括冷裂纹的敏感性），不仅反映了化学成分的作用，同时也反映了不同组织形态的作用。因此，不少国家结合本国的钢种，在大量实验的基础上建立了硬度计算公式。对于国产低合金钢，作为粗略估算，建立了如下公式

$$H_{max}(HV10) = 140 + 1089P_{cm} - 8.2t_{8/5} \qquad (12\text{-}17)$$

2. 焊接热影响区的脆化

焊接热影响区的脆化常常是引起焊接接头开裂和脆性破坏的主要原因。目前其脆化的形式有粗晶脆化、析出脆化、组织转变脆化、热应变时效脆化、氢脆以及石墨脆化等。下面主要讨论前四种脆化的形成。

（1）粗晶脆化　在热循环的作用下，焊接接头的熔合线附近和过热区将发生晶粒粗化。其晶粒粗化程度受到多种因素的影响，如钢种的化学成分、组织状态、加热温度和时间等。

晶粒长大是晶粒相互吞并、晶界迁移的过程。如果钢中含有碳、氮化物形成元素，就会阻碍晶界迁移，从而可以防止晶粒长大。例如 18CrWV 钢，由于含有 Cr、W、V 等碳化物合金元素，晶粒难以长大，晶粒显著长大温度可高达 1140℃。而不含碳化物元素的 23Mn 和 45 钢，超过 1000℃ 晶粒就显著长大。

晶粒粗大严重影响组织的脆性。一般来讲，晶粒越粗，则脆性转变温度越高。图 12-9 所示为脆性转变温度 VT_{rs} 与晶粒直径 d 的关系。

根据佩奇（N. J. Petch）的研究，晶粒直径 d 与脆性断裂应力 σ_f 存在如下关系

$$\sigma_f = \sigma_{0.2} + Bd^{-1/2} \qquad (12\text{-}18)$$

式中，$\sigma_{0.2}$是在试验温度下单晶体的屈服强度；B 为常数。

应当指出，脆化的程度与粗晶区出现的组织类型有关。对于某些低合金高强钢，希望出现下贝氏体或低碳马氏体，适当降低焊接热输入和提高冷却速度，反而有改善粗晶区韧性的作用，提高抗脆能力。但高碳低合金高强钢与此相反，提

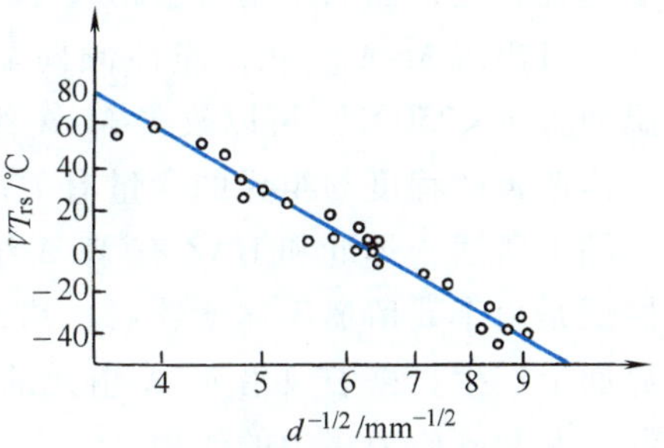

图 12-9　晶粒直径 d 对脆性转变温度 VT_{rs} 的影响

高冷却速度会促使生成孪晶马氏体，使脆性增大。所以，应采用适当提高焊接热输入和降低冷却速度的工艺措施。

HAZ的粗晶脆化与一般单纯晶粒长大所造成的脆化不同，它是在化学成分、组织状态不均匀的非平衡态条件下形成的，故而脆化的程度更为严重。它常常与组织脆化交混在一起，是两种脆化的叠加。但对不同的钢种，粗晶脆化的机制有所不同。对于淬硬倾向较小的钢，粗晶脆化主要是晶粒长大所致，而对于易淬火钢，则主要是由于产生脆性组织所造成（如孪晶马氏体、非平衡态的粒状贝氏体，以及组织遗传等）。

（2）析出脆化　某些金属或合金在焊接过程中，由于经历了快速加热与冷却的作用，其热影响区组织处于非平衡态。在时效或回火过程中，其过饱和固溶体中将析出碳化物、氮化物、金属间化合物及其他亚稳定的中间相等。由于这些新相的析出而使金属或合金的强度、硬度和脆性提高，这种现象称为析出脆化。一般强度和硬度提高并不一定发生脆化（如时效马氏体钢），但发生脆化必然伴随强度和硬度的提高。

析出脆化的机理目前认为是由于析出物出现以后阻碍了位错运动，使塑性变形难以进行，从而使金属的强度和硬度提高，脆性增大。

此外，析出物的形态和尺寸对于脆化也有影响。若析出物以弥散的细颗粒分布于晶内或晶界，将有利于改善韧性。但析出物以块状或沿晶界以薄膜状分布时，就会成为脆化的发源地。

（3）组织脆化　焊接HAZ中由于出现脆硬组织而产生的脆化称之为组织脆化。对于常用的低碳低合金高强钢，焊接HAZ的组织脆化主要是M-A组元、上贝氏体、粗大的魏氏组织等所致。但对含碳量较高的钢（一般 $w_C \geqslant 0.2\%$），则组织脆化主要是高碳马氏体。

M-A组元是焊接高强钢时在一定冷却速度下形成的。它不仅出现在热影响区，也出现在焊缝中。M-A组元是在粗大铁素体的基底上，由于先形成铁素体而使残留奥氏体的碳浓度增高，连续冷却到400~350℃时，残留奥氏体的碳质量分数可达0.5%~0.8%，随后这种高碳奥氏体可转变为高碳马氏体与残留奥氏体的混合物，即M-A组元。

M-A组元的形成温度是在形成上贝氏体的温度范围内。实际上，M-A组元只在生成上贝氏体的冷却条件下才能观察到，冷速太快和太慢都不能产生M-A组元。由于残留奥氏体的碳浓度增高，在较大冷速下会全部转变为片状马氏体（孪晶马氏体）。当冷却速度缓慢时，奥氏体发生分解，转变为铁素体和渗碳体。因此，只有中等的冷速才能形成M-A组元。

除冷却条件之外，影响M-A组元形成的还有合金化程度。合金化程度较高时，奥氏体的稳定性较大，因而不易分解形成M-A组元。

一旦出现M-A组元，脆性倾向显著增加，即脆性转变温度 VT_{rs} 显著升高。实践证明，低温回火（<250℃）可以改善M-A组元的韧性；中温回火（450℃）可改善分解组织的韧性，但改善的程度与组元的含量有关。

综上所述，焊缝和HAZ有M-A组元存在时，对韧性是不利的。根据研究，M-A组元的韧性低是由于残留奥氏体增碳后，易形成孪晶马氏体，夹杂于贝氏体、铁素体板条之间，并在界面上产生显微裂纹沿M-A组元的边界扩展。因此，有M-A组元存在时易成为潜在的裂纹源，并起到应力集中的作用。

有关M-A组元的形成机制及引起脆化的机制尚处于深入研究阶段。

（4）HAZ的热应变时效脆化　在制造过程中要对焊接结构进行一系列冷、热加工，如下料、剪切、冷弯成形、气割和其他热加工等。若由这些加工引起的局部应变、塑性变形的部位在随后又经历焊接热循环作用，由此而引起的脆化称为热应变时效脆化（Hot Straining Embrittlement，HSE）。根据近年来的研究，应变时效脆化大体上可分为两大类：

1）静应变时效脆化。一般把室温或低温下受到预应变后产生的时效现象叫作静应变时效。它的一般特点是强度和硬度普遍升高，而塑性和韧性下降；只有钢中含有碳、氮等自由间隙型原子时才发生静应变时效。

2）动应变时效脆化。一般为在高温下发生的预应变，特别是在200～400℃的预应变。这种在较高温度下承受塑性变形所产生的时效现象称为动应变时效。它比室温下产生的脆化现象更为严重。通常说的“蓝脆性”就属于动应变时效现象。

产生应变时效脆化的原因，主要是由于应变引起位错增殖，碳、氮原子析集到这些位错的周围形成所谓Cottrell气团，对位错产生钉扎和阻塞作用。然而，关于确切的机理尚待进一步研究。

在某些低碳钢和碳锰钢接头中，由于受到焊接热循环的作用，金相组织具有明显的不均匀性，对于产生HSE具备了良好条件。实践证明，明显产生HSE的部位是熔合区和Ar_1以下的亚临界热影响区200～600℃。

一般认为，HSE由动应变时效引起。实际上，焊接接头的HSE往往是静态应变时效和动态应变时效的综合作用的结果。对于无缺口的焊接接头，焊接过程中所产生的热应变一般不超过1%，这时动态应变时效脆化程度不会很大。而静态应变时效脆化的程度取决于钢材在焊前所受到的预应变量以及轧制、弯曲、冲孔、剪切、校直、滚圆等冷作工序。为了衡量钢材在焊接条件下的应变时效脆化程度，工业上常用静态应变时效试验方法，即从母材取样，室温下预拉伸应变5%或10%，在250℃加热0.5～1h，然后制成冲击试样，在室温下进行冲击试验，即时效冲击试验。一般规定，时效冲击韧度应不低于未时效的冲击韧度的50%。

3. 焊接HAZ的韧化

焊接HAZ在组织和性能上是一个非均匀体，特别是熔合区和粗晶区易产生脆化，是整个焊接接头的薄弱地带。因此，应采取措施提高焊接HAZ的韧性。但HAZ的韧性不可能像焊缝那样，利用添加微量合金元素的方法加以调整和改善，而是材质本身所固有的，故只能通过提高材质本身的韧性和某些工艺措施在一定范围内加以改善。根据研究，HAZ的韧化可采用以下两方面的措施：

（1）控制母材成分与组织　对低合金钢，应控制含碳量，使合金元素的体系为低碳微量多种合金元素的强化体系。这样，在焊接的冷却条件下，使HAZ分布有弥散强化质点，在组织上能获得低碳马氏体、下贝氏体和针状铁素体等韧性较好的组织。另外，应尽量控制晶界偏析。

采用微合金化（加入微量Nb、V、Ti）和控制轧制技术达到细化晶粒和沉淀强化相结合的效果，同时从冶炼工艺上采取降碳、降硫、改变夹杂物形态、提高钢的纯度等措施，使钢材组织具有均匀的细晶粒等轴铁素体基体。这类钢具有很高的韧性，其焊接热影响区的韧性也有大幅度提高。

（2）韧化处理　提高焊接HAZ韧性的工艺途径很多。对于一些重要的结构，常采用焊后热处理来改善接头的性能。但是对一些大型而复杂的结构，即使要采用局部热处理也是困难的。

合理制订焊接工艺，正确选择焊接热输入和预热、后热温度是提高焊接韧性的有效措施。

4. 焊接 HAZ 的软化

冷作强化或热处理强化的金属，在焊接热影响区一般均会产生不同程度的失强现象，最典型的是经过调质处理的高强钢和具有沉淀强化及弥散强化的合金，焊后在热影响区产生的软化或失强。冷作强化金属或合金的软化是由再结晶引起的。热影响区软化或失强对焊接接头力学性能的影响相对较小，但却不易控制。

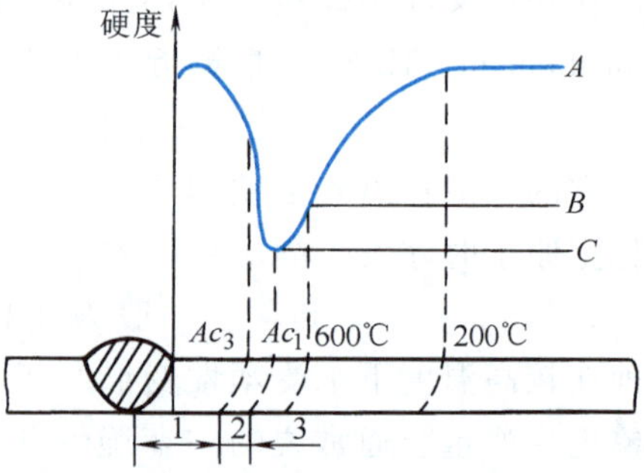

图 12-10　调质钢焊接 HAZ 的硬度分布

A—焊前淬火+低温回火
B—焊前淬火+高温回火
C—焊前退火　1—淬火区
2—部分淬火区　3—回火区

（1）调质钢焊接时 HAZ 的软化　焊接调质钢时，HAZ 的软化程度与母材焊前的热处理状态有关。母材焊前调质处理的回火温度越低（即强化程度越大），则焊后的软化程度越严重，如图 12-10 所示。

应指出，在焊接接头中，软化区只是很窄的一层，并处在强体之间（即硬夹软），它的塑性变形受到相邻强体的拘束，受力时将会产生应变强化的效应。

（2）热处理强化合金焊接的软化　强化合金（如镍合金、铝合金和钛合金等）在焊接 HAZ 会出现强度下降的现象，即所谓“过时效软化”。焊接 6A02（Al-Mg-Si-Cu 合金）时，热影响区温度 300~430℃ 范围内有明显的软化现象，如图 12-11 所示。

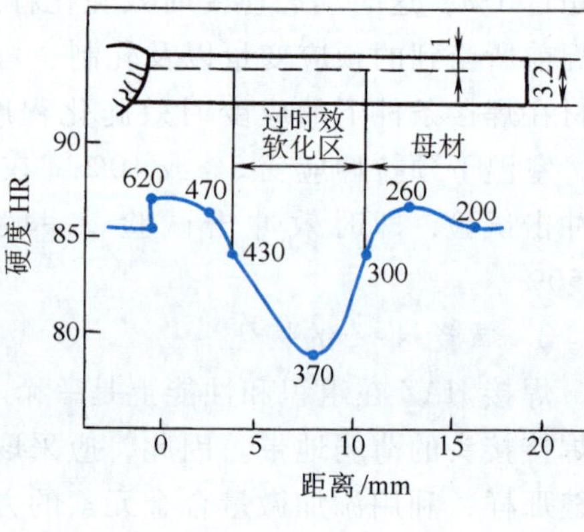

图 12-11　6A02 铝合金 HAZ 的软化现象（HR 为表面洛氏硬度）（自动 TIG 焊）

硬铝 6A02 的时效过程如下：

（SS）⟶G · P（Cu、Mg 原子偏聚）⟶S′（共格 $CuMgAl_2$）⟶S（非共格 $CuMgAl_2$）

这种分解脱溶过程是扩散过程，因而与温度和时间有关。在低温时效时，只能出现偏聚区G · P 或出现过渡相 S′。温度升高会加速这种过程的进行。到 200℃ 以上，就逐步脱溶析出平衡相 S，强化效果减弱；270℃ 以上时很不稳定，恢复到固溶体的软化状态。这种现象一般称为“回归”（Reversion）。370℃ 时，析出相可逐渐溶解于固溶体中，强化效果完全消失，即发生“过时效”。超过 370℃ 的部位，由于处在固溶状态（近饱和），焊后经时效又可强化，故强度回升。

采用小的焊接热输入，进行多层焊，并保持较低的层间温度（如 70℃），则有利于减少强化相的析出聚集，故可降低强化合金焊接 HAZ 的软化倾向。

思考与练习

1. 何谓焊接热循环？焊接热循环的主要特征参数有哪些？

2. 焊接热循环对母材金属近缝区的组织、性能有何影响？怎样利用热循环和其他工艺措施改善 HAZ 的组织性能？

3. 简要说明易淬火钢和不易淬火钢 HAZ 粗晶区的组织特点和对力学性能的影响。

4. 焊接条件下组织转变与热处理条件下组织转变有何不同？

5. 在相同条件下焊接 45 钢和 40Cr 钢，哪一种钢的近缝区淬硬倾向大？为什么？

6. 焊接热影响区的脆化类型有几种？如何防止？

7. 何谓热影响区的热应变时效脆化？在焊接工艺上如何防止？

8. 试述中碳调质钢焊接热影响区软化机制。应如何改善和控制？

9. 如何提高热影响区的韧性？韧化的途径有哪些？

10. 某厂制造大型压力容器，钢材为 14MnMoVN 钢，壁厚 36mm，采用焊条电弧焊：

（1）计算碳当量及 HAZ 最大硬度 H_{max}（$t_{8/5}=4s$）。

（2）根据 H_{max} 来判断是否应预热？

（3）如何把 H_{max} 降至 350HV 以下？

第 13 章　缺陷形成与控制

凝固缺陷是金属在冷却凝固过程中出现的一类缺陷，它们以不同的类型和形态存在于固态金属中，对金属的性能产生不同程度的影响。本章主要介绍偏析、气孔、夹杂、缩孔、缩松和裂纹等重要凝固缺陷的形成机理、影响因素及控制措施。

13.1　合金中的成分偏析

合金在凝固过程中发生的化学成分不均匀现象称为偏析。根据偏析范围的不同，可将偏析分为微观偏析和宏观偏析两大类。微观偏析是指微小范围（约一个晶粒范围）内的化学成分不均匀现象，按位置不同可分为晶内偏析（枝晶偏析）和晶界偏析。宏观偏析是指凝固断面上各部位的化学成分不均匀现象，按其表现形式可分为正常偏析、逆偏析、重力偏析等。

偏析还可根据合金各部位的溶质浓度 C_s 与合金原始平均浓度 C_0 的偏离情况分类。凡 $C_s>C_0$ 者，称为正偏析；$C_s<C_0$ 者，称为负偏析。这种分类对微观偏析和宏观偏析均适用。

微观偏析和宏观偏析主要是由于合金在凝固过程中溶质再分配和扩散不充分引起的。它们对合金的力学性能、切削加工性能、抗裂性能以及耐蚀性等有着程度不同的损害。偏析现象也有有益的一面，如利用偏析现象可以净化或提纯金属等。

13.1.1　微观偏析

1. 晶内偏析

晶内偏析是在一个晶粒内出现的成分不均匀现象，常产生于具有结晶温度范围、能够形成固溶体的合金中。

在实际生产条件下，由于冷却速度较快，扩散过程来不及充分进行，因而固溶体合金凝固后，每个晶粒内的成分将是不均匀的。对于溶质分配系数 $k_0<1$ 的固溶体合金，晶粒内先结晶部分含溶质较少，后结晶部分含溶质较多。这种成分不均匀性就是晶内偏析。固溶体合金按树枝晶方式生长时，先结晶的枝干与后结晶的分枝也存在着成分差异。这种在树枝晶内出现的成分不均匀现象又称为枝晶偏析。

晶内偏析程度取决于合金相图的形状、偏析元素的扩散能力和冷却条件。

1）合金相图上液相线和固相线间隔越大，则先、后结晶部分的成分差别越大，晶内偏析越严重。如青铜（Cu-Sn 合金）结晶的成分间隔和温度间隔都比较大，故偏析严重。

2）偏析元素在固溶体中的扩散能力越小，晶内偏析倾向就越大。如硅在钢中的扩散能力大于磷，故硅的偏析程度小于磷。

3）在其他条件相同时，冷却速度越快，则实际结晶温度越低，原子扩散能力越小，晶内偏析越严重。但另一方面，随着冷却速度的增加，固溶体晶粒细化，晶内偏析程度减轻。因此，冷却速度的影响应视具体情况而定。

晶内偏析程度一般用偏析系数 $|1-k_0|$ 来衡量。$|1-k_0|$ 值越大，固相和液相的浓度差越大，晶内偏析越严重。表 13-1 列出了不同元素在铁中的偏析系数。

表 13-1　不同元素在铁中的偏析系数

元素	P	S	B	C	V	Ti	Mo	Mn	Ni	Si	Cr
元素质量分数(%)	0.01~0.03	0.01~0.04	0.002~0.10	0.3~1.0	0.5~4.0	0.2~1.2	1.0~4.0	1.0~2.5	1.0~4.5	1.0~3.0	1.0~8.0
偏析系数 $\|1-k_0\|$	0.94	0.90	0.87	0.74	0.62	0.53	0.51	0.86	0.65	0.35	0.34

晶内偏析的存在使晶粒内部成分不均匀，导致合金的力学性能降低，特别是塑性和韧性降低。此外，晶内偏析还会引起合金化学性能不均匀，使合金的耐蚀性下降。

晶内偏析是一种不平衡状态，在热力学上是不稳定的。如果采取一定的工艺措施使溶质充分扩散，就能消除晶内偏析。生产上常采用均匀化退火来消除晶内偏析，即将合金加热到低于固相线 100～200℃ 的温度，进行长时间保温，使偏析元素进行充分扩散，以达到均匀化的目的。

2. 晶界偏析

在合金凝固过程中，溶质元素和非金属夹杂物常富集于晶界，使晶界与晶内的化学成分出现差异，这种成分不均匀现象称为晶界偏析。晶界偏析的产生一般有两种情况，如图 13-1 所示。

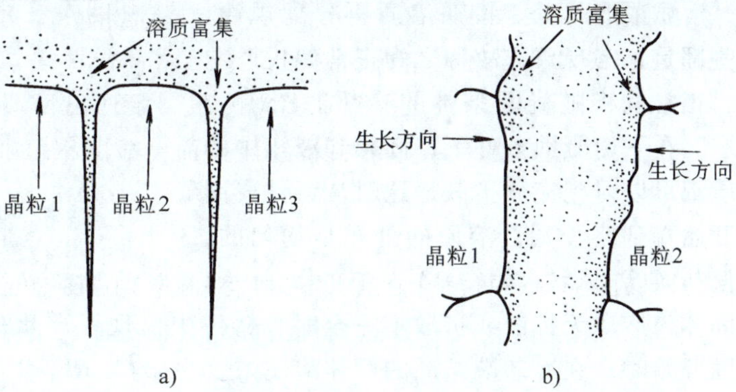

图 13-1　晶界偏析形成示意图

a）晶界平行于晶体生长方向形成的晶界偏析　b）晶粒相碰形成的晶界偏析

1）两个晶粒并排生长，晶界平行于晶体生长方向。由于表面张力平衡条件的要求，在晶界与液相的接触处出现凹槽（图 13-1a），此处有利于溶质原子的富集，凝固后就形成了晶界偏析。

2）两个晶粒相对生长，彼此相遇而形成晶界（图 13-1b）。晶粒结晶时所排出的溶质（$k_0<1$）富集于固-液界面，其他的低熔点物质也可能被排出在固-液界面。这样，在最后凝固的晶界部分将含有较多的溶质和其他低熔点物质，从而造成晶界偏析。

固溶体合金凝固时，若成分过冷不大，会出现一种胞状结构。这种结构由一系列平行的棒状晶体组成，沿凝固方向长大，呈六方断面。当 $k_0<1$ 时，六方断面的晶界处将富集溶质元素，如图 13-2 所示。这种偏析又称为胞状偏析。实质上，胞状偏析属于亚晶界偏析。

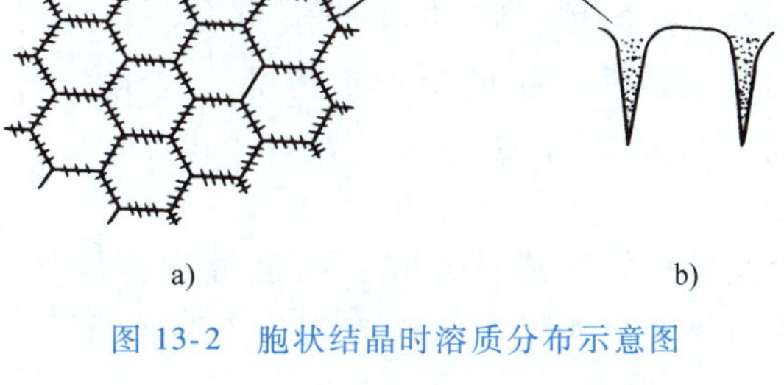

图 13-2　胞状结晶时溶质分布示意图

晶界偏析比晶内偏析的危害性更大，

它既能降低合金的塑性和高温性能，又能增加热裂倾向，因此必须加以防止。生产中预防和消除晶界偏析的方法与晶内偏析所采用的措施相同，即细化晶粒、均匀化退火。但对于氧化物和硫化物引起的晶界偏析，即使均匀化退火也无法消除，必须从减少合金中氧和硫的含量入手。

13.1.2　宏观偏析

1. 正常偏析

铸造合金一般从与铸型壁相接触的表面层开始凝固。当合金的溶质分配系数 $k_0<1$ 时，凝固界面的液相中将有一部分溶质被排出，随着温度的降低，溶质的浓度将逐渐增加，越是后来结晶的固相，溶质浓度越高。当 $k_0>1$ 时则与此相反，越是后来结晶的固相，溶质浓度越低。按照溶质再分配规律，这些都是正常现象，故称之为正常偏析。

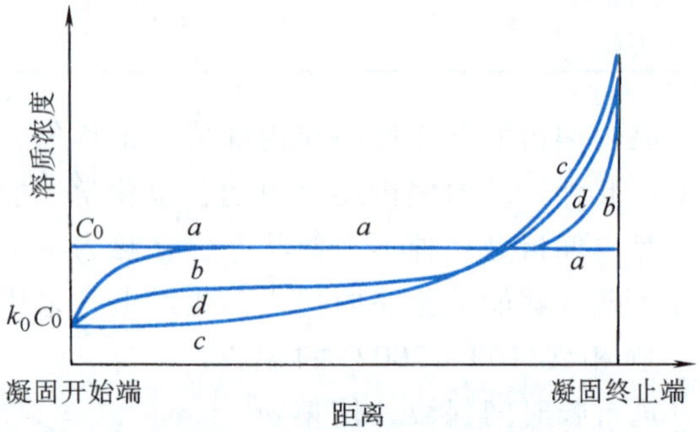

图 13-3　单向凝固时铸件内溶质的分布

a—平衡凝固　*b*—固体无扩散而液体有扩散
c—固体无扩散而液体完全混合
d—固体有若干扩散而液体部分混合

正常偏析随凝固条件的变化如图 13-3 所示。在平衡凝固条件下，固相和液相中的溶质都可以得到充分扩散，这时从铸件凝固的开始端到终止端，溶质的分布是均匀的，无偏析现象发生，如图 13-3 中的 *a* 所示。当固体内溶质无扩散或扩散不完全时，铸件中出现了严重偏析，如图 13-3 中的 *b*～*d* 所示。凝固开始时，在冷却端结晶的固体溶质浓度为 k_0C_0（$k_0<1$），随后结晶出的固相中溶质浓度逐渐增加，而在最后凝固端的凝固界面附近，固相溶质的浓度急剧上升。

正常偏析随着溶质偏析系数 $|1-k_0|$ 的增大而增大。但对于偏析系数较大的合金，当溶质含量较高时，合金倾向于体积凝固，正常偏析反而减轻，甚至不产生正常偏析。

正常偏析的存在使铸件性能不均匀，在随后的加工和处理过程中也难以根本消除，故应采取适当措施加以控制。

利用溶质的正常偏析现象，可以对金属进行精炼提纯。“区熔法”就是利用正常偏析的规律发展起来的。

2. 逆偏析

铸件凝固后常出现与正常偏析相反的情况，即 $k_0<1$ 时，铸件表面或底部含溶质元素较多，而中心部位或上部含溶质较少，这种现象称为逆偏析。图 13-4 所示为 $w_{Cu}=4.7\%$ 的铝合金铸件产生的逆偏析情况。逆偏析会降低铸件的力学性能、气密性和切削加工性能。

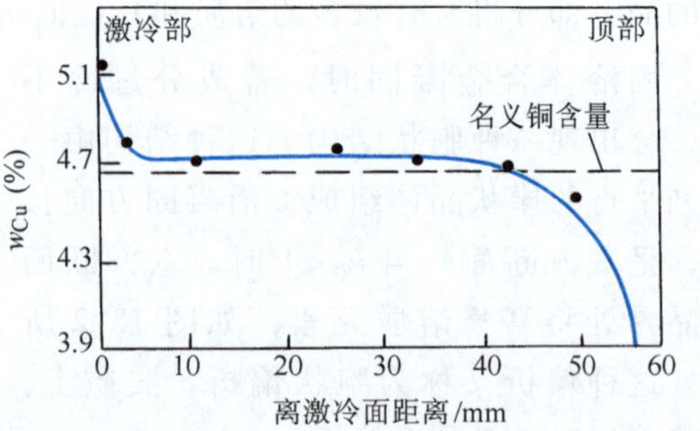

图 13-4　Al-4.7%Cu 合金铸件的逆偏析

逆偏析的形成特点是：结晶温度范围宽的固溶体合金和粗大的树枝晶易产生逆偏析，

缓慢冷却时逆偏析程度增加。若液态合金中溶解有较多的气体，则在凝固过程中将促进逆偏析的形成。

逆偏析的形成原因在于结晶温度范围宽的固溶体型合金在缓慢凝固时易形成粗大的树枝晶，枝晶相互交错，枝晶间富集着低熔点相，当铸件产生体收缩时，低熔点相将沿着树枝晶间向外移动。

向合金中添加细化晶粒的元素，减少合金的含气量，有助于减少或防止逆偏析的形成。

3. V 形偏析和逆 V 形偏析

V 形偏析和逆 V 形偏析常出现在大型铸锭中，一般呈锥形，偏析带中含有较高的碳以及硫和磷等杂质。图 13-5 所示为 V 形和逆 V 形偏析产生部位示意图。关于 V 形和逆 V 形偏析的形成机理，目前尚无统一的解释，概括起来有以下几点：

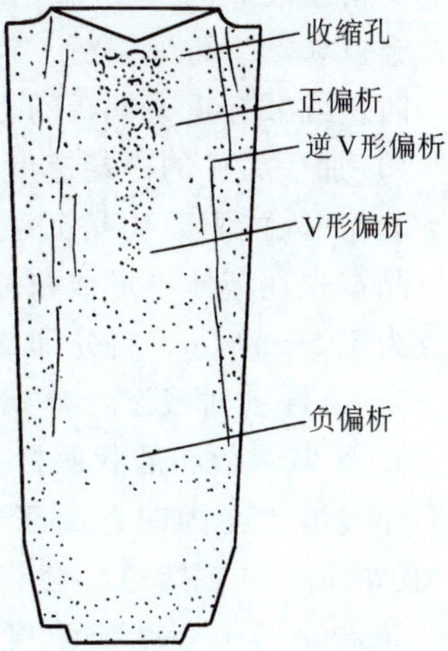

图 13-5 铸锭产生 V 形和逆 V 形偏析部位示意图

Нехендзи Ю. А. 认为，固-液界面偏析元素的富集将阻碍晶粒的生长，出现周期性结晶。并且认为，金属在液态时，由于密度的差异，已开始产生偏析。由于结晶沉淀，在铸锭的下半部形成低于平均成分的负偏析区，上半部则形成高于平均成分的正偏析区。

大野认为，铸锭凝固初期，晶粒从型壁或固-液界面脱落沉淀，堆积在下部，凝固后期堆积层收缩下沉对 V 形偏析起着重要作用。铸锭在凝固过程中，由于结晶堆积层的中央下部收缩下沉，上部不能同时下沉，就会在堆积层上方产生 V 形裂纹，V 形裂纹被富溶质的液相填充，便形成 V 形偏析。

铃木等认为，逆 V 形偏析的形成是由于密度小的溶质浓化液沿固-液界面上升所引起的。另一种观点认为，当铸锭中央部分在凝固过程中下沉时，侧面向斜下方产生拉应力，从而在其上部形成逆 V 形裂缝，并被低熔点物质所填充，最终形成逆 V 形偏析带。

降低铸锭的冷却速度则枝晶粗大，液体沿枝晶间的流动阻力减小，促进富集液的流动，均会增加形成 V 形和逆 V 形偏析的倾向。

4. 带状偏析

带状偏析常出现在铸锭或厚壁铸件中，有时是连续的，有时则是间断的。带状偏析的形成特点是它总是和凝固的液-固界面相平行。

带状偏析的形成是由于固-液界面前沿液相中存在溶质富集层且晶体生长速度发生变化的缘故。以单向凝固的合金（$k_0<1$）为例，当晶体生长速度突然增大时，会出现溶质富集带（正偏析）；当生长速度突然减小时，会出现溶质贫乏带（负偏析）。如果液相中溶质能完全混合（即存在对流和搅拌），则生长速度的波动不会造成带状偏析。

溶质的偏析系数越大，带状偏析越容易形成。减少溶质的含量，采取孕育措施细化晶粒，加强固-液界面前的对流和搅拌，均有利于防止或减少带状偏析的形成。

5. 重力偏析

重力偏析是由于重力作用而出现的化学成分不均匀现象，通常产生于金属凝固前和刚刚开始凝固之际。当共存的液体和固体或互不相溶的液相之间存在密度差时，将会产生重力偏析。例如，Cu-Pb 合金在液态时由于组元密度不同存在分层现象，上部为密度较小的 Cu，下部为密度较大的 Pb，凝固前即使进行充分搅拌，凝固后也难免形成重力偏析。Sn-Sb 轴承合金也易产生重力偏析，铸件上部富 Sb，下部富 Sn。

防止或减轻重力偏析的方法有以下几种：

1）加快铸件的冷却速度，缩短合金处于液相的时间，使初生相来不及上浮或下沉。

2）加入能阻碍初晶沉浮的合金元素。例如，在 Cu-Pb 合金中加少量 Ni，能使 Cu 固溶体枝晶首先在液体中形成枝晶骨架，从而阻止 Pb 下沉。再如向 Pb-17%Sn 合金中加入质量分数为 1.5%的 Cu，首先形成 Cu-Pb 骨架，也可以减轻或消除重力偏析。

3）浇注前对液态合金充分搅拌，并尽量降低合金的浇注温度和浇注速度。

6. 区域偏析和层状偏析

焊接熔池凝固时，由于柱状晶体的不断长大和固-液界面的向前推进，会将溶质或杂质赶向焊缝中心，导致焊缝中心杂质浓度较高。当焊接速度较大时，成长的柱状晶最后都会在焊缝中心相遇，致使凝固后的焊缝中心附近出现严重的区域偏析（图 13-6）。此时在应力作用下，焊缝极易产生纵向裂纹。

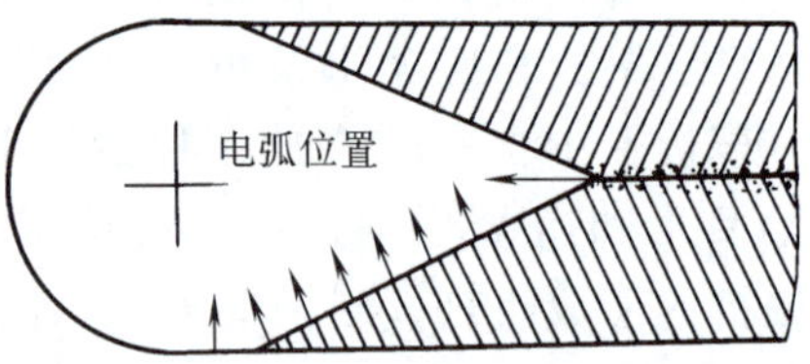

图 13-6　快速焊时焊缝的区域偏析

层状偏析是由于热的周期性作用而引起的一种化学成分不均匀现象。焊缝金属结晶时放出的结晶潜热和熔滴过渡时热能输入的周期性变化，使结晶前沿液态金属的冷却速度快慢不同。当冷却速度较慢时，固-液界面液相中的溶质和杂质可以通过扩散而减轻偏析程度；当冷却速度很快时，液态金属还没来得及均匀化就已凝固，造成了溶质和杂质较多的结晶层。如此快冷与慢冷交替出现，便形成了如图 13-7 所示的层状偏析。

层状偏析是不连续的具有一定宽度的链状偏析带，带中常集中一些有害元素（碳、硫、磷等），并常常出现气孔等缺陷（图 13-8）。层状偏析也会使焊缝的力学性能不均匀，耐蚀性下降以及断裂韧度降低等。

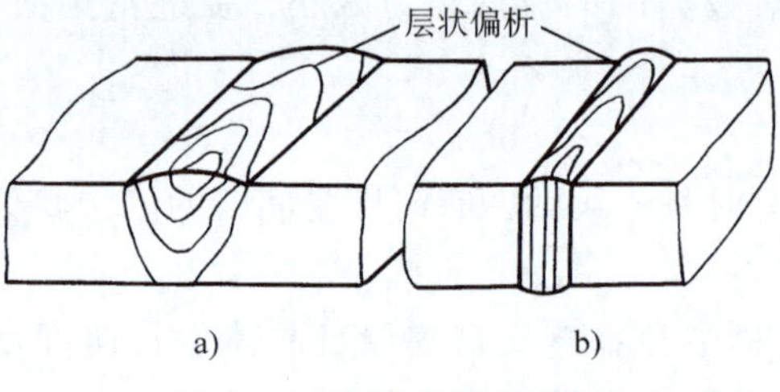

图 13-7　焊缝的层状偏析

a）焊条电弧焊　b）电子束焊

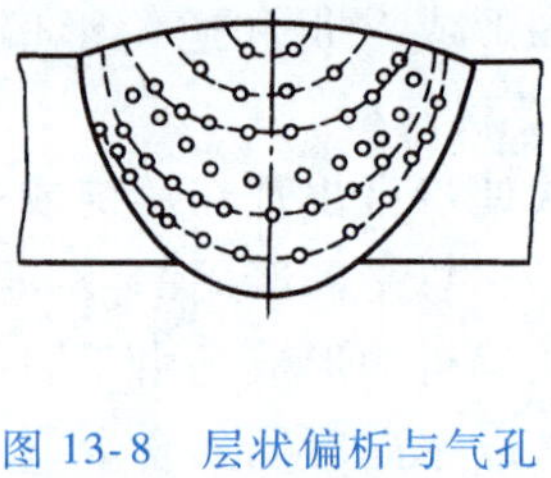

图 13-8　层状偏析与气孔

7. 焊接熔合区的化学成分不均匀

熔合区是整个焊接接头的薄弱部位，其性能下降的主要原因在于该区域存在严重的化学成分不均匀性。

熔合区位于焊缝和母材的交界处，是焊缝与母材之间的过渡区，其宽度取决于材料的液-固温度范围、被焊材料本身的热物理性质和组织状态。一般电弧焊条件下，碳钢和低合金钢熔合区的宽度为 0.133~0.50mm，奥氏体钢熔合区的宽度则为 0.06~0.12mm。

熔合区处固-液界面附近溶质的浓度分布与该元素在固、液相中的扩散系数和分配系数有关。焊接条件下，元素在熔合区的扩散转移非常激烈，特别是硫、磷、碳、硼、氧和氮等。采用放射性同位素（S^{35}）研究的熔合区中硫的分布如图 13-9 所示。由图可见，硫在熔合区的分布是跳跃式的。图 13-10 所示为异种钢接头熔合区中碳的分布示意图。可以看出，在实际熔合线（焊缝边界）处碳的浓度发生突变是由于碳的迁移，母材一侧出现脱碳层，而焊缝一侧出现增碳层。

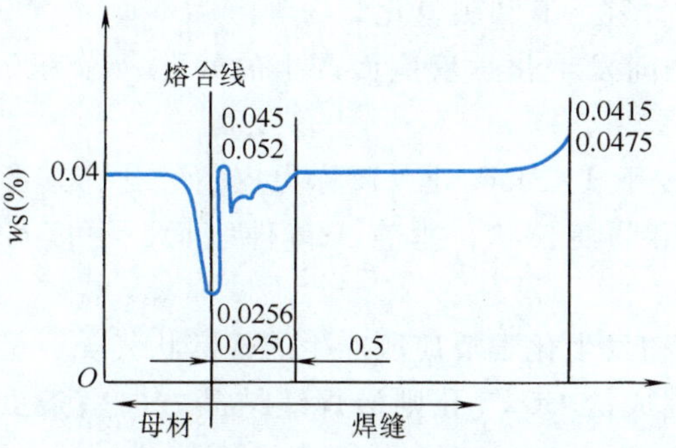

图 13-9 熔合区中硫的分布

注：上面数字 E = 11.76kJ/cm

下面数字 E = 23.94kJ/cm

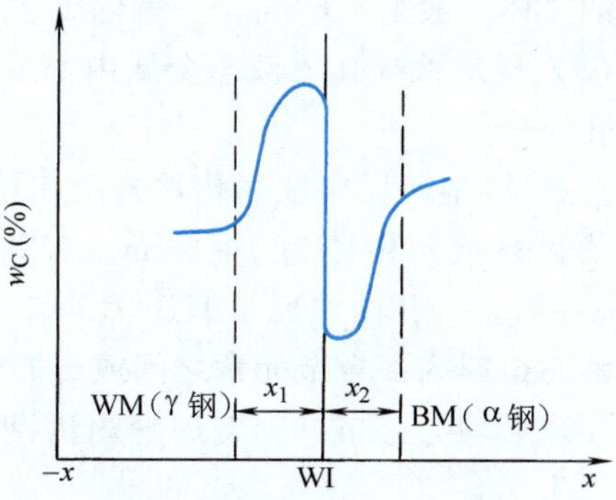

图 13-10 异种钢接头熔合区中碳的分布示意图

WI—实际熔合线 BM—母材金属

WM—焊缝金属

x_1—增碳层宽度 x_2—脱碳层宽度

可见，熔合区存在着严重的化学成分不均匀性，同时还存在着物理不均匀性。因此，熔合区在组织和性能上也是不均匀的，从而成为焊接接头的薄弱部位，并引起了越来越广泛的重视。

13.2 气孔与夹杂

13.2.1 气孔

1. 气孔的分类及特征

气体在金属中的含量超过其溶解度，或侵入的气体不被金属溶解时，会以分子状态的气泡存在于液态金属中。若凝固前气泡来不及排出，就会在金属内形成孔洞。这种因气体分子聚集而产生的孔洞称为气孔。

金属中的气孔按气体来源不同可分为析出性气孔、侵入性气孔和反应性气孔；按气体种类不同可分为氢气孔、氮气孔和一氧化碳气孔等。

（1）析出性气孔 液态金属在冷却凝固过程中，因气体溶解度下降，析出的气体来不及逸出而产生的气孔称为析出性气孔。这类气孔主要是氢气孔和氮气孔。

析出性气孔通常分布在铸件的整个断面或某一局部区域，尤其在冒口附近和热节等温度较高的区域分布比较密集。气孔形状有团球形、裂纹多角形、断续裂纹状或混合型。当金属含气量较少时，呈裂纹状；而含气量较多时，气孔较大，呈团球形。

焊缝金属产生的析出性气孔多数出现在焊缝表面。氢气孔的断面形状如同螺钉状，从焊缝表面上看呈喇叭口形，气孔四周有光滑的内壁。氮气孔一般成堆出现，形似蜂窝。焊接铝、镁合金时，析出性气孔（如氢气孔）有时也会出现在焊缝内部。

（2）侵入性气孔 铸型和型芯等在液态金属高温作用下产生的气体侵入金属内部所形成的气孔，称为侵入性气孔。其特征是数量较少，体积较大，孔壁光滑，表面有氧化色，常出现在铸件表层或近表层。形状多呈梨形、椭圆形或圆形，梨尖一般指向气体侵入的方向。侵入的气体一般是水蒸气、一氧化碳、二氧化碳、氢、氮和碳氢化合物等。

（3）反应性气孔 液态金属内部或与铸型之间发生化学反应而产生的气孔，称为反应性气孔。

金属-铸型间反应性气孔常分布在铸件表面皮下 1~3mm 处，通称为皮下气孔，其形状有球状和梨状，孔径为 1~3mm。有些皮下气孔呈细长状，垂直于铸件表面，深度可达 10mm 左右。气孔内主要是 H_2、CO 和 N_2 等。

液态金属内部合金元素之间或与非金属夹杂物发生化学反应所产生的蜂窝状气孔，呈梨形或团球形均匀分布。碳钢焊缝内因冶金反应生成的 CO 气孔则沿焊缝结晶方向呈条虫状分布。

气孔是铸件或焊件最常见的缺陷之一。气孔的存在不仅能减小金属的有效承载面积，而且使局部造成应力集中，成为零件断裂的裂纹源。一些形状不规则的气孔则会增加缺口敏感性，使金属的强度下降和抗疲劳能力降低。

2. 气体的析出

气体从金属中析出有三种形式：①扩散逸出；②与金属内的某元素形成化合物；③以气泡形式从液态金属中逸出。气体以扩散方式析出只有在非常缓慢冷却的条件下才能充分进行，实际生产条件下往往难以实现。

气体以气泡形式析出的过程由三个相互联系而又彼此不同的阶段所组成，即气泡的生核、长大和上浮。

（1）气泡的生核 液态金属中存在过饱和的气体是气泡生核的重要条件。但在极纯的液态金属中，即使溶解有过饱和的气体，气泡自发生核的可能性也很小，因为自发生核需要消耗巨大的能量。然而，在实际生产条件下，液态金属内部通常存在大量的现成表面（如未熔的固相质点，熔渣和枝晶的表面），这为气泡生核创造了有利条件。

气泡依附于现成表面生核所需的能量 E 为

$$E=-(p_h-p_L)V+\sigma A\left[1-\frac{A_\alpha}{A}(1-\cos\theta)\right] \tag{13-1}$$

式中，p_h 是气泡内气体的压力；p_L 是液体对气泡的压力；V 是气泡核的体积；σ 是相间张力；A 是气泡核的表面积；A_α 是吸附力的作用面积；θ 是润湿角。

由式（13-1）可知，A_α/A 值升高时，生核所需能量减少。可以认为，A_α/A 值最大的地方是气泡最有可能生核之处。相邻枝晶间的凹陷部位 A_α/A 值最大，故该处最易产生气泡核。此外，A_α/A 值一定时，θ 角越大，形成气泡核所需能量越小，气泡越易生核。

（2）气泡的长大 气泡生核后要继续长大。气体向气泡内析出的热力学条件是气体自金属中的析出压力大于气泡内该气体的分压。故气泡长大需满足下列条件

$$p_h>p_0 \tag{13-2}$$

式中，p_h 是气泡内各气体分压的总和；p_0 是气泡所受的外部压力总和。

$$p_h = p_{H_2} + p_{N_2} + p_{CO} + p_{CO_2} + p_{H_2O} + \cdots$$

阻碍气泡长大的外界压力 p_0 由大气压 p_a、金属静压力 p_b 和表面张力所构成的附加压力 p_c 组成，即

$$p_0 = p_a + p_b + p_c = p_a + p_b + \frac{2\sigma}{r}$$

式中，σ 是液态金属的表面张力；r 是气泡半径。

气泡刚刚形成时体积很小（即 r 小），附加压力 $2\sigma/r$ 很大。在这样大的附加压力下，气泡难以长大。但在现成表面生核的气泡不是球形，而是椭球形，因此可以有较大的曲率半径，降低了附加压力 $2\sigma/r$ 值，有利于气泡长大。

（3）气泡的上浮　气泡形核后，经短暂的长大过程即脱离其依附的表面而上浮。

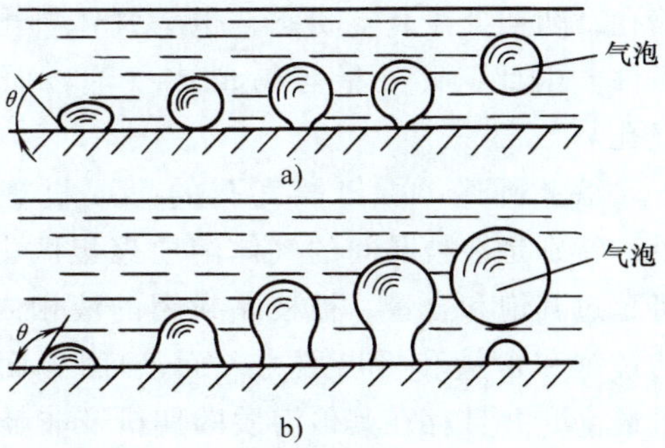

图 13-11　气泡脱离现成表面示意图

a）$\theta<90°$　b）$\theta>90°$

气泡脱离现成表面的过程如图 13-11 所示。由图可见，当润湿角 $\theta<90°$时，气泡尚未长到很大尺寸便完全脱离现成表面（图 13-11a）。当$\theta>90°$时，气泡长大过程中有细颈出现，当气泡脱离现成表面时，会残留一个透镜状的气泡核，它可以作为新的气泡核心（图 13-11b）。由于形成细颈需要时间，所以在结晶速度较大的情况下，气体可能来不及逸出而形成气孔。可见，$\theta<90°$时有利于气泡上浮逸出。

气泡在上浮过程中将不断吸收扩散来的气体，或与其他气泡相碰而合并，致使气泡不断长大，上浮速度也不断加快。

气泡的上浮速度与气泡半径、液态金属的密度和黏度等因素有关。气泡的半径越小，液态金属的密度越小、黏度越大，气泡上浮速度就越小。若气泡上浮速度小于结晶速度，气泡就会滞留在凝固金属中而形成气孔。

3. 气孔的形成机理

（1）析出性气孔的形成机理　如前所述，液态金属含气量较多时，随着温度下降溶解度降低，气体析出压力增大，当大于外界压力时便形成气泡，气泡如来不及浮出液面，便残留在金属中形成气孔。当液态金属含气量较低，甚至低于凝固温度下液相中的溶解度时，也可能产生气孔。这些现象均可用溶质再分配理论加以解释。

金属凝固过程中，假定液相中的气体溶质只存在有限扩散，无对流、搅拌作用，而固相中气体溶质的扩散忽略不计，则固-液界面前沿液相中气体溶质的分布可用下式来描述，即

$$C_L = C_0\left[1 + \frac{1 - k_0}{k_0}\exp\left(-\frac{Rx}{D}\right)\right] \tag{13-3}$$

式中，C_L 是固-液界面前沿液相中气体的含量；C_0 是凝固前金属液中气体的含量；k_0 是气体溶质平衡分配系数；D 是气体在金属液中的扩散系数；R 是凝固速度；x 是离液-固界面处的距离。

根据式（13-3），金属凝固时气体溶质在液相中的含量分布如图 13-12 所示。可见，即使金属中气体的原始含量 C_0 小于饱和含量 S_L，由于金属凝固时存在溶质再分配，在某一时

刻，固-液界面处液相中所富集的气体溶质含量也会大于饱和含量而析出气体。

晶间液体中气体的含量随着凝固的进行不断增大，且在枝晶根部附近其含量最高，具有很大的析出动力。同时，枝晶间也富集着其他溶质及非金属夹杂物，为气泡生核提供衬底；液态金属凝固收缩形成的缩孔，初期处于真空状态，也为气体析出创造了有利条件。因此，此处最容易形成气泡，而成为析出性气孔。

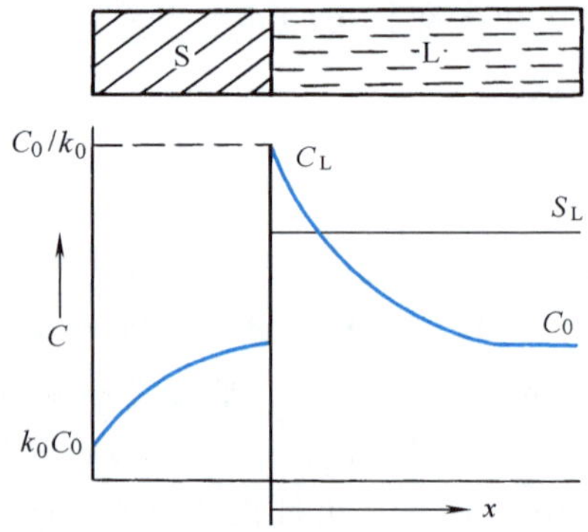

图 13-12　稳定生长阶段界面前气体溶质分布

综上所述，析出性气孔的形成机理为：结晶前沿，特别是在枝晶间的气体溶质聚集区中，气体含量将超过其饱和含量，被枝晶封闭的液相内则具有更大的过饱和含量和析出压力，而液-固界面处气体的含量最高，并且存在其他溶质的偏析及非金属夹杂物，当枝晶间产生收缩时，该处极易析出气泡，且气泡很难排出，从而保留下来形成气孔。

（2）侵入性气孔的形成机理　侵入性气孔主要是由铸型或砂芯在液态金属高温作用下产生的气体侵入到液态金属内部形成的。气孔的形成过程如图 13-13 所示，可大致分为气体侵入液态金属（图 13-13a~c）和气泡的形成与上浮（图 13-13d、e）两个阶段。

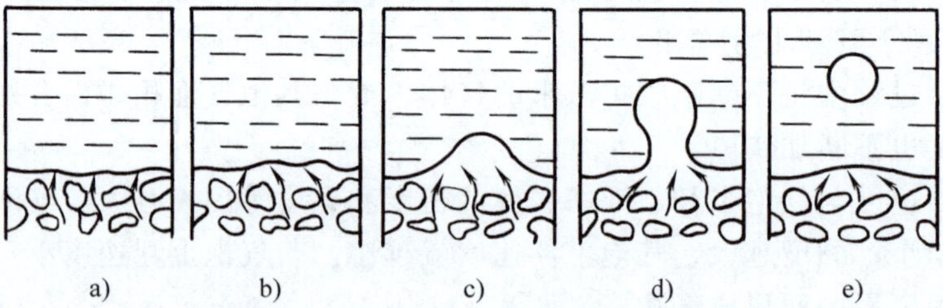

图 13-13　侵入性气孔形成过程示意图

将液态金属浇入砂型时，砂型或砂芯在金属液的高温作用下会产生大量气体。随着温度的升高和气体量的增加，金属-铸型界面处气体的压力不断增大。当界面上局部气体的压力 $p_{气}$ 满足式（13-4）所示的条件时，气体就会在金属凝固之前或凝固初期侵入液态金属，在型壁上形成气泡。气泡形成后将脱离型壁，浮入型腔液态金属中。当气泡来不及上浮逸出时，就会在金属中形成侵入性气孔。气泡形成的条件为

$$p_{气} > p_{静} + p_{阻} + p_{腔} \tag{13-4}$$

式中，$p_{静}$ 是液态金属的静压力，$p_{静} = h\rho g$，由液态金属的高度 h、密度 ρ 和重力加速度 g 决定；$p_{阻}$ 是气体进入液态金属的阻力，由液态金属的黏度、表面张力、氧化膜等决定；$p_{腔}$ 是型腔中自由表面上气体的压力。

当液态金属不润湿型壁（即表面张力小）时，侵入气体容易在型壁上形成气泡，从而增大了侵入性气孔的形成倾向。当液态金属的黏度增大时，气体排出的阻力加大，形成侵入性气孔的倾向也随之增大。

气体在金属已开始凝固时侵入液态金属易形成梨形气孔，气孔较大的部分位于铸件内

部，其细小部分位于铸件表面。这是因为气体侵入时铸件表面金属已凝固，不易流动，而内部金属温度较高，流动性好，侵入的气体容易随着气体压力的增大而扩大，从而形成外小内大的梨形。

（3）反应性气孔的形成机理

1）金属与铸型间的反应性气孔。这类气孔的形成与金属液-铸型界面处存在的气体密切相关。高温下气相反应达到平衡状态时，界面处的气相主要由 H_2、CO 和少量的 CO_2 组成（见 9.1 节）。

皮下气孔是典型的金属-铸型间反应性气孔，其形成机理主要存在以下学说：

① 氢气说。金属液浇入铸型后，由于金属液-铸型界面处的气相含有较高的氢，使金属液表面层氢的含量增加。凝固过程中，液固界面前沿易形成过饱和气体和很高的气体析出压力，而金属液-铸型界面处的化学反应在金属液表面所产生的各种氧化物如 FeO、Al_2O_3、MgO 等，以及铸铁中的石墨固相，能使气体依附于它形成气泡。表面层气泡一旦形成，液相中的氢等气体就会向气泡扩散，并随着金属结晶而沿枝晶间长大，形成皮下气孔。

② CO 说。一些研究者认为，金属-铸型表面处金属液与水蒸气或 CO_2 相互作用，使铁液生成 FeO，铸件凝固时由于结晶前沿枝晶内液相碳含量的偏析，将产生下列反应

$$[FeO]+[C]\longrightarrow[Fe]+CO\uparrow \tag{13-5}$$

CO 气泡可依附晶体或非金属夹杂物形成，这时氢、氮均可扩散进入该气泡，气泡沿枝晶生长方向长大，形成垂直于铸件表面的皮下气孔。

皮下气孔的形状与结晶特点和气体析出速度有关。铸钢件表面层多为柱状晶，故易生成条状针孔；铸铁件凝固速度较慢，且初晶为共晶团，气泡成长速度较快，故呈球形或团形。

2）金属与熔渣间的反应性气孔。液态金属与熔渣相互作用产生的气孔称为渣气孔。这类气孔多数由反应生成的 CO 气体所致。

钢铁凝固过程中，若凝固前沿液相区内存在含有 FeO 的低熔点氧化夹杂物，则其中的 FeO 可与液相中富集的碳发生反应

$$(FeO)+[C]\longrightarrow Fe+CO\uparrow \tag{13-6}$$

上述反应生成的 CO 气体，依附在（FeO）熔渣上，就会形成渣气孔。

3）液态金属内元素间的反应性气孔：

① 碳-氧反应性气孔。钢液脱氧不足或铁液氧化严重时，溶解的氧将与液态金属中的碳反应，生成 CO 气泡。CO 气泡上浮中吸入氢和氧，使其长大。由于液态金属温度下降快，凝固时气泡来不及完全排除，最终在铸件中产生许多蜂窝状气孔（其周围出现脱碳层），而在焊缝中形成沿结晶方向的条虫状气孔。

② 氢-氧反应性气孔。液态金属中溶解的［O］和［H］如果相遇就会产生 H_2O 气泡，凝固前若来不及析出，就会产生气孔。这类气孔主要出现在溶解氧和氢的铜合金铸件中。铜、镍焊接时也常产生水气孔。

③ 碳-氢反应性气孔。铸件最后凝固部位的偏析液相中含有较高含量的［H］和［C］，凝固过程中将产生甲烷气（CH_4），形成局部性气孔。

4. 防止气孔产生的措施

（1）防止析出性气孔的措施

1）消除气体来源。保持炉料清洁、干燥，焊件和焊丝表面无氧化物、水分和油污等；

控制型砂、芯砂的水分，焊前对焊接材料（焊条、焊剂、保护气体等）进行烘干、去水或干燥处理；限制铸型中有机黏结剂的用量和树脂的氮含量；加强保护，防止空气侵入液态金属。

2）采用合理的工艺。焊接时采用短弧焊有利于防止氮气孔，气体保护焊时用活性气体保护有利于防止氢气孔，选用氧化铁型焊条可提高抗锈能力。金属熔炼时，控制熔炼温度勿使其过高，或采用真空熔炼，可降低液态金属的含气量。

3）对液态金属进行除气处理。金属熔炼时常用的除气方法有浮游去气法和氧化去气法。前者是向金属液中吹入不溶于金属的气体（如惰性气体、氮气等），使溶解的气体进入气泡而排除；后者是对能溶解氧的液态金属（如铜液）先吹氧去氢，再加入脱氧剂去氧。

焊接时可利用焊条药皮或焊剂中的 CaF_2 和碳酸盐高温分解出的 CO_2 气体进行除氢。

4）阻止液态金属内气体的析出。提高金属凝固时的冷却速度和外压，可有效阻止气体的析出。如采用金属型铸造、密封加压等方法，均可防止析出性气孔的产生。

（2）防止侵入性气孔的措施

1）控制侵入气体的来源。严格控制型砂和芯砂中发气物质的含量和湿型的水分。干型应保证烘干质量，并及时浇注。冷铁或芯铁应保证表面清洁、干燥。浇口圈和冒口圈应烘干后使用。

2）控制砂型的透气性和紧实度。砂型的透气性越差，紧实度越高，侵入性气孔的产生倾向越大。在保证砂型强度的条件下，应尽量降低砂型的紧实度。采用面砂加粗背砂的方法是提高砂型透气性的有效措施。

3）提高砂型和砂芯的排气能力。铸型上扎排气孔帮助排气，保持砂芯排气孔的畅通，铸件顶部设置出气冒口。采用合理的浇注系统。

4）适当提高浇注温度。提高浇注温度可使侵入气体有充足的时间排出。浇注时应控制浇注高度和浇注速度，保证液态金属平稳地流动和充型。

5）提高液态金属的熔炼质量。尽量降低铁液中的硫含量，保证铁液的流动性。防止液态金属过分氧化，减小气体排出的阻力。

（3）防止反应性气孔的措施

1）采取烘干、除湿等措施，防止和减少气体进入液态金属。严格控制砂型水分和透气性，避免铸型返潮，重要铸件可采用干型或表面烘干型，限制树脂砂中树脂的氮含量。

2）严格控制合金中强氧化性元素的含量。如球墨铸铁中的镁及稀土元素，钢中用于脱氧的铝等，其用量要适当。

3）适当提高液态金属的浇注温度，尽量保证液态金属平稳进入铸型，减少液态金属的氧化。

4）合理组合保护气体（或焊剂）与焊丝，以形成充分的脱氧条件，抑制反应性气孔的生成。如低碳钢 CO_2 焊时，采用含脱氧剂的 H08Mn2SiA 等可防止气孔。

5）焊接时增大热输入和适当预热，可增大熔池的存在时间，降低反应性气孔倾向。

13.2.2 夹杂物

1. 夹杂物的来源及分类

（1）夹杂物的来源　夹杂物是指金属内部或表面存在的和基本金属成分不同的物质。

它主要来源于原材料本身的杂质及金属在熔炼、浇注和凝固过程中与非金属元素或化合物发生反应而形成的产物。

1）原材料本身含有的夹杂物，如金属炉料表面的粘砂、氧化锈蚀、随同炉料一起进入熔炉的泥砂、焦炭中的灰分等，熔化后变为熔渣。

2）金属熔炼时，脱氧、脱硫、孕育和变质等处理过程产生大量的 MnO、SiO_2、Al_2O_3 等夹杂物。

3）液态金属与炉衬、浇包的耐火材料及熔渣接触时，会发生相互作用，产生大量的 MnO、Al_2O_3 等夹杂物。

4）在精炼后转包及浇注过程中，金属表面与空气接触形成的表面氧化膜被卷入金属后形成氧化夹杂物。

5）在铸造和焊接过程中，金属与非金属元素发生化学反应而产生的各种夹杂物，如 FeS、MnS 等硫化物。

（2）夹杂物的分类

1）按夹杂物的来源，可分为内在夹杂物和外来夹杂物。前者是指在熔炼、铸造或焊接过程中，金属与其内部非金属发生化学反应而产生的化合物；后者是指金属与外界物质接触发生相互作用所产生的非金属夹杂物。

2）按夹杂物的组成，可分为氧化物、硫化物、硅酸盐等。常见的氧化物夹杂如 FeO、MnO、SiO_2、Al_2O_3，硫化物夹杂如 FeS、MnS、Cu_2S。硅酸盐是一种玻璃体夹杂物，其成分较复杂，常见的如 $FeO \cdot SiO_2$、Fe_2SiO_4、Mn_2SiO_4、$FeO \cdot Al_2O_3 \cdot SiO_2$。

3）按夹杂物形成时间，可分为一次和二次夹杂物。一次夹杂物是金属熔炼及炉前处理过程中产生的，二次夹杂物是液态金属在铸造过程中产生的。

4）按夹杂物形状，可分为球形、多面体、不规则多角形、条状及薄板形、板形等。氧化物一般呈球形或团状。同一类夹杂物在不同合金中有不同形状，如 Al_2O_3 在钢中呈链球多角状，在铝合金中呈板状；同一夹杂物在同种合金中可能存在不同的形态，如 MnS 在钢中通常有球形、枝晶间杆状、多面体结晶形三种形态。

此外，还可根据夹杂物的大小分为宏观和微观夹杂物；按熔点高低分为难熔和易熔夹杂物等。

夹杂物也是常见的凝固缺陷之一。夹杂物的存在破坏了金属本体的连续性，使金属的强度和塑性下降；尖角形夹杂物易引起应力集中，显著降低金属的冲击韧度和疲劳强度；易熔夹杂物（如钢铁中的 FeS）分布于晶界，不仅降低强度且能引起热裂。夹杂物也能促进气孔的形成，它既能吸附气体，又是气核形成的良好衬底。

在某些情况下，也可利用夹杂物改善金属的某些性能，如提高材料的硬度、增加耐磨性以及细化金属组织等。

2. 一次夹杂物

（1）一次夹杂物的形成　在金属熔炼过程中及炉前处理时，液态金属内会产生大量的一次非金属夹杂物。这类夹杂物的形成大致经历了两个阶段，即夹杂物的偏晶析出和聚合长大。

1）夹杂物的偏晶析出。从液态金属中析出固相夹杂物是一个结晶过程，夹杂物往往是结晶过程中最先析出的相，并且大多属于偏晶反应。

液态金属内原有的固体夹杂物有可能作为非自发晶核，同时液态金属中总是存在着含量起伏。当对金属进行脱氧、脱硫和孕育处理时，由于对流、传质和扩散，液态金属内会出现许多有利于夹杂物形成的元素微观聚集区域。该区的液相含量到达 L_1 时，将析出非金属夹杂物相，发生偏晶反应

$$L_1 \xrightarrow{T_0} L_2 + A_mB_n \tag{13-7}$$

即在 T_0 温度下，含有形成夹杂物元素 A 和 B 的高含量聚集区域的液相，析出固相非金属夹杂物 A_mB_n 和与其平衡的液相 L_2。L_1 与 L_2 的含量差使 A、B 元素从 L_1 向 L_2 扩散，夹杂物不断长大，直到 L_1 达到 L_2 含量为止。这样，在 T_0 温度下达到平衡时，只存在 L_2 与 A_mB_n 相。

2）夹杂物的聚合长大。夹杂物从液相中析出时尺寸很小（仅有几个微米），数量却很多（数量级可达 10^8 个/cm^3）。由于对流、环流及夹杂物本身的密度差，夹杂物质点在液态金属内将产生上浮或下沉运动，并发生高频率的碰撞。异类夹杂物碰撞后可产生化学反应，形成更复杂的化合物，如

$$3Al_2O_3+2SiO_2 \longrightarrow 3Al_2O_3 \cdot 2SiO_2$$

$$SiO_2+FeO \longrightarrow FeSiO_3$$

不能产生化学反应的同种夹杂物相遇后可机械粘连在一起，组成各种成分不均匀、形状不规则的复杂夹杂物。夹杂物粗化后，其运动速度加快，并以更高的速度与其他夹杂物发生碰撞。如此不断进行，使夹杂物不断长大，其成分或形状也越来越复杂。与此同时，某些夹杂物因成分变化或熔点较低而重新熔化，有些尺寸大、密度小的夹杂物则会浮到液态金属表面。

（2）一次夹杂物的分布　不同类型的一次夹杂物在金属中的分布不同。

1）能作为金属非自发结晶核心的夹杂物。这类夹杂物因结晶体与液态金属存在密度差而下沉，故在铸件底部分布较密集，且多数分布在晶内。显然，冷却速度或凝固速度越快，铸件断面越小，浇注温度越低，这些微小晶体下沉就越困难，夹杂物的分布就越均匀。

2）不能作为非自发结晶核心的微小固体夹杂物。这类夹杂物的分布取决于液态金属 L、晶体 C 和夹杂物 I 之间的表面能关系。当凝固区域中的固态夹杂物与正在成长的树枝晶发生接触时，若 $\sigma_{IC}<\sigma_{LI}+\sigma_{LC}$，则微小夹杂物就会被树枝晶所黏附而陷入晶内，否则夹杂物就会被推开。显然，夹杂物被晶体黏附的先决条件是两者必须发生接触。夹杂物越小（运动速度越慢），晶体成长速度越快，两者越容易发生接触，夹杂物被晶体黏住的可能性越大。通常，陷入晶内的夹杂物分布比较均匀，被晶体推走的夹杂物常聚集在晶界上。

3）能上浮的液态和固态夹杂物。液态金属不溶解的夹杂物也会产生沉浮运动，发生碰撞、聚合而粗化。若夹杂物密度小于液态金属的密度，则夹杂物的粗化将加快其上浮速度。铸件凝固后，这些夹杂物可能移至冒口而排除，或保留在铸件的上部及上表面层。

（3）排除液态金属中一次夹杂物的途径

1）加熔剂。在液态金属表面覆盖一层能吸收上浮夹杂物的熔剂（如铝合金精炼时加入氯盐），或加入能降低夹杂物密度或熔点的熔剂（如球墨铸铁加冰晶石），有利于夹杂物的排除。

2）过滤法。使液态金属通过过滤器以去除夹杂物。过滤器分非活性和活性两种，前者

起机械作用，如用石墨、镁砖、陶瓷碎屑等；后者还多一种吸附作用，排渣效果更好，如用 NaF、CaF_2、Na_3AlF_6 等。

此外，排除和减少液态金属中气体的措施，如合金液静置处理、浮游法净化、真空浇注等，同样也能达到排除和减少夹杂物的目的。

3. 二次氧化夹杂物

液态金属在浇注及充型过程中因氧化而产生的夹杂物，称为二次氧化夹杂物。

（1）二次氧化夹杂物的形成　液态金属与大气或氧化性气体接触时，其表面很快会形成一层氧化薄膜。吸附在表面的氧元素将向液体内部扩散，内部易氧化的金属元素则向表面扩散，从而使氧化膜的厚度不断增加。若表面形成的是一层致密的氧化膜，则能阻止氧原子继续向内部扩散，氧化过程将停止。若氧化膜遭到破坏，在被破坏的表面上又会很快形成新的氧化膜。

在浇注及充型过程中，由于金属流动时产生的湍流、涡流及飞溅等，表面氧化膜会被卷入液态金属内部。此时因液体的温度下降较快，卷入的氧化物在凝固前来不及上浮到表面，从而在金属中形成二次氧化夹杂物。这类夹杂物常出现在铸件上表面、型芯下表面或死角处。

二次氧化夹杂物是铸件非金属夹杂缺陷的主要来源，其形成与下列因素有关：

1）化学成分。液态金属含有易氧化的金属元素（如镁、稀土等）时，容易生成二次氧化夹杂物。氧化物的标准生成吉布斯能越低，即金属元素的氧化性越强，生成二次氧化夹杂物的可能性越大；易氧化元素的含量越多，二次氧化夹杂物的生成速度和数量就会越大。

2）液流特性。液态金属与大气接触的机会越多，接触面积越大和接触时间越长，产生的二次氧化夹杂物就越多。浇注时，液态金属若呈平稳的层流运动，则可减少二次氧化夹杂物；若呈湍流运动，则会增加液态金属与大气接触的机会。液态金属产生的涡流、对流和飞溅等容易将氧化物和空气带入金属液内部，使二次氧化夹杂物形成的可能性增大。

3）熔炼温度。金属熔炼温度低，易出现液态氧化物熔渣和固态熔渣；熔炼温度越低，金属流动性越差，金属氧化越严重，熔渣越不易上浮而残留在液态金属内，凝固后形成夹杂。

（2）防止和减少二次氧化夹杂物的途径

1）正确选择合金成分，严格控制易氧化元素的含量。

2）采取合理的浇注系统及浇注工艺，保持液态金属充型过程平稳流动。

3）严格控制铸型水分，防止铸型内产生氧化性气氛。还可加入煤粉等碳质材料，或采用涂料，以形成还原性气氛。

4）对要求高的重要零件或易氧化的合金，可以在真空或保护性气氛下浇注。

4. 偏析夹杂物

偏析夹杂物是指合金凝固过程中因液-固界面处液相内溶质元素的富集而产生的非金属夹杂物，其大小通常属于微观范畴。

合金结晶时，由于溶质再分配，在凝固区域内合金及杂质元素将高度富集于枝晶间尚未凝固的液相内。在一定条件（温度、压力等）下，靠近液-固界面的“液滴”有可能具备产生某种夹杂物的条件，这时处于过饱和状态的液相 L_1 将发生 $L_1 \longrightarrow \beta + L_2$ 偏晶反应，析出非金属夹杂物 β。由于这种夹杂物是从偏析液相中产生的，因此称为偏析夹杂物。各枝晶间偏析的液相成分不同，产生的偏析夹杂物也就有差异。

和高熔点一次夹杂物一样，偏析夹杂物有的能被枝晶黏附而陷入晶内，其分布比较均匀；有的被生长的晶体推移到尚未凝固的液相内，并在液相中产生碰撞、聚合而粗化，凝固完毕时被排挤到初晶晶界上。

偏析夹杂物的大小主要由合金的结晶条件和成分来决定。凡是能细化晶粒的条件都能减小偏析夹杂物的尺寸；形成夹杂物的元素原始含量越高，枝晶间偏析液相中富集该元素的数量越多，同样结晶条件下，产生的偏析夹杂物越大，数量也越多。

5. 焊缝中的夹杂物

焊缝中常遇到的夹杂物有氧化物、氮化物和硫化物三种。低碳钢焊缝存在的氧化物夹杂主要是 SiO_2、MnO、TiO_2 和 Al_2O_3 等，一般以硅酸盐的形式存在。这些氧化物夹杂主要是在熔池进行冶金反应时产生的，只有少量是由于操作不当而混入焊缝中。氮化物夹杂多在焊接保护不良时出现。对于低碳钢和低合金钢，主要的氮化物是 Fe_4N，它是焊缝在时效过程中从过饱和固溶体中析出的，并以针状分布在晶粒上或贯穿晶界。焊缝中的硫化物夹杂主要有 MnS 和 FeS 两种。FeS 通常沿晶界析出，并与 Fe 或 FeO 形成低熔点（988℃）共晶。

防止焊缝产生夹杂物的最重要措施是正确地选择原材料（包括母材和焊接材料）。母材、焊丝中的夹杂物应尽量少，焊条、焊剂应具有良好的脱氧、脱硫效果。其次，要注意工艺操作，如选择合适的工艺参数；适当摆动焊条以便于熔渣浮出；加强熔池保护，防止空气侵入；多层焊时清除前一道焊缝的熔渣等。

13.3　缩孔与缩松

13.3.1　金属的收缩

金属在液态、凝固态和固态冷却过程中发生的体积减小现象，称为收缩。它是金属本身的物理性质，也是引起缩孔、缩松、应力、变形、热裂和冷裂等缺陷的基本原因。

液态金属从浇注温度冷却到常温要经历三个阶段（图 13-14），即液态收缩阶段（Ⅰ）、凝固收缩阶段（Ⅱ）和固态收缩阶段（Ⅲ）。在不同的阶段，金属具有不同的收缩特性。

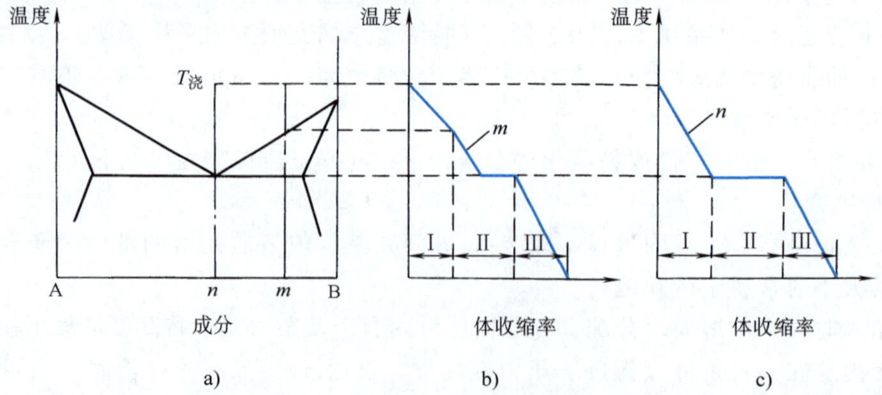

图 13-14　二元合金收缩过程示意图

a）合金相图　b）有一定结晶温度范围的合金　c）恒温凝固的合金

1. 液态收缩

液态金属从浇注温度 $T_{浇}$ 冷却到液相线温度 T_L 产生的体收缩（体积改变量），称为液态收缩。液态收缩的表现形式为金属液面的降低，其大小可用液态收缩率表示

$$\varepsilon_{V液} = \alpha_{V液}(T_{浇} - T_L) \times 100\% \tag{13-8}$$

式中，$\varepsilon_{V液}$ 是液态体收缩率（%）；$\alpha_{V液}$ 是金属的液态体收缩系数（$℃^{-1}$）；$T_{浇}$ 是液态金属的浇注温度（℃）；T_L 是液相线温度（℃）。

液态收缩系数 $\alpha_{V液}$ 和液相线温度 T_L 主要取决于合金成分。例如，碳钢中碳含量增加时，T_L 降低，$\alpha_{V液}$ 增大（碳的质量分数 w_C 每增加 1%，$\alpha_{V液}$ 增大 20%）；对于铸铁，w_C 每增加 1%，T_L 下降 90℃，而 $\alpha_{V液}$ 与 w_C 之间存在下列关系

$$\alpha_{V液} = (90 + 30w_C) \times 10^{-6}$$

此外，$\alpha_{V液}$ 还受温度、合金中气体及杂质含量等因素的影响。

表 13-2 列出了亚共晶铸铁的液态收缩率 $\varepsilon_{V液}$。可见，浇注温度一定时，$\varepsilon_{V液}$ 随着碳含量的增加而增大。但是，当相对过热度一定而仅变化铸铁的碳含量时，$\varepsilon_{V液}$ 增大不多，这是因为 $\alpha_{V液}$ 随碳含量增大比较缓慢。

表 13-2 亚共晶铸铁的液态收缩率 $\varepsilon_{V液}$

碳的质量分数 w_C(%)	2.0	2.5	3.0	3.5	4.0
$\varepsilon_{V液}$($T_{浇}$=1400℃)(%)	0.6	1.4	2.3	3.4	4.6
$\varepsilon_{V液}$($T_{浇}-T_L$=100℃)(%)	1.5	1.7	1.8	2.0	2.1

2. 凝固收缩

金属从液相线冷却到固相线所产生的体收缩，称为凝固收缩。

对于纯金属和共晶合金，凝固期间的体收缩仅由状态改变引起，与温度无关，故具有一定的数值。对于有一定结晶温度范围的合金，其凝固收缩率既与状态改变时的体积变化有关，也与结晶温度范围有关。某些合金（如 Bi-Sb）在凝固过程中，体积不但不收缩反而产生膨胀，故其凝固收缩率 $\varepsilon_{V凝}$ 为负值。

钢和铸铁的凝固收缩包括状态改变和温度降低两部分，可表示为

$$\varepsilon_{V凝} = \varepsilon_{V(L\to S)} + \alpha_{V(L\to S)}(T_L - T_S) \times 100\% \tag{13-9}$$

式中，$\varepsilon_{V凝}$ 是凝固体收缩率（%）；$\varepsilon_{V(L\to S)}$ 是因状态改变的体收缩率（%）；$\alpha_{V(L\to S)}$ 是凝固温度范围内的体收缩系数（$℃^{-1}$）。

钢因状态改变而引起的体收缩为一固定值，而碳含量增加时，其结晶温度范围变宽，由温度降低引起的体收缩增大。碳钢的凝固体收缩率见表 13-3。

表 13-3 碳钢的凝固体收缩率 $\varepsilon_{V凝}$

碳的质量分数 w_C(%)	0.10	0.25	0.35	0.45	0.70
凝固体收缩率 $\varepsilon_{V凝}$(%)	2.0	2.5	3.0	4.3	5.3

对于亚共晶铸铁，$\varepsilon_{V(L\to S)}$ 和 $\alpha_{V(L\to S)}$ 的平均值分别为 3.0% 和 $1.0\times10^{-4}℃^{-1}$；而碳含量 w_C 每增加 1%，T_L 降低 90℃。由此可得铸铁的凝固体收缩率为

$$\varepsilon_{V凝} = 6.9 - 0.9w_C$$

灰铸铁在凝固后期共晶转变时，由于石墨的析出膨胀而使体收缩得到一定的补偿。因此

其凝固体收缩率为

$$\varepsilon_{V凝} = 10.1 - 2.9w_C$$

可见，铸铁的凝固体收缩率随着碳含量的增加而减小。对于灰铸铁，当其碳含量足够高时，凝固体收缩率将变为负值（见表 13-4）。

表 13-4　亚共晶铸铁的凝固体收缩率 $\varepsilon_{V凝}$

碳的质量分数 w_C(%)		2.0	2.5	3.0	3.5	4.0
凝固体收缩率 $\varepsilon_{V凝}$(%)	白口铸铁	5.1	4.6	4.2	3.7	3.3
	灰铸铁	4.3	2.8	1.4	-0.1	-1.5

凝固收缩的表现形式分两个阶段。当结晶尚少，未搭成骨架时，表现为液面下降；当结晶较多并搭成完整骨架时，收缩的总体表现为三维尺寸减小即线收缩，在结晶骨架间残留的液体则表现为液面下降。

3. 固态收缩

金属在固相线以下发生的体收缩，称为固态收缩。固态体收缩率表示为

$$\varepsilon_{V固} = \alpha_{V固}(T_S - T_0) \times 100\% \tag{13-10}$$

式中，$\varepsilon_{V固}$是金属的固态体收缩率（%）；$\alpha_{V固}$是金属的固态体收缩系数（$℃^{-1}$）；T_S 是固相线温度（℃）；T_0 是室温（℃）。

固态收缩的表现形式为三维尺寸同时缩小。因此，常用线收缩率 ε_L 表示固态收缩，即

$$\varepsilon_L = \alpha_L(T_S - T_0) \times 100\% \tag{13-11}$$

式中，ε_L 是金属的线收缩率（%），$\varepsilon_L \approx \varepsilon_{V固}/3$；$\alpha_L$ 是金属的固态线收缩系数（$℃^{-1}$），$\alpha_L \approx \alpha_{V固}/3$。

对于纯金属和共晶合金，线收缩在金属形成凝固壳时开始；对于具有结晶范围的合金，线收缩在表面形成凝固骨架后开始。

当合金有固态相变发生时，α_L 将发生突变，并在不同温度区段取不同的值。例如碳钢在共析转变前、后都随温度降低而收缩，但在共析转变时，因产物比体积增加而膨胀。同样，铸铁在共析转变和析出石墨时，也会发生膨胀。

碳钢和铸铁的线收缩率分别见表 13-5 和表 13-6。

表 13-5　碳钢的线收缩率与碳含量的关系

w_C(%)	0.08	0.14	0.35	045	0.55	0.60
ε_L(%)	2.47	2.46	2.40	2.35	2.31	2.18

注：碳钢中 w_{Mn} = 0.55% ~ 0.80%，w_{Si} = 0.25% ~ 0.40%。

表 13-6　铸铁的自由线收缩

材料名称	化学成分(质量分数)(%)						碳当量 CE[①](%)	线收缩率(%)	浇注温度/℃
	C	Si	Mn	P	S	Mg			
白口铸铁	2.65	1.00	0.48	0.06	0.015	—	3.04	2.180	1300
灰铸铁	3.30	3.14	0.66	0.095	0.026	—	4.38	1.082	1270
球墨铸铁	3.00	2.96	0.69	0.11	0.015	0.045	4.02	0.807	1250

① $CE = w_C + (w_{Si} + w_P)/3$。

金属从浇注温度冷却到室温所产生的体收缩为液态收缩、凝固收缩和固态收缩之和，即

$$\varepsilon_{V总} = \varepsilon_{V液} + \varepsilon_{V凝} + \varepsilon_{V固}$$

其中，液态收缩和凝固收缩是铸件产生缩孔和缩松的基本原因，$\varepsilon_{V液}+\varepsilon_{V凝}$越大，缩孔的容积就越大；而金属的线收缩是铸件产生尺寸变化、应力、变形和裂纹的基本原因。

4. 铸件的收缩

铸件收缩时还会受到外界阻力的影响。这些阻力包括热阻力（铸件温度分布不均匀所致）、铸型表面摩擦力和机械阻力（铸型和型芯的阻碍作用）等。表面摩擦力和机械阻力均使铸件收缩量减小。

铸件在铸型中的收缩若仅受到可以忽略的阻力影响时，则为自由收缩。否则，称为受阻收缩。显然，对于同一种合金，受阻收缩率小于自由收缩率。生产中应采用考虑各种阻力影响的实际收缩率。

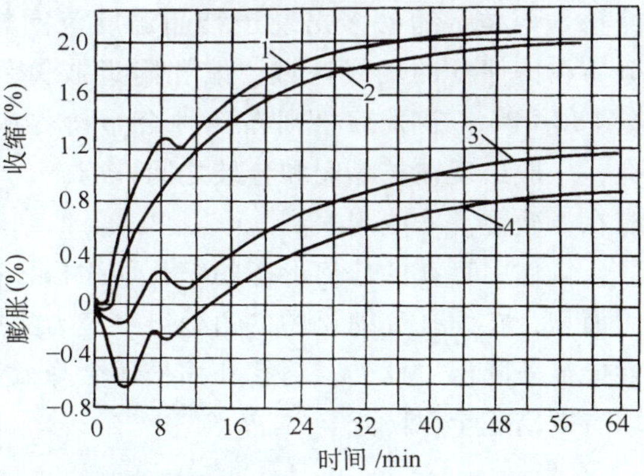

图 13-15 Fe-C 合金的自由收缩曲线

1—碳钢 2—白口铸铁 3—灰铸铁 4—球墨铸铁

图 13-15 所示为常见 Fe-C 合金的自由线收缩曲线。由图可见，灰铸铁和球墨铸铁有两次膨胀过程，第一次膨胀量大，称为体膨胀（缩前膨胀），由共晶时石墨及气体析出所致；第二次膨胀较小，由共析转变引起。白口铸铁的缩前膨胀很小，共析转变膨胀也不明显。而碳钢主要发生共析转变膨胀。

13.3.2 缩孔与缩松的分类及特征

铸件在凝固过程中，由于合金的液态收缩和凝固收缩，往往在铸件最后凝固的部位出现孔洞。容积大而集中的孔洞称为缩孔，细小而分散的孔洞称为缩松。

1. 缩孔

常出现于纯金属、共晶成分合金和结晶温度范围较窄的铸造合金中，且多集中在铸件的上部和最后凝固的部位。铸件厚壁处、两壁相交处及内浇口附近等凝固较晚或凝固缓慢的部位（称为热节），也常出现缩孔。缩孔尺寸较大，形状不规则，表面不光滑。

缩孔有内缩孔和外缩孔两种形式（图 13-16）。外缩孔出现在铸件的外部或顶部，一般在铸件上部呈漏斗状（图 13-16a），铸件壁厚很大时，有时会出现在侧面或凹角处（图 13-16b）。内缩孔产生于铸件内部（图 13-16c、d），孔壁粗糙不规则，可以看到发达的树枝晶末梢，一般为暗黑色或褐色。

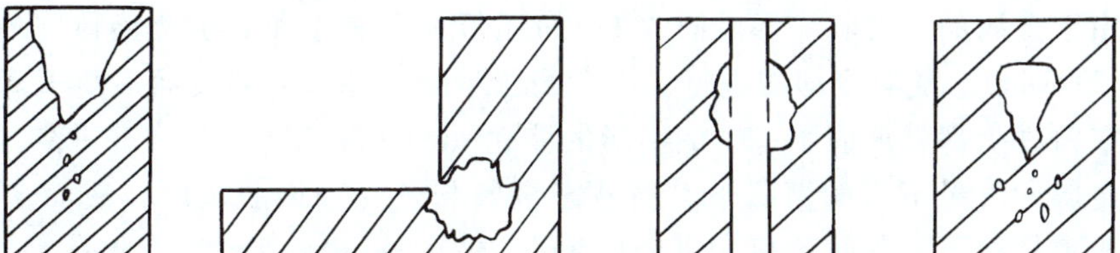

图 13-16 铸件缩孔形式

a）明缩孔 b）凹角缩孔 c）芯面缩孔 d）内部缩孔

2. 缩松

按其形态分为宏观缩松（简称缩松）和微观缩松（显微缩松）两类。缩松多出现于结晶温度范围较宽的合金中，常分布在铸件壁的轴线区域、缩孔附近或铸件厚壁的中心部位（图 13-17）。显微缩松则在各种合金铸件中或多或少都会存在，一般出现在枝晶间和分枝之间，与微观气孔难以区分，只有在显微镜下才能观察到。

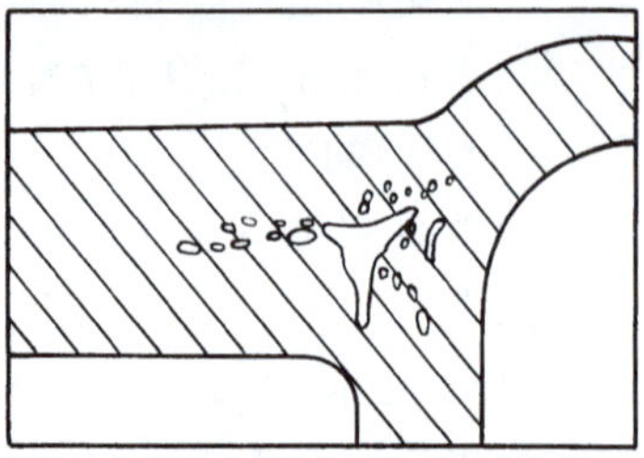

图 13-17　铸件热节处的缩孔与缩松

铸件中存在的任何形态的缩孔和缩松，都会减小铸件的受力面积，在缩孔和缩松的尖角处产生应力集中，使铸件的力学性能显著降低。此外，缩孔和缩松还会降低铸件的气密性和物理、化学性能。因此，必须采取有效措施予以防止。

13.3.3　缩孔与缩松的形成机理

1. 缩孔的形成

纯金属、共晶成分合金和结晶温度范围窄的合金，在一般铸造条件下按由表及里逐层凝固的方式凝固。由于金属或合金在冷却过程中发生的液态收缩和凝固收缩大于固态收缩，从而在铸件最后凝固的部位形成尺寸较大的集中缩孔。现以圆柱体铸件为例，说明缩孔的形成机理。

缩孔的形成过程如图 13-18 所示。液态金属充满型腔后，由于铸型的吸热作用，其温度下降，产生液态收缩。此时，液态金属可通过浇注系统得到补充，因而型腔始终保持充满状态（图13-18a）。当铸件外表温度降至凝固温度时，铸件表面就凝固成一层固态外壳，并将内部液体包住（图13-18b）。这时，内浇口已经凝结。当铸件进一步冷却时，壳内的液态金属因温度降低一方面产生液态收缩，另一方面继续凝固使壳层增厚并产生凝固收缩；与此同时，壳层金属也因温度降低而发生固态收缩。如果液态收缩和凝固收缩造成的体积缩减等于固态收缩引起的体积缩减，则壳层金属和内部液态金属将紧密接触，不会产生缩孔。但是，由于金属的液态收缩和凝固收缩大于壳层的固态收缩，壳内液体与外壳顶面将发生脱离（图 13-18c）。随着冷却的进行，固态壳层不断加厚，内部液面不断下降。当金属全部凝固后，在铸件上部就形成了一个倒锥形的缩孔（图 13-18d）。

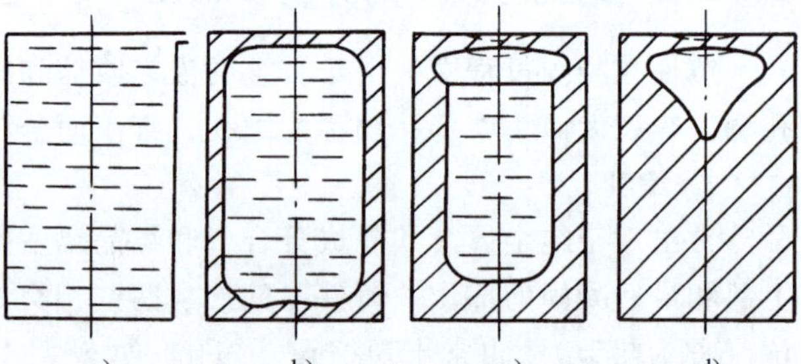

图 13-18　铸件中缩孔形成过程示意图

在液态金属含气量不大的情况下，当液态金属与外壳顶面脱离时，液面上部要形成真空。在大气压力作用下，顶面的薄壳可能向缩孔方向凹进去，如图 13-18c、d 中虚线所示。因此缩孔应包括外部的缩凹和内部的缩孔两部分。如果铸件顶面的薄壳强度很大，也可能不出现缩凹。

综上所述，铸件产生集中缩孔的基本原因是金属的液态收缩和凝固收缩之和大于固态收缩；产生集中缩孔的条件是铸件由表及里逐层凝固。缩孔一般集中在铸件顶部或最后凝固的部位，如果在这些部位设置冒口，缩孔将被移入冒口中。

2. 缩松的形成

结晶温度范围较宽的合金一般按照体积凝固的方式凝固。由于凝固区域较宽，凝固区内的小晶体很容易发展成为发达的树枝晶。当固相达到一定数量形成晶体骨架时，尚未凝固的液态金属便被分割成一个个互不相通的小熔池。在随后的冷却过程中，小熔池内的液体将发生液态收缩和凝固收缩，已凝固的金属则发生固态收缩。由于熔池金属的液态收缩和凝固收缩之和大于其固态收缩，两者之差引起的细小孔洞又得不到外部液体的补充，因而在相应部位便形成了分散性的细小缩孔，即缩松。金属的凝固区域越宽，产生缩松的倾向越大。

可见，形成缩松和缩孔的基本原因是相同的，即金属的液态收缩和凝固收缩之和大于固态收缩。但形成缩松的条件是金属的结晶温度范围较宽，倾向于体积凝固或同时凝固方式。断面厚度均匀的铸件，如板状或棒状铸件，在凝固后期不易得到外部液态金属的补充，往往在轴线区域产生缩松，称为轴线缩松。

显微缩松通常伴随着微观气孔的形成而产生。当铸件在凝固过程中析出气体时，显微缩松的形成条件用下式表示

$$p_g + p_s > p_a + \frac{2\sigma}{r} + p_H \tag{13-12}$$

式中，p_g 是某一温度下金属中气体的析出压力；p_s 是对显微孔洞的补缩阻力；p_a 是凝固着的金属上的大气压；σ 是气-液界面上的表面张力；r 是显微孔洞半径；p_H 是孔洞上的金属压头。

当金属在常压下凝固时，式（13-12）中变化的参数只有 p_g 和 p_s。p_g 与液态金属中气体的含量有关，p_s 与枝晶间通道的长度、晶粒形态以及晶粒大小等因素有关。铸件的凝固区域越宽，树枝晶越发达，则通道越长；晶间和分枝间被封闭的可能性越大，产生显微缩松的可能性就越大。

3. 铸铁铸件的缩孔和缩松

灰铸铁和球墨铸铁在凝固过程中会析出石墨相而产生体积膨胀，因此其缩孔和缩松的形成比一般合金复杂。

亚共晶灰铸铁和球墨铸铁凝固的共同特点是，初生奥氏体枝晶能迅速布满铸件的整个断面，而且奥氏体枝晶具有很大的连成骨架的能力。因此，这两种铸铁都有产生缩松的可能性。但是，由于它们的共晶凝固方式和石墨长大的机理不同，产生缩孔和缩松的倾向性有很大差别。

灰铸铁共晶团中的片状石墨与枝晶间的共晶液体直接接触（图 13-19a），因此片状石墨长大时所产生的体积膨胀大部分作用在所接触的晶间液体上，迫使它们通过枝晶间的通道去充填奥氏体枝晶间因液态收缩和凝固收缩所产生的小孔洞，从而大大降低了灰铸铁产生缩松的严重程度。这就是灰铸铁的所谓“自补缩能力”。

被共晶奥氏体包围的片状石墨，由于碳原子的扩散作用，在横向上也要长大，但速度很慢。石墨片横向长大所产生的膨胀力作用在共晶奥氏体上，使共晶团膨胀，并传到邻近的共晶团或奥氏体晶体骨架上，使铸件产生缩前膨胀。显然，这种缩前膨胀会抵消一部分自补缩效果。但是，由于这种横向的膨胀作用很小而且是逐渐发生的，同时因灰铸铁在共晶凝固中期，在铸件表面已经形成硬壳，所以灰铸铁的缩前膨胀一般只有 0.1%~0.2%。因此，灰铸

铁件产生缩松的倾向性较小。

从图 13-19b 可以看出，球墨铸铁在凝固中后期，石墨球长大到一定程度后，四周形成奥氏体外壳，碳原子通过奥氏体外壳扩散到共晶团中使石墨球长大。当共晶团长大到相互接触后，石墨化膨胀所产生的膨胀力只有一小部分作用在晶间液体上，而大部分作用在相邻的共晶团上或奥氏体枝晶上，趋向于把它们挤开。因此，球墨铸铁的缩前膨胀比灰铸铁大得多（图 13-15）。随着石墨球的长大，共晶团之间的间隙逐步扩大，并使铸件普遍膨胀。共晶团之间的间隙就是球墨铸铁的显微缩松，而共晶团集团之间的间隙则构成铸件的（宏观）缩松。所以，球墨铸铁产生缩松的倾向性很大。如果铸件厚大，球墨铸铁的缩前膨胀也会导致铸件产生缩孔。如果铸型刚度足够大，石墨化的膨胀力有可能将缩松压合。在这种情况下，球墨铸铁也可看作具有“自补缩”能力。

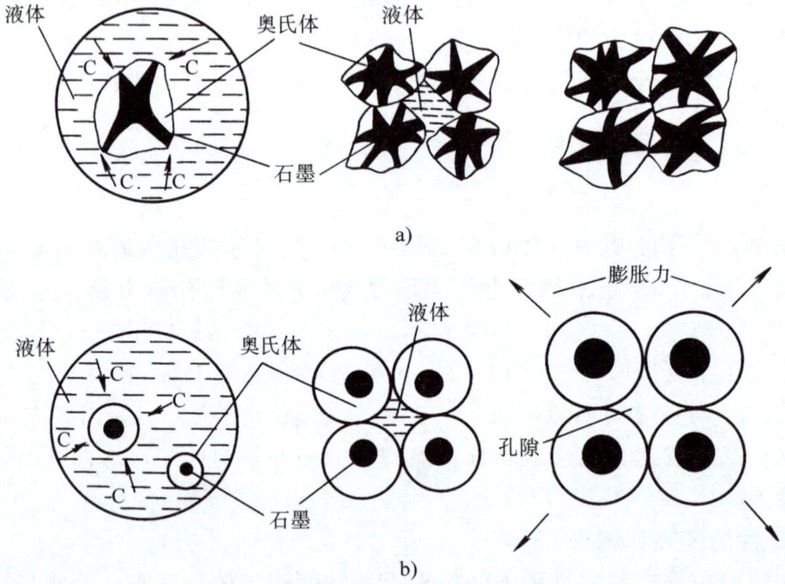

图 13-19 灰铸铁和球墨铸铁共晶石墨长大示意图

a）片状石墨长大 b）球状石墨长大

13.3.4 影响缩孔与缩松的因素及防止措施

1. 影响缩孔与缩松的因素

（1）影响缩孔与缩松大小的因素

1）金属的性质。金属的液态收缩系数 $\alpha_{V液}$ 和凝固体收缩率 $\varepsilon_{V凝}$ 越大，缩孔及缩松容积越大。金属的固态收缩系数 $\alpha_{V固}$ 越大，缩孔及缩松容积越小。

2）铸型条件。铸型的激冷能力越大，缩孔及缩松容积就越小。因为铸型激冷能力越大，越易造成边浇注边凝固的条件，使金属的收缩在较大程度上被后注入的金属液所补充，使实际发生收缩的液态金属量减少。

3）浇注条件。浇注温度越高，金属的液态收缩越大，则缩孔容积越大；浇注速度越缓慢，浇注时间越长，缩孔容积就越小。

4）铸件尺寸。铸件壁厚越大，表面层凝固后内部的金属液温度就越高，液态收缩就越大，则缩孔及缩松的容积越大。

5）补缩压力。凝固过程中增加补缩压力，可减小缩松而增加缩孔的容积。

（2）影响灰铸铁和球墨铸铁缩孔和缩松的因素

1）铸铁成分。对于灰铸铁，随碳当量增加，共晶石墨的析出量增加，石墨化膨胀量增加，有利于消除缩孔和缩松。

共晶成分灰铸铁以逐层方式凝固，倾向于形成集中缩孔。但是，共晶转变的石墨化膨胀作用能抵消甚至超过共晶液体的收缩，使铸件不产生缩孔。

球墨铸铁的碳当量大于3.9%时，经过充分孕育，在铸型刚度足够时，利用共晶石墨化膨胀作用，产生自补缩效果，可以获得致密的铸件。

球墨铸铁中磷含量、残余镁量及残余稀土量过高，均会增加缩松倾向。因为磷共晶会削弱铸件外壳的强度，增加缩前膨胀量，松弛了铸件内部压力；镁及稀土会增大白口倾向，减少石墨析出，使石墨膨胀作用减弱。

2）铸型刚度。铸铁在共晶转变发生石墨化膨胀时，型壁是否迁移是影响缩孔容积的重要因素。铸型刚度大，缩前膨胀就小，缩孔容积也相应减小，甚至不产生缩孔。铸型刚度依下列次序逐级降低：金属型—覆砂金属型—水泥型—水玻璃砂型—干型—湿型。

2. 防止铸件产生缩孔和缩松的途径

缩孔和缩松可以通过凝固工艺原则的选择（即顺序凝固还是同时凝固）加以控制。

（1）顺序凝固　铸件的顺序凝固原则是采取各种措施，保证铸件各部分按照距离冒口的远近，由远及近朝着冒口方向凝固，冒口本身最后凝固（图13-20）。铸件按照这一原则凝固时，可使缩孔集中在冒口中，获得致密的铸件。

均匀壁厚铸件的顺序凝固过程如图13-21所示。图13-21a是厚度为δ的带有冒口的板状铸件，采用顶注式浇注。由于金属液是从冒口浇入的，所以铸件纵断面中心线上的温度自远离冒口处向冒口方向依次递增（图13-21b）。在A、B、C三点的横截面上，铸件外表冷却快，温度低（图13-21c）。而在图13-21d所表示的铸件纵截面上，向着冒口张开的φ角（等液相线之间的夹角，称为补缩通道扩张角）范围内，金属都处于液态，形成“楔形”补缩通道。φ角越大，越有利于冒口的补缩。

在铸件中，液固两相区与铸件壁热中心相交的线段称为“补缩困难区μ”。液固两相区越宽，扩张角φ越小，补缩困难区就越长，如图13-22所示。

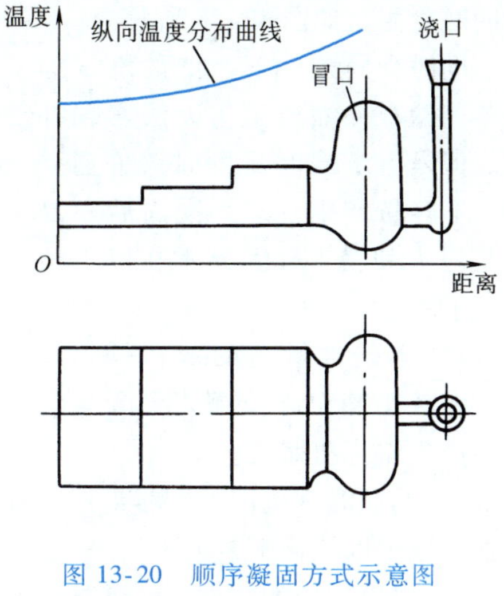

图13-20　顺序凝固方式示意图

顺序凝固可以充分发挥冒口的补缩作用，防止缩孔和缩松的形成，获得致密铸件。因此，对凝固收缩大、结晶温度范围小的合金，通常采用这一原则。但顺序凝固时，铸件各部分存在温差，在凝固过程中易产生热裂，凝固后容易使铸件产生变形。此外，由于需要使用冒口和补贴，铸件成品率较低。

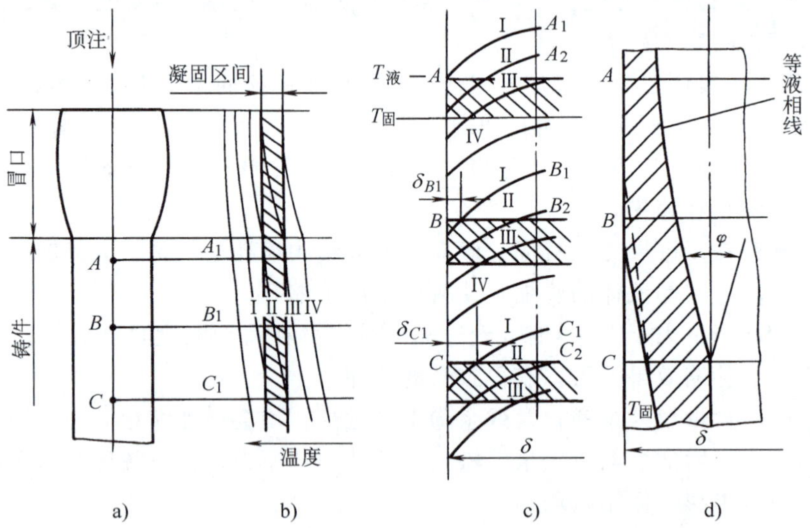

图 13-21 均匀壁厚铸件顺序凝固过程示意图（图 c、d 较图 a 放大 1 倍）

a）厚度为 δ 带冒口的板状铸件 b）铸件纵截面中心线上的温度分布

c）铸件 A、B、C 三点横截面上不同时刻的温度分布（纵坐标为温度）

d）铸件纵截面上Ⅰ时刻的等液相线和补缩通道扩张角

（Ⅰ、Ⅱ、Ⅲ、Ⅳ代表不同时刻）

（2）同时凝固 同时凝固原则是采取工艺措施保证铸件各部分之间没有温差或温差尽量小，使各部分同时凝固，如图 13-23 所示。

同时凝固条件下，扩张角 φ 等于零，没有补缩通道，无法实现补缩。但是由于同时凝固时铸件温差小，不容易产生热裂，凝固后不易引起应力和变形，因此常在以下情况下采用：

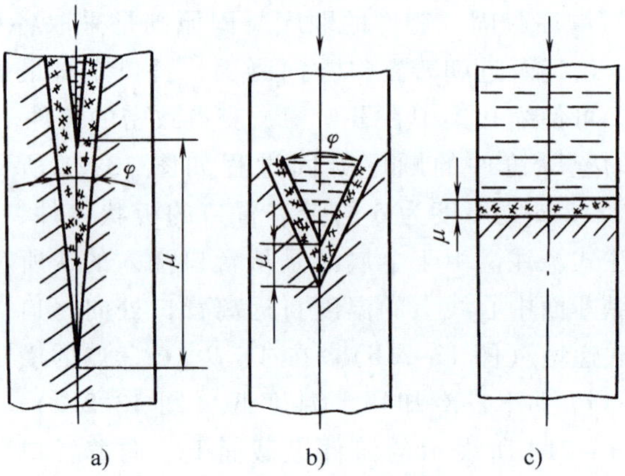

图 13-22 扩张角对补缩困难区的影响

1）碳硅含量高的灰铸铁，其体收缩较小甚至不收缩，合金本身不易产生缩孔和缩松。

2）结晶温度范围大，容易产生缩松的合金（如锡青铜），对气密性要求不高时，可采用这一原则以简化工艺。

3）壁厚均匀的铸件，尤其是均匀薄壁铸件，倾向于同时凝固，消除缩松困难，应采用同时凝固原则。

4）球墨铸铁件利用石墨化膨胀进行自补缩时，必须采用同时凝固原则。

5）某些适合采用顺序凝固原则的铸件，当热裂、变形成为主要矛盾时，可采用同时凝固原则。

应当指出，对于某一具体铸件，究竟采用何种凝固方式，应根据合金特点、铸件结构及其技术要求，以及可能出现的其他缺陷（如应力、变形、裂纹）等综合加以考虑。对于结构复杂的铸件，通常采用复合凝固方式，即整体上是同时凝固，局部为顺序凝固，或者相反。

（3）控制缩孔和缩松的工艺措施　调整液态金属的浇注温度和浇注速度，可以加强顺序凝固或同时凝固。采用高温慢浇工艺能增加铸件的纵向温差，有利于实现顺序凝固原则。通过多个内浇道低温快浇可减小纵向温差，有利于实现同时凝固原则。

使用冒口、补贴和冷铁是防止缩孔和缩松最有效的工艺措施。冒口一般设置在铸件厚壁或热节部位，其尺寸应保证铸件被补缩部位最后凝固，并能提供足够的金属液以满足补缩的需要。此外，冒口与被补缩部位之间必须有补缩通道。

冷铁和补贴与冒口配合使用，可以造成人为的补缩通道及末端区，延长冒口的有效补缩距离（图 13-24）。冷铁还可以加速铸铁壁局部热节的冷却，实现同时凝固原则。

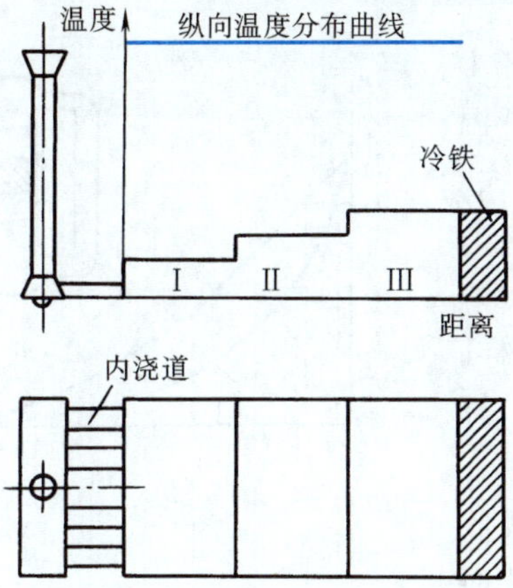

图 13-23　同时凝固方式示意图

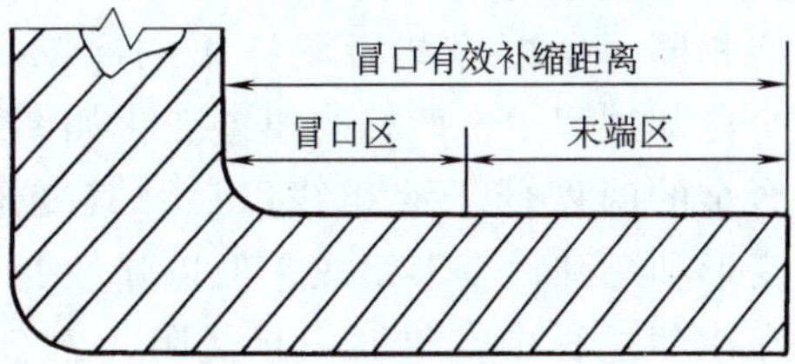

图 13-24　冒口有效补缩距离示意图

加压补缩法是防止产生显微缩松的有效方法。该法是将铸件放在具有较高压力的装置中，使铸件在压力下凝固，以消除显微缩松，获得致密铸件。加压越早，压力越高，补缩效果越好。对于致密度要求高而缩松倾向较大的铸件，通常需采用加压补缩方法。

13.4　应力

在热加工过程中，工件因经历了加热和冷却过程，其尺寸和形状将发生变化。如果这种变化受到了阻碍，就会在工件内产生应力。伴随加热和冷却过程而变化的应力称为瞬时应力；完全冷却后残存在工件中的应力称为残余应力。

应力的存在不仅会引起工件尺寸形状的变化，还会降低构件的承载能力，使工件产生裂纹。因此，必须尽量减小工件在加工过程中产生的应力。

13.4.1　应力的形成

热加工过程中产生的应力，按其形成原因可分为热应力、相变应力和机械阻碍应力。

1. 热应力

工件在加热和冷却过程中，由于各部分的温度不同造成工件上同一时刻各部分的收缩或膨胀量不同，从而导致内部彼此相互制约而产生应力。这种应力是由不均匀温度场引起的，故称为热应力。

（1）铸件内的热应力　铸件在凝固后的冷却过程中，由于各部分冷却速度不一致，从而引起收缩量不同。但因各部分彼此相连，又互相制约，因而产生了热应力。现以图13-25a所示的应力框铸件为例，分析热应力的形成过程。

应力框由杆Ⅰ、杆Ⅱ和横梁Ⅲ组成，杆Ⅰ较厚，杆Ⅱ较薄。为便于讨论，现作如下假设：

1）液态金属充满铸型后，立即停止流动，杆Ⅰ和杆Ⅱ从同一温度 T_L 开始冷却，最后冷却到室温 T_0。

2）合金线收缩开始温度为 T_y，材料的收缩系数 α 不随温度变化。

3）在冷却过程中，不发生固态相变，铸件收缩不受铸型阻碍。

4）铸件不产生挠曲变形，横梁Ⅲ为刚性体。

图 13-25b 所示为杆Ⅰ和杆Ⅱ的冷却曲线。由于杆Ⅰ较厚，冷却前期杆Ⅰ的冷却速度比杆Ⅱ小，但因两杆温度最终相同，所以冷却后期杆Ⅰ的冷却速度比杆Ⅱ大。在整个冷却过程中，两杆的温差变化如图 13-25c 所示。

合金的温度低于液相线以后，其变形由弹性变形、塑性变形和黏弹性变形组成，但以弹性变形为主。这样，铸件在冷却过程中，收缩一旦受阻，就会产生应力。杆Ⅰ和杆Ⅱ的应力变化如图 13-25d 所示。

在 $t_0 \sim t_1$ 时间内，$T_{\text{Ⅱ}} < T_y$、$T_{\text{Ⅰ}} > T_y$，杆Ⅱ开始线收缩，而杆Ⅰ仍处于凝固初期，枝晶骨架尚未形成。此时铸件的变形由杆Ⅱ确定，杆Ⅱ带动杆Ⅰ一起收缩。到 t_1 时两杆具有同一长度，温差为 ΔT_H，铸件内不产生热应力。

在 $t_1 \sim t_2$ 时间内，两杆均发生线收缩，并且随着时间的推移，其温差逐渐增大。如果两杆能自由收缩，则杆Ⅱ的收缩量要比杆Ⅰ大。由于两杆彼此相连，始终具有相同长度，故杆Ⅱ被拉长，杆Ⅰ被压缩。这样，在杆Ⅱ内产生拉应力，而杆Ⅰ内产生压应力。在 t_2 时刻，两杆温差最大（$\Delta T_{\max}$），应力达到极大值。

在 $t_2 \sim t_3$ 时间内，两杆的温差逐渐减小，到 t_3 时，温差又减小到 ΔT_H。在此阶段，杆Ⅰ的冷却速度大于杆Ⅱ，即杆Ⅰ的自由线收缩速度大于杆Ⅱ。从 t_1 到 t_3，两杆的自由线收缩量相等。因为假定铸件只产生弹性变形，所以到达 t_3 时，两杆中的应力值均为零。

在 $t_3 \sim t_4$ 时间内，杆Ⅰ的冷却速度仍然比杆Ⅱ快，即杆Ⅰ的自由线收缩速度大于杆Ⅱ。因而，杆Ⅰ被拉长，产生拉应力；杆Ⅱ则相反，产生压应力。冷却到 t_4（室

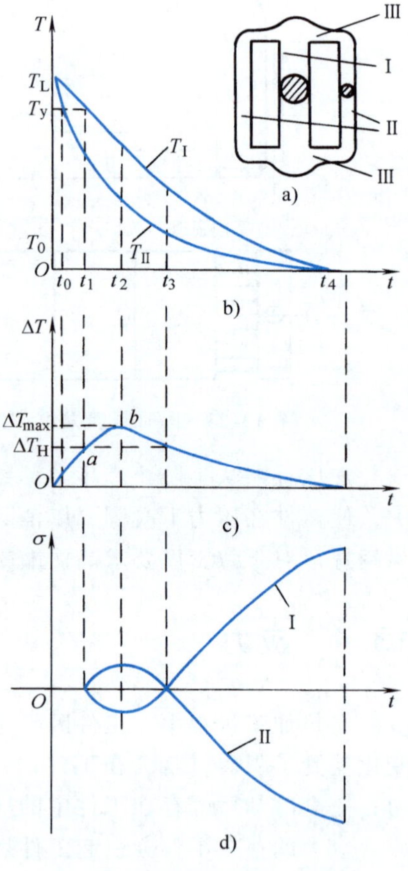

图 13-25　壁厚不同的应力框铸件瞬时应力发展过程示意图

a）应力框铸件
b）两杆温度变化曲线
c）两杆温差变化曲线
d）两杆应力变化曲线

温）时，铸件内存在残余应力，杆Ⅱ内为压应力，杆Ⅰ内为拉应力。

对于圆柱形铸件，内外层冷却条件不同，开始时外层冷却较快，后来则相反，因此外层相当于应力框中的细杆，内部相当于粗杆。由上述分析可知，冷却到室温时，内部存在残余拉应力，外层存在残余压应力。

（2）焊件内的热应力　焊接过程中，移动热源对焊件的加热是局部的、不均匀的。在同一时刻，工件上离热源中心距离不同的部位其温度不同，热源下方的熔池部位温度最高，距离熔池越远温度越低。焊接时，邻近熔池的高温区金属由于热膨胀受到周围低温金属的限制，产生压缩塑性变形；而在冷却过程中，已发生压缩塑性变形的这部分金属又受到周围条件的制约，不能自由收缩，在不同程度上又被拉伸。与此同时，熔池凝固形成焊缝。温度继续降低时，焊缝金属因冷却收缩受阻而受到拉伸，但在温度高于力学熔点的时间内，焊缝内不会产生热应力；而在温度低于力学熔点以下时，由于材料的弹性得以恢复，从而使焊缝相应产生了收缩拉应力。在整个焊接过程中，焊件内的热应力不断调整变化，但始终处于自平衡状态。当温度降到室温时，一部分应力便残留在焊件内，形成了所谓的残余应力。

通常，把焊缝方向的应力称为纵向应力（σ_x），垂直于焊缝方向的应力称为横向应力（σ_y）。厚度方向的残余应力一般很小，只有在大型结构厚截面焊缝中才有较高的数值。

图 13-26 所示为低碳钢板件对接接头中纵向残余应力沿焊缝轴线的分布情况。由图可见，在焊缝及近缝区，纵向残余应力为拉应力，其数值可达到焊缝金属的屈服点屈服强度。在钢板的长度方向上，中间段的拉应力保持为常数，而两端的拉应力因受自由边界的影响逐渐趋向于零；在垂直于焊缝的方向上，离开焊缝和近缝区的母材中为压应力。当钢板的长度较短时，整条焊缝中的残余拉应力将小于屈服强度，且不存在残余应力稳定区。

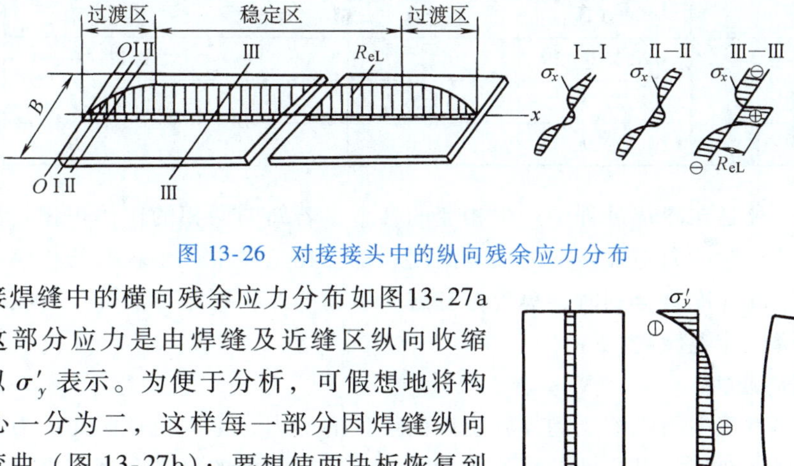

图 13-26　对接接头中的纵向残余应力分布

平板对接焊缝中的横向残余应力分布如图13-27a所示。由于这部分应力是由焊缝及近缝区纵向收缩引起的，故以 σ'_y 表示。为便于分析，可假想地将构件沿焊缝中心一分为二，这样每一部分因焊缝纵向收缩将发生弯曲（图 13-27b）；要想使两块板恢复到原来的位置，必须在构件的两端施加横向压力，而中间施加横向拉力。由此可知，焊缝及近缝区的纵向收缩使焊缝两端产生横向压应力，中间部位产生横向拉应力。通常压应力的最大值要比拉应力的最大值大得多。当焊缝较长时，焊缝中间段的拉应力会有所降低，甚至会降为零。

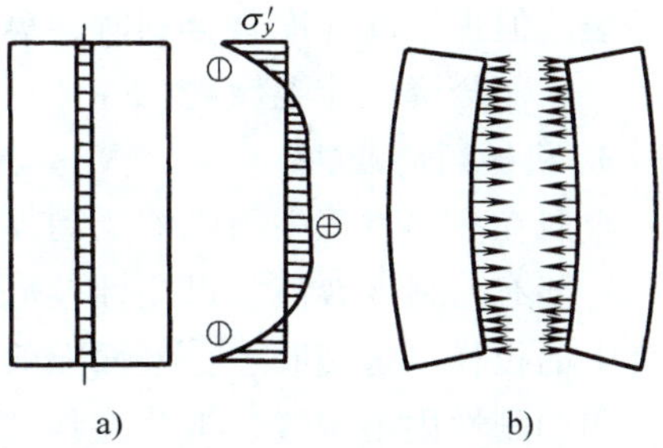

图 13-27　平板对接焊时横向应力 σ'_y 沿焊缝轴线的分布

焊缝及近缝区横向收缩的不同时性也会引起横向应力。由于焊缝有先焊后焊之分，先焊的部分先冷却，后焊的部分后冷却。先冷却的部分将限制后冷却部分的横向收缩，这样就形成了横向残余应力 σ''_y。σ''_y 的分布与焊接方向和焊接顺序等有关。图 13-28 所示为直通焊时 σ''_y 的大致分布，焊缝中间为压应力区，焊缝两端为拉应力区。

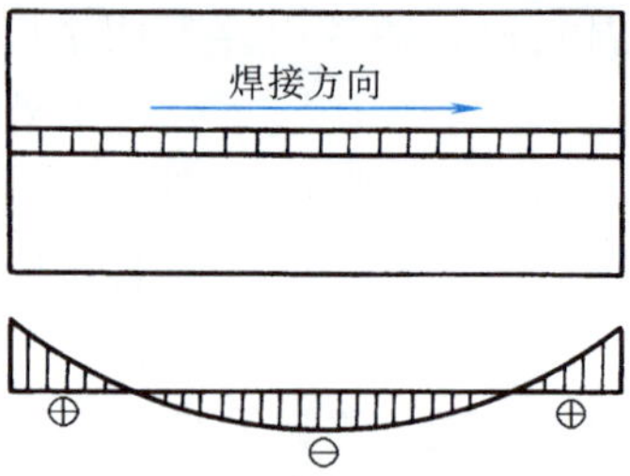

图 13-28 平板直通焊时横向应力 σ''_y 的分布

横向残余应力的两个组成部分 σ'_y 和 σ''_y 同时存在，最终的残余应力 σ_y 是两者的合成。横向应力在与焊缝平行的各截面上的分布规律基本一样，只是离焊缝距离越大，应力值越低，在边缘上 $\sigma_y=0$。

应当指出，焊接热应力的形成和分布受多种因素的影响，必须针对具体情况进行分析。

2. 相变应力

具有固态相变的合金，若各部分发生相变的时刻及相变程度不同，其内部就可能产生应力。这种应力称为相变应力。

钢在加热和冷却过程中，由于相变产物的比体积不同（表 13-7），发生相变时其体积要变化。如铁素体或珠光体转变为奥氏体时，因奥氏体的比体积较小，钢材的体积要缩小；而奥氏体转变为铁素体、珠光体或马氏体时，体积要膨胀。低碳钢的相变温度较高（600℃以上），发生相变时钢材仍处于塑性状态，故不会产生相变应力。而合金钢只有冷却到 200~350℃时才发生奥氏体向马氏体的转变，并且马氏体的比体积较大，因此马氏体形成后，将造成较大的应力。

表 13-7 钢的不同组织的比体积和热膨胀系数

钢的组织	奥氏体	铁素体	珠光体	马氏体	渗碳体
比体积/$cm^3\cdot g^{-1}$	0.123~0.125	0.127	0.129	0.127~0.131	0.130
线胀系数/$\times10^{-6}$℃$^{-1}$	23.0	14.5	—	11.5	12.5
体胀系数/$\times10^{-6}$℃$^{-1}$	70.0	43.5	—	35.0	37.5

一般来说，凡是在冷却过程中产生相变的合金，若新旧两相的比体积相差很大，同时产生相变的温度低于塑性向弹性转变的临界温度，都会在工件中产生较大的相变应力，甚至引起开裂。但焊接高强度合金钢时，奥氏体分解所引起的体积膨胀可减轻焊后收缩时产生的拉应力，反而会降低冷裂倾向。

3. 机械阻碍应力

金属在冷却过程中因收缩受到外界阻碍而产生的应力，称为机械阻碍应力。机械阻碍的来源主要有：强度较高、退让性较低的铸型和型芯，砂箱内的箱带和型芯内的芯骨，设置在铸件上的拉杆、防裂肋、分型面上的铸件飞边，浇冒口系统和铸件上的某些突出部分，焊接时采用的刚性固定装置、工装夹具及胎具等。

机械阻碍应力可使工件产生拉应力或切应力。若应力处于弹性范围内，则阻碍消除后应力消失。但是当阻碍应力与其他应力同时作用且方向一致时，则会使内应力加剧，甚至导致工件中出现裂纹。

综上所述，铸件或焊件内的应力是热应力、相变应力和机械阻碍应力的总和。在冷却过程中的某一瞬间，当局部应力的总和大于金属在该温度下的强度极限时，工件就会产生裂纹。

13.4.2 控制应力的措施

1. 合理设计结构

焊接结构中，应避免焊缝交叉和密集，尽量采用对接而避免搭接；在保证结构强度的前提下，尽量减少不必要的焊缝；采用刚度小的结构代替刚度大的结构等。在铸造结构中，铸件的壁厚差要尽量小；厚薄壁连接处要圆滑过渡；铸件厚壁部分的砂层要减薄，或放置冷铁；合理设置浇冒口，尽量使铸件各部分温度均匀。

2. 合理选择工艺

适当提高预热温度、控制冷却时间，以降低工件中各部分的温差。焊接时，应根据焊接结构的具体情况，尽量采用较小的热输入（如采用小直径焊条和较低的焊接电流），以减小焊件的受热范围；采用合理的装焊顺序，尽可能使焊缝能自由收缩，收缩量大的焊缝应先焊。铸造时，采用较细的面砂和涂料，减小铸件表面的摩擦力；控制铸型和型芯的紧实度，加木屑、焦炭等，以提高铸型和型芯的退让性。

3. 降低残余应力

减小或消除残余应力的方法有多种，如热处理法、自然时效法、振动法、加载法和锤击法等。

（1）热处理法　这是消除残余应力最常用的方法。一般是将工件加热到塑性状态的温度，并在此温度下保温一段时间，利用蠕变产生新的塑性变形，使应力消除。再缓慢冷却，使工件各部分的温度均匀一致，避免出现新的应力。

消除焊接残余应力的热处理包括整体去应力退火和局部去应力退火。加热温度一般在 Ac_1 温度以下（约 650℃），保温时间可根据每毫米板厚保温 1~2min 计算，但总时间不少于 30min，最长不超过 3h。

（2）自然时效法　将具有残余应力的铸件放置在露天场地，经数月乃至半年以上时间，使应力慢慢自然消失。该法虽然费用低，但时间太长，效率低，故生产上很少采用。

（3）加载法　对于某些压力容器、桥梁、船体结构，可以采取加载的办法来消除焊接应力。其原理是利用加载所产生的拉伸应力与焊接应力叠加，使拉应力区（焊缝及近缝区）的应力值达到屈服强度，迫使材料发生塑性变形。卸载后构件内的应力得以完全或部分消除。

（4）振动法　将铸件或焊件在共振条件下振动一定时间，以达到消除残余应力的目的。该法所用设备简单，处理成本低，花费时间短，没有热处理给金属表面造成的氧化问题，不受工件尺寸限制，也不会因处理规范不当而产生新的应力。

（5）锤击法　焊后采用锤子或风枪等锤击焊缝及近缝区，使之得到延展，以补偿或抵消焊接时所产生的压缩塑性变形，降低焊接残余应力。锤击要保持均匀、适度，避免锤击过度产生裂纹。锤击铸铁焊缝时要避开石墨膨胀温度。

13.5 热裂纹

13.5.1 热裂纹的分类及特征

在应力与致脆因素的共同作用下，使材料的原子结合遭到破坏，在形成新界面时产生的缝隙称为裂纹。金属在加工和使用过程中，可能会出现各种各样的裂纹，如热裂纹、冷裂纹、再热裂纹、层状撕裂和应力腐蚀裂纹等。裂纹的存在不仅给生产带来许多困难，而且会引发灾难性的事故。

热裂纹是金属冷却到固相线附近的高温区时所产生的开裂现象，微观上具有沿晶开裂特征。热裂纹可分为两大类，即与液膜有关的热裂纹和与液膜无关的热裂纹。前者包括凝固裂纹和液化裂纹，后者主要是高温失延裂纹。

（1）凝固裂纹　金属凝固结晶的末期，在固相线附近，因晶间残存液膜所造成的晶间开裂现象，称为凝固裂纹或结晶裂纹。这种裂纹是最常见的热裂纹形式，其断口具有沿晶间液膜分离的特征，裂纹表面无金属光泽。

（2）液化裂纹　焊接时近缝区或焊缝层间金属由于过热，晶间可能出现液化现象，因而也会出现由于晶间液膜分离而导致的开裂现象，这种热裂纹称为液化裂纹。在其断口上可看到局部有树枝状突起。

（3）高温失延裂纹　焊接时金属冷却到固相线以下所产生的晶间断裂现象，称为高温失延裂纹。这类裂纹与液膜无关，断口粗糙不光滑，显示出柱状晶明显的方向性。

宏观可见的热裂纹，其断口均有较明显的氧化色彩，可作为初步判断其是否为热裂纹的判据。位于金属内部的热裂纹因与外界隔绝，其氧化程度不如表面裂纹明显。

焊接热裂纹既可出现在焊缝上，也可出现在近缝区。凝固裂纹一般只存在于焊缝中（图 13-29），尤其容易在焊缝中心和弧坑处形成，后者称为弧坑裂纹。近缝区裂纹一般都是微裂纹，在外观上常常很难发现。

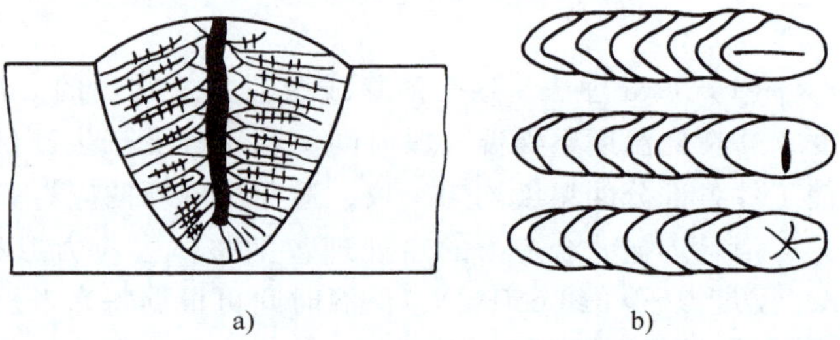

图 13-29　凝固裂纹的分布形态

a）焊缝中心裂纹　b）弧坑裂纹

铸件的外裂纹常产生于局部凝固缓慢、容易产生应力集中的部位；而内裂纹一般发生在铸件最后凝固的部位，有时出现在缩孔下方。

13.5.2　热裂纹的形成机理

1. 凝固裂纹的形成机理

金属在凝固过程中，总要经历液-固状态和固-液状态两个阶段，如图 13-30 所示。在温度较高的液-固阶段，晶体数量较少，相邻晶体间不发生接触，液态金属可在晶体间自由流动，此时金属的变形主要由液体承担，已凝固的晶体只作少量的相互位移，其形状基本不变。随着温度的降低，晶体不断增多且不断长大。进入固-液阶段后，多数液态金属已凝固成晶体，此时塑性变形的基本特点是晶体间的相互移动，晶体本身也会发生一些变形。当晶体交替长合构成枝晶骨

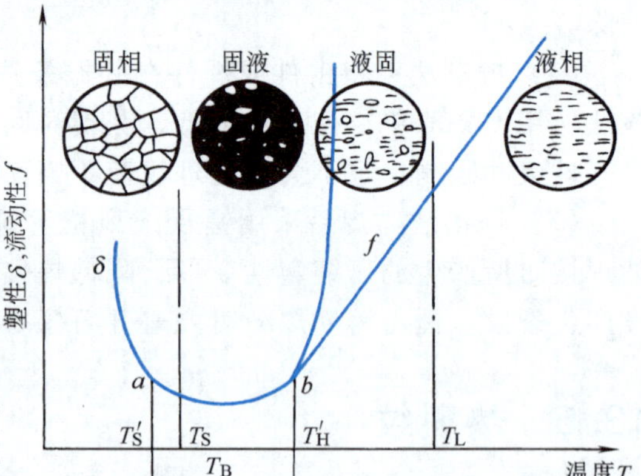

图 13-30　金属结晶的阶段及脆性温度区

T_L—液相线　T_S—固相线　T_B—脆性温度区

架时，残留的少量液体尤其是低熔点共晶便以薄膜形式存在于晶体之间，且难以自由流动。由于液态薄膜抗变形阻力小，形变将集中于液膜所在的晶间，使之成为薄弱环节。此时若存在足够大的拉伸应力，则在晶体发生塑性变形之前，液膜所在晶界就会优先开裂，最终形成凝固裂纹。

可见，固-液阶段是发生凝固裂纹的敏感阶段，该阶段所对应的温度区间称为脆性温度区（图 13-30 中 a、b 之间的部分）。此区内金属的塑性极低，很容易产生裂纹。但裂纹是否能够产生，还要看脆性温度区内应变的发展情况。

图 13-31 可用来说明凝固裂纹产生的具体条件。图中 δ 表示在脆性温度区 T_B 内金属的塑性，它随温度的变化而变化，在某一瞬时出现最小值 δ_{min}；ε 表示在拉应力作用下金属的应变，它也是温度的函数，故可用应变增长率 $\partial\varepsilon/\partial T$ 表示。当 $\partial\varepsilon/\partial T$ 较低，ε 随温度按曲线 1 变化时，$\varepsilon<\delta_{min}$，不会产生裂纹；当 $\partial\varepsilon/\partial T$ 为曲线 2 时，$\varepsilon\approx\delta_{min}$，处于临界状态；当 $\partial\varepsilon/\partial T$ 为曲线 3 时，$\varepsilon>\delta_{min}$，即拉应力产生的应变量超过了金属在 T_B 内的最低塑性，此时必定产生热裂纹。

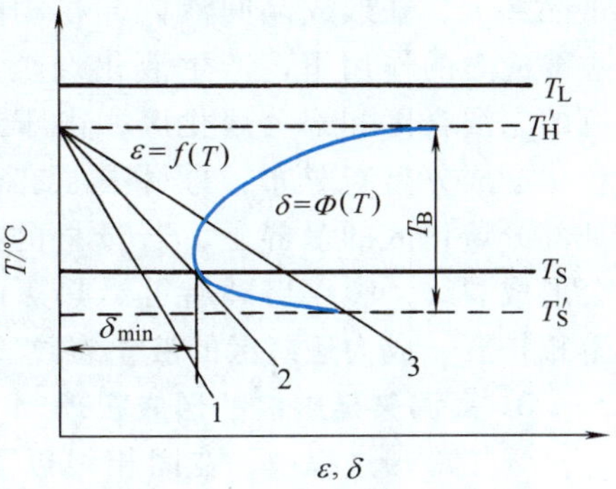

图 13-31　产生凝固裂纹的条件

ε—应变　δ—塑性　T_L—液相线
T_S—固相线　T_B—脆性温度区
T'_H—T_B 上限　T'_S—T_B 下限

刚刚产生热裂纹的应变增长率称为临界应变增长率，以 CST 表示。CST 主要与材料的性质有关，反映材料对热裂纹的敏感性。CST 越大，材料对热裂纹敏感性越小。若实际的应变增长率 $\partial\varepsilon/\partial T<$CST，则可防止热裂纹。

综上所述，金属在高温下是否产生热裂纹主要取决于以下三个方面：

（1）脆性温度区 T_B 的大小　T_B 越大，收缩应力的作用时间就越长，产生的应变量越大，故形成热裂纹的倾向越大。

（2）T_B 内金属的塑性　T_B 一定时，T_B 内金属的塑性 δ_{min} 越低，产生热裂纹的倾向越大。

（3）T_B 内的应变增长率 $\partial\varepsilon/\partial T$　$\partial\varepsilon/\partial T$ 越大，越容易产生裂纹。

上述三个方面既相互关联、相互影响，又相对独立。脆性温度区的大小和金属在脆性温度区的塑性主要取决于化学成分、凝固条件、偏析程度、晶粒大小和方向等冶金因素；而应变增长率主要取决于金属的热胀系数、焊件刚度、铸件收缩阻力及冷却速度等力学因素。

关于热裂纹的形成机理，除了上述的液膜理论外，还有强度理论等。该理论认为，合金在凝固后期，固相骨架已经形成并开始线收缩，由于收缩受阻，合金中产生应力和变形。当应力或变形超过合金在该温度下的强度极限或变形能力时，便产生热裂纹。

2. 液化裂纹的形成

液化裂纹是一种沿奥氏体晶界开裂的微裂纹，其形成同凝固裂纹一样，与液膜的存在和拉应力的作用有关。但它只产生于焊接热影响区或多层焊的层间金属中，如图 13-32 所示。

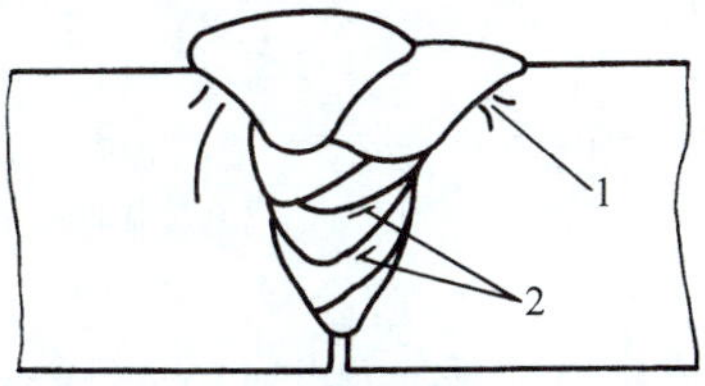

图 13-32　液化裂纹出现的部位

1—凹陷区　2—多层焊层间过热区

液化裂纹的形成机理，一般认为是由于热影响区或多层焊层间金属奥氏体晶界上的低熔点共晶，在焊接高温下发生重新熔化，使金属的塑性和强度急剧下降，在拉应力作用下沿奥氏体晶界开裂而形成的。此外，在不平衡加热和冷却条件下，由于金属间化合物分解和元素的扩散，造成局部地区共晶量偏高而发生局部晶间液化，也会产生液化裂纹。

液化裂纹可起源于粗晶区或熔合线，如图13-33所示。当母材含有较多的低熔点杂质时，近缝区晶粒的严重长大使粗晶部位的杂质富集到少量晶界上，并形成晶间液体，在相间张力和冷却收缩应力的作用下，产生液化裂纹。在熔合线附近的未混合区和部分熔化区，由于熔化和结晶导致化学成分重新分布，母材中原有的杂质将富集到部分熔化区的晶界上，若母材的杂质较多，就会形成裂纹；裂纹启裂后可沿热影响区晶间的低熔相扩展，成为近缝区的液化裂纹。

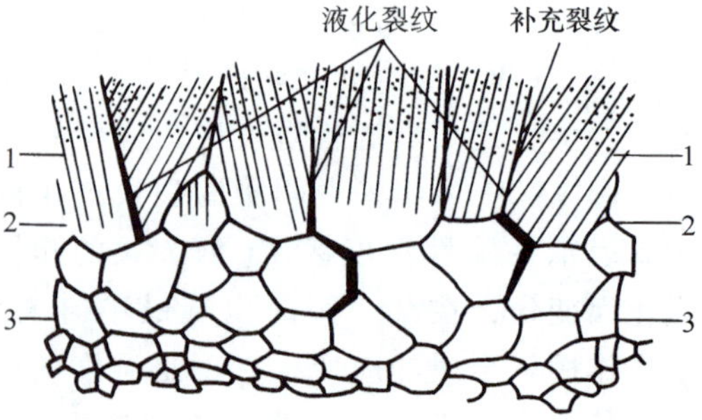

图 13-33　近缝区液化裂纹

1—未混合区　2—部分熔化区　3—粗晶区

3. 高温失延裂纹的形成机理

焊接冷却过程中，在固相线以下的高温阶段，金属仍处于不断增长的收缩应力作用之下，此时金属的变形方式主要是沿着晶界本身的面发生滑动。晶界滑动变形与晶内滑移变形有着本质的不同，前者靠位错或空位移动实现，后者靠晶内沿一定的滑移面产生滑移（塑性变形）实现。晶界滑动变形时，可能失去原子间的相邻关系，如同流体或非晶体一样，原子的排列是杂乱的。因此，晶界滑动变形也称为晶界扩散变形。温度越高，越有利于晶界的扩散变形；位错或空位的密度越大，越容易促使晶界的扩散变形。晶界扩散变形的发展遇到障碍时，就会在障碍附近形成较大的应变集中，引起楔劈作用而导致裂纹形核（楔形开裂），三晶粒相交的顶点最易形成大的应变集中，因此该部位易于产生微裂纹（图 13-34a）。空穴开裂理论则认为，在高温和低应力下，晶界滑动和晶界迁移同时发生，两者共同作用可形成晶界台阶，进而形成空穴并发展成微裂纹（图 13-34b）。晶界中过饱和的空位扩散凝聚，也可能是形成微裂的原因，此时晶界中若存在杂质偏析，则有利于降低空穴的表面能，促使微裂纹更易于形成。

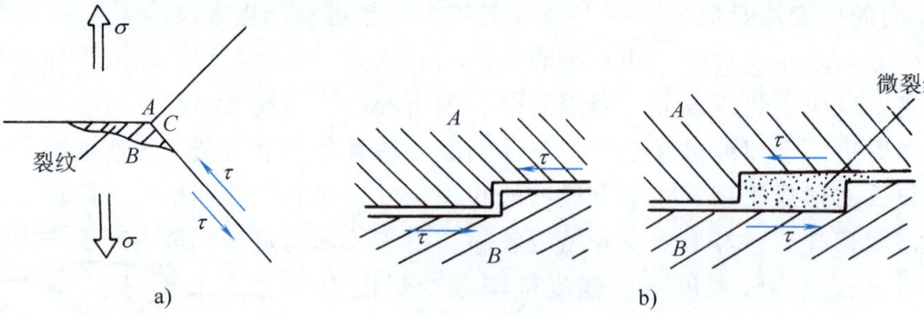

图 13-34　高温失延裂纹的开裂模型

a）三晶粒顶点所形成的微裂纹　b）沿晶界相对滑动形成空穴导致的微裂纹

13.5.3　影响热裂纹形成的因素

影响热裂纹形成的因素可归纳为冶金因素和工艺因素两个方面。冶金因素主要指合金的化学成分及凝固组织的形态；工艺因素包括工艺条件、结构形式和拘束状态等。

1. 冶金因素的影响

（1）凝固温度区的影响　凝固裂纹的倾向随凝固温度区的增大而增大，如图13-35所示。当合金元素含量增加时，凝固温度区增大，脆性温度区的范围也增大（图13-35a中阴影部分），故凝固裂纹的倾向随之增大（13-35b）。在S点时，凝固温度区最大，脆性温度区也最大，因此裂纹倾向最大。但合金元素含量进一步增加时，凝固温度区和脆性温度区反而减小，所以裂纹倾向也相应降低。在实际条件下，合金均在非平衡状态下凝固，所以固相线向左下方移动，裂纹倾向的变化曲线也随之左移（虚线）。

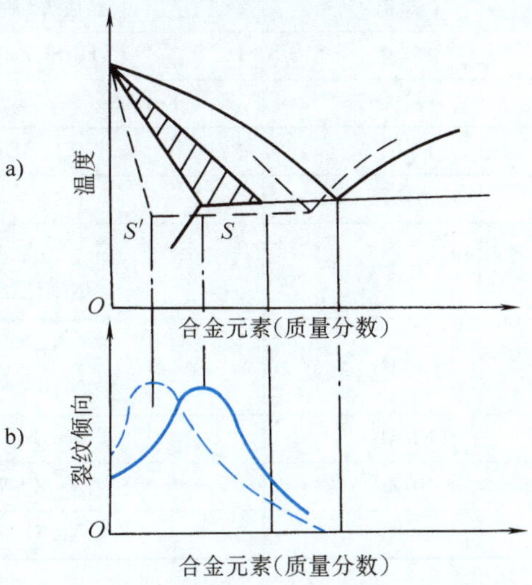

图13-35　凝固温度区与裂纹倾向的关系

实线—平衡状态　虚线—非平衡状态

凝固裂纹的倾向可利用合金相图来分析，如图13-36所示。由图可见，虽然相图类型不同，却有共同的规律，即裂纹倾向随凝固温度区（脆性温度区）的增大而增大。

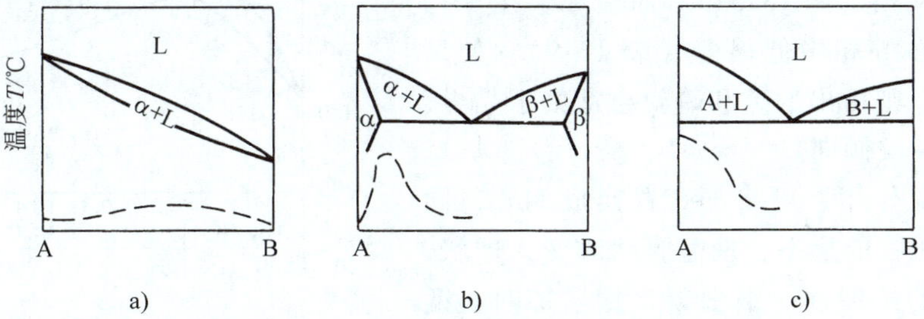

图13-36　二元合金相图与凝固裂纹倾向的关系

a）完全固溶　b）有限固溶　c）机械混合物

虚线—凝固裂纹倾向的变化

（2）合金元素和杂质的影响　合金元素尤其是易形成低熔点共晶的杂质是影响热裂纹产生的重要因素。

硫和磷是钢中最有害的元素，在各种钢中都会增加热裂纹倾向。它们既能增大凝固温度区间，又能与其他元素形成多种低熔点共晶（表13-8），使合金在凝固过程中极易形成液态薄膜。此外，磷和硫还是钢中极易偏析的元素。对于奥氏体钢或合金，由于镍含量高，硫和磷的有害作用将显著增强，特别是磷的作用更为突出。

表13-8　部分元素二元共晶成分及共晶温度

合金系	共晶成分(质量分数)(%)	共晶温度/℃
Fe-S	Fe,FeS(S31)	988
Fe-P	Fe,Fe_3P(P10.5)	1050
	Fe_3P,FeP(P27)	1260

（续）

合金系	共晶成分（质量分数）（%）	共晶温度/℃
Fe-Si	Fe_3Si，FeSi（Si20.5）	1200
Fe-Sn	Fe，FeSn（Fe_2Sn_2，FeSn）　（Sn48.9）	1120
Fe-Ti	Fe，$TiFe_2$（Ti16）	1340
Ni-S	Ni，Ni_3S_2（S21.5）	645
Ni-P	Ni，Ni_3P（P11） Ni_3P，Ni_2P（P20）	880 1106
Ni-B	Ni，Ni_2B（B4） Ni_3B_2，NiB（B12）	1140 990
Ni-Al	γNi，Ni_3Al（Ni89）	1385
Ni-Zr	Zr，Zr_2Ni（Ni17）	961
Ni-Mg	Ni，Ni_2Mg（Ni11）	1095

碳在钢中是影响热裂纹的主要元素，并能加剧硫、磷及其他元素的有害作用。碳能明显增大结晶温度区间，并且随着碳含量的增加，初生相可由δ相转为γ相（图13-37）。而硫和磷在γ相中的溶解度比在δ相中低很多（表13-9），如果初生相为γ相，则析出的硫和磷就会富集于晶界，从而增加凝固裂纹倾向。

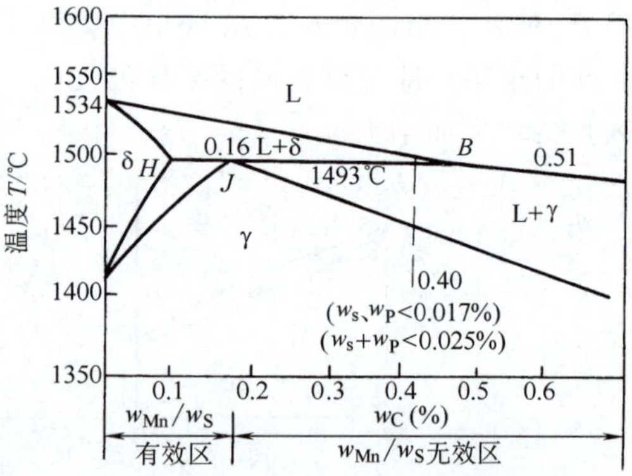

图13-37　Fe-C相图的高温部分

锰具有脱硫作用，可将FeS置换成MnS，同时也能改善硫化物的形态，使薄膜状改变为球状，从而提高金属的抗裂性。钢中碳含量增加时，锰的加入量也要相应增加。一般情况下，当w_C<0.16%时，w_{Mn}/w_S>25即可防止热裂纹的产生。但是，当w_C>0.16%（包晶点）时，磷的有害作用将超过硫，此时再增加w_{Mn}/w_S比值对防止热裂纹已无意义。

表13-9　硫和磷在δ相与γ相的最大溶解度（质量分数）

元　　素	在δ相中	在γ相中
S	0.18%	0.05%
P	2.8%	0.25%

硅是δ相形成元素，应有利于消除凝固裂纹，但w_{Si}>0.4%时，容易形成低熔点硅酸盐，从而增加裂纹倾向。此外，在单相奥氏体中，硅的偏析也比较严重，并可形成低熔点共晶。

镍在低合金钢中易与硫形成低熔点共晶，从而引起凝固裂纹。镍在高强钢、不锈耐热钢及耐热合金中，易与S、P、B等形成低熔共晶（表13-8），使液化裂纹倾向增大。

总之，合金元素对热裂纹的影响既重要又复杂。目前已建立了一些定量的判据，如热裂纹敏感系数HCS、临界应变增长率CST等，以考察化学成分对热裂倾向的综合影响。

（3）凝固组织形态的影响　晶粒的大小、形态和方向及析出的初生相对抗裂性都有很大影响。晶粒越粗大，方向性越明显，产生热裂纹的倾向就越大。金属中加入某些合金元素（如 Ti、Mo、V、Nb 等）使晶粒细化，既可破坏液态薄膜的连续性，又可打乱枝晶的方向性，从而提高金属的抗裂性。

对于18-8型奥氏体钢（或焊缝），当其组织为 γ+δ 时，可减少热裂纹形成倾向。因为少量 δ 相的存在可以细化晶粒，打乱奥氏体粗大柱状晶的方向性（图13-38）；同时，δ 相溶解 S、P 的能力比 γ 相大，有利于减小 S、P 的偏析。但 δ 相的数量不宜过多，否则会带来其他不利的影响。

2. 工艺因素对热裂纹的影响

工艺因素不仅影响金属的应变增长率，还会影响杂质的偏析和组织状态等，从而影响热裂纹的产生倾向。

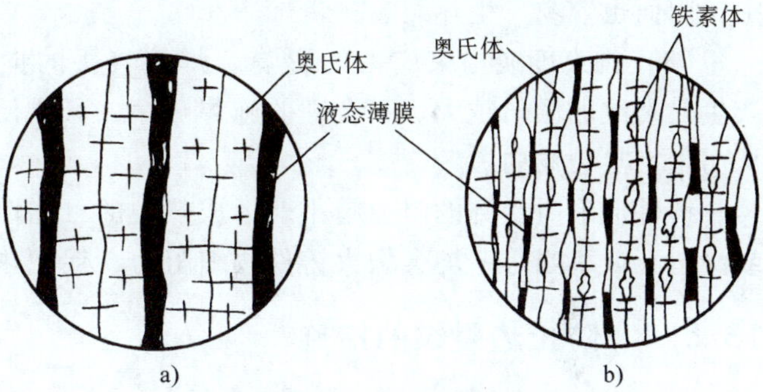

图13-38　δ 相在奥氏体基底上的分布

a）单相奥氏体　b）δ+γ

（1）工艺条件的影响

1）焊接参数。焊接电流、电弧电压和焊接速度等参数影响熔池的凝固形态和焊缝成形系数，进而影响热裂倾向。

成形系数 Φ 为焊缝宽度 B 与焊缝实际厚度 H 之比，即 $\Phi=B/H$（图13-39）。Φ 值较小时，最后凝固的枝晶对向生长，使杂质富集于枝晶汇合面处，故裂纹倾向较大。Φ 值增加时，枝晶呈人字形生长，可消除杂质的偏析集中，提高抗裂性能。对接焊缝一般要求 $\Phi>1$。但 $\Phi>7$ 后，由于焊缝断面较薄，抗裂性下降。

高速焊接时，熔池呈泪滴状，柱状晶几乎垂直地向焊缝轴线方向生长，易在汇合面处形成偏析弱面，故热裂倾向大。低速焊接时，熔池呈椭圆形，枝晶呈人字形向焊缝中心成长，不易产生偏析弱面，故热裂倾向小。

此外，冷却速度增加时，金属的变形速度或应变增长率增大，抗裂性能降低。

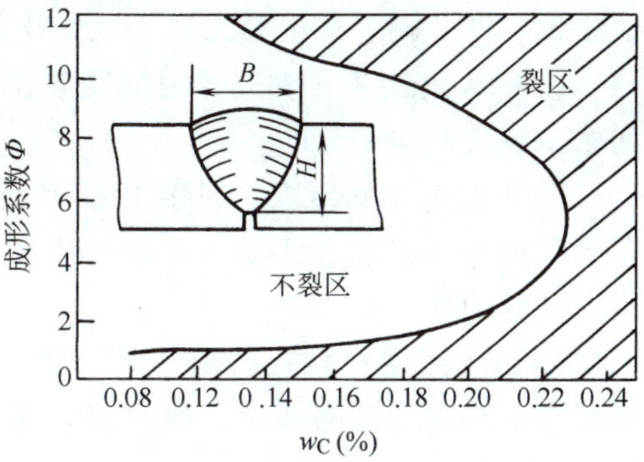

图13-39　焊缝成形系数 Φ 对热裂倾向的影响

2）浇注条件。浇注温度应根据铸件的壁厚来选择。薄壁铸件要求较高的浇注温度，使凝固速度缓慢均匀，从而减少热裂倾向。对于厚壁铸件，浇注温度过高会增加缩孔容积，减缓冷却速度，并使初晶粗化，形成偏析，因而易促使形成热裂。此外，浇注温度过高容易引起铸件粘砂或与金属型壁粘合，从而阻碍铸件收缩，引起热裂。

浇注速度对热裂纹也有影响。浇注薄壁件时，希望型腔内液面上升速度较快，以防止局部过热。对于厚壁铸件，则要求浇注速度尽可能慢一些。

（2）结构形式的影响　不同形式的接头对裂纹倾向的影响如图13-40所示。表面堆焊和熔深较浅的对接焊缝抗裂性较高（图13-40a、b）。熔深较大的对接和各种角接焊缝的抗裂性较差（图 13-40c~f），因为这些焊缝所承受的应力正好作用在焊缝最后凝固的部位，而这些部位因富集杂质元素，晶粒之间的结合力较差，故易引起裂纹。

铸件厚薄不均时，各处的冷却速度不同，较厚部分凝固晚，收缩应力易集中于此处而导致裂纹。铸件两截面直角交接处或型壁十字交接处会形成热节，并产生应力集中，因而也容易产生热裂。

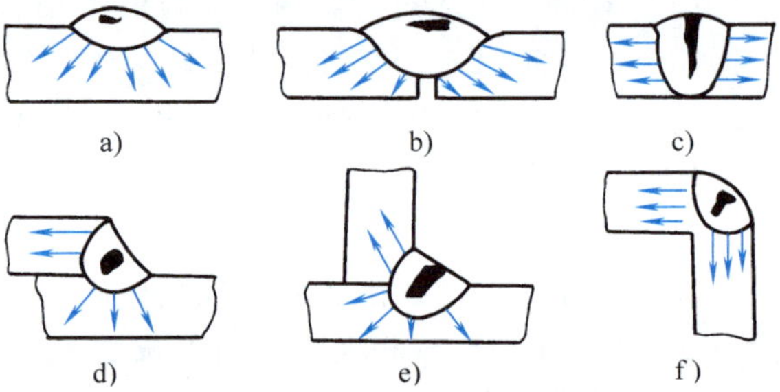

图 13-40 接头形式对裂纹倾向的影响

（3）拘束度或拘束应力的影响 焊接接头的拘束度或刚度越大，则应变增长率越大，产生热裂纹的倾向越大。不合理的施焊顺序，可能使接头的拘束度在焊接过程中逐渐增大，从而增大热裂倾向。

铸件成形时受到的阻力越小，形成热裂的可能性越小。铸型的退让性差，铸件表面粘砂或浇道开设不当等，均会增大铸件收缩阻力，促使热裂纹形成。

13.5.4 防止热裂纹的措施

针对热裂纹的影响因素，可从冶金和工艺两个方面采取措施，防止热裂纹的产生。

1. 冶金措施

（1）限制有害杂质 严格控制钢材或焊缝中硫、磷等有害杂质的含量，合金元素含量越高，对硫、磷的限制越要严格。对于一些重要的焊接结构，采用碱性焊条和焊剂可有效控制有害杂质。熔炼时用合成渣处理钢液，可降低钢中硫和氧的含量。

（2）微合金化和变质处理 在碳钢、合金钢和相应的焊缝中加入某些合金元素，如钒、钛、铌、锆、硼、稀土等元素，以细化晶粒，减少非金属夹杂，改善夹杂物的形态和分布。

（3）改进工艺 改进铸钢的脱氧工艺，提高脱氧效果，以减少晶界的氧化物夹杂，达到减少热裂倾向的目的。

（4）改善金属组织 焊接 18-8 型不锈钢时，通过调整母材或焊接材料的成分，使焊缝金属获得 $\gamma+\delta$ 的双相组织（δ 相的体积分数一般控制在 5%左右），既能提高其抗裂性，又能提高耐蚀性。

（5）利用“愈合”作用 对于某些热裂倾向较大的材料（如高强铝合金），可有意增多焊缝中易熔共晶的数量，使之具有愈合裂纹的作用。但此法会降低接头性能，故应适当控制。

2. 工艺措施

（1）焊接工艺措施

1）适当降低热输入，避免熔池和近缝区金属过热。热输入较大时，易形成粗大的柱状晶，增加偏析程度，同时晶界上低熔点共晶熔化较严重，焊接应力也较大。因此凝固裂纹和液化裂纹形成倾向大。

2）针对不同的焊接方法和接头形式，合理调整焊接参数，获得合适的焊缝成形系数。适当增加成形系数，使低熔点共晶聚集在焊缝上部，与焊缝收缩应力成一定角度，有利于防止凝固裂纹的产生。

3）焊缝凹进部位过热严重，易形成液化裂纹，凹度 d（图 13-41）越大，裂纹倾向越大。控制凹度使 $d<1$mm，可减少液化裂纹倾向。

4）在接头设计和装焊顺序方面，应尽量降低接头的刚度或拘束度，尽可能使大多数焊缝在较小刚度条件下焊接，以改善焊接接头的应力状态。

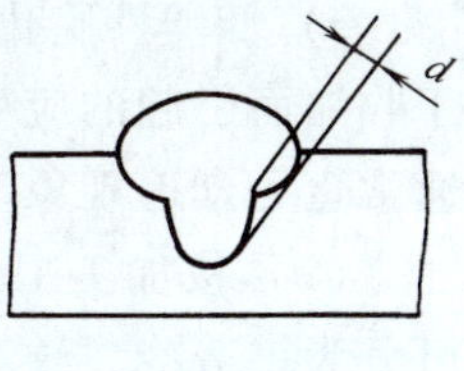

图 13-41　焊缝凹度示意图

（2）铸造工艺措施

1）减小铸件的收缩应力，如增加铸型和型芯的退让性，预热铸型，在铸型和型芯表面刷涂料等，可降低热裂倾向。

2）改进浇注方法，设置合理的浇道数量，控制浇注速度等，以控制铸件的冷却速度，使铸件各部分的温度相对均匀。

3）设计合理的铸件结构，避免直角或十字交叉的截面。必要时设置防裂肋，在两壁相交部位采用冷铁加速热节的冷却等，也是防止铸件热裂的重要措施。

13.6　冷裂纹

13.6.1　冷裂纹的分类及特征

1. 冷裂纹的基本特征

冷裂纹是指金属经焊接或铸造成形后冷却到较低温度时产生的裂纹。这类裂纹是中碳钢、高碳钢、低合金高强钢、工具钢、钛合金及铸铁等材料成形加工时极易出现的一种工艺缺陷。

冷裂纹有时在焊后或加工后立即出现，有时则要经过一段时间才出现。后者存在一个潜伏期，具有延迟特征，故称为延迟裂纹。

冷裂纹多起源于具有缺口效应、易产生应力集中的部位，或物理化学不均匀的氢聚集的局部地带。焊接冷裂纹常出现在焊接热影响区，对于一些厚大焊件、超高强钢及钛合金，有时也会出现在焊缝上。

冷裂纹的断口形态比较复杂，不像热裂纹那样只具有晶间断裂特征。从宏观上看，冷裂纹断口具有发亮的金属光泽，呈脆性断裂特征；从微观上看，有的呈晶间断裂（即沿晶断裂），有的为穿晶断裂，而更常见的是沿晶与穿晶共存的断口形态。有氢作用时会出现明显的氢致准解理断口，淬硬倾向越大，沿晶断裂特征越趋明显。

2. 冷裂纹的分类

（1）按裂纹形成原因分类　按形成原因的不同，冷裂纹可分为以下三类：

1）延迟裂纹。这类裂纹是在氢、钢材淬硬组织和拘束应力的共同作用下产生的，其形成温度一般在 Ms 以下 200℃至室温范围，由于氢的作用而具有明显的延迟特征，故又称为氢致裂纹。裂纹的产生存在着潜伏期（几小时、几天甚至更长）、缓慢扩展期和突然开裂三个接续的过程。由于能量的释放，常可听到较清晰的开裂声音。

2）淬硬脆化裂纹。某些淬硬倾向大的钢种，热加工后冷却到 Ms 至室温时，因发生马氏体相变而脆化，在拘束应力作用下即可产生开裂。这种裂纹又称为淬火裂纹，其产生与氢的关系不大，基本无延迟现象，成形加工后常立即出现。

3）低塑性脆化裂纹。它是某些低塑性材料（如铸铁和硬质合金等）冷却到低温时，由于收缩而引起的应变超过了材料本身所具有的塑性储备或材料变脆而产生的裂纹。这种裂纹通常也无延迟现象。

（2）按加工工艺特点分类　按工艺特点的不同，冷裂纹可分为铸造冷裂纹和焊接冷裂纹等。

铸造冷裂纹是铸件凝固后冷却到弹性状态时，因局部铸造应力大于合金抗拉强度而引起的开裂。这类裂纹总是发生在冷却过程中承受拉应力的部位，特别是拉应力集中的部位。壁厚不均匀、形状复杂的大型铸件容易产生冷裂纹。图13-42所示的齿轮毛坯，由于较厚的轮毂开始收缩时受到已冷却轮缘的阻碍，从而在轮辐中产生拉应力，并由此引发冷裂纹。

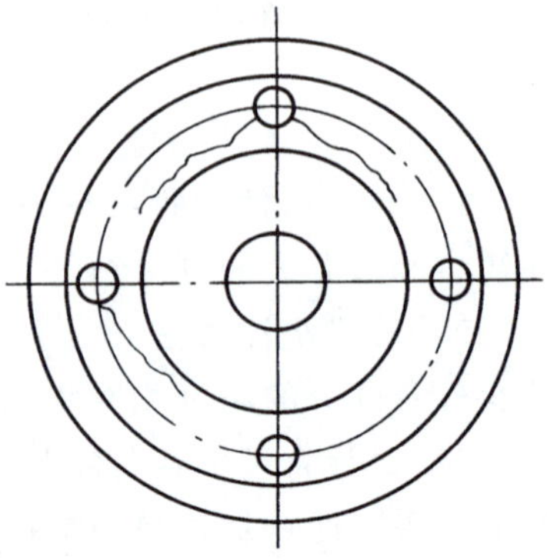
图 13-42　齿轮毛坯中的铸造冷裂纹

焊接生产中经常遇到的冷裂纹主要是延迟裂纹，其典型的分布形态如图13-43所示。

1）焊道下裂纹。裂纹产生于焊道之下的热影响区内，距熔合线0.1~0.2mm，该部位常有粗大的马氏体组织。裂纹走向大致与熔合线平行，一般不显露于焊缝表面。焊道下裂纹是最典型的氢致裂纹。

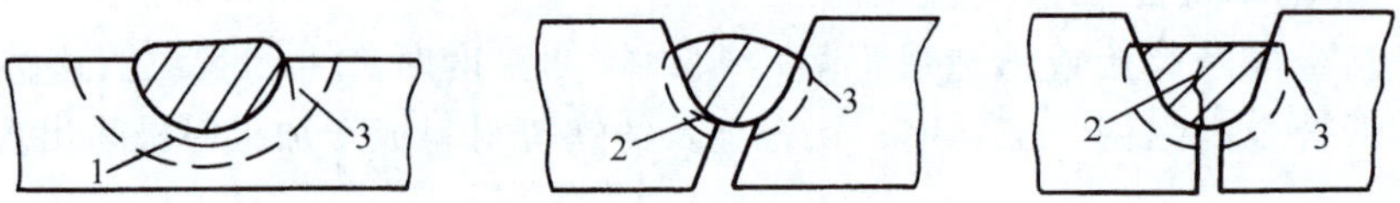

图 13-43　焊接冷裂纹分布形态

1—焊道下裂纹　2—焊根裂纹　3—焊趾裂纹

2）焊根裂纹。裂纹起源于应力集中的焊接坡口根部，有的沿热影响区发展，有的则转入焊缝内部。

3）焊趾裂纹。裂纹起源于焊缝与母材交界的焊趾处，并有明显应力集中的部位（如咬肉处）。裂纹从表面出发，向厚度的纵深方向发展，止于近缝区粗晶部分的边缘，一般沿纵向发展。

此外，某些淬火倾向较大的钢材焊接后，在焊缝和母材上会出现许多横向和纵向微裂纹；厚板多层焊时，在焊缝的层间会出现许多横向裂纹。这些裂纹也具有延迟特征，应属于延迟裂纹的一种。

下面着重讨论高强度钢焊接时所产生的延迟裂纹。

13.6.2　影响冷裂纹产生的因素

生产实践和理论研究表明：钢材的淬硬倾向、氢的含量与分布以及拘束应力状态是导致高强度钢产生冷裂纹的主要因素。

1. 拘束应力的作用

金属在加工过程中存在的拘束应力包括不均匀加热冷却过程所引起的热应力、金属相变前后不同组织的热物理性质变化引起的相变应力，以及结构自身拘束条件引起的应力等。拘束应力是引起冷裂纹的直接原因，并且还会影响氢的分布，加剧氢的有害作用。

拘束应力的大小取决于受拘束的程度，可用拘束度表示。焊接中拘束度的定义为单位长度焊缝在根部间隙产生单位长度位移所需要的力。对于两端固定的对接接头（见图 13-44），拘束度 R 可用下式表示

$$R = \frac{E\delta}{L} \tag{13-13}$$

式中，R 是拘束度（N/mm^2）；E 是母材金属的弹性模量（N/mm^2）；δ 是板厚（mm）；L 是拘束距离（mm）。

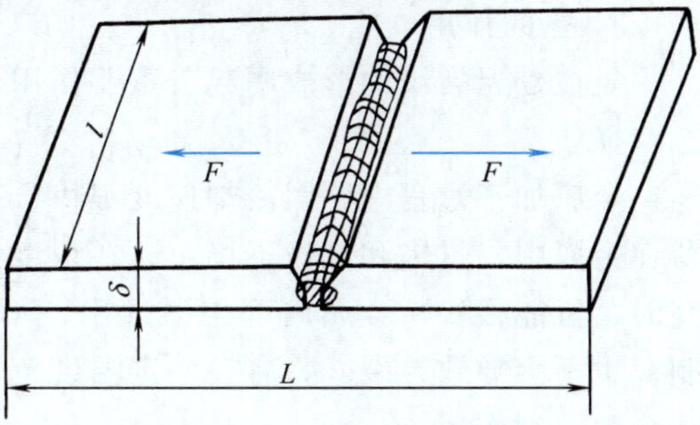

图 13-44　对接接头拘束度模型

由式（13-13）可见，L 越小或 δ 越大时，拘束度 R 越大。而 R 增大时，产生的拘束应力也相应增大。R 增大到一定程度，便会产生裂纹。通常把开始产生裂纹的最小拘束度称为临界拘束度 R_{cr}。R_{cr}越大，表明焊接接头的抗裂性能越好。

不同钢材焊接时冷却到室温所产生的拘束应力与拘束度的关系如图 13-45 所示，其关系式为

$$\sigma = mR \tag{13-14}$$

式中，σ 是拘束应力（MPa）；m 是转换系数，与钢的线胀系数、比热容、接头坡口形式和焊接方法等因素有关，低合金高强度钢焊条电弧焊时，$m \approx (3\sim5) \times 10^{-2}$。

需要强调的是，同样材质和同样板厚的焊件，由于接头的坡口形式不同，即使拘束度相同，也会产生不同的拘束应力，如图 13-46 所示。当 $R = 20000N/mm^2$ 时，拘束应力大小按正 Y 形⟶X 形⟶斜 Y 形⟶K 形⟶半 V 形递增。

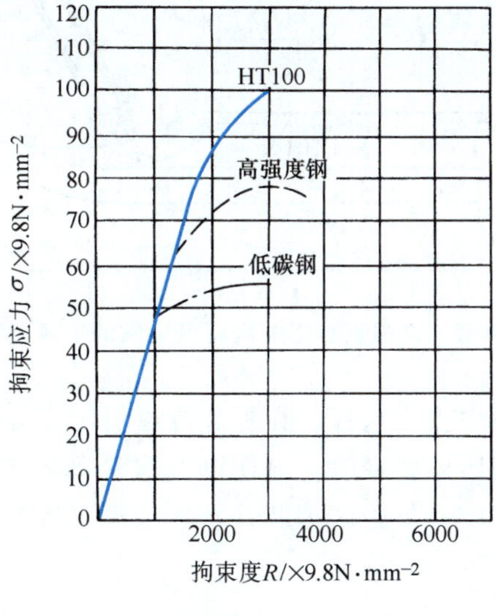

图 13-45　拘束应力与拘束度的关系

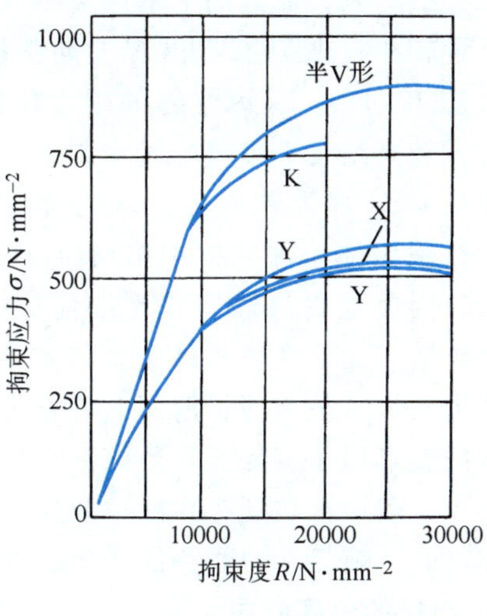

图 13-46　不同坡口形式 R 与 σ 的关系

对于实际的焊接结构，如船体、球罐、建筑和桥梁等，一般情况下 $R = 400\delta$，高拘束度时 $R = 900\delta$（$\delta = 25 \sim 35mm$）。

可见，焊接结构的不同部位存在着不同的拘束度。在弹性条件下，若有应力集中时，拘束应力将剧增，所以冷裂倾向必然会增加。

2. 氢的作用

氢在延迟裂纹的形成中起着重要作用，它决定了裂纹形成过程中的延迟特点及断口的形态特征。

金属加工过程中，因冷却速度很快，高温下溶入的氢来不及逸出，从而以过饱和状态保留在金属中。过饱和氢极不稳定，在浓度差的作用下将自发地向周围金属扩散。当温度足够高时，氢能很快从金属内部扩散逸出，不会引起裂纹；当温度很低时，氢的扩散将受到抑制，也不会导致开裂。只有在一定温度范围（-100~100℃）时，金属晶格中能自由扩散的氢才会起致裂作用。

氢在不同金属组织中的溶解度和扩散能力不同。在奥氏体（γ-Fe）中，氢的溶解度较大，扩散系数较小；而在铁素体（α-Fe）中，氢的溶解度较小，扩散系数较大。因此，当金属自高温冷却而发生相变时，氢就会从体心立方组织向面心立方组织扩散，即发生所谓的"相变诱导扩散"，导致氢在某些部位产生聚集，致使该部位金属脆化。

此外，氢在金属中有向三向拉应力区扩散的趋势。在应力集中或缺口等有塑性应变的部位常会产生氢的局部聚集，使该处最早达到氢的临界含量，这就是氢的"应力诱导扩散"现象。应力梯度越大，氢扩散的驱动力就越大，亦即应力对氢的诱导扩散作用越大。

综上所述，在金属加工过程中，氢的扩散行为从高温到低温受不同机理控制。由于加热和冷却的不均匀，金属内各部分存在着相变不同步和内应力不均匀现象。在"相变诱导扩散""应力诱导扩散"和"浓度扩散"等驱动力作用下，金属中的氢将向某些部位（如熔合线、晶体缺陷或应力集中部位）扩散和聚集。当这些部位的氢含量达到一定的临界值时，就会诱发冷裂纹。高强钢氢含量越高，冷裂倾向越大。

在焊接接头中，由于焊缝金属在高温下溶解了大量的氢，而其周围基体金属（母材）的氢含量较少，所以氢将由焊缝向热影响区扩散（图13-47）。又因焊缝的碳含量低于母材，故在较高温度下焊缝先于母材发生相变，即由奥氏体分解为铁素体、珠光体等组织。由于氢在铁素体、珠光体中溶解度小而扩散系数大，因此氢将从焊缝快速地向奥氏体热影响区扩散。而氢在奥氏体中扩散速度很小，溶解能力较大，故不能扩散到离焊缝边界较远的母材中去。这样，在焊缝与母材的交界处即熔合区内就形成了富氢区。当该区金属由奥氏体向马氏体转变时，氢便以过饱和状态残留在马氏体中。若该区域还存在缺口效应，则会促使氢向应力集中区扩散并发生聚集。当氢的含量足够高时，就会在热影响区产生裂纹。

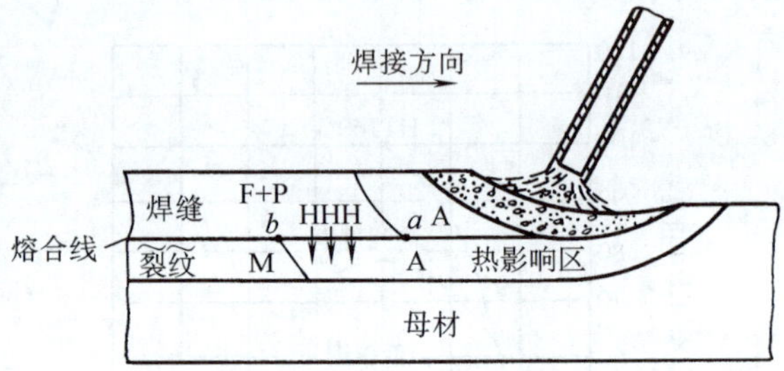

图 13-47　高强钢热影响区延迟裂纹的形成过程

3. 钢材的淬硬倾向

淬硬倾向是钢材产生冷裂纹的又一重要因素。钢材的淬硬倾向越大，越容易产生裂纹。其原因在于淬硬倾向大的钢材，易形成淬硬的马氏体组织和高密度的晶格缺陷。

马氏体是碳在α铁中的过饱和固溶体，碳原子以间隙原子存在于晶格之中，使Fe原子偏离平衡位置，晶格发生严重畸变，致使组织处于硬化状态。淬硬组织发生断裂只需要消耗较低的能量，并且淬硬组织数量越多，晶粒越粗大，产生开裂所需要的应力越小。但是，不同化学成分和形态的马氏体对冷裂纹的敏感性不同。板条状的低碳马氏体既有较高的强度又有足够的韧性，其抗裂性能优于碳含量较高的片状孪晶马氏体。而孪晶马氏体硬度高，韧性差，对冷裂纹特别敏感，即使没有氢的作用也可能引起裂纹。

淬硬组织除了脆硬之外，还会形成大量的晶格缺陷（如空位和位错等）。这些晶格缺陷在应力作用下会发生移动和聚集，当其浓度达到临界值时，就会形成裂纹源，并进一步扩展成宏观裂纹。

在焊接条件下，近缝区的加热温度很高（达 1350～1400℃），使奥氏体的晶粒严重长大，当快速冷却时，粗大的奥氏体将转变为粗大的马氏体。此外，由于晶粒粗大，相变温度显著降低，同时晶界上偏析物也增多。因此，热影响区粗晶区的冷裂倾向较大，焊接冷裂纹常起源于此。

钢材的碳当量反映了化学成分对硬化程度的影响，据此可以判断钢材的淬硬倾向和冷裂倾向大小。常用的碳当量公式见式（12-11）。钢的碳含量越高，或合金元素越多，越容易形成马氏体组织，其淬硬倾向和冷裂倾向越大。此外，碳当量越高，临界扩散氢的含量越低，因此对于淬硬倾向大的钢种，必须严格控制氢的含量。

最后指出，冷裂纹的产生是上述三大因素综合作用的结果，但有时可能只是其中一个或两个因素起主要作用，其余的起辅助作用。

总结以上三方面的影响，对于低合金高强度钢的焊接，可归纳成关于冷裂纹敏感性的重要关系式。其中最常用的关系式为

$$P_{\mathrm{w}} = P_{\mathrm{cm}} + \frac{[\mathrm{H}]}{60} + \frac{R}{400000} \tag{13-15}$$

$$P_{\mathrm{C}} = P_{\mathrm{cm}} + \frac{[\mathrm{H}]}{60} + \frac{\delta}{600} \tag{13-16}$$

式中，P_{w}、P_{C} 是冷裂纹敏感指数；[H] 是熔敷金属扩散氢含量（mL/100g），按 JIS 标准甘油法测定；R 是拘束度（$\mathrm{N/mm^2}$）；δ 是工件厚度（mm）；P_{cm} 是钢材合金元素的碳当量，见式（12-13）。

上述公式的适用条件为：$w_{\mathrm{C}}=0.07\%\sim0.22\%$，$w_{\mathrm{Si}}\leqslant0.6\%$，$w_{\mathrm{Mn}}=0.4\%\sim1.4\%$，$w_{\mathrm{Cr}}<1.2\%$，$w_{\mathrm{Cu}}<0.5\%$，$w_{\mathrm{Ni}}<1.2\%$，$w_{\mathrm{Mo}}<0.7\%$，$w_{\mathrm{V}}<0.12\%$，$w_{\mathrm{Ti}}<0.05\%$，$w_{\mathrm{Nb}}<0.04\%$，$w_{\mathrm{B}}<0.005\%$。此外，$[\mathrm{H}]=1\sim5\mathrm{mL/100g}$，$R\approx5000\sim33000\mathrm{N/mm^2}$，板厚 $\delta=19\sim50\mathrm{mm}$，线能量 $E=17\sim30\mathrm{kJ/cm}$。

若已知 P_{w} 或 P_{C}，就可以获得是否产生冷裂纹的信息。

13.6.3　延迟裂纹的形成机理

高强钢焊接时延迟裂纹的形成过程，与充氢钢恒载拉伸试验时表现出的延迟断裂现象极其相似，如图 13-48 所示。当应力高于上临界应力值 σ_{UC} 时，试件很快断裂，无延迟现象。当应力低于下临界应力值 σ_{LC} 时，不论恒载多久，试件都不会断裂。当应力介于 σ_{UC} 和 σ_{LC} 之间时，就会出现由氢引起的延迟断裂现象，产生裂纹之前有一段潜伏期，然后是裂纹的扩展，最后发生断裂。延迟时间的长短与应力大小有关。拉应力越小，启裂所需临界氢的含量

越高，潜伏期（延迟时间）就越长。

关于氢致延迟开裂的机理，目前已有多种理论，如空洞内气体压力学说、位错陷阱捕氢学说和氢吸附理论等。但是，能够较好地解释氢和应力交互作用的延迟裂纹理论是氢的应力诱导扩散理论。

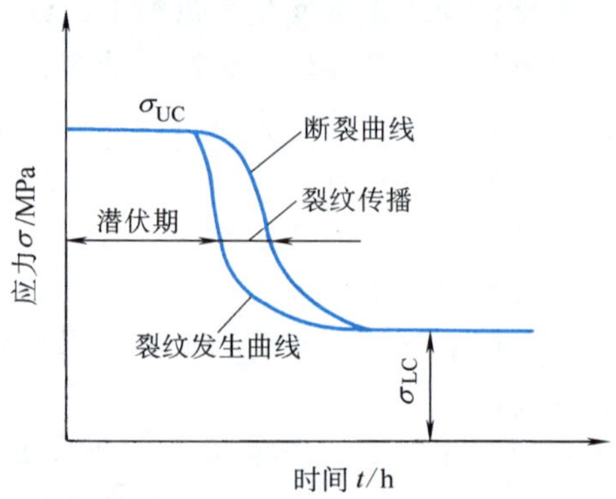

图 13-48　延迟断裂时间与应力的关系

σ_{UC}—上临界应力　σ_{LC}—下临界应力

应力诱导扩散理论认为，金属内部存在的缺陷（如微孔、微夹杂物、晶格缺陷等）提供了潜在的裂纹源，在应力的作用下，这些缺陷的前沿会形成有应力集中的三向应力区，诱使氢向高应力区扩散，并发生聚集。随着氢含量的增加，缺陷处应力不断增大，其脆性也因位错移动受阻而增加。当氢的含量达到临界值时，缺陷部位便会发生开裂和裂纹扩展现象，并在裂纹尖端形成新的三向应力区，如图13-49所示。其后，氢不断向新的三向应力区扩散聚集，当裂纹尖端局部的氢含量再次达到临界值时，裂纹又发生新的扩展。这一过程周而复始持续进行，直至成为宏观裂纹。

可见，氢致裂纹从潜伏、萌生、扩展直至开裂是具有延迟特征的，而裂纹的扩展又是一个断续的过程。因此，可以认为延迟裂纹就是由许多单个的微裂过程合并而形成的宏观裂纹。

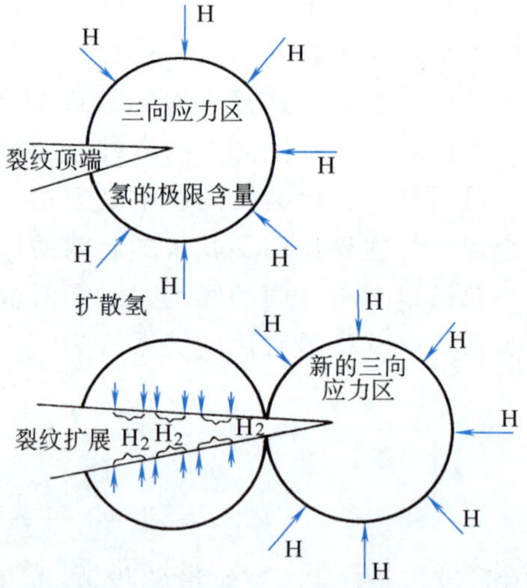

图 13-49　氢致裂纹的扩展过程

13.6.4　冷裂纹的控制

对于结构钢冷裂纹的控制，总的原则是控制冷裂纹的三大要素，即降低扩散氢的含量、改善接头组织和减小拘束应力。焊接中常用的措施是控制母材的化学成分，合理选用焊接材料以及严格控制焊接参数，必要时采用焊后热处理。

1. 控制拘束应力

从设计到施焊工艺的制订，必须力求减小焊接接头的刚度或拘束度，并避免形成各种“缺口”。调整施焊顺序，使焊缝有收缩余地。对于 T 形杆件必须避免回转变形或角变形，以防止焊根裂纹。

焊接高强度结构钢时，采用低强匹配的焊缝（焊缝强度稍低于母材），有利于防止冷裂纹。强度较低的焊缝容易发生塑性变形，可降低焊接接头的拘束应力，使焊趾、焊根等部位的应力集中效应相对减小。

对于铸造冷裂纹，可从工艺和结构设计等方面采取措施，减小拘束应力。在铸造工艺方面，应尽量减小铸件各部分的温差及铸型、型芯的阻力，促使铸件各部分均匀冷却，以降低铸件的热应力；延长铸件在砂型中的停留时间，避免开箱过早而造成较大的内应力。在结构设计方面，力求使铸件壁厚均匀，转角处应做出过渡圆角，减少应力集中现象。此外，铸造应力大的铸件应及时进行时效处理。必要时，铸件在切割浇冒口或焊补后，再进行一次时效处理。

2. 控制组织硬化

在设计上应尽量选用碳当量 CE 或冷裂敏感系数小的钢材。当钢的化学成分（即 CE）一定时，为限制组织的硬化程度，必须调整工艺参数，以获得合适的焊接热循环。实际中常以冷却时间 $t_{8/5}$ 或 t_{100} 等作为判据。为获得所需的冷却时间，可采取焊前预热、控制焊接热输入等措施。

（1）合理选择预热温度　预热是防止冷裂纹的有效措施，不仅能降低冷却速度，改善接头的组织，而且有利于氢的扩散逸出。但预热会使劳动条件恶化，增加制造成本和难度；预热温度选择不当，还会对产品质量带来不良影响。

预热温度应视钢材的强度等级、焊件厚度、焊条类型和坡口形式等因素而定。一般来说，强度级别高的钢材需要的预热温度也高；材料一定时，选用低氢型焊条所需的预热温度比高氢型焊条低；工件厚度增大时，预热温度要相应提高。

（2）适当控制焊接热输入　对于低碳低合金钢，适当加大焊接热输入可增加冷却时间（$t_{8/5}$），有利于氢的扩散逸出和减少淬硬倾向，从而提高抗裂性能。但对于某些钢种，热输入过大或高温停留时间过长，会使奥氏体晶粒过热粗大，冷裂倾向反而增加。因此，应针对不同钢种适当控制热输入量。

3. 限制扩散氢的含量

（1）严格控制氢的来源　仔细烘干焊条、焊剂，并妥善保存，防止吸潮；仔细清理焊丝与钢板坡口附近的铁锈、油污等。

（2）采用低氢焊接材料和焊接方法　采用低氢或超低氢焊接材料，并防止再吸潮，有利于防止冷裂。对于重要的低合金高强钢的焊接，原则上都应选用碱性焊条。CO_2 高温时具有一定的氧化性，故采用 CO_2 气体保护焊可获得低氢焊缝；碱性药芯焊丝配合 CO_2 气体保护，也可获得低氢焊缝。

（3）适当预热和紧急后热　所谓紧急后热，即冷裂纹尚处在潜伏期，在未启裂前实施的焊后热处理。后热可以减少扩散氢含量，同时也可减小残余应力，韧化热影响区和焊缝组织。选用合适的后热温度，还可降低预热温度，改善劳动条件等。

多层焊时的预热温度可比单层焊适当低些。但多层焊时，应严格控制层间预热温度或后热温度，以使扩散氢逸出。否则，氢量会逐层积累。

（4）选用奥氏体焊条　采用奥氏体焊条焊接冷裂倾向较大的低、中合金高强钢，能较好地避免冷裂纹。因奥氏体焊缝可固溶较多的氢，同时奥氏体塑性好，可减小接头的拘束应力。但使用时应采用较小的焊接电流，以减小熔合比。熔合比增大将使过渡层中出现淬硬的马氏体组织，增大冷裂倾向。

思考与练习

1. 何谓枝晶偏析、晶界偏析、正偏析、负偏析、正常偏析、逆偏析和重力偏析？
2. 偏析是如何形成的？影响偏析的因素有哪些？生产中如何防止偏析的形成？
3. 焊缝的偏析有哪些类型？为什么说熔合区是焊接接头的薄弱部位？
4. 分析偏析对金属质量的影响。

5. 简述析出性气孔的特征、形成机理及主要防止措施。
6. 焊缝中的气孔有哪几种类型？有何特征？
7. 试述夹杂物的形成机理、影响因素及主要防止措施。
8. 何谓体收缩、线收缩、液态收缩、凝固收缩、固态收缩和收缩率？
9. 分析缩孔的形成过程，说明缩孔与缩松的形成条件及形成原因。
10. 分析灰铸铁和球墨铸铁产生缩孔、缩松的倾向性及影响因素。
11. 简述顺序凝固原则和同时凝固原则各自的优缺点和适用范围。
12. 焊件和铸件的热应力是如何形成的？应采取哪些措施予以控制？
13. 试述凝固裂纹的特征、影响因素、形成机理及防止措施。
14. 试述冷裂纹的种类、特征、影响因素及控制措施。
15. 分析氢在冷裂纹形成中的作用，简述氢致裂纹的特征和机理。
16. 何谓拘束度和拘束应力？两者各有哪些影响因素？

第2篇 材料成形力学原理

第14章 金属塑性成形的物理基础

14.1 概述

14.1.1 金属塑性成形的特点

在现代工业生产中，金属材料是人们加工零件和产品的首选材料。金属材料的加工方法很多，金属塑性成形是指金属在固态状态下，利用金属的塑性使其产生永久变形而不破坏完整性的加工方法，又称压力加工。

金属塑性加工在汽车、拖拉机、船舶、兵器、航空和家用电器等行业都有广泛的应用。如汽车的大梁和覆盖件是冲压出来的，曲轴、连杆和齿轮的毛坯是锻造出来的。与其他加工方法相比，金属塑性成形具有如下优点：

(1) 生产效率高，适用于大批量生产　塑性成形件主要是在压力机的作用下在模具中成形，这些机械的自动化程度很高，能实现高速、高效率生产。

(2) 在改变金属形状的同时，改善了金属的组织和结构　金属材料进行塑性加工时，金属在固态下会产生流动而重新分配。在此过程中，内部的组织结构得到很大的改善，钢锭内部的组织缺陷如疏松、晶粒粗大等，经塑性变形后，组织变得致密，夹杂物被击碎；与机械加工相比，金属的纤维组织不会被切断，因而结构性能得到提高。同时，由于金属塑性变形后性能提高，在相同服役条件下，零件的截面可以减小。

(3) 材料利用率高　金属塑性成形主要靠金属的体积转移来获得一定的形状和尺寸，无切削，只有少量的工艺废料，因此材料利用率高，一般可达 75%～85%，最高可达 98%以上。

(4) 尺寸精度高　先进的成形技术和设备能实现少、无切削的精密成形。如精密模锻和精密冲裁的齿轮，其齿形部分可以不再加工而直接使用；精锻叶片的复杂曲面可以达到只需磨削的精度；很多挤压零件直接成为机械零件供使用。

14.1.2　塑性成形工艺的分类

塑性成形分类方式很多，没有统一分类方法。按坯料的形状，通常把塑性成形基本工艺分为两大类：体积成形和板料成形。体积成形又分为锻造、轧制、挤压、拉拔和锻造等，板料成形又分为冲裁、弯曲、拉深等，如图 14-1 所示。

开式模锻过程（锤上）

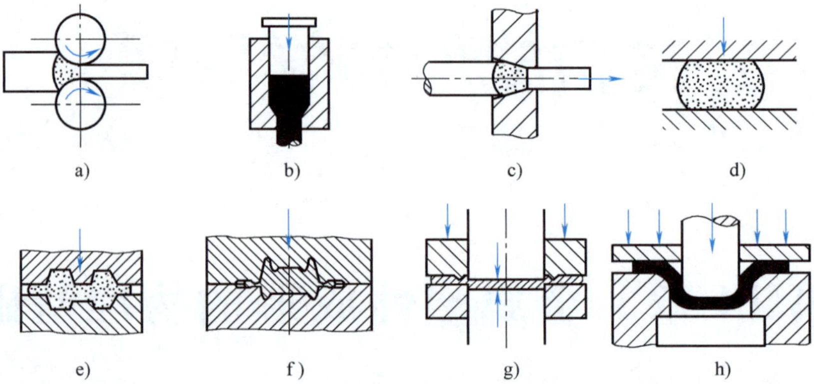

拉深

图 14-1　塑性成形工序

a）轧制　b）挤压　c）拉拔　d）自由锻　e）开式模锻　f）闭式模锻　g）冲裁　h）拉深

1. 锻造

锻造可分为自由锻和模锻。自由锻是在锻锤或水压机上将毛坯锻成一定的形状和尺寸。自由锻不使用专用的模具，它的形状和尺寸主要靠工人的熟练技巧来保证。锻件的尺寸精度较低，生产效率不高，主要适用于单件、小批量以及大型锻件的生产。

模锻是在锻压机器的压力作用下，使金属在模具的孔型中产生塑性变形，获得与模具型腔形状、尺寸相同的零件。模锻生产效率高，产品一致性好，适合于大批量生产。

2. 轧制

轧制是将金属坯料通过两个旋转轧辊间的特定孔形，使其形成一定截面形状的成形方法。利用轧制方法可获得型材、板材和管材。轧制可分为纵轧、横轧和斜轧。

3. 拉拔

拉拔是将金属坯料的前端施以一定的拉力，使它通过锥形的凹模型腔，改变其截面的形状和尺寸的一种加工方法。拉拔是生产棒材、线材和管材的主要方法，它的生产效率很高。

4. 挤压

挤压是使大截面的毛坯在凸模的强大压力作用下产生塑性流动，迫使金属从模具型腔中挤出，从而获得一定形状和较小截面尺寸的工件。由于金属在挤压模具中受三向压应力作用，挤压成形零件的力学性能极佳。这种加工方式也特别适用于塑性较差的材料成形。

5. 冲裁

冲裁是利用模具的刃口使板料沿一定的轮廓切割分离，属于分离工序。如切割下来的是工件，则称为落料；若切割下来的是废料，则称之为冲孔。

6. 成形

拉深、弯曲等统称为成形工序，是使板材在不发生破坏的条件下产生塑性变形，获得与模具形状一致的工件，如将板料弯曲，或将板料压制成筒形件或复杂曲面等。

塑性成形还可以按照加工温度分成热加工和冷加工。热加工是指在再结晶温度以上进行的塑性加工。体积成形主要以热加工为主，如自由锻、模锻、热轧等。冷加工是在回复和再结晶温度下进行的塑性加工，例如板料冲压、冷轧、冷拔、冷挤压。介于两者之间的则是温热成形，如温挤压、温锻等。

14.2　金属在冷态下的塑性变形

14.2.1　金属的晶体结构和组织

晶胞的重复堆砌构成晶体，同一种位向的晶胞堆积在一起，构成金属单晶体。最常见的单晶结构有面心立方结构、体心立方结构和密排六方结构。但实际使用的金属是多晶体，由许多晶粒组成。多数金属材料是由两种或两种以上金属组成的合金。通过合金化使得金属的力学性能在很大程度上和很大范围内发生改变。合金的组织结构可以是多种多样的，包括晶粒的大小和形态以及它的结构和成分等。

塑性成形的金属绝大部分是多晶体。而多晶体是由许多结晶方向不同的晶粒组成的，每个晶粒的大小、形态、结构和成分不同，各晶粒的方向性相互抵消。所以多晶体结构的金属在性能上大致呈各向同性。

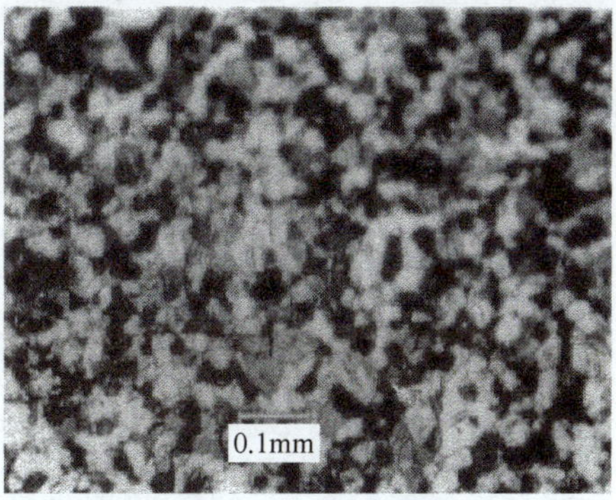

图 14-2　多晶体显微照片

晶粒与晶粒之间存在晶界，晶界表现出许多与晶粒内部不同的性质，如室温时晶界的强度和硬度高于晶内，而高温时则相反；晶界中原子的扩散速度比晶内原子快得多；晶界的熔点低于晶内；晶界容易被腐蚀等。所以，研究晶体的塑性变形，要分别研究晶粒内部的变形和晶界变形。图 14-2 所示为多晶体的显微图。

14.2.2　金属塑性变形的形式

多晶体的塑性变形主要是由晶内变形和晶间变形组成的，在外力的作用下，晶粒和晶界表现出不同的变形特征。

1. 晶内变形

晶内变形的主要方式为滑移和孪生。其中，滑移是主要的。

（1）滑移　滑移是指晶体在外力的作用下，晶体的一部分沿一定的晶面和晶向相对于另一部分发生相对移动或切变。这些晶面和晶向分别称之为滑移面和滑移方向，如图 14-3 所示。滑移的结果使大量的原子逐步发生迁移，从而产生宏观的塑性变形。一般地说，滑移总是沿着原子密度最大的晶面和晶向发生，因为原子密度最大的晶面其原子之间的间距小，原子间的结合力强；晶面之间的距离较大，晶面与晶面之间的结合力较弱，滑移阻力相对较小。

如图 14-4 所示，F 为作用于晶体的外力，A_0 是正截面面积，σ 是该截面上的正应力，滑移面的法线方向与外力的作用方向成夹角 φ，滑移面面积为 A_1，滑移方向与外力的作用方向成夹角 λ。由于滑移面的面积与正截面的面积关系是 $A_1=A_0/\cos\varphi$，则滑移面上的轴向应力为 $\sigma_1=\sigma\cos\varphi$，它在滑移方向的切应力分量为

$$\tau=\sigma\cos\varphi\cos\lambda \tag{14-1}$$

当拉应力 σ 值一定时，一个滑移系上的切应力是受角度 φ 和 λ 决定的。令 $\mu=\cos\varphi\cos\lambda$，称为取向因子。可见，滑移系上的切应力分量取决于取向因子 μ，μ 越大，作用的切应力分量越大。只有在 $\varphi=\lambda=45°$时，切应力达到其最大值 $\tau_{max}=\sigma/2$。这意味着该滑移系处于最佳取向，其上的切应力分量最有利于优先达到临界值而产生滑移。通常把 $\mu=0.5$ 或接近于 0.5 的取向称为软取向，而把 μ 为零或接近于零的取向称为硬取向。取向因子 $\mu=0$，切应力分量 $\tau=0$，这时不可能产生滑移。对多晶体而言，各晶粒取向不同，只有处于软取向的滑移面才能最先产生滑移，而处于硬取向的滑移面难以发生滑移。

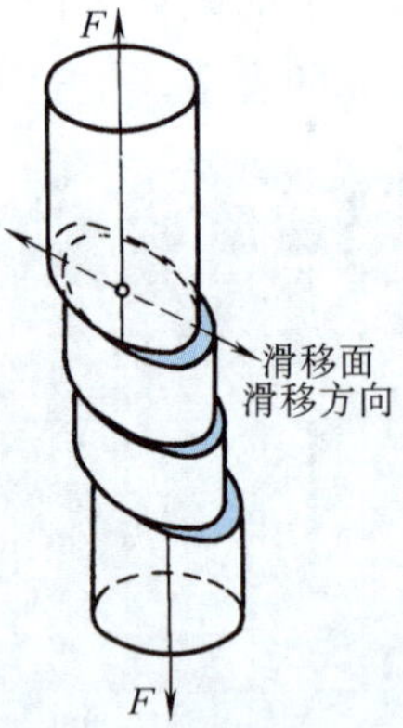

图 14-3　滑移方向与滑移面

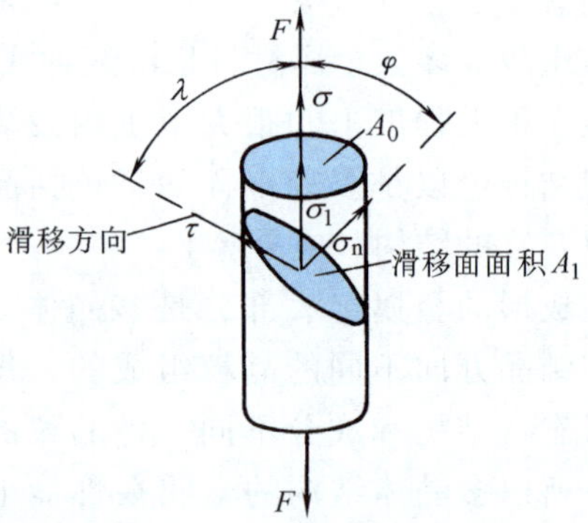

图 14-4　滑移面上的切应力分析

正是由于各晶粒取向不同，晶内滑移不仅受到晶界的阻碍，而且还受到周围难以滑移晶粒的阻碍。对于多晶体的晶内变形，滑移面和滑移方向也存在着向一定方向转动的趋势，以力求保持内部的平衡。但由于受晶界和相邻晶粒的影响，这种转动是复杂的。转动的结果是使原来任意取向的晶粒逐渐趋于一致。

（2）孪生　孪生变形需要达到一定的临界切应力值方可发生。在常温下其值要比滑移的临界切应力大得多。所以，滑移是优先发生的变形方式。只有在很低的温度下，孪生的临界切应力比滑移的临界切应力低，这时，孪生才有可能发生。在多晶体内，孪生变形是极其次要的一种补充变形方式。

2. 晶间变形

多晶体中各晶粒位向不同，受外力作用时，那些位向有利的晶粒中取向因子最大的滑移系上分切应力首先达到临界应力而发生滑移。位错沿滑移面运动到晶界。相邻晶粒的位向不同，滑移系也不同，使得位错难以越过晶界而在晶界附近形成塞积，如图 14-5 所示。那些在滑移面两端形成的符号相反的位错塞积群会形成很强的应力场，它越过晶界作用到相邻的晶粒上，这个附加应力与外加的应力一起，最终使某些取向因子较小的滑移系的位错源开动

起来参与滑移。这就意味着越来越多的晶粒参与塑性变形，塑性变形越来越大。

晶间变形的主要方式是晶粒之间发生相互滑动和转动。在外力作用下，沿晶界处可能产生切应力，当此切应力足以克服晶粒间相对滑动的阻力时，晶粒间开始发生相对滑动。由于晶界具有一定的厚度，当晶粒间产生相对滑动时，处于它们中间的晶界必然在相当厚度区域内产生切变形。同时由于各晶粒所处的位向不同，产生相对滑动的难易程度不同，这样，在相邻晶粒之间可能产生一对力偶，从而造成晶粒间的相互转动，如图 14-6 所示。

晶粒间发生转动的结果是使已发生滑移的晶粒逐渐转到位向不利的位置而停止滑移，而使另外一些晶粒转至有利位向发生滑移。

多晶体塑性变形体现了各晶粒变形的不同时性。在外力的作用下，多晶体金属的晶粒变形是分批地、逐步地发生的。多晶体中任何一个晶粒的变形必然受到相邻晶粒的约束，需要相邻晶粒的配合变形，否则无法保持晶粒之间的连续性。

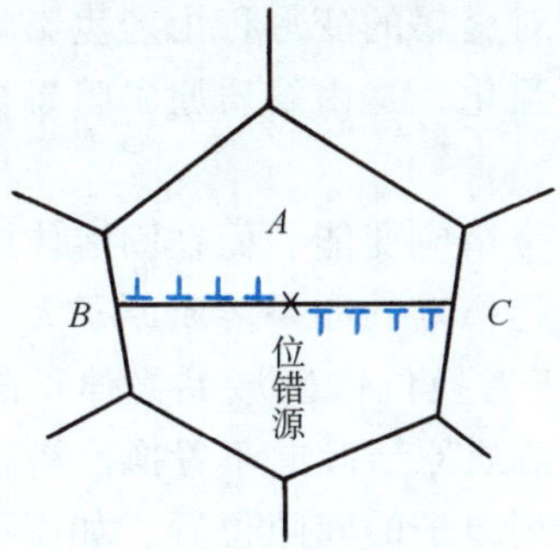

图 14-5　多晶体的滑移

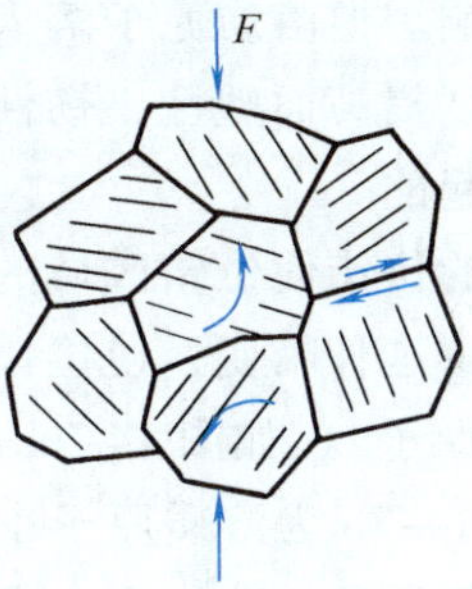

图 14-6　晶粒之间的相对滑动和转动

14.2.3　金属的塑性变形特点

1. 不同位向晶粒间变形的相互协调性

在多晶体中，由于每个晶粒的取向不同，要求每个晶粒进行滑移时，除了在取向有利的滑移系中进行滑移外，还要求其他取向相对有利的滑移系也参与滑移。由于具有面心立方和体心立方晶格的金属的滑移系多，各个晶粒的变形容易协调，因此表现出良好的塑性。而密排六方晶格金属的滑移系少，晶粒间变形彼此协调起来比较困难，所表现出的塑性就差一些。

2. 变形的不均匀性

由于发生滑移的条件不同，各个晶粒的变形量不同。另外，由于晶界的存在，晶界的结构和性能也不尽相同，其变形不如晶内容易。为了维持整体变形的一致性，晶界一方面要抑制那些容易变形的晶粒变形，另一方面又要促进那些不利于变形的晶粒进行变形，这样，就体现了晶内变形和晶界变形的不均匀性。

3. 晶界的存在阻碍了位错的运动

在多晶体中滑移和孪生带大多终止于晶界处，这表明晶界对变形有明显的阻碍作用，因此，多晶体的晶粒越细，单位体积内晶界越多，滑移在相邻晶粒间的传播所消耗的能量越多，其外在表现为塑性变形的抗力大，金属的强度高。晶粒越细小，金属的塑性越好。因为在一定的体积内，位向有利的晶粒越多，变形越能比较均匀地分散在各个晶粒上。细晶粒金属还不容易发生裂纹，发生裂纹后也不容易扩展，因为断裂过程中要吸收更多的能量，这就意味着外力要做更大的功，所以细晶粒金属的韧性也较高。这就是可以通过细化晶粒来提高金属材料综合性能的原因。

14.2.4　合金的塑性变形

合金具有纯金属不可比拟的力学性能和特殊的物理、化学性能。合金的相结构有两大类：固溶体（如钢中的铁素体、铜锌合金的α相等）和化合物（钢中的Fe_3C、铜锌合金中的β相等）。常见的合金组织有单相固溶体合金、两相或多相合金两大类，它们的塑性变形的特点各不相同。

1. 单相固溶体合金的塑性变形

单相固溶体合金的塑性变形与多晶体纯金属相似，也是滑移和孪生，变形时同样受到相邻晶粒的影响。但溶质原子溶入后，这种异类原子必然会对金属的变形行为产生影响，使合金强度、硬度提高而塑性、韧性下降。这种现象叫作固溶强化，是由溶质原子阻碍金属中的位错运动引起的。

金属中的位错使位错区域的点阵结构发生畸变，产生位错应变能。而在固溶体中的溶质原子却能减少这种畸变，使位错应变能降低，位错也就更趋稳定。如果溶质原子大于基体相原子（溶剂原子），如图14-7a所示，那么溶质原子倾向于置换位错区域晶格伸长部分的溶剂原子。图14-7b为溶质原子小于基体相溶剂的原子时，溶质原子倾向于置换位错区域晶格受压缩的溶剂原子，或力图占据位错区域晶格伸长部分溶剂原子的间隙位置，如图14-7c所示。溶质原子在位错区域的这种分布，被称为“溶质气团”或“柯氏气团”，它们使位错能降低，使位错更趋于稳定，也就是说对位错起到“钉扎”作用。为了使位错脱离“溶质气团”而移动，就要加大作用在位错上的力，这在材料性能上表现为具有更高的屈服强度。

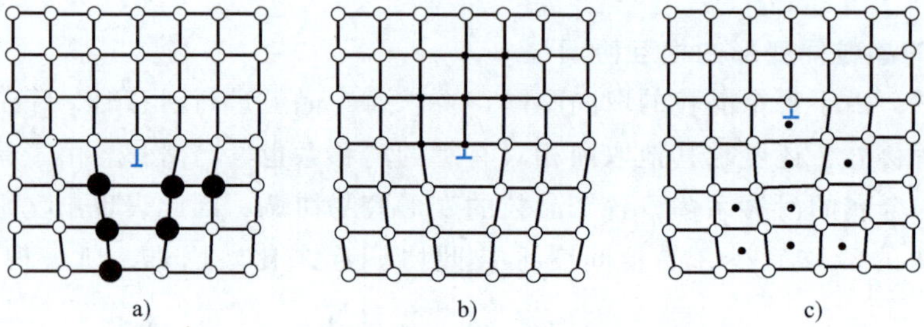

图14-7　溶质气团对位错的“钉扎”作用

a)、b）置换固溶体　c）间隙固溶体

2. 多相合金的塑性变形

单相固溶体金属中存在的溶质原子能阻碍位错的运动，从而强化金属，但强化的效果有限。对大多数使用的合金材料来说，除基体相外，还有其他相存在，呈两相或多相合金。通过合金中的第二相，使合金得到进一步强化。一般工业合金中很多是由固溶体和金属间化合物构成的两相合金。固溶体作为基体相，塑性较好，金属间化合物一般以脆性相存在，硬而脆，难以变形。因此，合金的塑性变形在很大程度上取决于第二相的数量、形状、大小和分布的形态。但从变形的机理来说，仍然是滑移和孪生。

当第二相粒子的尺寸与基体相晶粒尺寸属于同一数量级时，称为聚合型两相合金，如碳钢中的铁素体和粗大渗碳体（图 14-8a）。只有当第二相为较强相时，才能对合金起到强化作用。当合金发生塑性变形时，滑移首先在较弱的相中发生。如果较强相在合金中占主要成分，则变为合金的基体相，合金的塑性变形主要由其控制。如一相为塑性相，另一相为脆性相，则合金的力学性能主要取决于硬脆相的分布。例如，钢中的铁素体是塑性相，渗碳体是硬脆相，所以钢的塑性变形主要在铁素体中进行。当渗碳体呈片状和球状分布时，阻碍位错运动，起到强化作用。如渗碳体的数量过多，硬而脆的二次渗碳体呈网状分布于晶界处，削弱了各晶粒之间的结合力，使晶内变形受阻，将会降低钢的塑性和强度。

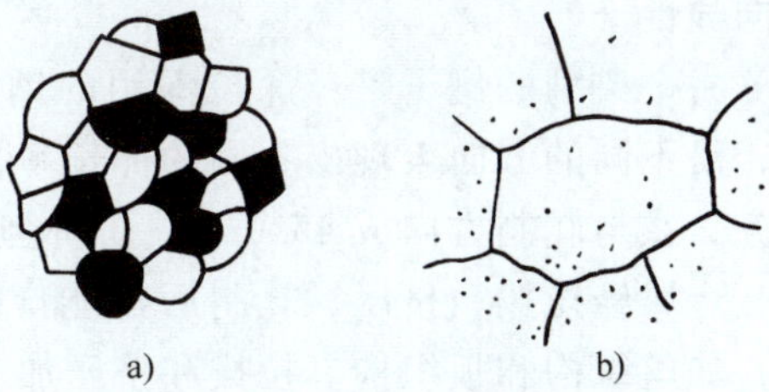

图 14-8　两相合金的显微组织
a）聚合型　b）弥散型

当第二相以细小弥散的微粒均匀分布于基体相时，称为弥散型两相合金，如图 14-8b 所示。这种弥散型粒子能阻碍位错的运动，对金属产生显著的强化作用。弥散的第二相质点可以通过对过饱和固溶体的沉淀析出获得，也可以用粉末冶金方法获得。弥散强化的第二相粒子对位错的阻碍作用可以用图 14-9 来说明。当位错线与不可变形的微粒相遇时，受到粒子的阻挡，使位错线发生弯曲；外加应力增大，位错线的弯曲也加剧，继而形成包围粒子的位错环，位错线的其余部分则越过粒子继续向前运动。为使位错不断向前运动，需要不断增加外加应力。每个位错越过粒子时都将留下一个位错环，形成对金属的强化效果。粒子越细，弥散分布越均匀，强化的效果越好。

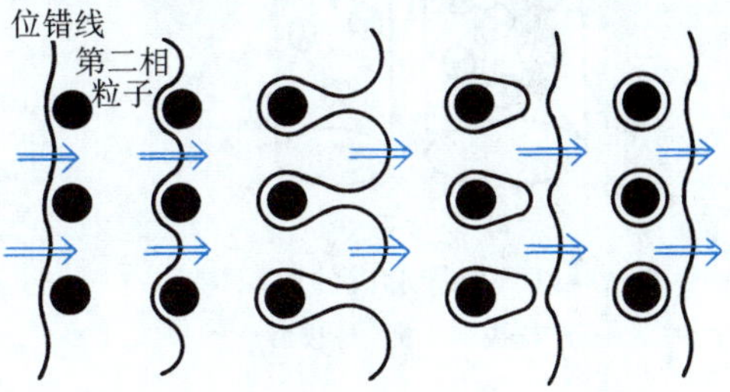

图 14-9　位错绕过第二相粒子的过程

14.2.5　冷塑性变形对金属组织和性能的影响

多晶体金属经冷塑性变形后，其组织和性能都发生了变化。

1. 形成纤维状组织

塑性变形时，晶粒形状发生改变。如拉拔和轧制时，晶粒都会沿着轴向即变形延伸方向拉长。当变形量很大时，就形成纤维状组织，如图 14-10 所示。当金属中含有夹杂物或第二相质点时，它们会沿变形方向被拉成细带状（塑性杂质）或被碾成链状（脆性杂质）。

2. 形成织构

多晶体塑性变形后晶粒的位向发生改变，形成织构。因为在变形时晶粒产生转动，那些在变形前位向无序的晶粒，在经过很大变形后，取向逐渐趋于一致，形成择优取向的组织，称为变形织构。当然，这只是一种“趋向”性行为。随着变形程度的增加，趋向于这种取向的晶粒就越多，金属的织构特征也就越明显。由于织构的形成，使金属的性能表现出

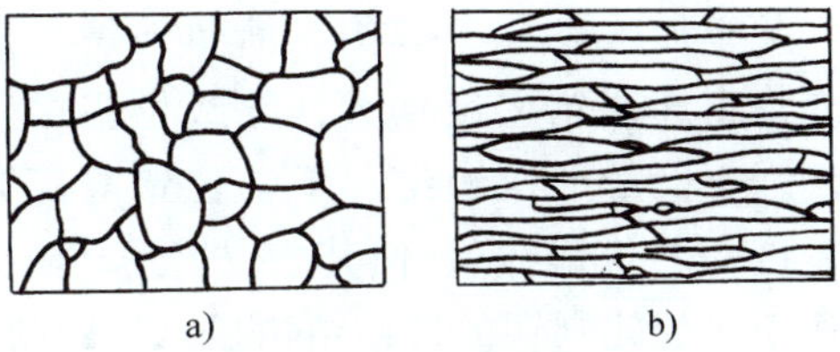

图 14-10　变形前后的晶粒形状
a）变形前　b）变形后

各向异性。

一个典型的例子是：深拉深用的钢板是经轧制生产的，沿轧制方向表现出很强的织构性，沿不同的方向表现出不同的伸长率，用这种板材下料的圆形毛坯拉成筒形件后，口部不平齐，在与轧制方向成45°方向上形成明显的“制耳”。

金属经拉拔、挤压、轧制后都能产生变形织构。不同的加工方式会产生不同类型的织构，如丝织构和板织构。拉拔和挤压加工方式会形成丝织构。这种加工是轴对称变形，其主应变是一向拉伸、两向压缩，变形后有一个共同的晶向与最大主应变方向趋于一致。轧制的板材则形成一种板织构，其特征是各个晶粒的某一晶向趋向于与轧制方向平行，而某一晶面趋向于与轧制平面平行。图14-11表示拉拔形成的丝织构现象；图14-12表示板材经轧制后形成的板织构现象。

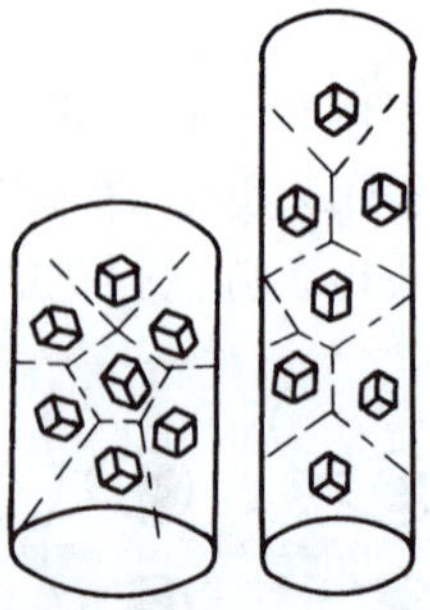

a)　b)

图14-11　拉拔形成的丝织构

a）拉拔前　b）拉拔后

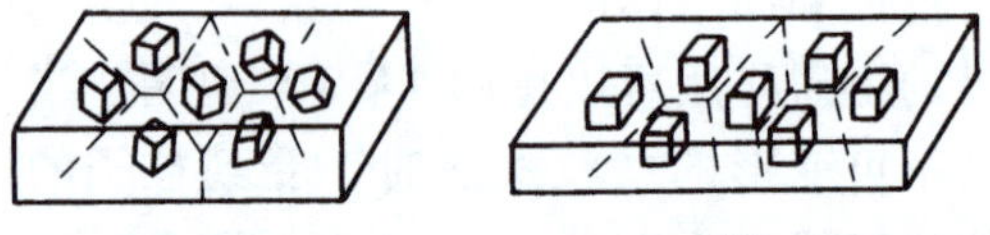

a)　b)

图14-12　轧制形成的板织构

a）轧制前　b）轧制后

3. 加工硬化

塑性变形改变了金属内部的组织结构，因而改变了金属的力学性能。随着变形程度的增加，金属的强度、硬度增加，而塑性和韧性相应下降。图14-13所示为冷拔45钢的力学性能指标与变形程度的关系。从图中可以看出，随着变形程度的增加，金属的强度和硬度增加，而塑性指标下降。

在常温状态下，金属的流动应力随变形程度的增加而上升。为了使变形继续下去，就需要增加变形外力或变形功。这种现象称为加工硬化，也称形变强化。

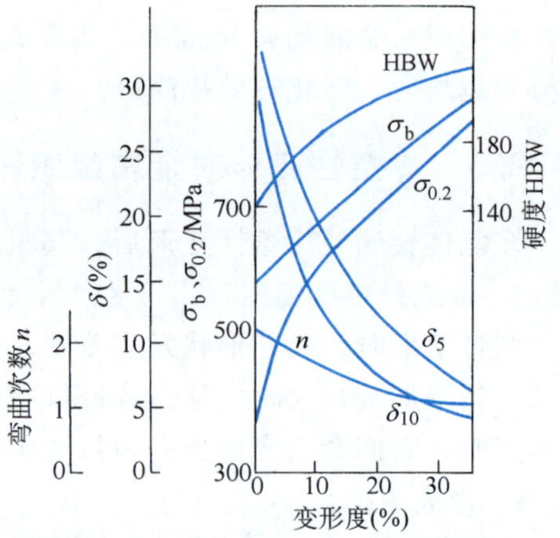

图14-13　冷拔45钢的力学性能指标与变形程度的关系

关于加工硬化的起因，简单地说，是由于塑性变形引起位错密度增大，导致位错之间交互作用增强，大量形成缠结、不动位错等障碍，形成高密度的“位错林”，使其余位错运动阻力增大，于是塑性变形抗力提高。图14-14表示不同压下量的轧制铜的位错结构显示不同的形态。“位错林”的出现，使位错难以越过这些障碍而被限制在一定区域内运动。只有不断增加外力，才能克服位错间强大的交互作用力而继续运动。图14-15显示了位错在晶界处受堵的情形。

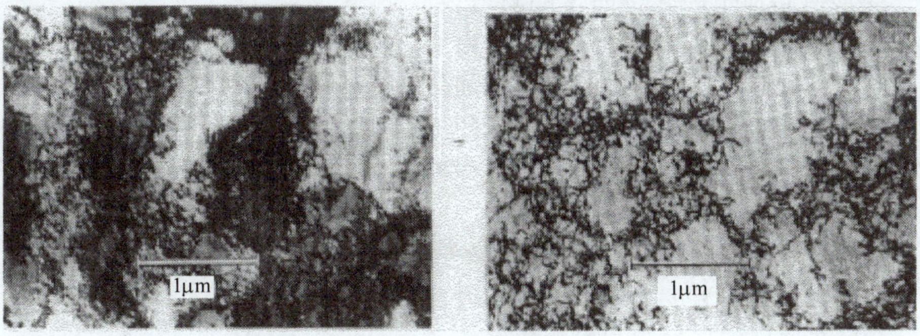

a)　　　　b)

图 14-14　轧制铜的位错结构
a）相对压下量 8%　b）相对压下量 16.6%

加工硬化的作用有两方面：一方面，它能提高金属的强度，人们用它来作为强化金属的一种手段；另一方面，它又增加了变形的困难，提高了变形抗力，甚至降低了金属的塑性。对于需多道次加工的金属，需要在中间变形阶段进行退火来消除加工硬化。

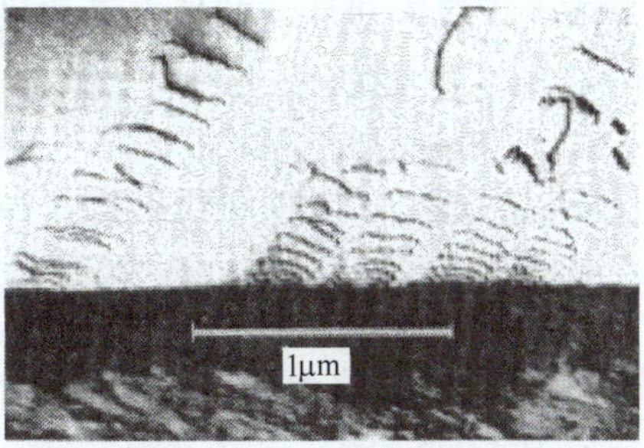

图 14-15　位错在晶界处受堵的情形

加工硬化既是金属塑性变形的特征，也是强化金属的重要手段。通过轧制、挤压等加工工艺，可以明显提高工件的强度，还能改善金属纤维的分布，有利于提高金属的综合力学性能。对于不能用热处理工艺强化的金属材料，可以通过冷变形强化来提高它的强度。例如，制造发电机护环的高锰奥氏体无磁钢（40Mn18Cr3、40Mn18Cr4、50Mn18Cr4WN 等），在加热过程中无相变，无法通过淬火提高其强度，但可以采用冷变形强化的手段，如液压胀形、芯轴扩孔、爆炸变形强化等方法来提高其力学性能。

14.3　金属的热塑性变形

金属在再结晶温度以上的变形，称为热塑性变形。实际生产中的热塑性加工，为了保证再结晶过程的顺利进行，通常变形温度远高于再结晶温度。热塑性变形过程中，回复、再结晶和加工硬化同时发生，加工硬化不断被回复和再结晶所抵消，金属处于高塑性、低变形抗力的软化状态，从而使变形能够继续下去。热锻、热轧、热挤压工艺是常用的热塑性变形加工方法。

14.3.1　热塑性变形时金属的软化过程

热塑性变形时金属的软化过程比较复杂，它与变形温度、应变速率、变形程度和金属本身的性质有关，主要有静态回复、静态再结晶、动态回复、动态再结晶和亚动态再结晶等。

1. 回复和再结晶

材料学介绍了变形后金属经过静态回复和再结晶使硬化状态得到恢复和消除。从热力学角度来看，变形引起加工硬化，晶体缺陷增多，金属畸变内能增加，原子处于不稳定的高自由能状态，具有向低自由能状态转变的趋势。当加热升温时，原子具有相当的扩散能力，变形后的金属自发地向低自由能状态转变。这一转变过程称为回复和再结晶，这一过程伴随有晶粒长大。回复往往是在较低的温度下或较早的阶段发生的过程，再结晶则是在较高的温度下或较晚的阶段发生的转变。金属在这一转变过程中发生的组织和性能的变化，可以从图 14-16 中看出。下面做简单的分析。

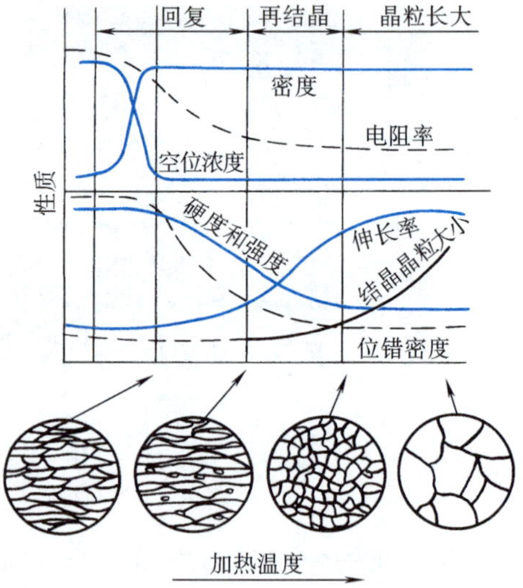

图 14-16　回复和再结晶对金属组织和性能的变化

（1）静态回复　在回复阶段，金属的强度、硬度有所下降，塑性、韧性有所提高，但显微组织没有发生明显的变化。因为在回复温度范围内，原子只在晶内作短程扩散，使点缺陷和位错发生运动，改变了数量和状态的分布。

低温回复 $(0.1\sim0.3)T_m$ 时，回复的主要机理是点缺陷运动和互相结合，使点缺陷的浓度下降。中温回复 $(0.3\sim0.5)T_m$ 时，位错发团内部位错重新组合和调整，位错运动和异号位错互毁，导致位错发团厚度变薄，位错网络清晰，晶界位错密度下降，亚晶缓慢长大。高温回复发生时 $(T>0.5T_m)$，发生位错攀移、亚晶合并和多边形化现象。位错攀移是一个缓慢扩散的过程，它与滑移相结合，可以使处于不同滑移面上的异号位错相抵消，并使位错重新调整和排列，使同号位错和异号位错间趋于较稳定的形式。通过原子扩散和位错运动，亚晶界上的位错自动撤出或就地消失，实现亚晶的合并。这一过程是在更高的回复温度下完成的。对于在晶粒中紊乱分散分布的位错，高温回复时，通过滑移、攀移、交滑移等多种运动形式，使滑移面上的位错由水平塞积逐渐变为垂直排列，形成位错壁。这些位错壁把晶体分割成近似多边形的小晶块，所以将这一过程称为多边形化。多边形化的结果是形成亚晶。由于它是在回复时形成的，故称为回复亚晶。亚晶形成后要长大和合并，因为这样能减少晶界的总面积，降低总的晶界能量，保持稳定。

（2）静态再结晶　冷变形金属加热到一定温度后，会发生再结晶现象，用新的无畸变的等轴晶取代金属的冷变形组织。与回复不同，再结晶使金属的显微组织彻底改变或改组，使其在性能上也发生很大变化，如强度、硬度显著降低，塑性大大提高，加工硬化和内应力完全消除，物理性能得到恢复等。但是，再结晶并不是一个简单地使金属的组织恢复到变形前的状态的过程，可以通过控制变形和再结晶条件，调整再结晶晶粒的大小和再结晶的体积数，用这种方式和手段来改善和控制金属组织和性能。

再结晶形核后，再结晶晶核与周围变形体之间存在的畸变能差使晶界发生迁移，促使晶粒长大。刚生成的再结晶晶核畸变能很低，而它的周围却处于高畸变能状态。此时，在高温状态下，周围点阵上的金属原子会脱离畸变位置，向畸变能较高的基体中扩散开来，并按照晶核的取向排列，完成晶界的迁移和晶粒的长大。在晶粒长大过程中，当再结晶晶粒互相接触时，晶界两侧的畸变能差变为零，晶界的迁移停止，再结晶过程结束。

再结晶过程结束以后，细小的晶粒合并成粗大的晶粒，总晶界面积减小，晶面能降低，组织趋于稳定。但随着温度的升高和加热时间的延长，晶粒还会继续长大。表 14-1 描述了回复、再结晶和晶粒长大的特点及应用。

表 14-1 回复、再结晶和晶粒长大的特点及应用

	回 复	再 结 晶	晶粒长大
发生温度	较低温度	较高温度	更高温度
转变机制	原子活动能量小，空位移动使晶格扭曲恢复。位错短程移动，适当集中形成规则排列	原子扩散能力大，新晶粒在严重畸变组织中形核和生长，直至畸变晶粒完全消失，但无晶格类型转变	新生晶粒中大晶粒吞并小晶粒，晶界位移
组织变化	金相显微镜下观察组织无变化。宏观内应力和微观内应力有较大下降	形成新的等轴晶粒，有时还产生再结晶织构，位错密度大大下降	晶粒明显长大
性能变化	强度、硬度略有下降，塑性略有上升，电阻率明显下降	强度、硬度明显下降，加工硬化基本消除。塑性上升	使性能恶化，塑性明显下降
应用说明	去应力退火工艺，一般只有回复转变	再结晶退火可消除加工硬化效果，消除组织各向异性	应在工艺处理过程中防止产生

（3）动态回复　动态回复发生在热塑性变形过程中，它对软化金属起着重要的作用。

动态回复主要是通过位错的攀移、交滑移来实现的。对于铁素体钢、铝及铝合金和密排六方晶格的锌、镁等金属，它们的层错能高，变形位错的交滑移和攀移比较容易进行，位错容易在滑移面间转移，使异号位错互相抵消，其结果是位错密度下降，畸变能降低，达不到动态再结晶所需的能量水平。所以动态回复是层错能高的金属热变形过程中惟一的软化机制。对这一类金属，热变形后迅速冷却至室温，发现它们的显微组织仍为沿变形方向拉长的晶粒，其亚晶粒保持等轴状。动态回复后金属的位错密度高于相应的冷变形后静态回复的密度，而亚晶粒的尺寸要比冷变形后经静态回复的亚晶粒小，但晶粒尺寸随变形温度升高和变形速度降低而增大。

对于层错能较低的金属的热塑性变形，如果变形程度较小，通常只发生动态回复。

前面指出，当高温变形金属只发生动态回复时，其组织仍为亚晶状组织，金属中的位错密度还很高。人们利用这一点对金属进行高温形变热处理，即把热变形和热处理结合起来，以获得变形强化和热处理强化的双重效果，获得比单独进行热处理和单独进行变形强化更好的综合力学性能。例如，对钢的高温变形，控制其变形温度、应变速率和变形程度，使其只发生动态回复，随后进行马氏体淬火，由此而获得的马氏体组织继承了动态回复中奥氏体的亚晶状组织，晶粒得到细化。淬火后再加以适当的回火处理，就可以使钢在保持较高强度的同时，又能保持良好的塑性与韧性。这种形变热处理工艺称为高温形变淬火，其工艺过程如图 14-17 所示。

（4）动态再结晶　动态再结晶是在热塑性变形过程中发生的，层错能低的金属在变形量很大时才可能发生动态再结晶。因为层错能低时不易进行位错的交滑移和攀移。动态回复的速率和程度很低，材料的局部区域会积聚足够高的畸变能差，而且由于动态回复的不充分性，所形成的胞状亚晶组织的尺寸较小，晶界不规整，同时在胞壁还有较多的位错缠结。这

种不完整的亚组织成为再结晶的形核，促进了动态再结晶的发生。动态再结晶需要一定的驱动力，只有畸变能差积累到一定水平时，动态再结晶才能启动，否则只能发生动态回复。只有当变形程度远高于静态再结晶所需的临界变形程度时，动态再结晶才会发生。

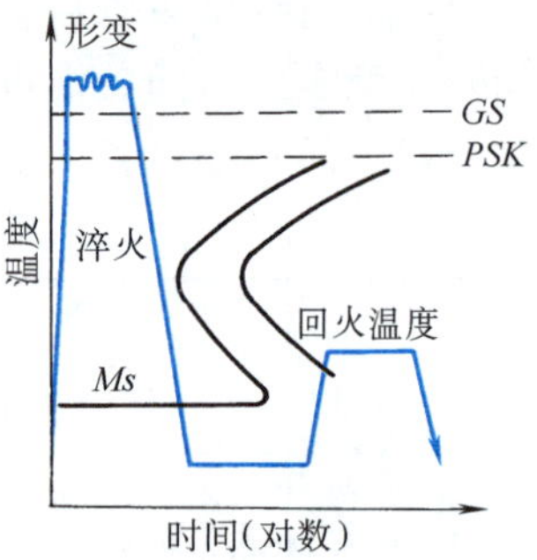

图 14-17　高温形变淬火工艺

动态再结晶的能力除与金属的层错能高低有关外，还与晶界迁移的难易程度有关。金属越纯，发生动态再结晶的能力越强。溶质原子固溶于金属基体以及弥散的第二相粒子，都会严重阻碍晶界的迁移，减缓或遏止动态再结晶过程的进行。

动态再结晶的晶粒度大小与变形程度、应变速率和变形温度有关，一般是降低变形温度、提高应变速率和变形程度，会使动态再结晶后的晶粒变细。而细小的晶粒组织具有更高的变形抗力。因此，可以通过控制变形温度、变形速率和变形程度来调节晶粒组织的粗细和它的力学性能。

在动态再结晶过程中，由变形引起的硬化过程和由再结晶引起的软化过程相互平衡时，真实应力趋于稳定。热加工变形的回复与再结晶是一边变形一边发生的，是一种动态软化过程，加工硬化随时被动态软化过程所抵消，金属始终处于高塑性，可以持续进行大变形量的塑性加工。

在热塑性变形过程中，除了发生动态回复和动态再结晶、静态回复和静态再结晶外，还发生亚动态再结晶，它是在热变形的间歇或变形之后，利用金属的高温余热进行的。图 14-18 所示为热轧和热挤时的动态回复、动态再结晶过程和静态回复、静态再结晶过程。图 14-18a 表示高层错能金属热轧变形程度较小时（50%），只发生动态回复，脱离变形区后发生静态回复；图 14-18b 表示低层错能金属在热轧变形程度较小时（50%），在发生动态回复和静态回复的同时，还发生静态再结晶，使晶粒细化；图 14-18c 表示高层错能金属在热挤压变形程度很大时（99%），在变形区发生动态回复，在离开模口后发生静态回复和静态再结晶；图 14-18d 同样表示在热挤压变形程度很大时（99%），低层错能金属发生动态再结晶，在离开变形区后发生亚动态再结晶的情况。

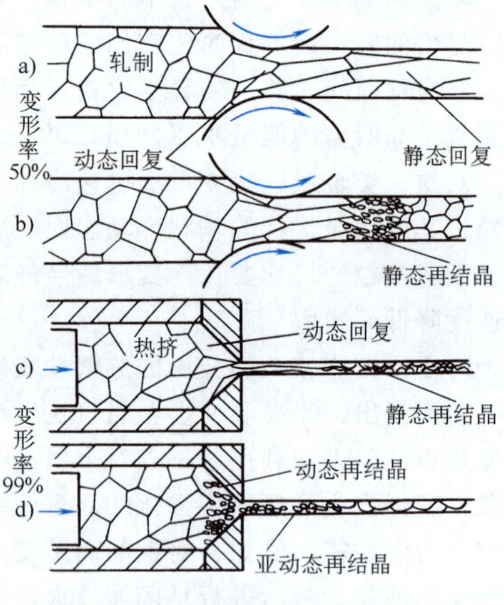

图 14-18　动、静态回复和再结晶过程示意图

2. 热塑性变形后的软化过程

金属在热变形后仍然处于高温状态，一般会发生以下三种软化过程：静态回复、静态再结晶和亚动态再结晶。金属热变形时，除发生动态再结晶外，会形成亚晶组织，它处于热力学不稳定状态，需要释放内能。若热变形程度不大，在变形停止后，会发生静态回复；若变

形程度较大，并且温度仍处于再结晶温度以上，将发生静态再结晶。这一过程比较缓慢，需要有一定的孕育期，在孕育期内发生静态回复。这种静态回复、静态再结晶的机理与金属的冷变形后加热时发生的回复与再结晶是一样的。

金属的另一种软化过程叫作亚动态再结晶，它发生在热变形过程的特殊条件下。在热变形过程中，已经形成但尚未长大的动态再结晶晶核，以及虽已长大但在中途被遗留下来的再结晶晶粒，当变形终止后而温度又足够高时，这些晶粒会继续长大。这一过程称为亚动态再结晶。这类再结晶过程进行得非常迅速，因为它不需要形核时间，也不需要孕育期。

上述三种软化过程均与热变形时的变形温度、应变速率、变形程度、材料成分和层错能的高低有关。控制金属变形后的冷却速度，就是抑制静态软化过程，可以有目的地控制金属的力学性能。

14.3.2　热塑性变形机理

金属热塑性变形机理主要有以下几种：晶内滑移、晶内孪生、晶界滑移、扩散蠕变。其中，晶内滑移是最主要的行为方式；晶内孪生多发生在高温高速变形时；晶界滑移和扩散蠕变只发生在高温变形的时候。

1. 晶内滑移

在通常情况下（一般晶粒大于10μm以上），晶内滑移是热变形的主要机理。高温时原子间距加大，原子的热振动和扩散速度加快，位错的活动变得活跃起来，滑移、攀移、交滑移和位错结点脱锚比低温时容易；滑移系增多，改善了各晶粒之间的变形协调性；同时在热变形状态下，晶界对位错运动的阻碍作用相对减弱，位错有可能进入晶界。

2. 晶界滑移

热塑性变形时，晶界强度较低，使得晶界滑动变得容易进行。与冷变形相比，晶界滑动的变形量要大得多。此外，改变变形条件，如降低应变速率和减小晶粒尺寸，都有利于增大晶界滑动量。三向压应力状态有利于修复高温晶界滑动所产生的裂缝，扩大晶界变形。但是，在常规条件下，晶界滑移相对于晶内滑移变形量还是比较小的。

3. 扩散蠕变

扩散蠕变是在应力场作用下由空位的定向移动引起的。在一定温度下，晶体中总存在一定数量的空位。显然，空位旁边的原子容易跳入空位，相应地在原子占据的结点上出现新的空位，相当于空位朝原子迁移的相反方向迁移。在应力场作用下，受拉应力的晶界的空位浓度高于其他部位的晶界，由于各部位空位的化学势能差，而引起空位的定向转移，即空位从垂直于拉应力的晶界析出，而被平行于拉应力的晶界所吸收。

图14-19a中实箭头代表原子的迁移方向，虚箭头代表空位移动方向。原子的定向转移引起了晶粒形状的改变，宏观的现象是发生塑性变形。

扩散可以分为晶内扩散和晶界扩散两种情况。晶内扩散引起晶粒在拉应力方向上的伸长变形（图14-19b），或在压应力方向上的压缩变形。晶界扩散则引起晶粒的“转动”（图14-19c）。

扩散性蠕变是在应力场的诱导下发生的，即使是在低应力诱导下，也会随着时间的推移而缓慢地发生。温度越高，晶粒越细，晶界越多，原子扩散的路径就越多，路程越短。而应变速率越低，表明有更充足的时间进行扩散。在回复温度下的塑性变形，扩散性蠕变所起的

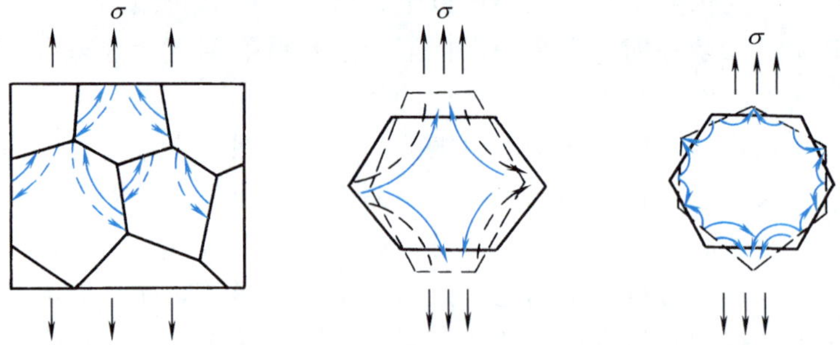

图 14-19　扩散性蠕变

a）空位和原子的迁移　b）晶内扩散　c）晶界扩散

作用不甚明显；而在高温下的塑性变形，扩散性蠕变加快，它的影响和作用就不可忽视，有时甚至要利用这种蠕变作用来获得理想的塑性变形，如超塑性变形。

14.3.3　双相合金热塑性变形的特点

由于第二相的存在，以及在高温条件下热力学因素的影响，使合金塑性变形变得更加复杂。

1. 弥散型双相合金

第二相粒子不仅直接对基体相的变形产生影响，还会对合金的再结晶行为产生影响，从而对热塑性变形产生影响。一般地说，位错在第二相附近产生塞积，位错密度加大，分布不均，有利于再结晶形核。但如果弥散状的第二相粒子直径和间距较小，则位错的分布较为均匀，在热变形中不易重新排列和形成大角度晶界，因而不利于再结晶形核。

弥散的第二相粒子对晶界还具有钉扎作用，降低了晶界的可动性，限制了高温状态下晶粒的长大，限制了动态再结晶、静态再结晶和聚合再结晶的晶粒长大。碳钢中含有的第二相粒子如 MnS、Al_2O_3、TiN 等，都具有这种机械阻碍作用。

2. 聚合型双相合金

各相的性能和体积分数不同，这种合金会对热变形的再结晶行为产生影响。由于再结晶形核地点发生在位错数量多且分布密集的区域，所以两相中对于变形小的那一相，再结晶的晶核只能在相界旁形成，而对于变形大的那一相，既可以在相界旁形成，也可以在相内完成。其形核几率在两相中是不同的，再结晶晶粒大小亦不相同。由此造成的后果是热变形时金属质点流动不均匀，产生较大的内应力，也降低了合金的塑性变形能力。

双相合金热变形时，在较高的变形温度和较低的应变速率下，第二相粒子可能发生粗化。在亚共析钢和共析钢中还能发生第二相球化。在较大的变形条件下，还可将第二相打碎，改变其分布，使第二相呈带状、线状或链状。例如，低碳钢在两相区热锻时，会形成铁素体带状组织。当第二相为低熔点纯金属相或共晶体分布于晶界时，第二相会发生局部熔化，形成热脆现象，在热锻、热轧时沿晶界开裂，产生缺陷。

14.3.4　热塑性变形对金属组织和性能的影响

热塑性变形对金属的组织和性能的影响主要表现在以下几点。

1. 改善晶粒组织

晶粒大小对金属的力学性能有很大的影响。晶粒越细、越均匀，金属的强度、塑性和韧性指标就越高。因此，通过热塑性变形获得分布均匀细小的晶粒意义十分重大。尤其是那些无固态相变、不能通过热处理来改善晶粒度的金属，如奥氏体不锈钢、铁素体不锈钢等，需要通过控制塑性变形再结晶晶粒度来提高其力学性能。

对于铸态金属，粗大的树状晶可以通过塑性变形和经再结晶变成等轴细晶组织。经轧制、锻造或挤压的钢坯和型材，可以通过进一步的热塑性变形和再结晶改善其晶粒组织。

热塑性加工后的工件内部的晶粒大小取决于热塑性变形时的动态回复和动态再结晶的组织状态，以及随后发生的静态回复、静态再结晶和亚动态再结晶等三种软化机理的作用。这些情况的发生都与金属的性质、变形温度、应变速率、变形程度和变形后的冷却速度有关。由于亚动态再结晶的速度快，因此亚动态再结晶后的晶粒总比动态再结晶的晶粒大。如果继续保持高温，且冷却速度过慢，则再结晶后的晶粒又会继续长大而变得粗大起来。热塑性变形时，变形程度过大且温度很高时，会出现二次再结晶现象，即再结晶晶粒相互吞并而异常长大。图 14-20 所示为 GH4037 镍基高温合金的动态再结晶图，温度高于 1000℃时出现明显的再结晶，因此，对于这种合金材料的锻造，应使终锻温度控制在 1000℃以上，以保证由变形引起的加工硬化能被再结晶软化消除。但同时，始锻温度应控制在 1150℃以下，以避免在达到更高温度时晶粒急剧长大。由于这种合金的锻造温度区间很窄，因此要非常严格地执行锻造工艺规范。

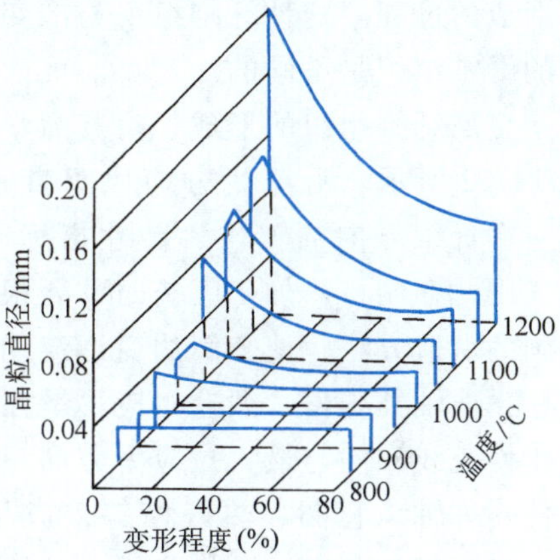

图 14-20　GH4037 镍基高温合金的动态再结晶图

以固溶或弥散微粒出现的合金元素，都有利于提高再结晶形核率和降低晶界的迁移速度，因而能使再结晶晶粒细化。例如，在碳钢中添加微量元素 Nb 要比普通碳钢显著降低再结晶速度，使晶粒细化。

2. 锻合内部缺陷

铸态金属中的缺陷如疏松、空隙和微裂纹等，经过锻造后被压实，致密度得到提高。内部缺陷的锻合效果与变形温度、变形程度、三向压应力状态等因素有关。对于宏观缺陷的锻合，通常经历从闭合—焊合的过程。首先是缺陷区发生塑性变形，使空隙两壁靠拢，称为闭合阶段；然后在三向压应力作用下，空隙两壁金属焊合成一体，称为焊合阶段。这时，需要有足够大的变形程度才能实现锻合。对于金属中的微观缺陷，只要有足够大的三向压应力，就可以实现锻合。

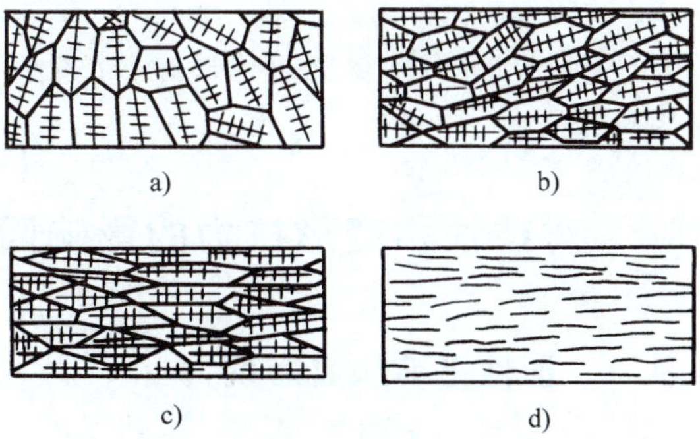

图 14-21　钢锭锻造过程中纤维组织形成示意图

3. 形成纤维状组织

钢锭在热锻过程中，随着变形程度的增加，内部粗大的树状枝晶沿主变形方向伸长，晶间富集的杂质和非金属夹杂物的走向也逐渐趋于与主变形方向一致，脆性夹杂物被破碎成链状分布；塑性夹杂物被拉长成条带状、线状或薄片状，在顺主变形方向上形成一条条断断续续的细线，这种流线状组织称为纤维组织。图 14-21 表示随变形程度的增大，钢锭中纤维组织逐渐形成的过程。这种纤维组织与冷变形中由于晶粒被拉长而形成的纤维组织是不同的。

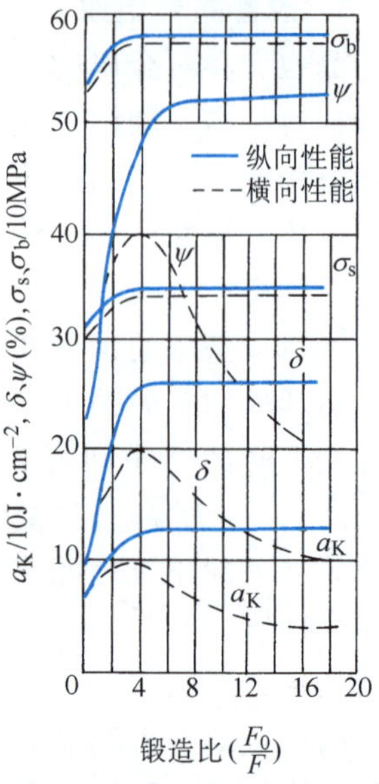

图 14-22　45 钢锭不同锻比对力学性能的影响

金属纤维组织的形成，对其力学性能的影响是明显的，如图 14-22 所示。沿流线方向比垂直于流线方向的力学性能更佳。顺纤维方向的塑性、韧性指标明显比垂直于纤维方向的高。因此在制订热加工工艺时，要根据零件的服役条件，掌握正确的锻造方法，使金属的变形流动和流线分布合理。如对于立柱、曲轴类零件，锻造时应尽量控制金属流线分布与外形相符，使流线方向与最大拉应力方向一致。对于容易疲劳剥损的零件，如轴承套圈、热锻模等，应尽量使流线与工作表面平行。避免用切割方法破坏流线。轴承套圈的沟槽可采用辗扩成形，使纤维的走向基本与沟槽面平行。对于受力条件复杂的零件，对各个方向的性能都有要求，如发电机的主轴和锤头等，则不希望锻件有明显的流线分布，可以采用镦粗和拔长相结合的方法成形，并合理控制总锻造比。

4. 改善碳化物和夹杂物分布

在高速钢和高铬、高碳工具钢中含有大量的碳化物，它们呈粗大的鱼骨状或网状包围在晶粒的周围。通过锻造，可以使碳化物被击碎，并均匀分布在基体中，削弱了对基体的破坏作用，同时使后续热处理的硬度分布均匀。为了使碳化物被充分击碎并达到均匀分布，常采用“变向锻造”方法，即沿毛坯的三个方向反复地镦粗和拔长。

钢锭内部存在的各种非金属夹杂物破坏了基体的连续性，使得零件在工作时容易引起应力集中，萌生裂纹，加速疲劳破坏，是十分有害的。通过合理的锻造，可以使夹杂物变形或破碎，使其较均匀地分布于基体中，这就大大降低了它的破坏作用。

5. 改善偏析

在热塑性变形中，通过枝晶破碎和扩散，可使铸态金属的偏析略有改善，铸件的力学性能得到提高。

14.4　对塑性和变形抗力的影响因素

14.4.1　塑性指标和变形抗力

本章开头对塑性的定义是指金属材料在外力作用下发生永久变形而不破坏其完整性的能力。因此，金属能进行塑性加工的条件是具有良好的塑性。塑性越好，金属承受塑性变形的能力越强。不同的材料具有不同的塑性，而同一种材料在不同的条件下所表现出的塑性往往也是不同的，这主要是受化学成分、晶格类型和组织结构等内在因素的影响，以及变形温度、变形速度、应力状态等外部条件的影响。

为了衡量金属塑性的高低，需要有一种可以量化的指标，称为塑性指标。塑性指标以材料发生破坏时的塑性变形量来表示。常用的塑性指标为拉伸试验的材料的断后伸长率 δ（%）和断面收缩率 ψ（%）

$$\delta=\frac{L_u-L_o}{L_o}\times100\% \tag{14-2}$$

$$\psi=\frac{S_o-S_u}{S_o}\times100\% \tag{14-3}$$

式中，L_o、L_u 为试样的原始标准间距和试样断裂后的标距间长度；S_o、S_u 为试样的原始端断面积和试样断裂处的断面积。

事实上，这两个指标只能表示在单向拉伸条件下的塑性变形的能力。这两个指标越高，说明材料的塑性越好。试样拉伸时，在缩颈开始前，材料承受单向拉应力，缩颈出现以后，缩颈处处于三向拉应力状态。上述两个指标反映的是材料在单向拉应力状态下的均匀变形阶段和三向拉应力状态下的缩颈阶段的塑性总和。由于伸长率的大小与试样原始标距长度有关，而断面收缩率的大小与试样原始标距无关，因此，在塑性材料中，用 ψ（%）作为塑性指标更为合理。

塑性指标除了用拉伸试验测定以外，还可以用镦粗试验和扭转试验测定。

镦粗试验时，将圆柱体试样在压力机或锤上进行镦粗，直至试样表面出现肉眼能观察到的第一条裂纹为止。一般取试样的高度 H_0 为直径 D_0 的 1.5 倍，这时的压缩程度即定义为塑性指标

$$\varepsilon_c=\frac{H_0-H_k}{H_0}\times100\% \tag{14-4}$$

式中，H_0、H_k 为镦粗试样原始高度和表面出现第一条裂纹时的高度（图 14-23）。

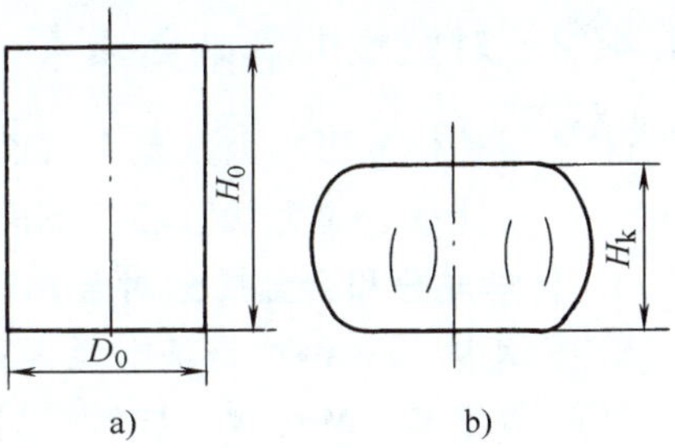

图 14-23　镦粗试验

a）原始样　b）出现裂纹后的试样

镦粗时由于接触摩擦的影响，圆柱体试样会出现鼓形，侧表面出现切向拉应力，而内部处于三向压应力状态。由于工具与试样接触表面的摩擦力、散热条件、试样的原始尺寸等条件不同，影响到附加拉应力的大小，因此，同一金属的塑性指标可能不完全相同。为便于比较，要制订相应的规程，给出测定塑性指标的试验条件。

根据镦粗的塑性指标，当压缩程度 $\varepsilon_c\geqslant60\%\sim80\%$时，为高塑性材料；$\varepsilon_c=40\%\sim60\%$时为中塑性材料；$\varepsilon_c=20\%\sim40\%$时为低塑性材料。塑性指标 ε_c 低于 20%的材料实际上是难以进行塑性加工的。

由于各种试验方法都是相对于特定的受力条件和变形条件的，因此得出的塑性指标仅具有相对的和比较的意义。它们仅仅表明，某种金属在哪种变形条件下塑性高，在哪种变形条件下塑性低；或者是在某种受力和变形条件下，哪种金属的塑性高，哪种金属的塑性低。然

而这对于正确选择金属材料，选择变形温度、变形速度和变形量，还是有重要的参考意义的。

如果以不同变形速度、不同温度时得到的各种塑性指标（δ、ψ、ε、a_K、σ_b 等）为纵坐标，以温度为横坐标绘制成曲线图，称为塑性图。图 14-24 所示为碳钢的塑性图。一张完整的塑性图，应给出压缩时的变形程度 ε、拉伸时的抗拉强度 σ_b、断后伸长率 δ、断面收缩率 ψ、扭转时扭转角或转数，以及冲击韧度 a_K 等力学性能指标与温度的关系，它是拟定金属塑性加工工艺规范，如选择变形温度、变形速度、变形程度等的重要依据。使用塑性图时，应注意图中塑性指标对应的变形条件，使实验条件尽量与塑性加工时的变形条件相近。

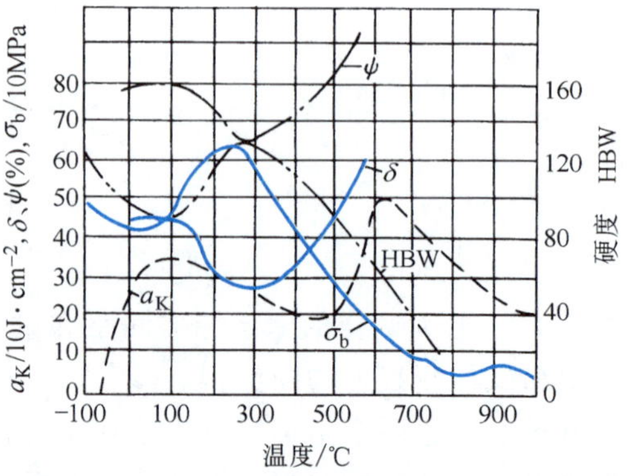

图 14-24　碳钢的塑性图

金属在发生塑性变形时产生抵抗变形的能力，称为变形抗力，一般用接触面上平均单位面积变形力表示。如压缩时，变形抗力为作用于工具表面的单位面积压力，亦称单位流动压力，通常用 p 表示。

塑性反映的是金属对塑性变形的适应能力，塑性的好坏表示金属可以承担塑性变形量的大小。变形抗力反映的则是材料抵抗变形的能力，也就是反映材料变形的难易程度。

变形抗力的大小取决于材料的真实应力，同时也取决于塑性加工时的应力状态、接触摩擦状态和变形体的尺寸等因素。通常是在单向拉伸（或压缩）状态下和在一定的变形条件下（变形温度、变形速度、变形程度等）测出材料的真实应力（流动应力），作为反映材料的变形抗力的指标。实际的变形抗力与真实流动应力是有区别的，因为它与加工方法、加工条件密切相关。

14.4.2　对塑性的影响因素

对金属塑性的影响因素是多方面的，主要有化学成分和合金元素成分、组织状态、变形温度、应变速率、应力状态等。下面做简要的介绍。

1. 化学成分和合金成分对金属塑性的影响

在碳钢中，Fe 和 C 是基本元素；在合金钢中，除了 Fe 和 C 外，还包含有合金元素 Si、Mn、Cr、Ni、W、Mo、V、Ti 等。另外，在各类钢中，还含有一些杂质元素，如 P、S、N、H、O 等。它们对金属塑性的影响主要表现为：

（1）碳　碳对碳钢性能的影响最大。碳能固溶于铁，形成铁素体和奥氏体，它们具有良好的塑性。当铁中的碳含量超过其溶碳能力时，多余的碳便以渗碳体 Fe_3C 形式出现，它具有很高的硬度，而塑性几乎为零。它阻碍基体的塑性变形，使碳钢的塑性降低。含碳量越高，渗碳体的数量越多，金属的塑性也越差。因此，对冷变形用钢而言，含碳量应尽量低。对于热加工而言，虽然碳能溶于奥氏体中，但碳含量越高，碳钢的熔化温度越低，则锻造温度区间越窄，奥氏体晶粒长大的倾向越大，再结晶速度减慢，对热加工成形是不利的。

图 14-25 所示为退火状态下，碳含量对碳钢塑性和强度指标的影响曲线。

(2) 磷　磷是钢中的有害杂质，在钢中有很大的溶解度，易溶于铁素体，使钢的塑性降低，在低温时更为严重，这种现象称为冷脆性。当钢中含磷量超过 0.1%（质量分数）时，冷脆性就相当明显；当含磷量达到 0.3%（质量分数）以上时，钢已完全变脆，故对冷变形用钢影响较大（如冷镦钢、冷冲压钢板等）。此外，磷具有极大的偏析倾向，能促使奥氏体晶粒长大。

(3) 硫　硫是钢中的有害物质，主要与铁形成 FeS，与其他元素形成硫化物。FeS 与铁形成易熔共晶体 Fe-FeS，熔点 985℃左右。硫化物及其共晶体通常分布于晶界上，当温度达到熔点时，它们就会熔化。在钢的锻造温度范围内（800～1220℃）会发生变形开裂，即“热脆”现象。如果在钢中加入适量的锰，生成 MnS，MnS 及其共晶体的熔点高于钢的锻、轧温度，就不会产生热脆性，从而消除硫的危害。

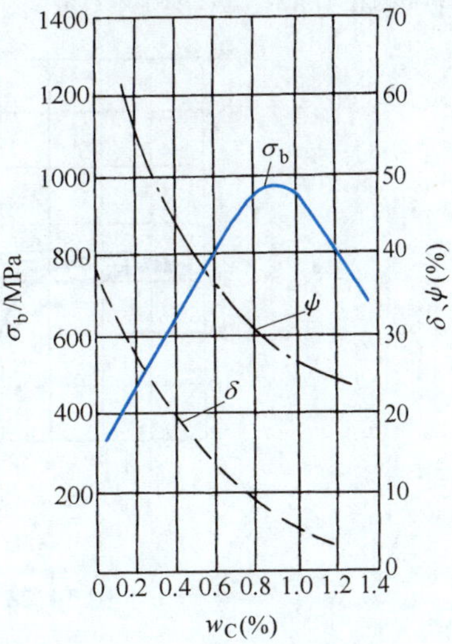

图 14-25　碳含量对碳钢力学性能的影响

(4) 氮　氮在钢中主要以氮化物 Fe_4N 形式存在。当氮化物的质量分数较小时，对钢的塑性影响较小；但当氮化物的质量分数逐渐增加时，钢的塑性下降，使钢变脆。氮在 α-Fe 中的溶解度在高温和低温时相差很大，当含氮量较高的钢从高温快冷至低温时，α-Fe 被过饱和，随后以 Fe_4N 形式析出，使钢的塑性、韧性大大下降，这种现象称为时效脆性。若在 300℃左右加工，会出现所谓的“蓝脆”现象。

(5) 氢、氧　氧在钢中溶解度很小，主要以 Fe_3O_4、Al_2O_3 和 SiO_2 等夹杂物出现，降低钢的塑性；Fe_3O_4 还与 FeS 形成易熔共晶体，分布于晶界处，造成钢的热脆性。钢中溶氢，会使钢的塑性、韧性下降，造成所谓“氢脆”；此外，当含氢量较高时，经锻造、轧制后快冷时，从固溶体中析出的氢原子来不及向钢坯表面扩散逸出，而是聚集在显微缺陷处，形成细微裂纹，即所谓“白点”。虽然它对钢的强度影响不大，但会显著降低钢的塑性和韧性。大型锻件，如电站设备的大型自由锻件，锻造中一旦出现白点，会在淬火时和使用过程中突然断裂。

(6) 锰　合金元素锰在钢中的作用之一是显著提高铁素体强度；作用之二是脱硫，锰与硫化合生成 MnS，以消除 FeS 的热脆现象。

(7) 镍　镍的含量低于 6%（质量分数）时，对钢的塑性影响不大；含镍量在 6%～20%（质量分数）范围时，塑性下降。而当含镍量大于 20%（质量分数）或镍与铬总含量高于 25%（质量分数）时，可获得奥氏体组织，塑性提高。镍基合金和含镍的钢要严格控制硫的含量，这是由于 NiS 的共晶点很低，只有 644℃，且以网状形式分布于晶界，使塑性降低。

(8) 铬、钨、钼、钛、钒　这些合金元素与钢中的碳形成硬而脆的碳化物，使钢的塑性下降。碳化物的影响与它存在的形状、大小和分布有关。钛、钒等元素的碳化物在钢中形成高度弥散的细小颗粒，起弥散强化的作用，对塑性的影响不大。高合金钨钢的晶界上含有大量的共晶碳化物，塑性显著降低。钼元素在钢中除形成碳化物外，还与硫形成硫化钼分布于晶界，降低了金属的塑性。此外，铬、钨、钼、钛、钒对铁素体强度亦有一定的影响，但对铁素体的伸长率影响不大。图 14-26 所示为合金元素对铁素体伸长率和韧性的影响。

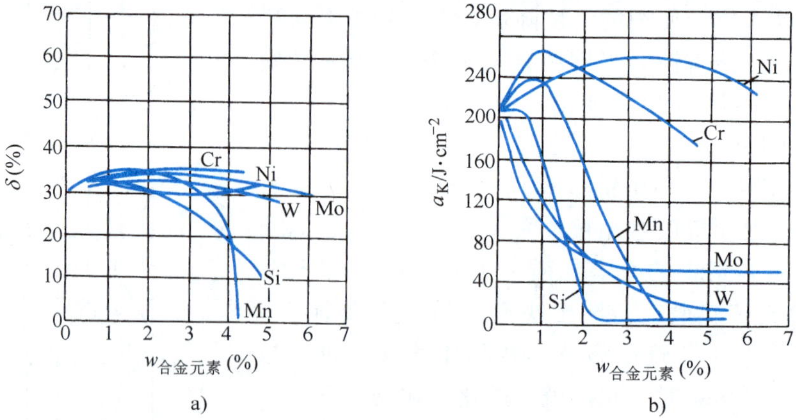

图 14-26 合金元素对铁素体伸长率和韧性的影响

(9) 锡、铋、铅、锑、砷 这几种低熔点合金元素在钢中的溶解度很低，它们在钢中以纯金属相存在于晶界，易造成钢的热脆性。

(10) 稀土元素 钢中加入少量稀土元素可以改善钢的塑性。这是由于加入少量稀土元素可以减轻氧、氮等气体对塑性的不利影响，还可以起到细化晶粒的作用。但加入过量的稀土元素会在晶界处析出，反而会降低塑性。

2. 组织状态对金属塑性的影响

当金属材料的化学成分一定时，组织状态的不同对金属的塑性也有很大的影响。

(1) 晶格类型的影响 具有面心立方晶格的铝、铜和镍等金属的塑性最好；钒、钨、钼等体心立方晶格的金属次之；镁、锌、钙等密排六方晶格金属的塑性最差。这是由于密排六方晶格的滑移系最少，只有 3 个，而面心立方晶格和体心立方晶格的滑移系有 12 个，并且面心立方晶格在同一滑移面上的滑移方向有 3 个，而体心立方晶格的滑移面上只有 2 个滑移方向，所以面心立方晶格金属的塑性比体心立方晶格的塑性更好一些。

(2) 晶粒度的影响 晶粒度越小，塑性越高。这是因为晶粒越细小，在一定体积内的晶粒数目越多，在同样变形量下，变形分散在更多的晶粒内进行，每个晶粒内的变形比较均匀。此外，晶粒大小的均匀程度对塑性也有一定影响，晶粒大小相差悬殊的多晶体，各晶粒间的变形难易程度不同，造成变形和应力分布不均匀，所以塑性降低。

(3) 相组成的影响 金属中通常含有或加入少量合金元素。当合金元素以单相固溶体形式存在时，金属的塑性较高；当合金元素以过剩相存在时，塑性较低。

当合金以多相混合物存在时，除了基体金属对变形有很大影响外，第二相的性质、形状、大小、数量和分布，都对变形有一定影响。当第二相为低熔点物质且位于晶界处时，金属的塑性很低；当第二相主要存在于晶内时，对塑性的影响较小。当第二相为硬脆的碳化物、氮化物及金属间化合物，并在晶间形成网状分布时，由于塑性相的晶粒被脆性相分割包围，使金属的变形能力无从发挥，合金的塑性将大大下降，很小的变形就会使脆性相的网络发生开裂。脆性相数目越多，合金的塑性就越差。

(4) 铸造组织的影响 铸造组织具有粗大的柱状晶粒，还具有偏析、夹杂、气泡、疏松等缺陷，因而塑性较差。大型自由锻件需要用优质钢锭，钢锭在变形前要进行均匀化退火；锻造时，应选择最佳的变形力学条件，使粗大的柱状晶被充分打碎，使变形尽可能均匀，以获得细晶组织。合金钢锻造时，要控制开始时的变形量，轻锻快打，待铸造组织转变成锻造组织后才能加大变形量。高速钢属于高合金钢锭，即使在高温下其塑性也很差，直接进行轧制容易开裂，一般要先进行预锻，改善其内部铸造组织后再进行轧制。

3. 变形温度对金属塑性的影响

对大多数金属而言，总的趋势是随着温度升高，塑性增加。但是，这种增加并不是成线性的，在加热的某些温度区间，由于相态或晶界状态的变化而出现脆性区，使金属的塑性降低。图 14-27 所示表明碳钢的塑性在加温过程中，在中温区和高温区都出现明显的脆性区。中温脆性区大致出现在 200~400℃ 温度范围内（区域Ⅱ），塑性下降的原因被认为是氧化物、氮化物以沉淀形式在晶界、滑移面上析出。此温度区间称为蓝脆区。在 800~950℃ 温度范围内（区域Ⅲ），会出现第二个塑性下降的区间，称为热脆区。形成热脆区的原因与相变有关，这时珠光体转变为奥氏体，形成铁素体和奥氏体共存的情形，还可能与晶界处析出 FeS-FeO 低熔点共晶体有关。当加热温度超过 1250℃ 后，由于过热、过烧，此时晶粒粗大，晶界出现氧化物和低熔点物质的局部熔化，塑性急剧下降，称高温脆区（区域Ⅳ）。

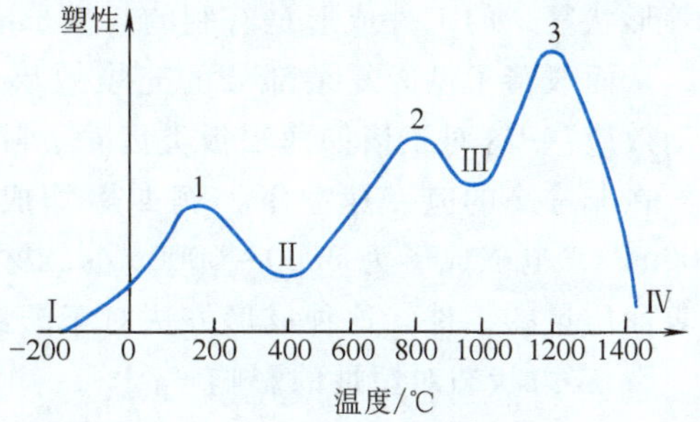

图 14-27　碳钢的塑性随温度的变化曲线

为了保证工件质量，塑性加工时，要尽量避开各种脆性区。例如，金属温挤时要避免蓝脆区；钢坯锻造时，要避免形成过烧的高温脆区。合金钢的锻造温度区间很小，在制订工艺规程时，要特别注意它的始锻温度和终锻温度。

温度的升高使金属塑性提高的原因主要有以下几个方面：

1）发生回复与再结晶。回复使金属得到一定程度的软化，再结晶则消除了加工硬化现象。

2）原子动能增加，使位错活动加剧，滑移系增多，改善了晶粒之间变形的协调性。

3）晶间滑移作用增强。随着温度的升高，晶界切变抗力显著降低，使晶间滑移易于进行。

4）金属的组织、结构的变化，可能使多相组织转变为单相组织，也可能改变晶格的结构，使之对塑性有利。如钛在室温时呈密排六方晶格，塑性低；当温度高于 882℃ 时，转为体心立方晶格，塑性明显提高。

4. 应变速率对塑性的影响

应变速率可以理解成变形速度，在第 16 章中还要讨论它。应变速率通过以下几种方式对金属的塑性发生影响。

提高应变速率，使金属没有足够的时间进行回复或再结晶，对金属的软化过程不能充分体现，使金属的塑性降低。

提高应变速率，在一定程度上使金属的温度升高，温度效应增加。温度的升高可以促使变形过程中的位错重新调整，有利于异号位错的合并和位错密度的降低，从而有利于金属塑性的提高；同时由于温度的升高，促进了回复与再结晶，有利于微裂纹的修复，这对于提高金属的塑性也是有利的。值得注意的是，对于具有脆性转变的金属，如果温度效应所引起的温度升高使金属由塑性区进入脆性区，则应变速率的增加反而会导致金属塑性的下降。例如，高速锤上模锻的锤头打击速度一般比较高，可达 12~18m/s，其锻造温度一般应比热模锻低 50~150℃，否则，会由于温度效应而使金属落入高温脆区，造成过热、过烧。

提高应变速率可以降低摩擦因数，从而降低金属的流动阻力，改善金属的充填性；加上减少热成形时的热量损失，减少毛坯温度下降和温度分布的不均匀性，这对于具有薄壁、高筋等形状复杂的工件成形是有利的。变形时间短，热量来不及散失，使金属保持良好的流动性，从而改善了型腔复杂部分的充填效果。另外，高速成形时还能产生一种所谓的"惯性流动效应"，这对于诸如薄辐板类齿轮、叶片等锻件的模锻成形是有利的。

在非常高的应变速率下，例如爆炸成形的介质速度为 1200~7000m/s，电液成形约为 6000m/s，电磁成形为 3000~6000m/s，材料的塑性变形能力大大提高，并能获得高精度、高表面质量的工件。这种成形方法对于塑性较差的难成形金属的塑性加工是有利的。

5. 应力状态对塑性的影响

自变形体中某点取一立方微单元体，用箭头表示微单元体三个面上的主应力，称为主应力图，可用它定性表示变形体内该点的应力状态。根据变形体的受力条件，可能的主应力图有 9 种：单向应力图 2 种，单向受拉和单向受压；两向主应力图 3 种，两向受拉、两向受压和一向受拉一向受压；三向主应力图 4 种，三向受拉、三向受压、两向受拉一向受压和两向受压一向受拉。9 种主应力图按照塑性好坏的排列顺序如图 14-28 所示。

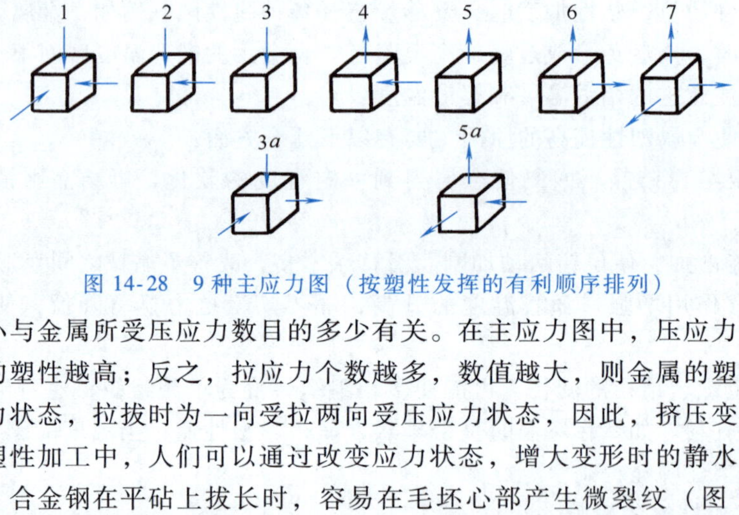

图 14-28　9 种主应力图（按塑性发挥的有利顺序排列）

塑性的大小与金属所受压应力数目的多少有关。在主应力图中，压应力个数越多，数值越大，则金属的塑性越高；反之，拉应力个数越多，数值越大，则金属的塑性就越差。挤压时为三向压应力状态，拉拔时为一向受拉两向受压应力状态，因此，挤压变形比拉拔变形的塑性要好。在塑性加工中，人们可以通过改变应力状态，增大变形时的静水压力来提高金属的塑性。例如，合金钢在平砧上拔长时，容易在毛坯心部产生微裂纹（图 14-29）；改用 V 形砧后，由于工具侧面的压力作用，减小了毛坯心部的拉应力作用，可避免中心裂纹的发生，如图 14-30 所示。

为什么压应力的数目越多、静水压力越大，塑性越好呢？可以用下述理由来解释：

压应力能阻止或减小晶间变形，静水压力越大，晶间变形越困难，因而提高了金属的塑性。相反，拉应力会促进晶间变形，加速晶间破坏，因而塑性较差。同时，三向压应力有利于愈合金属内部的缺陷与损伤，而拉应力则相反。当变形体内原先存在对塑性不利的杂质、液态相或组织缺陷时，三向压应力能抑制其发展。

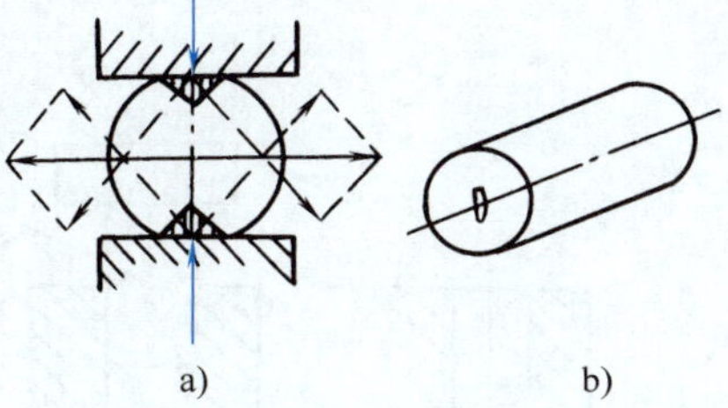

图 14-29 平砧拔长时圆断面坯料受力和中心裂纹的发生

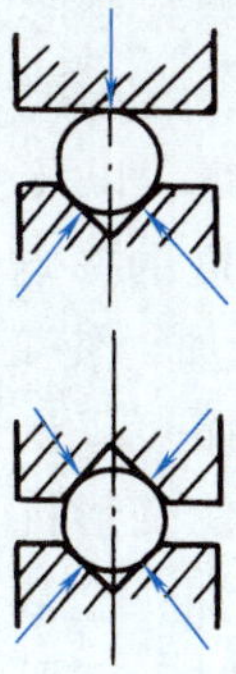

图 14-30 V形砧拔长圆断面毛坯

归纳起来，为使金属处于良好的塑性流动状态，要从提高材料成分和组织的均匀性、合理选择变形温度和应变速率、选择三向压缩性较强的变形方式和减小变形的不均匀性等方面加以考虑。

14.4.3 对变形抗力的影响因素

与对塑性的影响一样，对变形抗力的影响因素也是很多的。下面讨论几个主要的影响因素。

（1）化学成分的影响　化学成分对变形抗力的影响比较复杂。对于纯金属，纯度越高，变形抗力越小。对于合金，主要取决于合金元素的原子与基体金属原子间相互作用的特性，合金元素的原子在基体金属原子中的分布等因素。合金元素引起基体点阵畸变程度越大，金属的变形抗力也越大。

金属中含有杂质的成分越多，变形抗力增加越显著。主要原因是容易引起基体组元点阵畸变。杂质元素在周期表中离基体元素越远，硬化作用越强烈，因而变形抗力提高越多。但当杂质元素以脆性网状夹杂物分布于晶界时，则使变形抗力下降。

（2）组织结构的影响　金属和合金的组织状态不同，变形抗力数值也不一样。退火状态下，金属和合金的变形抗力会大大降低。组织结构的变化，例如发生相变时，变形抗力也发生变化。

当合金为多相组织时，第二相的性质、形状、大小、数量和分布状况对变形抗力都有影响。一般地说，硬而脆的第二相在基体相晶粒内呈颗粒状弥散分布时，合金的变形抗力就高；且第二相越细，分布越均匀，数量越多，变形抗力就越大。如钛、钒等合金元素的碳化物，在钢中形成高度弥散的细小颗粒，弥散强化作用很强，使钢的变形抗力显著提高。

金属和合金的晶粒越细，同一体积内的晶界越多，在室温下由于晶界强度高于晶内，所以变形抗力就高。

（3）变形温度的影响　几乎所有的金属和合金的变形抗力都随温度的升高而降低。因为温度的升高使金属原子间的结合力降低，金属滑移的切应力也就降低了。但是当金属和合金随着温度的变化而发生物理-化学变化和相变时，会出现相反的情况。例如钢在加热过程中发生的蓝脆和热脆现象。

（4）变形程度的影响　变形程度的增加，在回复和再结晶过程来不及进行时必然会产生加工硬化，使继续变形发生困难，因而变形抗力增加。但当变形程度较高时，随着变形程度的进一步增加，变形抗力的增加变得比较缓慢。因为这时晶格畸变能增加，促进了回复与再结晶过程的进行，以及变形热效应的作用加强。

（5）变形速度的影响　变形速度提高，单位时间内的发热率增加，使变形抗力降低。另一方面，变形速度提高也缩短了变形时间，使位错运动的发展时间不足，促使变形抗力增加。一般情况下，随着变形速度的增加，金属和合金的真实应力提高，特别是在热变形时，变形速度的提高会引起真实应力明显增大。

（6）应力状态的影响　应力状态对金属变形抗力有很大的影响。古布金用铜试样在同一副模具里进行了拉拔和挤压的试验（图 14-31），结果发现，挤压时的变形抗力远比拉拔时变形抗力大，原因是两者的应力状态不同，挤压时金属处于三向压应力状态，拉拔时，金属处于一向受拉两向受压的应力状态。

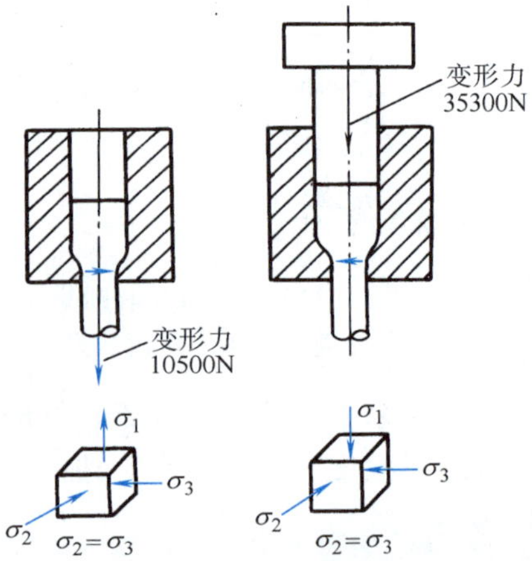

图 14-31　拉拔和挤压时不同的应力状态和变形抗力

14.5　金属的超塑性

前面讨论了金属的塑性。可以看到，塑性受到内外因素的影响很大，情况相当复杂。人们发现，在一些特定条件下，如一定的化学成分、特定的显微组织、特定的变形温度和应变速率等，金属会表现出异乎寻常的高塑性状态，即所谓超常的塑性变形行为，此时金属具有均匀变形能力，其伸长率可以达到百分之几百，甚至几千，这就是超塑性。

超塑性变形的优点是能极大地发挥变形材料的塑性潜力，大大降低变形抗力，有利于复杂零件的精确成形，对于难成形的合金材料，如钛合金、镁合金、铝合金和合金钢等具有重要的意义。近年来发展起来的超塑性体积成形、超塑性板料成形、超塑性气压胀形与扩散连接复合工艺（SPF/DB）等，都表现出它的巨大的应用潜力和广阔的应用前景。

14.5.1　超塑性变形的特点

与一般的变形情况相比，超塑性效应表现为以下几个特点：大伸长率、无缩颈、低流动应力、对应变速率的敏感性、易成形。

超塑性材料在单向拉伸时 δ 值非常高，在变形稳定性方面要比普通材料好得多，材料成形性能得到大大改善，使形状复杂或难以成形的材料变得容易成形。如卫星上的钛合金球形燃料箱，其壁厚为 0.71~1.5mm，用普通方法是无法成形的，用超塑性成形才成为可能。

超塑性变形时断面均匀缩小，断面收缩率可接近 100%，几乎无缩颈发生。并且具有非常低的流动应力，每平方毫米仅几十兆帕，因此对设备吨位的要求很低。

超塑性变形对应变速率很敏感，只有在一定的速度范围内才表现出超塑性。

超塑性变形过程中基本上没有或者只发生很小的应变硬化现象，流动性和充填性极好，因而极易成形。

由于超塑性成形是宏观均匀变形，所以变形后的制品表面光滑，没有起皱、微裂和滑移痕迹等现象。

在金相组织上，当原始材料是等轴细晶组织时，变形后几乎仍是等轴细晶组织，看不到晶粒被拉长。

从变形机制上，超塑性变形的晶界行为起了主要作用，如晶粒转动、晶界滑动、晶粒换位等，与一般的滑移、孪晶等塑性变形行为有明显的区别。

14.5.2　超塑性变形的类型

根据超塑性变形的特点，可将超塑性分为细晶超塑性和相变超塑性两大类。

1. 细晶超塑性

细晶超塑性是在一定的恒温条件下，应变速率和晶粒度都满足要求条件下所呈现出的超塑性。即材料的晶粒必须细化或超细化，一般小于10μm，保持恒温（0.5~0.7）T_m 和（10^{-1}~10^{-5}）s^{-1}应变速率的变形条件，在整个变形过程中，表现出低应力水平、无缩颈和大延伸状态。

超塑性变形的一个重要力学特征是流动应力（真实应力）对变形速率极其敏感。可以用下式表示这种特征

$$Y=K\dot{\varepsilon}^m \tag{14-5}$$

式中，Y 为真实应力；K 为取决于试验条件的材料常数；$\dot{\varepsilon}$ 为应变速率；m 为应变速率敏感指数。

m 是表征超塑性的一个重要指标。当 $m=1$ 时，式（14-5）成为牛顿黏性流动公式，K 就是黏性系数。对于普通金属，$m=0.02$~0.2；对于超塑性金属，$m=0.3$~1.0。m 值越大，伸长率也越大。

从物理意义上说，m 值大时，流动应力就会随着应变速率 $\dot{\varepsilon}$ 的增大而急速增大。试样拉伸时，当试样在某处断面出现局部缩小，该处的应变速率加大，该处继续变形所需的应力随之增加，这就阻止了该处断面的继续减小，促使变形向别处发展，使变形趋于均匀，因而能获得更大的伸长率。因此，m 反映了材料抵抗局部收缩或产生均匀拉伸变形的能力。

2. 相变超塑性

相变超塑性不要求金属有超细晶粒组织，但要求金属有固态相变特性。在一定外力作用下，使金属或合金在一定相变温度附近循环加热和冷却，经过一定的循环次数以后，就可能诱发产生反复的组织结构变化，使金属原子发生剧烈运动而呈现超塑性，从宏观上获得很大的伸长率。相变超塑性的主要影响因素是温度幅度（$\Delta t=t_{上}-t_{下}$）、热循环速度 $\Delta T/t$ 以及温度循环次数 n 等。相变超塑性总的伸长率与温度循环次数有关，循环次数越多，总的伸长率越大。图 14-32 所示为碳钢和轴承钢在 538~816℃温度区间内反复加热和冷却的温度循环，每一温度循环后均发生一次 $\alpha \xrightleftharpoons[冷却]{加热} \gamma$ 转变并获得依次跳跃

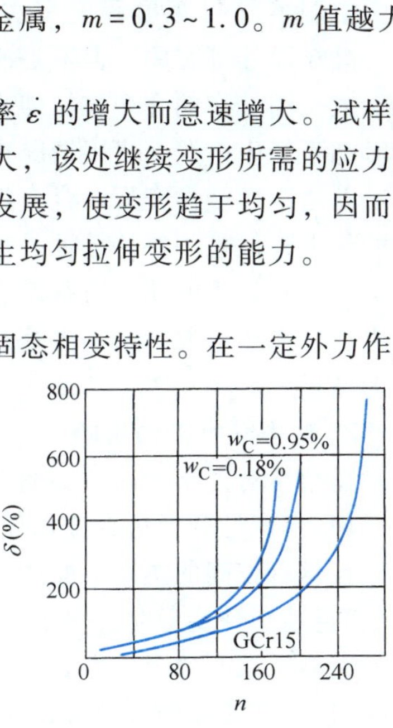

图 14-32　碳钢和轴承钢的断后伸长率 δ 与温度循环次数 n 之间的关系

式均匀延伸，经多次循环后，即可累积很大的延伸变形量。

相变超塑性是在一个温度变动频繁的温度范围内，依靠结构的反复变化，不断使材料组织从一种状态转变到另一种状态，故又称它为动态超塑性。相变超塑性的主要工业用途是在焊接和热处理方面。可以利用金属在反复加热和冷却过程中原子具有很强的扩散能力的特性，使两块具有相变或同素异构转变的金属贴合，在很小的负荷下，经过一定的循环次数以后，就能完全粘合在一起。这就是所谓的超塑性焊接。

14.5.3　超塑性变形时组织的变化和对力学性能的影响

1. 合金组织的变化

超塑性变形使金属的组织产生变化，主要表现为：

（1）晶粒的变化　晶粒长大时，等轴度基本不变。晶粒长大与变形程度、应变速率和变形温度有密切关系。图 14-33 所示为 Zn-Al 合金（$w_{Al}=22\%$）分别拉伸 100%、200% 和 600% 时，应变速率与晶粒大小的关系（晶粒原始直径 0.5μm，变形温度 250℃）。从图中可以看出，晶粒的大小随应变速率的降低而增大；变形程度越大，晶粒长大越明显。

此外，如果应变速率低，则晶粒除了长大外，还可能在拉伸变形方向上被拉长。而在最佳应变速率范围内，晶粒保持等轴状。

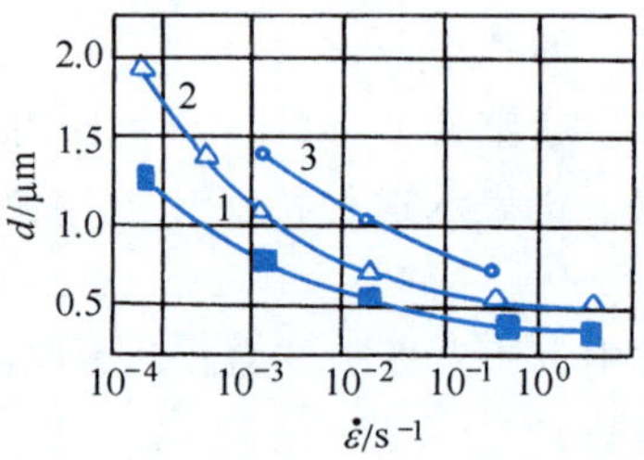

图 14-33　250℃拉伸时应变速率对 Zn-Al 淬火合金晶粒尺寸的影响

1—$\delta=100\%$　2—$\delta=200\%$

3—$\delta=600\%$

（2）显微组织发生变化　在最佳超塑性应变速率范围内不形成亚结构，未发现晶内位错。但如果提高应变速率，则位错数量会增加，甚至出现位错塞积。

（3）出现空洞　许多合金在超塑性拉伸时会形成空洞。空洞不仅与变形程度有关，还与变形速度、变形温度、晶粒尺寸等有关。但不是所有合金在超塑性变形时都会形成空洞；有的合金在拉伸变形时形成空洞，在压缩试验时却不产生空洞，成因情况比较复杂。

总之，超塑性变形对合金组织的影响表现出以下特征：超塑性变形时，晶粒虽有不同程度的长大，但基本保持等轴晶粒；变形后的微观组织中几乎看不到位错，不显示晶内滑移的痕迹，但有显著的晶界滑移痕迹，在许多情况下在晶界或相界处出现空洞。有人认为，空洞是由空位在变形期间向晶界处汇集引起的；也有人认为，空洞是由于晶界滑移时缺少相互协调的结果。

2. 对力学性能的影响

超塑性对力学性能的影响主要表现为：

1）超塑性变形后合金仍保持均匀细小的等轴晶组织，不存在织构，所以不产生各向异性，且具有较高的抗应力腐蚀能力。

2）超塑性变形时，由于变形温度稳定，变形速度缓慢，所以零件内部不存在弹性畸变能，变形后没有残余应力。

3）对某些超塑性合金，存在加工软化现象，即硬度随压缩率的增加而降低。

4）高铬高镍不锈钢经超塑性变形后，形成细微的双相混合组织，具有很高的抗疲劳强度。

14.5.4　超塑性变形机理

超塑性变形行为是很复杂的，变形机理也还处在研究探索之中。目前有这样几种解释：①晶界滑移的作用；②扩散蠕变的作用；③动态回复和动态再结晶的作用。但是，超塑性的一些现象又无法完全用上述一种理论做出完美的解释。例如，超塑性变形中晶粒大小和形状都没有显著的变化，这一事实支持了超塑性变形来自大量的晶界滑移的观点。但如果晶粒形状不变而单纯依赖晶界滑移，必然会导致晶间空洞和裂缝的发生，与一般观察到的现象不符。同样，扩散蠕变是在应力场作用下使原子（或空位）发生定向转移、引起物质迁移的过程，它必将引起晶粒沿外力方向伸长。但事实是，超塑性变形中仍基本保持等轴晶粒状态；在超塑性变形和热塑性变形中都能发生动态再结晶而形成等轴晶粒。但是，超塑性变形能获得大伸长率、低流动应力和表现出对应变速率的敏感性，而热塑性变形则不能。这些现象都说明，没有哪一个理论能独立地解释这种超塑性行为。它表明，超塑性变形机理比常规的塑性变形机理更为复杂，它是几个变形机理综合作用的结果；而且，在不同的变形条件下，可能由不同的机理起主导作用。

1973年阿什比（Ashby）和维罗尔（Verrall）提出了一个由晶内-晶界扩散蠕变共同调节的晶界滑动模型（简称A-V机理），如图14-34所示。该理论认为，在晶界滑移的同时伴随有扩散蠕变。对晶界滑移起调节作用的不是晶内位错运动，而是原子的扩散迁移。这个模型由一组二维的四个六方晶粒组成。在拉应力 σ 作用下，由初态过渡到中间态，再过渡到终了状态。从初态到终态的变化过程中，包含着一系列由晶内和晶界扩散流动所控制的晶界滑动和晶界迁移的过程。图14-34中Ⅰ和Ⅱ表示晶粒1和2在由起始状态到中间状态时晶内和晶界的扩散过程。与经典的扩散过程相比，这个模型的扩散渠道多，路程短，物质的迁移量少，因而在相同的应力 σ 下，可以获得更大的应变速率；而且所有晶粒保持等轴原样，只是发生转动换位。

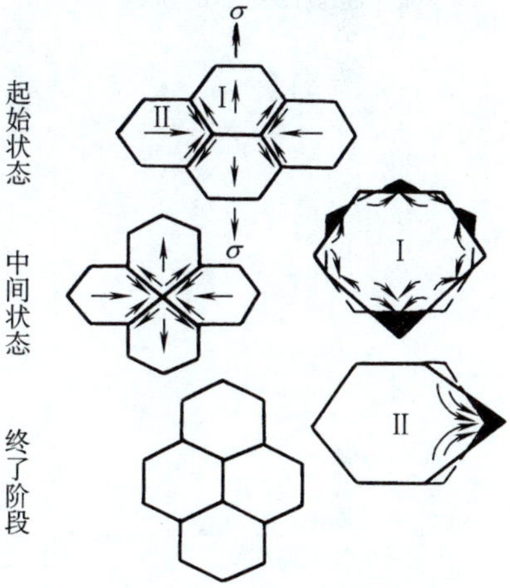

图14-34　晶界滑动和扩散蠕变联合机理模型

Ashby-Verrall模型被认为是一个比较成功的模型，它可以解释超塑性变形的晶粒的等轴性，以及为什么获得高的应变速率等。

一般认为，晶界滑移是超塑性变形中起主导作用的因素。对晶界滑移的本质，目前有两种解释：一种认为是在超塑性条件下，晶界结构是非晶体状态，因此晶界滑移被认为是非晶体的黏性流动；另一种则认为，晶界滑移是晶界位错的运动。对以上假设的验证，尚需时日。

思考与练习

1. 简述滑移和孪生两种塑性变形机理的主要区别。

2. 设有一简单立方结构的双晶体，如图14-35所示，如果该金属的滑移系是{100} <100>，试问在应力作用下，该双晶体中哪一个晶体首先发生滑移？为什么？

3. 试分析多晶体塑性变形的特点。

4. 晶粒大小对金属塑性和变形抗力有何影响？

5. 合金的塑性变形有何特点？

6. 冷塑性变形对金属组织和性能有何影响？

7. 产生加工硬化的原因是什么？它对金属的塑性和塑性加工有何影响？

8. 什么是动态回复？动态回复对金属热塑性变形的主要软化机制是什么？

9. 什么是动态再结晶？影响动态再结晶的主要因素有哪些？

10. 什么是扩散性蠕变？它的作用机理是什么？

11. 钢锭经热加工变形后的组织和性能发生什么变化？

12. 杂质元素和合金元素对钢的塑性有何影响？

13. 组织状态、变形温度、应变速率对金属塑性有何影响？

14. 化学成分、组织状态、变形温度、变形程度对变形抗力有何影响？

15. 应力状态对金属的塑性和变形抗力有何影响？

16. 什么是金属的超塑性？超塑性变形有什么特征？

17. 解释超塑性变形的机理。

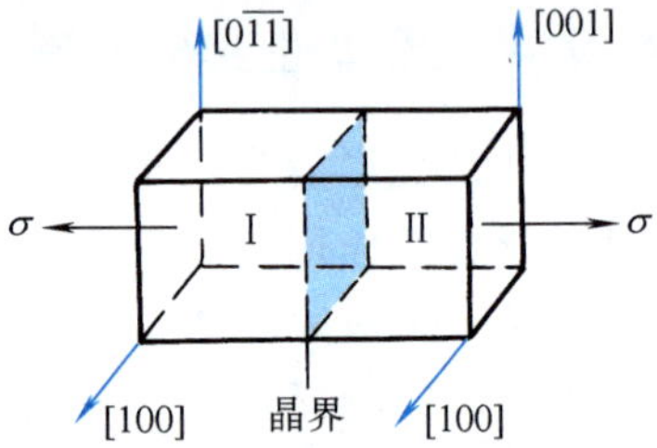

图 14-35　立方结构的双晶体

第 15 章　应力分析

金属在外力作用下由弹性状态进入塑性状态，研究金属在塑性状态下的力学行为称为塑性理论或塑性力学，它是连续介质力学的一个分支。为了简化研究过程，建立理论公式，在研究塑性力学行为时，通常采用以下基本假设：

1）连续性、匀质性、各向同性假设。变形体内均由连续介质组成，各质点的组织、化学成分都是均匀的，在各方向上的物理性能、力学性能均相同。

2）在变形的任意瞬间，合力为零。即力的作用是平衡的。

3）体积力为零。体积力如重力、磁力、惯性力等与面力相比是十分微小的。

4）体积不变假设。物体在塑性变形前后的体积不变。

在塑性理论中，分析问题需要从静力学、几何学和物理学等角度来考虑。静力学角度是从变形体中质点的应力分析出发，根据静力平衡条件导出应力平衡微分方程。几何学角度是根据变形体的连续性和匀质性假设，用几何的方法导出小应变几何方程。物理学角度是根据试验和基本假设导出变形体内应力与应变之间的关系式，即本构方程。此外，还要建立变形体由弹性状态进入塑性状态并使之继续进行塑性变形时所具备的力学条件，即屈服准则。

以上就是塑性变形的力学基础，对物体进行变形分析时，要了解变形体内任意一点的应力、应变状态。为了对变形体进行应力和应变分析，必须具备一些张量的基本概念。以下首先介绍一下张量的基本知识。

15.1　张量的基本知识

在塑性成形分析中会遇到许多物理量，如力、速度、位移、应力、应变等。为了对它们进行描述和计算，必须引进坐标系。物理量本身是不依赖于坐标系而存在的，坐标系的选择带有一定的任意性，且同一物理量在不同的坐标系中会有不同的数量表征。为了得到数量表征和解析结果在任何坐标系下都具有不变的形式，即表征和结果所反映的物理事实与坐标系的选择无关，就需要选择一种数学工具，这一数学工具就是张量。

引进坐标系后，所描述的物理量在坐标系中的分量，用角标表示其与某一坐标系的关系。但用角标符号表示物理量需要一定的标记和运算规则。

15.1.1　角标符号与求和约定

成组的符号和数组用一个带下角标的符号表示，这种符号叫角标符号。用角标符号表示物理量在坐标系中的分量，可以使冗长繁杂的公式在形式上变得简洁明了。如直角坐标系的三根轴 x、y、z，可写成 x_1、x_2、x_3，用角标符号简记为 $x_i(i=1, 2, 3)$；空间直线的方向余弦 l、m、n 可写成 l_x、l_y、l_z，简记为 $l_i(i=x、y、z)$；一点的应力状态九个应力分量 σ_{xx}，σ_{xy}，$\sigma_{xz}\cdots$，可简记为 $\sigma_{ij}(i, j=x, y, z)$ 等。如果一个坐标系带有 m 个角标，每个角标取 n 个值，则该角标符号代表着 n^m 个元素。例如 $\sigma_{ij}(i, j=x, y, z)$ 就包含有 9 个元素，即 9

个应力分量。

在运算中，常遇到 n 个数组各元素乘积求和的形式。例如

$$a_1x_1+a_2x_2+a_3x_3=\sum_{i=1}^{3}a_ix_i=F \tag{15-1}$$

为了省略求和记号∑，可以引入如下的求和约定：在算式的某一项中，如果有某个角标重复出现，就表示要对该角标自 1 到 n 的所有元素求和。根据这一约定，式（15-1）可简记为

$$a_ix_i=F \quad (i=1,2,3)$$

又设

$$\varepsilon_{ij}=\frac{1}{2}\left(\frac{\partial u_i}{\partial x_j}+\frac{\partial u_j}{\partial x_i}\right)\ (i,j=x,y,z) \tag{15-2}$$

则有

$$\varepsilon_{xx}=\frac{1}{2}\left(\frac{\partial u_x}{\partial x_x}+\frac{\partial u_x}{\partial x_x}\right)=\frac{\partial u_x}{\partial x_x};\gamma_{yz}=\gamma_{zy}=\frac{1}{2}\left(\frac{\partial u_y}{\partial x_z}+\frac{\partial u_z}{\partial x_y}\right)$$

$$\varepsilon_{yy}=\frac{1}{2}\left(\frac{\partial u_y}{\partial x_y}+\frac{\partial u_y}{\partial x_y}\right)=\frac{\partial u_y}{\partial x_y};\gamma_{zx}=\gamma_{xz}=\frac{1}{2}\left(\frac{\partial u_z}{\partial x_x}+\frac{\partial u_x}{\partial x_z}\right)$$

$$\varepsilon_{zz}=\frac{1}{2}\left(\frac{\partial u_z}{\partial x_z}+\frac{\partial u_z}{\partial x_z}\right)=\frac{\partial u_z}{\partial x_z};\gamma_{xy}=\gamma_{yx}=\frac{1}{2}\left(\frac{\partial u_x}{\partial x_y}+\frac{\partial u_y}{\partial x_x}\right)$$

上述重复出现的角标叫哑标，而在用角标表示的算式中有不重复出现的角标，称为自由标。自由标不包含求和的意思，但可以表示该等式代表的个数。在一个等式中，要分清哑标和自由标。例如

$$\frac{\partial \sigma_{ij}}{\partial x_i}=0 \quad (i,j=1,2,3)$$

这里 i 是哑标，j 是自由标，故此式可表示为

$$\frac{\partial \sigma_{11}}{\partial x_1}+\frac{\partial \sigma_{21}}{\partial x_2}+\frac{\partial \sigma_{31}}{\partial x_3}=0 \quad (i=1,2,3;j=1)$$

$$\frac{\partial \sigma_{12}}{\partial x_1}+\frac{\partial \sigma_{22}}{\partial x_2}+\frac{\partial \sigma_{32}}{\partial x_3}=0 \quad (i=1,2,3;j=2)$$

$$\frac{\partial \sigma_{13}}{\partial x_1}+\frac{\partial \sigma_{23}}{\partial x_2}+\frac{\partial \sigma_{33}}{\partial x_3}=0 \quad (i=1,2,3;j=3)$$

15.1.2 张量的基本概念

有些简单的物理量只需要一个标量就可以表示，如距离、时间、温度等。有些物理量是空间矢量，如位移、速度和力等，需要用空间坐标系中的三个分量来表示。更有一些复杂的物理量，如应力状态、应变状态，需要用空间坐标系中的三个矢量，即 9 个分量才能完整地表示，这就需要引入张量的概念。

张量是矢量的推广，可定义为由若干个当坐标系改变时满足转换关系的所有分量的集合。广义地说，绝对标量就是零阶张量，其分量数目为 $3^0=1$；矢量就是一阶张量，有 $3^1=3$

个分量；应力状态、应变状态是二阶张量，有 $3^2=9$ 个分量。

设有某物理量 F，它关于 $x_i(i=1, 2, 3)$ 的空间坐标系存在 9 个分量 $F_{ij}(i, j=1, 2, 3)$。若将 x_i 空间坐标系的坐标轴绕原点 O 旋转一个角度，则得到新的空间坐标系 $x_k(k=1', 2', 3')$，如图 15-1 所示。新坐标系 x_k 的坐标轴关于原坐标系 x_i 的方向余弦可记为 l_{ki} 或 $l_{lj}(k, l=1', 2', 3'; i, j=1, 2, 3)$。由于 $\cos(x_k, x_i)=\cos(x_i, x_k)$，所以 $l_{ki}=l_{ik}$，$l_{lj}=l_{jl}$。新旧坐标系间的方向余弦见表 15-1。

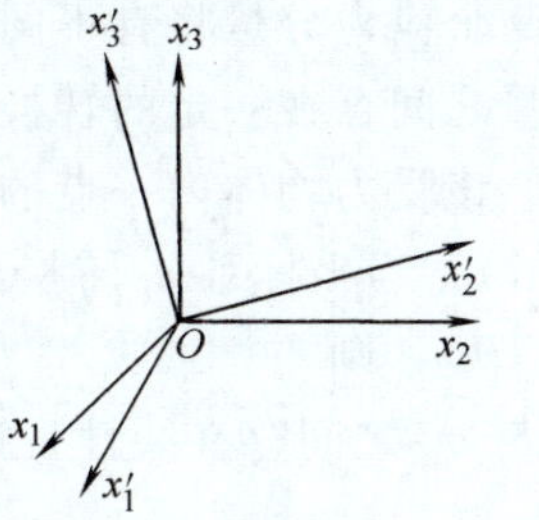

图 15-1 空间坐标系 x_i 与 x_k

表 15-1 新旧坐标系间的方向余弦

x_i \ x_k	x_1	x_2	x_3
$x_{1'}$	$l_{1'1}$	$l_{1'2}$	$l_{1'3}$
$x_{2'}$	$l_{2'1}$	$l_{2'2}$	$l_{2'3}$
$x_{3'}$	$l_{3'1}$	$l_{3'2}$	$l_{3'3}$

物理量 P 在新坐标系 x_k 的 9 个分量为 P_{kl}（$k, l=1', 2', 3'$）。若这个物理量 P 在坐标系 x_i 中的 9 个分量 P_{ij} 与坐标系 x_k 中的 9 个分量 P_{kl} 之间存在下列线性变换关系

$$P_{kl}=P_{ij}l_{ki}l_{lj} \quad (i, j=1, 2, 3; k, l=1', 2', 3') \tag{15-3}$$

这个物理量被定义为张量，可用矩阵表示 $\boldsymbol{P}_{ij}=\begin{pmatrix}\boldsymbol{P}_{11} & \boldsymbol{P}_{12} & \boldsymbol{P}_{13}\\ \boldsymbol{P}_{21} & \boldsymbol{P}_{22} & \boldsymbol{P}_{23}\\ \boldsymbol{P}_{31} & \boldsymbol{P}_{32} & \boldsymbol{P}_{33}\end{pmatrix}$。

$\boldsymbol{P}_{ij}$ 所带的下标数目是 2 个，称为二阶张量。

张量是满足一定的坐标转换关系的分量所组成的集合，它的重要特征是在不同的坐标系中分量之间可以用一定的线性关系来换算。式（15-3）为二阶张量的判别式。

15.1.3 张量的基本性质

张量具有以下一些基本性质：

1）张量不变量。张量的分量一定可以组成某些函数 $f(P_{ij})$，这些函数值与坐标轴无关，它不随坐标而改变，这样的函数，叫作张量不变量。二阶张量存在三个独立的不变量。

2）张量可以叠加和分解。几个同阶张量各对应的分量之和或差定义为另一个同阶张量。两个相同的张量之差定义为零张量。

3）张量可分为对称张量、非对称张量、反对称张量。若张量具有性质 $\boldsymbol{P}_{ij}=\boldsymbol{P}_{ji}$，就称为对称张量；若张量具有性质 $\boldsymbol{P}_{ij}=-\boldsymbol{P}_{ji}$，且当 $i=j$ 时对应的分量为 0，则称为反对称张量；如果张量 $\boldsymbol{P}_{ij}\neq\boldsymbol{P}_{ji}$，就称为非对称张量。任意非对称张量可以分解为一个对称张量和一个反对称张量。

4）二阶对称张量存在三个主轴和三个主值。如果以主轴为坐标轴，则两个下角标不同的分量均为零，只留下两个下角标相同的三个分量，叫做主值。

15.1.4 应力张量

受力物体内任意点的应力状态一旦被确定，如果取不同的坐标系，则表示该点应力状态的9个应力分量将有不同的数值，但该点的应力状态并没有发生变化。不同坐标系中的应力分量之间存在一定的转换关系。

该受力物体内一点的应力状态在坐标系 $x_i(i=x, y, z)$ 中的9个应力分量为 $\sigma_{ij}(i, j=x, y, z)$，当坐标系 x_i 转换到另一个坐标系 $x_k(k=x', y', z')$ 时，应力分量为 $\sigma_{kl}(k, l=x', y', z')$，则

σ_{ij} 与 σ_{kl} 之间存在线性变换关系式

$$\sigma_{kl}=\sigma_{ij}l_{ki}l_{lj} \quad (i, j=x, y, z;\ k, l=x', y', z')$$

因此，表示该点应力状态的9个应力分量构成二阶张量，称为应力张量，用张量符号表示为

$$\boldsymbol{\sigma}_{ij}=\begin{pmatrix} \sigma_x & \tau_{xy} & \tau_{xz} \\ \tau_{yx} & \sigma_y & \tau_{yz} \\ \tau_{zx} & \tau_{zy} & \sigma_z \end{pmatrix}$$

应力张量是二阶对称张量。

根据张量的基本性质，应力张量可以叠加和分解，并存在三个主方向（主轴）和三个主应力（主值），以及三个独立的应力张量不变量。后面将进一步讨论。

15.2 外力、应力和点的应力状态

15.2.1 外力和应力

塑性加工时，由外部施加于物体的作用力叫外力。外力通常分为两类：一类是作用于物体表面的力，叫面力或接触力，可以是集中力，也可以是分布力；另一类是作用在物体每个质点上的力，称为体积力，如重力、磁力和惯性力等。塑性成形时，体积力相对于面力要小得多，可以忽略不计。

作用于物体表面的分布载荷、正压力和摩擦力都是面力。

在外力的作用下，变形体内各质点就会产生相互作用的力，称为内力。单位面积上的内力称为应力。

图15-2a表示物体受外力系 F_1，F_2，…的作用下处于平衡状态。设 Q 为物体内的任意一点，过 Q 点作一法线为 N 的截面 A，此截面将物体分为两部分，移去上半部分，作用于截面 A 上的内力就变成外力，并与作用于下半部分的外力组成平衡力系。

在 A 面上围绕 Q 点取一很小的面积 ΔA，该小面积上内力的合力为 ΔF，则定义

$$\boldsymbol{S}=\lim_{\Delta A\to 0}\frac{\Delta F}{\Delta A}=\frac{\mathrm{d}F}{\mathrm{d}A}$$

为截面 A 上 Q 点的全应力。全应力 $\boldsymbol{S}$ 是一个矢量，可以分解成两个分量，垂直于截面的正应力 σ 和平行于截面的切应力 τ。显然有

$$\boldsymbol{S}^2=\sigma^2+\tau^2$$

若将截取的下半部分放入空间坐标系 $Oxyz$ 中，并使截面 A 的法线方向 N 平行于 y 轴（图15-2b），则全应力 $\boldsymbol{S}$ 在三个坐标轴上的投影称为应力分量，它们是 σ_y、τ_{yx}、τ_{yz}。

在变形体内各点的应力情况一般是不同的。对于任一点而言，过 Q 点可以作无限多的

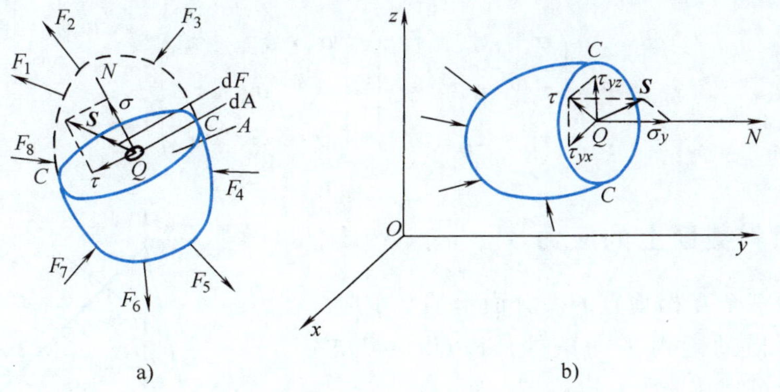

图 15-2 面力、内力和应力

切面，在不同方向的切面上，Q 点的应力是不同的。仅用某一个切面的应力不足以全面表示该点的应力情况。为了全面表示一点的应力情况，下面引入点的应力状态的概念。

15.2.2 直角坐标系中一点的应力状态

设在直角坐标系 $Oxyz$ 中有一承受任意力系的变形体，过变形体内任意点 Q 切取一六面体作为单元体，其棱边分别平行于三坐标轴。在互相垂直的微分面上的全应力都可以按坐标轴方向分解成一个正应力和两个切应力分量，这样，在三个互相垂直的微分面上就有三个正应力分量和六个切应力分量，共计 9 个应力分量，它们是 $\boldsymbol{\sigma}_{xx}$，$\boldsymbol{\sigma}_{yy}$，$\boldsymbol{\sigma}_{zz}$，$\boldsymbol{\tau}_{xy}$，$\boldsymbol{\tau}_{yx}$，$\boldsymbol{\tau}_{yz}$，$\boldsymbol{\tau}_{zy}$，$\boldsymbol{\tau}_{zx}$，$\boldsymbol{\tau}_{xz}$。它们可以完整地描述一点的应力状态，如图 15-3 所示。

按应力分量的符号规定，两个下角标相同的正应力分量，例如 $\boldsymbol{\sigma}_{xx}$ 表示 x 面上平行于 x 轴的正应力分量，可简写为 $\boldsymbol{\sigma}_x$；两个下角标不同的是切应力分量，例如 $\boldsymbol{\tau}_{xy}$ 表示 x 面上平行于 y 轴的切应力分量。将 9 个应力分量写成矩阵的形式为

$$\begin{bmatrix} \sigma_x & \tau_{xy} & \tau_{xz} \\ \tau_{yx} & \sigma_y & \tau_{yz} \\ \tau_{zx} & \tau_{zy} & \sigma_z \end{bmatrix}$$

——作用在 x 面上
——作用在 y 面上
——作用在 z 面上
（第三列）——作用方向为 z
（第二列）——作用方向为 y
（第一列）——作用方向为 x

应力分量有正、负号，确定方法为：当单元体的外法线指向坐标轴正向的微分面叫作正面，反之为负面。在正面上指向坐标轴正向的应力分量取正号，指向相反方向的取负号。负面上的应力分量则相反。按此规定，正应力分量以拉为正，以压为负。

由于单元体处于静力平衡状态，故绕单元体各轴的合力矩等于零，由此导出切应力互等定理

$$\boldsymbol{\tau}_{xy}=\boldsymbol{\tau}_{yx}；\ \boldsymbol{\tau}_{yz}=\boldsymbol{\tau}_{zy}；\ \boldsymbol{\tau}_{zx}=\boldsymbol{\tau}_{xz} \tag{15-4}$$

实际上，一点的应力状态中的 9 个应力分量只有 6 个是互相独立的，它们组成对称的应力张量 $\boldsymbol{\sigma}_{ij}$

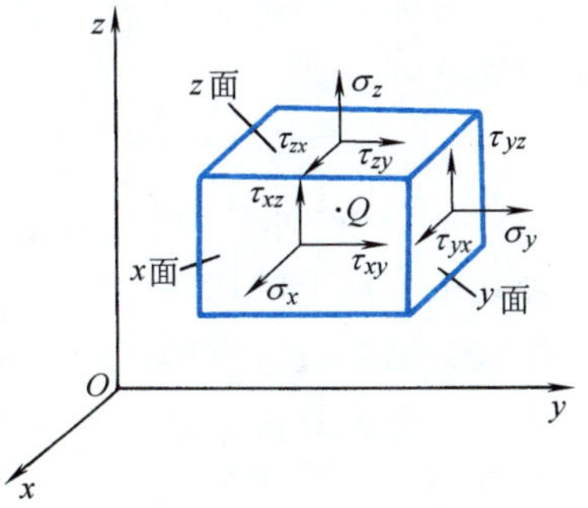

图 15-3 直角坐标系中单元体的应力分量

$$\boldsymbol{\sigma}_{ij}=\begin{pmatrix}\sigma_x & \tau_{xy} & \tau_{xz}\\ \tau_{yx} & \sigma_y & \tau_{yz}\\ \tau_{zx} & \tau_{zy} & \sigma_z\end{pmatrix}=\begin{pmatrix}\sigma_x & \tau_{xy} & \tau_{xz}\\ \cdot & \sigma_y & \tau_{yz}\\ \cdot & \cdot & \sigma_z\end{pmatrix} \tag{15-5}$$

15.2.3　任意斜截面上的应力

若过一点的三个互相垂直的微分面上的 9 个应力分量已知，则借助静力平衡条件，该点任意方向上的应力分量可以确定。

如图 15-4 所示，设过 Q 点任一斜切面的法线 N 与三个坐标轴的方向余弦为 l、m、n，即 $l=\cos(N,x)$；$m=\cos(N,y)$；$n=\cos(N,z)$。若斜微分面 ABC 的面积为 $\mathrm{d}A$，微分面 OBC（x 面）、OCA（y 面）、OAB（z 面）的微分面积分别为 $\mathrm{d}A_x$、$\mathrm{d}A_y$、$\mathrm{d}A_z$，则各微分面之间的关系为

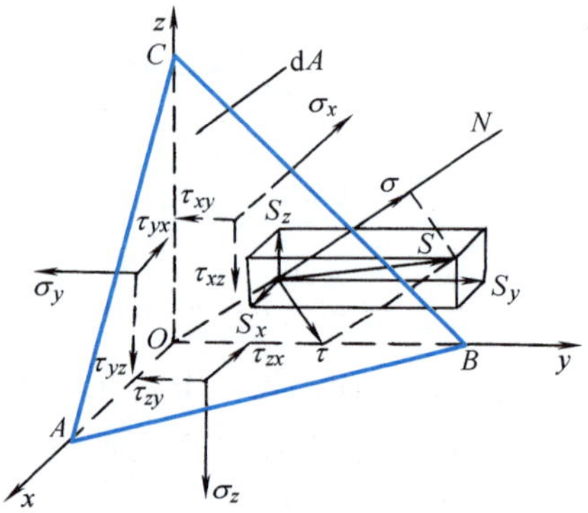

图 15-4　任意斜切微分面上的应力

$$\mathrm{d}A_x=l\mathrm{d}A;\ \mathrm{d}A_y=m\mathrm{d}A;\ \mathrm{d}A_z=n\mathrm{d}A$$

又设斜微分面 ABC 上的全应力为 $\boldsymbol{S}$，它在三坐标轴方向上的分量为 S_x、S_y、S_z，由静力平衡条件 $\sum F_x=0$，得

$$S_x\mathrm{d}A-\sigma_x\mathrm{d}A_x-\tau_{yx}\mathrm{d}A_y-\tau_{zx}\mathrm{d}A_z=0$$

整理得

$$\left.\begin{aligned}S_x&=\sigma_x l+\tau_{yx}m+\tau_{zx}n\\ S_y&=\tau_{xy}l+\sigma_y m+\tau_{zy}n\\ S_z&=\tau_{xz}l+\tau_{yz}m+\sigma_z n\end{aligned}\right\} \tag{15-6}$$

用角标符号简记为　$S_j=\sigma_{ij}l_i\ (i,\ j=x,\ y,\ z)$

显然，全应力　$\boldsymbol{S}^2=S_x^2+S_y^2+S_z^2$

斜微分面上的正应力 σ 为全应力 $\boldsymbol{S}$ 在法线 N 方向的投影，它等于 S_x、S_y、S_z 在 N 方向上的投影之和，即

$$\begin{aligned}\sigma&=S_x l+S_y m+S_z n\\ &=\sigma_x l^2+\sigma_y m^2+\sigma_z n^2+2\ (\tau_{xy}lm+\tau_{yz}mn+\tau_{zx}nl)\end{aligned} \tag{15-7}$$

斜切微分面上的切应力为　$$\tau^2=S^2-\sigma^2 \tag{15-8}$$

所以，已知过一点的三个正交微分面上 9 个应力分量，可以求出过该点任意方向微分面上的应力，也就是说，这 9 个应力分量可以全面表示该点应力状况，亦即可以确定该点的应力状态。

如果质点处于受力物体的边界上，则斜切微分面 ABC 即为变形体的外表面，其上的表面力（外力）T 沿三坐标轴的分量为 T_x、T_y、T_z，其值据式（15-6）为

$$\left.\begin{aligned}T_x &= \sigma_x l+\tau_{yx}m+\tau_{zx}n\\ T_y &= \tau_{xy}l+\sigma_y m+\tau_{zy}n\\ T_z &= \tau_{xz}l+\tau_{yz}m+\sigma_z n\end{aligned}\right\} \tag{15-9}$$

简记为 $T_j=\sigma_{ij}l_i$（i，$j=x$，y，z）。式（15-9）称为应力边界条件。

15.3 主应力和主切应力

15.3.1 主应力

由上节分析可知，如果表示一点的应力状态的 9 个应力分量为已知，则过该点的斜微分面上的正应力 σ 和切应力 τ 都将随法线 N 的方向余弦 l，m，n 而改变。特殊情况下，斜微分面上的全应力 $\boldsymbol{S}$ 和正应力 σ 重合，而切应力 $\tau=0$。这种切应力为零的微分面称为主平面，主平面上的正应力叫作主应力。主平面的法线方向称为应力主方向或应力主轴。

图 15-5 中的三个主平面互相正交，设斜微分面 ABC 是待求的主平面，面上的切应力为 0，正应力即为全应力，$\sigma=\boldsymbol{S}$。于是，主应力在三个坐标轴上的投影为

$$\left.\begin{aligned}S_x &= \sigma l\\ S_y &= \sigma m\\ S_z &= \sigma n\end{aligned}\right\}$$

上式与式（15-6）结合并整理得

$$\left.\begin{aligned}(\sigma_x-\sigma)l+\tau_{yx}m+\tau_{zx}n &= 0\\ \tau_{xy}l+(\sigma_y-\sigma)m+\tau_{zy}n &= 0\\ \tau_{xz}l+\tau_{yz}m+(\sigma_z-\sigma)n &= 0\end{aligned}\right\} \tag{15-10}$$

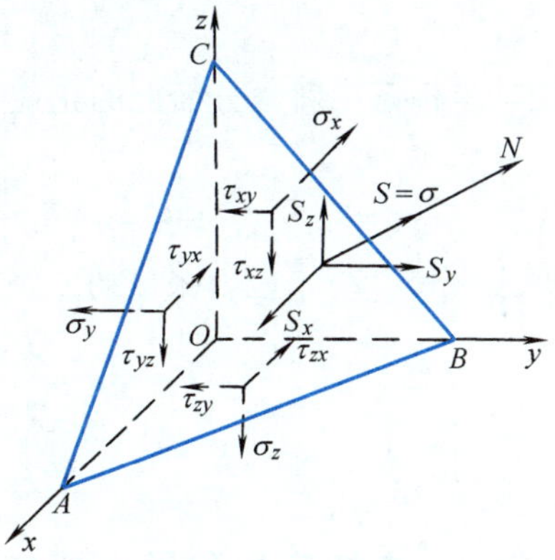

图 15-5 主平面上的应力

式（15-10）是一齐次线性方程组，l、m、n 为未知数，其解为应力主轴方向。此方程组的一组解为 $l=m=n=0$，但由解析几何可知，方向余弦之间必须满足

$$l^2+m^2+n^2=1 \tag{15-11}$$

即 l、m、n 不能同时为零，必须寻求非零解。为了求得非零解，只有满足齐次线性方程组式（15-10）的系数组成的行列式等于零的条件，即

$$\begin{vmatrix}(\sigma_x-\sigma) & \tau_{yx} & \tau_{zx}\\ \tau_{xy} & (\sigma_y-\sigma) & \tau_{zy}\\ \tau_{xz} & \tau_{yz} & (\sigma_z-\sigma)\end{vmatrix}=0$$

展开行列式，整理后得

$$\sigma^3-(\sigma_x+\sigma_y+\sigma_z)\sigma^2+[\sigma_x\sigma_y+\sigma_y\sigma_z+\sigma_z\sigma_x-(\tau_{xy}^2+\tau_{yz}^2+\tau_{zx}^2)]\sigma-$$
$$[\sigma_x\sigma_y\sigma_z+2\tau_{xy}\tau_{yz}\tau_{zx}-(\sigma_x\tau_{yz}^2+\sigma_y\tau_{zx}^2+\sigma_z\tau_{xy}^2)]=0$$

令

$$\left.\begin{aligned}J_1&=\sigma_x+\sigma_y+\sigma_z\\J_2&=-(\sigma_x\sigma_y+\sigma_y\sigma_z+\sigma_z\sigma_x)+\tau_{xy}^2+\tau_{yz}^2+\tau_{zx}^2\\J_3&=\sigma_x\sigma_y\sigma_z+2\tau_{xy}\tau_{yz}\tau_{zx}-(\sigma_x\tau_{yz}^2+\sigma_y\tau_{zx}^2+\sigma_z\tau_{xy}^2)\end{aligned}\right\}\tag{15-12}$$

式（15-12）可写成

$$\sigma^3-J_1\sigma^2-J_2\sigma-J_3=0\tag{15-13}$$

式（15-13）称为应力状态特征方程，它有三个实根，即三个主应力，用 σ_1、σ_2、σ_3 表示。

15.3.2　应力张量不变量

对于一个确定的应力状态，主应力只有一组值，即主应力具有单值性。由此，式(15-13)中的系数 J_1、J_2、J_3 也应是单值的，不随坐标系而变。由此得出重要结论：尽管应力张量的各分量随坐标而变，但按式（15-12）组成的函数值是不变的，所以将 J_1、J_2、J_3 称为应力张量第一、第二、第三不变量。

如果取三个主方向为坐标轴，并用 1、2、3 代替 x、y、z，这时应力张量可写为

$$\boldsymbol{\sigma}_{ij}=\begin{pmatrix}\sigma_1&0&0\\0&\sigma_2&0\\0&0&\sigma_3\end{pmatrix}\tag{15-14}$$

在主轴坐标系中斜微分面上的正应力和切应力为

$$\sigma=\sigma_1l^2+\sigma_2m^2+\sigma_3n^2\tag{15-15}$$

$$\tau^2=S^2-\sigma^2=\sigma_1^2l^2+\sigma_2^2m^2+\sigma_3^2n^2-(\sigma_1l^2+\sigma_2m^2+\sigma_3n^2)^2\tag{15-16}$$

根据式（15-12），应力张量的三个不变量为

$$\left.\begin{aligned}J_1&=\sigma_1+\sigma_2+\sigma_3\\J_2&=-(\sigma_1\sigma_2+\sigma_2\sigma_3+\sigma_3\sigma_1)\\J_3&=\sigma_1\sigma_2\sigma_3\end{aligned}\right\}\tag{15-17}$$

15.3.3　主切应力和最大切应力

与斜微分面上的正应力一样，切应力也随斜微分面的方位而改变。使切应力数值达到极大值的平面称为主切应力平面，其上所作用的切应力称为主切应力。经分析，在主轴空间中，垂直一个主平面而与另两个主平面交角为 45°的平面就是主切应力平面，如图 15-6 所示。该面上的主切应力为

$$\left.\begin{aligned}\tau_{12}&=\pm\frac{\sigma_1-\sigma_2}{2}\\\tau_{23}&=\pm\frac{\sigma_2-\sigma_3}{2}\\\tau_{31}&=\pm\frac{\sigma_3-\sigma_1}{2}\end{aligned}\right\}\tag{15-18}$$

主切应力角标表示与主切应力平面呈 45°相交的两主平面的编号。三个主切应力平面也是互相正交。主切应力中绝对值最大的一个称为最大切应力，用 τ_{max} 表示。设三个主应力的

关系为 $\sigma_1>\sigma_2>\sigma_3$，则

$$\tau_{\max}=\pm\frac{\sigma_1-\sigma_3}{2} \tag{15-19}$$

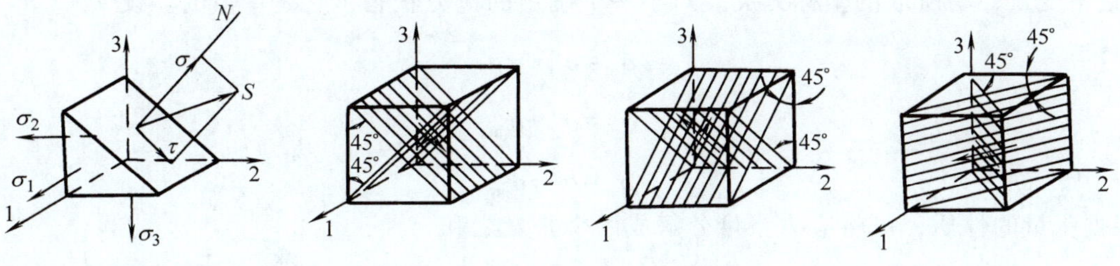

图 15-6 主切应力平面图

a) $l=0, m^2+n^2=1$ b) $l=0, m=n=\pm\frac{1}{\sqrt{2}}$ c) $m=0, l=n=\pm\frac{1}{\sqrt{2}}$ d) $n=0, l=m=\pm\frac{1}{\sqrt{2}}$

将主切应力平面的方向余弦的不同组合代入式（15-15）、式（15-16），可以解出作用于主切应力平面上的正应力值和切应力值，即

$$\left.\begin{aligned}\sigma_{12}&=\frac{\sigma_1+\sigma_2}{2}; & \tau_{12}&=\pm\frac{\sigma_1-\sigma_2}{2}\\ \sigma_{23}&=\frac{\sigma_2+\sigma_3}{2}; & \tau_{23}&=\pm\frac{\sigma_2-\sigma_3}{2}\\ \sigma_{31}&=\frac{\sigma_3+\sigma_1}{2}; & \tau_{31}&=\pm\frac{\sigma_3-\sigma_1}{2}\end{aligned}\right\} \tag{15-20}$$

将上述求解结果列于表 15-2 中。

表 15-2 主切应力平面及其面上的正应力和切应力

l	0	$\pm1/\sqrt{2}$	$\pm1/\sqrt{2}$
m	$\pm1/\sqrt{2}$	0	$+1/\sqrt{2}$
n	$\pm1/\sqrt{2}$	$\pm1/\sqrt{2}$	0
切应力	$\pm\frac{\sigma_2-\sigma_3}{2}$	$\pm\frac{\sigma_3-\sigma_1}{2}$	$\pm\frac{\sigma_1-\sigma_2}{2}$
正应力	$\frac{\sigma_2+\sigma_3}{2}$	$\frac{\sigma_3+\sigma_1}{2}$	$\frac{\sigma_1+\sigma_2}{2}$

图 15-7 所示的坐标平面上，垂直于该主平面的主切应力平面有两组，将各组平面的正面和负面都表示出来，构成一个四边形，在这个主切应力平面上的正应力相等。

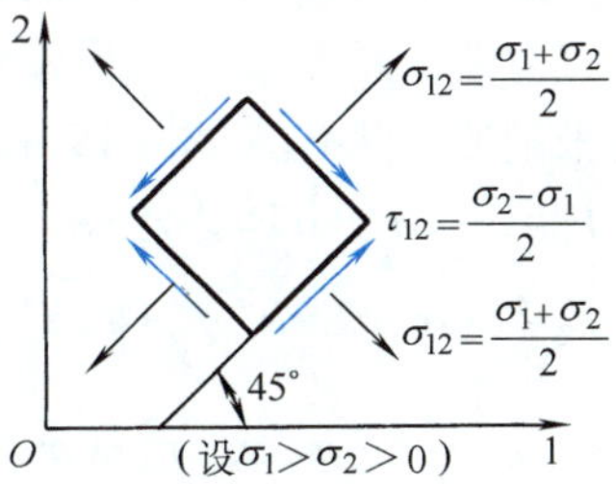

图 15-7 主切应力平面上的正应力

15.3.4 应力偏张量和应力球张量

应力张量和矢量一样，也是可以分解的，可以分解成应力偏张量和应力球张量。

设 σ_m 为三个正应力分量的平均值，称为平均应力

（或静水压力），即

$$\sigma_{\mathrm{m}}=\frac{1}{3}(\sigma_1+\sigma_2+\sigma_3)=\frac{1}{3}(\sigma_x+\sigma_y+\sigma_z)=\frac{1}{3}J_1$$

σ_{m} 是不变量，与所取的坐标无关。对于一个确定的应力状态，它是单值的。设

$$\sigma_x=\sigma'_x+\sigma_{\mathrm{m}}$$

$$\sigma_y=\sigma'_y+\sigma_{\mathrm{m}}$$

$$\sigma_z=\sigma'_z+\sigma_{\mathrm{m}}$$

则根据张量的性质，可将应力张量分解成两个张量之和

$$\boldsymbol{\sigma}_{ij}=\begin{pmatrix}\sigma_x & \tau_{xy} & \tau_{xz}\\ \tau_{yx} & \sigma_y & \tau_{yz}\\ \tau_{zx} & \tau_{zy} & \sigma_z\end{pmatrix}=\begin{pmatrix}\sigma'_x+\sigma_{\mathrm{m}} & \tau_{xy} & \tau_{xz}\\ \tau_{yx} & \sigma'_y+\sigma_{\mathrm{m}} & \tau_{yz}\\ \tau_{zx} & \tau_{zy} & \sigma'_z+\sigma_{\mathrm{m}}\end{pmatrix}$$

$$=\begin{pmatrix}\sigma'_x & \tau_{xy} & \tau_{xz}\\ \tau_{yx} & \sigma'_y & \tau_{yz}\\ \tau_{zx} & \tau_{zy} & \sigma'_z\end{pmatrix}+\begin{pmatrix}\sigma_{\mathrm{m}} & 0 & 0\\ 0 & \sigma_{\mathrm{m}} & 0\\ 0 & 0 & \sigma_{\mathrm{m}}\end{pmatrix}$$

或

$$\boldsymbol{\sigma}_{ij}=\boldsymbol{\sigma}'_{ij}+\boldsymbol{\delta}_{ij}\boldsymbol{\sigma}_{\mathrm{m}} \tag{15-21}$$

式中，$\boldsymbol{\delta}_{ij}$是克氏符号，也称单位张量，当 $i=j$ 时，$\boldsymbol{\delta}_{ij}=1$；当 $i\neq j$ 时，$\boldsymbol{\delta}_{ij}=0$，即

$$\boldsymbol{\delta}_{ij}=\begin{pmatrix}1 & 0 & 0\\ 0 & 1 & 0\\ 0 & 0 & 1\end{pmatrix}$$

式（15-21）中的后一张量 $\boldsymbol{\delta}_{ij}\boldsymbol{\sigma}_{\mathrm{m}}$ 表示的是一种球应力状态，也称静水应力状态，称为应力球张量，其任何方向都是主方向，且主应力相同，均为平均应力 σ_{m}。球应力状态的特点是在任何切平面上都没有切应力，所以不能使物体产生形状变化，而只能产生体积变化，即不能使物体产生塑性变形。

式（15-21）中的前一项 $\boldsymbol{\sigma}'_{ij}$ 称为应力偏张量，它是由原应力张量 $\boldsymbol{\sigma}_{ij}$ 减去应力球张量 $\boldsymbol{\delta}_{ij}\boldsymbol{\sigma}_m$后得到的。应力偏张量$\boldsymbol{\sigma}'_{ij}$的切应力分量、主切应力、最大切应力及应力主轴等都与原应力张量相同。因此，应力偏张量只使物体产生形状变化，而不能产生体积变化。材料的塑性变形是由应力偏张量引起的。

应力偏张量是二阶对称张量，它同样存在三个不变量，分别用 J'_1、J'_2、J'_3 表示。将应力偏张量的分量代入式（15-12），得

$$\left.\begin{aligned}J'_1&=\sigma'_x+\sigma'_y+\sigma'_z=(\sigma_x-\sigma_{\mathrm{m}})+(\sigma_y-\sigma_{\mathrm{m}})+(\sigma_z-\sigma_{\mathrm{m}})=0\\ J'_2&=-(\sigma'_x\sigma'_y+\sigma'_y\sigma'_z+\sigma'_z\sigma'_x)+\tau_{xy}^2+\tau_{yz}^2+\tau_{zx}^2\\ &=\frac{1}{6}[(\sigma_x-\sigma_y)^2+(\sigma_y-\sigma_z)^2+(\sigma_z-\sigma_x)^2+6(\tau_{xy}^2+\tau_{yz}^2+\tau_{zx}^2)]\\ J'_3&=\sigma'_x\sigma'_y\sigma'_z+2\tau_{xy}\tau_{yz}\tau_{zx}-(\sigma'_x\tau_{yz}^2+\sigma'_y\tau_{zx}^2+\sigma'_z\tau_{xy}^2)\end{aligned}\right\} \tag{15-22}$$

对于主轴坐标系，有

$$
\left.\begin{aligned}
J'_1 &= 0 \\
J'_2 &= \frac{1}{6}\left[(\sigma_1-\sigma_2)^2+(\sigma_2-\sigma_3)^2+(\sigma_3-\sigma_1)^2\right] \\
J'_3 &= \sigma'_1\sigma'_2\sigma'_3
\end{aligned}\right\} \tag{15-23}
$$

应力偏张量对塑性加工是一个十分重要的概念，可以用来表示不同的变形类型。

15.3.5 八面体应力和等效应力

1. 八面体应力

以受力物体内任意点的应力主轴为坐标轴，在无限靠近该点作等倾斜的微分面上，其法线与三个主轴的夹角都相等，如图 15-8a 所示。在主轴坐标系空间八个象限中的等倾微分面构成一个正八面体，如图 15-8b 所示。正八面体的每个平面称为八面体平面，八面体平面上的应力称为八面体应力。

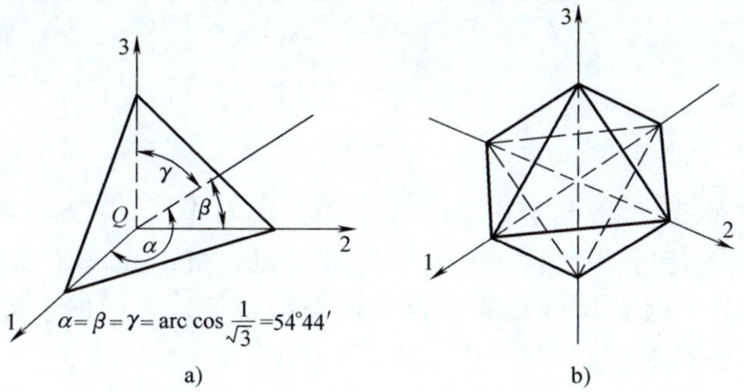

图 15-8 八面体和八面体平面

八面体平面的方向余弦为

$$l=m=n=\pm\frac{1}{\sqrt{3}}$$

八面体正应力 σ_8 和八面体切应力 τ_8 分别为

$$\sigma_8=\frac{1}{3}(\sigma_1+\sigma_2+\sigma_3)=\sigma_m=\frac{1}{3}J_1 \tag{15-24}$$

$$
\begin{aligned}
\tau_8 &= \pm\frac{1}{3}\sqrt{(\sigma_1-\sigma_2)^2+(\sigma_2-\sigma_3)^2+(\sigma_3-\sigma_1)^2} \\
&= \pm\frac{2}{3}\sqrt{\tau_{12}^2+\tau_{23}^2+\tau_{31}^2}=\pm\sqrt{\frac{2}{3}J'_2}
\end{aligned} \tag{15-25}
$$

由式（15-24）可以看出，σ_8 就是平均应力，即球张量，是不变量。τ_8 则是与应力球张量无关的不变量，反映了三个主应力的综合效应，与应力偏张量第二不变量 J'_2有关。若将式（15-24）中的 J_1 和式（15-25）中的 J'_2分别用任意坐标系的应力分量代入，即可得到任意坐标系中八面体应力表达式：

$$\sigma_8=\frac{1}{3}(\sigma_x+\sigma_y+\sigma_z) \tag{15-24a}$$

$$\tau_8=\pm\frac{1}{3}\sqrt{(\sigma_x-\sigma_y)^2+(\sigma_y-\sigma_z)^2+(\sigma_z-\sigma_x)^2+6(\tau_{xy}^2+\tau_{yz}^2+\tau_{xz}^2)} \tag{15-25a}$$

主应力平面、主切应力平面和八面体平面都是一点应力状态的特殊平面，这些平面上的应力值，对研究一点的应力状态有重要作用。

2. 等效应力

在力学分析中，材料的各种极限值，如 σ_s、σ_b，通常是在单向拉伸、压缩试验中测出的。为了使塑性变形中的复杂应力状态能与这些极限值相比较，人们引入“等效应力”的概念，把复杂应力状态的应力值折合成单向应力状态的应力值。

等效应力在主轴坐标系中定义为

$$\bar{\sigma}=\frac{1}{\sqrt{2}}\sqrt{(\sigma_1-\sigma_2)^2+(\sigma_2-\sigma_3)^2+(\sigma_3-\sigma_1)^2}=\sqrt{3J_2'} \tag{15-26}$$

在任意坐标系中定义为

$$\bar{\sigma}=\frac{1}{\sqrt{2}}\sqrt{(\sigma_x-\sigma_y)^2+(\sigma_y-\sigma_z)^2+(\sigma_z-\sigma_x)^2+6(\tau_{xy}^2+\tau_{yz}^2+\tau_{zx}^2)} \tag{15-27}$$

等效应力有如下特点：

1）等效应力是一个不变量。

2）对于单向应力状态，设 $\sigma_1\neq0$，$\sigma_2=\sigma_3=0$，代入式（15-26），可得：$\bar{\sigma}=\sigma_1$。

3）等效应力不能在特定微分平面上表示出来，但它可以在一定意义上“代表”整个应力状态中的偏张量部分，因而与材料的塑性变形密切相关。人们把它称为广义应力或应力强度。等效应力也是一个不变量。

4）等效应力可以理解为代表一点应力状态中应力偏张量的综合作用。

等效应力是研究塑性变形的一个重要概念，它是与材料的塑性变形有密切关系的参数。

15.4 应力平衡微分方程

一般认为，应力是坐标的连续函数，即 $\sigma_{ij}=f(x, y, z)$。

设受力物体中有一点 Q，坐标为（x，y，z），应力状态为 σ_{ij}，在 Q 点的无限邻近处有一点 Q'，坐标为（x+dx）、（y+dy）、（z+dz），则形成一个边长为 dx、dy、dz 的平行六面体，如图 15-9 所示。由于坐标的微量变化，Q'点的应力要比 Q 点的应力增加一个微量，即为 $\sigma_{ij}+\mathrm{d}\sigma_{ij}$。

例如，在 Q'点的 x 面上，由于坐标的变化，其正应力分量将为

$$\sigma_x+\mathrm{d}\sigma_x=f(x+\mathrm{d}x,y,z)=f(x,y,z)+\frac{\partial f}{\partial x}\mathrm{d}x+\frac{1}{2!}\frac{\partial^2 f}{\partial x^2}\mathrm{d}x^2+\cdots\approx\sigma_x+\frac{\partial\sigma_x}{\partial x}\mathrm{d}x$$

Q'点的应力状态因此可以写为

$$\sigma_{ij}+\mathrm{d}\sigma_{ij}=\begin{pmatrix}\sigma_x+\dfrac{\partial\sigma_x}{\partial x}\mathrm{d}x & \tau_{xy}+\dfrac{\partial\tau_{xy}}{\partial x}\mathrm{d}x & \tau_{xz}+\dfrac{\partial\tau_{xz}}{\partial x}\mathrm{d}x\\ \tau_{yx}+\dfrac{\partial\tau_{yx}}{\partial y}\mathrm{d}y & \sigma_y+\dfrac{\partial\sigma_y}{\partial y}\mathrm{d}y & \tau_{yz}+\dfrac{\partial\tau_{yz}}{\partial y}\mathrm{d}y\\ \tau_{zx}+\dfrac{\partial\tau_{zx}}{\partial z}\mathrm{d}z & \tau_{zy}+\dfrac{\partial\tau_{zy}}{\partial z}\mathrm{d}z & \sigma_z+\dfrac{\partial\sigma_z}{\partial z}\mathrm{d}z\end{pmatrix}$$

单元体六个面上的应力分量，如图 15-9 所示。

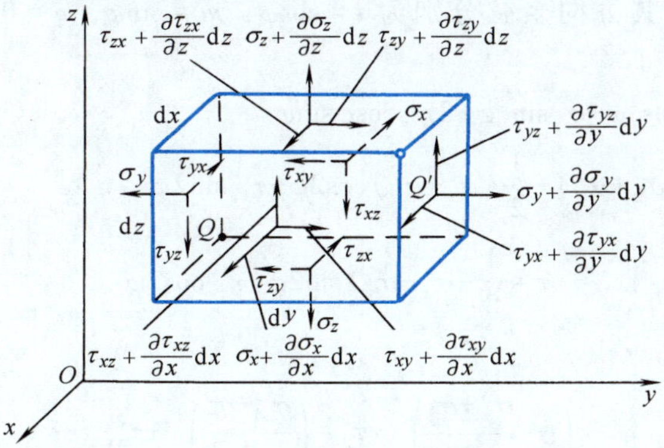

图 15-9 静力平衡状态下的六面体上的应力

因为六面体处于静力平衡状态，则由平衡条件 $\sum F_x=0$，有

$$\left(\sigma_x+\frac{\partial\sigma_x}{\partial x}dx\right)dydz+\left(\tau_{yx}+\frac{\partial\tau_{yx}}{\partial y}dy\right)dzdx+$$

$$\left(\tau_{zx}+\frac{\partial\tau_{zx}}{\partial z}dz\right)dxdy-\sigma_x dydz-\tau_{yx}dzdx-\tau_{zx}dxdy=0$$

由此得

$$\frac{\partial\sigma_x}{\partial x}+\frac{\partial\tau_{yx}}{\partial y}+\frac{\partial\tau_{zx}}{\partial z}=0$$

同理，由 $\sum F_y=0$ 和 $\sum F_z=0$，可得质点的应力平衡微分方程的另外两个等式，合并写为

$$\left.\begin{aligned}\frac{\partial\sigma_x}{\partial x}+\frac{\partial\tau_{yx}}{\partial y}+\frac{\partial\tau_{zx}}{\partial z}=0\\\frac{\partial\tau_{xy}}{\partial x}+\frac{\partial\sigma_y}{\partial y}+\frac{\partial\tau_{zy}}{\partial z}=0\\\frac{\partial\tau_{xz}}{\partial x}+\frac{\partial\tau_{yz}}{\partial y}+\frac{\partial\sigma_z}{\partial z}=0\end{aligned}\right\}\tag{15-28}$$

简记为

$$\frac{\partial\sigma_{ij}}{\partial x_i}=0$$

在单元体平面上，切应力互等定理同样成立，即式（15-4）同样成立。

15.5 应力莫尔圆

应力莫尔圆是应力状态的几何表示法，特别是平面应力状态莫尔圆在进行应力分析时非常有用，可以利用应力莫尔圆通过图解法来确定该点任意方向上的应力。

在作应力莫尔圆时，切应力的正、负号按材料力学的规定：顺时针方向作用于单元体上时为正，反之为负。

15.5.1 平面应力状态下的应力莫尔圆

若变形体内某点处于平面应力状态，在 xy 平面上有三个应力分量 σ_x、σ_y、$\tau_{xy}=\tau_{yx}$ 已知，利用应力莫尔圆可以求任意斜微分面上的正应力和切应力。如图 15-10a 所示，与 x 轴成夹角 φ 的任一平面，其方向余弦分别为 $l=\cos\varphi$，$m=\sin\varphi$，$n=0$，代入式（15-7）、式（15-8）得

$$\begin{aligned}\sigma &=\sigma_x\cos^2\varphi+\sigma_y\sin^2\varphi+2\tau_{xy}\cos\varphi\sin\varphi\\ &=\frac{1}{2}(\sigma_x+\sigma_y)+\frac{1}{2}(\sigma_x-\sigma_y)\cos2\varphi+\tau_{xy}\sin2\varphi\end{aligned} \tag{15-29}$$

$$\tau=\frac{1}{2}(\sigma_x-\sigma_y)\sin2\varphi-\tau_{xy}\cos2\varphi \tag{15-30}$$

消去参数 φ，得

$$\left(\sigma-\frac{\sigma_x+\sigma_y}{2}\right)^2+\tau^2=\left(\frac{\sigma_x-\sigma_y}{2}\right)^2+\tau_{xy}^2$$

此为平面应力状态下的圆方程

$$圆心：\left(\frac{\sigma_x+\sigma_y}{2},\ 0\right)；\qquad 半径：R=\sqrt{\left(\frac{\sigma_x-\sigma_y}{2}\right)^2+\tau_{xy}^2}$$

以圆心$\left(\frac{\sigma_x+\sigma_y}{2},\ 0\right)$、半径 $R=\sqrt{\left(\frac{\sigma_x-\sigma_y}{2}\right)^2+\tau_{xy}^2}$ 作圆，则在 σ-τ 坐标平面上画出的圆叫作平面应力莫尔圆，如图 15-10b 所示，纵坐标为切应力，横坐标为正应力。该圆可以描述任意微分面上 σ、τ 的变化规律，圆周上每一点代表了一个物理平面上的应力。

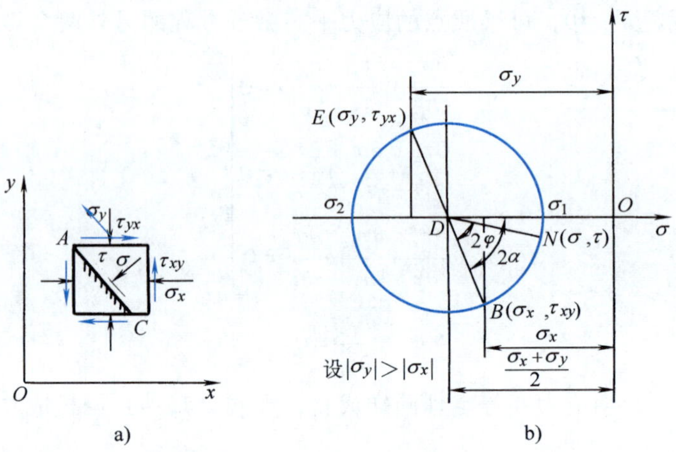

图 15-10 平面应力状态下的莫尔圆

a）平面应力单元体 b）应力莫尔圆

结合图 15-10a 和图 15-10b 可知，与 x 轴成逆时针 φ 角的斜微分面 AC，在应力莫尔圆上由 x 面（B 点）逆时针旋转 2φ，得 N 点，N 点的坐标（σ，τ），即为微分面 AC 上的正应力和切应力 N（σ，τ）。平面应力状态下主应力与 σ_x、σ_y、τ_{xy}之间的关系

$$\begin{matrix}\sigma_1\\ \sigma_2\end{matrix}=\frac{\sigma_x+\sigma_y}{2}\pm\sqrt{\left(\frac{\sigma_x-\sigma_y}{2}\right)^2+\tau_{xy}^2} \tag{15-31}$$

以及主应力 σ_1 与 x 轴之间的夹角 α

$$\alpha=\frac{1}{2}\arctan\frac{-2\tau_{xy}}{\sigma_x-\sigma_y} \tag{15-32}$$

从应力莫尔圆上可得到主切应力

$$\tau_{12}=\pm\frac{\sigma_1-\sigma_2}{2}$$

需要指出一点的是，应力莫尔圆上平面之间的夹角是实际物理平面之间夹角的两倍。

15.5.2 三向应力莫尔圆

对于三向应力状态，设变形体中某点的三个主应力为 σ_1、σ_2、σ_3，且 $\sigma_1 \geqslant \sigma_2 \geqslant \sigma_3$，则在 σ-τ 坐标系中可作出三向应力莫尔圆，如图 15-11 所示。

令三个方向余弦 l、m、n 分别为零，则可得到下列三个圆的方程

$$\left.\begin{aligned}\left(\sigma-\frac{\sigma_2+\sigma_3}{2}\right)^2+\tau^2=\left(\frac{\sigma_2-\sigma_3}{2}\right)^2=\tau_{23}\\ \left(\sigma-\frac{\sigma_3+\sigma_1}{2}\right)^2+\tau^2=\left(\frac{\sigma_3-\sigma_1}{2}\right)^2=\tau_{31}\\ \left(\sigma-\frac{\sigma_1+\sigma_2}{2}\right)^2+\tau^2=\left(\frac{\sigma_1-\sigma_2}{2}\right)^2=\tau_{12}\end{aligned}\right\} \tag{15-33}$$

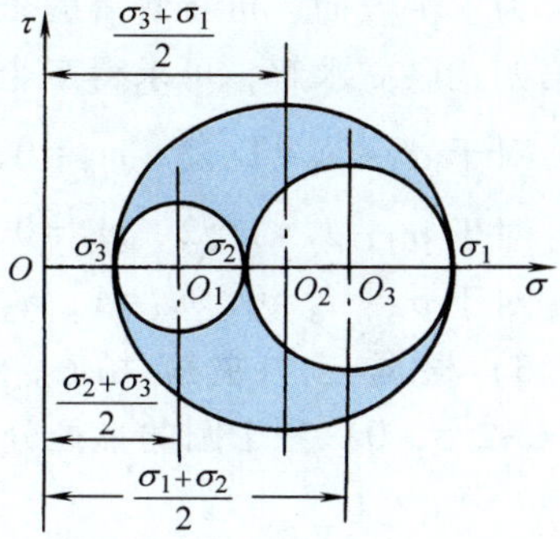

图 15-11 三向应力莫尔圆

固定一个主方向，画出另两个主方向构成的坐标平面的平面莫尔圆，即以 $O_3\left(\frac{\sigma_1+\sigma_2}{2},\ 0\right)$ 为圆心、$R_3=\frac{\sigma_1-\sigma_2}{2}$ 为半径作圆；以 $O_2\left(\frac{\sigma_1+\sigma_3}{2},\ 0\right)$ 为圆心、$R_2=\frac{\sigma_1-\sigma_3}{2}$ 为半径作圆；以 $O_1\left(\frac{\sigma_2+\sigma_3}{2},\ 0\right)$ 为圆心、$R_1=\frac{\sigma_2-\sigma_3}{2}$ 为半径作圆，将三圆合并画在一张图上，即为三向应力莫尔圆。

该图表示，三个圆的半径分别等于三个主切应力，主应力分别是三个圆两两相切的切点，位于水平坐标轴上。而通常情况下，应力 σ 和 τ 位于由三个圆构成的阴影线范围内。

同样的，应力莫尔圆上平面之间的夹角是实际物理平面之间夹角的两倍。

例 15-1 在直角坐标系中，一点的应力状态表示成张量的形式为

$$\boldsymbol{\sigma}_{ij}=\begin{pmatrix}5 & 0 & -5\\ 0 & -5 & 0\\ -5 & 0 & 5\end{pmatrix} \quad (\text{MPa})$$

要求：1）画出该点的应力单元体。

2）用应力状态特征方程求出该点的主应力和主方向。

3）画出该点的应力莫尔圆。

解 1）应力单元体如图 15-12 所示。

2）将各应力分量代入应力张量不变量的式（15-12），可得

$$J_1=5,\ J_2=50,\ J_3=0$$

代入应力状态特征方程，得

$$\sigma^3-5\sigma^2-50\sigma=0$$

或
$$\sigma(\sigma-10)(\sigma+5)=0$$

解得
$$\sigma_1=10;\sigma_2=0;\sigma_3=-5$$

将应力分量代入式（15-10），并与式（15-11）联合写成方程组

$$\begin{cases}(5-\sigma)l-5n=0\\(-5-\sigma)m=0\\-5l+(5-\sigma)n=0\\l^2+m^2+n^2=1\end{cases}$$

为求主方向，可将解得的三个主应力值分别代入上述方程组的前三式中的任意两式，并与第四式联立求解，可求得三个主方向的方向余弦为

对于 σ_1：$l_1=1/\sqrt{2}$，$m_1=0$，$n_1=-1/\sqrt{2}$；

对于 σ_2：$l_2=1/\sqrt{2}$，$m_2=0$，$n_2=1/\sqrt{2}$；

对于 σ_3：$l_3=0$，$m_3=1$，$n_3=0$。

3）根据三个主应力值，求得三个圆的圆心分别为 O_1（5，0），O_2（2.5，0），O_3（−2.5，0）。三个圆的半径分别为：5，7.5，2.5。

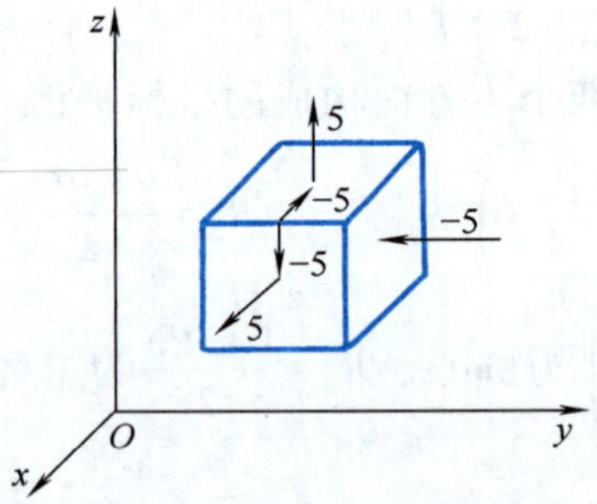

图 15-12　应力单元体

思考与练习

1. 什么叫张量？张量有什么性质？
2. 什么是点的应力状态？表示点的应力状态有哪些方法？
3. 如何表示任意斜微分面上的应力？
4. 应力张量不变量如何表达？
5. 什么是主应变、主剪应变、八面体应变和等效应变？
6. 什么是等效应力？有何物理意义？
7. 应力偏张量和应力球张量的物理意义是什么？
8. 什么是平面应力状态和平面应变的应力状态？
9. 纯切应力状态有何特点？
10. 已知受力物体内一点的应力张量为

$\boldsymbol{\sigma}_{ij}=\begin{pmatrix}50&50&80\\50&0&-75\\80&-75&-30\end{pmatrix}$（MPa），试求外法线方向余弦为 $l=m=1/2$，$n=1/\sqrt{2}$ 的斜切面上的全应力、正应

力和切应力。

11. 已知受力体内一点的应力张量分别为

$$\boldsymbol{\sigma}_{ij}=\begin{pmatrix}10 & 0 & -10\\0 & -10 & 0\\-10 & 0 & 10\end{pmatrix}(\text{MPa}),\boldsymbol{\sigma}_{ij}=\begin{pmatrix}0 & 172 & 0\\172 & 0 & 0\\0 & 0 & 100\end{pmatrix}(\text{MPa}),\boldsymbol{\sigma}_{ij}=\begin{pmatrix}-7 & -4 & 0\\-4 & -1 & 0\\0 & 0 & -4\end{pmatrix}(\text{MPa})$$

（1）画出该点的应力单元体。

（2）求出该点的应力张量不变量、主应力及主方向、主切应力、最大切应力、等效应力、应力偏张量和应力球张量。

（3）画出该点的应力莫尔圆。

12. 试判断以下两个应力张量是否表示同一应力状态？

$$\sigma_{ij}^{1}=\begin{bmatrix}a & 0 & 0\\0 & b & 0\\0 & 0 & 0\end{bmatrix}\qquad \sigma_{ij}^{2}=\begin{bmatrix}\dfrac{a+b}{2} & \dfrac{a-b}{2} & 0\\ \dfrac{a-b}{2} & \dfrac{a+b}{2} & 0\\0 & 0 & 0\end{bmatrix}$$

13. 某点处于平面应力状态，已知其应力分量 $\sigma_x=20$、$\sigma_y=-40$、$\tau_{xy}=-30$，试用莫尔圆求主应力、主方向、主切应力及最大切应力。

14. 某受力物体内应力场为：$\sigma_x=-6xy^2+c_1x^3$，$\sigma_y=-3/2c_2xy^2$，$\tau_{xy}=-c_2y^3-c_3x^2y$，$\sigma_z=\tau_{yz}=\tau_{zx}=0$，试从满足平衡微分方程的条件中求系数 c_1、c_2、c_3。

第 16 章　应 变 分 析

物体在外力作用下产生的变形与本身几何尺寸相比是非常小的量（$10^{-3} \sim 10^{-2}$），这种变形称作小变形。在小变形分析中，变形量的二次微量可以忽略。塑性加工中产生的塑性变形虽是大变形，且分析大变形需要采用增量理论和有限变形，但小变形分析比较简单直观，而且大变形分析可以直接借用小变形分析的结果，因此本章只讨论小变形分析。

16.1　位移与应变

变形体内质点 M（x，y，z）变形后移动到 M_1，我们把它们在变形前后的直线距离称为位移，如图 16-1a 中的 MM_1。位移是矢量。在坐标系中，一点的位移矢量在三个坐标轴上的投影称为该点的位移分量，用 u、v、w 表示，或用角标符号 u_i 表示，如图 16-1b 所示。

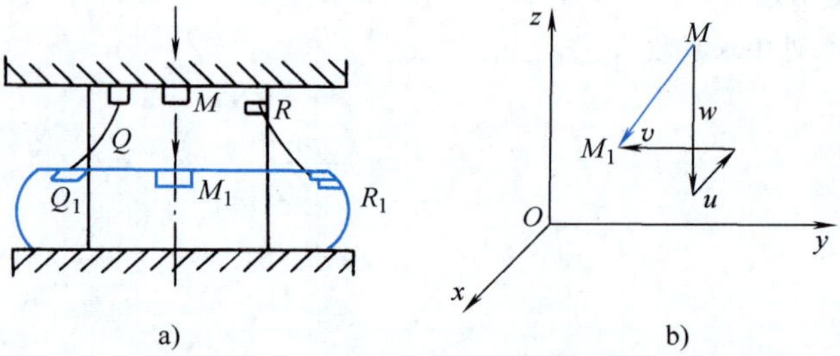

图 16-1　受力物体内一点的位移及分量

根据连续性假设，位移是坐标的连续函数，而且一般都有一阶偏导数，即

$$\left.\begin{aligned} u&=u(x、y、z)\\ v&=v(x、y、z)\\ w&=w(x、y、z)\end{aligned}\right\} \tag{16-1}$$

或

$$u_i=u_i(x、y、z) \tag{16-2}$$

物体中某点产生了位移，还不能表明物体产生了变形，只有质点间产生相对位移，才会引起物体变形。例如，与 M 相邻质点 M'（$x+\mathrm{d}x$，$y+\mathrm{d}y$，$z+\mathrm{d}z$）在变形中产生位移矢量 u'，即 $u+\delta u$，和 M 相比，产生了位移增量 δu，或 M'与 M 之间相对位置变化量。如果 $\delta u=0$，两质点间没有相对位移，MM'没有产生变形，仅仅产生了刚体移动。

图 16-2a 中设单元体平面 $PABC$ 仅仅在 xy 坐标平面内发生了很小的拉变形，变成了 $P_1A_1B_1C_1$。单元体内各线元长度都发生了变化，例如线元 PB 由原来 r 变成 $r_1=r+\delta r$，于是把单位长度的变化

$$\varepsilon=\frac{r_1-r}{r}=\frac{\delta r}{r} \tag{16-3}$$

定义为线元 PB 的线应变。对于平行于坐标轴的线元分别有

$$\varepsilon_x=\frac{\delta r_x}{r_x},\ \varepsilon_y=\frac{\delta r_y}{r_y}$$

又设：该单元体在 xy 平面内发生了角度的变化（切变形，图 16-2b），线元 PC 和 PA 所夹的直角缩小了 ϕ，相当于 C 点在垂直于 PC 方向偏移了 δr_τ，表明变形后两棱边 PC 和 PA 的夹角减小了 ϕ_{yx}，称为工程切应变。

图 16-2b 所示的 ϕ_{yx} 可以看成是由线元 PA 和 PC 同时向内偏移相同的角度 γ_{xy} 和 γ_{yx} 而成，如图 16-2c 所示，且

$$\gamma_{xy}=\gamma_{yx}=\phi_{yx}/2 \tag{16-4}$$

把 γ_{xy} 和 γ_{yx} 定义为切应变。γ_{xy} 表示 x 方向的线元向 y 方向偏转的角度。

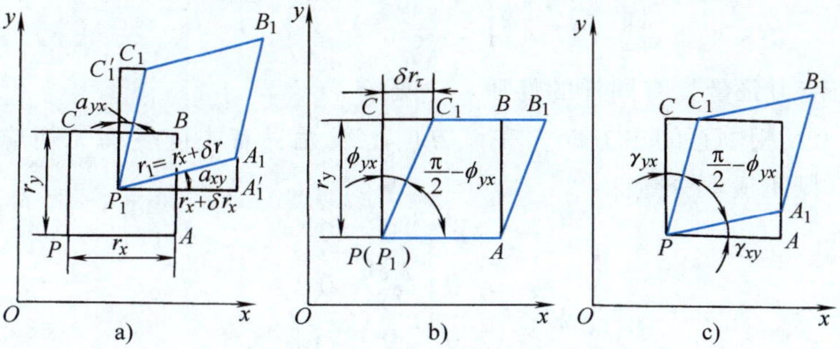

图 16-2 单元体在 xy 坐标平面内的变形

16.2 质点的应变状态和应变张量

如图 16-3 所示，在直角坐标系中切取一平行于坐标平面的微分六面体 $PABC-DEFG$，边长分别为 r_x、r_y 和 r_z，小变形后移至 $P_1A_1B_1C_1-D_1E_1F_1G_1$，即变成一斜平行六面体。这时，单元体同时发生了线变形、切变形、刚性平移和转动。设单元体先平移至变形后的位置，然后再发生变形，其变形可以分解为

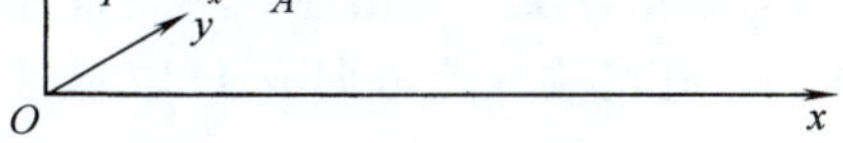

图 16-3 单元体的变形

1）在 x、y、z 方向上线元的长度发生改变，其线应变分别为

$$\varepsilon_x=\frac{\delta r_x}{r_x},\ \varepsilon_y=\frac{\delta r_y}{r_y},\ \varepsilon_z=\frac{\delta r_z}{r_z} \tag{16-5}$$

2）单元体分别在 x 面、y 面和 z 面内发生角度偏转，产生切应变为

$$\left.\begin{aligned}\gamma_{xy}=\gamma_{yx}=\frac{1}{2}\phi_{xy}\\ \gamma_{yz}=\gamma_{zy}=\frac{1}{2}\phi_{yz}\\ \gamma_{zx}=\gamma_{xz}=\frac{1}{2}\phi_{zx}\end{aligned}\right\} \tag{16-6}$$

和一点的三个互相垂直的微分面上9个应力分量决定该点的应力状态一样，质点的三个互相垂直方向上的9个应变分量确定了该点的应变状态。已知这9个应变分量，可以求出给定任意方向上的应变，这表明对应不同坐标系应变分量之间有确定的变换关系。这9个应变分量组成一个应变张量，由于其中 $\gamma_{ij}=\gamma_{ji}$，故应变张量也是二阶对称张量，可用 ε_{ij}表示为

$$\boldsymbol{\varepsilon}_{ij}=\begin{pmatrix}\varepsilon_x & \gamma_{xy} & \gamma_{xz}\\ \gamma_{yx} & \varepsilon_y & \gamma_{yz}\\ \gamma_{zx} & \gamma_{zy} & \varepsilon_z\end{pmatrix}$$

或

$$\boldsymbol{\varepsilon}_{ij}=\begin{pmatrix}\varepsilon_x & \gamma_{xy} & \gamma_{xz}\\ \cdot & \varepsilon_y & \gamma_{yz}\\ \cdot & \cdot & \varepsilon_z\end{pmatrix}\tag{16-7}$$

应变张量与应力张量具有同样的性质，主要有：

1）存在三个互相垂直的主方向，在该方向上线元只有主应变而无切应变。用 ε_1、ε_2、ε_3 表示主应变，则主应变张量为

$$\boldsymbol{\varepsilon}_{ij}=\begin{pmatrix}\varepsilon_1 & 0 & 0\\ 0 & \varepsilon_2 & 0\\ 0 & 0 & \varepsilon_3\end{pmatrix}\tag{16-8}$$

主应变可由应变状态特征方程

$$\varepsilon^3-I_1\varepsilon^2-I_2\varepsilon-I_3=0\tag{16-9}$$

求得。

2）对于一个确定的应变状态，三个主应变具有单值性，故在上述应变特征方程中的系数 I_1、I_2、I_3 也具有单值性，即存在三个应变张量不变量 I_1、I_2、I_3，且

$$\begin{aligned}&I_1=\varepsilon_x+\varepsilon_y+\varepsilon_z=\varepsilon_1+\varepsilon_2+\varepsilon_3\\ &I_2=-(\varepsilon_x\varepsilon_y+\varepsilon_y\varepsilon_z+\varepsilon_z\varepsilon_x)+(\gamma_{xy}^2+\gamma_{yz}^2+\gamma_{zx}^2)=-(\varepsilon_1\varepsilon_2+\varepsilon_2\varepsilon_3+\varepsilon_3\varepsilon_1)\\ &I_3=\begin{vmatrix}\varepsilon_x & \gamma_{xy} & \gamma_{xz}\\ \gamma_{yx} & \varepsilon_y & \gamma_{yz}\\ \gamma_{zx} & \gamma_{zy} & \varepsilon_z\end{vmatrix}=\begin{vmatrix}\varepsilon_1 & 0 & 0\\ 0 & \varepsilon_2 & 0\\ 0 & 0 & \varepsilon_3\end{vmatrix}=\varepsilon_1\varepsilon_2\varepsilon_3\end{aligned}\tag{16-10}$$

对于塑性变形，由体积不变条件知，$I_1=0$

3）在与主应变方向成45°方向上存在主切应变，其大小为

$$\gamma_{12}=\pm\frac{1}{2}(\varepsilon_1-\varepsilon_2),\gamma_{23}=\pm\frac{1}{2}(\varepsilon_2-\varepsilon_3),\gamma_{31}=\pm\frac{1}{2}(\varepsilon_3-\varepsilon_1)\tag{16-11}$$

若 $\varepsilon_1\geqslant\varepsilon_2\geqslant\varepsilon_3$，则最大切应变为

$$\gamma_{\max}=\pm\frac{1}{2}(\varepsilon_1-\varepsilon_3)$$

4）应变张量可以分解为应变球张量和应变偏张量

$$\boldsymbol{\varepsilon}_{ij}=\begin{pmatrix}\varepsilon_x-\varepsilon_m & \gamma_{xy} & \gamma_{xz}\\ \gamma_{yx} & \varepsilon_y-\varepsilon_m & \gamma_{yz}\\ \gamma_{zx} & \gamma_{zy} & \varepsilon_z-\varepsilon_m\end{pmatrix}+\begin{pmatrix}\varepsilon_m & 0 & 0\\ 0 & \varepsilon_m & 0\\ 0 & 0 & \varepsilon_m\end{pmatrix}=\boldsymbol{\varepsilon}'_{ij}+\delta_{ij}\varepsilon_m\tag{16-12}$$

式中，$\varepsilon_m=\frac{1}{3}(\varepsilon_x+\varepsilon_y+\varepsilon_z)$ 为平均应变；ε'_{ij}为应变偏张量，表示变形单元体形状变化；$\delta_{ij}\varepsilon_m$为应变球张量，表示变形单元体体积变化。

5）八面体应变。如以三个应变主轴为坐标轴，同样可以作出正八面体。八面体平面法线方向线元的应变称为八面体应变。八面体应变分为线应变和切应变，分别记为 ε_8、γ_8。

八面体线应变为
$$\varepsilon_8=\frac{1}{3}(\varepsilon_x+\varepsilon_y+\varepsilon_z)=\frac{1}{3}(\varepsilon_1+\varepsilon_2+\varepsilon_3)=\varepsilon_m=\frac{1}{3}I_1 \tag{16-13}$$

$$\begin{aligned}\gamma_8&=\frac{1}{3}\sqrt{(\varepsilon_x-\varepsilon_y)^2+(\varepsilon_y-\varepsilon_z)^2+(\varepsilon_z-\varepsilon_x)^2+6(\gamma_{xy}^2+\gamma_{yz}^2+\gamma_{zx}^2)}\\&=\frac{1}{3}\sqrt{(\varepsilon_1-\varepsilon_2)^2+(\varepsilon_2-\varepsilon_3)^2+(\varepsilon_3-\varepsilon_1)^2}\end{aligned} \tag{16-14}$$

6）存在应变张量的等效应变

$$\begin{aligned}\bar{\varepsilon}&=\frac{\sqrt{2}}{3}\sqrt{(\varepsilon_x-\varepsilon_y)^2+(\varepsilon_y-\varepsilon_z)^2+(\varepsilon_z-\varepsilon_x)^2+6(\gamma_{xy}^2+\gamma_{yz}^2+\gamma_{zx}^2)}\\&=\frac{\sqrt{2}}{3}\sqrt{(\varepsilon_1-\varepsilon_2)^2+(\varepsilon_2-\varepsilon_3)^2+(\varepsilon_3-\varepsilon_1)^2}\\&=\frac{\sqrt{2}}{3}\sqrt{6I_2}\end{aligned} \tag{16-15}$$

等效应变的特点是一个不变量，在数值上等于单向均匀拉伸或均匀压缩方向上的线应变ε_1。等效应变又称广义应变，或应变强度，它代表物体内某处的变形程度，在屈服准则和强度分析中经常用到它。

7）与应力莫尔圆一样，可以用应变莫尔圆表示一点的应变状态。设已知主应变 ε_1、ε_2 和 ε_3 的值，且 $\varepsilon_1>\varepsilon_2>\varepsilon_3$，可以在 ε-γ 平面上，分别以 $O_1\left(\frac{\varepsilon_1+\varepsilon_2}{2},0\right)$、$O_2\left(\frac{\varepsilon_1+\varepsilon_3}{2},0\right)$、$O_3\left(\frac{\varepsilon_2+\varepsilon_3}{2},0\right)$为圆心，以 $r_1=\frac{\varepsilon_1-\varepsilon_2}{2}$、$r_2=\frac{\varepsilon_1-\varepsilon_3}{2}$、$r_3=\frac{\varepsilon_2-\varepsilon_3}{2}$为半径画三个圆，如图 16-4 所示，称为应变莫尔圆。

所有可能的应变状态都落在阴影线范围内。由图可知，最大切应变为 $\gamma_{max}=\varepsilon_1-\varepsilon_3$。

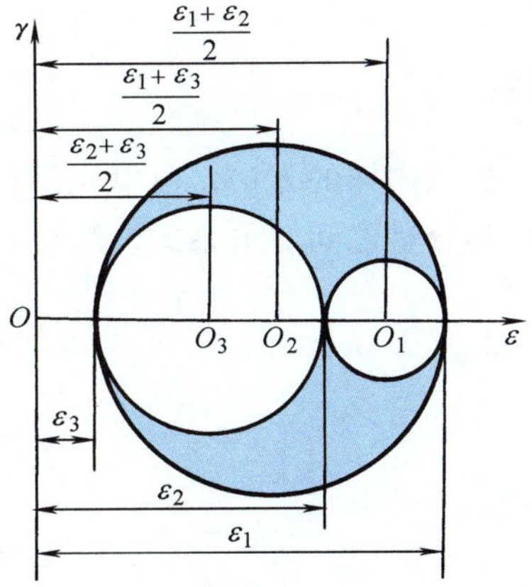

图 16-4 应变莫尔圆

16.3 小应变几何方程、应变连续方程

16.3.1 小应变几何方程

物体变形后，体内各质点产生了位移，并因此而产生应变。因此，位移场与应变场都是空间坐标的连续函数，可以用位移表示应变。下面先看图 16-5 所示的位移分量与应变分量的关系。

设单元体棱边长度为 dx、dy、dz，它在 xOy 平面

上的投影为 $abdc$，变形后的投影移至 $a_1b_1d_1c_1$，a 点变形后移到 a_1 点，所产生的位移分量为 u、v，则 b 点和 c 点的位移增量为

$$\left.\begin{aligned}\delta u_c&=\frac{\partial u}{\partial x}dx\\\delta v_c&=\frac{\partial v}{\partial x}dx\\\delta u_b&=\frac{\partial u}{\partial y}dy\\\delta v_b&=\frac{\partial v}{\partial y}dy\end{aligned}\right\}$$

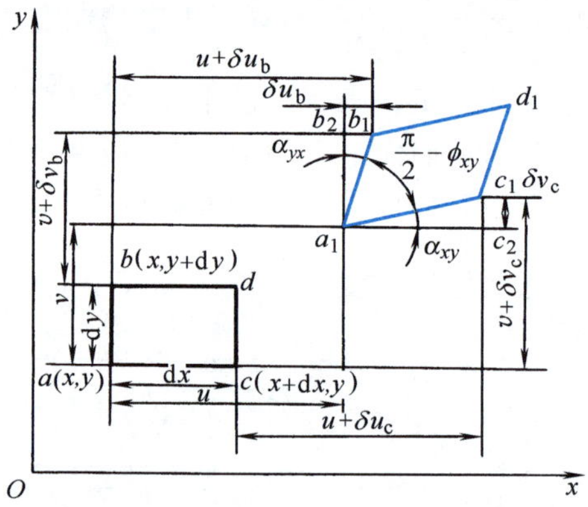

图 16-5　位移分量与应变分量的关系

根据图中的几何关系，可以求出棱边 ac（dx）在 x 方向的线应变 ε_x 为

$$\varepsilon_x=\frac{u+\delta u_c-u}{dx}=\frac{\delta u_c}{dx}=\frac{\partial u}{\partial x}$$

以及棱边 ab（dy）在 y 方向的线应变

$$\varepsilon_y=\frac{v+\delta v_b-v}{dy}=\frac{\delta v_b}{dy}=\frac{\partial v}{\partial y}$$

由图中的几何关系，可得

$$\tan\alpha_{yx}=\frac{b_2b_1}{a_1b_2}=\frac{u+\delta u_b-u}{v+\delta v_b+dy-v}=\frac{\frac{\partial u}{\partial y}dy}{\left(1+\frac{\partial v}{\partial y}\right)dy}=\frac{\frac{\partial u}{\partial y}}{1+\frac{\partial v}{\partial y}}$$

因为 $\frac{\partial v}{\partial y}=\varepsilon_y$，其值远小于 1，所以有 $\tan\alpha_{yx}\approx\alpha_{yx}=\frac{\partial u}{\partial y}$

同理得

$$\tan\alpha_{xy}\approx\alpha_{xy}=\frac{\partial v}{\partial x}$$

则工程切应变为

$$\phi_{xy}=\phi_{yx}=\alpha_{xy}+\alpha_{yx}=\frac{\partial u}{\partial y}+\frac{\partial v}{\partial x}\tag{16-16}$$

切应变为

$$\gamma_{xy}=\gamma_{yx}=\frac{1}{2}\left(\frac{\partial u}{\partial y}+\frac{\partial v}{\partial x}\right)\tag{16-17}$$

按照同样的方法，由单元体在 yOz 和 zOx 坐标平面上投影的几何关系，得其余应变分量与位移分量之间的关系式，综合在一起为

$$\left.\begin{aligned}\varepsilon_x&=\frac{\partial u}{\partial x}\quad\gamma_{xy}=\gamma_{yx}=\frac{1}{2}\left(\frac{\partial u}{\partial y}+\frac{\partial v}{\partial x}\right)\\\varepsilon_y&=\frac{\partial v}{\partial y}\quad\gamma_{yz}=\gamma_{zy}=\frac{1}{2}\left(\frac{\partial v}{\partial z}+\frac{\partial w}{\partial y}\right)\\\varepsilon_z&=\frac{\partial w}{\partial z}\quad\gamma_{zx}=\gamma_{xz}=\frac{1}{2}\left(\frac{\partial w}{\partial x}+\frac{\partial u}{\partial z}\right)\end{aligned}\right\}\tag{16-18}$$

用角标符号可简记为

$$\varepsilon_{ij}=\frac{1}{2}\left[\frac{\partial u_i}{\partial x_j}+\frac{\partial u_j}{\partial x_i}\right] \tag{16-19}$$

式（16-18）六个方程表示小变形时位移分量和应变分量之间的关系，是由变形几何关系得到的，称为小应变几何方程，又称柯西几何方程。如果物体中的位移场已知，则可由上述小应变几何方程求得应变场。

16.3.2 应变连续方程

由小应变几何方程可知，三个位移分量一经确定，六个应变分量也就确定。显然，它们不应是任意的。只有这六个应变分量之间满足一定的关系，才能保证变形体的连续性。应变分量之间的关系称为应变连续方程或应变协调方程。

将几何方程式（16-18）中的 ε_x、ε_y 分别对 y、x 求两次偏导数，可得

$$\frac{\partial^2\varepsilon_x}{\partial y^2}=\frac{\partial^2}{\partial x\partial y}\left(\frac{\partial u}{\partial y}\right)$$

$$\frac{\partial^2\varepsilon_y}{\partial x^2}=\frac{\partial^2}{\partial x\partial y}\left(\frac{\partial v}{\partial x}\right)$$

两式相加，得

$$\frac{\partial^2\varepsilon_x}{\partial y^2}+\frac{\partial^2\varepsilon_y}{\partial x^2}=\frac{\partial^2}{\partial x\partial y}\left(\frac{\partial u}{\partial y}+\frac{\partial v}{\partial x}\right)=2\frac{\partial^2\gamma_{xy}}{\partial x\partial y}$$

即

$$\frac{\partial^2\gamma_{xy}}{\partial x\partial y}=\frac{1}{2}\left(\frac{\partial^2\varepsilon_x}{\partial y^2}+\frac{\partial^2\varepsilon_y}{\partial x^2}\right) \tag{16-20}$$

同理可得另外两式，连同式(16-20)综合在一起可得

$$\left.\begin{aligned}\frac{\partial^2\gamma_{xy}}{\partial x\partial y}&=\frac{1}{2}\left(\frac{\partial^2\varepsilon_x}{\partial y^2}+\frac{\partial^2\varepsilon_y}{\partial x^2}\right)\\ \frac{\partial^2\gamma_{yz}}{\partial y\partial z}&=\frac{1}{2}\left(\frac{\partial^2\varepsilon_y}{\partial z^2}+\frac{\partial^2\varepsilon_z}{\partial y^2}\right)\\ \frac{\partial^2\gamma_{zx}}{\partial z\partial x}&=\frac{1}{2}\left(\frac{\partial^2\varepsilon_z}{\partial x^2}+\frac{\partial^2\varepsilon_x}{\partial z^2}\right)\end{aligned}\right\} \tag{16-21}$$

式（16-21）表明，在坐标平面内，两个线应变分量一经确定，则切应变分量也就确定。

对式（16-18）中的三个切应变等式分别对 x、y、z 求偏导，得

$$\left.\begin{aligned}\frac{\partial\gamma_{xy}}{\partial z}&=\frac{1}{2}\left(\frac{\partial^2 u}{\partial y\partial z}+\frac{\partial^2 v}{\partial x\partial z}\right)\\ \frac{\partial\gamma_{yz}}{\partial x}&=\frac{1}{2}\left(\frac{\partial^2 v}{\partial z\partial x}+\frac{\partial^2 w}{\partial y\partial x}\right)\\ \frac{\partial\gamma_{zx}}{\partial y}&=\frac{1}{2}\left(\frac{\partial^2 w}{\partial x\partial y}+\frac{\partial^2 u}{\partial z\partial y}\right)\end{aligned}\right\} \tag{16-22}$$

将上面的前两式相加后减去第三式，得

$$\frac{\partial\gamma_{xy}}{\partial z}+\frac{\partial\gamma_{yz}}{\partial x}-\frac{\partial\gamma_{zx}}{\partial y}=\frac{\partial^2 v}{\partial x\partial z}$$

再对上式两边对 y 求偏导数，得

$$\frac{\partial}{\partial y}\left(\frac{\partial\gamma_{xy}}{\partial z}+\frac{\partial\gamma_{yz}}{\partial x}-\frac{\partial\gamma_{zx}}{\partial y}\right)=\frac{\partial}{\partial y}\left(\frac{\partial^2 v}{\partial x\partial z}\right)=\frac{\partial^2}{\partial x\partial z}\left(\frac{\partial v}{\partial y}\right)=\frac{\partial^2\varepsilon_y}{\partial x\partial z}$$

与另外两式组合得

$$\left.\begin{aligned}\frac{\partial}{\partial x}\left(\frac{\partial\gamma_{zx}}{\partial y}+\frac{\partial\gamma_{xy}}{\partial z}-\frac{\partial\gamma_{yz}}{\partial x}\right)&=\frac{\partial^2\varepsilon_x}{\partial y\partial z}\\ \frac{\partial}{\partial y}\left(\frac{\partial\gamma_{xy}}{\partial z}+\frac{\partial\gamma_{yz}}{\partial x}-\frac{\partial\gamma_{zx}}{\partial y}\right)&=\frac{\partial^2\varepsilon_y}{\partial z\partial x}\\ \frac{\partial}{\partial z}\left(\frac{\partial\gamma_{yz}}{\partial x}+\frac{\partial\gamma_{zx}}{\partial y}-\frac{\partial\gamma_{xy}}{\partial z}\right)&=\frac{\partial^2\varepsilon_z}{\partial x\partial y}\end{aligned}\right\}\tag{16-23}$$

式（16-23）表明，在物体的三维空间内的三个切应变分量一经确定，则线应变分量也就确定。

式（16-21）和式（16-23）统称为变形连续方程或应变协调方程。变形连续方程的物理意义表示：只有当应变分量之间满足一定的关系时，物体变形后才是连续的。否则，变形后会出现“撕裂”或“重叠”，变形体的连续性遭到破坏。

同时还应指出，如果已知一点的位移分量 u_i，则由几何方程求得的应变分量 ε_{ij} 自然满足连续方程。但如果先用其他方法求得应变分量，则只有满足上述应变连续方程，才能由几何方程求得正确的位移分量。

例 16-1 设一物体在变形过程中某一极短时间内的位移为

$$u=(10+0.1xy+0.05z)\times10^{-3}$$
$$v=(5-0.05x+0.1yz)\times10^{-3}$$
$$w=(10-0.1xyz)\times10^{-3}$$

试求：点 A（1，1，1）与点 B（0.5，-1，0）的应变值。

解 由几何方程式（16-18）求得应变分量为

$$\varepsilon_x=\frac{\partial u}{\partial x}=0.1\times10^{-3}y,\gamma_{xy}=\frac{1}{2}\left(\frac{\partial u}{\partial y}+\frac{\partial v}{\partial x}\right)=0.05\times10^{-3}x-0.025\times10^{-3}$$

$$\varepsilon_y=\frac{\partial v}{\partial y}=0.1\times10^{-3}z,\gamma_{yz}=\frac{1}{2}\left(\frac{\partial v}{\partial z}+\frac{\partial w}{\partial y}\right)=0.05\times10^{-3}y-0.05\times10^{-3}xz$$

$$\varepsilon_z=\frac{\partial w}{\partial z}=-0.1\times10^{-3}xy,\gamma_{zx}=\frac{1}{2}\left(\frac{\partial w}{\partial x}+\frac{\partial u}{\partial z}\right)=0.025\times10^{-3}-0.05\times10^{-3}yz$$

将点 A 的坐标值（1，1，1）代入上式，得点 A 处的应变值

$$\varepsilon_x=0.1\times10^{-3},\ \gamma_{xy}=0.05\times10^{-3}-0.025\times10^{-3}=0.025\times10^{-3}$$
$$\varepsilon_y=0.1\times10^{-3},\ \gamma_{yz}=0$$
$$\varepsilon_z=-0.1\times10^{-3},\ \gamma_{zx}=-0.025\times10^{-3}$$

将点 B 的坐标值（0.5，-1，0）代入上式，得点 B 处的应变值

$$\varepsilon_x=-0.1\times10^{-3},\quad \gamma_{xy}=0$$
$$\varepsilon_y=0,\quad \gamma_{yz}=-0.05\times10^{-3}$$
$$\varepsilon_z=-0.05\times10^{-3},\ \gamma_{zx}=0.025\times10^{-3}$$

16.4 塑性变形体积不变条件

设单元体的初始边长为 dx、dy、dz，则变形前的体积为

$$V_0 = \mathrm{d}x\mathrm{d}y\mathrm{d}z$$

小变形时，可以认为只有线应变引起边长和体积的变化，而切应变所引起的边长和体积的变化是高阶微量，可以忽略不计。因此变形后的单元体体积为

$$V_1 = (1+\varepsilon_x)\mathrm{d}x(1+\varepsilon_y)\mathrm{d}y(1+\varepsilon_z)\mathrm{d}z \approx (1+\varepsilon_x+\varepsilon_y+\varepsilon_z)\mathrm{d}x\mathrm{d}y\mathrm{d}z$$

单元体体积的变化（单位体积变化率）

$$\theta = \frac{V_1 - V_0}{V_0} = \varepsilon_x+\varepsilon_y+\varepsilon_z \tag{16-24}$$

在塑性成形时，由于物体内部质点连续且致密，可以认为体积不发生变化，因此

$$\theta = \varepsilon_x+\varepsilon_y+\varepsilon_z = \varepsilon_1+\varepsilon_2+\varepsilon_3 = 0 \tag{16-25}$$

式（16-25）称为塑性变形时的体积不变条件。它表明，塑性变形时三个正应变之和等于零，说明三个正应变分量不可能全部同号，绝对值最大的应变分量与另外两个应变分量的符号相反。

金属塑性成形中，利用体积不变条件可以用来计算坯料或工件半成品的形状和尺寸，也可根据几何关系和体积不变条件求解有关的力学量。

16.5 速度分量和速度场、位移增量和应变增量、应变速率张量

前面我们讨论的是小应变，反映的是单元体在某一变形过程或变形过程中的某个阶段结束时的变形大小，亦称全量应变。塑性变形一般是大变形，前面讨论的应变公式在大变形中不能直接应用。然而，我们可以把大变形看成是由很多瞬间小变形累积而成的。考察大变形中的瞬间小变形的情况，需要引入速度场与应变增量的概念。

16.5.1 速度分量和速度场

在塑性变形过程中，物体内各质点以一定的速度运动，形成一个速度场。将质点在单位时间内的位移叫作位移速度，它在三个坐标轴方向的分量叫作位移速度分量，简称速度分量，即

$$\left.\begin{aligned} \dot{u} &= \frac{u}{t} \\ \dot{v} &= \frac{v}{t} \\ \dot{w} &= \frac{w}{t} \end{aligned}\right\}$$

简记为

$$\dot{u}_i = \frac{u_i}{t}$$

位移速度既是坐标的连续函数，又是时间的函数，故

$$\dot{u}_i=\dot{u}_i(x,\ y,\ z,\ t) \tag{16-26}$$

式（16-26）表示变形体内运动质点的速度场。若已知变形体内各点的速度分量，则物体中的速度场可以确定。

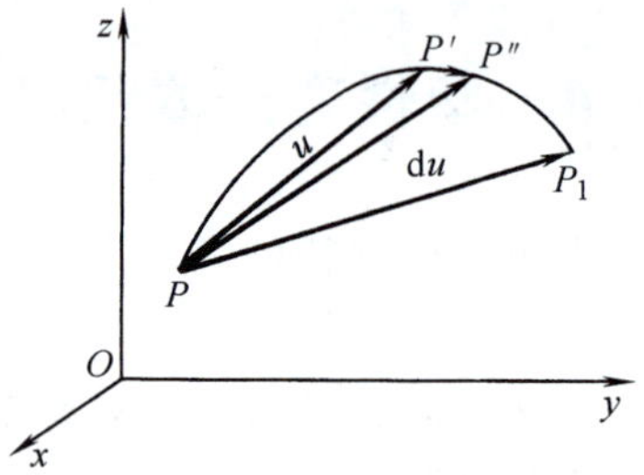

图 16-6　位移矢量和增量

16.5.2　位移增量和应变增量

物体在变形过程中，在某一极短的瞬时 dt，质点产生的位移改变量称为位移增量。在图 16-6 中，设质点 P 在 dt 内沿路径 $PP'P_1$ 从 P'移动无限小距离到达 P''，位移矢量 PP''与 PP'之间的差即为位移增量，记为 du_i。这里 d 为增量符号，而不是微分符号。此时它的速度分量记为

$$\left.\begin{aligned}\dot{u}&=\frac{\mathrm{d}u}{\mathrm{d}t}\\\dot{v}&=\frac{\mathrm{d}v}{\mathrm{d}t}\\\dot{w}&=\frac{\mathrm{d}w}{\mathrm{d}t}\end{aligned}\right\}$$

简记为

$$\dot{u}_i=\frac{\mathrm{d}u_i}{\mathrm{d}t}$$

此时的位移增量分量为

$$\mathrm{d}u_i=\dot{u}_i\mathrm{d}t \tag{16-27}$$

产生位移增量以后，变形体内各质点就有了相应的无限小应变增量，用 dε_{ij}表示。

在此，瞬时产生的变形当然可视为小变形，可以仿照小变形几何方程写出应变增量的几何方程，只需将 du_i 代替 u_i，dε_{ij}代替 ε_{ij}即可，即

$$\left.\begin{aligned}\mathrm{d}\varepsilon_x&=\frac{\partial(\mathrm{d}u)}{\partial x},\quad \mathrm{d}\gamma_{xy}=\mathrm{d}\gamma_{yx}=\frac{1}{2}\left[\frac{\partial(\mathrm{d}u)}{\partial y}+\frac{\partial(\mathrm{d}v)}{\partial x}\right]\\\mathrm{d}\varepsilon_y&=\frac{\partial(\mathrm{d}v)}{\partial y},\quad \mathrm{d}\gamma_{yz}=\mathrm{d}\gamma_{zy}=\frac{1}{2}\left[\frac{\partial(\mathrm{d}v)}{\partial z}+\frac{\partial(\mathrm{d}w)}{\partial y}\right]\\\mathrm{d}\varepsilon_z&=\frac{\partial(\mathrm{d}w)}{\partial z},\quad \mathrm{d}\gamma_{zx}=\mathrm{d}\gamma_{xz}=\frac{1}{2}\left[\frac{\partial(\mathrm{d}w)}{\partial x}+\frac{\partial(\mathrm{d}u)}{\partial z}\right]\end{aligned}\right\} \tag{16-28}$$

简记为

$$\mathrm{d}\varepsilon_{ij}=\frac{1}{2}\left[\frac{\partial(\mathrm{d}u_i)}{\partial x_j}+\frac{\partial(\mathrm{d}u_j)}{\partial x_i}\right] \tag{16-29}$$

一点的应变增量也是二阶对称张量，称为应变增量张量，记为

$$\mathrm{d}\boldsymbol{\varepsilon}_{ij}=\begin{pmatrix}\mathrm{d}\varepsilon_x & \mathrm{d}\gamma_{xy} & \mathrm{d}\gamma_{xz}\\ \cdot & \mathrm{d}\varepsilon_y & \mathrm{d}\gamma_{yz}\\ \cdot & \cdot & \mathrm{d}\varepsilon_z\end{pmatrix} \tag{16-30}$$

应变增量是塑性成形理论中最重要的概念之一。塑性变形是一个大变形过程，在变形的整个过程中，质点在某一瞬时的应力状态一般对应于该瞬时的应变增量。可以采用无限小的

应变增量来描述某一瞬时的变形情况，而把整个变形过程看作是一系列瞬时应变增量的积累。

需要指出的是，$d\boldsymbol{\varepsilon}_{ij}$中的 d 表示增量，而不是微分符号。

16.5.3 应变速率张量

单位时间内的应变称为应变速率，又称变形速度，用 $\dot{\varepsilon}_{ij}$表示，单位为 s^{-1}。设在时间间隔 dt 内产生的应变增量为 $d\varepsilon_{ij}$，则应变速率为

$$\dot{\varepsilon}_{ij}=\frac{d\varepsilon_{ij}}{dt} \tag{16-31}$$

应变速率与应变增量相似，都是描述某瞬时的变形状态。与式（16-29）类似，应变速率

$$\dot{\varepsilon}_{ij}=\frac{d\varepsilon_{ij}}{dt}=\frac{1}{2}\left[\frac{\partial\dot{u}_i}{\partial x_j}+\frac{\partial\dot{u}_j}{\partial x_i}\right] \tag{16-32}$$

一点的应变速率也是二阶对称张量，称为应变速率张量

$$\dot{\boldsymbol{\varepsilon}}_{ij}=\begin{pmatrix}\dot{\varepsilon}_x & \dot{\gamma}_{xy} & \dot{\gamma}_{xz}\\ \cdot & \dot{\varepsilon}_y & \dot{\gamma}_{yz}\\ \cdot & \cdot & \dot{\varepsilon}_z\end{pmatrix} \tag{16-33}$$

应该注意，应变速率 $\dot{\varepsilon}_{ij}$是应变增量 $d\varepsilon_{ij}$对时间的微商，通常并不是全量应变的微分。应变速率张量与应变增量张量相似，用来描述瞬时变形状态。

16.6 对数应变

为了真实地反映瞬时的塑性变形过程，一般用对数应变来表示塑性变形的程度。

设在单向拉伸时某试样的瞬时长度为 l，在下一个瞬时试样长度又伸长了 dl，则其应变增量为

$$d\epsilon=\frac{dl}{l}$$

而试样从初始长度 l_0 到终了长度 l_1，如果变形过程中主轴不变，可沿拉伸方向对 $d\epsilon$进行积分，求出总应变

$$\epsilon=\int_{l_0}^{l_1}\frac{dl}{l}=\ln\frac{l_1}{l_0} \tag{16-34}$$

ϵ反映了物体变形的实际情况，称为对数应变或真实应变，它能真实地反映变形的累积过程，表示在应变主轴方向不变的情况下应变增量的总和。在大塑性变形中，主要用对数应变来反映物体的变形程度。

$$\epsilon=\ln\frac{l_1}{l_0}=\ln\frac{l_0+\Delta l}{l_0}=\ln(1+\varepsilon)=\varepsilon-\frac{\varepsilon^2}{2}+\frac{\varepsilon^3}{3}-\frac{\varepsilon^4}{4}+\cdots \tag{16-35}$$

从式（16-35）可以看出对数应变ϵ和相对应变 ε 的关系，即只有当变形程度很小时，

相对应变 ε 才近似等于对数应变ϵ。变形程度越大，误差就越大。这就是为什么相对应变适用于小变形的情况，而对数应变适用于大变形的情况。一般认为，当变形程度超过 10%时，就要用对数应变来表达。

除此之外，对数应变还有以下两个性质：

（1）叠加性 设某物体的原长度为 l_0，历经变形过程 l_1、l_2 到 l_3，则总的对数应变为各分量对数应变之和，即

$$\epsilon=\int_{l_0}^{l_3}\frac{\mathrm{d}l}{l}=\ln\frac{l_3}{l_0}=\ln\left(\frac{l_1}{l_0}\cdot\frac{l_2}{l_1}\cdot\frac{l_3}{l_2}\right)=\ln\frac{l_1}{l_0}+\ln\frac{l_2}{l_1}+\ln\frac{l_3}{l_2}$$

$$=\epsilon_1+\epsilon_2+\epsilon_3$$

对应的各阶段的相对应变为

$$\varepsilon_{01}=\frac{l_1-l_0}{l_0};\quad \varepsilon_{12}=\frac{l_2-l_1}{l_1};\quad \varepsilon_{23}=\frac{l_3-l_2}{l_2}$$

显然，$\varepsilon_{03}\neq\varepsilon_{01}+\varepsilon_{12}+\varepsilon_{23}$。

这表明，对数应变具有可叠加性，而相对应变不具有可叠加性。

（2）可比性 对数应变为可比应变，相对应变为不可比应变。假设将试样拉长一倍，再压缩一半，则物体的变形程度相同。

拉长一倍时

$$\epsilon^+=\ln\frac{2l_0}{l_0}=\ln 2=69\%$$

压缩一半时

$$\epsilon^-=\ln\frac{0.5l_0}{l_0}=-\ln 2=-69\%$$

负号表示应变方向相反。而用相对应变时，以上情况分别为

$$\varepsilon^+=\frac{2l_0-l_0}{l_0}=100\%$$

$$\varepsilon^-=\frac{0.5l_0-l_0}{l_0}=-50\%$$

因而，相对应变为不可比应变。

前面提到的体积不变条件用对数应变表示更准确。设变形体的原始长、宽、高分别为 l_0、b_0、h_0，变形后分别为 l_1、b_1、h_1，则体积不变条件表示为

$$\epsilon_1+\epsilon_2+\epsilon_3=\ln\frac{l_1}{l_0}+\ln\frac{b_1}{b_0}+\ln\frac{h_1}{h_0}=\ln\frac{l_1b_1h_1}{l_0b_0h_0}=0 \tag{16-36}$$

16.7 平面问题和轴对称问题

求解三维问题是十分繁难的，通常要对复杂的三维问题进行简化，把它简化为平面问题或轴对称问题来处理，才比较容易求解。本节集中讨论平面问题（平面应力问题和平面应

变问题）和轴对称问题的应力和应变。

16.7.1 平面应力问题

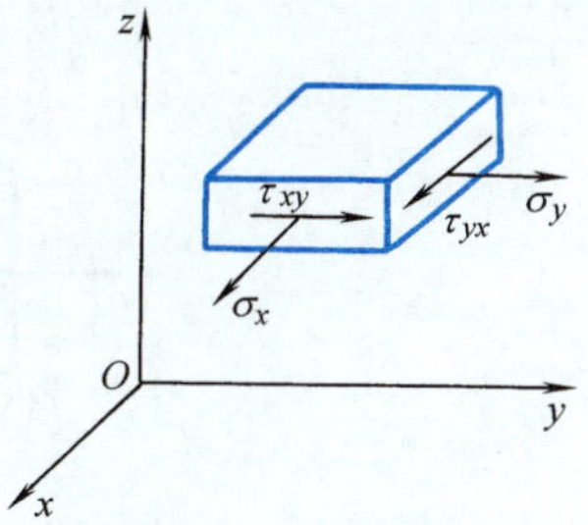

图 16-7 平面应力状态

平面应力状态假设变形体内各质点与某坐标轴垂直的平面上没有应力，且所有的应力分量与该坐标轴无关，如图 16-7 所示。工程中，薄壁容器承受内压、无压边的板料拉深、薄壁管扭转等，由于厚度方向的应力很小而可以忽略，故均可简化为平面应力状态。

图 16-7 中，$\sigma_z=\tau_{zx}=\tau_{zy}=0$，只有 σ_x、σ_y、τ_{xy} 三个独立的应力分量，且 σ_x、σ_y、τ_{xy} 沿 z 方向均匀分布，即应力分量与 z 轴无关。

平面应力状态的应力张量为

$$\boldsymbol{\sigma}_{ij}=\begin{pmatrix}\sigma_x & \tau_{xy} & 0\\ \tau_{yx} & \sigma_y & 0\\ 0 & 0 & 0\end{pmatrix} \tag{16-37}$$

或

$$\boldsymbol{\sigma}_{ij}=\begin{pmatrix}\sigma_1 & 0 & 0\\ 0 & \sigma_2 & 0\\ 0 & 0 & 0\end{pmatrix}$$

由式（15-28）可得平面应力状态下的应力平衡微分方程为

$$\left.\begin{aligned}\frac{\partial\sigma_x}{\partial x}+\frac{\partial\tau_{yx}}{\partial y}=0\\ \frac{\partial\tau_{xy}}{\partial x}+\frac{\partial\sigma_y}{\partial y}=0\end{aligned}\right\} \tag{16-38}$$

平面应力状态下任意斜微分面上的正应力、切应力和主应力均可从式（15-29）、式（15-30）、式（15-31）中求得。由于 $\sigma_3=0$，所以平面应力状态下的主切应力为

$$\left.\begin{aligned}\tau_{12}&=\pm\frac{\sigma_1-\sigma_2}{2}=\pm\sqrt{\left(\frac{\sigma_x-\sigma_y}{2}\right)^2+\tau_{xy}^2}\\ \tau_{23}&=\pm\frac{\sigma_2}{2}\\ \tau_{31}&=\pm\frac{\sigma_1}{2}\end{aligned}\right\} \tag{16-39}$$

纯切应力状态（即纯剪状态）是平面应力状态的特殊情况（图 16-8），纯切应力 τ_1 等于最大切应力，主轴与坐标轴成 $\pi/4$，切应力在数值上等于主应力，$\tau_1=\sigma_1=-\sigma_2$。因此，若两个主应力在数值上相等，但符号相反，即为纯切应力状态。

平面应力状态中 z 方向虽然没有应力，但是有应变存在；只有在纯剪切时，没有应力的方向才没有应变。

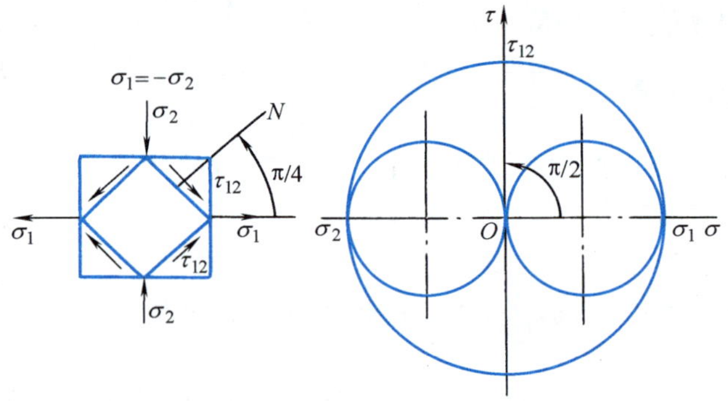

图 16-8 纯切应力状态及应力莫尔圆

16.7.2 平面应变问题

如果物体内所有质点都只在同一坐标平面内发生变形，而该平面的法线方向没有变形，就属于平面变形或平面应变问题。

设没有变形的方向为 z 方向，该方向上的位移分量为零，其余两个方向的位移分量对 z 的偏导数必为零，所以 $\varepsilon_z=\gamma_{xz}=\gamma_{yz}=0$，则平面应变状态的三个应变分量为 ε_x、ε_y、γ_{xy}，且满足以下几何方程

$$\left.\begin{aligned}\varepsilon_x&=\frac{\partial u}{\partial x}\\ \varepsilon_y&=\frac{\partial v}{\partial y}\\ \gamma_{xy}=\gamma_{yx}&=\frac{1}{2}\left(\frac{\partial u}{\partial y}+\frac{\partial v}{\partial x}\right)\end{aligned}\right\}\tag{16-40}$$

根据塑性变形的体积不变条件有 $\varepsilon_x=-\varepsilon_y$

平面变形状态下的应力状态有如下特点：

1）没有变形的 z 方向为主方向，该方向上的切应力为零；z 平面为主平面，σ_z 为中间主应力。在塑性状态下，σ_z 等于平均应力，即

$$\sigma_z=\sigma_2=\frac{1}{2}(\sigma_x+\sigma_y)=\sigma_{\rm m}$$

2）由于应力分量 σ_x、σ_y、τ_{xy} 沿 z 轴均匀分布，与 z 轴无关，所以平衡微分方程与平面应力问题相同。

3）如果处于变形状态，发生变形的 z 平面即为塑性流动平面，平面塑性应变状态下的应力张量可写成

$$\boldsymbol{\sigma}_{ij}=\begin{pmatrix}\sigma_x & \tau_{xy} & 0\\ \tau_{yx} & \sigma_y & 0\\ 0 & 0 & \sigma_z\end{pmatrix}=\begin{pmatrix}\dfrac{\sigma_x-\sigma_y}{2} & \tau_{xy} & 0\\ \tau_{yx} & -\dfrac{\sigma_x-\sigma_y}{2} & 0\\ 0 & 0 & 0\end{pmatrix}+\begin{pmatrix}\sigma_{\rm m} & 0 & 0\\ 0 & \sigma_{\rm m} & 0\\ 0 & 0 & \sigma_{\rm m}\end{pmatrix}$$

或

$$\boldsymbol{\sigma}_{ij}=\begin{pmatrix}\sigma_1 & 0 & 0\\ 0 & \sigma_2 & 0\\ 0 & 0 & \dfrac{\sigma_1+\sigma_2}{2}\end{pmatrix}=\begin{pmatrix}\dfrac{\sigma_1-\sigma_2}{2} & 0 & 0\\ 0 & -\dfrac{\sigma_1-\sigma_2}{2} & 0\\ 0 & 0 & 0\end{pmatrix}+\begin{pmatrix}\sigma_m & 0 & 0\\ 0 & \sigma_m & 0\\ 0 & 0 & \sigma_m\end{pmatrix} \tag{16-41}$$

式（16-41）表明，平面塑性变形时的应力状态就是纯切应力状态叠加一个应力球张量。

16.7.3 轴对称问题

当旋转体承受的外力对称于旋转轴分布时，则体内质点所处的应力状态称为轴对称应力状态。塑性成形中的轴对称应力状态主要指每个子午面（通过旋转体轴线的平面）都始终保持平面，且子午面之间的夹角保持不变。轴对称问题通常采用圆柱坐标系（ρ，θ，z）比较方便。当用圆柱坐标表示应力单元体时（图 16-9），应力张量的表示形式为

$$\boldsymbol{\sigma}_{ij}=\begin{pmatrix}\sigma_\rho & \tau_{\rho\theta} & \tau_{\rho z}\\ \tau_{\theta\rho} & \sigma_\theta & \tau_{\theta z}\\ \tau_{z\rho} & \tau_{z\theta} & \sigma_z\end{pmatrix} \tag{16-42}$$

相应的应力平衡微分方程表示为

$$\left.\begin{aligned}\frac{\partial\sigma_\rho}{\partial\rho}+\frac{1}{\rho}\frac{\partial\tau_{\theta\rho}}{\partial\theta}+\frac{\partial\tau_{z\rho}}{\partial z}+\frac{\sigma_\rho-\sigma_\theta}{\rho}=0\\ \frac{\partial\tau_{\rho\theta}}{\partial\rho}+\frac{1}{\rho}\frac{\partial\sigma_\theta}{\partial\theta}+\frac{\partial\tau_{z\theta}}{\partial z}+\frac{2\tau_{\rho\theta}}{\rho}=0\\ \frac{\partial\tau_{\rho z}}{\partial\rho}+\frac{1}{\rho}\frac{\partial\tau_{\theta z}}{\partial z}+\frac{\partial\sigma_z}{\partial z}+\frac{\tau_{\rho z}}{\rho}=0\end{aligned}\right\} \tag{16-43}$$

参照式（16-18），圆柱坐标系下的几何方程为

$$\left.\begin{aligned}\varepsilon_\rho=\frac{\partial u}{\partial\rho}\qquad & \gamma_{\rho\theta}=\frac{1}{2}\left(\frac{\partial v}{\partial\rho}-\frac{v}{\rho}+\frac{1}{\rho}\frac{\partial u}{\partial\theta}\right)\\ \varepsilon_\theta=\frac{1}{\rho}\left(\frac{\partial v}{\partial\theta}+u\right)\qquad & \gamma_{\theta z}=\frac{1}{2}\left(\frac{\partial v}{\partial z}+\frac{1}{\rho}\frac{\partial w}{\partial\theta}\right)\\ \varepsilon_z=\frac{\partial w}{\partial z}\qquad & \gamma_{z\rho}=\frac{1}{2}\left(\frac{\partial w}{\partial\rho}+\frac{\partial u}{\partial z}\right)\end{aligned}\right\} \tag{16-44}$$

轴对称应力状态时，如图 16-10 所示，由于子午面在变形中始终不会发生扭曲，并保持其对称性，所以应力状态具有以下特点：

1）在 θ 面上没有切应力，$\tau_{\theta\rho}=\tau_{\theta z}=0$，所以应力张量中只有 4 个独立的应力分量。

2）各应力分量与 θ 坐标无关，对 θ 的偏导数为零。

所以，用圆柱坐标表示轴对称应力状态的应力张量为

$$\boldsymbol{\sigma}_{ij}=\begin{pmatrix}\sigma_\rho & 0 & \tau_{\rho z}\\ 0 & \sigma_\theta & 0\\ \tau_{z\rho} & 0 & \sigma_z\end{pmatrix} \tag{16-45}$$

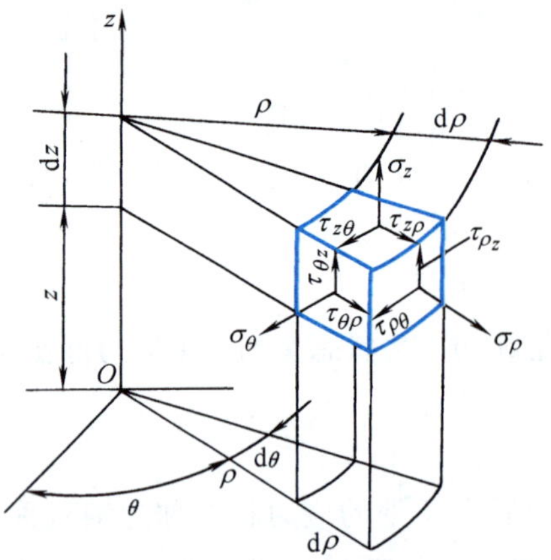

图 16-9　圆柱坐标系中的应力单元体

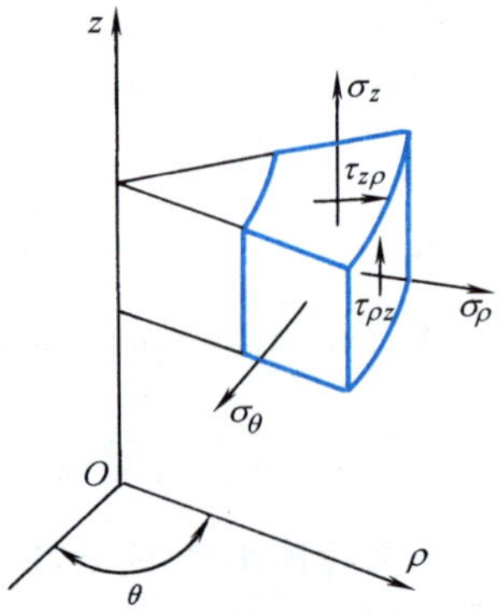

图 16-10　轴对称应力状态

相应地，其应力平衡微分方程式为

$$\left.\begin{aligned}&\frac{\partial\sigma_\rho}{\partial\rho}+\frac{\partial\tau_{z\rho}}{\partial z}+\frac{\sigma_\rho-\sigma_\theta}{\rho}=0\\&\frac{\partial\tau_{\rho z}}{\partial\rho}+\frac{\partial\sigma_z}{\partial z}+\frac{\tau_{\rho z}}{\rho}=0\end{aligned}\right\}\tag{16-46}$$

在某些情况下，例如圆柱体在平砧间均匀镦粗、圆柱体坯料的均匀挤压和拉拔等，其径向应力和周向应力相等，$\sigma_\rho=\sigma_\theta$，这样，在式（16-43）的应力平衡微分方程式中，便只有3个独立的应力分量。

轴对称变形时，子午面始终保持平面，θ 向没有位移速度，位移分量 $u=0$，各位移分量均与 θ 无关，由此，$\gamma_{\rho\theta}=\gamma_{\theta z}=0$，$\theta$ 向成为应变主方向，这时，几何方程简化为

$$\left.\begin{aligned}&\varepsilon_\rho=\frac{\partial u}{\partial\rho}\\&\varepsilon_z=\frac{\partial w}{\partial z}\\&\varepsilon_\theta=\frac{u}{\rho}\\&\gamma_{z\rho}=\frac{1}{2}\left(\frac{\partial w}{\partial\rho}+\frac{\partial u}{\partial z}\right)\end{aligned}\right\}\tag{16-47}$$

对于均匀变形时的单向拉伸、锥形模挤压和拉拔，以及圆柱体平砧镦粗等，其径向位移分量 u 与坐标 ρ 呈线性关系，于是得

$$\frac{\partial u}{\partial\rho}=\frac{u}{\rho}$$

所以

$$\varepsilon_\rho=\varepsilon_\theta$$

这时，径向正应力和周向正应力分量也相等，即 $\sigma_\rho=\sigma_\theta$。

思考与练习

1. 陈述下列术语的物理含义：位移、位移分量、线应变、工程切应变、对数应变、主应变、主切应变、最大切应变、应变张量不变量、等效应变、应变增量、应变速率、位移速度。

2. 如何完整地表示受力物体内一点的应变状态？

3. 应变偏张量和应变球张量代表什么物理意义？

4. 应变张量和应变偏张量有何关系？

5. 小应变几何方程和变形协调方程各如何表示？它们有何意义？

6. 速度分量、位移增量、应变增量和应变速率增量是如何定义的？

7. 对数应变有何特点？它与相对线应变有何关系？

8. 平面应变状态、轴对称应力状态各有什么特点？

9. 设一物体在变形过程中某一极短时间内的位移为

$$u=(20+0.2xy+0.1z)\times10^{-3}$$

$$v=(10-0.1x+0.2yz)\times10^{-3}$$

$$w=(20-0.2xyz)\times10^{-3}$$

试求：点 A（1，1，-1）的应变分量、应变球张量、应变偏张量、主应变、等效应变。

10. 试判断下列应变场能否存在？

（1）$\varepsilon_x=xy^2$，$\varepsilon_y=x^2y$，$\varepsilon_z=xy$，$\gamma_{xy}=0$，$\gamma_{yz}=\dfrac{1}{2}(z^2+y)$，$\gamma_{zx}=\dfrac{1}{2}(x^2+y^2)$。

（2）$\varepsilon_x=x^2+y^2$，$\varepsilon_y=y^2$，$\varepsilon_z=0$，$\gamma_{xy}=xy$，$\gamma_{yz}=\gamma_{zx}=0$。

11. 设 $\varepsilon_x=a(x^2-y^2)$，$\varepsilon_y=axy$，$\gamma_{xy}=2bxy$，其中 a、b 为常数，试问上述应变场在什么情况下成立？

第 17 章　屈服准则

塑性力学是建立在实验基础之上的。通过对实验结果的归纳总结，并提出合理的假设和简化模型，从而可以建立塑性力学基本方程。屈服准则（Yield Criterion）是塑性力学基本方程之一，它是判断材料从弹性状态进入塑性状态的判据。本章主要讨论金属材料成形最常用的两个屈服准则——特雷斯卡屈服准则和米泽斯屈服准则。

17.1　材料真实应力-应变曲线及材料模型

材料真实应力-应变曲线是建立塑性理论的重要依据，通常采用单向拉伸或单向压缩试验来确定这种曲线。

17.1.1　拉伸图和条件应力-应变曲线

室温下在万能材料试验机上准静态拉伸（$\dot{\varepsilon}<2\times10^{-3}/\mathrm{s}$）标准试样，记录下来的拉伸力 F 与试样标距的绝对伸长 ΔL 之间的关系曲线称为拉伸图。若试样的原始横截面面积为 S_0，原始标距长为 L_0，则条件应力 σ_0（名义应力）和相对伸长 ε（条件应变）为

$$\sigma_0=\frac{F}{S_0},\quad e=\frac{\Delta L}{L_0} \tag{17-1}$$

如果用 σ_0 和 e 替代 F 和 ΔL，曲线形状不发生变化，只是改变刻度大小，可以很方便地将拉伸图变化为条件应力-应变曲线。

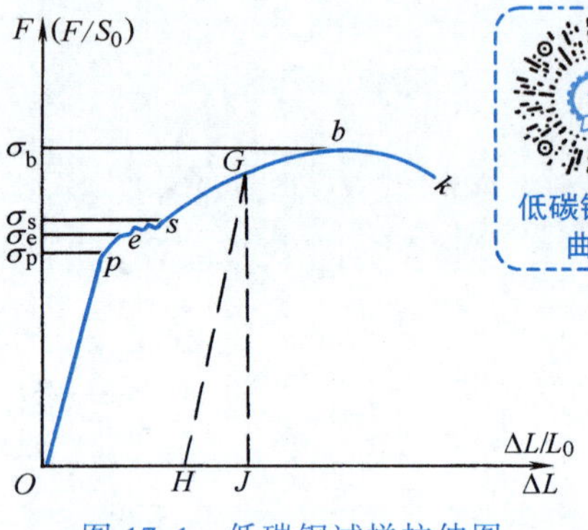

图 17-1　低碳钢试样拉伸图

低碳钢拉伸曲线

图 17-1 所示为低碳钢的拉伸图，试样从加载到断裂的全过程中经历如下三个阶段：

（1）弹性变形阶段 Oe　卸载后试样变形全部恢复，可进一步分为应力-应变关系呈线弹性阶段 Op 和呈非线弹性阶段 pe，对应 p 点的应力值 σ_p 称为比例极限，对应 e 点的应力值 σ_e 称为弹性极限。

（2）均匀塑性变形阶段 eb　当加载达到 s 点时，在载荷不增加，甚至有所下降时，试样发生明显的变形，图上出现一个齿状平台 es，称为屈服平台，对应 s 点的应力值 σ_s 称为屈服点（或称为屈服应力）。但并不是所有金属的简单拉伸试验都出现屈服平台，如不锈钢、经调质处理的合金钢与铝合金等。这时可用塑性应变达到 0.2%时的应力来代替，记为 $\sigma_{0.2}$，称为屈服强度。在 s 点以后，载荷 F 随试样变形程度的增加而增加，到达 b 点达到最大值，对应 b 点的应力值 σ_b 称为抗拉强度。在这一阶段卸载时，塑性应变保留，发生弹性回复。如加载到 G 点，然后卸载，沿着 GH 线（平行于 Op）弹性回复一段距离 HJ，保留永久变形 OH。

（3）局部塑性变形阶段 bk　在 b 点之后，试样就会出现局部的断面缩小的现象，称为

缩颈，这是单向拉伸的塑性失稳现象。继续拉伸时，变形便集中在缩颈区，由于断面逐渐缩小，载荷下降，直至断裂点 k 为止。

17.1.2 拉伸真实应力-应变曲线

1. 真实应力

试样瞬时横截面 S 上所作用的应力 σ 称为真实应力，亦称为流动应力。

$$\sigma=\frac{F}{S} \tag{17-2}$$

由于试样的瞬时截面面积与原始截面面积有如下关系

$$S(L_0+\Delta L)=S_0L_0$$

所以

$$\sigma=\frac{F}{S_0}(1+e)=\sigma_0(1+e) \tag{17-3}$$

2. 真实应变

设初始长度为 L_0 的试样在变形过程中某时刻的长度为 L，定义真实应变为

$$\varepsilon=\ln\frac{L}{L_0}=\ln(1+e) \tag{17-4}$$

3. 真实应力-应变曲线

在均匀变形阶段，根据式（17-3）和式（17-4）将条件应力-应变曲线直接变换成真实应力-应变曲线，即 σ-ε 曲线，如图 17-2 所示。在 b 点以后，由于出现缩颈，不再是均匀变形，上述公式不再成立。因此，b 点以后的曲线只能近似作出。一般记录下断裂点 k 的试样横截面面积 S_k，按下式计算 k 点的真实应力-应变曲线。

$$\sigma_k=\frac{F_k}{S_k},\ \varepsilon=\ln\frac{S_0}{S_k} \tag{17-5}$$

这样便可作出曲线的 $b'k'$段。

但由于出现缩颈后，试样的形状发生了明显的变化，缩颈部位应力状态已变为三向拉应力状态。试验表明，缩颈断面上的径向应力和轴向应力的分布如图 17-3 所示。缩颈边缘处

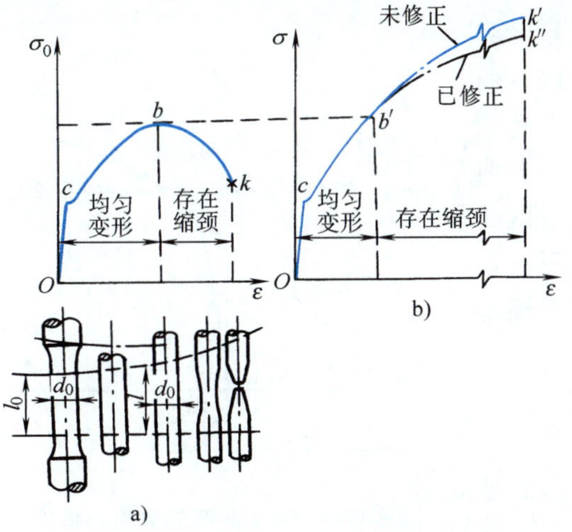

图 17-2 拉伸试验曲线

a）条件应力-应变曲线 b）真实应力-应变曲线

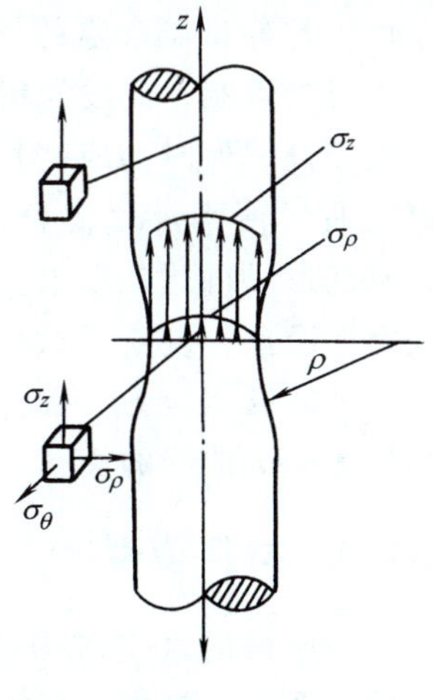

图 17-3 缩颈处断面上的应力分布

受单向拉伸应力σ 作用，中心处轴向拉伸应力大于σ ，这一由于出现缩颈而产生的应力升高现象，称为“形状硬化”。因此，必须加以修正。齐别尔（E. Siebel）等人提出用下式对曲线的 $b'k'$段进行修正，即

$$\sigma_k' = \frac{\sigma_k}{1+\frac{d}{8\rho}} \tag{17-6}$$

式中，σ_k'是去除形状硬化后的真实应力（MPa）；d 是缩颈处直径（mm）；ρ 是缩颈处试样外形的曲率半径（mm）。

从图 17-2 可看出，σ-ε 曲线在失稳点 b 后仍然是上升的，这说明材料抵抗塑性变形的能力随应变的增加而增加，即不断地硬化，所以真实应力-应变曲线也称为硬化曲线。

17.1.3 拉伸真实应力-应变曲线的塑性失稳点特性

在 σ-ε 曲线上，由于

$$\varepsilon = \ln\frac{L}{L_0} = \ln\frac{S_0}{S}$$

所以

$$S = S_0 e^{-\varepsilon}$$

在塑性失稳点（如图 17-1 的 b 点），当载荷 F 有极大值，即 $dF=0$，且由于 $F=\sigma S$，则有

$$dF = Sd\sigma+\sigma dS = S_0e^{-\varepsilon}d\sigma-\sigma(S_0e^{-\varepsilon}d\varepsilon) = 0$$

化简得

$$d\sigma-\sigma d\varepsilon = 0$$

因此在失稳点 b 处

$$\sigma_b = \frac{d\sigma}{d\varepsilon} \tag{17-7}$$

式（17-7）的意义如图 17-4 所示，表示在曲线 σ-ε 上，失稳点所作的切线的斜率为 Y_b，该斜线与横坐标轴的交点到失稳点横坐标的距离为 $\varepsilon=1$。

由于拉伸试验确定的 Y-ε 曲线，最大应变量受到塑性失稳的限制，曲线的精确段在范围 $\varepsilon=0.3$ 内，而实际的塑性成形时的应变往往比 1.0 大得多，因此拉伸试验曲线便不够用，可用压缩试验来确定 Y-ε 曲线，其变形量可达 2 以上。由于压缩试验工具与试样之间存在摩擦，改变了试样单向压缩状态，因而求得的应力并非真实应力。因此，消除接触面间的摩擦是得到压缩 Y-ε 曲线的关键。

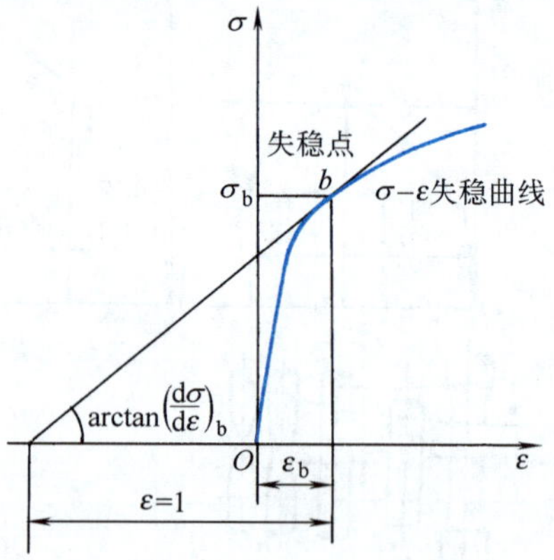

图 17-4 Y-ε 曲线的失稳点特性

17.1.4 材料模型

试验所得的真实应力-应变曲线一般都不是简单的函数关系。在解决实际塑性成形问题时，为便于计算，常采用一些简化的材料模型，如图 17-5 所示。

1. 指数硬化型

大多数工程金属在室温下都有加工硬化，其真实应力-应变曲线近似于抛物线形状，如图 17-5a 所示，可用指数方程表达

$$\sigma = B\varepsilon^{n} \tag{17-8}$$

式中，B 是强度系数；n 是硬化指数。

B 和 n 的值可用失稳点的特性确定如下，对式（17-8）求导数，得

$$\frac{d\sigma}{d\varepsilon} = nB\varepsilon^{n-1}$$

根据失稳点的特性

$$\frac{d\sigma}{d\varepsilon} = \sigma_{b} = nB\varepsilon_{b}^{n-1}$$

又有

$$\sigma_{b} = B\varepsilon_{b}^{n}$$

比较上述两式，可得

$$n = \varepsilon_{b}, \quad B = \frac{\sigma_{b}}{\varepsilon_{b}^{\varepsilon_{b}}} \tag{17-9}$$

硬化指数 n 是表明材料加工硬化特性的一个重要参数，n 值越大，说明材料的应变强化能力越强。对金属材料，n 的范围是 $0<n<1$。

B 与 n 不仅与材料的化学成分有关，而且与其热处理状态有关。表 17-1 为部分材料的 B、n 值。

表 17-1 一些金属材料在 20℃时的 B、n 值

金属名称牌号	应变速率/s^{-1}	B/MPa	n
工业纯铁		608.0	0.25
15 钢	1.6	784.0	0.10
20 钢	慢	745.0	0.20
35 钢	慢	901.0	0.17
45 钢	1.5	950.0	0.14
50 钢	1.5	970.0	0.16
15Cr	慢	793.7	0.18
40Cr	慢	861.9	0.15
Cu-1		452.0	0.328
Al-1		154.0	0.204
5CrNiMo	慢	1172.7	0.128

2. 有初始屈服应力的刚塑性硬化曲线型

当有初始屈服应力 σ_0 时，其真实应力-应变曲线可表达为

$$\sigma = \sigma_{s} + B_{1}\varepsilon^{m} \tag{17-10}$$

式中，B_1、m 是与材料性能有关的参数。

与塑性变形相比，由于弹性变形很小，可忽略（图 17-5b）。所以，该形式为刚塑性硬化曲线型。

3. 有初始屈服应力的刚塑性硬化直线型

为了简化计算，可用直线代替硬化曲线，如图 17-5c 所示，则为线性硬化形式，其真实应力-应变曲线表达式为

$$\sigma=\sigma_s+B_2\varepsilon \tag{17-11}$$

式中，B_2 是强度系数。

4. 无加工硬化的水平直线型

对于几乎不产生加工硬化的材料，此时硬化指数 $n=0$，其真实应力-应变曲线是一水平直线，如图 17-5d 所示，表达式为

$$\sigma=\sigma_s \tag{17-12}$$

这是理想刚塑性材料模型。大多数金属在高温低速下的大变形及一些低熔点金属在室温下的大变形可采用无加工硬化模型假设。

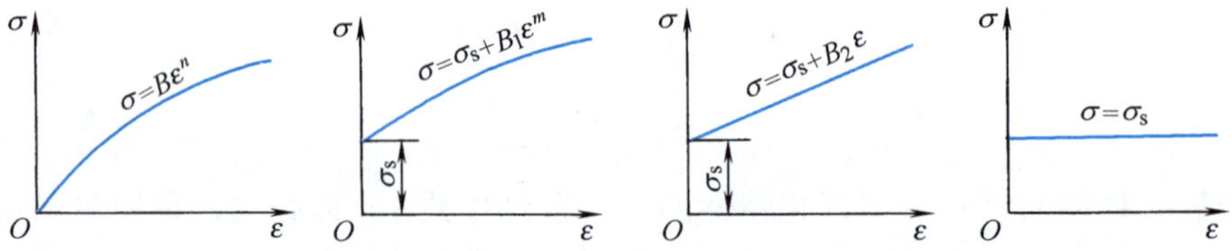

图 17-5 真实应力-应变曲线的简化类型

a）指数硬化曲线 b）刚塑性硬化曲线 c）刚塑性硬化直线 d）理想刚塑性水平直线

如果要考虑弹性变形，则为理想弹塑性材料模型。高温低速下的小塑性变形，可近似认为是这种情况。

以上所讨论的 σ-ε 曲线是在室温准静态下得到的。在不同的变形温度和变形速度下，σ-ε 曲线有很大差别。有关变形温度和变形速度对应力-应变曲线的影响可见有关著作。

5. 基于圆柱压缩试验确定真实应力-应变曲线

基于拉伸试验确定的真实应力-应变曲线，其最大应变量受到塑性失稳的限制，一般 $\varepsilon\approx1.0$，而曲线的精确段在 $\varepsilon<0.3$ 范围内。实际塑性成形时的应变往往比 1.0 大得多，因此用拉伸试验确定的真实应力-应变曲线便不够用了。而用压缩试验得到的真实应力-应变曲线的应变量可达 $\varepsilon=2.0$ 以上。因此，要获得大变形程度下的真实应力-应变曲线就需要用压缩试验。

压缩试验在试件与工具之间的接触面上不可避免地存在着摩擦，它改变了试件的单向均匀压缩状态，并使圆柱试样出现鼓形，因此求得的应力也就不是真实应力。所以，消除接触表面间的摩擦是求得精确压缩真实应力-应变曲线的关键。

图 17-6a 为圆柱压缩试验简图。上、下垫板经淬火、回火、磨削和抛光处理。试件尺寸取 $D_0=20\sim30\text{mm}$，$\dfrac{D_0}{H_0}=1$。为减少试件与垫板之间接触面上的摩擦，可在试件的端面上车出沟槽（图 17-6b）或车出浅坑（图 17-6c），以存放润滑剂，保持润滑作用。

试验时，每压缩 10%的高度记录一次压力和实际高度，然后将试件和垫板擦净，重新添加润滑剂，再重复上述过程。但如果试件上出现鼓形，则需要将鼓形车去，并使试件尺寸重新保持 $\dfrac{D}{H}=1$，再重复以上过程，直至压缩到所需的变形量（一般达到 $\varepsilon=1.2$ 即可）或试

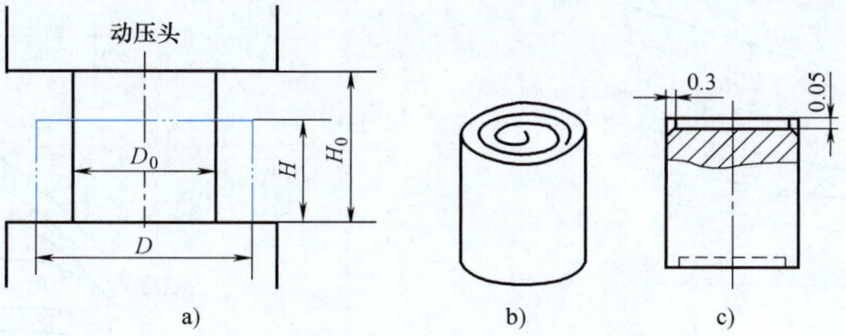

图 17-6 圆柱压缩试验及其试件

a）压缩试验简图 b）、c）压缩试验试件

件侧面出现微裂纹为止。根据记录下的各次压缩量和压力，利用下面公式计算出压缩时的对数应变和真实应力，据此作出真实应力-应变曲线。

压缩时的对数应变为

$$\varepsilon=\ln\frac{H_0}{H}$$

式中，H_0、H 为试件压缩前、后的高度。

压缩时真实应力为

$$\sigma=\frac{P}{S}=\frac{P}{S_0\mathrm{e}^{\varepsilon}}$$

式中，S_0、S 为试件压缩前、后的横截面积；P 为轴向载荷。

6. 变形温度和变形速度对真实应力-应变曲线的影响

（1）变形温度对真实应力-应变曲线的影响 金属材料在不同温度下进行试验时，真实应力-应变曲线有很大差别。钢、铜、铝等材料在冷塑性变形过程中都存在不同程度的应变硬化现象，这些材料在加热变形条件下，随变形温度的升高，流动应力逐渐下降。其原因有：

1）随着变形温度的升高，发生了回复和再结晶，消除或部分消除了应变硬化现象。

2）随着变形温度的升高，原子激活能增加，原子间结合力减弱，使临界切应力降低。

3）随着变形温度的升高，材料的显微组织发生变化，可能由多相组织变为单相组织。

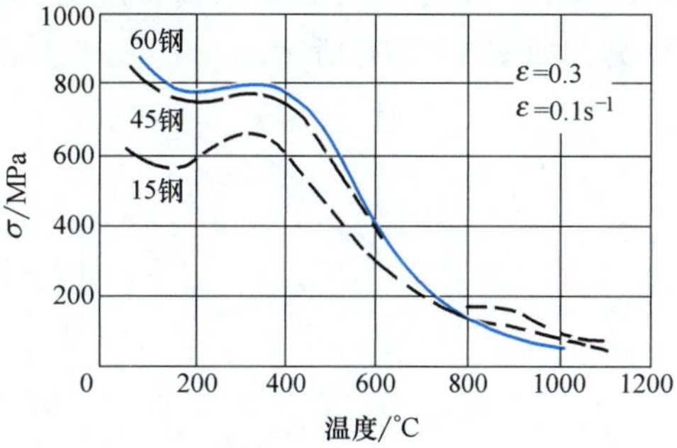

图 17-7 碳钢在不同温度下的流动应力

但有些金属在某些温度区间，由于金属的脆性会出现一些例外情况。如图 17-7 所示，碳钢在 350～400℃ 的蓝脆区和 800～950℃ 的热脆区，流动应力反而有所升高，但总的趋势仍是流动应力随变形温度升高而下降。从真实应力-应变曲线来看，金属的硬化强度减弱，并从某一温度开始，真实应力-应变曲线接近水平线，表明金属在变形中的硬化效应完全被软化作用所消除。图 17-8～图 17-10 是几种材料在不同温度下静载（$\dot{\varepsilon}$A$<10^{-3}\mathrm{s}^{-1}$）压缩时的真实应力-应变曲线，从中可以看出温度对金属软化的作用。

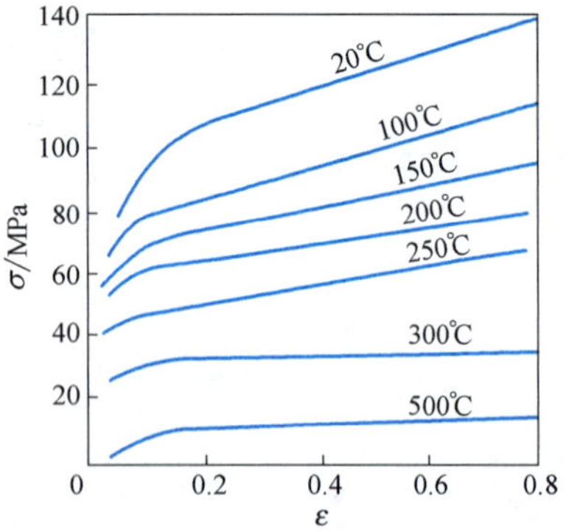

图 17-8　铝在不同温度下的静载压缩时的真实应力-应变曲线

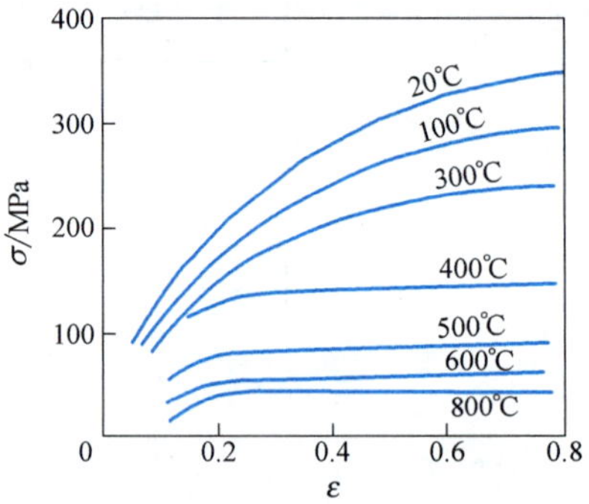

图 17-9　铜在不同温度下的静载压缩时的真实应力-应变曲线

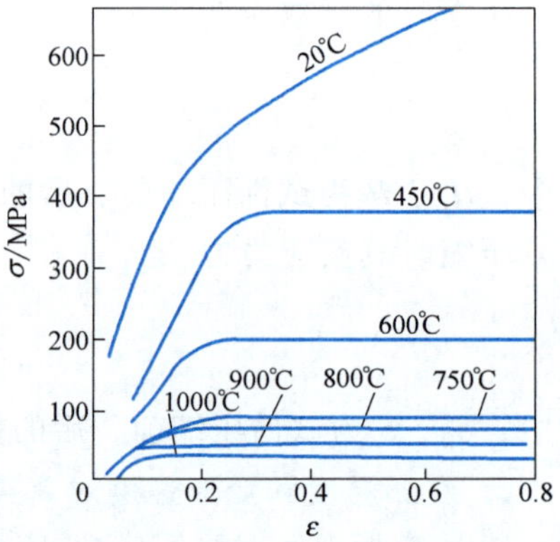

图 17-10　低碳钢在不同温度下的静载压缩时的真实应力-应变曲线

（2）变形速度对真实应力-应变曲线的影响　变形速度的增加、位错运动速度的加快必然需要更大的切应力，相应地流动应力必然提高。此外，由于变形速度增加，没有足够的时间发展软化过程，这也促使流动应力上升。但另一方面，由于变形速度增加，导致温度效应增加，反而使流动应力降低。由此可见，变形速度最终对流动应力的影响相当复杂，具体影响程度主要取决于金属材料在具体变形时硬化与软化的相对强度。

在冷变形时，由于温度效应显著，强化作用被软化所抵消，最终表现的效果是：变形速度的影响不明显，动态时的真实应力-应变曲线比静态时略高一点，差别不大，如图 17-11a 所示。但在高温变形时温度效应小，变形速度的强化作用显著，动态热变形时的真实应力-应变曲线比静态时高出许多，如图 17-11c所示。温变形时的动态真实应力-应变曲线比静态时的曲线增高的程度小于热变形时的情况，如图 17-11b 所示。

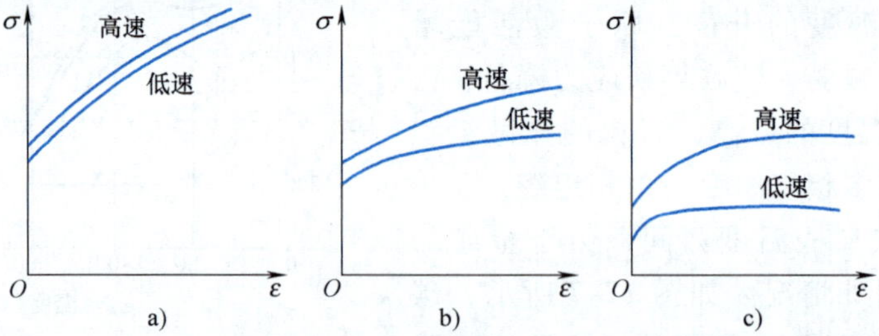

图 17-11　不同温度下变形速度对真实应力-应变曲线的影响

a）冷变形　b）温变形　c）热变形

从图 17-12 中的试验曲线可以从数量上看出不同温度下变形速度对流动应力的影响。图中横坐标是变形时的相对温度 T_H［变形时的热力学温度 $T=(t+273)$℃与熔化热力学温度 T_M 的比值］，纵坐标是同一温度下动态和静态流动应力的比值$\frac{\sigma}{\sigma_s}$。该曲线表明，随变形温度 T_H

的升高，$\dfrac{\sigma}{\sigma_s}$值也增大。在 $T_H>0.6$ 的热变形时尤其明显。在不同的变形温度下，变形速度的影响可归纳为：

1）相对温度 $T_H<0.5$，即低于再结晶温度的冷变形时，变形速度的影响不大，$\dfrac{\sigma}{\sigma_s}$的比值的变化在 1~2 之间。

2）再结晶温度以上的热变形时，即 $T_H>0.6$，变形速度的影响特别明显。例如 $T_H=0.8$，$\dot{\varepsilon}=300\text{s}^{-1}$ 时，$\dfrac{\sigma}{\sigma_s}\approx 8$。这说明 0.55%碳钢在高速变形时，流动应力比室温下慢速变形要大得多。

3）在温变形区间，即 $0.4<T_H<0.6$ 时要发生相的转变，$\dfrac{\sigma}{\sigma_s}$值增大，$\dfrac{\sigma}{\sigma_s}\approx 3$。当然，在 $\dot{\varepsilon}<100\text{s}^{-1}$时，$\dfrac{\sigma}{\sigma_s}$值相应减小。

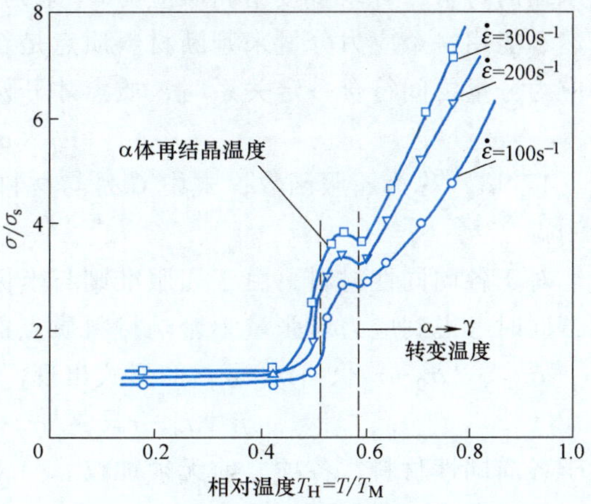

图 17-12 0.55%碳钢在不同相对温度下变形速度与动静态流动应力比值 σ/σ_s 间的关系（$\varepsilon=0.15$）

图 17-12 所示的变化关系在二元合金中具有典型性。曲线的第一个斜率转折点相当于主要合金成分 α 铁素体的再结晶温度，第二个转折点为体心的 α 体转变为面心的 γ 体的相变温度，对其他类似的材料有一定的参考价值。

高温、等应变速率下的真实应力-应变曲线必须使用专用的实验设备（如热模拟试验机）才能获得。图 17-13、图 17-14 是两种钢在高温、不同变形速度下的真实应力-应变曲线。

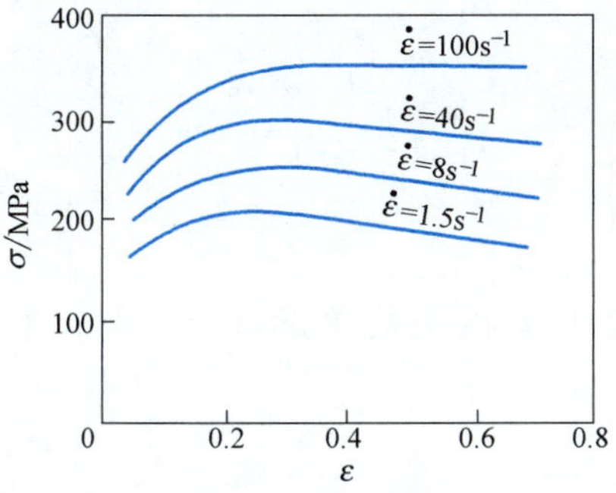

图 17-13 42Cr9Si2 钢在 1000℃时不同变形速度压缩下的真实应力-应变曲线

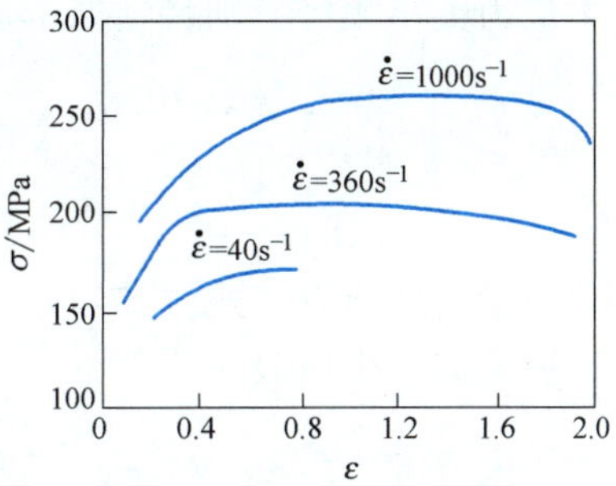

图 17-14 低碳钢在 1100℃时不同变形速度压缩下的真实应力-应变曲线

17.2 理想塑性材料的屈服准则

17.2.1 屈服准则的概念

屈服准则是材料质点发生屈服而进入塑性状态的判据，也称为塑性条件。对于单向拉伸或压缩的材料，可以直接用屈服应力 σ_s 来判断质点是否进入塑性状态。在多向应力作用下，显然不能用一个应力分量来判断材料质点是否进入塑性状态，必须同时考虑所有应力分量。各应力分量之间符合一定关系时，质点才开始屈服。一般可表示为

$$f(\sigma_{ij}) = C \tag{17-13}$$

式（17-13）称为屈服函数，式中 C 是与材料性质有关而与应力状态无关的常数，可通过试验测得。

对于各向同性材料，由于屈服准则与坐标变换无关，因此可用主应力 σ_1、σ_2、σ_3 来表示，同时考虑到应力球张量不影响材料质点的屈服，所以在屈服准则中，σ_1、σ_2、σ_3 应以 $|\sigma_1-\sigma_2|$、$|\sigma_2-\sigma_3|$、$|\sigma_3-\sigma_1|$的形式出现。即

$$f(|\sigma_1-\sigma_2|, |\sigma_2-\sigma_3|, |\sigma_3-\sigma_1|) = C \tag{17-14}$$

对于各向同性材料，各项之前无须加权。

17.2.2 特雷斯卡（H. Tresca）屈服准则

1864年法国工程师特雷斯卡根据库伦（C. A. Coulomb）在土力学中的研究结果，并从自己所做的金属挤压试验所观察到的滑移痕迹出发，提出材料的屈服与最大切应力有关，即当材料质点中最大切应力达到某一定值时，该质点就发生屈服。或者说，质点处于塑性状态时，其最大切应力是不变的定值，该定值取决于材料的性质，而与应力状态无关。所以特雷斯卡屈服准则又称为最大切应力不变条件。当 $\sigma_1>\sigma_2>\sigma_3$ 时，则

$$\frac{\sigma_1-\sigma_3}{2} = C \tag{17-15}$$

式中，常数 C 可通过单向拉伸试验来确定，单向拉伸屈服时 $\sigma_1=\sigma_s$、$\sigma_2=\sigma_3=0$，可得 $C=\sigma_s/2$，则式（17-15）写成

$$\sigma_1-\sigma_3=\sigma_s \tag{17-16}$$

若不知主应力大小顺序，则特雷斯卡屈服准则写成

$$\left.\begin{aligned} |\sigma_1-\sigma_2| &= \sigma_s \\ |\sigma_2-\sigma_3| &= \sigma_s \\ |\sigma_3-\sigma_1| &= \sigma_s \end{aligned}\right\} \tag{17-17}$$

从纯数学角度出发，式（17-17）是满足式（17-14）的最简单形式，三个式子只要满足一个，该点即发生屈服。

17.2.3 米泽斯（von Mises）屈服准则

1913年德国力学专家米泽斯提出另一个屈服准则，即当等效应力 $\overline{\sigma}$ 达到定值时，材料质点发生屈服。或者说，材料处于塑性状态时，其等效应力是不变的定值，该定值取决于材料的性质，而与应力状态无关。表达如下

$$\overline{\sigma} = \frac{1}{\sqrt{2}}\sqrt{(\sigma_1-\sigma_2)^2+(\sigma_2-\sigma_3)^2+(\sigma_3-\sigma_1)^2} = C \tag{17-18}$$

常数 C 根据单向拉伸实验确定为 σ_s，于是米泽斯屈服准则可写成

$$(\sigma_1-\sigma_2)^2+(\sigma_2-\sigma_3)^2+(\sigma_3-\sigma_1)^2 = 2\sigma_s^2 \tag{17-19}$$

式（17-19）是满足式（17-14）的另一种形式，可以写成$\sqrt{3J_2'}=\sigma_s$，因此只有应力偏张量第二不变量影响屈服。将式（17-19）两边同乘以常数$\frac{1+\nu}{6E}$，（其中 E 为弹性模量，ν 为泊松比），则

$$\frac{1+\nu}{6E}[(\sigma_1-\sigma_2)^2+(\sigma_2-\sigma_3)^2+(\sigma_3-\sigma_1)^2]=\frac{1+\nu}{3E}\sigma_s^2 \tag{17-20}$$

式（17-20）左端表示变形体在三向应力作用下单位体积的弹性形变能。亨基（H. Henkey）于 1924 年指出米泽斯屈服准则的物理意义是：当单位体积的弹性形变能达到某一常数时，质点就发生屈服。故米泽斯屈服准则又称为能量准则。

17.3 屈服准则的几何表达

17.3.1 主应力空间中的屈服表面

以主应力为坐标可以构成一个主应力空间，如图 17-15 所示。在主应力空间中，任一应力点 P（σ_1，σ_2，σ_3）可用矢量 $\boldsymbol{OP}$ 来表示。过坐标原点 O 引等倾线 ON，其方向余弦 $l=m=n=\frac{1}{\sqrt{3}}$，线上任一点的三个坐标分量均相等，即 $\sigma_1=\sigma_2=\sigma_3$，表示球应力状态。由 P 点引一直线 $PM\perp ON$，则矢量 $\boldsymbol{OP}$ 可分解为 $\boldsymbol{OM}$ 和 $\boldsymbol{MP}$，这时，$\boldsymbol{OM}$ 表示应力球张量部分，$\boldsymbol{MP}$ 表示应力偏张量部分。

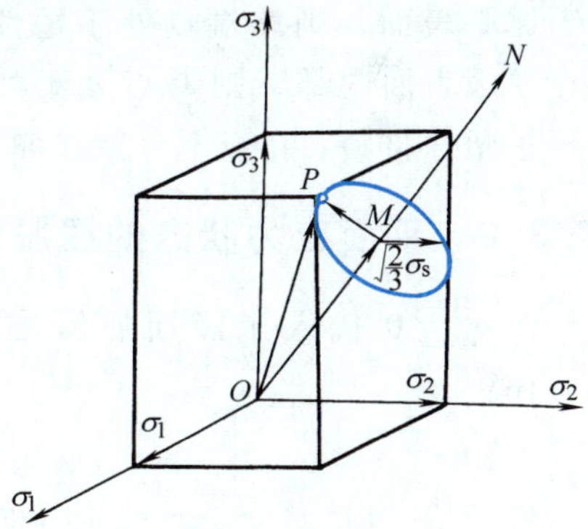

图 17-15 主应力空间

$$|\boldsymbol{OM}|=\sigma_1 l+\sigma_2 m+\sigma_3 n=\frac{1}{\sqrt{3}}(\sigma_1+\sigma_2+\sigma_3)$$

$$\begin{aligned}|\boldsymbol{MP}|&=\sqrt{|\boldsymbol{OP}|^2-|\boldsymbol{OM}|^2}\\&=\sqrt{\sigma_1^2+\sigma_2^2+\sigma_3^2-\frac{1}{3}(\sigma_1+\sigma_2+\sigma_3)^2}\\&=\sqrt{\frac{1}{3}[(\sigma_1-\sigma_2)^2+(\sigma_2-\sigma_3)^2+(\sigma_3-\sigma_1)^2]}\\&=\sqrt{\frac{2}{3}}\bar{\sigma}\end{aligned}$$

根据米泽斯屈服准则，当 $\bar{\sigma}=\sigma_s$ 时，材料就屈服，故 P 点屈服时有

$$|\boldsymbol{MP}|=\sqrt{\frac{2}{3}}\sigma_s$$

因此，若以 M 为圆心，$\sqrt{\frac{2}{3}}\sigma_s$ 为半径，在垂直于 ON 的平面上作一圆，则该圆上各点的应

力偏张量的模都为$\sqrt{\frac{2}{3}}\sigma_s$，所以圆上各点都进入塑性状态。由于球应力 ***OM*** 不影响屈服，所以，以 ON 为轴线，以$\sqrt{\frac{2}{3}}\sigma_s$为半径作一圆柱面，则此圆柱面上的点都满足米泽斯屈服准则。这个圆柱面就是式（17-19）在主应力空间中的几何表达，称为主应力空间中的米泽斯屈服表面，如图 17-16 所示。

采用同样的分析方法，特雷斯卡屈服准则的表达式（17-17）在主应力空间中的几何图形是一个内接于米泽斯圆柱面的正六棱柱面，称为主应力空间的特雷斯卡屈服表面，如图 17-16 所示。

由图 17-16 可知，屈服表面的几何意义是：若主应力空间中一点的应力状态矢量的端点 P 位于屈服表面，则该端点处于塑性状态；若 P 点在屈服表面内部，则 P 点处于弹性状态。对于理想塑性材料，P 点不可能在屈服表面之外。

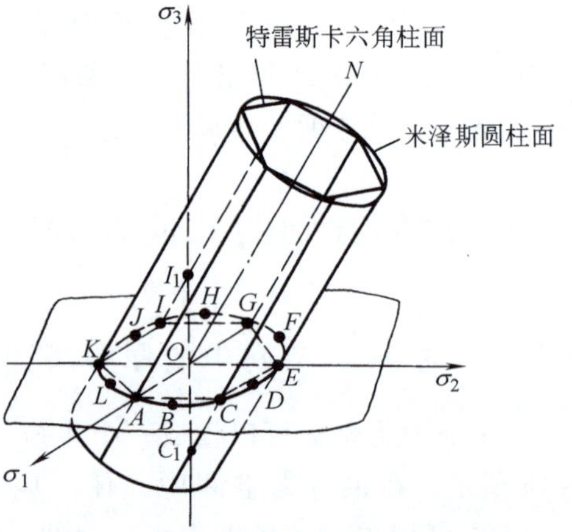

图 17-16　主应力空间中的屈服表面

17.3.2　平面应力状态的屈服轨迹

将 $\sigma_3=0$ 代入米泽斯屈服准则的表达式（17-19），得

$$\sigma_1^2-\sigma_1\sigma_2+\sigma_2^2=\sigma_s^2 \tag{17-21}$$

式（17-21）是 $\sigma_1-\sigma_2$ 坐标平面上的一个椭圆，如图 17-17 所示。为了清楚起见，把坐标轴旋转 45°，则新老坐标的关系为

$$\left.\begin{aligned}\sigma_1&=\sigma_1'\cos45°-\sigma_2'\sin45°\\ \sigma_2&=\sigma_1'\sin45°+\sigma_2'\cos45°\end{aligned}\right\}$$

得

$$\left.\begin{aligned}\sigma_1&=\frac{1}{\sqrt{2}}(\sigma_1'-\sigma_2')\\ \sigma_2&=\frac{1}{\sqrt{2}}(\sigma_1'+\sigma_2')\end{aligned}\right\}$$

将 σ_1、σ_2 代入式（17-21），整理得

$$\frac{\sigma_1'^2}{(\sqrt{2}\sigma_s)^2}+\frac{\sigma_2'^2}{\left(\sqrt{\frac{2}{3}}\sigma_s\right)^2}=1$$

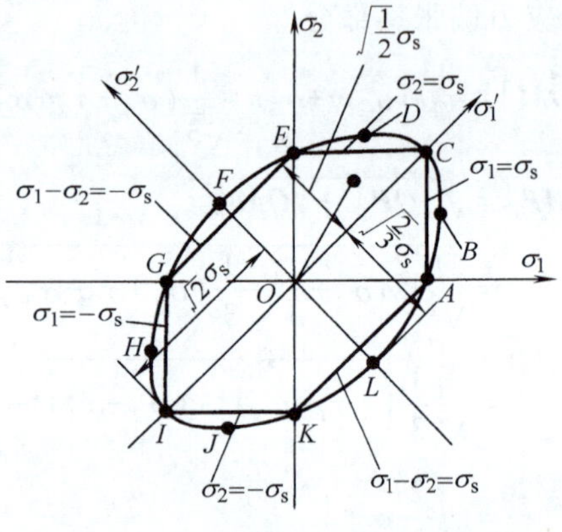

图 17-17　两向应力状态的屈服轨迹

上式是 $\sigma_1'-\sigma_2'$坐标平面上的椭圆方程，长半轴为$\sqrt{2}\sigma_s$，短半轴为$\sqrt{\frac{2}{3}}\sigma_s$，与原坐标轴的截距为$\pm\sigma_s$。这个椭圆就是平面应力状态的米泽斯屈服轨迹，称为米泽斯椭圆。

同样，将 $\sigma_3=0$ 代入特雷斯卡屈服准则的表达式（17-17），可得平面应力状态的特雷斯

卡屈服准则

$$|\sigma_1-\sigma_2|=\sigma_s;\ |\sigma_2|=\sigma_s;\ |\sigma_1|=\sigma_s \tag{17-22}$$

上式中每一个式子表示两条互相平行且对称的直线，这些直线在 σ_1-σ_2 平面上构成一个内接于米泽斯椭圆的六边形，这就是平面应力状态的特雷斯卡屈服轨迹，称为特雷斯卡六边形。

任一平面应力状态都可用 σ_1-σ_2 平面上一点 P 表示，并可用矢量 **OP** 来表示。如 P 点在屈服轨迹的里面，则材料的质点处于弹性状态，如 P 点在轨迹上，该质点处于塑性状态。对于理想塑性材料，P 点不可能在轨迹的外面。

由图 17-17 可知，两个屈服轨迹有六个交点，在六个交点处两屈服准则是一致的。它们都表示两向主应力相等的应力状态，其中与坐标轴相交的四个点 A（σ_s，0）、E（0，σ_s）、G（$-\sigma_s$，0）、K（0，$-\sigma_s$）表示单向应力状态，另与椭圆长轴相交的两个点是 C（σ_s，σ_s）、I（$-\sigma_s$，$-\sigma_s$）；两屈服轨迹不相交的地方，米泽斯椭圆上的点均在特雷斯卡六边形之外，表示按米泽斯屈服需要较大的应力，两准则差别最大的有六个点（B、D、F、H、J、L），它们的坐标可分别由式（17-21）对 σ_1 和 σ_2 求极值得到。其中两个点 $F\left(-\frac{1}{\sqrt{3}}\sigma_s,\ \frac{1}{\sqrt{3}}\sigma_s\right)$、$L\left(\frac{1}{\sqrt{3}}\sigma_s,\ -\frac{1}{\sqrt{3}}\sigma_s\right)$ 表示纯切应力状态，另四个点是 $B\left(\frac{2}{\sqrt{3}}\sigma_s,\ \frac{1}{\sqrt{3}}\sigma_s\right)$、$D\left(\frac{1}{\sqrt{3}}\sigma_s,\ \frac{2}{\sqrt{3}}\sigma_s\right)$、$H\left(-\frac{2}{\sqrt{3}}\sigma_s,\ -\frac{1}{\sqrt{3}}\sigma_s\right)$、$J\left(-\frac{1}{\sqrt{3}}\sigma_s,\ -\frac{2}{\sqrt{3}}\sigma_s\right)$，这六个点的中间应力等于平均应力，它们既表示平面应力状态又表示平面应变状态，两个屈服准则相差达到 15.5%。

17.3.3 π 平面上的屈服轨迹

在主应力空间中，通过坐标原点并垂直于等倾线 ON 的平面称为 π 平面。其方程为

$$\sigma_1+\sigma_2+\sigma_3=0$$

π 平面与两个屈服表面都垂直，故屈服表面在 π 平面上的投影是半径为 $\sqrt{\frac{2}{3}}\sigma_s$ 的圆及其内接正六边形，这就是 π 平面上的屈服轨迹，如图 17-18 所示。

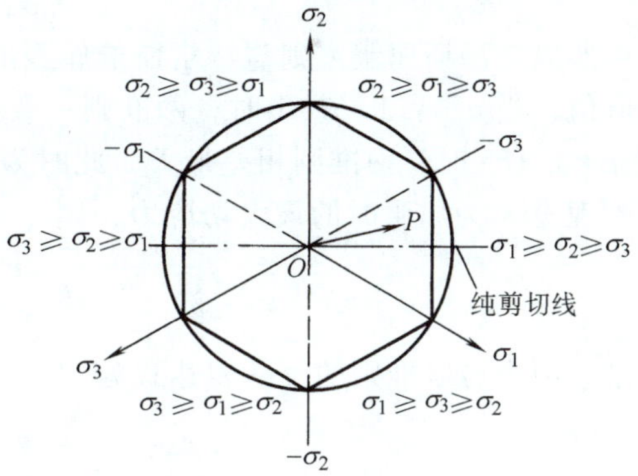

图 17-18 π 平面上的屈服轨迹

在 π 平面上 $\sigma_m=0$，说明 π 平面上任一点无应力球张量的影响，任一点的应力矢量均表示偏张量。因此，π 平面的屈服轨迹更清楚地表示屈服准则的性质。例如，三根主应力轴在 π 平面上的投影互成 120°角，如标出负向时，就把 π 平面及其面上的屈服轨迹等分成 60°角的六个区间，每个区间内的应力大小次序互不相同，三根主应力轴上的点都表示（减去了球张量）单向应力状态。与主应力轴成 30°交角线上的点则表示纯切应力状态。由于六个区间的轨迹是一样的，所以，实际上只要用一个区间（如图 17-9 $\sigma_1\geqslant\sigma_2\geqslant\sigma_3$ 中）就可以表示出整个屈服轨迹的性质。

17.4　两个屈服准则的统一表达式

若已知三个主应力的大小顺序时，设为 $\sigma_1>\sigma_2>\sigma_3$，则特雷斯卡屈服准则只需用线性式 $\sigma_1-\sigma_3=\sigma_s$ 就可以判断屈服。但该准则未考虑中间主应力 σ_2 的影响。而米泽斯屈服准则考虑了 σ_2 对质点屈服的影响。为评价 σ_2 对屈服的影响，引入罗德（Lode）应力参数

$$\mu_\sigma=\frac{(\sigma_2-\sigma_3)-(\sigma_1-\sigma_2)}{\sigma_1-\sigma_3}=\frac{\sigma_2-\dfrac{\sigma_1+\sigma_3}{2}}{\dfrac{\sigma_1-\sigma_3}{2}} \tag{17-23}$$

式（17-23）中的分子是三向应力莫尔圆中 σ_2 到大圆圆心的距离，分母为大圆半径。当 σ_2 在 σ_1 与 σ_3 之间变化时，μ_σ 则在 1～-1 之间变化。因此，μ_σ 实际上表示了 σ_2 在三向莫尔圆中的相对位置变化。

由式（17-23）可以解出 σ_2

$$\sigma_2=\frac{\sigma_1+\sigma_3}{2}+\mu_\sigma\frac{\sigma_1-\sigma_3}{2}$$

将 σ_2 代入米泽斯屈服准则式（17-19），整理后得

$$\sigma_1-\sigma_3=\frac{2}{\sqrt{3+\mu_\sigma^2}}\sigma_s$$

令 $\beta=\dfrac{2}{\sqrt{3+\mu_\sigma^2}}$，称为中间主应力影响系数，或称应力修正系数。

则

$$\sigma_1-\sigma_3=\beta\sigma_s \tag{17-24}$$

所以米泽斯屈服准则与特雷斯卡屈服准则在形式上仅差一个应力修正系数。下面讨论 β 的取值，当 $\mu_\sigma=\pm1$、$\beta=1$ 时，两准则一致，这时的应力状态中有两向主应力相等；当 $\mu_\sigma=0$、$\beta=1.155$ 时，两准则相差最大，此时为平面变形应力状态。

现设 K 为屈服时的最大切应力，则

$$K=\frac{\sigma_1-\sigma_3}{2}=\frac{\beta}{2}\sigma_s$$

于是，两个屈服准则的统一表达式为

$$\sigma_1-\sigma_3=2K$$

对于特雷斯卡屈服准则，$K=0.5\sigma_s$；对于米泽斯屈服准则，$K=(0.5\sim0.577)\sigma_s$。

屈服准则起初都以假设形式提出，是否符合实际还需要通过试验来验证。验证方法很多，复合拉、扭下的薄壁金属圆管的屈服试验是一较为简单的验证方法。也可用轴向拉力与内压力联合作用的屈服试验。大量试验表明，特雷斯卡屈服准则和米泽斯屈服准则都与试验值比较吻合，除了退火低碳钢外，一般金属材料的试验数据点更接近于米泽斯屈服准则。

17.5　应变硬化材料的屈服与加载表面

以上所讨论的屈服准则只适用于各向同性的理想塑性材料。对于应变硬化材料，可以认

为初始屈服仍然服从前述的准则，产生硬化后，屈服准则将发生变化，在变形过程的每一瞬时，都有一后续的瞬时屈服表面和屈服轨迹。

后续屈服表面（加载表面）的详细讨论涉及一些相当复杂的问题，目前只能提出一些假设，其中最常见的是“各向同性硬化”假设，即“等向强化”模型。其要点如下：

1）材料应变硬化后仍然保持各向同性。

2）应变硬化后屈服轨迹的中心位置和形状保持不变。

因此，对应于米泽斯屈服准则和特雷斯卡屈服准则，等向强化模型的后续屈服轨迹在 π 平面上是一系列扩大且同心的圆和正六边形，如图 17-19 所示。

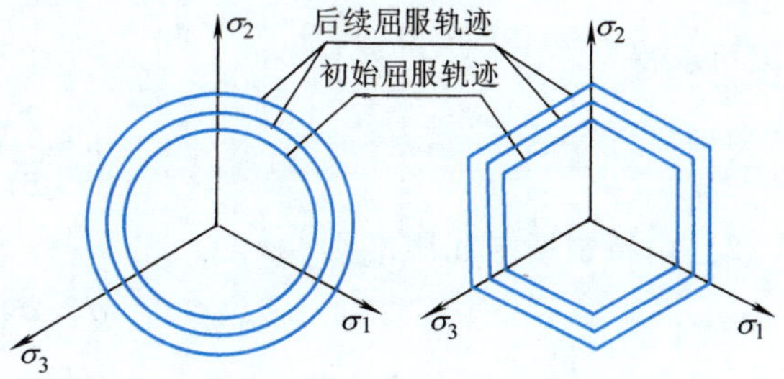

图 17-19　各向同性应变硬化材料的后续屈服

屈服轨迹的形状由应力状态函数 $f(\sigma_{ij})$ 决定，而轨迹的大小取决于材料的性质。因此，应变硬化材料的屈服准则可表示为

$$f(\sigma_{ij})=Y \tag{17-25}$$

对于理想塑性材料，流动应力 $Y=\sigma_s$，而对于硬化材料，Y 是变化的。关于 Y 的变化有两种假设：一种是单一曲线假设，认为 Y 只是等效应变的函数，而与应力状态无关。可用单向拉伸的流动应力与真实应变的函数关系来替代 Y 与等效应变的关系。另一种是“能量假设”，认为硬化取决于塑性变形功，与应力状态和加载路线无关。前一种假设，形式简单，使用方便，被广泛应用。

后续屈服准则也叫加载函数。由于各向同性应变硬化材料的硬化曲线 $f(\overline{\sigma})=Y$ 是等效应力 $\overline{\sigma}$ 的单调增加函数，故对硬化材料有三种不同情况：

1）当 $d\overline{\sigma}>0$ 时，为加载，表示应力状态从屈服轨迹向外移动，发生了塑性流动。

2）当 $d\overline{\sigma}<0$ 时，为卸载，表示应力状态从屈服轨迹向内移动，发生了弹性卸载。

3）当 $d\overline{\sigma}=0$ 时，表示应力状态保持在屈服轨迹上移动。对于硬化材料，既不产生塑性流动，也不发生弹性卸载，称之为中性变载。

对于理想塑性材料，当 $d\overline{\sigma}=0$ 时，塑性流动继续进行，仍为加载。理想塑性材料不存在 $d\overline{\sigma}>0$ 的情况。

例 17-1　一个两端封闭的薄壁圆筒，半径为 r，壁厚为 t，受内压 p 的作用（图 17-20），试求此圆筒产生屈服时的内压 p（设材料单向拉伸时的屈服应力为 σ_s）。

解　在筒壁选取一单元体，采用圆柱坐标，单元体上的应力分量如图 17-20 所示。

根据平衡条件可求得应力分量为

$$\sigma_z=\frac{p\pi r^2}{2\pi rt}=\frac{pr}{2t}>0$$

$$\sigma_\theta=\frac{p2r}{2t}=\frac{pr}{t}>0$$

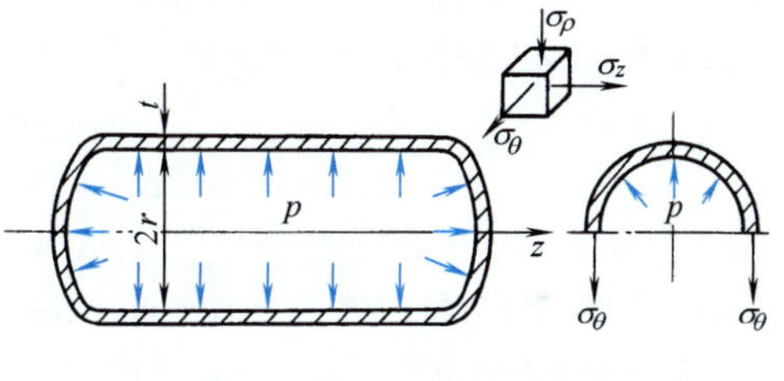

图 17-20　受内压的薄壁圆筒

σ_ρ 沿壁厚为线性分布，在内表面 $\sigma_\rho=-p$，在外表面 $\sigma_\rho=0$。

圆筒的内表面首先产生屈服，然后向外层扩展，当外表面产生屈服时，整个圆筒就产生塑性变形，因此应研究圆筒外表面的屈服条件。显然

$$\sigma_1=\sigma_\theta=\frac{pr}{t};\ \sigma_2=\sigma_z=\frac{pr}{2t};\ \sigma_3=\sigma_\rho=0$$

1）由米泽斯屈服准则

$$(\sigma_1-\sigma_2)^2+(\sigma_2-\sigma_3)^2+(\sigma_3-\sigma_1)^2=2\sigma_s^2$$

即

$$\left(\frac{pr}{t}-\frac{pr}{2t}\right)^2+\left(\frac{pr}{2t}\right)^2+\left(\frac{pr}{t}\right)^2=2\sigma_s^2$$

所以可求得

$$p=\frac{2}{\sqrt{3}}\frac{t}{r}\sigma_s$$

2）由特雷斯卡屈服准则

$$\sigma_1-\sigma_3=\sigma_s$$

$$\frac{pr}{t}-0=\sigma_s$$

所以

$$p=\frac{t}{r}\sigma_s$$

用同样的方法也可以求出内表面开始屈服时的内压 p，此时 $\sigma_3=\sigma_\rho=-p$。

按米泽斯屈服准则

$$p=\frac{2t}{\sqrt{3r^2+6rt+4t^2}}\sigma_s$$

按特雷斯卡屈服准则

$$p=\frac{t}{r+t}\sigma_s$$

思考与练习

1. 解释下列概念：

条件应力；真实应力；理想塑性；弹塑性硬化；刚塑性硬化；特雷斯卡屈服准则；米泽斯屈服准则；屈服轨迹；π 平面；等向强化。

2. 如何用单向拉伸试验绘制材料的真实应力-应变曲线？真实应力-应变曲线有哪些常见的简化形式？

3. 单向拉伸塑性失稳点的特性是什么？如何用此特性确定硬化曲线的强度系数和硬化指数？

4. 理想塑性材料两个常用的屈服准则的物理意义如何？中间主应力对屈服准则有何影响？

5. 若变形体屈服时的应力状态为

$$\sigma_{ij}=\begin{pmatrix}-30 & 0 & 0\\ 0 & 23 & -3\\ 0 & -3 & 5\end{pmatrix}\times 10\text{MPa}$$

试分别按米泽斯和特雷斯卡塑性条件计算该材料的屈服应力 σ_s 及 β 值，并分析差异大小。

6. 某理想塑性材料的屈服点为 $\sigma_s=100\text{MPa}$，试分别用特雷斯卡及米泽斯准则判断下列应力状态处于什么状态（是否存在、弹性或塑性）？

$$\begin{pmatrix}100 & 0 & 0\\0 & 0 & 0\\0 & 0 & 100\end{pmatrix}(\text{MPa}),\quad \begin{pmatrix}150 & 0 & 0\\0 & 50 & 0\\0 & 0 & 50\end{pmatrix}(\text{MPa}),$$

$$\begin{pmatrix}120 & 0 & 0\\0 & 10 & 0\\0 & 0 & 0\end{pmatrix}(\text{MPa}),\quad \begin{pmatrix}50 & 0 & 0\\0 & -50 & 0\\0 & 0 & 0\end{pmatrix}(\text{MPa})$$

7. 一薄壁管（参见图 17-11），内径 ϕ80mm，壁厚 4mm，承受内压 p，材料的屈服点为 $\sigma_s=200\text{MPa}$，现忽略管壁上的径向应力（即设 $\sigma_\rho=0$）。试用两个屈服准则分别求出下列情况下管子屈服时的 p：(1) 管子两端自由；(2) 管子两端封闭；(3) 管子两端加 100kN 的压力。

[答案：(1) $p=20\text{MPa}$；(2) 按米泽斯准则 $p=23.1\text{MPa}$，按特雷斯卡准则 $p=20\text{MPa}$；(3) 按米泽斯准则 $p=13\text{MPa}$，按特雷斯卡准则 $p=10\text{MPa}$。]

8. 图 17-21 所示为一薄壁管承受拉扭的复合载荷作用而屈服，管壁受均匀的拉应力 σ 和切应力 τ，试写出此情况的特雷斯卡和米泽斯屈服准则表达式。

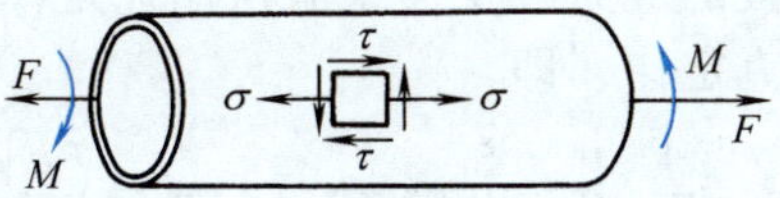

图 17-21 受拉扭复合的薄壁圆筒

（提示：利用应力莫尔圆求出主应力，再代入两准则）

[答案：特雷斯卡准则 $\left(\dfrac{\sigma}{\sigma_s}\right)^2+4\left(\dfrac{\tau}{\sigma_s}\right)^2=1$；米泽斯准则 $\left(\dfrac{\sigma}{\sigma_s}\right)^2+3\left(\dfrac{\tau}{\sigma_s}\right)^2=1$。]

9. 已知材料的真实应力-应变曲线方程为 $Y=B\varepsilon^{0.4}$，若试样已有伸长率 $\delta=25\%$，试问试验中伸长率还要增加多少试样才会发生缩颈？

第 18 章　材料本构关系

应力应变之间的关系称为本构关系（Constitutive Relations）。这种关系的数学表达式称为本构方程，也叫物理方程。塑性应力应变关系和屈服准则都是求解塑性变形问题的基本方程。本章主要讨论连续、均质、各向同性固体金属的塑性本构关系，对于金属粉末体和黏性材料的本构关系也做了简要介绍。

18.1　弹性应力应变关系

单向应力状态下线弹性阶段的应力应变关系服从胡克定律。将其推广到一般应力状态下的各向同性材料，就是广义胡克定律，即

$$\left.\begin{aligned}\varepsilon_x&=\frac{1}{E}[\sigma_x-\nu(\sigma_y+\sigma_z)];\gamma_{yz}=\frac{\tau_{yz}}{2G}\\ \varepsilon_y&=\frac{1}{E}[\sigma_y-\nu(\sigma_x+\sigma_z)];\gamma_{zx}=\frac{\tau_{zx}}{2G}\\ \varepsilon_z&=\frac{1}{E}[\sigma_z-\nu(\sigma_x+\sigma_y)];\gamma_{xy}=\frac{\tau_{xy}}{2G}\end{aligned}\right\}\tag{18-1}$$

式中，E 是弹性模量（MPa）；ν 是泊松比；G 是切变模量（MPa）。

三个弹性常数 E、ν、G 之间有如下关系

$$G=\frac{E}{2(1+\nu)}$$

将式（18-1）的 ε_x、ε_y、ε_z 相加整理后得

$$\varepsilon_x+\varepsilon_y+\varepsilon_z=\frac{1-2\nu}{E}(\sigma_x+\sigma_y+\sigma_z)$$

即

$$\varepsilon_m=\frac{1-2\nu}{E}\sigma_m\tag{18-2}$$

式（18-2）表明，弹性变形时其单位体积变化率（$\theta=\varepsilon_x+\varepsilon_y+\varepsilon_z=3\varepsilon_m$）与平均应力 σ_m 成正比，说明应力球张量使物体产生了弹性体积改变。

将式（18-1）中的 ε_x、ε_y、ε_z 分别减去 ε_m，如

$$\varepsilon'_x=\varepsilon_x-\varepsilon_m=\frac{1+\nu}{E}(\sigma_x-\sigma_m)=\frac{1}{2G}(\sigma_x-\sigma_m)=\frac{1}{2G}\sigma'_x$$

同理得 ε'_y、ε'_z。因此应变偏张量与应力偏张量之间的关系可写成如下形式

$$\left.\begin{aligned}\varepsilon'_x&=\frac{1}{2G}\sigma'_x;\quad \gamma_{yz}=\frac{1}{2G}\tau_{yz}\\ \varepsilon'_y&=\frac{1}{2G}\sigma'_y;\quad \gamma_{zx}=\frac{1}{2G}\tau_{zx}\\ \varepsilon'_z&=\frac{1}{2G}\sigma'_z;\quad \gamma_{xy}=\frac{1}{2G}\tau_{xy}\end{aligned}\right\}\tag{18-3}$$

简记为

$$\varepsilon'_{ij}=\frac{1}{2G}\sigma'_{ij} \tag{18-4}$$

式（18-4）表示应变偏张量与应力偏张量成正比，表明物体形状的改变只是由应力偏张量引起的。由式（18-2）和式（18-3），广义胡克定律可写成张量形式

$$\varepsilon_{ij}=\varepsilon'_{ij}+\delta_{ij}\varepsilon_{\mathrm{m}}=\frac{1}{2G}\sigma'_{ij}+\frac{1-2\nu}{E}\delta_{ij}\sigma_{\mathrm{m}} \tag{18-5}$$

广义胡克定律还可以写成比例及差比的形式

$$\frac{\varepsilon'_x}{\sigma'_x}=\frac{\varepsilon'_y}{\sigma'_y}=\frac{\varepsilon'_z}{\sigma'_z}=\frac{\gamma_{yz}}{\tau_{yz}}=\frac{\gamma_{zx}}{\tau_{zx}}=\frac{\gamma_{xy}}{\tau_{xy}}=\frac{1}{2G}$$

及

$$\frac{\varepsilon_x-\varepsilon_y}{\sigma_x-\sigma_y}=\frac{\varepsilon_y-\varepsilon_z}{\sigma_y-\sigma_z}=\frac{\varepsilon_z-\varepsilon_x}{\sigma_z-\sigma_x}=\frac{\gamma_{yz}}{\tau_{yz}}=\frac{\gamma_{zx}}{\tau_{zx}}=\frac{\gamma_{xy}}{\tau_{xy}}=\frac{1}{2G}$$

上式表明，应变莫尔圆与应力莫尔圆几何相似，且成正比。

由以上分析可知，弹性应力应变关系有如下特点：

1）应力与应变成线性关系。

2）弹性变形是可逆的，应力应变关系是单值对应的。

3）弹性变形时，应力球张量使物体产生体积变化，泊松比 $\nu<0.5$。

4）应力主轴与应变主轴重合。

18.2　塑性应力应变关系

当质点应力超过屈服强度进入塑性状态时，应力应变关系一般不能一一对应，而是与加载路线有关。

如图 18-1 所示，若是理想塑性材料，则同一 σ_s 可以对应任何应变（图中虚线）。若是硬化材料，则由 σ_s 加载到 σ_e，对应的应变为 ε_e；若由 σ_f 卸载到 σ_e，则应变为 ε'_f。所以不是单值的一一对应关系。

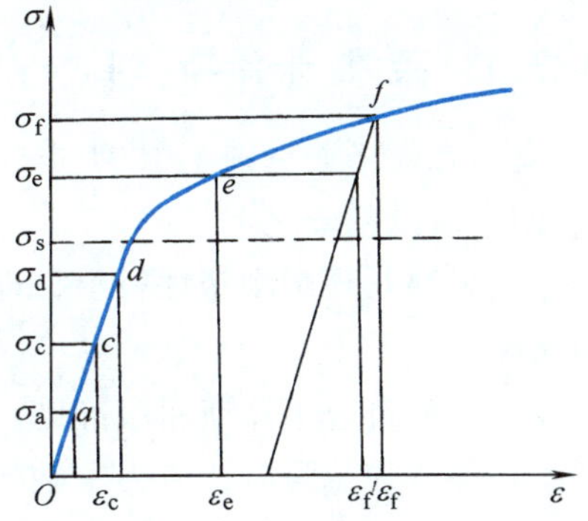

图 18-1　单向拉伸时的应力-应变曲线

又例如，图 18-2a 所示为刚塑性硬化材料的单向拉伸和纯剪切时的应力-应变关系曲线。而图 18-2b 表示此材料承受拉、切复合应力时，在 σ-τ 坐标平面上的屈服轨迹，*AB* 曲线为初始屈服轨迹，*CD* 为后继屈服轨迹。现将材料先单向拉伸至初始屈服点 *A*（图 18-2a），再继续拉伸到后继屈服点 *C*，此时质点的应力为 σ_c，应变为 $\varepsilon_1=\varepsilon_c$、$\varepsilon_2=\varepsilon_3=-0.5\varepsilon_c$。因塑性变形不可逆，若卸载到 *E* 点，应变保留在变形体中，再施加切应力到后继屈服轨迹 *CD* 上的 *F* 点，这时的应力为 σ_F、τ_F，由于 *F* 点与 *C* 点在同一后继屈服轨迹上，等效应力相同，并未增加，不能进一步变形，所以应变状态并无变化，仍为 *C* 点的应变状态。说明应力应变不一一对应，主轴亦不重合。同理，先加切应力到 *B*，继而到 *D*，应力为 τ_D，应变为 $2\gamma_D$，从 *D* 点再经另一条路线 *DIF* 到达 *F* 点，此时应力为 σ_F、τ_F，应变不变，仍为 $2\gamma_D$。从上例可以看出：由于

加载路线不同，同一种应力状态可以对应不同的应变状态，同一应变状态也可以对应不同的应力状态，而且应力与应变主轴不一定重合。

根据以上的分析，塑性应力与应变关系有如下特点：

1）应力与应变之间的关系是非线性的。

2）塑性变形是不可逆的，应力应变关系不是单值对应的，与应变历史有关。

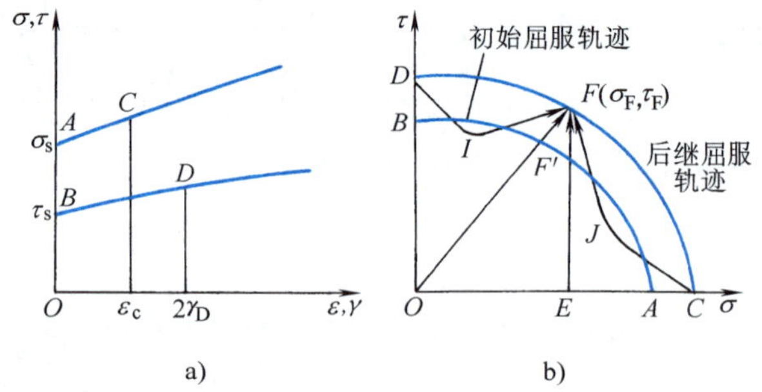

图 18-2　不同加载路线的应力与应变

a）应力-应变曲线　b）屈服轨迹

3）塑性变形时可认为体积不变，即应变球张量为零，泊松比 $\nu=0.5$。

4）全量应变主轴与应力主轴不一定重合。

由于塑性应力应变关系与加载路线或加载的历史有关，因此，离开加载路线来建立应力与全量塑性应变之间的普遍关系是不可能的，一般只能建立应力与应变增量之间的关系，仅在简单加载下才可以建立全量关系。所谓简单加载，是指在加载过程中各应力分量按同一比例增加，应力主轴方向固定不变。如图 18-2b 中，由原点 O 到 F 点的直线所表示的就是简单加载。

18.3　增量理论

增量理论又称流动理论，是描述材料处于塑性状态时，应力与应变增量或应变速率之间关系的理论，它是针对加载过程的每一瞬间的应力状态所确定的该瞬间的应变增量，这样就撇开了加载历史的影响。

18.3.1　莱维-米泽斯（Levy-Mises）理论

莱维和米泽斯分别于 1871 年和 1913 年建立了理想塑性材料的流动理论，该理论建立在下述四个假设基础之上。

1）材料是理想刚塑性材料，即弹性应变增量 $d\varepsilon_{ij}^{e}$ 为零。塑性应变增量 $d\varepsilon_{ij}^{p}$ 就是总应变增量 $d\varepsilon_{ij}$。

2）材料符合米泽斯屈服准则，即 $\bar{\sigma}=\sigma_s$。

3）每一加载瞬时，应力主轴与应变增量主轴重合。

4）塑性变形时体积不变，即 $d\varepsilon_1+d\varepsilon_2+d\varepsilon_3=d\varepsilon_x+d\varepsilon_y+d\varepsilon_z=0$，所以塑性应变增量偏张量就是应变增量张量，即 $d\varepsilon_{ij}=d\varepsilon'_{ij}$。

在上述假设前提下，得到应变增量和应力偏量成正比的结论，即

$$d\varepsilon_{ij}=\sigma'_{ij}d\lambda \tag{18-6}$$

式中，$d\lambda$ 是瞬时的非负比例系数，在加载的不同瞬间是变化的，在卸载时 $d\lambda=0$。式（18-6）称为莱维-米泽斯方程。由于 $d\varepsilon_{ij}=d\varepsilon'_{ij}$，所以式（18-6）与广义胡克定律式（18-4）形式上相似，也可以写成比例形式和差比形式

$$\frac{d\varepsilon_x}{\sigma'_x}=\frac{d\varepsilon_y}{\sigma'_y}=\frac{d\varepsilon_z}{\sigma'_z}=\frac{d\gamma_{yz}}{\tau_{yz}}=\frac{d\gamma_{zx}}{\tau_{zx}}=\frac{d\gamma_{xy}}{\tau_{xy}}=d\lambda \tag{18-7}$$

$$\frac{d\varepsilon_x-d\varepsilon_y}{\sigma_x-\sigma_y}=\frac{d\varepsilon_y-d\varepsilon_z}{\sigma_y-\sigma_z}=\frac{d\varepsilon_z-d\varepsilon_x}{\sigma_z-\sigma_x}=d\lambda \tag{18-8}$$

或

$$\frac{d\varepsilon_1-d\varepsilon_2}{\sigma_1-\sigma_2}=\frac{d\varepsilon_2-d\varepsilon_3}{\sigma_2-\sigma_3}=\frac{d\varepsilon_3-d\varepsilon_1}{\sigma_3-\sigma_1}=d\lambda \tag{18-9}$$

经推导得出

$$d\lambda=\frac{3}{2}\frac{d\bar{\varepsilon}}{\bar{\sigma}} \tag{18-10}$$

将式（18-10）代入式（18-7），莱维-米泽斯方程还可以写成广义表达式

$$\left.\begin{aligned}
d\varepsilon_x&=\frac{d\bar{\varepsilon}}{\bar{\sigma}}\left[\sigma_x-\frac{1}{2}(\sigma_y+\sigma_z)\right];d\gamma_{xy}=\frac{3}{2}\frac{d\bar{\varepsilon}}{\bar{\sigma}}\tau_{xy}\\
d\varepsilon_y&=\frac{d\bar{\varepsilon}}{\bar{\sigma}}\left[\sigma_y-\frac{1}{2}(\sigma_x+\sigma_z)\right];d\gamma_{yz}=\frac{3}{2}\frac{d\bar{\varepsilon}}{\bar{\sigma}}\tau_{yz}\\
d\varepsilon_z&=\frac{d\bar{\varepsilon}}{\bar{\sigma}}\left[\sigma_z-\frac{1}{2}(\sigma_x+\sigma_y)\right];d\gamma_{zx}=\frac{3}{2}\frac{d\bar{\varepsilon}}{\bar{\sigma}}\tau_{zx}
\end{aligned}\right\} \tag{18-11}$$

由式（18-11）和式（18-6）可以证明平面变形和轴对称问题的一些结论。

1）平面塑性变形时，设 z 向没有变形，则有 $d\varepsilon_z=0$，由式（18-11），则得

$$\sigma_z=\frac{1}{2}(\sigma_x+\sigma_y)\text{或}\ \sigma_2=\frac{1}{2}(\sigma_1+\sigma_3)$$

$$\sigma_m=\frac{1}{3}(\sigma_x+\sigma_y+\sigma_z)=\frac{1}{3}\left(\sigma_x+\sigma_y+\frac{\sigma_x+\sigma_y}{2}\right)=\frac{1}{2}(\sigma_x+\sigma_y)$$

2）若两个正应变增量相等，其对应的应力也相等。例如在某些轴对称问题中，$d\varepsilon_\rho=d\varepsilon_\theta$，由式（18-6）有 $\sigma'_\rho=\sigma'_\theta$，因此 $\sigma_\rho=\sigma_\theta$。

莱维-米泽斯方程仅适用于理想刚塑性材料，它只给出了应变增量与应力偏量之间的关系。由于 $d\varepsilon_m=0$，因而不能确定应力球张量。因此，如果已知应变增量，只能求得应力偏量分量，一般不能求出应力。另一方面，如果已知应力分量，但因为 $\bar{\sigma}=\sigma_s$ 为常数，$d\bar{\varepsilon}$ 是不定值，因此也只能求得应变增量各分量之间的比值，而不能直接求出它们的数值。

18.3.2 应力-应变速率方程

将式（18-6）两边除以时间 dt，可得

$$\frac{d\varepsilon_{ij}}{dt}=\frac{d\lambda}{dt}\sigma'_{ij}$$

式中，$\frac{d\varepsilon_{ij}}{dt}=\dot{\varepsilon}_{ij}$为应变速率张量，$\frac{d\lambda}{dt}=\dot{\lambda}=\frac{3}{2}\frac{\dot{\bar{\varepsilon}}}{\bar{\sigma}}$，$\dot{\bar{\varepsilon}}$ 为等效应变速率。则有

$$\dot{\varepsilon}_{ij}=\dot{\lambda}\sigma'_{ij} \tag{18-12}$$

式（18-12）称为应力-应变速率方程，它同样可以写成比例形式和广义表达式。式(18-12)由圣维南（B. Saint-Venant）于1870年提出，由于与牛顿黏性流体公式相似，故又称为圣维南塑性流体方程。如果不考虑应变速率对材料性能的影响，该式与莱维-米泽斯方程是一

致的。

18.3.3　普朗特-罗伊斯（Prandtl-Reuss）理论

普朗特-罗伊斯理论是在莱维-米泽斯理论基础上进一步考虑弹性变形部分而发展起来的，也就是总应变增量的分量由弹、塑性两部分组成，即

$$\mathrm{d}\varepsilon_{ij}=\mathrm{d}\varepsilon_{ij}{}^{p}+\mathrm{d}\varepsilon_{ij}{}^{e}$$

式中，塑性应变增量 $\mathrm{d}\varepsilon_{ij}{}^{p}$ 由米泽斯理论确定，弹性应变增量 $\mathrm{d}\varepsilon_{ij}{}^{e}$ 由式（18-5）微分可得

$$\mathrm{d}\varepsilon_{ij}{}^{e}=\frac{1}{2G}\mathrm{d}\sigma'_{ij}+\frac{1-2\nu}{E}\delta_{ij}\mathrm{d}\sigma_{\mathrm{m}} \tag{18-13}$$

所以普朗特-罗伊斯方程为

$$\mathrm{d}\varepsilon_{ij}=\frac{1}{2G}\mathrm{d}\sigma'_{ij}+\frac{1-2\nu}{E}\delta_{ij}\mathrm{d}\sigma_{\mathrm{m}}+\sigma'_{ij}\mathrm{d}\lambda \tag{18-14}$$

式（18-14）也可写成

$$\left.\begin{aligned}\mathrm{d}\varepsilon'_{ij}&=\sigma'_{ij}\mathrm{d}\lambda+\frac{1}{2G}\mathrm{d}\sigma'_{ij}\\ \mathrm{d}\varepsilon_{\mathrm{m}}&=\frac{1-2\nu}{E}\mathrm{d}\sigma_{\mathrm{m}}\end{aligned}\right\} \tag{18-15}$$

普朗特-罗伊斯理论与莱维-米泽斯理论的基本假设是类似的，差别在于前者考虑了弹性变形而后者未考虑，实质上后者是前者的特殊情况。增量理论着重指出了塑性应变增量与应力偏量之间的关系，可解释为它是建立起各瞬时应力与应变的关系，而整个变形过程可以由各瞬时的变形累积而得。因此增量理论能表达加载过程的历史对变形的影响，能反映出复杂加载情况。上述理论仅适用于加载情况，而卸载情况下需按胡克定律进行计算。

18.4　全量理论

在小变形的简单加载过程中应力主轴保持不变，由于各瞬时应变增量主轴和应力主轴重合，所以应变主轴也将保持不变。在这种情况下，对应变增量积分便可得到全量应变。在这种情况下建立塑性变形的全量应变与应力之间的关系称为全量理论，亦称为形变理论。

全量理论最早是由亨基（H. Hencky）于1924年提出。如果假定是刚塑性材料，而且不考虑弹性变形，则可用全量应变 ε_{ij} 代替米泽斯方程中的应变增量，即

$$\varepsilon_{ij}=\lambda\sigma'_{ij} \tag{18-16}$$

式中，$\lambda=\dfrac{3}{2}\dfrac{\bar{\varepsilon}^{p}}{\bar{\sigma}}$。式（18-16）也可以写成比例形式和差比形式，进一步写成广义表达式。

如果是弹塑性材料的小变形，则同时要考虑弹性变形。此时，亨基方程为

$$\left.\begin{aligned}\varepsilon'_{ij}&=\left(\lambda+\frac{1}{2G}\right)\sigma'_{ij}\\ \varepsilon_{\mathrm{m}}&=\frac{1-2\nu}{E}\sigma_{\mathrm{m}}\end{aligned}\right\} \tag{18-17}$$

式（18-17）中第一式表示形状变形：前一项是塑性应变；后一项是弹性应变。第二式表示弹性体积变形。

为了便于与广义胡克定律式（18-4）进行比较，令 G' 为塑性切变模量，使得

$$\frac{1}{2G'}=\lambda+\frac{1}{2G}$$

于是式（18-17）第一式可写成

$$\varepsilon'_{ij}=\frac{1}{2G'}\sigma'_{ij}$$

这样便与广义胡克定律式（18-4）在形式上是一样的，区别仅在于 G 是材料常数，而 G' 是随变形过程而变的。且

$$\left.\begin{aligned}\frac{1}{2G'}&=\frac{3}{2}\frac{\bar{\varepsilon}}{\bar{\sigma}}\\ \frac{1}{2G}&=\frac{3}{2}\frac{\bar{\varepsilon}^{e}}{\bar{\sigma}}\end{aligned}\right\}\tag{18-18}$$

所以，可以把小变形全量理论看成是广义胡克定律在小塑性变形中的推广。

例 18-1　试确定例 16-1（图 17-20）两端封闭的受内压 p 的薄壁圆筒产生塑性变形时，圆筒的周向、径向和轴向应变的比例（设径向应力可以忽略，即按 $\sigma_\rho=0$ 求解）。

解　在上例中已求出圆筒的各应力分量为

$$\sigma_\theta=\frac{pr}{t};\quad \sigma_z=\frac{pr}{2t};\quad \sigma_\rho=0$$

其平均应力为

$$\sigma_{\mathrm{m}}=\frac{\sigma_\theta+\sigma_z+\sigma_\rho}{3}=\frac{pr}{2t}$$

则应力偏量的分量为

$$\sigma'_\rho=\sigma_\rho-\sigma_{\mathrm{m}}=-\frac{pr}{2t}$$

$$\sigma'_\theta=\sigma_\theta-\sigma_{\mathrm{m}}=\frac{pr}{2t}$$

$$\sigma'_z=\sigma_z-\sigma_{\mathrm{m}}=0$$

由莱维-米泽斯方程（18-6）

$$\mathrm{d}\varepsilon_{ij}=\sigma'_{ij}\mathrm{d}\lambda$$

得

$$\mathrm{d}\varepsilon_\rho=\sigma'_\rho\mathrm{d}\lambda=-\frac{pr}{2t}\mathrm{d}\lambda$$

$$\mathrm{d}\varepsilon_\theta=\sigma'_\theta\mathrm{d}\lambda=\frac{pr}{2t}\mathrm{d}\lambda$$

$$\mathrm{d}\varepsilon_z=\sigma'_z\mathrm{d}\lambda=0$$

所以

$$\mathrm{d}\varepsilon_\rho:\mathrm{d}\varepsilon_\theta:\mathrm{d}\varepsilon_z=(-1):1:0$$

这是平面变形状态。

思考与练习

1. 解释下列概念：
简单加载；增量理论；全量理论。
2. 塑性应力应变曲线关系有何特点？为什么说塑性变形时应力和应变之间的关系与加载历史有关？
3. 已知塑性状态下某质点的应力张量为 $\boldsymbol{\sigma}_{ij}=\begin{pmatrix}-50 & 0 & 5\\ 0 & -150 & 0\\ 5 & 0 & -350\end{pmatrix}$（MPa），应变增量 $d\varepsilon_x=0.1\delta$（δ 为一无限小）。试求应变增量的其余分量。
4. 某塑性材料，屈服应力为 $\sigma_s=150\text{MPa}$，已知某质点的应变增量为 $d\varepsilon_{ij}=\begin{pmatrix}0.1 & 0.05 & -0.05\\ 0.05 & 0.1 & 0\\ -0.05 & 0 & -0.2\end{pmatrix}\delta$（$\delta$ 同上题）。平均应力 $\sigma_m=50\text{MPa}$，试求该点的应力状态。
5. 有一薄壁管，材料的屈服应力 σ_s，承受拉力和转矩的联合作用而屈服。现已知轴向正应力分量 $\sigma_z=\sigma_s/2$，试求切应力分量 $\tau_{z\theta}$ 以及应变增量各分量之间的比值。
[答案：$\tau_{z\theta}=\sigma_s/2$，$d\varepsilon_\rho : d\varepsilon_\theta : d\varepsilon_z : d\varepsilon_{z\theta}=(-1) : (-1) : 2 : 3$。]
6. 已知两端封闭的长薄壁管，半径为 r，壁厚为 t，受内压 p 作用而引起塑性变形，材料各向同性，忽略弹性变形，试求周向、轴向和径向应变增量之间的比值。

第 19 章　金属塑性变形与流动问题

金属塑性成形问题实质上是金属的塑性流动问题。通过流动分析可以预测变形体的形状和尺寸，进行工艺和模具设计以及质量分析。但影响金属塑性流动的因素复杂，目前还难以进行定量描述。本章定性讨论金属塑性变形和流动的几个基本问题，如最小阻力定律、不均匀变形、附加应力和残余应力、塑性成形中摩擦与润滑等。

19.1　金属流动方向——最小阻力定律

金属的塑性流动方向可应用最小阻力定律进行判断。最小阻力定律由苏联学者古布金（С. И. Г убкин）于 1947 年将它表达为“当变形体质点有可能沿不同方向移动时，则物体各质点将沿着阻力最小的方向移动”。

最小阻力定律是力学的普遍原理，可以定性地用来分析质点的流动方向，或调整某方向阻力来控制金属的流动。例如，粗糙平板间矩形断面棱柱体镦粗时，由于接触面上质点向四周流动的阻力与质点离周边的距离成正比，因

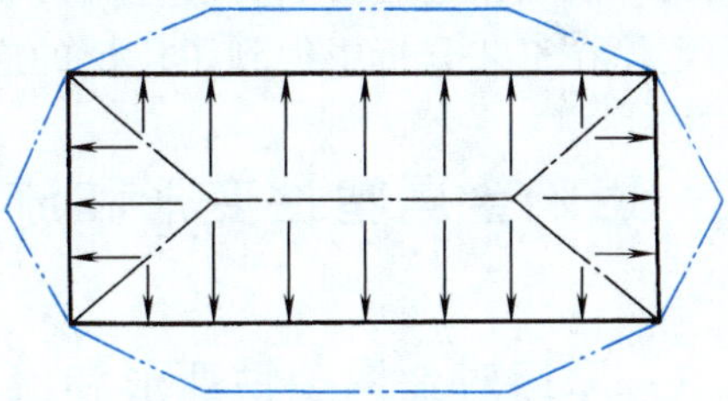

图 19-1　有摩擦矩形断面镦粗不均匀流动

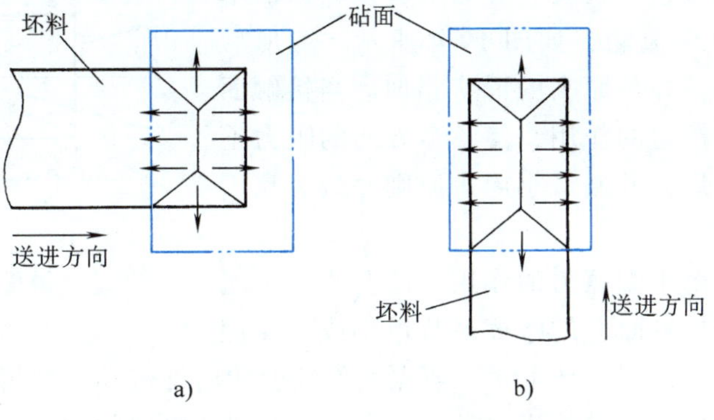

图 19-2　平砧拔长坯料的变形

拔长变形过程

此离周边的距离越近，阻力越小，金属质点必然沿着这个方向移动。该方向恰好是周边最短法线方向，因此可用点画线将矩形分成两个三角形和两个梯形，形成四个流动区域，如图 19-1 所示。点画线是流动的分界线，线上各点至边界的距离相等，各个区域内的质点到各边界的法线距离最短。这样镦粗后，矩形断面将变成双点画线所示的多边形，继续镦粗，断面周边变成椭圆直至变成圆为止。以后各质点将沿着半径方向移动。由于相同面积的任何形状中圆形的周边最小，故最小阻力定律在镦粗中也称为最小周边法则。再例如，平砧间拔长

是使其截面逐渐减小而长度增加的工序，其实质是沿坯料长度方向的逐次镦粗，如图 19-2 所示。当坯料送进量小于料宽时，金属轴向延伸大于横向展宽，拔长效率高，如图 19-2a 所示；反之，采用图 19-2b 所示的送进方式，展宽量大于延伸量，拔长效率低。

有关调整阻力控制金属流动的实例很多。例如开式模锻（图 19-3），增加金属流向飞边的阻力，以保证金属充填型腔；或者修磨圆角 r，减小金属流向 A 腔的阻力，使 A 腔充填饱满。又例如，在大型覆盖件拉深成形时，常常要设置拉延筋，用来调整或增加板料进入模具型腔的流动阻力，以保证覆盖件的成形质量。

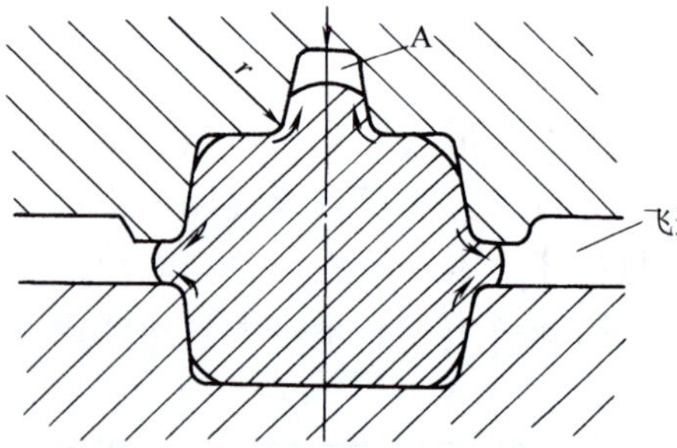

图 19-3 开式模锻的金属流动

金属在塑性变形时遵循最小阻力定律和体积不变条件，据此可以大体上确定出塑性成形时金属流动模型，进而可以合理地制订成形工艺，设计成形模具，分析成形质量。因此，最小阻力定律在工艺分析中得到了广泛的应用。

19.2 影响金属塑性变形和流动的因素

19.2.1 摩擦对金属塑性变形和流动的影响

在工具与坯料的接触面上由于摩擦力的存在，在一定程度上改变了金属的流动特性。

矩形断面的棱柱体在平板间镦粗时，若接触面上无摩擦，变形体均匀变形，金属质点必然沿着该断面的中心向四周的辐射线方向流动，如图 19-4 所示，变形后的断面形状仍为矩形，并与原来的形状相似。当接触面上有摩擦时，由于摩擦力的作用，使各个方向的阻力不同，断面不再保持矩形，遵循最小周边原则，最后趋于圆形，如图 19-1 所示。

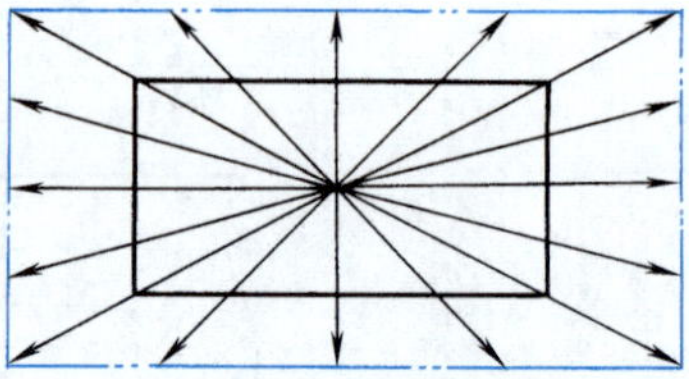
图 19-4 无摩擦矩形断面镦粗放射形模型

环形零件镦粗时由于摩擦力的作用，还会改变金属质点的流动方向。当接触面上的摩擦系数很小或无摩擦时，根据体积不变条件，则圆环上每一质点均作辐射状向外流动，变形后内外径均增大。当接触面上摩擦系数增大，则向外流动阻力增大，靠近圆环内部的质点向外流动阻力大于向内流动阻力，此处金属向内流动，出现一个分流面。

19.2.2 工具形状对金属塑性变形和流动的影响

工具形状是影响金属塑性流动的重要因素。工具形状不同，各个方向的流动阻力不一样。

在圆弧形砧上或 V 形砧中拔长圆截面坯料时（图 19-5），由于工具的侧面压力使金属沿横向流动受到阻碍，故金属大量沿轴向流动。在凸弧形砧上加压时，情况正好相反，金属加

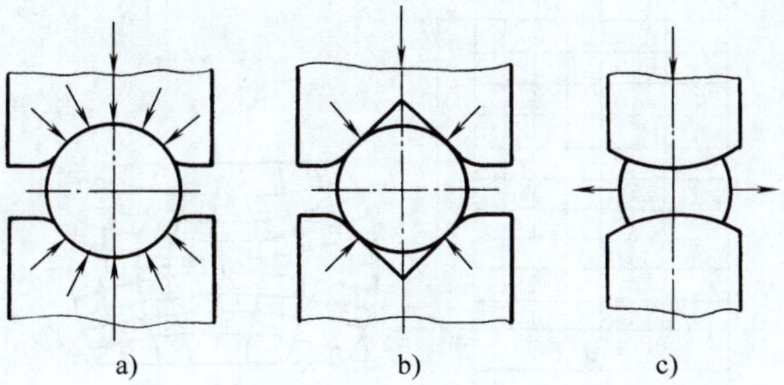

图 19-5　型砧拔长

a）圆形砧　b）V 形砧　c）凸形砧

大横向流动。模锻制坯时，为提高滚挤和拔长的效率，采用闭式滚挤和闭式拔长模膛，是利用前一种流动模式；叉形件模锻时金属被劈料台分开则是利用后一种流动模式。

利用工具的不同形状，除了可以控制金属的流动方向外，还可以在坯料内产生不同的应力状态，使局部金属先满足屈服准则而进入塑性状态，以达到控制塑性变形区的目的。或者造成不同的静水压力，来改变材料在该状态下的塑性。

19.2.3　金属各部分之间的关系对塑性变形和流动的影响

在塑性变形时，为保持变形体的完整性和连续性，变形体各部分之间通过内力的作用，对塑性变形和流动产生一定的影响，包括未变形的金属（俗称为“刚端”）对变形区金属的影响和变形金属相互之间的影响。刚端对变形区金属的影响主要是阻碍变形区金属流动。例如拔长时，砧子下面局部坯料镦粗，变形受到刚端部分的影响，其横向流动小于同等条件下的自由镦粗。

19.2.4　金属本身性质不均匀对塑性变形和流动的影响

由于金属本身的化学成分、组织和温度的不均匀，会造成金属各部分的变形和流动的差异。变形抗力小的部分首先变形，但作为一个整体，先变形的部分与后变形的部分，变形大的部分与变形小的部分必然彼此影响。

以上分别讨论了各个因素对金属塑性变形和流动的影响，而在实际生产中常常是多因素的共同作用，因此，必须考虑各个可能方向上的阻力情况，才能正确分析金属流动问题。掌握了塑性变形时金属流动的规律便可以采取有效的措施，控制各个可能流动方向上的阻力分布，使金属按预期的方向流动，以获得所需尺寸和形状的工件。

19.3　不均匀变形、附加应力和残余应力

19.3.1　不均匀变形

均匀变形是一种理想的假设，在工程上要实现均匀变形是困难的。塑性成形时，由于金属本身性质的不均匀，摩擦和工具形状的影响，以及不同变形区之间的相互制约，实际上发生的都是不均匀变形。

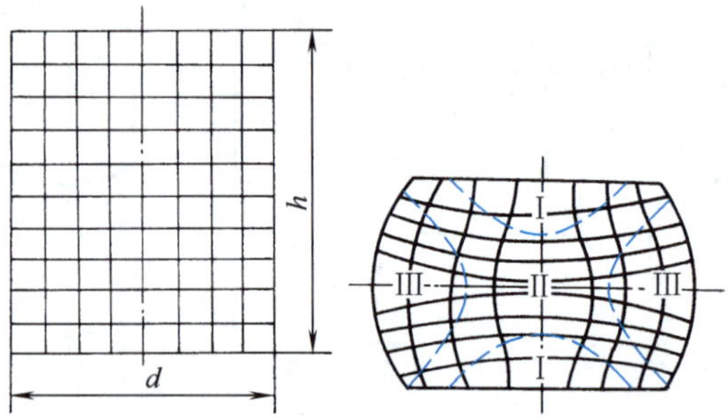

图 19-6 圆柱体镦粗时的不均匀变形

a）变形前 b）变形后

不均匀变形最典型的例子就是在平砧间镦粗圆柱体。对圆柱体剖面进行网格划分，根据变形后网格变形程度的大小，可以将整个剖面划分成三个区域，如图 19-6 所示。靠近工具表面的区域Ⅰ为难变形区。由于与工具表面接触的表层金属受到很大的摩擦力，使该区域的每一个质点受到较强的三向压应力的作用，网格变形很小。处于上下两个难变形区之间的区域Ⅱ为大变形区。它受到接触摩擦力的影响较小，在水平方向上受到的压应力也就较小，在轴向受到上下两个难变形区的压入作用，网格变形较大，且横向坐标网格向上、下弯曲，纵向坐标网格向远离轴线的方向外凸。位于圆柱体的外侧表面的区域Ⅲ为小变形区。因为受到端面摩擦的影响较小，除了受到工具的轴向压缩外，还受到大变形区金属的挤压作用，网格变形比较小，其大体形状呈鼓形。

19.3.2 附加应力

由于变形体各部分之间的不均匀变形受到整体性的限制，在各部分之间必将产生相互平衡的应力，该应力叫附加应力。附加应力是由不均匀变形引起的，同时它又限制了不均匀变形的自由发展。附加应力总是互相平衡成对出现的。现以图 19-7 所示的凸肚形轧辊轧制板材为例加以说明。矩形坯料边缘部分 a 的变形程度小，而中间部分 b 的变形程度大，若 a、b 部分不是同一个整体时，则中间部分 b 比边缘部分 a 发生更大的纵向伸长，如图 19-7 中的虚线所示。但矩形坯料实际上是一个整体，虽然各部分的变形量不同，但纵向伸长应趋于相等，故中间部分将给边缘部分施以拉力使其增加伸长，而边缘部分给中间部分施以压力使其减小伸长。因此就产生相互平衡的内力，中间部分受到附加轴向压应力，两侧边缘部分受到附加轴向拉应力。

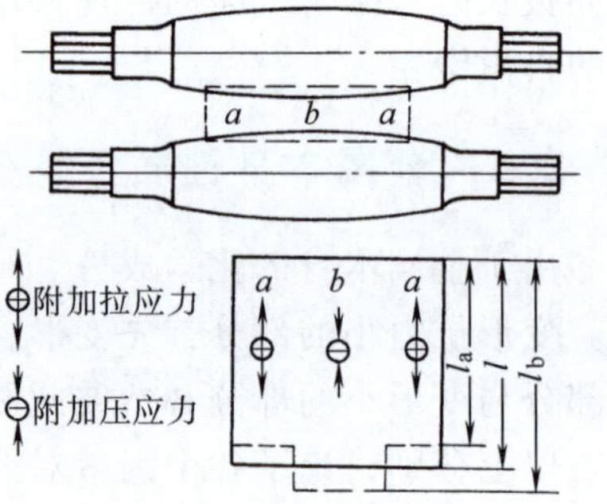

图 19-7 凸肚形轧辊轧制板材的附加应力

附加应力通常分为三类：第一类附加应力是变形体内各区域体积之间由不均匀变形引起的互相平衡的应力；第二类附加应力是各晶粒之间由于其性质、大小和方位不同，使晶粒之间产生不均匀变形所引起的附加应力；第三类附加应力是晶粒内部各部分之间的不均匀变形所引起的附加应力。

附加应力是由不均匀变形引起的，必然对金属塑性变形造成不良的后果：

1）使变形体内的应力状态发生变化，应力分布更不均匀。凸肚形轧辊轧制板材时，基本应力是厚度方向压应力，由于变形不均匀，坯料中间部分受两向（厚度方向和轴向）压应力，两侧边缘部分受轴向拉应力和厚度方向压应力。

2）提高了单位变形力。不均匀变形引起附加应力，使变形所消耗的能量增加，从而使单位变形力增高。

3）使塑性降低，甚至造成破坏。挤压制品表面出现周期性的裂纹，是由第一类附加应力形成的残余应力所致。

4）造成物体形状歪扭。当变形体某方向上各处的变形量差别过大，而物体的整体性不能起限制作用时，则所出现的附加应力不能自相平衡，而导致变形体外形的歪扭。如薄板或薄带轧制、薄壁型材挤压时出现的镰刀弯、波浪形等。

5）形成残余应力。由于附加应力成对出现，彼此平衡，只要变形的不均匀状态不消失，它始终存在，因此，当外力去除后，它仍残留在物体内而形成残余应力。

19.3.3　残余应力

引起附加应力的外因去除后，在物体内仍残存的应力叫残余应力。残余应力是弹性应力，不超过材料的屈服应力，也是相互平衡成对出现的。

1. 残余应力产生的原因

凡是塑性变形不均匀的地方都可能出现残余应力。上面已介绍了变形不均匀要产生附加应力，变形完成后，变形不均匀状态不消失，附加应力将残留在物体内而形成残余应力。一般不均匀变形引起的残余应力符号与引起残余应力的塑性应变符号相反。

此外，由于温度不均匀（加热或冷却不均匀）所引起的热应力以及由相变过程所引起的组织应力都会引起残余应力。

残余应力也分为三类：第一类残余应力存在于变形体各区域之间；第二类残余应力存在于各晶粒之间；第三类残余应力存在于晶粒内部。

2. 残余应力引起的后果

1）具有残余应力的物体再承受塑性变形时，其应变分布及内部应力分布更不均匀。

2）缩短制品的使用寿命。当外载作用下的工作应力与残余应力叠加超过材料的强度时，会使零件破坏，设备出现故障。

3）使制品的尺寸和形状发生变化。当残余应力的平衡受到破坏时，相应部分的弹性变形也发生变化，从而引起尺寸和形状变化。

4）增加塑性变形抗力，降低塑性、冲击韧度及抗疲劳强度。

5）降低制品表面的耐蚀性。具有残余应力的金属在酸液中或其他溶液中的溶解速度加快。

残余应力一般是有害的，特别是表面层中具有残余拉应力的情况。但当表面层具有残余压应力时，可以显著提高材料的强度和疲劳强度，反而可提高其使用性能。

3. 残余应力的消除方法

（1）热处理法　采用去应力退火可较彻底地消除残余应力。对第一类残余应力一般在回火温度下便可大部分消除，制品的硬化不受影响；第二类残余应力，接近再结晶温度也可完全消除；对第三类残余应力，必须在再结晶温度以上才可消除。在高温下去应力退火时，应避免晶粒长大，影响其力学性能。

(2) 机械处理方法　在制品表面再产生一些表面变形，使残余应力得到一定程度的释放和松弛，或者产生新的附加应力以抵消或减弱残余应力。该法只适合于消除第一类残余应力。实践证明，当表面变形量在1.5%~3%时效果最好。

19.4　金属塑性成形中的摩擦和润滑

19.4.1　金属塑性成形中摩擦的特点及其影响

塑性成形过程中，工具与变形金属接触面上存在运动或有运动的趋势时，其接触表面之间必然产生摩擦。塑性成形中的摩擦与机械传动中的摩擦相比，有如下特点：

1) 接触面单位压力高。塑性成形时的摩擦接触面上压力很高，热塑性时达500MPa，钢冷挤压时高达2500MPa。而机械传动中重载轴承的工作压力一般为20~40MPa。接触面压力越高，润滑剂越易被挤出和失效，降低了润滑效果。

2) 伴随着塑性变形。塑性成形的摩擦接触面因金属的塑性流动，接触状态不断变化，同时会产生新的接触面。而机械传动是接触面不变的弹性接触。

3) 在高温下进行。钢材热塑性加工温度一般为800~1200℃，这时，接触表面会产生金属氧化、模具软化、润滑剂分解等复杂的物理化学变化。

从以上分析可以看出，塑性成形中的摩擦比机械传动中的摩擦复杂得多。

塑性成形中的摩擦在多数情况下是有害的，具体表现如下：

1) 改变应力状态，增大变形抗力。例如单向压缩时，若工具与坯料无摩擦存在，则坯料受单向应力状态；若存在摩擦时，则变成三向应力状态，且使端面压应力增加才能屈服，因而变形抗力增加。

2) 引起不均匀变形，产生附加应力和残余应力。在挤压杆件时，由于挤压筒壁摩擦力的影响，使坯料边缘处的流动比中间慢，造成边缘受拉伸而中间受压缩的附加应力。

3) 降低模具寿命。摩擦必然带来磨损，同时摩擦热引起模具软化，以及变形抗力增加使模具工作应力增加，都会降低模具寿命。

但是在塑性成形中也常常应用摩擦的有益作用。例如，模锻中利用飞边槽桥部的摩擦力来保证模膛充满，辊锻和轧制时依靠足够的摩擦使坯料被咬入轧辊。

19.4.2　塑性成形中的摩擦分类及机理

1. 塑性成形中的摩擦分类

根据塑性成形中坯料与工具表面之间的润滑状态的不同，摩擦可分为三类，即干摩擦、边界摩擦和流体摩擦，由此还可以派生出混合型摩擦。

(1) 干摩擦　接触表面没有其他外来介质，仅是金属与金属之间的摩擦，如图19-8a所示。但在实际生产中，这种绝对理想的干摩擦是不存在的。在成形过程中，金属表面总会形成氧化膜或吸附一些气体、灰尘等其他介质。通常所说的干摩擦是指不加任何润滑剂的摩擦。

(2) 边界摩擦　接触表面之间存在很薄的润滑膜，凸凹不平的坯料表面凸起部分被压

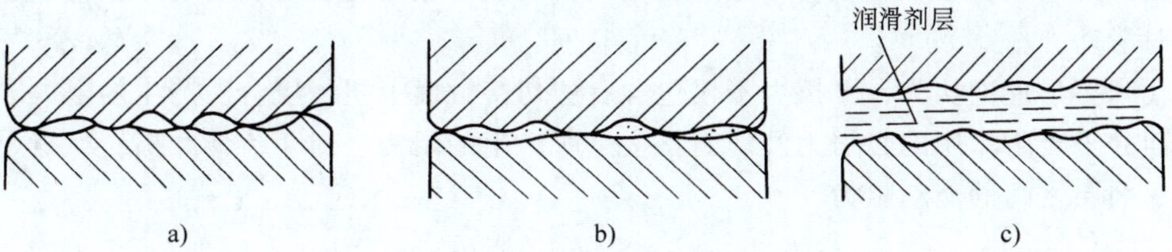

图 19-8　摩擦分类示意图

a）干摩擦　b）边界摩擦　c）流体摩擦

平，润滑剂被压入凹坑中，被封存在里面，如图 19-8b 所示。在压平部分与模具之间存在一层厚度约为 0.1μm 的润滑膜，一般为单分子膜，这种单分子膜润滑状态称为边界润滑，该状态下的摩擦称为边界摩擦。若这种单分子膜完全被挤掉，则工具与坯料直接接触，此时会出现粘模现象。大多数塑性成形的摩擦属于边界摩擦。

（3）流体摩擦　当坯料与工具表面之间的润滑剂层较厚，两表面的微观凸凹部分不直接接触而完全被润滑剂隔开的润滑叫流体润滑，该状态下的摩擦叫流体摩擦，如图 19-8c 所示。流体摩擦与干摩擦和边界摩擦有着本质的区别，其摩擦特征与所加润滑剂的性质和相对速度有关，而与接触表面的状态无关。

在实际生产中，上述三种摩擦不是截然分开的，有时常出现所谓的混合摩擦，即半干摩擦与半流体摩擦。半干摩擦是边界摩擦与干摩擦的混合状态；半流体摩擦是边界摩擦与流体摩擦的混合状态。

2. 摩擦机理

塑性成形过程中的摩擦是非常复杂的，目前关于摩擦机理（即摩擦产生的原因）有三种学说：

（1）表面凹凸学说　摩擦是由接触面上的凹凸形状引起的。经过机械加工的表面并非绝对平坦光滑，都有不同程度的微观凸峰和凹坑。当微观粗糙的两表面接触时，一个表面的凸峰可能会陷入另一表面的凹坑，产生机械咬合，如图 19-9 所示。当两个相互接触的表面在外力的作用下发生相对运动时，相互咬合的凸峰部分或被切断或产生剪切变形。此时的摩擦力表现为这些被切断或产生剪切变形的阻力。根据这一观点，相互接触的表面越粗糙，微观凸峰和凹坑越多，相对运动时的摩擦力就越大。减小表面粗糙度值，或者涂抹润滑剂以填充表面凹坑，都可达到减小摩擦的作用。对于普通粗糙程度的表面来说，这种观点已得到实践的验证。

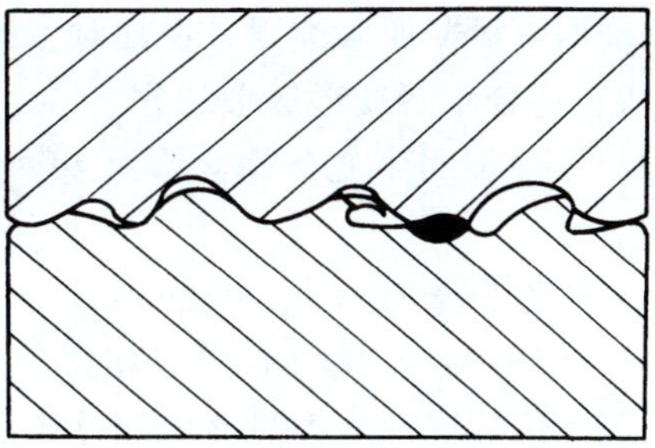

图 19-9　接触表面凹凸不平机械咬合机理示意图

（2）分子吸附学说　摩擦是接触面上分子相互吸引的结果。两接触面越光滑，实际接触面积就越大，分子吸引力就越强，则摩擦力就越大。该学说解释了凹凸学说无法解释的表面越光滑，摩擦力不降低反而提高的现象。

（3）粘附理论　摩擦是接触面上粘接或焊合的结果。两表面接触时，若接触面上某些接触点处压力很大，以致发生粘接或焊合，当两表面有相对运动时，需切断粘接或焊合点而产生相对滑动。

现代摩擦学理论认为，摩擦力不仅包含有剪切接触面上机械咬合所产生的阻力，而且包含有表面分子吸附作用的吸引力及切断粘接点所产生的阻力。对于流体摩擦，摩擦力主要表现在润滑剂层之间的流动阻力。

19.4.3 塑性成形时摩擦力的计算

定量计算摩擦力的关系式称为摩擦条件。常用的有三种摩擦条件：

（1）库伦摩擦条件 不考虑接触表面的粘合现象，认为单位面积上的摩擦切应力与接触面上的正应力成正比，即

$$\tau = \mu\sigma_N \tag{19-1}$$

式中，τ 是接触面上的摩擦切应力（MPa）；σ_N 是接触面上的正应力（MPa）；μ 是摩擦系数，根据实际确定。

实际上摩擦切应力不能随 σ_N 的增大而无限地增大，当 $\tau = \tau_{max} = K$ 时，接触面将产生塑性流动。此时 σ_N 的极限值为材料真实应力-应变曲线上的屈服应力 Y。根据米泽斯屈服准则，$K = \left(\frac{1}{2} \sim \frac{1}{\sqrt{3}}\right) Y$，故由式（19-1）可确定摩擦系数 μ 的极限值为 $\mu = 0.5 \sim 0.577$。式（19-1）适合正压力不太大、变形量较小的冷成形工序。

（2）最大摩擦力条件 当接触表面没有相对滑动，完全处于粘合状态时，摩擦切应力等于坯料塑性流动时的最大切应力 K，即

$$\tau = K = \frac{\beta}{2} Y \tag{19-2}$$

式中，Y 为坯料的流动应力，即屈服应力。

根据米泽斯屈服准则，在轴对称的情况下 $\tau = 0.5Y$，在平面变形条件下，$\tau = 0.577Y$。式（19-2）适合于热变形成形工序。

（3）摩擦力不变条件 认为接触面上的摩擦力不变，是一个常数，即

$$\tau = mK \tag{19-3}$$

式中，m 称为摩擦因子，$0 \leqslant m \leqslant 1$。

式（19-3）与式（19-2）相比，当 $m = 1$ 时，两条件一致。式（19-3）适合于摩擦系数低于最大值的三向应力显著的塑性成形过程，如挤压、变形量大的镦粗、模锻等。

19.4.4 影响摩擦系数的主要因素

（1）金属的种类和化学成分 由于金属表层的硬度、强度、吸附性、扩散能力、导热性、氧化速度、氧化膜的性质以及金属之间的相互结合力均与化学成分有关，因此，不同种类、不同成分的金属，摩擦系数也不同。粘附性较强的金属通常具有较大的摩擦系数，如铝、锌、铅等。一般材料的硬度、强度越高，摩擦系数就越小。

（2）工具表面状态 工具表面越光滑，表面凹凸不平的程度越轻，这时机械咬合效应就越弱，因而摩擦系数就越小。若接触表面都非常光滑，分子吸附作用增强，反而会引起摩擦系数的增加。但这种情况在塑性成形中并不常见。

（3）变形温度　变形温度对摩擦系数的影响很复杂。因为变形温度变化时，材料的强度、硬度及接触面上氧化膜的性能都会发生变化。一般认为，开始时摩擦系数随温度升高而增加，达到最大值后又随温度升高而降低。因为温度较低时，氧化膜粘附在金属的表面上，质地较硬，摩擦系数较小。随着温度的升高，氧化膜增厚，而且分子间的吸附力也增加，因而摩擦系数也增大。当温度继续升高时，氧化皮会变软或者脱离金属基体表面，在金属与工具之间形成一个隔离层，起到润滑作用，所以摩擦系数下降。

（4）变形速度　许多试验结果表明，摩擦系数随变形速度增加而有所下降。例如，锤上镦粗的摩擦系数比压力机上镦粗的摩擦系数小 20%~25%，其原因与摩擦状态有关。在干摩擦时，由于变形速度的增加，接触表面凹凸不平的部分来不及相互咬合，使摩擦系数下降。在边界润滑条件下，由于变形速度的增加，使润滑膜厚度增加，并较好地保持在接触表面上，从而减小了金属坯料与工具的实际接触面积，使摩擦系数下降。

（5）接触面上的单位压力　单位压力较小时，表面分子吸附作用不明显，摩擦系数保持不变，与正压力无关。当单位压力增加到一定的数值后，接触表面的氧化膜被破坏，润滑剂被挤掉，这不但增加了真实接触面积，而且接触面间吸附力增强，从而使摩擦系数随单位压力的增加而升高，当上升到一定的程度后就趋于稳定。

19.4.5　塑性成形的摩擦系数的测定方法

由于摩擦的复杂多变性，目前还难以定量化描述各种因素对摩擦系数的影响，只能采用试验的方法推算某特定环境工况的摩擦系数。常用夹钳轧制法、圆环镦粗法。下面介绍圆环镦粗法。

如图 19-10 所示，圆环镦粗法将一定尺寸的试样（如外径：内径：高为 $\phi40:\phi20:10$）在平砧间镦粗，由于接触面上的摩擦系数不同，圆环的内外径在压缩过程中将有不同的变化。根据试验研究和塑性理论的分析，可将不同摩擦系数下的圆环压缩量与内外径变化关系绘制成曲线，称为摩擦系数标定曲线，如图 19-11 所示。利用这一标定曲线可方便地求得摩擦系数。

圆环镦粗法测定摩擦系数比较简单，不需要测定变形力和试样的变形抗力，而且可以测定各种温度、速度下的摩擦系数。但圆环镦粗法会出现鼓形和环孔不圆的现象，造成测量上的误差，会影响结果的精确性。在试验时要尽量保证各方向均匀摩擦，且压缩量小于 50%。

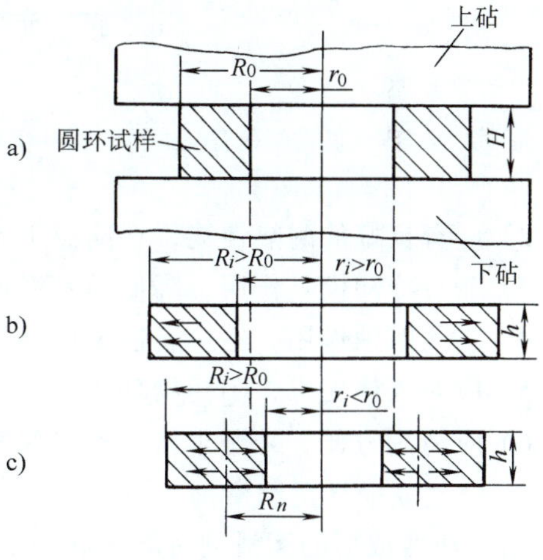

图 19-10　摩擦对圆环镦粗时金属流动的影响

a）变形前　b）摩擦系数很小或无摩擦

c）摩擦系数大于临界值

19.4.6　塑性成形中的润滑

润滑是减小摩擦对塑性成形过程不良影响的最有效的措施。润滑的目的是降低接触面上的摩擦力，提高模具寿命（减小磨损，冷却模具）；便于脱模和获得光洁的制品；减小金属不均匀变形，提高金属充满模膛的能力。为实现上述目的，必须采用合适的润滑方式和润滑剂。

1. 塑性成形对润滑剂的要求

1）应有良好的耐压性能，在高压下能吸附在接触表面上，保持良好的润滑状态。

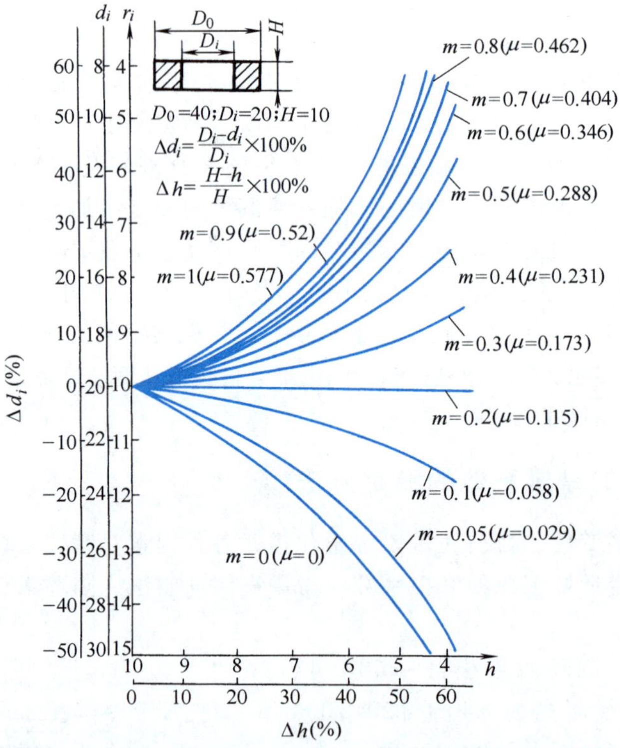

图 19-11 圆环镦粗法测定摩擦系数的标定曲线

2）应有良好的耐热性能，在高温下不分解、不失效。

3）兼有冷却模具作用，降低模具温度，避免热失效。

4）应无腐蚀作用，不应腐蚀金属坯料和模具。

5）应对人体无毒，不污染环境。

6）应清理方便，来源丰富，价格便宜。

2. 塑性成形常用润滑剂

用于塑性成形的润滑剂有液体润滑剂和固体润滑剂两大类。

（1）液体润滑剂 液体润滑剂包括动物油、植物油、矿物油和乳化液等。动植物油主要有猪油、牛油、鲸油、蓖麻油、棕榈油等。动植物油中含有脂肪酸，与金属起化学作用，附着力强，润滑性能好。但化学性能不稳定，长期储存易变质。矿物油主要指全损耗系统用油（原称“机械油”），它化学稳定性好，价格便宜。但它与金属不起化学反应，形成稳定润滑膜的张力较差，着火点低。因此常用全损耗系统用油作配制润滑油的基础油，再添入各种添加剂后制成润滑油使用，主要用于冷成形。乳化液是由矿物油、乳化剂、石蜡、肥皂和水组成的水包油或者油包水的乳状稳定化合物，它除了润滑作用外，对模具还有较强的冷却作用。

（2）固体润滑剂　固体润滑剂在常温下呈固态。根据高温时存在的形式，又可分为干性固体润滑剂和软（熔）化固体润滑剂。

1）干性固体润滑剂。干性固体润滑剂是指在变形过程中不改变自身聚集状态的润滑剂，如石墨、二硫化钼等。由于它们都是六方晶系的层状结构，层间结合力比同层原子结合力小得多，用作润滑剂时层与层之间的内摩擦力代替了坯料与工具之间的摩擦力，而且热稳定性好，石墨在540℃以上才氧化，二硫化钼在400℃左右氧化。使用时可制成水剂或油剂。

2）软（熔）化固体润滑剂。软（熔）化固体润滑剂在工作温度超过其软（熔）化点时就会变软或熔化，但不会燃烧，不会逸出有害的气体。主要有玻璃、珐琅、天然矿物及无机盐等。此外，皂类和蜡类等有机盐和硬脂酸钠、硬脂酸锌及一般肥皂也常用来作润滑剂。固体润滑剂可以用粉末，但多数制成糊状或悬浮液。

3. 润滑剂中的添加剂

为了提高润滑剂的润滑、耐磨、防腐等性能，需要在润滑剂中加入少量的活性物质，即添加剂。润滑油中的添加剂一般易溶于全损耗系统用油，热稳定性好，且应具有良好的物理化学性能。常用的添加剂有油性剂、极压剂、抗磨剂和防锈剂等。

油性剂系指天然酯、醇、脂肪酸等。这些物质都含有羧（COOH）类活性基，通过物理吸附，在金属表面形成润滑膜，可减小摩擦系数。

极压剂是一些含硫、磷、氯的有机化合物。它们在高温高压下分解，分解后的产物与金属表面起化学反应生成熔点低、吸附性强、具有片状结构的氯化铁和硫化铁薄膜，在较高温度和压力下仍能起润滑作用。

抗磨剂常用的有硫化棉籽油、硫化鲸油等。这些物质可以分解出自由基，与金属表面起化学反应生成抗腐蚀、抗磨损的润滑油膜。

防锈剂常用的有石油磺酸钡，当它加入润滑剂后，在金属表面形成吸附膜，起隔水、防锈的作用。

4. 塑性成形的润滑方法

（1）流体润滑法　坯料与工具之间不直接接触，中间形成足够的润滑膜。在线材拉拔、挤压、轧制时，如果模具结构与工艺参数合适就能够产生流体润滑。

（2）表面磷化-皂化处理　当压力很高时，即使加入添加剂，润滑剂还是会遭到破坏或被挤掉而失去润滑作用。因此，须将坯料表面进行磷化处理，即在坯料表面用化学方法制成一层磷酸盐膜或草酸盐膜，这种磷化膜是由细小片状的无机盐结晶组成的，呈多孔状态，对润滑剂有吸附作用。膜厚一般为10~20μm，与金属结合力强且有塑性，可与金属坯料一起变形。磷化后进行润滑处理，常用硬脂酸钠、肥皂等，故称为皂化。

（3）表面镀软金属　对于变形抗力大的金属坯料，一般的润滑剂易被挤出，这时可在金属表面电镀一薄层软金属，如铜或锌，它与金属结合好，变形抗力小，延伸性好，在变形过程中可将坯料与工具隔开，起润滑作用，但成本较高。

思考与练习

1. 解释下列概念：

最小阻力定律；附加应力；残余应力；干摩擦；边界摩擦；流体摩擦。

2. 举例分析最小阻力定律在塑性成形流动控制中的应用。

3. 影响塑性变形和流动的因素有哪些？举例分析。
4. 残余应力有哪几类？它会产生什么后果？如何产生、消除？
5. 塑性成形中的摩擦有何特点？举例分析其利弊。
6. 塑性成形时接触面上摩擦条件有哪几类？各运用于什么情况？
7. 塑性成形时常用的流体润滑剂和固体润滑剂各有哪些？石墨和二硫化钼如何起润滑作用？
8. 什么是磷化-皂化处理？在挤压生产中有何意义？
9. 如何用圆环镦粗法测定摩擦系数？影响摩擦系数的因素有哪些？
10. 金属流动分析有何意义？目前主要采用的分析方法有哪些？

第20章 塑性成形力学的工程应用

20.1 金属塑性成形问题的求解方法概述

塑性成形力学的基本任务之一就是确定各种成形工序所需的变形力，这是合理选用加工设备、正确设计模具和制订工艺规程所不可缺少的。由于塑性成形时变形力是通过工具表面或毛坯的弹性变形区传递给变形金属的，所以为求变形力，需要确定变形体与工具的接触表面或变形区分界面上的应力分布。

塑性成形力学解析的最精确的方法是联解塑性应力状态和应变状态的基本方程。对于一般空间问题，在三个平衡微分方程和一个屈服准则中共包含六个未知数（σ_{ij}），属静不定问题。再利用六个应力应变关系式（本构方程）和三个变形连续性方程，共得 13 个方程，包含 13 个未知数（六个应力分量，六个应变或应变速率分量，一个塑性模量），方程式和未知数相等。但是，这种数学解析法只有在某些特殊情况下才能解，而对一般的空间问题，数学上的精确解极其困难。对大量实际问题，则是采用一些简化和假设来求解。根据简化方法的不同，求解方法有下列几种。

（1）主应力法（又称初等解析法） 从塑性变形体的应力边界条件出发，建立简化的平衡方程和屈服条件，并联立求解，得出边界上的正应力和变形的力能参数，但不考虑变形体内的应变状态。

（2）滑移线法 假设材料为刚塑性体，在平面变形状态下，塑变区内任一点存在两族正交的滑移线族。根据这一原理，结合边界条件可解出滑移线场和速度场，从而求出塑变区内的应力状态和瞬时流动状态，计算出力能参数。

（3）上限法 从变形体的速度边界条件出发，对塑变区取较大的单元，根据极值原理，求出塑变能为极小值时满足变形连续条件和体积不变条件时的动可容速度场，计算出力能参数，但不考虑塑变区内的应力状态是否满足平衡方程。

（4）板料成形理论 薄板的塑性成形问题常假设沿板的厚度方向的正应力很小，近于零，应力和应变沿厚度方向不变，简化成平面应力状态求解。

（5）有限元法 有限元法是将求解未知场变量的连续变形体划分为有限个单元，单元用节点连接，每个单元内用插值函数作为场变量，插值函数由节点值确定，单元之间的作用由节点传递，建立物理方程，并将全部单元的插值函数集合成整体场变量的方程组，然后进行数值计算，求出变形体内的速度、应变、应力、温度场及力能参数。随着计算机技术的发展，塑性有限元法能计算出各种成形工步的各种工艺参数。

下面分别介绍前三种方法。

20.2 主应力法及其求解要点

主应力法是金属塑性成形中求解变形力的一种近似解法。它通过对应力状态作一些近似假设，建立以主应力表示的简化平衡方程和塑性条件，使求解过程大大简化。其基本要点如下：

1）把变形体的应力和应变状态简化成平面问题（包括平面应变状态和平面应力状态）或轴对称问题，以便利用比较简单的塑性条件，即 $\sigma_1-\sigma_3=\beta\sigma_s$。对于形状复杂的变形体，可以把它划分成若干形状简单的变形单元，并近似地认为这些单元的应力应变状态属于平面问题或轴对称问题。例如，根据连杆模锻时的金属流动模型（图 20-1），可将锻件的左、右半图视为轴对称变形部分，而中间部分视为平面变形部分。

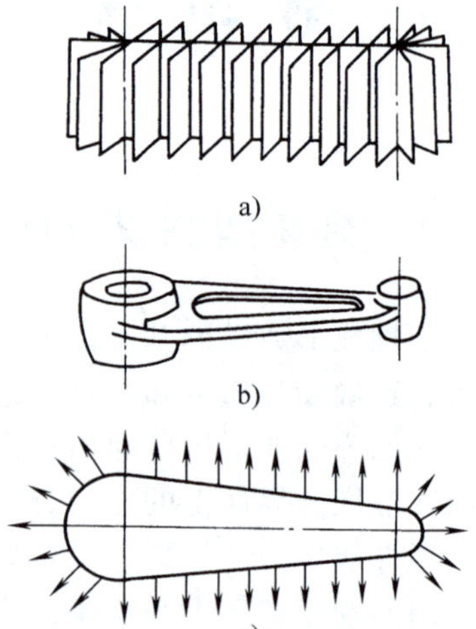

图 20-1　连杆模锻时的金属流动平面和流动方向

a）流动平面　b）连杆模锻件

c）流动方向

2）根据金属流动的方向，沿变形体整个（或部分）截面（一般为纵截面）切取包含接触面在内的基元体，且设作用于该基元体上的正应力都是均布的主应力。这样，在研究基元体的力的平衡条件时，获得简化的常微分方程以代替精确的偏微分方程。接触面上的摩擦力可用库伦摩擦条件或常摩擦条件等表示。

3）在对基元体列塑性条件时，假定接触面上的正应力为主应力，即忽略摩擦力对塑性条件的影响，从而使塑性条件大大简化。即有 $\sigma_x-\sigma_y=\beta Y$（当$\sigma_x>\sigma_y$）。

4）将经过简化的平衡微分方程和塑性条件联立求解，并利用边界条件确定积分常数，求得接触面上的应力分布，进而求得变形力。

由于经过简化的平衡方程和屈服方程实质上都是以主应力表示的，故此得名“主应力法”。又因这种解法是从切取基元体或基元板块着手的，故也形象地称为“切块法”（Slab Method）。主应力法的数学演算比较简单，在实际应用中主应力法除了用于计算变形力以外，还可以用来求解某些变形问题。主应力法得到的是解析解，从解的数学表达式中，可以看出各有关参数（如摩擦系数、变形体的几何尺寸等）对求解结果的影响，因而在金属塑性成形分析中应用非常广泛。但是，这种方法只能确定接触面上的应力大小和分布，且计算结果的准确性与所作假设和实际情况的接近程度有关。

20.3　主应力法的应用

凡是可以简化为平面问题和轴对称问题的塑性成形问题都可以很方便地应用主应力法分析求解，通过求解接触面上的应力分布，进而求出变形力和变形功。下面用主应力法来分析几种典型的塑性变形问题。

20.3.1　平面应变镦粗的变形力

设长矩形板坯在变形某瞬时的宽度为 a，高度为 h，长度为 l（$l\gg a$），故可近似地认为坯料沿 l 向无变形，属于平面变形问题。用主应力法计算变形力的步骤如下：

1）切取基体。在垂直于 y 轴的截面上切取包括接触面在内的高度为坯料瞬时高度 h、宽度为 dx 的基元体。按主应力法原理，在接触面上作用有主应力 σ_y 和接触切应力 τ，如图 20-2a 所示。

2）列出基元体沿 x 轴方向的平衡微分方程

$$\sum F_x = \sigma_x lh - (\sigma_x + d\sigma_x)lh - 2\tau l dx = 0$$

$$d\sigma_x = -\frac{2\tau}{h}dx \tag{20-1}$$

3）采用常摩擦条件，即 $\tau = mK = \mu' Y$（m 为摩擦因子，$K=\beta/2Y=Y/\sqrt{3}$）。

4）列出简化屈服方程。因为式（20-1）中的应力代表其绝对值，对于镦粗变形，可判断出 σ_y 的绝对值必大于 σ_x 的绝对值，所以有

$$\sigma_y - \sigma_x = 2K = \frac{2}{\sqrt{3}}Y;\ d\sigma_y = d\sigma_x \tag{20-2}$$

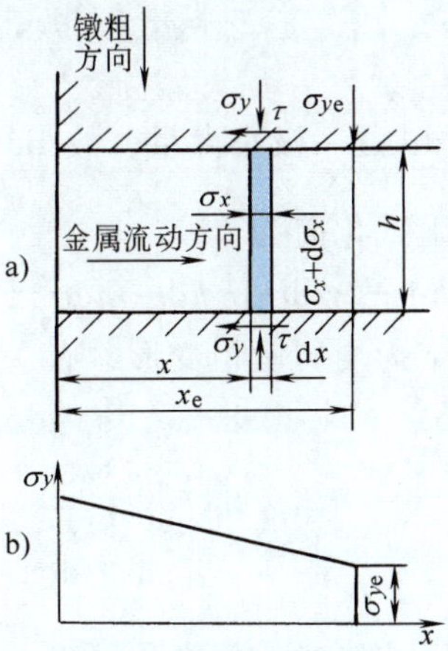

图 20-2 平行砧板间平面应变镦粗及垂直应力 σ_y 的分布图形

5）联解平衡微分方程和简化屈服方程，并将摩擦条件代入得

$$\sigma_y = -\frac{2mK}{h}x + C$$

6）利用应力边界条件求积分常数 C：当 $x = x_e$，$\sigma_y = \sigma_{ye}$时有

$$C = \sigma_{ye} + \frac{2mK}{h}x_e$$

所以得

$$\sigma_y = \frac{2mK}{h}(x_e - x) + \sigma_{ye} \tag{20-3}$$

σ_y 的分布图形如图 20-2b 所示。

7）将 σ_y 应力沿接触面积分可求出镦粗力和单位压力。

$$F = 2l\int_0^{x_e}\sigma_y dx = 2lx_e\left(\frac{mKx_e}{h} + \sigma_{ye}\right) \tag{20-4a}$$

$$p = \frac{F}{A} = \frac{F}{2lx_e} = \frac{mKx_e}{h} + \sigma_{ye} \tag{20-4b}$$

式中的 σ_{ye}表示工件外端（$x = x_e$）处的垂直压应力（绝对值），若该处为自由表面有 $\sigma_{xe} = 0$，则由式（20-2）得 $\sigma_{ye} = 2K$；否则由相邻变形区所提供的边界条件确定。由式（20-3）和式（20-4b），可方便地求出宽度为 a、高度为 h 的工件平面应变自由镦粗时接触面上的压应力 σ_y 和单位变形力 p（均为绝对值）

$$\sigma_y = 2K\left[1 + \frac{m}{h}\left(\frac{a}{2} - x\right)\right] \tag{20-5}$$

$$p = 2K\left(1 + \frac{m}{4}\frac{a}{h}\right) \tag{20-6}$$

20.3.2 轴对称镦粗的变形力

图 20-3 表示平行砧板间的轴对称镦粗。图中基元板块的平衡方程式为

$$\sum F_{\mathrm{r}}=\sigma_{\mathrm{r}}hr\mathrm{d}\theta+2\sigma_{\theta}h\mathrm{d}r\sin\frac{\mathrm{d}\theta}{2}-2\tau r\mathrm{d}\theta\mathrm{d}r-(\sigma_{\mathrm{r}}+\mathrm{d}\sigma_{\mathrm{r}})(r+\mathrm{d}r)h\mathrm{d}\theta=0$$

因 $\mathrm{d}\theta$ 是一极小微量，故 $\sin\frac{\mathrm{d}\theta}{2}\approx\frac{\mathrm{d}\theta}{2}$，同时略去二阶微量，则上式化简为

$$\sigma_{\theta}h\mathrm{d}r-2\tau r\mathrm{d}r-\sigma_{\mathrm{r}}h\mathrm{d}r-rh\mathrm{d}\sigma_{\mathrm{r}}=0$$

假定为均匀镦粗变形，有

$$\mathrm{d}\varepsilon_{\mathrm{r}}=\mathrm{d}\varepsilon_{\theta};\ \sigma_{\mathrm{r}}=\sigma_{\theta}$$

得

$$\mathrm{d}\sigma_{\mathrm{r}}=-\frac{2\tau}{h}\mathrm{d}r \tag{20-7}$$

所以按绝对值的简化屈服方程，因 $\sigma_{\mathrm{r}}=\sigma_{\theta}$，故有

$$\sigma_z-\sigma_{\mathrm{r}}=Y;\ \mathrm{d}\sigma_z=\mathrm{d}\sigma_{\mathrm{r}}$$

联解得

$$\mathrm{d}\sigma_z=-\frac{2\tau}{h}\mathrm{d}r \tag{20-8}$$

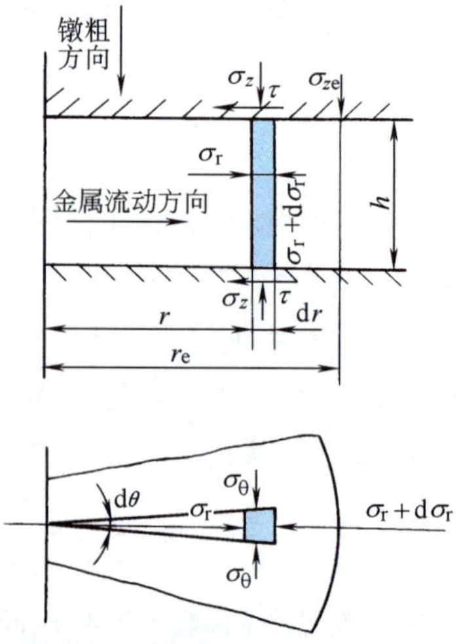

图 20-3　轴对称镦粗变形及基元板块受力分析

假设接触面满足常摩擦条件，对上式进行积分得

$$\sigma_z=-\frac{2\tau}{h}\mathrm{d}r+C$$

当 $r=r_{\mathrm{e}}$ 时，$\sigma_z=\sigma_{ze}$，得

$$C=\sigma_{ze}+\frac{2\tau}{h}r_{\mathrm{e}}$$

解得

$$\sigma_z=\frac{2\tau}{h}(r_{\mathrm{e}}-r)+\sigma_{ze} \tag{20-9}$$

$$p=\frac{F}{A}=\frac{1}{\pi r_{\mathrm{e}}^2}\int_0^{r_{\mathrm{e}}}\sigma_z\mathrm{d}F=\frac{1}{\pi r_{\mathrm{e}}^2}\int_0^{r_{\mathrm{e}}}\left[\frac{2\tau}{h}(r_{\mathrm{e}}-r)+\sigma_{ze}\right]2\pi r\mathrm{d}r=\frac{2}{3}\frac{\tau r_{\mathrm{e}}}{h}+\sigma_{ze} \tag{20-10}$$

σ_{ze} 为工件外端（$r=r_{\mathrm{e}}$）处的垂直压应力。若该处为自由表面，$\sigma_{re}=0$，则 $\sigma_{ze}=Y$；否则由相邻变形区提供的边界条件确定。

若 $\tau=mK$（$K=Y/2$），则可由上述公式求出高度为 h、直径为 d 的圆柱体自由镦粗时接触面上的压应力 σ_z 和单位变形力 p

$$\sigma_z=Y\left[1+\frac{m}{h}\left(\frac{d}{2}-r\right)\right] \tag{20-11}$$

$$p=Y\left(1+\frac{m}{6}\frac{d}{h}\right) \tag{20-12}$$

20.3.3　通过圆锥孔型挤压的变形力

圆柱体从锥形凹模挤出或锻件充填圆锥形模孔（腔）形成凸台属于这种类型。列出基元板块的平衡方程式（图20-4），略去高阶微量得

$$2\sigma_z r\tan\alpha dz - r^2 d\sigma_z - 2\tau r dz - 2r\sigma_u \tan\alpha dz = 0 \qquad (20\text{-}13)$$

又由静力平衡关系可得

$$\sigma_u = \sigma_r + \tau\tan\alpha$$

挤压变形时，r 方向为负应变，z 方向为正应变；σ_r 和 σ_z 虽同为压应力，前者的绝对值必大于后者，故按绝对值列出的简化屈服方程应为

$$\sigma_r - \sigma_z = Y$$

联解得

$$d\sigma_z = -\frac{2[\tau(1+\tan^2\alpha)+Y\tan\alpha]}{r}dz$$

又由几何关系得

$$r = r_b - z\tan\alpha$$

代入上式并积分得

$$\sigma_z = K_1\ln(r_b - z\tan\alpha) + C$$

其中
$$K_1 = \frac{2[\tau(1+\tan^2\alpha)+Y\tan\alpha]}{\tan\alpha}$$

当 $z=z_e$ 时，$\sigma_z=0$，故 $C=-K_1\ln(r_b-z_e\tan\alpha)$

所以得

$$\sigma_z = K_1\ln\frac{r_b - z\tan\alpha}{r_b - z_e\tan\alpha} \qquad (20\text{-}14)$$

$z=0$ 时的 σ_z 值即为挤入深度为 z_e 时所需的单位变形力

$$p = K_1\ln\frac{r_b}{r_b - z_e\tan\alpha} = K_1\ln\frac{r_b}{r_e} \qquad (20\text{-}15)$$

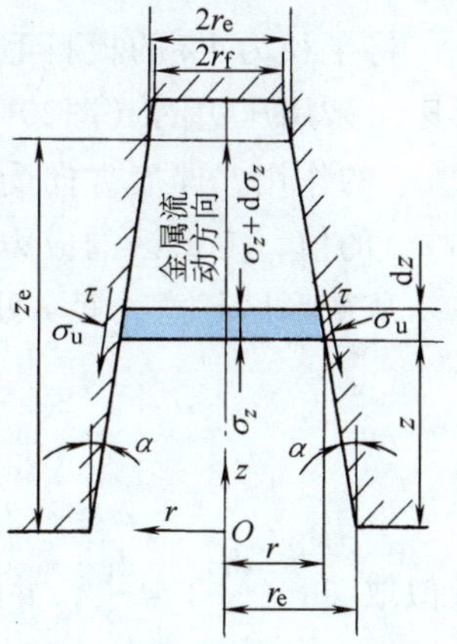

图 20-4　通过圆锥孔型挤压的金属流动方向及基元板块受力分析

20.3.4　在板料成形中的应用

1. 板料成形的特点

板料成形具有一些不同于体积成形的特点，概括如下：

1）板料成形大多可作为平面应力问题处理。在板料成形时，坯料大多只有一个板面与模具接触，而另一个板面为自由表面，其上作用的法向应力为零，因此板厚方向上的平均应力不会很大，与其余两个主应力相比，往往可以忽略不计。

2）板料成形大多在室温下进行，需要考虑加工硬化。由于变形区各处的等效应变不一定相同，材料的真实应力需用真实应力-应变关系式来表达，亦可用反映变形区平均硬化程度的平均真实应力来近似取代。

3）板料成形过程中，变形区的板料厚度是变化的，但为简化计算，往往忽略板厚的变化。

4）必要时，还需考虑板料的各向异性的影响。

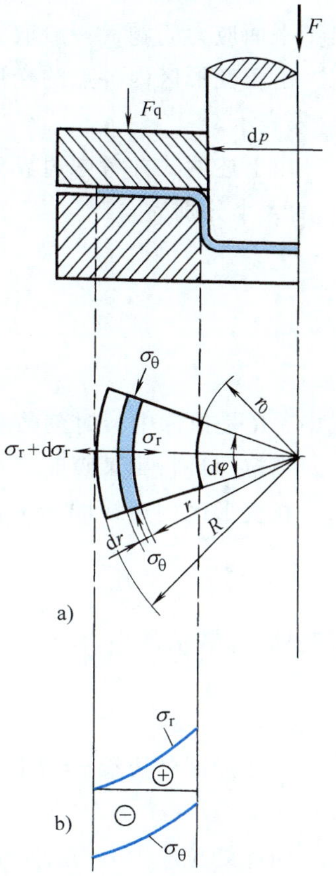

图 20-5　圆筒拉深件基元体的受力分析

a）基元体受力　b）应力分布

〔带压边而不考虑摩擦的影响〕

2. 圆筒件拉深过程中凸缘变形区的应力分析

将半径为 R_0 的板料毛坯拉深成半径为 r_0 的圆筒形零件，变形过程中凸缘是主要塑性变形区。采用压边圈（图20-5）拉深时凸缘变形区材料径向受拉应力 σ_r 的作用，切向受压应力 σ_θ 的作用，厚度方向受压边圈所加不大的压应力 σ_t 作用，如 σ_t 忽略不计，则只需求 σ_r 和 σ_θ 的值，变形区的应力分布就清楚了。

从变形区任意半径 r 处截取宽度为 dr、夹角为 $d\varphi$ 的基元体，根据基元体的受力平衡得

$$(\sigma_r + d\sigma_r)(r + dr)d\varphi t - \sigma_r r d\varphi t + 2\sigma_\theta dr\sin\left(\frac{d\varphi}{2}\right) t = 0$$

近似取 $\sin\left(\frac{d\varphi}{2}\right) \approx \frac{d\varphi}{2}$，并略去高阶无穷小，得

$$d\sigma_r = -(\sigma_r + \sigma_\theta)\frac{dr}{r} \tag{20-16}$$

简化的屈服方程为

$$\sigma_r - (-\sigma_\theta) = \sigma_r + \sigma_\theta = \beta Y$$

对于平面应力问题，一般取 $\beta \approx 1.1$。

由于变形区内各点的变形程度不同，真实应力 S 不是常数。现以变形区材料的平均抗力 Y_m 来表示。

由上述两式并考虑边界条件（当 $r=R$ 时，$\sigma_r=0$），可求出径向拉应力 σ_r 和切向压应力 σ_θ 的大小分别为

$$\sigma_r = 1.1Y_m \ln\frac{R}{r} \tag{20-17}$$

$$\sigma_\theta = 1.1Y_m\left(1 - \ln\frac{R}{r}\right) \tag{20-18}$$

式中，R 是拉深中某时刻凸缘半径；r 是凸缘区内任意点的半径。

当拉深进行到某瞬时，各点的应力如图20-5b 所示，它是按对数曲线规律分布的。可知，在变形区内边缘即 $r=r_0$ 处径向拉应力 σ_r 最大，其值为

$$\sigma_{r\max} = 1.1Y_m \ln\frac{R}{r_0} \tag{20-19}$$

而此处 σ_θ 数值最小，为

$$\sigma_\theta = 1.1Y_m\left(1 - \ln\frac{R}{r_0}\right)$$

在变形区外边缘 $r=R$ 处 σ_θ 的数值最大，为

$$\sigma_{\theta\max} = 1.1Y_m \tag{20-20}$$

而此处拉应力 σ_r 最小为零。

20.4 滑移线的基本理论

金属由晶体组成，其塑性变形主要是通过内部原子滑移的方式而实现。滑移的痕迹可以

在变形后的金属表面上观察到。我们将塑性变形金属表面所呈现的由滑移而形成的条纹称为滑移线。研究证明，滑移线就是塑性变形体内最大切应力的轨迹线。因为最大切应力成对出现，相互正交，因此，滑移线在变形体内呈两族互相正交的网络，即所谓的滑移线场。

滑移线法就是针对具体的变形过程建立滑移线场，然后利用滑移线的特性求解塑性成形问题，确定变形体内的应力分布和速度分布，进而计算变形力，分析变形和决定毛坯的合理外形、尺寸等。

严格地说，滑移线法只适用于求解理想刚塑性材料的平面变形问题，但对于主应力互为异号的平面应力问题，某些轴对称问题以及有硬化的材料，也可推广应用。

20.4.1 平面变形应力状态的特点

处于平面塑性应变状态的物体，沿某一坐标轴的应变为零（如 $\varepsilon_z=0$），所有应力、应变分量均与该轴无关，变形只发生在与该轴相垂直的坐标平面内（如 xOy 平面），该坐标平面称为塑性流动平面。此时塑性变形体内任一点 P 的应力状态、应力莫尔圆及物理平面如图20-6所示，其最大切应力为

$$\tau_{\max}=\frac{1}{2}(\sigma_1-\sigma_3)=K$$

而作用在最大切应力平面上的正应力恰好等于中间主应力 σ_2 或平均应力 σ_m，即

$$\sigma_m=\sigma_2=\frac{1}{2}(\sigma_1+\sigma_3)=\frac{1}{2}(\sigma_x+\sigma_y)$$

由应力莫尔圆的几何关系可知，应力分量 σ_x、σ_y 和 τ_{xy} 可以用 σ_m 及 K 表示，即

$$\left.\begin{aligned}\sigma_x&=\sigma_m-K\sin2\omega\\\sigma_y&=\sigma_m+K\sin2\omega\\\tau_{xy}&=\pm K\cos2\omega\end{aligned}\right\}\tag{20-21}$$

式中，ω 是最大切应力平面与 x 轴的夹角。

对于理想刚塑性材料，K 为常数，因此，塑性变形体内各点的应力莫尔圆大小相等，应力状态的差别只在于平均应力 σ_m 值不同，即各点的应力莫尔圆的圆心在 σ 轴上的位置不同。

同时，平面塑性应变状态的三个主应力也可以用平均应力 σ_m 与最大切应力 K 来表示，即

$$\left.\begin{aligned}\sigma_1&=\sigma_m+K\\\sigma_2&=\sigma_m\\\sigma_3&=\sigma_m-K\end{aligned}\right\}\tag{20-22}$$

过点 P 并标注其应力分量的微分面为物理平面，如图 20-6d 所示。显然，应力莫尔圆上一点对应一个物理平面，应力莫尔圆上两点之间的夹角为相应物理平面间夹角的两倍。

将一点的代数值最大的主应力的指向称为第一主方向（σ_1 的作用线）。由第一主方向顺时针转$\dfrac{\pi}{4}$所确定的最大切应力，符号为正，其指向称为第一剪切方向。另一最大切应力方向称为第二剪切方向。第一、第二两剪切方向相互正交。由坐标轴 Ox 正向转向第一剪切方向的角度 ω 称为第一剪切方向的方向角，由 Ox 轴正向逆时针转得 ω 为正。由此可知式

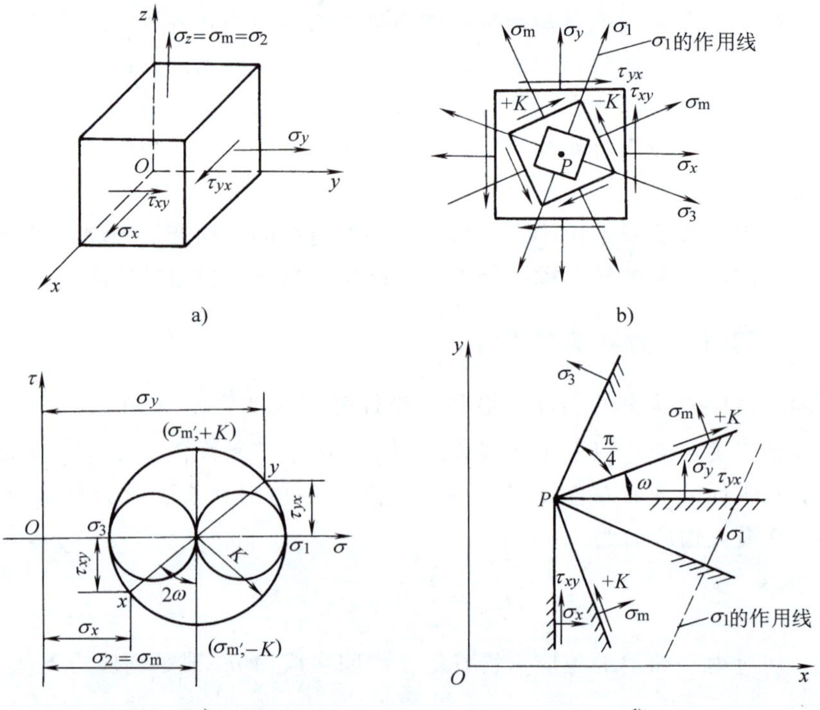

图 20-6　平面变形的应力状态、应力莫尔圆及物理平面

a）应力状态　b）xOy 平面内应力单元体　c）应力莫尔圆　d）物理平面

(20-21) 表示塑性流动平面内一点的应力分量与该点第一剪切方向的方向角 ω 的函数关系式，也满足屈服准则的应力分量表达式。

20.4.2　最大切应力迹线——滑移线的形成

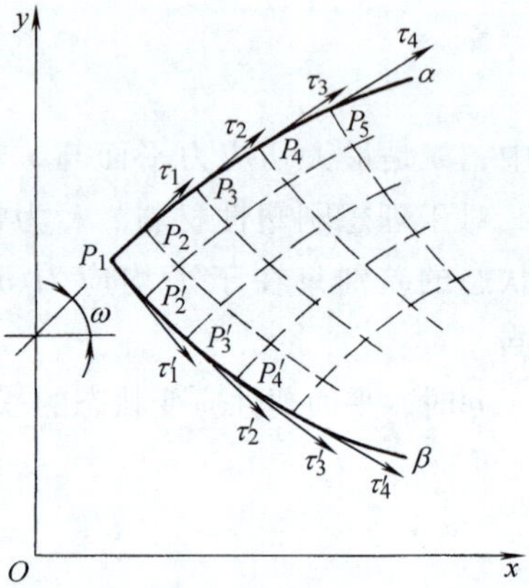

图 20-7　滑移线网络的形成

平面变形时，最大切应力作用在变形平面上。如图 20-7 所示，在变形平面 xOy 上任取一点 P_1，以 τ_1 表示该点的最大切应力，然后沿 τ_1 方向取相邻点 P_2，以 τ_2 表示 P_2 的最大切应力，如此，可得到一条折线 $P_1P_2P_3\cdots$因切应力成对产生且互相垂直，由 P_1 点可作与 τ_1 相垂直方向的最大切应力 τ'_1，于是得到另一条折线 $P'_1P'_2P'_3\cdots$当相邻点无限靠近时，这两条折线就成了光滑的曲线，这就是滑移线，它连续地分布在整个塑性变形区，一直伸展到边界。

由变形区内每一点出发都可以作出两条正交的滑移线，于是得到两族互相正交的滑移线网络，即滑移线场。这两族滑移线其中一族称为 α 滑移线，另一族称为 β 滑移线。滑移线场中，两条滑移线的交点称为节点。

滑移线场与主应力迹线场相交成 45°角。已知滑移线场便可作出主应力迹线场；反之，已知主应力迹线场也可作出滑移线场。

20.4.3　关于α、β滑移线和ω角的规定

区分滑移线族类别及方向的规则为：①当α、β族线构成右手坐标系时，代数值最大的主应力σ_1的作用方向位于第一与第三象限（图20-8）；②滑移线两侧的最大切应力组成顺时针方向的为α族线，组成逆时针方向的为β族线；③当已知主应力σ_1和σ_3方向时，将它们沿顺时针方向旋转45°角，即得α、β族线。

α线的切线方向与Ox轴的夹角以ω表示（图20-8），并规定Ox轴的正向为ω角的量度起始线，逆时针旋转形成的ω角为正，顺时针旋转形成的ω角为负。

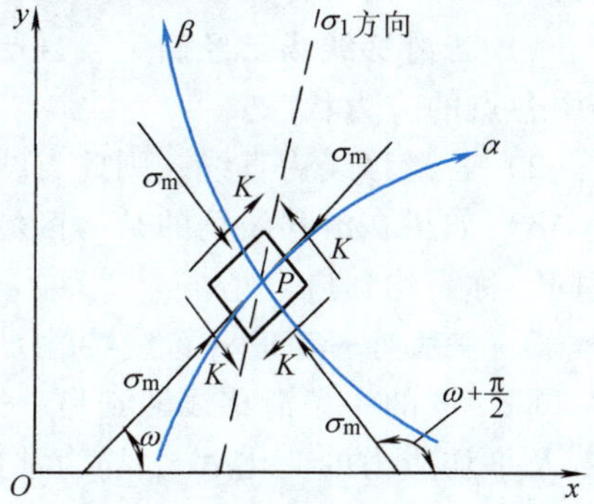

图20-8　滑移线α和β的判定

20.4.4　滑移线的微分方程

由图20-8可知，滑移线的微分方程为

$$
\left.\begin{aligned}
&\text{对}\alpha\text{族}\quad && \frac{dy}{dx}=\tan\omega\\
&\text{对}\beta\text{族}\quad && \frac{dy}{dx}=\tan\omega'=\tan\left(\omega+\frac{\pi}{2}\right)=-\cot\omega
\end{aligned}\right\}\tag{20-23}
$$

20.4.5　滑移线的主要特性

1. 亨基（H. Hencky）应力方程

综上所述，平面应变状态下的应力分量完全可由σ_m和K来表示。K为材料常数，故而只要能找到沿滑移线上的σ_m的变化规律，即可求得整个变形体的应力分布，这就是应用滑移线法求解平面问题的实质。亨基从应力平衡条件出发，推导出描述沿滑移线上各点的平均应力的变化规律的亨基应力方程，即

$$
\left.\begin{aligned}
&\sigma_m-2K\omega=\xi(\beta)\qquad(\text{沿}\alpha\text{线})\\
&\sigma_m+2K\omega=\eta(\alpha)\qquad(\text{沿}\beta\text{线})
\end{aligned}\right\}\tag{20-24}
$$

亨基应力方程是滑移线场理论中很重要的公式，根据亨基应力方程可推导出滑移线场的一些主要特性。

2. 滑移线的沿线特性

当沿α族（或β族）中的同一条滑移线移动时，ξ（或η）为常数，只有当一条滑移线转到同族的另一条滑移线时，ξ（或η）值才改变。

在任一族中的任意一条滑移线上任取两点a、b（图20-9），则可推导出滑移线的沿线特性，即

$$\sigma_{ma}-\sigma_{mb}=\pm 2K\omega_{ab}\tag{20-25}$$

式中，σ_{ma}、σ_{mb}分别为滑移线上a、b两点的平均应力；$\omega_{ab}=\omega_a-\omega_b$为$a$、$b$两点间的转角，亦即$a$、$b$两点的滑移

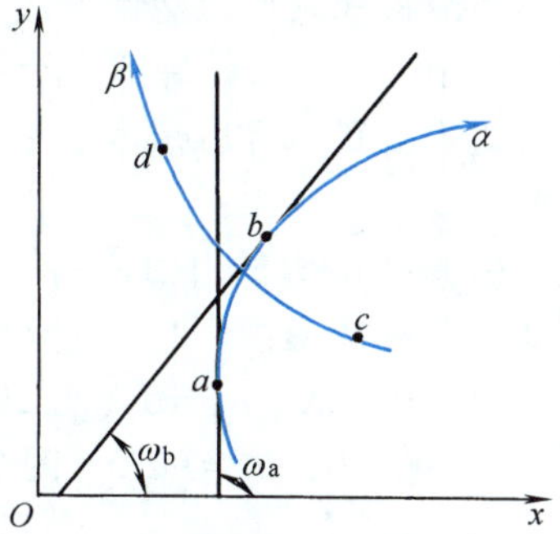

图20-9　沿滑移线方向角的变化

线方向角的变化量；ω_a、ω_b 分别为 a、b 两点的滑移线的方向角；正号用于 α 线，负号用于 β 线。

式（20-25）表明同一条滑移线两点间平均应力 σ_m 变化和两点间方向角变化成正比。由式（20-25）可得出以下几点结论。

1）若滑移线场已经确定，且已知一条滑移线上任一点的平均应力，则可确定该滑移线场中各点的应力状态。

2）若滑移线为直线，则此直线上各点的应力状态相同。

3）如果在滑移线场的某一区域内，两族滑移线皆为直线，则此区域内各点的应力状态相同，称为均匀应力场。

3. 亨基第一定理（跨线特性）及其推论

同一族的一条滑移线转到另一条滑移线时，则沿另一族的任意一条滑移线方向角的变化 $\Delta\omega$ 及平均应力的变化 $\Delta\sigma_m$ 均为常数。例如图20-10中，由 α 族的 α_1 转到 α_2 时，则沿 β 族的 β_1、β_2，有

$$\left.\begin{aligned}\Delta\omega = \omega_{1,1}-\omega_{2,1} = \omega_{1,2}-\omega_{2,2} = \cdots = 常数\\ \Delta\sigma_m = \sigma_{m1,1}-\sigma_{m2,1} = \sigma_{m1,2}-\sigma_{m2,2} = \cdots = 常数\end{aligned}\right\} \tag{20-26}$$

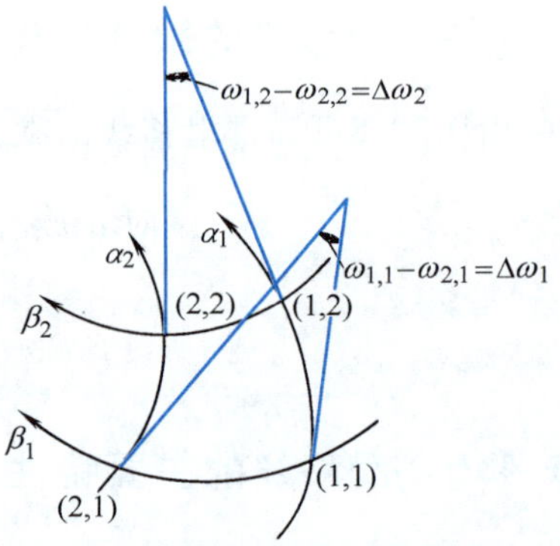

图 20-10　滑移线节点切线间的夹角

式（20-26）可直接由亨基应力方程式（20-24）得到证明。

由式（20-26）可知，若单元网络三个节点上的 σ_m、ω 值为已知，则第四个节点上的 σ_m、ω 值即可求出。

从亨基第一定理可得出如下推论：若一族的一条滑移线的某一区段为直线段，则被另一族滑移线所截得的该族滑移线的所有相应线段皆为直线，如图20-11所示。

20.4.6　滑移线场的建立

滑移线场的建立概括起来有两种方法，即分析推理法（也称简化图解法）和数值解析法。分析推理法是根据塑性区内金属流动情况，将塑性变形区分成若干小区，各小区中滑移线场为已知的简单的滑移线场，各小区拼接处和整个滑移线场边界都应满足应力边界条件。

1. 塑性区的应力边界条件

当滑移线延伸至塑性区边界时应满足应力边界条件。通常应力边界条件是给定边界上正应力 σ 和切应力 τ。为适应滑移线法求解，须将 σ 和 τ 转变为边界处的 ω 和 σ_m。常见的应力边界条件有以下四种类型。

（1）不受力的自由表面　自由表面上一点的应力状态可分为两种情形：

1）$\sigma_1=2K$，$\sigma_3=0$（图 20-12a）。

2）$\sigma_1=0$，$\sigma_3=-2K$（图 20-12b）。

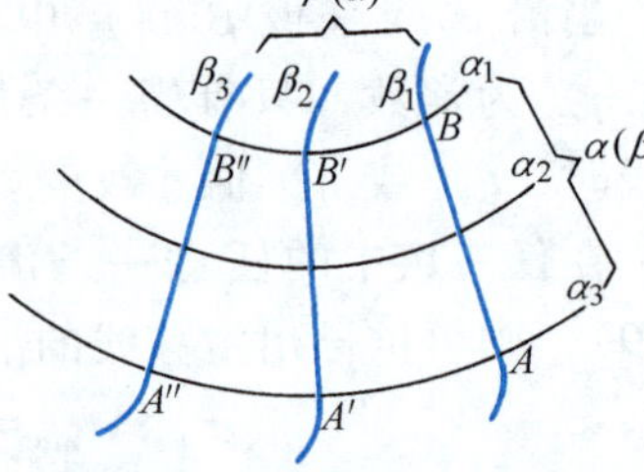

图 20-11　推论示意图

自由表面上有 $\tau_{xy}=0$，所以 $\cos2\omega=0$，$\omega=\pm\dfrac{\pi}{4}$，即两

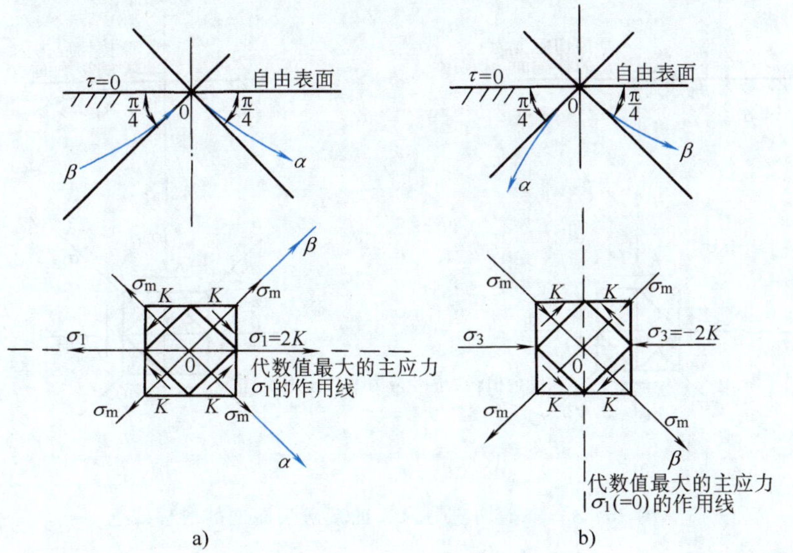

图 20-12 自由表面处的滑移线

族滑移线与自由表面相交成$\pm\frac{\pi}{4}$。

(2) 无摩擦的接触表面 由于接触表面上无摩擦，即 $\tau_{xy}=0$，则与不受力的自由表面情况一样，$\omega=\pm\frac{\pi}{4}$，两族滑移线与接触表面相交成$\frac{\pi}{4}$，如图20-13所示。

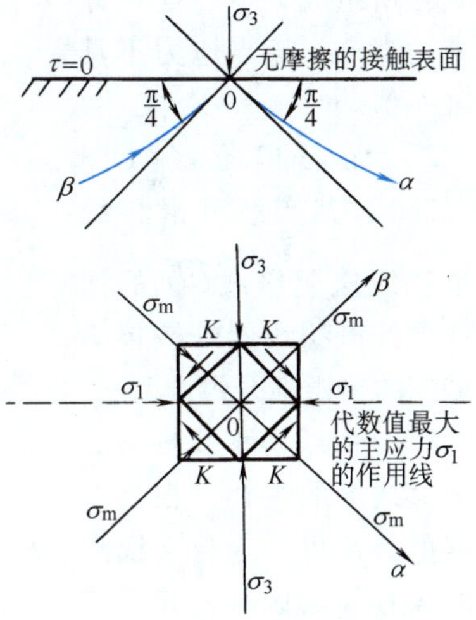

图 20-13 无摩擦接触表面处的滑移线

(3) 摩擦切应力达到最大值 K 的接触表面 由于接触表面上 $\tau_{xy}=\pm K$，则 $\cos 2\omega=\pm 1$，$\omega=0$或 $\omega=\frac{\pi}{2}$，即一族滑移线与接触表面相切，另一族滑移线与之正交，如图20-14所示。

(4) 摩擦切应力为某一中间值的接触表面 此时，接触面上的摩擦切应力为 $0<\tau_{xy}<K$。根据式(20-21)有

$$\omega=\pm\frac{1}{2}\arccos\frac{\tau_{xy}}{K} \tag{20-27}$$

将 τ_{xy} 的数值代入式(20-27)，可求得 ω 的两个解。但它的正确解应根据 σ_x、σ_y 的代数值并利用应力莫尔圆来确定。ω 确定后，即可确定 α 线和 β 线，如图20-15所示。

2. 常见的滑移线场类型

(1) 直线滑移线场 由两族正交的直线构成的滑移线场，如图20-16所示。它所对应的应力场为均匀应力场。

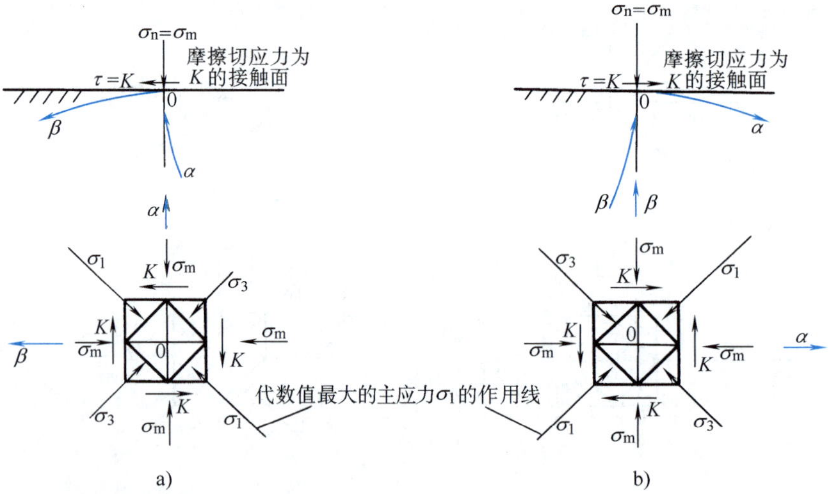

图 20-14　摩擦切应力为 K 的接触表面处的滑移线

（2）简单滑移线场　由一族为直线，另一族为曲线所构成的滑移线场，如图20-17所示。它所对应的应力场称为简单应力场。这类滑移线场又可分以下两种情况。

1）有心扇形场（图20-17a）。由一束直线及同心圆弧所组成，中心点 O 称为应力奇点，该点应力不具有唯一值。

2）无心扇形场（图20-17b）。其直线型滑移线是滑移线族包络线 $\widehat{OO'}$ 的切线，曲线滑移线族是该包络线 OO' 的等距渐开线。

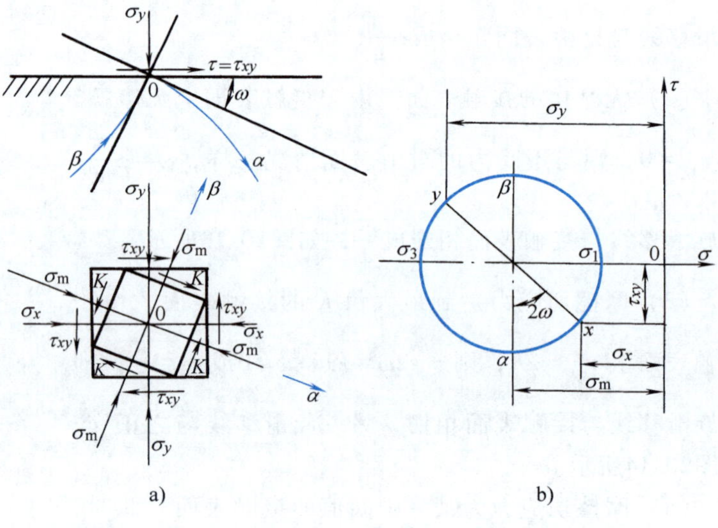

图 20-15　摩擦切应力为某一中间值的接触表面处的滑移线

（3）直线滑移线场与简单滑移线场的组合　根据滑移线的特性可知，与直线滑移线场相邻的区域，其滑移线场只能是简单滑移线场，如图 20-18 所示。

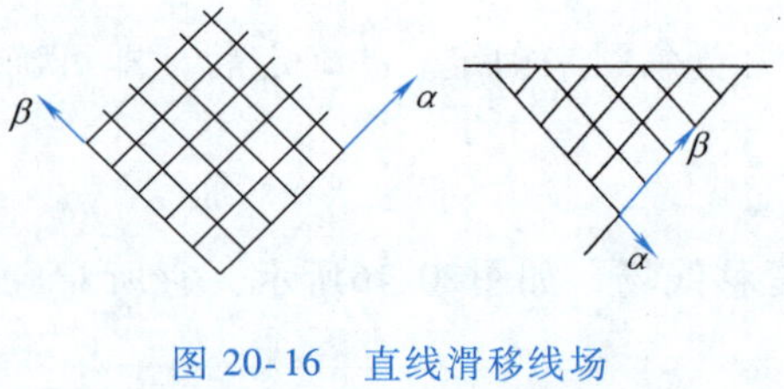

图 20-16　直线滑移线场

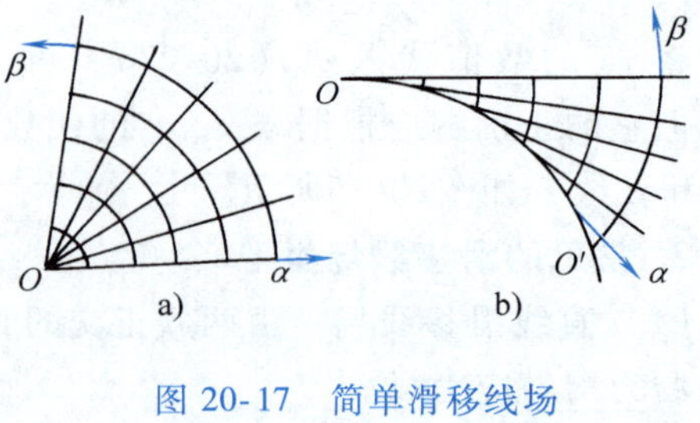

图 20-17　简单滑移线场

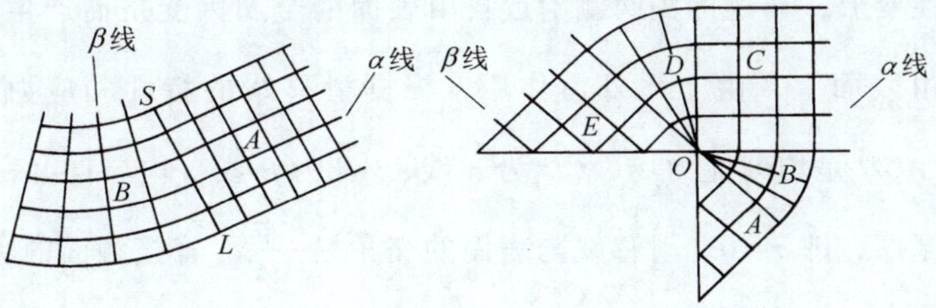

a)　b)

图 20-18 直线滑移线场与简单滑移线场的组合

(4) 由两族相互正交的光滑曲线所构成的滑移线场

1）当圆弧边界面为自由表面或其上作用有均布的法向应力时，其滑移线场由正交的对数螺旋线所构成，如图20-19a 所示。

2）粗糙平行刚性板间压缩时，相应于接触面上摩擦力达到最大值的那一段，其滑移线场为正交的圆摆线，如图20-19b 所示。

3）两个等半径圆弧所构成的滑移线场，也称扩展的有心扇形场，如图20-19c 所示。

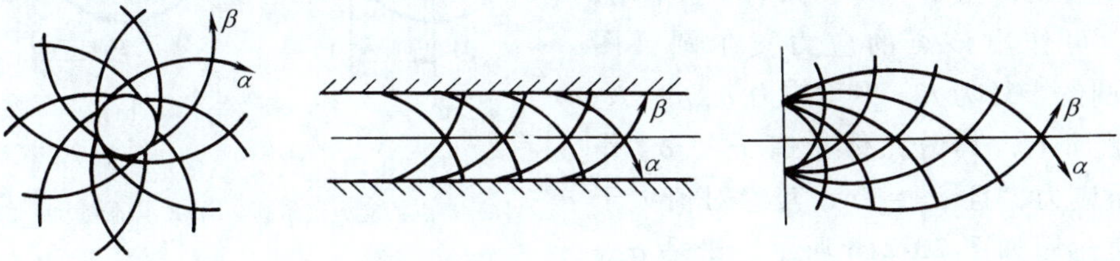

a)　b)　c)

图 20-19 两族正交曲线构成的滑移线场

20.5 滑移线法的应用

应用滑移线理论分析求解刚塑性体平面的塑性变形问题，可归纳为根据应力边界条件求解滑移线场及其应力状态。

20.5.1 平冲头压入半无限体

大型自由锻中剁刀切断大钢坯或用压铁在锻件上局部压入等工步的金属变形状态，可以看作是平冲头压入半无限体内的塑性成形问题。如钢坯尺寸很大，变形可以认为是平面变形。

设冲头的宽度为 $2b$，冲头表面光滑，与坯料的接触面上无摩擦力作用，现用滑移线法求解。

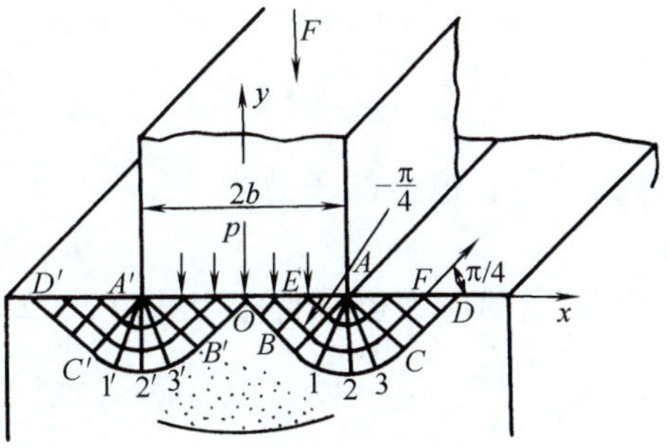

图 20-20 平冲头压入半无限体

1. 建立滑移线场

如图20-20所示，冲头压入时，冲头下的金属受压缩而产生塑性变形，靠近冲头两侧附近自由表面的金属因受挤而产生凸起的塑性变形。在冲头两侧的自由表面上，由于无外力作用，根据滑移线的特性和应力边界条件 $\omega=\frac{\pi}{4}$、$\sigma_m=-K$ 推知，$\triangle ACD$ 是均匀应力场，CD 为 α 线，AC 为 β 线，均与自由表面 AD 成45°。

冲头下面无摩擦，即 $\tau=0$，滑移线与表面的交角是 $-\frac{\pi}{4}$。若接触面的单位压力 p 均匀分布，则 $\triangle OBA$ 也是均匀应力场，OB 为 α 线，AB 为 β 线。按照滑移线的性质，两均匀应力场必然由扇形场相连接，故 ABC 区域是有心扇形场，半径为 β 线，圆弧为 α 线，A 点是应力奇点。

冲头压入时，首先在 A、A' 两点附近产生变形，然后逐步扩展。当塑性区扩展到 O 点，冲头开始压入，此时的滑移线场如图 20-20 所示。

2. 求平均单位压力

由于对称，取右半部分分析。在滑移线场中任取一条连接自由表面和冲头接触面的 α 线 EF，E、F 点的应力可作应力莫尔圆求得。对 F 点，其微元体上 $\sigma_y=0$，只有 σ_x 作用，为压应力，可作出该点的应力莫尔圆（图 20-21a），圆的半径为 K，平均应力 $\sigma_{mF}=-K$。E 点在接触面上，其微元体上有 σ_x、σ_y 作用，均为压应力，且 $\sigma_y=-p$，其绝对值大于 σ_x，应力莫尔圆如图 20-21b 所示。于是 $\sigma_{mE}=-p+K$。

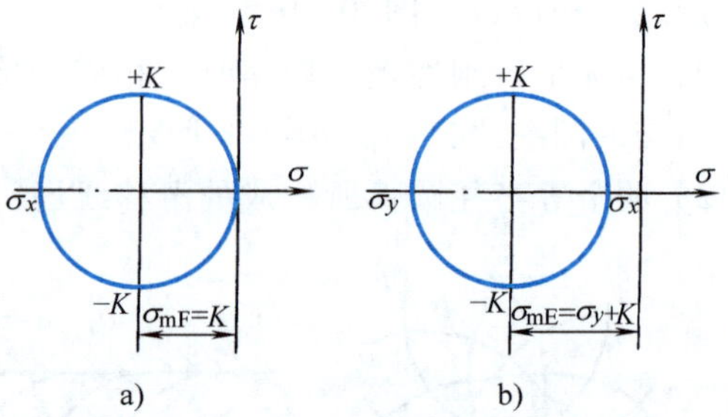

图 20-21　E、F 点的应力莫尔圆

a）F 点的应力莫尔圆　b）E 点的应力莫尔圆

在边界 AD 上，$\omega_F=\frac{\pi}{4}$；在接触面 AO 上，$\omega_E=-\frac{\pi}{4}\left(或\frac{3\pi}{4}\right)$，$EF$ 为 α 线，由式（20-24）的第一式，有

$$\sigma_{mF}-2K\omega_F=\sigma_{mE}-2K\omega_E$$

即

$$-K-2K\frac{\pi}{4}=-p+K+2K\frac{\pi}{4}$$

得

$$p=2K\left(1+\frac{\pi}{2}\right) \tag{20-28}$$

或

$$\frac{p}{2K}=1+\frac{\pi}{2}=2.57 \tag{20-28a}$$

平冲头单位长度上的压力为

$$p_{冲头}=2bp=2bK(2+\pi) \tag{20-29}$$

对 E、F 点的应力也可直接由式（20-21）求得，计算如下：

F 点，$\omega_F=\frac{\pi}{4}$，由于 $\sigma_1=0$，$\sigma_3=-2K$，所以 $\sigma_{mF}=\frac{1}{2}(\sigma_1+\sigma_3)=-K$。

E 点，$\omega_E=-\frac{\pi}{4}$

$$\sigma_{\mathrm{mF}}-2K\omega_{\mathrm{F}}=\sigma_{\mathrm{mE}}-2K\omega_{\mathrm{E}}$$

则
$$\sigma_{\mathrm{mE}}=\sigma_{\mathrm{mF}}+2K(\omega_{\mathrm{E}}-\omega_{\mathrm{F}})=-K+2K\left(-\frac{\pi}{2}\right)=-K(1+\pi)$$

按式（20-21）第二式，有

$$\sigma_{y}=\sigma_{\mathrm{mE}}+K\sin 2\omega_{\mathrm{E}}=-K(1+\pi)-K=-K(2+\pi)$$

因为△OBA 区为均匀应力场，所以单位流动压力为

$$p=-\sigma_{y}=K(2+\pi)$$

或
$$\frac{p}{2K}=1+\frac{\pi}{2}=2.57$$

所得结果与式（20-28）、式（20-28a）相同。

20.5.2　平砧横镦圆断面轴

在塑性加工中，小送进比（送进量 b 与毛坯高度 h 之比）的拔长（图 20-22）、窄砧压缩有限高坯料（图 20-23）等均与平砧横镦圆断面轴坯料（图 20-24）时的情况相似。试验指出，当坯料的相对高度为 $1\leqslant\frac{h}{b}\leqslant 8.6$ 时，塑性变形区波及整个坯料的高度，如图20-25所示。

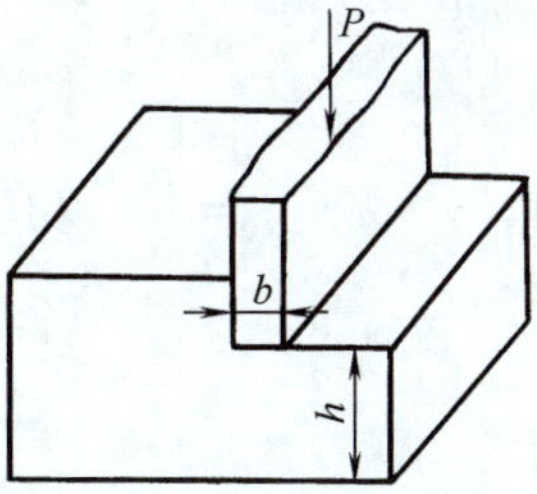

图 20-22　小送进比拔长图

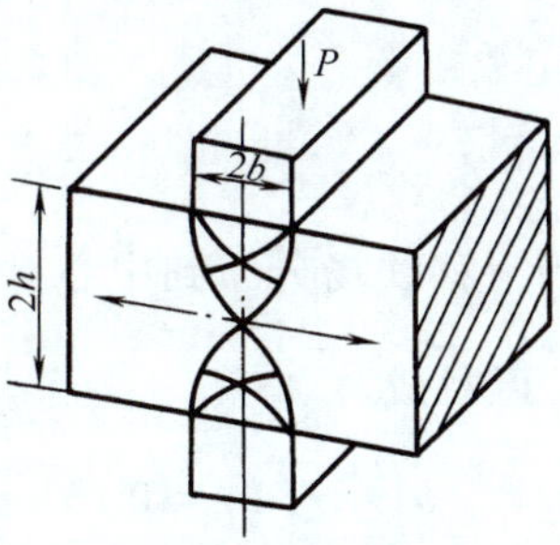

图 20-23　窄砧压缩有限高坯料

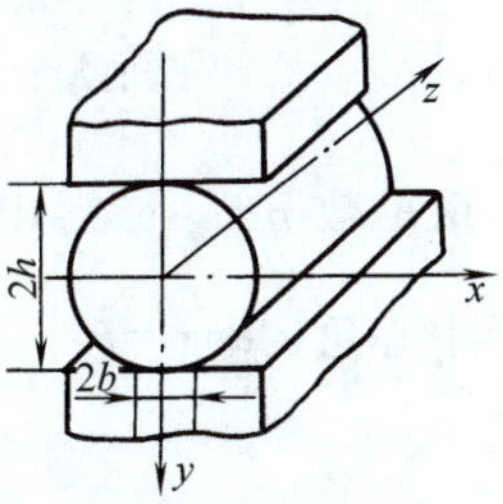

图 20-24　平砧横镦圆断面轴

1. 建立滑移线场

设平砧与圆断面轴接触面宽度为 $2b$，圆断面高度为 $2h$。接触面上无摩擦，则接触面上的单位流动压力 p 均匀分布。根据边界条件用图解法或数值积分法建立如图20-25所示的滑移线场，接触面下面的△abd 区域为均匀应力状态区直线滑移线场，其两侧为扩展的有心扇形场，上、下对称，在水平对称线 n-n 相遇，交于中心对称点 c，则 $\omega_{c}=-\frac{\pi}{4}$。

2. 求单位流动压力

根据 e、g 点的应力状态，可作出该两点的应力莫尔圆，如图20-26所示。

根据亨基应力方程式（20-24）可导得

$$\sigma_{\mathrm{me}}-\sigma_{\mathrm{mg}}=-4K\theta \tag{a}$$

式中，θ 为塑性区中心对称线 y 轴上任一点 g 相对应的扇形场的中心角，参见图20-25。

根据 e、g 点的应力莫尔圆，可得

$$\sigma_{me}=-p+K \quad (p>0) \tag{b}$$

$$\sigma_{mg}=\sigma_{xg}-K \tag{c}$$

根据式（a）~式（c），可解得 g 点的 σ_{xg}

$$\sigma_{xg}=-p+2K(1+2\theta) \tag{20-30}$$

由平衡条件得

$$\int_0^h \sigma_x \mathrm{d}y = 0 \tag{d}$$

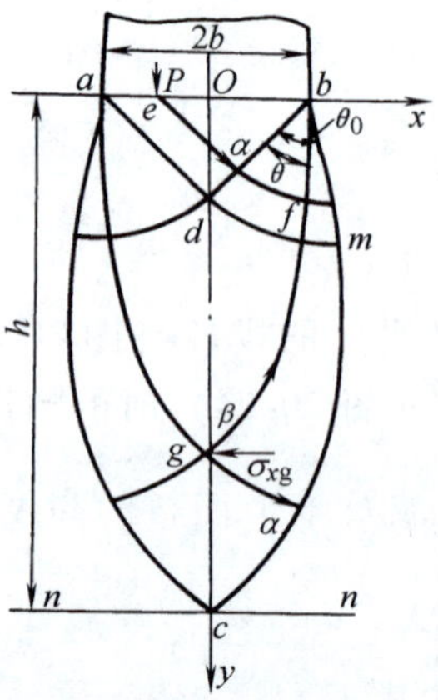

图 20-25　平砧横镦圆断面轴坯料时的滑移线场图

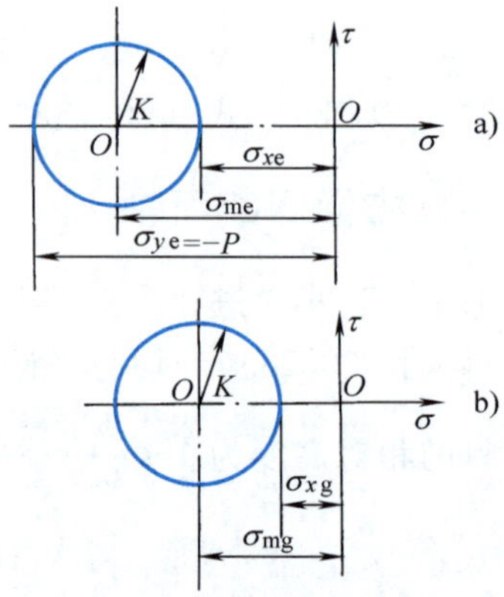

图 20-26　e、g 点的应力莫尔圆

a）e 点　b）g 点

取参数 $\eta=\dfrac{y}{b}$，则 $\mathrm{d}y=b\mathrm{d}\eta$。当滑移线场分布到中心对称点 c 时，$y=h$，$\eta_0=\dfrac{h}{b}$，相应的扇形中心角 $\angle dbm=\theta_0$，则式（d）可写成

$$b\int_0^{\eta_0} \sigma_x \mathrm{d}\eta = 0 \tag{e}$$

将式（20-30）的 σ_{xg} 值代入式（e），可得

$$\int_0^{\eta_0}[-p+2K(1+2\theta)]\mathrm{d}\eta = 0$$

σ_x 在 Od 段内（均匀应力场）值相等，故上式积分可分两段分别计算，即

$$\int_0^1(-p+2K)\mathrm{d}\eta + \int_1^{\eta_0}[-p+2K(1+2\theta)]\mathrm{d}\eta = 0$$

积分并化简得

$$p = 2K\left(1+\frac{2}{\eta_0}\int_1^{\eta_0}\theta \mathrm{d}\eta\right) \tag{f}$$

根据精确的计算结果，θ 和 η 有以下近似函数关系

$$\left.\begin{aligned}\eta&=\mathrm{e}^{1.67\theta}\\ \theta&=0.6\ln\eta\end{aligned}\right\} \tag{20-31}$$

将式（20-31）代入式（f），积分化简后可得

$$p=2K\left(1.2\ln\eta_0+\frac{1.2}{\eta_0}-0.2\right) \tag{20-32}$$

由式（20-32）算出的 p 值和精确计算结果比较，误差一般不超过2%。

求塑性区中心对称点 c 的 σ_x 值，可将式（20-32）中的 p 值代入式（20-30）并使 $\theta=0.6\ln\eta_0$，化简得

$$\sigma_{xc}=2.4K\left(1-\frac{1}{\eta_0}\right) \tag{20-33}$$

由式（20-33）可知，当 $\eta_0>1$，则 σ_x 为正，即说明在塑性变形区中心点的 σ_x 为拉应力。

$$\sigma_{yc}=\sigma_{xc}-2K=2K\left(0.2-\frac{1.2}{\eta_0}\right) \tag{20-34}$$

式（20-34）说明当 $\eta_0>6$ 时，在塑性区中心点 c 处的 σ_y 也为拉应力。

由式（20-32）可知，p 随 η_0 增大而增大。当 η_0 很大时，坯料内的塑性变形只在表层发生，如图20-20所示。因此，式（20-32）的 p 值不能超过式（20-28）给出的 p 值，即

$$2K\left(1.2\ln\eta_0+\frac{1.2}{\eta_0}-0.2\right)\leqslant 2K\left(1+\frac{\pi}{2}\right)$$

解得 $\eta_0=8.6$，说明图20-25所示的滑移线场适合于

$$1\leqslant\frac{h}{b}\leqslant 8.6$$

当 $\eta_0=8.6$ 时，相应的 $\theta_0=77°$，这时塑性变形区的中心点 c 的应力值由式（20-33）和式（20-34）算得，即

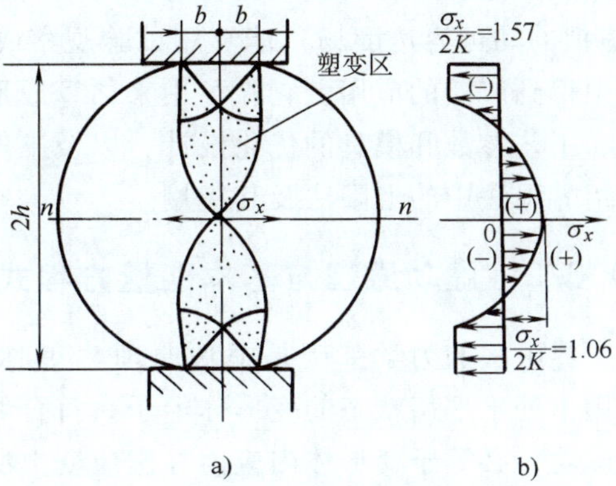

图 20-27　平砧横镦圆断面轴坯料时的滑移线场和应力分布

a）滑移线场　b）$\frac{h}{b}=8.6$ 时的 σ_x 分布

$$\sigma_{x\max}\approx 2.12K,\quad \sigma_{y\max}\approx 0.12K$$

说明塑性变形区中心出现两向拉应力。这种现象在开坯拔长、锻轴或横轧时经常出现。图20-27表示平砧横镦圆轴时截面上的塑性变形区和应力分布。当坯料中心拉应力超过材料的抗拉强度时，在毛坯中心处出现裂纹，容易产生开裂。选择合理的工艺参数，可以降低坯料中心区的拉应力，避免中心开裂。

20.6　塑性极值原理和上限法

20.6.1　概述

对于复杂的塑性成形问题，要求得到一般的数学解是很困难的。通常采用近似方法求解塑性成形问题，得到的解有两种类型：数值解和解析解。采用有限元法和有限差分法得到的是数值解；用主应力法、滑移线法得出的是解析解。它们在求解时对问题本身和材料性质都作了一些简化处理和假设，难以得到准确解。而极限分析法则是另一种解析法，这种方法从力学理论基础上根本改变了近似和简化途径，使求解过程中不必解复杂的偏微分方程，并具有较可靠的解析结果。

在塑性成形理论中，对于理想塑性材料的工件，当载荷增加到某一数值时，即使载荷不再继续增加，塑性变形也会自然地发展，这时工件达到所谓极限状态，这样的载荷值称为极限载荷。如果在金属塑性成形过程的力学问题求解中通过近似的方法简化求解过程并排除复杂的数学运算，从而得出的载荷大于或小于这个真实的极限载荷，则所得出的解称为界限载荷。因此，极限分析的计算方法分为上限法与下限法，求解界限载荷的理论分为上限定理与下限定理。

极限分析计算的界限载荷与实测载荷的误差一般为10%～15%，在工程应用的许可范围之内，因其计算简单，在工艺分析计算中得到广泛的应用。特别是上限法得出的结果略大于真实载荷，正符合于锻压设备选择与模具设计的安全要求。此外，上限法所依据的近似方法（虚拟的动可容速度场）能够用试验观察或用滑移线场找到参考依据，因此，这种方法在工程中得到广泛的应用。它除了用来估算成形过程的力能参数外，还可用于金属流动和变形分析、工艺参数和模具的优化设计，以及工件内部温度场和缺陷的预测等。故此，下面将着重介绍界限法中的上限法及其应用。

20.6.2　虚功原理与基本能量方程式

界限法的力学基础是虚功原理。变形体的虚功原理可表述如下：如对载荷系（力系）作用下处于平衡状态的变形体给予一符合约束条件的微小虚位移时，则外力在虚位移上所做的虚功，必等于变形体内应力在虚应变上所做的虚功（虚应变能）。为了方便起见，也可用功增量表示。

现设一处于平衡受力状态的塑性变形体，其体积为 V，总表面积 S 分为 S_T 和 S_u 两部分，S_T 上的表面力 T_i 已知，S_u 的位移增量 $\mathrm{d}u_i$（或位移速度$\dot{u}_i$）已知，变形体的应力场为 σ_{ij}，应变增量场为 $\mathrm{d}\varepsilon_{ij}$（或应变速率场为$\dot{\varepsilon}_{ij}$），如图20-28所示。根据虚功原理有

$$\int_S T_i \mathrm{d}u_i \mathrm{d}S = \int_V \sigma_{ij} \mathrm{d}\varepsilon_{ij} \mathrm{d}V \qquad (20\text{-}35)$$

式中左边部分表示变形体上外力系所做的虚功（增量），右边表示变形体的虚应变能（增量）。该式称为虚功方程或基本能量方程式。虚功方程满足应力平衡条件和应力边界条件。

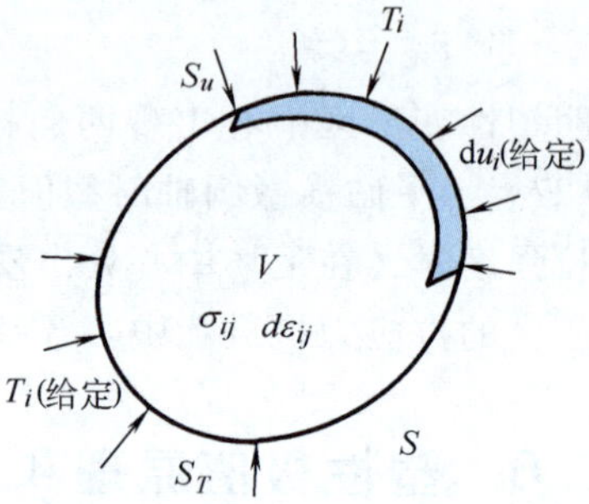

图 20-28　变形体边界的划分及其上的表面力 T_i 和位移增量 $\mathrm{d}u_i$

若以$\dot{u}_i$ 代替 $\mathrm{d}u_i$，以$\dot{\varepsilon}_{ij}$代替 $\mathrm{d}\varepsilon_{ij}$，功增量变为功率，则虚功率方程为

$$\int_S T_i \dot{u}_i \mathrm{d}S = \int_V \sigma_{ij} \dot{\varepsilon}_{ij} \mathrm{d}V \qquad (20\text{-}36)$$

对于刚塑性体，由于应力球张量不做功，故式（20-36）又可改写成

$$\int_S T_i \dot{u}_i \mathrm{d}S = \int_V \sigma'_{ij} \dot{\varepsilon}_{ij} \mathrm{d}V \qquad (20\text{-}37)$$

20.6.3　速度间断

在讨论虚功方程时，变形体内的位移（增量）场或速度场是处处连续的。而实际上，

在刚塑性变形体内可能存在位移（增量）或速度不连续的情形，这点必须加以考虑。

现设变形体被速度间断面 S_D 分成①和②两个区域，在微段 dS_D 上的速度间断情况如图20-29所示。根据塑性变形体积不变条件可知，垂直于 dS_D 上的速度分量必须相等，即 $\dot{u}_n^{①}=\dot{u}_n^{②}$，否则材料将发生重叠或拉开。而切向速度分量可以不等，造成①、②区的相对滑动。其速度间断值为 $[V_t]=\dot{u}_t^{①}-\dot{u}_t^{②}$

速度间断面就是沿 S_D 的一个速度急剧而连续变化的薄层区，如图20-30所示。变形体由于存在速度间断，要消耗一定的剪切功率，其值为

$$\int_{S_D}\tau(\dot{u}_t^{①}-\dot{u}_t^{②})\mathrm{d}S_D=\int_{S_D}\tau[V_t]\mathrm{d}S_D \tag{20-38}$$

如果变形体内存在若干个速度间断面，则所消耗的功率等于各个面所消耗功率的总和。

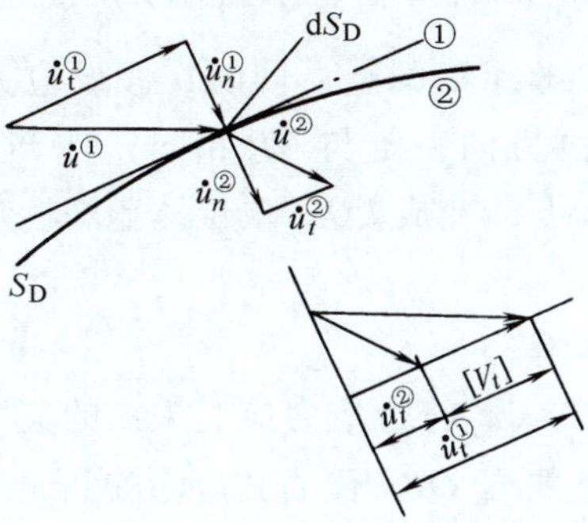

图 20-29　速度间断面 dS_D 上的速度间断

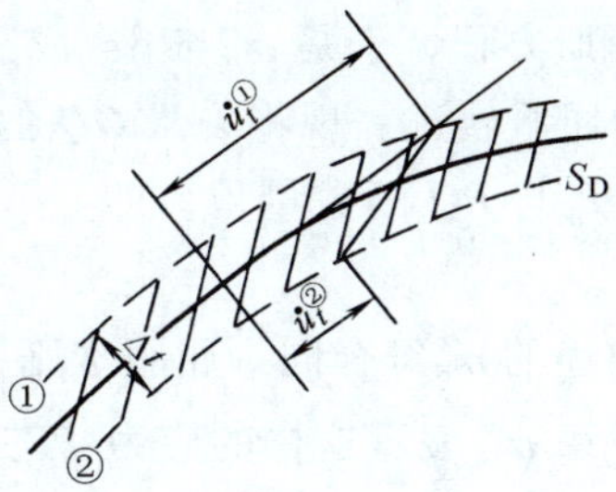

图 20-30　速度间断薄层区

于是，对于变形体存在速度间断时的虚功（率）方程应为

$$\int_S T_i\dot{u}_i\mathrm{d}S=\int_V\sigma_{ij}\dot{\varepsilon}_{ij}\mathrm{d}V+\sum\int_{S_D}\tau[V_t]\mathrm{d}S_D \tag{20-39}$$

式中 τ 为沿速度间断面切线方向上的切应力，当变形体处于塑性屈服状态，由于速度间断面实质上是最大切应力平面，故 $\tau=K$（剪切屈服强度）。

20.6.4　最大散逸功原理

对刚塑性体而言，若应变增量场一定，在所有满足屈服准则的应力场中，与该应变增量场符合应力应变关系的应力场所做的塑性功增量为最大，其表达式为

$$\int_V(\sigma'_{ij}-\sigma^{*\prime}_{ij})\mathrm{d}\varepsilon_{ij}\mathrm{d}V\geqslant 0 \tag{20-40}$$

式中，σ'_{ij}、$\mathrm{d}\varepsilon_{ij}$是符合应力应变关系的应力偏量（场）和应变增量（场）；$\sigma^{*\prime}_{ij}$是满足同一屈服准则的任意应力偏量（场）。

下面证明最大散逸功原理。

应力状态 σ_{ij}可以用主应力空间中的矢量来表示，塑性变形时，该矢量的端点一定位于屈服表面上。同样，应变增量 $\mathrm{d}\varepsilon_{ij}$也可以用主应变空间中的一矢量来表示。由于应变增量的主轴与应力主轴是重合的，故它们可以画在同一主轴空间内，如图20-31所示。

由于塑性变形时　　$\mathrm{d}\varepsilon_1+\mathrm{d}\varepsilon_2+\mathrm{d}\varepsilon_3=0$

这表示 $\mathrm{d}\varepsilon_{ij}$的矢量 $\boldsymbol{OQ}$ 一定在 π 平面上，设应力矢量 $\boldsymbol{OP}$ 在 π 平面上的投影为 OP（图

20-32），它即代表其应力偏张量 $\boldsymbol{\sigma}'_{ij}$。

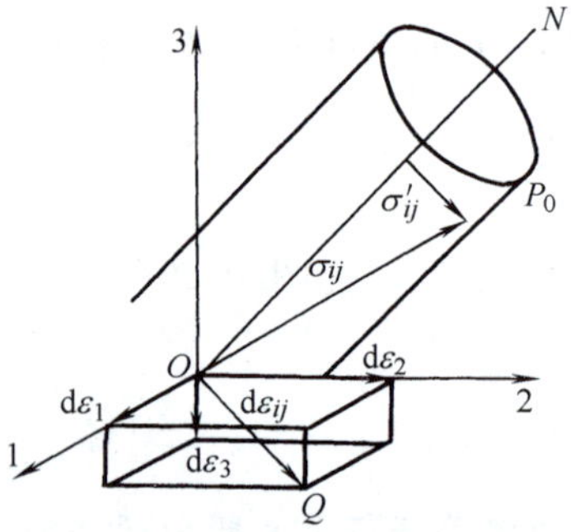

图 20-31　主轴空间内的应力、应变矢量

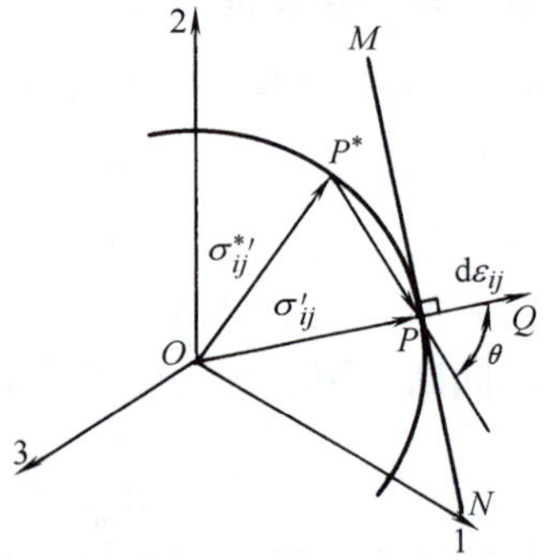

图 20-32　π 平面上的偏应力矢量和应变矢量

假若应力张量 $\boldsymbol{\sigma}_{ij}$服从米泽斯屈服准则，P 点即在米泽斯圆上，同时，假设应力与应变符合米泽斯方程，于是 $\boldsymbol{\sigma}'_{ij}$与 $d\varepsilon_{ij}$成正比，故矢量 $\boldsymbol{PQ}$ 的方向一定与 OP 相同，且 $\boldsymbol{PQ}$ 垂直于 P 点处的屈服轨迹。现将矢量 $\boldsymbol{OQ}$ 的起点移至 OP 的端点，变成 PQ。单位体积塑性功增量就是矢量 $\boldsymbol{OP}$ 与 $\boldsymbol{PQ}$ 的数量积，即

$$dw=\boldsymbol{\sigma}'_{ij}d\varepsilon_{ij}=\boldsymbol{OP}\cdot\boldsymbol{PQ} \tag{20-41}$$

与前述的 $\boldsymbol{\sigma}_{ij}$符合同一屈服准则，但不一定与前述的 $d\varepsilon_{ij}$符合应力应变关系的应力状态是很多的，用 $\boldsymbol{\sigma}^*_{ij}$ 表示这样的应力状态，并用 π 平面上的矢量 $\boldsymbol{OP}^*$ 代表其应力偏张量 $\boldsymbol{\sigma}^{*\prime}_{ij}$（图 20-32），将 $\boldsymbol{\sigma}^{*\prime}_{ij}$与前述的 $d\varepsilon_{ij}$相乘，同样可得到一个单位体积塑性功增量（可理解为假想应力的单位体积塑性功增量）

$$dw^*=\boldsymbol{\sigma}^{*\prime}_{ij}d\varepsilon_{ij}=\boldsymbol{OP}^*\boldsymbol{PQ} \tag{20-42}$$

将式（20-41）减去式（20-42），可得

$$\begin{aligned}dw-dw^* &= (\boldsymbol{\sigma}'_{ij}-\boldsymbol{\sigma}^{*\prime}_{ij})\,d\varepsilon_{ij}=(\boldsymbol{OP}-\boldsymbol{OP}^*)\,\boldsymbol{PQ}\\ &= \boldsymbol{P^*P}\boldsymbol{PQ}=|P^*P|\;|PQ|\cos\theta\end{aligned}$$

由于屈服轨迹是外凸的曲线，P^* 点一定在 P 点处屈服轨迹切线 MN 的左边；又 PQ 垂直于 P 点的屈服轨迹，所以，$\theta\leqslant\dfrac{\pi}{2}$，$\cos\theta\geqslant0$，故

$$dw-dw^*=(\boldsymbol{\sigma}'_{ij}-\boldsymbol{\sigma}^{*\prime}_{ij})\,d\varepsilon_{ij}\geqslant0 \tag{20-43}$$

将式（20-43）对整个体积积分，即得

$$\int_V(\sigma'_{ij}-\sigma^{*\prime}_{ij})\,d\varepsilon_{ij}dV\geqslant0$$

前面所说的符合应力应变关系的应力场和应变增量场，既可以是真实的，也可以是虚拟的或可能的。若以 $\boldsymbol{\sigma}^*_{ij}$ 和 $d\varepsilon^*_{ij}$ 表示符合应力应变关系的虚拟应力场和相应的虚拟应变增量场，由于 $d\varepsilon^*_{ij}$ 的矢量必然也垂直于 $\boldsymbol{\sigma}^*_{ij}$ 的矢量端点处的屈服轨迹，故同样存在如下的关系式

$$\int_V(\sigma^{*\prime}_{ij}-\sigma'_{ij})\,d\varepsilon^*_{ij}\,dV\geqslant0 \tag{20-44}$$

对于一定的应变增量场（不管是真实的还是虚拟的），在所有满足屈服准则的应力场中，与该应变增量场符合应力应变关系的应力场所做的塑性功增量为最大。亦即，由于屈服准则的限制，物体塑变时，总是要导致最大的能量散逸（或能量消耗）。

将式（20-40）和式（20-44）对时间求导，则得

$$\int_V (\sigma'_{ij} - \sigma^{*\prime}_{ij})\dot{\varepsilon}_{ij} \mathrm{d}V \geqslant 0$$

$$\int_V (\sigma^{*\prime}_{ij} - \sigma'_{ij})\dot{\varepsilon}^*_{ij} \mathrm{d}V \geqslant 0$$

20.6.5 上限法原理

用上限法计算极限载荷时，只假设塑变区的位移状态为动可容速度场$\dot{u}_i^*$（或位移场u_i^*），它满足下列三个条件：

1）满足速度（或位移）的边界条件，即在位移面S_u上，$\dot{u}_i^* = \dot{u}_i$或$u_i^* = u_i$，$\dot{u}_i$或u_i为给定的真实速度或真实位移。

2）变形体在变形时保持连续性，不发生重叠和开裂。

3）满足体积不变条件。

由于所假设的速度（位移）场只要求满足动可容条件，而不考虑应力方面的条件，因此该速度（位移）场不一定是（一般不是）真实的速度（位移）场。依据此速度（位移）场所求得的极限载荷总是大于（最小等于）真实载荷，故称上限法。

现设有一动可容位移增量场$\mathrm{d}u_i^*$，且变形体内存在速度间断面S_D^*，其上的位移增量间断值为$[u^*]$，如图20-33所示。

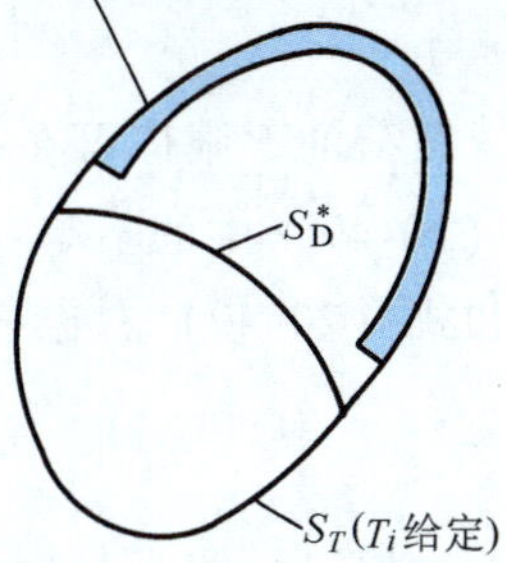

图 20-33 上限定理边界条件及速度间断面示意

将虚功方程用于动可容位移增量场$\mathrm{d}u_i^*$和真实应力场σ_{ij}，参照式（20-39）有

$$\int_{S_T} T_i \mathrm{d}u_i^* \mathrm{d}S_T + \int_{S_u} T_i \mathrm{d}u_i^* \mathrm{d}S_u = \int_V \sigma'_{ij} \mathrm{d}\varepsilon^*_{ij} \mathrm{d}V + \int_{S_D^*} \tau [u^*] \mathrm{d}S_D^* \tag{20-45}$$

式中，τ表示真实应力场σ_{ij}在S_D^*上的切应力分量，它总是小于或等于按屈服准则所确定的切应力极限K，即$\tau \leqslant K$。

由最大散逸功原理可知

$$\int_V \sigma'_{ij}\varepsilon^*_{ij} \mathrm{d}V \leqslant \int_V \sigma^{*\prime}_{ij} \mathrm{d}\varepsilon^*_{ij} \mathrm{d}V$$

将这些关系式代入式（20-45），并考虑到在S_u上，$\mathrm{d}u_i^* = \mathrm{d}u_i$，故得

$$\int_{S_u} T_i \mathrm{d}u_i \mathrm{d}S_u \leqslant \int_V \sigma^{*\prime}_{ij} \mathrm{d}\varepsilon^*_{ij} \mathrm{d}V + \sum \int_{S_D^*} K[u^*] \mathrm{d}S_D^* - \int_{S_T} T_i \mathrm{d}u_i^* \mathrm{d}S_T \tag{20-46}$$

式（20-46）中右边第一至三项分别为虚拟连续位移增量场$\mathrm{d}u_i^*$所做的功增量、虚拟速度间断面S_D^*上所消耗的剪切功增量及S_T上真实表面力T_i在$\mathrm{d}u_i^*$上所做的功增量。三项之和即为所求虚拟变形功增量，也即S_u上虚拟表面力T_i^*所做功增量

$$\int_{S_u} T_i^* \mathrm{d}u_i^* \mathrm{d}S_u$$

而式（20-46）的左边项为S_u上真实表面力T_i所做的功增量。它可简写为

$$\int_{S_u} T_i \mathrm{d}u_i \mathrm{d}S_u \leqslant \int_{S_u} T_i^* \mathrm{d}u_i^* \mathrm{d}S_u = \int_{S_u} T_i^* \mathrm{d}u_i \mathrm{d}S_u \tag{20-47}$$

式（20-46）、式（20-47）即为上限定理的数学表达式，它可表述为：在 S_u 上，与任一动可容位移增量场 du_i^* 对应的表面力 T_i^* 所做的功增量，总是大于或等于真实表面力 T_i 在真实位移增量场 du_i 上所做的功增量。

在上述分析中，若用$\dot{u}_i^*$、$\dot{\varepsilon}_{ij}^*$分别代替 du_i^* 和 $d\varepsilon_{ij}^*$，则式（20-46）中的各项变为相应的功率，因而得

$$\int_{S_u} T_i \dot{u}_i dS_u \leqslant \int_V \sigma_{ij}^{*\prime} \dot{\varepsilon}_{ij}^* dV + \sum \int_{S_D^*} K[V^*] dS_D^* - \int_{S_T} T_i \dot{u}_i^* dS_T \tag{20-48}$$

式（20-47）、式（20-48）还表明，由 S_u 上 T_i^* 所确定的载荷 P^*，总是大于或等于真实表面力 T_i 所确定的载荷 P（即真实载荷）。为了获得合理的上限载荷 P^*，通常需要设计多个动可容位移增量场（或速度场），分别求出相应的载荷，其中最小的一个就是最接近于真实载荷的上限解。

在塑性加工中，力面 S_T 通常为自由表面，即 $T_i=0$，故式（20-48）可简化为

$$\int_{S_u} T_i \dot{u}_i dS_u \leqslant \int_V \sigma_{ij}^{*\prime} \dot{\varepsilon}_{ij}^* dV + \sum \int_{S_D^*} K[V^*] dS_D^* \tag{20-49}$$

载荷的上限值可在式（20-49）的基础上方便地求得。当假定运动许可速度场$\dot{u}_i^*$后，式（20-49）中的不等号右边部分即可求得。根据能量守恒原则，外载荷 P^* 所做的功率应该和式（20-49）右边三项能量的代数和相等

$$P^* \dot{u}_i = \int_V \sigma_{ij}^{*\prime} \dot{\varepsilon}_{ij}^* dV + \sum \int_{S_D^*} K[V^*] dS_D^* - \int_{S_T} T_i \dot{u}_i^* dS \tag{20-50}$$

一般位移面工具的速度$\dot{u}_i$是常数，在假设$\dot{u}_i^*$时就已经给定，因而上限载荷 P^* 即可求出。

为获得更接近真实载荷的上限解，通常需要多设计几个动可容速度场，分别求出相应的 P^*，从中选出最小者。则它与真实载荷 P 更为接近。而基于上限法的优化设计，通常都是将变形载荷或变形总功率作为目标函数。

需要指出，若变形体与工具的接触表面（可以是 S_u 的部分或全部）存在外摩擦，且发生相对滑动，则式（20-48）右边部分的上限功率还应计入此接触面上所消耗的摩擦功率

$$\dot{w}_\tau = \int_{S_u} \tau [V^*]_{S_u} dS_u$$

20.7 上限法的应用

20.7.1 上限法的解题步骤

利用上限法求解塑性成形问题，通常按以下步骤进行。

1）根据金属流动规律和解题要求，设计动可容速度场。

2）利用几何方程，由该速度场确定应变速率场和等效应变速率场。

3）计算式（20-48）或式（20-50）右边部分的各项上限功率。

4）利用最优化原理确定使总功率消耗为最小的准独立变量，如表征圆柱体镦粗鼓形程度的系数、塑变区划分时的一些待定参数、模具的某些几何参数等。

5）求解上限载荷，并进行各变量间相互关系的分析，从中得出用以指导工艺设计的参数和结论。

在求解中，选择合理的流动模式和设计接近真实情况的动可容速度场是关键。这往往需要借助视塑性法及各种模拟试验，参考相关的理论成果并结合实际经验对金属流动所做的直观分析和逻辑判断等。上限法中的动可容速度场通常有以下三种模式：

1）针对平面应变问题，将变形体简化成由速度间断面分隔的若干三角形刚性块。塑性变形时，这些刚性块相互滑动，消耗剪切功率，而刚性块本身不变形，即$\dot{\varepsilon}_{ij}^{*}=0$，故

$$\int_V \sigma_{ij}^{*}\dot{\varepsilon}_{ij}^{*}\,\mathrm{d}V = 0$$

刚性块的划分通常要参照相关的滑移线场。由于滑移线场体现了平面应变条件下的精确解，因此，简化的刚性块变形模式与滑移线场越接近，求得的上限解就越精确。利用刚体力学中的牵连速度、相对速度和绝对速度的概念，还可给出速度边界条件，绘出速端图，进而求得上限功率。

2）含有连续速度场的上限流动模式。即把塑变区设计为连续速度场，如平行速度场、各种形式的向心速度场等，只在刚-塑性边界产生速度间断。此外，还有由流函数求得的连续速度场。这些速度场既可用于平面应变问题，也可用于轴对称变形问题。

3）利用“上限单元技术”。它是在对大量上限流动模型进行综合归纳后提出的。其特点是将变形体的单元划分和单元速度场的确定规范化，总功率为单元内部的功率消耗、单元间的剪切功率和各单元与接触表面之间的摩擦功率消耗。此法便于与计算机技术相结合。上限单元技术主要用于求解轴对称变形问题及复杂的三维变形问题。

20.7.2 应用实例

下面分别以第一种和第二种上限流动模式举例说明上限法的应用。

1. 光滑平冲头压入半无限体的上限分析

参照滑移线场，将变形区离散为三个等腰三角形的刚性块△A、△B和△C（图20-34a），变形状态就用此三个刚性块的相互滑动来表示，相应的速端图如图20-34b所示。关于速端图的知识，可参见有关参考资料。图中Oa代表冲头的下移速度（设为一单位速度）；$\boldsymbol{ab}$为△A与冲头端面之间的相对滑动速度；Ob为△A的绝对速度，也即与半无限体0区的相对滑动速度；$\boldsymbol{bc}$为△A和△B的相对滑动速度；Oc为△B的绝对速度，也即与0区的相对滑动速度；$\boldsymbol{cd}$为△B和△C的相对滑动速度；Od为△C的绝对速度，也即与0区的相对滑动速度。

设三角形等腰边的夹角为θ，于是，由速端图可求得各速度间断值为

$$\overline{Ob}=\overline{bc}=\overline{cd}=\overline{Od}=\frac{1}{\sin\theta};\quad \overline{Oc}=\frac{2}{\tan\theta}$$

又由几何关系可求得物理平面上各速度间断面的几何尺寸为

$$\overline{15}=\overline{25}=\overline{24}=\overline{34}=\frac{b}{2}\frac{1}{\cos\theta};\quad \overline{54}=b$$

刚性块本身不变形，无功率消耗。又因冲头光滑，在$\overline{12}$上也不消耗摩擦功率。因此，式(20-49）右边部分的上限功率仅为各速度间断面上消耗的剪切功率，即有

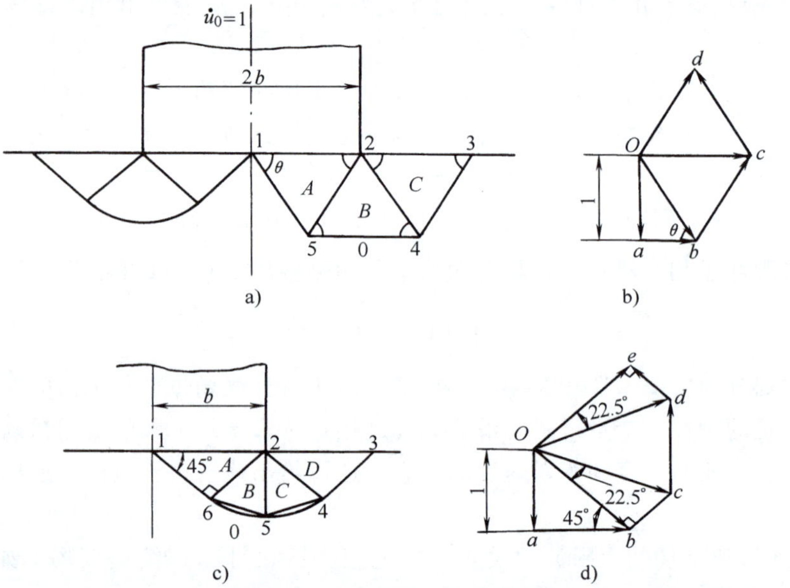

图 20-34 光滑平冲头压入半无限体

a）滑移线场和上限模式Ⅰ b）模式Ⅰ对应的速端图 c）上限模式Ⅱ d）模式Ⅱ对应的速端图

$$\int_{S_D^*} K[V^*]\mathrm{d}S_D^* = K(\overline{15}\cdot\overline{Ob}+\overline{25}\cdot\overline{bc}+\overline{54}\cdot\overline{Oc}+\overline{24}\cdot\overline{cd}+\overline{34}\cdot\overline{Od})$$

$$=K\left(4\frac{b}{2}\frac{1}{\cos\theta}\frac{1}{\sin\theta}+b\frac{2}{\tan\theta}\right)$$

$$=2Kb\left(\frac{1}{\sin\theta\cos\theta}+\frac{1}{\tan\theta}\right)$$

只考虑冲头一半外力所做功率应为 p^*b，根据功率平衡原理有

$$p^*b=2Kb\left(\frac{1}{\sin\theta\cos\theta}+\frac{1}{\tan\theta}\right)$$

$$p^*=2K\left(\frac{1}{\sin\theta\cos\theta}+\frac{1}{\tan\theta}\right)$$

式中，θ 为准独立变量，现设 $\theta=45°$，则有

$$p^*=2K(\sqrt{2}\times\sqrt{2}+1)=6K$$

若取 $\dfrac{\mathrm{d}p^*}{\mathrm{d}\theta}=0$，得 $\theta=54.74°$，则相应的 p^* 值为

$$p^*=5.66K$$

这就是对应于变形模式Ⅰ的最佳上限解，但它仍然大于滑移线解（$p^*=5.14K$）。为求得最接近于真实载荷的上限解，还可设计其他变形模式。

为此，参照相应的滑移线场，选择图20-34c 所示的变形模式，图中的△A、△B、△C 和△D 为三角形刚性块，由对应的速端图20-34d，求得各速度间断面上的速度间断值为

$$\overline{Ob}=\overline{Oe}=\sqrt{2}\,,\quad \overline{Oc}=\overline{Od}=\frac{\sqrt{2}}{\cos22.5°}$$

$$\overline{bc}=\overline{de}=\sqrt{2}\tan 22.5°,\ \overline{cd}=2\sqrt{2}\tan 22.5°$$

又由几何关系求得各速度间断面的几何尺寸为

$$\overline{16}=\overline{26}=\overline{25}=\overline{24}=\overline{43}=\frac{b}{\sqrt{2}},\ \overline{65}=\overline{54}=\sqrt{2}\,b\sin 22.5°$$

根据功率平衡原理有

$$\begin{aligned}p^{*}b&=\int_{S_D^*}K[V^*]\mathrm{d}S_D^*=K(\overline{16}\cdot\overline{Ob}+\overline{26}\cdot\overline{bc}+\overline{65}\cdot\overline{Oc}+\overline{25}\cdot\overline{cd}+\\&\quad\overline{54}\cdot\overline{Od}+\overline{24}\cdot\overline{de}+\overline{43}\cdot\overline{Oe})\\&=K\left[\frac{b}{\sqrt{2}}(2\sqrt{2}+4\sqrt{2}\tan 22.5°)+4b\tan 22.5°\right]\\&=K\cdot b(2+8\tan 22.5°)\end{aligned}$$

所以

$$p^{*}=K(2+8\tan 22.5°)=5.31K$$

此值比模式Ⅰ的最佳上限解更接近于真实载荷，但仍然偏高。如果把圆弧$\overset{\frown}{65}$和$\overset{\frown}{54}$再对半细分，则得由六个三角形刚性块组成的变形模式，其轮廓更接近于滑移线场，按此模式求得的p^{*}值为5.17K，与滑移线解仅相差0.6%。

2. 轴对称问题的上限分析

轴对称应力状态是三向变形，原来的三角形块在变形中不能像平面变形那样保持不变（刚性）。因此在求解轴对称问题时，认为变形体的速度场是连续的，塑性功全部消耗在物体内部的连续变形和接触表面可能的摩擦上，即直接使用上限法公式（20-49），其速度场要能满足边界条件。现以圆柱体镦粗为例说明其解法。

（1）运动学许可的速度场　一圆柱体直径为$D(=2R_1)$（图20-35），模具以u_0速度压缩圆柱体，设在变形过程中关于z轴的圆柱面始终保持柱面，则径向速度$\dot{u}_R$只是R的函数，即$\dot{u}_R=\dot{u}_R(R)$。由体积不变条件可知，变形体内某圆柱面向外扩大的体积$2\pi RH\dot{u}_R$等于被压缩的体积$\pi R^2\dot{u}_0$，故

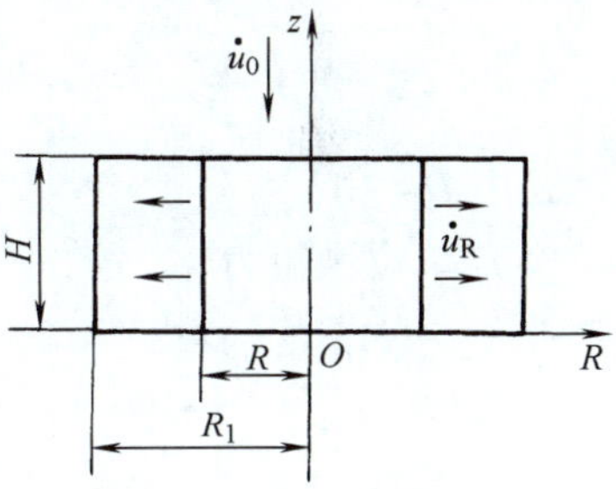

图20-35　圆柱体镦粗

$$\dot{u}_R=\frac{1}{2}\frac{R}{H}\dot{u}_0$$

由于$\dot{\varepsilon}_R+\dot{\varepsilon}_\theta+\dot{\varepsilon}_z=0$，且$\dot{\varepsilon}_\theta=\dfrac{\dot{u}_R}{R}$，所以

$$\dot{\varepsilon}_z=\frac{\partial\dot{u}_z}{\partial z}=-(\dot{\varepsilon}_R+\dot{\varepsilon}_\theta)=-\frac{\dot{u}_0}{H}$$

积分得$\dot{u}_z=-\dfrac{z}{H}\dot{u}_0+f(R)$

将边界条件$\dot{u}_z(z=H)=\dot{u}_0$代入上式得$f(R)=0$，故

$$\dot{u}_z=-\frac{z}{H}\dot{u}_0$$

因此，运动学许可的应变速度场为

$$
\begin{cases}
\dot{\varepsilon}_R = \dot{\varepsilon}_\theta = \dfrac{\dot{u}_0}{2H} \\
\dot{\varepsilon}_z = \dfrac{\partial \dot{u}_z}{\partial z} = -\dfrac{\dot{u}_0}{H} \\
\dot{\gamma}_{Rz} = \dfrac{1}{2}\left(\dfrac{\partial \dot{u}_R}{\partial z} + \dfrac{\partial \dot{u}_z}{\partial R}\right) = 0
\end{cases}
$$

（2）求塑性变形功率

$$
\begin{aligned}
\dot{W}_i &= \int_V \sigma_s \dot{\bar{\varepsilon}} \mathrm{d}V \\
&= \sigma_s \int_V \frac{\sqrt{2}}{3} \sqrt{\left(\frac{\dot{u}_0}{2H} - \frac{\dot{u}_0}{2H}\right)^2 + \left(\frac{\dot{u}_0}{2H} + \frac{\dot{u}_0}{H}\right)^2 + \left(-\frac{\dot{u}_0}{H} - \frac{\dot{u}_0}{2H}\right)^2} \mathrm{d}V \\
&= \frac{\dot{u}_0}{H}\sigma_s V = \pi R_1^2 \sigma_s \dot{u}_0
\end{aligned}
$$

（3）求接触摩擦消耗的功率　设接触面摩擦服从常摩擦条件，即 $\tau=\mu_s\sigma_s$。接触面上的速度不连续量，即接触面上模具与圆盘的切向速度差为

$$
\Delta \dot{u}_\tau = \dot{u}_R(z=0 \text{ 或 } H) - 0 = \frac{1}{2}\frac{R}{H}\dot{u}_0
$$

所以，接触摩擦消耗的功率为

$$
W_\tau = 2\int_{S\tau} |\Delta \dot{u}_\tau| \mathrm{d}S = 2\mu_s\sigma_s \frac{\dot{u}_0}{2H}\int_0^{R_1} R2\pi R\mathrm{d}R = \frac{2\pi R_1^3 \mu_s \sigma_s \dot{u}_0}{3H}
$$

（4）塑性变形所需的总功率为

$$
\dot{W}_P = \dot{W}_i + \dot{W}_\tau = \pi R_1^2 \sigma_s \dot{u}_0\left(1+\frac{\mu_s D}{3H}\right)
$$

式中 $D=2R_1$。

（5）单位镦粗力

$$
F = \frac{\dot{W}_P}{\pi R_1^2 \dot{u}_0} = \sigma_s\left(1+\frac{\mu_s}{3}\frac{D}{H}\right)
$$

思考与练习

1. 主应力法的基本原理和求解要点是什么？

2. 一 20 钢圆柱毛坯，原始尺寸为 ϕ50mm×50mm，在室温下镦粗至高度 $h=25$mm，设接触表面摩擦切应力 $\tau=0.2Y$。已知 $Y=746\varepsilon^{0.20}$MPa，试求所需的变形力 F 和单位流动压力 p。

3. 在平砧上镦粗长矩形截面的钢坯，其宽度为 a、高度为 h，长度 $l \gg a$，若接触面上的摩擦条件符合库伦摩擦定律，试用主应力法推导单位流动压力 p 的表达式。

4. 一圆柱体，侧面作用有均布压应力 σ_0，试用主应力法求镦粗力 F 和单位流动压力 p，如图 20-36 所示。

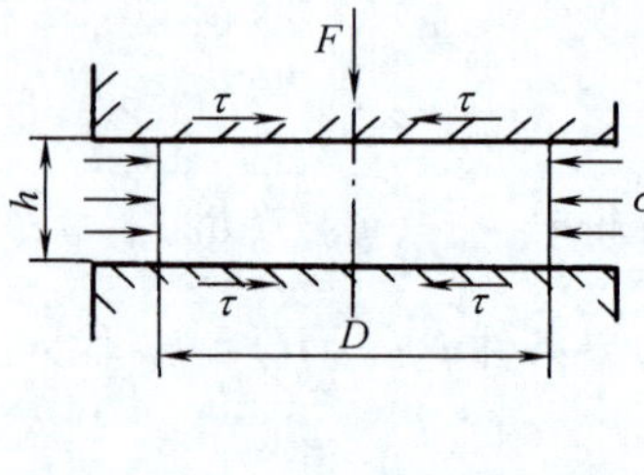

图 20-36　习题 4 图

5. 什么是滑移线？什么是滑移线场？

6. 什么是滑移线的方向角？其正、负号如何确定？

7. 判断滑移线族性的规则是什么？

8. 写出亨基应力方程式。该方程有何意义？它说明了滑移线场的哪些重要特性？

9. 滑移线场有哪些典型的应力边界条件（画图说明）？

10. 什么是速度间断？为什么说只有切向速度间断，而法向速度必须连续？

11. 试绘图表示宽度为 80mm 的平顶压头压入半无限高坯料使之产生塑性变形时，表层下 10mm 深处的静水压力（平均应力）的分布。

12. 已知某物体在高温下产生平面塑性变形，且为理想刚塑性体，其滑移线场如图 20-37 所示，α 族是直线族，β 族为一族同心圆，C 点的平均应力为 $\sigma_{mc}=-90\text{MPa}$，最大切应力为 $K=60\text{MPa}$。试确定 C、B、D 三点的应力状态。并画出 D 点的应力莫尔圆。

13. 试用滑移线法求光滑平冲头压入两边为斜面的半无限高坯料时的极限载荷 F，如图 20-38 所示。设冲头宽度为 $2b$，长为 l，且 $l\gg 2b$。

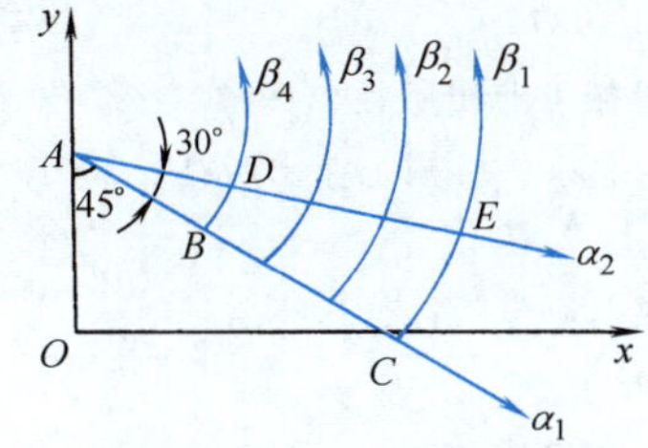

图 20-37　习题 12 图

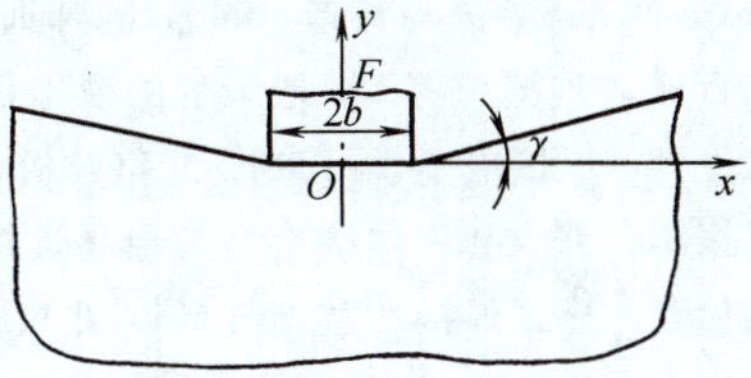

图 20-38　习题 13 图

14. 图 20-39 表示用平底模正挤压板料，挤压前坯料厚度为 H，挤出后板料厚度为 h，挤压比 $\dfrac{H}{h}=2$。板料宽度为 B，且 $B\gg H$，即可视为平面应变。设挤压筒（凹模）内壁光滑，即 $\mu=0$，其滑移线场如图 20-39 所示。试用滑移线法求单位挤压力，并画出速端图。

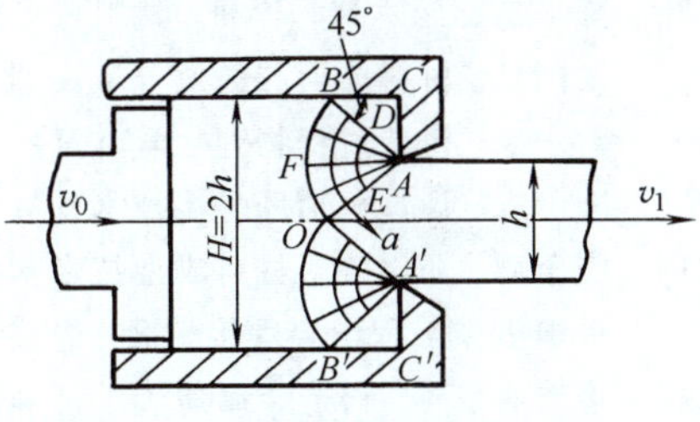

图 20-39　习题 14 图

15. 什么是真实速度场（或位移场）？什么是动可容速度场（或位移场）？

16. 试写出上限定理的数学表达式，并说明表达式中各项的意义。

17. 用上限法求解平面变形问题采用什么简化变形模式？求解步骤如何？所得的上限解是惟一的吗？

18. 试证明刚塑性体变形功率

$$\dot{W}_d=\int_V\sigma_{ij}\dot{\varepsilon}_{ij}\mathrm{d}V=\sigma_s\int_V\dot{\bar{\varepsilon}}\mathrm{d}V=\sqrt{\frac{2}{3}}\sigma_s\int_V\sqrt{\dot{\varepsilon}_{ij}\dot{\varepsilon}_{ij}}\mathrm{d}V$$

19. 在平底模中进行平面变形挤压，若模具光滑无摩擦，按图 20-40 所示的分块模式确定平均单位挤压力的上限解。并与滑移线解做比较，说明何种模式的上限解最优。

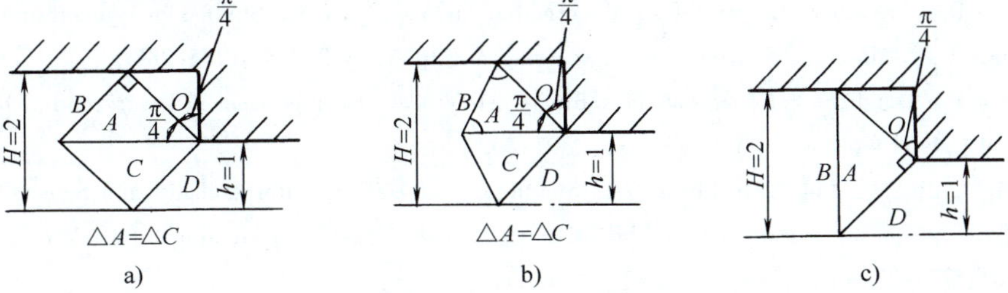

图 20-40　习题 19 图

参 考 文 献

[1] 安阁英，陈其善，曾松岩. 铸件形成理论［M］. 北京：机械工业出版社，1989.

[2] 周尧和，胡壮麒，介万奇. 凝固技术［M］. 北京：机械工业出版社，1998.

[3] 胡汉起. 金属凝固［M］. 北京：冶金工业出版社，1985.

[4] Kurz W，Fisher D J. Fundamentals of Solidification［M］. 4thed. Switaland：TRANS TECH PUBLICATION LTD，1998.

[5] Flemings M C. Solidification Processing［M］. New York：McGraw-Hill，1974.

[6] Stefanescu D M. Sience and Engineering of Casting Solidification［M］. New York：Kluwer Academic，2002.

[7] 闵乃本. 晶体生长的物理基础［M］. 上海：上海科学技术出版社，1982.

[8] 董若璟. 铸造合金熔炼原理［M］. 北京：机械工业出版社，1995.

[9] 下地光雄. 液态金属［M］. 郭淦钦，译. 北京：科学出版社，1987.

[10] Davies G J. 凝固与铸造［M］. 陈邦迪，舒震，译. 北京：机械工业出版社，1981.

[11] 柳百成，荆涛，等. 铸造工程的模拟仿真与质量控制［M］. 北京：机械工业出版社，2001.

[12] 张文钺. 焊接冶金学［M］. 北京：机械工业出版社，1999.

[13] 周振丰，张文钺. 焊接冶金与金属焊接性［M］. 北京：机械工业出版社，1988.

[14] 陈伯蠡. 金属焊接性基础［M］. 北京：机械工业出版社，1982.

[15] 李庆春. 铸件形成理论基础［M］. 北京：机械工业出版社，1982.

[16] 李魁盛. 铸造工艺及原理［M］. 北京：机械工业出版社，1989.

[17] 陈平昌，朱六妹，李赞. 材料成形原理［M］. 北京：机械工业出版社，2001.

[18] 王国凡. 材料成形与失效［M］. 北京：化学工业出版社，2002.

[19] 雷永泉. 铸造过程物理化学［M］. 北京：新时代出版社，1982.

[20] 陈丙森. 计算机辅助焊接技术［M］. 北京：机械工业出版社，1999.

[21] 陈金德，邢建东. 材料成型技术基础［M］. 北京：机械工业出版社，2000.

[22] 中国机械工程学会焊接学会. 焊接手册. 材料的焊接［M］. 2版. 北京：机械工业出版社，2001.

[23] 边秀房，等. 铸造金属遗传学［M］. 济南：山东科学技术出版社，1998.

[24] Ubbelohde A R. The Molten State of Matter：Melting and Crystal Structure［M］. New York：Wiley，1978.

[25] Waseda. The Structure of Non-Crystalline Materials［M］. New York：McGraw-Hill，1980.

[26] Marcus Y. Introduction to Liquid State Chemistry［M］. London：Wiley，1977.

[27] Iida T，Guthrie R I. The properties of Liquid Metals［M］. Oxford：Clarendon，1993.

[28] Hughel T J. Liquids：Structure，Properties and Solid Interactions［M］. Amsterdam：Elservier，1965.

[29] Glicksman M E，Lupulescu A O. Dendritic Crystal Growth in pure Materials［J］. Journal of Crystal Growth，2004，264：541-549.

[30] Wagner A，Shollock B A，McLean M. Grain Structure Development in Directional Solidification of Nickel-base Superalloys［J］. Materials Science and Engineering A，2004，374：270-279.

[31] Mathiesen R H，Arnberg L. Stray Crystal Formation in Al-20wt% Cu Studied by Synchrotron X-ray Video Microscopy［J］. Materials Science and Engineering A，2005，413-414：283-287.

[32] Laxmanan V. Dendritic Solidification in a Binary Alloy Melt：Comparison of Theory and Experiment［J］. Journal of Crystal Growth，1987，83（3）：391-402.

[33] Wang M Y，Jing T，Liu B C. Phase-field Simulations of Dendrite Morphologies and Selected Evolution of Primary α-Mg Phases During the Solidification of Mg-rich Mg-Al-based alloys［J］. Scripta Materialia，2009，61：777-780.

[34] Kaya H，Ccadirh E，et al. Investigation of directional solidified Al-Ti alloy［J］. Journal of Non-

Crystalline Solids, 2009, 355: 1231-1239.

[35] Spaepen F. Condensed-Matter Science: Five-fold Symmetry in Liquids [J]. Narure, 2000 (408): 781.

[36] Mitus A C, Patashinskii A Z, Shumilo B I. The Liquid-Liquid Phase Transition [J]. Phys. Lett, 1985, A113: 41.

[37] Tsuji K, et al. Stucture of Liquid Metals under High Pressure [J]. Non-Crystal. Solids, 1990 (27): 117-118.

[38] Kataynma Y, et al. A First-order Liquid-Liquid Phase Transition in P [J]. Nature, 2000 (403): 170.

[39] McMillan P. Phase Transitions: Jumping between Liquid States [J]. Natute, 2000 (403): 151.

[40] Poole P H, et al. Polymorphic Phase Transition in Liquid and Glasses [J]. Science, 1997 (275): 322.

[41] Aasland S. and McMillan P F. Density-driven Liquid-Liquid Phase Transition in the System Al_2O_3-Y_2O_3 [J]. Nature, 1994 (369): 633.

[42] 李培杰，曾大本，贾均，等. 铝硅合中的结构遗传及其控制 [J]. 铸造，1999 (6): 10-14.

[43] Zu F Q, et al. Liquid-Liquid Phase Transition in Pb-Sn Metals [J]. Phys. Rev, 2001, B (64), 180203R.

[44] Zu F Q, et al. Relative Energy Dissipation: Sensitive to Structureal Changes of Liquids [J]. Chin. Phys. Lett, 2002 (19): 94.

[45] Zu F Q, et al. Observation of an Anomalous Discontinuous Liquid Structure Change with Temperature [J]. Phys. Rev. Lett, 2002 (19): 94.

[46] Ravi K R, et al. Fluidity of aluminum alloys and composites: A review [J]. Journal of Alloys and Compounds, 2008, 456: 201-208.

[47] Baek J K, Kwon H W. Effect of squeeze cast process parameters on fluidity of hypereutectic Al-Si alloys [J]. Journal of Material Science and Technology, 2008, 24 (1): 7-11.

[48] 董光明，孙国雄，廖恒成. 锶及硼对 Al-13%Si-0. 3%Mg 合金流动性的影响 [J]. 铸造，2007, 56 (9): 978-980.

[49] Prukkanon W, et al. Influence of Sc modification on the fluidity of an A356 aluminum alloy [J]. Journal of Alloys and Compounds, 2009, 487: 453-457.

[50] Kato A, de Figueredo A M, Flemings M C. Structure dependence of the viscosity of semi-solid A357 alloys in the high shear rate regime [C]. //Abbaschian R, et al. Proceedings of the Merton C. Flemings Sym posium on Solification. New York: TMS, 2001.

[51] Mirzadeh H, Niroumand B. Fluidity of Al-Si semisolid slurries during rheocasting by a novel process [J]. Journal of Materials Processing Technology, 2009, 209: 4977-4982.

[52] Kuhn H A, Lawley A. Powder Metallurgy Process-new Techniques and Analyses [M]. New York: Acadmic Press Inc, 1978.

[53] Lenel F V. Powder Metallurgy-principles and Applications [M]. New Jersey: Metal Powder Industries Federation, Princeton, 1980.

[54] Dexin Ma. Development of Dendrite Array Growth During Alternately Changing solidification condition [J]. Journal of Crystal Growth, 2004, 260: 580-589.

[55] Boettinger W J, et al. Solidification Microstructures: Recent Developments, Future Directions [J]. Acta Materialia, 2000, 48 : 43-70.

[56] Huntley D A, Davis S H. Thermal Effects in Rapid Directional Solidification: Linear Theory [J]. Acta Metallurgica et Materialia, 1993, 41 (7) : 2025-2043.

[57] Ccadirh E, et al. Effect of growth rate and composition on the primary spacing, the dendrite tip radius and mushy zone depth in the directionally solidified succinonitrile - Salol alloys [J]. Journal of Crystal Growth,

2003, 255: 190 - 203.

[58] Gaeumann M, Trivedi R, Kurz W. Nucleation Ahead of the Advancing Interface in Directional Solidification [J]. Materials Science & Engineering A, 1997, 226-22: 763-769.

[59] Glicksman M E, Lupulescu A O. Dendritic crystal growth in pure materials [J]. Journal of Crystal Growth, 2004, 264 : 541-549.

[60] Mathiesen R H, Arnberg L. Stray crystal formation in Al-20 wt% Cu studied by Synchrotron X-ray Video Microscopy [J]. Materials Science and Engineering A, 2005, 413-414 : 283-287.

[61] Xu W, Feng Y P, Li Y, et al. Rapid Solidification Behavior of Zn-rich Zn-Ag peritectic alloys [J]. Acta Materialia, 2002 (50): 183-193.

[62] Inoue A. Stabilization of Metallic Supercooled Liquid and Bulk Amorphous Alloys [J]. Acta Materialia , 2000 (48): 279-306.

[63] Eroglu M, Aksoy M. Effect of Initial Grain Size on Microstructure and toughness of intercritical heat-affected zone of a low carbon steel [J]. Materials Science and Engineering A, 2000 (286): 289-297.

[64] Flower H M. High Performance Materials in Aerospace [M]. London: Chapman & Hall, 1995.

[65] Hagihara K, et al. The effect of Ti-addition on Plastic deformation and fracture behavior of directionally solidified NiAl/Cr (Mo) eutectic alloys [J]. Intermetallics, 2006, 14: 1326-1331.

[66] Ferrandini P, et al. Influence of growth rate on the microstructure and mechanical behaviour of a NiAl - Mo Eutectic Alloy [J]. Journal of Alloys and Compounds, 2004, 381: 91-98.

[67] LEE J H, Shan Liu, Trivedi R. The Effect of Fluid Flow on Eutectic Growth [J]. Metallurgical and Marerials Transactions A, 2005, 36: 3111-3125.

[68] Guzik E, et al. Modeling Structure Parameters of Irregular Eutectic Growth: Modification of Magnin - Kurz Theory [J]. Metallurgical and Materials Transactions A, 2006, 37: 3057-3067.

[69] Gündüz M, et al. Interflake Spacings and Undercoolings in Al-Si Irregular Eutectic Alloy [J]. Materials Science and Engineering A, 2004, 369: 215-229.

[70] Liu B C, Li Y X. Physical Metallurgy of Cast Iron IV [M]. New York: Materials Research Society, 1990.

[71] Stefanescu D M. Modeling of Cast Iron Solidification—The Defining Moments [J]. Metallurgical and Materials Transactions B, 2007, 38 : 1433-1447.

[72] Campbell J. A Hypothesis for Cast Iron Microstructures [J]. Metallurgical and Materials Transactions B, 2009, 40: 786-801.

[73] Rivera G, et al. Examination of the Solidification Macrostructure of Spheroidal and Flake Graphite Cast Irons Using DAAS and ESBD [J]. Materials Characterization, 2008, 59 (9): 1342-1348.

[74] Ruxanda R, Beltran-Sanchez L, Massone J, et al. Proc. Cast Iron Division [C] //AFS 105th Casting Congress, American Foundry Society, 2001, 37.

[75] Stefanescu D M. Solidification and Modeling of Cast Iron—A Short History of the Defining Moments [J]. Materials Science and Engineering A, 2005, 413-414: 322-333.

[76] Hosch T, England L G, Napolitano R E. Analysis of the High Growth-rate Transition in Al-Si Eutectic Solidification [J]. Journal of Materials Science, 2009, 44: 4892-4899.

[77] Milenkovic S. Selective Matrix Dissolution in an Al-Si Eutectic [J]. Corrosion Science, 2009, 51: 1490-1495.

[78] Shankar S, Riddle Y, Makhlouf M M. Eutectic Solidification of Aluminum-Silicon Alloys [J]. Metallurgical and Materials Transactions A, 2004, 35: 3038-3043.

[79] Hellawell A. The growth and structure of eutectics with silicon and germanium [J]. Progress in Materials Science, 1970, 15 (1) : 3-78.

[80] Hanna M D, et at. Modification in the Aluminum Silicon System [J]. Metallurgical Transactions A, 1984, 15: 459-469.

[81] Lu S Z, Hellawell A. The Mechanism of Silicon Modification in Aluminum-silicon Alloys: Impurity Induced Twinning [J]. Metallurgical and Materials Transactions A, 1987, 18A: 1721-1733.

[82] Lu S Z, Hellawell A. Modification of Al-Si Alloys: Microstructure, Thermal Analysis, and Mechanisms [J]. JOM, 1995, 47 (2): 38-40.

[83] Shankar S, Riddle Y, Makhlouf M M. Eutectic Solidification of Aluminum-Silicon Alloys [J]. Metallurgical and Materials Transactions A, 2004, 35: 3038-3043.

[84] Hegde S, Prabhu K N. Modification of eutectic silicon in Al-Si alloys [J]. Journal of Materials Science, 2008, 43: 3009-3027.

[85] Nogita K, et al. Determination of Strontium Segregation in Modified Hypoeutectic Al-Si Alloy by Micro X-ray Fluorescence Analysis [J]. Scripta Materialia, 2006, 55: 787-790.

[86] Nogita K, et al. The Role of Trace Element Segregation in the Eutectic Modification of Hypoeutectic Al-Si Alloys [J]. Journal of Alloys and Compounds, 2010, 489: 415-420.

[87] Steen Hah, Hellawell A. Structure and Properties of Aluminium-silicon Eutectic Alloys [J]. Acta Metall, 1972, 20 (3): 363-370.

[88] Jenkinson, D C, et al. Modification Of Aluminium-Silicon Alloys with Strontium [J]. Journal of Crystal Growth, 1975, 28 (2): 171-187.

[89] Heiberg G, Arnberg L. Investigation of the microstructure of the Al-Si eutectic in binary aluminium 7 wt% silicon alloys by EBSD [J]. Journal of Light Metals, 2001, 1: 43-49.

[90] Sigworth G K. The Modification of Al-Si Casting Alloys: Important Practical and Theoretical Aspects [J]. International Journal of Metalcasting, 2008, 2 (2): 19-40.

[91] Dahle A K, et al. Eutectic modification and microstructure development in Al-Si Alloys [J]. Materials Science and Engineering A, 2005, 413-414: 243-248.

[92] Nogita K, Dahle A K. Eutectic Growth Mode in Sr, Sb and P Modified Hypoeutectic Al-Si Foundry Alloys [J]. Materials Transation, 2001, 42 (3): 393-396.

[93] McDonald S D, Nogita K, Dahle A K. Eutectic nucleation in Al-Si alloys [J]. Acta Materialia, 2004, 52: 4273-4280.

[94] McDonald S D, Dahle A K, Taylor JA, et al. Eutectic Grains in Unmodified and Strontium-Modified Hypoeutectic Aluminum-Silicon Alloys [J]. Metallurgical and Materials Transactions A , 2004, 35: 1829-1837.

[95] Lu L, Nogita K, McDonald S D, et al. Eutectic solidification and its role in casting porosity formation [J]. JOM, 2004, 56 (11): 52-58.

[96] Shi D Q, Li D Y, Gao G L. The Rapid Prediction of the Modification Level of Al-Si Alloys by Surface Tension [J]. JOM , 2008, 60 (11): 26-28.

[97] Makhlouf M. On the Mechanism of Modification of the Aluminum-silicon Eutectic by Strontium: The Role of Nucleation [J]. International Journal of Metalcasting, 2010, 4 (1): 47-50.

[98] Jörg F. Löffler, Bulk metallic glasses [J]. Intermetallic, 2003 (11): 529-540.

[99] Algoso P R, Hofmeister W H, Bayuzick R J. Solidification velocity of Undercooled Ni-Cu alloys [J]. Acta Materialia, 2003 (51): 4307-4318.

[100] Srinivasan D, Chattopadhyay K. Metastable phase evolution and hardness of nanocrystalline Al-Si-Zr alloys [J]. Materials Science and Engineering A, 2001, 304-306: 534-539.

[101] Cao C D, Herlachb D M, Kolbeb. M. et al. Rapid Solidification of $Cu_{84}Co_{16}$ Alloy Undercooled Into the

Metastable Miscibility Gap Under Different Conditions [J]. Scripta Materialia, 2003 (48): 5-9.

[102] Dobler S, Lo T S, Plapp M, et al. Peritectic Coupled Growth [J]. Acta Materialia, 2004, 52: 2795-2808.

[103] Tokieda K, Yasuda H, Ohnaka I. Formation of banded structure in Pb-Bi peritectic alloys [J]. Materials Science and Engineering A, 1999, 262: 238-245.

[104] Ma D, Li Y, Ng S C. Evaluation of composition region for peritectic coupled growth [J]. Journal of Crystal Growth, 2000, 219: 300-306.

[105] Yasuda H, Notake N, Tokieda K, et al. Periodic structure during unidirectional solidification for peritectic Cd-Sn alloys [J]. Journal of Crystal Growth, 2000, 210: 637-645.

[106] Trivedi R, Park J S. Dynamics of microstructure formation in the two-phase region of peritectic systems [J] . Journal of Crystal Growth, 2002, 235: 572-588.

[107] 丁厚福，王立人. 工程材料 [M]. 武汉：武汉理工大学出版社，2001.

[108] 洪深泽. 挤压工艺及模具设计 [M]. 北京：机械工业出版社，1996.

[109] 贾乃文. 粘塑性力学及工程应用 [M]. 北京：地震出版社，2000.

[110] 刘助柏. 塑性成形新技术及其力学原理 [M]. 北京：机械工业出版社，1995.

[111] 陈玉喜. 材料成型原理 [M]. 北京：中国铁道出版社，2002.

[112] 万胜狄. 金属塑性成形原理 [M]. 北京：机械工业出版社，1994.

[113] 杨雨胜，等. 金属塑性成形力学原理 [M]. 北京：北京工业大学出版社，1999.

[114] 蒋成禹，胡玉洁，马明臻. 材料加工原理 [M]. 哈尔滨：哈尔滨工业大学出版社，2001.

[115] 俞汉清，陈金德. 金属塑性成形原理 [M]. 北京：机械工业出版社，1999.

[116] Lange K. Lehrbuch der Umformtechnik [M]. Berlin: Springer-Verlag, 1975.

[117] 任学平，康永林. 粉末塑性加工原理及其应用 [M]. 北京：冶金工业出版社，1998.

[118] 汪大年. 金属塑性成形原理 [M]. 北京：机械工业出版社，1986.

[119] 王祖唐，关廷栋，肖景容，等. 金属塑性成形理论 [M]. 北京：机械工业出版社，1989.

[120] 王祖唐. 塑性成形理论的发展和应用 [C] //中国机械工程学会锻压学会第五届学术年会论文集. 中国机械工程学会，1991：1-4.

[121] 张兴中，等. 圆坯方坯凝固定律的导出和验证 [J]. 金属学报，2004 (3)：281-284.